日本冷凍空調学会専門書シリーズ

冷媒の凝縮

- 基礎から応用まで -

公益社団法人 日本冷凍空調学会

冷媒の凝縮　－基礎から応用まで－　　発行にあたって

日本冷凍空調学会において「専門書」をシリーズ化し，これまでに築いた知識・技術を体系化してまとめておく必要がある．また，専門書は若手研究者・技術者が専門的知識を学ぶ際の貴重な図書となり，教育的価値が高い．さらに，今後の研究開発の発展にもつながる．当時の熱交換器技術委員会委員長の小山繁教授（九州大学）からそのような声がかかり，熱交換器技術委員会の中に伝熱技術 WG を立ち上げて「冷媒の凝縮」の執筆をスタートしたのは 2000 年頃でした．当時の委員は，小山繁（熱交換器技術委員会委員長，伝熱技術 WG 主査），森英夫（九州大学，幹事），野津滋（岡山県立大学），五島正雄（東京商船大学），伊藤正昭（日立製作所），瀧川克也（日石三菱），鉾谷克巳（ダイキン工業），笠井一成（ダイキン空調技術研究所），宮良明男（佐賀大学）で，早速本書の構成や内容について議論し，分担執筆者を決め，文献調査を行いながら執筆を開始しました．当初は定期的に会議を開催し，執筆も順調に進みましたが，途中諸般の事情で活動が滞り一旦執筆を中断しました．その後，本書の執筆を 2011 年に再開しました．

発達した情報社会では，膨大な情報は和文/英文の論文として Web 上で公開されており個々人がインターネットで情報を収集し，過去から現在までの多くの知識を学ぶことは可能です．しかし，道標もない中で適切な情報を入手することは困難であるとともに，情報収集にも多くの時間を費やします．また，重要な情報は学位論文や講演会資料などに含まれている場合も多く，Web 上で入手できないこともあります．さらに，初学者には専門的レベルの高い論文をいきなり読み解くのは容易ではありません．したがって，専門的内容を基礎から応用まで体系的にまとめた専門書は大きな価値があります．国内外の状況を見ても，気液二相流を扱った大学院生・技術者向けのテキストは多くありますが，それらは断熱二相流や沸騰・蒸発を中心に構成されており，凝縮の基礎から応用までを体系的に記述したものは皆無と言えます．

本書を「冷媒の凝縮　－基礎から応用まで－」と名付けた理由は，以上の背景を考慮し，日本における膜状凝縮研究の先達である藤井哲九州大学名誉教授による「膜状凝縮熱伝達」（2005 年 10 月発行）の構成を踏まえつつ，基礎的な内容からより高度な専門的内容を含め，実用的な凝縮伝熱の促進法を大幅に盛り込んだことにあります．さらに，宇高義郎横浜国立大学名誉教授には，当初予定していなかった「滴状凝縮およびマランゴニ凝縮」の執筆を急遽依頼し，迅速に対応していただけました．

日本における膜状凝縮研究の大部分は，先達である藤井哲九州大学名誉教授，本田博司九州大学名誉教授，また本書の執筆者でもある野津滋岡山県立大学名誉教授，小山繁教授（九州大学）に依るものであると言っても過言ではありません．筆者がこれらの諸先生方の下で学ぶことができたこと，また本書の執筆にかかわることができたのは真に幸運でした．

専門書シリーズは，圧縮機技術委員会による「冷媒圧縮機」が第 1 号，その後「測定器の取扱方法」も発行されました．「冷媒の凝縮」を第 1 号にできなかったことは残念であるとともに，本書の発行を待っておられた皆様にお詫び申し上げます．

本書が前述の目的を果たし，日本冷凍空調学会の会員，また広くこの分野に関係する皆様に貴重な情報を与えることができるものと確信するとともに，今後の専門書の発行を期待しています．

平成 29 年 3 月

公益社団法人日本冷凍空調学会

副会長　宮良明男

熱交換器技術委員会（2016 年度）

委員長　宮良　明男　（佐賀大学）

幹　事　浅野　　等　（神戸大学）　　東井上真哉　（三菱電機）

委　員　小山　　繁　（九州大学）　　勝田　正文　（早稲田大学）

森　　英夫　（九州大学）　　木戸　長生　（パナソニック）

鈴木　秀明　（東芝キヤリア）　　遠藤　　剛　（日立ジョンソンコントロールズ空調）

西田　耕作　（前川製作所）　　奥山　　亮　（富士通ゼネラル研究所）

藤野　宏和　（ダイキン工業）

（順不同）

伝熱技術ＷＧ（2016 年度）

主　査　宮良　明男　（佐賀大学）

委　員　小山　　繁　（九州大学）　　地下　大輔　（東京海洋大学）

野津　　滋　（岡山県立大学）　　松島　　均　（日本大学）

松元　達也　（九州大学）　　森　　英夫　（九州大学）

（順不同）

執筆者一覧

第 1 章　冷媒の凝縮を理解するために　野津　滋（岡山県立大学）

第 2 章　平板上の膜状凝縮　小山　繁（九州大学）

野津　滋（岡山県立大学）

宮良 明男（佐賀大学）

第 3 章　滴状凝縮およびマランゴニ凝縮　宇高 義郎（天津大学／玉川大学／横浜国立大学名誉教授）

第 4 章　管外の膜状凝縮　野津　滋（岡山県立大学）

第 5 章　管内の膜状凝縮　宮良 明男（佐賀大学）

第 6 章　熱交換器の設計法（空調用凝縮器の場合）　松島　均（日本大学）

第 7 章　トピックス

7.1 微細流路内の凝縮　地下 大輔（東京海洋大学）

小山　繁（九州大学）

7.2 プレートフィン式凝縮器　松元 達也（九州大学）

小山　繁（九州大学）

7.3 プレート式凝縮器　野津　滋（岡山県立大学）

7.4 超臨界圧流体の冷却熱伝達　森　英夫（九州大学）

7.5 冷凍機油の影響　野津　滋（岡山県立大学）

まえがき

凝縮とは蒸気がその飽和温度より低い温度に晒されると潜熱を放出して気相から液相へと変化する現象をさす．この現象が固体壁面上で生じる場合を表面凝縮と呼び，産業および工業の広い領域で活用されている．代表的なものとして，冷凍機，ヒートポンプ，化学プラント等の熱交換器，蒸気動力用凝縮器（復水器）が挙げられ，それらの目的は，低圧を得ること，物質を回収すること，沸騰と同様に高熱流束の特性を生かした熱源として用いること等である．

冷凍空調分野に課せられた技術課題の多様さとその変化は急激であり，日本冷凍空調学会では，冷凍空調用熱交換器に係わる技術課題の調査に取組み（小山ら,2007; 宮良・小山, 2013），課題の重要度と研究開発完了時期に関するロードマップを作成した．作成準備段階で実施された第一次調査項目は次の主要 7 項目である（2012 年調査）．

1.冷媒の種類（次世代冷媒，将来冷媒，混合冷媒，その他の視点から）
2.冷媒側伝熱形態（凝縮，蒸発，吸収，吸着，その他の視点から）
3.伝熱面（伝熱面の種類や形状，銅管，アルミ管，微細流路，その他の視点から）
4.空気やブラインなどの二次冷媒側伝熱（フィン側伝熱，着霜，除霜，結露，ミスト，その他の視点から）
5.熱交換器（熱交換器タイプ，冷媒分配，高性能化，小型化，材料，その他の視点から）
6.熱交換器技術応用新規分野（新サイクル，排熱回収，その他の視点から）
7.ナノテクノロジー等の応用技術

図 1 は 2006 年のマップを，図 2 は 2012 年のものを示す．両図の比較から明らかなことは，2006 年から 2012 年までの短期間で重要度が高い技術課題が大きく変化することである．たとえば，緊急度の高い項目は，2006 年の CO_2 伝熱問題から，2012 年の低 GWP 冷媒への対応へと変化している．また，本書の主題である「冷媒の凝縮」も「主要 7 項目」と密接に関連する．

本書の目的は，凝縮の基礎理論と凝縮伝熱に関する実用的な予測法を「つないで」考察でき，冷凍空調分野における新たな技術革新を図れる技術者の育成と位置づける．このため，

A)　基礎方程式系の導出プロセスを，特に第 2 章「平板上の凝縮」で重視した．平板上の凝縮の理解は円管内・外面における凝縮の基礎に直結するとともに，伝熱促進の理解に不可欠なためである．

B)　凝縮現象の画像を可能な限り掲載した．

執筆者一同，本書が技術開発と人材育成の一助になることを期待する．

平成 29 年 3 月

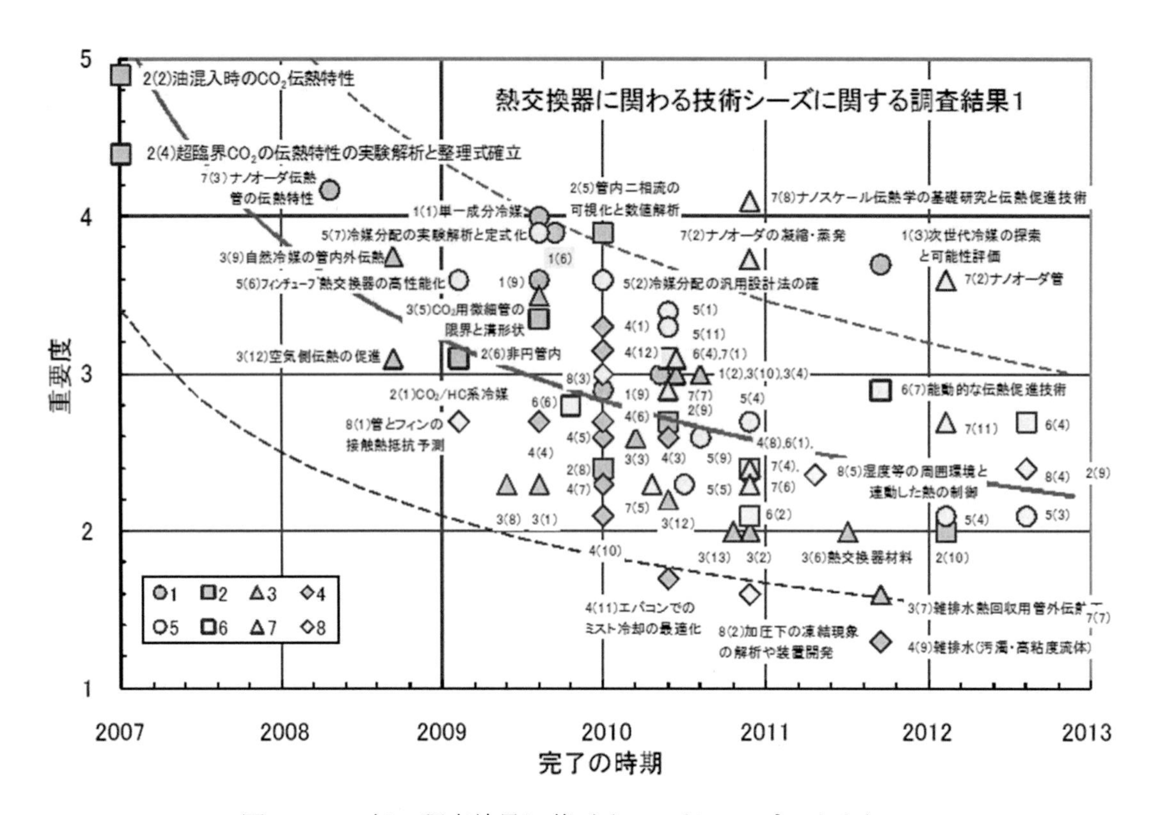

図 1　2006 年の調査結果に基づくロードマップ，小山ら(2007)

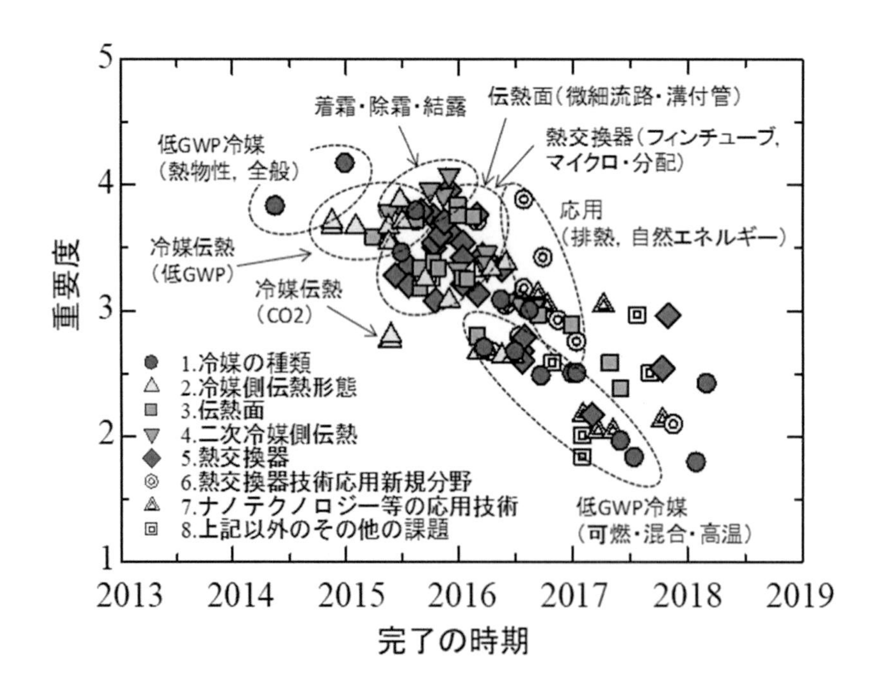

図 2　2012 年の調査に基づくロードマップ，宮良・小山(2013)

文献

小山繁，森英夫，沢田範雄，2007, 冷凍空調用熱交換器に係わる技術課題の調査(熱交換器技術分科会活動報告)，冷凍, 82-952, pp.154-160.

宮良明男，小山繁，2013, 冷凍空調用熱交換器に係わる技術課題の調査(熱交換器技術委員会活動報告)，冷凍, 88-1025, pp.215-221.

目　次

主 な 記 号

A	面積	m^2
Bo	ボンド数	
c_p	定圧比熱	J/(kg·K)
D	直径	m
D_{ij}	拡散係数	m^2/s
d	液柱径	m
G	質量速度	kg/(m^2·s)
Ga	ガリレオ数	
Gr	グラスホフ数	
g	重力加速度	m/s^2
h	熱伝達率	W/(m^2·K)
h_f	フィン高さ	m
i	比エンタルピー	J/kg
Δi_v	凝縮潜熱	J/kg
Ja	ヤコブ数　$=c_{pL}(T_s - T_w)/\Delta i_v$	
j_i	成分 i の拡散質量流束	kg/(m^2·s)
K	熱通過率	W/(m^2·K)
k	熱伝導率	W/(m·K)
l	伝熱面の長さ	m
M	無次元凝縮質量流束；分子量	kg/kmol
m	凝縮質量流束	kg/(m^2·s)
Nu	ヌセルト数	
Nu^*	凝縮数 $= h\left(\nu_L^2/g\right)^{1/3}/k_L$	
n	管列数；溝数	
O	座標原点	
P	圧力	Pa
Pr	プラントル数 $= \nu/\kappa = c_p\mu/k$	
p_f	フィンピッチ	m
Q	伝熱量	W
q	熱流束	W/m^2
R	半径	m
R	$\rho\mu$比 $= \sqrt{\rho_L\mu_L/(\rho_V\mu_V)}$	
R	気体定数	J/(mol· K)
Re	レイノルズ数	

Re_V	蒸気レイノルズ数	
Re_L	二相レイノルズ数，第 4 章	
	膜レイノルズ数，第 2 章，第 5 章	
Re_τ	摩擦速度を代表速度とするレイノルズ数	
Re_f	膜レイノルズ数，第 4 章	
r	半径	m
Sh	シャーウッド数	
Sc	シュミット数 $=\nu/D_{ij}$	
s	フィン間隔	m
T	温度	K
T^+	液膜内の無次元温度差 $=\ \rho_L c_{pL} u_\tau (T_s - T_w)/q_w$	
$\varDelta T$	凝縮温度差；伝熱面過冷却度	K
t	フィン厚さ	m
U, V, W	速度の x, y, z 成分，第 2 章，第 4 章	m/s
u, v	速度，第 5 章	m/s
u^+	無次元速度 $=\ u/u_\tau$	
u_τ	摩擦速度 $=\ \sqrt{\tau_w/\rho_L}$	m/s
W	質量流量	kg/s
w	質量分率	
X	Lockhart-Martinelli のパラメータ	
x, y, z	直交座標	m
x	クオリティ	

Greek Symbols

α	凝縮係数	
β	物質伝達率, 第 2 章, 第 5 章	kg/(m²·s)
	物質伝達率, 第 4 章	m/s
$\varGamma$	伝熱面の単位幅を流下する凝縮液量	kg/(m·s)
γ	らせん角	Rad
$\varDelta$	蒸気境界層厚さ	m
δ	液膜厚さ	m
δ^+	無次元液膜厚さ，$\delta u_\tau/\nu_L$	
$\overline{\delta}$	無次元液膜厚さ，δ/D_o ，δ/p_f	
ε_A	面積拡大率 = 実面積/公称面積	
ε_H	伝熱促進率	

ε_m, ε_h	渦動粘度；渦温度伝導率	m^2/s
η	相似変数；フィン効率	
θ	フィン先端の半頂角	rad
κ	温度伝導率	m^2/s
μ	粘度	Pa·s
ν	動粘度	m^2/s
ξ	ボイド率	
ρ	密度	kg/m^3
σ	表面張力	N/m
τ	せん断応力	N/m^2
Φ	二相流摩擦増倍係数	
ϕ	角度；周方向座標	rad

添字

B	自由対流凝縮
F	強制対流凝縮
f	摩擦
i	気液界面
i, j, k	成分 i, j, k
L	凝縮液
m	平均
n	公称面積基準
s	飽和
V	蒸気
w	壁面
x	x 方向
y	y 方向

第１章　冷媒の凝縮を理解するために

1.1 凝縮

蒸気がその飽和温度より低い温度に晒されると潜熱を放出して気相から液相に変化する．これを凝縮 (condensation) と呼び，蒸気が固体壁を介して冷却媒体と熱交換して液化する現象を表面凝縮 (surface condensation)，冷却媒体と直接接触して液化する現象を直接接触凝縮 (direct contact condensation) と呼ぶ．表面凝縮器 (surface condenser) は低圧を得ること，物質を回収すること，熱源として用いること等の目的で使用され，蒸気原動所の復水器 (steam condenser, power plant condenser)，ヒートポンプサイクル(heat pump cycle)，冷凍装置の凝縮器，化学プラントにおける物質回収装置等で用いられる．直接接触凝縮は，蒸気と過冷却状態にある液滴・液柱との直接接触や液中における蒸気泡の消滅等で生じる現象である．

表面凝縮により生じた凝縮液の形態は，凝縮液が固体壁上に広がり連続的な液膜が形成される膜状凝縮 (film condensation，filmwise condensation)，および，凝縮液が固体面上に広がらず液滴の形で付着する滴状凝縮 (dropwise condensation) が古くから知られ，膜状凝縮と滴状凝縮のいずれを生じるかは固体壁のぬれ性，すなわち，凝縮物質の物性と固体壁の性状に依存する．これらに加えて，滴状，膜状およびそれらが混在するマランゴニ凝縮 (marangoni condensation) が挙げられる．この形態は，2 成分系蒸気が凝縮する際，両成分の表面張力差に基づく液膜の不安定に起因し，Mirkovich-Missen (1961) は "Non-filmwise condensation"と名付けた．

凝縮熱伝達の研究は 19 世紀中頃からはじまり，1916 年に Nusselt (1916) の水膜理論 (wasserhaut theorem)が提案された．滴状凝縮は Schmidt *et al.* (1930) により本格的な研究が開始され，1960 年頃から膜状凝縮の促進とともに大きな注目を集めた．それは，火力発電プラントの単位出力の増大や多段フラッシュ蒸発式海水淡水化プラントの開発に伴う復水器の大型化など，工業上の理由と考えられる（西川，1999）．しかし，滴状凝縮は長時間維持することが大きな課題であり，固体壁表面を制御して滴状凝縮を出現させる試みが行われているが，凝縮器の設計は膜状凝縮を前提として行われている．

層流膜状凝縮理論は Nusselt (1916) の水膜理論に始まり，次節で述べるように，主たる熱抵抗は液膜内熱伝導で生じる．したがって，熱伝達率は凝縮液の熱伝導率に比例し，液膜厚さに逆比例する特性を持つ．この特性もふまえて，凝縮熱伝達率を定める要因を考える．図 1.1-1 は鉛直平板を介して蒸気側から冷却側へ熱通過を生じる際の温度分布をイラスト表示したもので，記号 T_{Vb} は蒸気の主流温度，T_s は蒸気の飽和温度，T_w および T_c はそれぞれ壁面および冷却媒体の温度である．蒸気の主流は一定速度を有するとし，主流温度は図 (a) が飽和蒸気の凝縮，図(b) が過熱蒸気の凝縮を表す．熱伝達率を支配する液膜厚さは力学的要因と熱的要因で定まる．力学的要因として，液膜に作用する体積力 (body force) としての重力 (gravity, gravitational force)，および，表面力 (surface force) としての蒸気せん断力 (vapor shear) と表面張力 (surface tension) が挙げられる．ここに，蒸気せん断力とは，流動蒸気と気液界面との速度差に起因する気液界面せん断力である．凝縮は気液界面 (liquid-vapor interface) で蒸気が液膜に吸い込まれる現象と見なせるため，図に記入してないが，速度場も凝縮質量流束(condensation mass flux) の影響を受ける．熱的要因として，蒸気側と冷却側の温度差および固体壁の厚さと熱伝導率，さらに実機の場合は伝熱面の汚れや接触熱抵抗が考えられる．

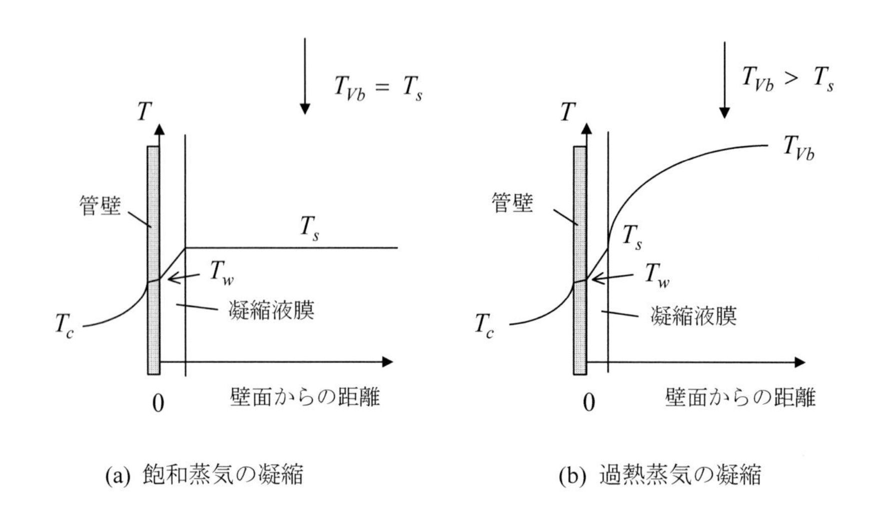

(a) 飽和蒸気の凝縮　　(b) 過熱蒸気の凝縮

図 1.1-1　平板上で純蒸気が凝縮する際の温度分布

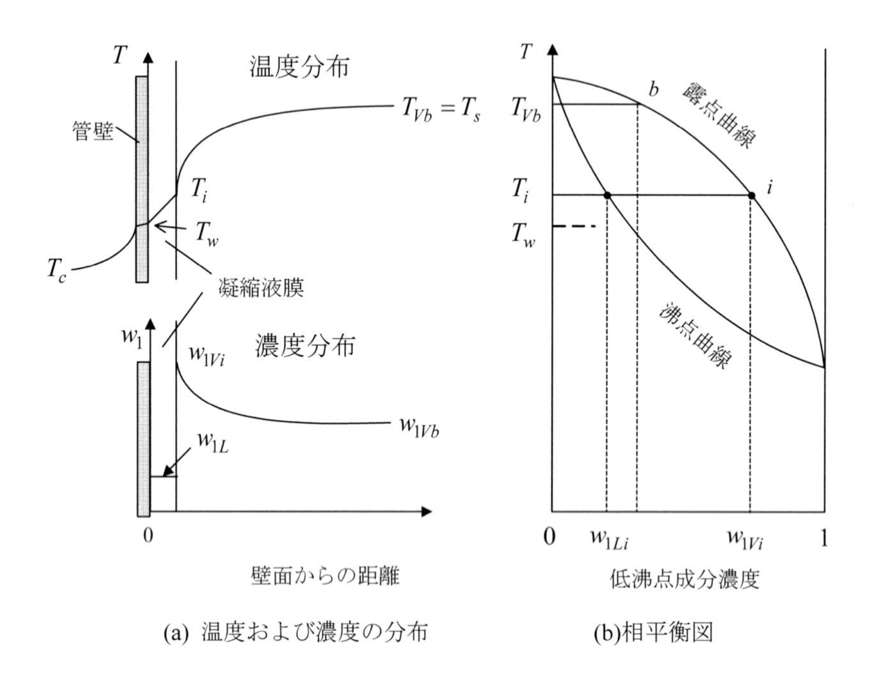

(a) 温度および濃度の分布　　(b)相平衡図

図 1.1-2　平板上で非共沸 2 成分蒸気が凝縮する際の温度と濃度の分布

熱通過率 K を飽和温度 T_s と冷却媒体の温度 T_c との温度差で定義すれば次式が成り立つ．

$$Q = K(T_s - T_c)A \tag{1.1-1}$$

ここに，Q は伝熱量，A は伝熱面積である．熱通過率は凝縮側熱伝達率 h，冷却側熱伝達率 h_c，固体壁の厚さ t と熱伝導率 k_w を用いて次式で表される．

$$K = \frac{1}{\dfrac{1}{h} + \dfrac{t}{k_w} + \dfrac{1}{h_c}} \tag{1.1-2}$$

式(1.1-2)から明らかなように，凝縮に有効な温度差は冷却側と固体壁も影響する．過熱蒸気 (superheated vapor) の凝縮では気相内に蒸気温度と飽和温度の差 $(T_{Vb} - T_s)$ を生じるため，気液界面

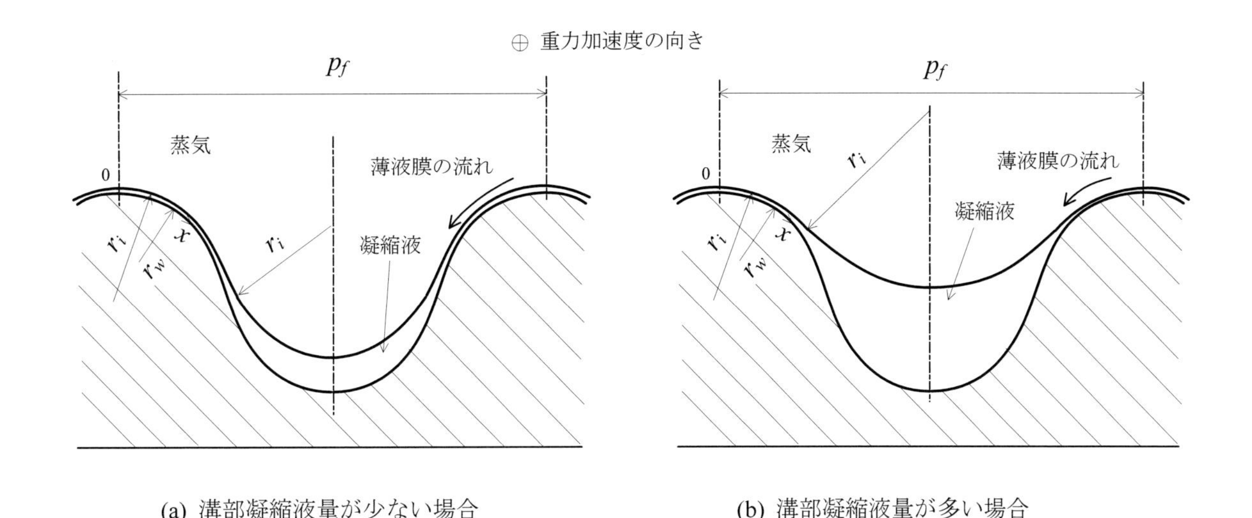

(a) 溝部凝縮液量が少ない場合　　(b) 溝部凝縮液量が多い場合

図 1.1-3 溝付面上に形成される液膜とその流れ

における凝縮潜熱(latent heat of condensation)の放出に加えて，過熱度の増大とともに，蒸気の主流から気液界面への対流熱伝達による顕熱輸送も重要になる．

図 1.1-2 は蒸気の主流が飽和状態の 2 成分系非共沸混合蒸気 (zeotropic binary vapor mixture) の凝縮について，図 (a) は温度と濃度の分布を，図 (b) は気液の相平衡図 (phase diagram) を表す．図中の記号 w_{1Vi} および w_{1Vb} はそれぞれ低沸点媒体の気液界面の蒸気側および蒸気主流における質量分率，w_{1L} は液相における低沸点媒体の質量分率，T_i は気液界面温度を表す．混合蒸気の凝縮では，低沸点蒸気が液膜表面近傍に濃縮され，蒸気相内に物質伝達抵抗 (mass transfer resistance) に起因する温度差$\left(T_{Vb}-T_i\right)$を生じるため，凝縮に有効な温度差が純蒸気の場合より低下する．このため，凝縮促進(condensation enhancement, condensation augmentation)を図るためには気液界面近傍の低沸点蒸気を取り除くことが重要になる．不凝縮ガス(non-condensable gas)を含む蒸気が凝縮する場合も蒸気相内に物質伝達抵抗を生じる．そして，非共沸混合蒸気の凝縮と異なることは，不凝縮ガスの気液界面における不透過性を仮定することにある．以上が平滑面上における凝縮の基礎である．

水の熱伝導率は有機冷媒より 10～20 倍程度大きいため，水蒸気の凝縮熱伝達率は冷媒の場合より 1 桁大きくなる．したがって，復水器の熱通過率は伝熱管および水側の伝熱特性に大きく支配される(Orrock, 1910 ; Marto, 1984)．これに対して，有機冷媒の凝縮では凝縮側と冷却側の熱伝達率が同程度のオーダになるため凝縮伝熱の促進を図ることが熱交換器の小型化につながり易い．このため，凝縮側の伝熱促進を図るさまざまな方法が古くから提案されている．

図 1.1-3 は Gregorig (1954) が提案した平面上に山部と溝部を持つ鉛直溝付面(vertical fluted surafce)と，その面に生じる凝縮液膜をイラスト表示したものである．凝縮液膜の形状は面の形状と密接な関係を持ち，山部に薄液膜が，溝部に厚液膜が形成され，液膜内と蒸気相との間に表面張力による次の圧力差を生じる．

$$p_L - p_s = \sigma / r_i \tag{1.1-3}$$

ここに，p_L および p_s はそれぞれ液膜内および蒸気相の圧力，σ は表面張力である．r_i は気液界面の曲率半径 (radius of curvature) であり，曲率の中心が液相側にある場合を正とする．図 1.1-3 で気液界面の曲率半径は伝熱面の曲率半径 r_w とともに変化する．すなわち，伝熱面の山部から溝部に向けて式(1.1-3)で示される液膜内圧力が面に沿う座標 x の増大とともに低下するため，表面張力による圧力勾配 $\partial(\sigma/r_i)/\partial x$ を駆動力とする液膜流れを生じ，溝に流れ込んだ凝縮液は重力や蒸気せん断力により下方（紙面に直交する方向）に流下する．このため溝部を流れる凝縮液の形状は，鉛直面上流側の図 (a) から下流側の図 (b)へと変化する．この考え方が表面張力による圧力差を利用した伝熱促進法であり，微細なフィンや溝の加工による促進法がさまざまな凝縮器ですでに実用化されている．

平滑面および溝付面上の膜状凝縮に関するこれまでの考察から明らかなことは，相変化で生じた凝縮液は溝やフィンの有無と関係なく伝熱面上に蓄積され凝縮性能を低下させる要因になる．たとえば，水平ローフィン付管上の凝縮では，フィン上で生じた薄液膜がフィン間溝部に引き込まれて溝部を下方へ流れ，周方向のある角度で凝縮液がフィン間溝部を充満する．管群内凝縮では，管群 (tube bundle, tube bank) の上方管で凝縮した液が下方管に流下・衝突するため下方管の伝熱が阻害される凝縮液イナンデーション (condensate inundation) を生じる（第 4 章）．水平管内凝縮では上流側から凝縮液が蓄積された状態で流れ，蒸気クオリティが低い領域で管底部を厚い液層の状態で流れる（第 5 章）．したがって，凝縮促進を図るためには，図 1.1-3 で説明した薄液膜の形成，ならびに，管の種類と配置に応じた凝縮液の効率的な排除を同時に考慮することが重要である．

ここで膜状凝縮をモデル化する際のポイントをまとめておく．

1. 液膜に作用する力は体積力としての重力，表面力としての蒸気せん断力と表面張力がある．
2. 伝熱面の熱的条件は凝縮側，冷却側および管の条件で定まる．一様な壁面温度または壁面熱流束を仮定したモデルによる解析は現象の基本的な特性を把握できることに意義がある．
3. 非共沸混合冷媒および不凝縮ガスを含む蒸気の凝縮では蒸気相内に物質伝達抵抗を，過熱蒸気の凝縮では蒸気相内に対流熱抵抗をそれぞれ生じる．熱伝達を解析する際は，蒸気相と液膜の熱抵抗を直列に接続して考える必要がある．気液界面の接続条件として，不凝縮ガスを含む蒸気の凝縮では，不凝縮ガスは気液界面を透過して液膜に溶解しないことを仮定する．
4. 凝縮促進を図るためには薄液膜化と凝縮液の効率的な排除を同時に考慮する必要がある．

本書では，蒸気せん断力が支配的な領域を強制対流凝縮領域 (forced convection condensation regime, shear-controlled condensation regime)，重力が支配的な領域を自由対流凝縮領域 (free convection condensation regime, gravity-controlled condensation regime)，両者の力を無視できない領域を共存対流凝縮領域 (combined convection condensation regime) と呼ぶことにする．また，伝熱促進面を扱う際は表面張力の影響が支配的な領域 (surface tension-controlled condensation regime) が存在する．本書ではその都度説明を加える．

1.2 層流膜状凝縮理論の発展と展開

藤井 (2005)は Nusselt (1916)の水膜理論に先だって実験的に見いだされたことをまとめている．それらの中に，English-Donkin (1896) による金属製鉛直冷却面の周囲をガラス円筒で囲んだ実験がある．彼らは，金属面上における水蒸気の凝縮は凝縮液膜の熱抵抗に支配され，凝縮量は液膜内温度差に比例し液膜厚さに逆比例することを見いだし，このことが Nusselt の理論につながった．本節では，平板上の層流膜状凝縮理論の発展を概観するとともに，その後における現象の深い理解と凝縮器の性能向上に向けた展開をまとめる．層流膜状凝縮をとりあげる理由は，管の細径化とフィンの微細化・高密度

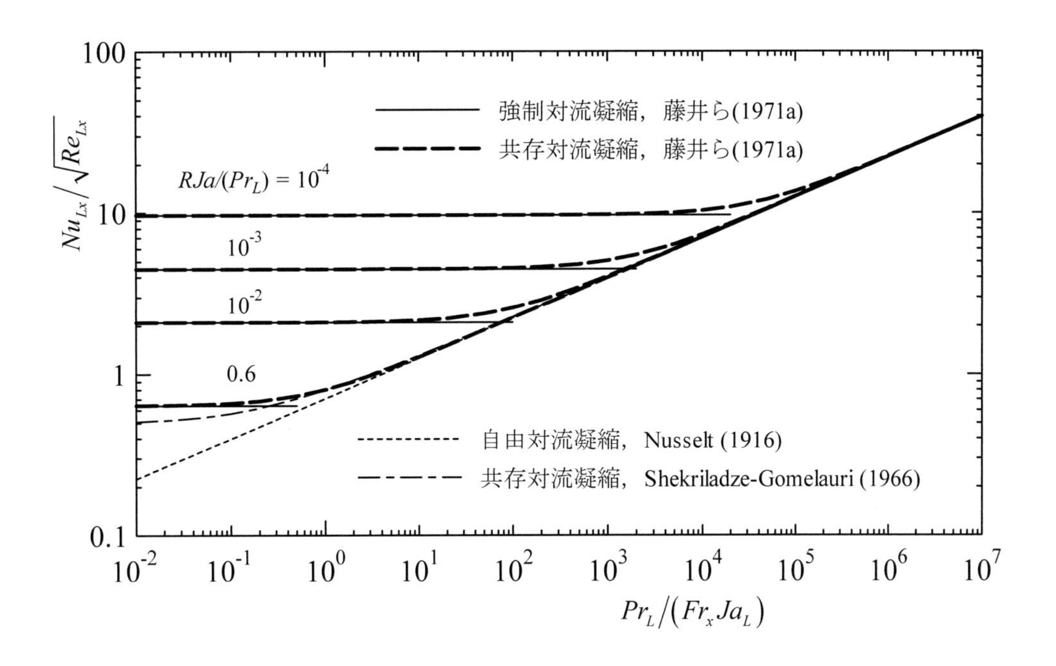

図 1.2-1 平板上の層流膜状凝縮熱伝達（藤井ら，1971a）

化とともに，層流液膜理論の重要性がいっそう増大すると考えられるためである．

膜状凝縮理論は Nusselt (1916) が提案した水膜理論に始まる．飽和蒸気の鉛直面上および水平円管外面上を重力で駆動される液膜について，運動方程式の慣性項とエネルギー式の対流項の影響が無視できること，および，伝熱面温度を一様とする仮定で解析を行い，熱伝達率が液膜厚さに逆比例する特性を示した．Nusselt が用いた仮定は今日における層流膜状凝縮理論の礎になるとともに，熱伝達率が液膜厚さに逆比例する知見は凝縮促進を考える際の重要ポイントである．その後，Rohsenow (1956) は液膜の過冷却が熱伝達に及ぼす影響を解析した．Sparrow-Gregg (1959) および Chen (1961) は凝縮液膜に境界層近似を適用した解析を行った．Koh *et al.* (1961) は蒸気相と液膜の式を連立させる二相境界層理論による解析を行った．これらの研究では液膜の過冷却および液膜の式に含まれる対流項と慣性項の影響が検討されているが，冷凍空調分野で使用される冷媒の熱物性や凝縮器内で生じる温度差を考えれば，対流項と慣性項の影響は無視できる程度の大きさと見なせることが多い．

以上の理論は静止蒸気中における凝縮を扱っているが，実用的には気液界面に蒸気せん断力が作用することが多い．Koh (1962) は強制対流凝縮を相似解により解析した．その後，藤井ら (1971a) は重力と蒸気せん断力の影響が共存する凝縮モデルを積分法により解析を行い，重力支配から蒸気せん断力支配に至る広範囲の数値実験を行った．ついで，数値実験の結果を図 1.2-1 に示す $Nu_{Lx}/\sqrt{Re_{Lx}}$ と $Pr_L/(Fr_x Ja_L)$ の座標で表し，重力支配と蒸気せん断力支配の両極限の特性を含む熱伝達の整理法を確立した．ここに，無次元数 $Nu_{Lx}=hx/k_L$ はヌセルト数，$Re_{Lx}=U_{Vb}x/\nu_L$ は二相レイノルズ数，Pr_L は凝縮液のプラントル数，$Fr_x=U_{Vb}^2/(gx)$ はフルード数，$Ja_L=c_{pL}(T_s-T_w)/\Delta i_v$ は液のヤコブ数，$R=\sqrt{\rho_L\mu_L/(\rho_V\mu_V)}$ は密度 ρ と粘度 μ との比，c_{pL}, ν_L および Δi_v はそれぞれ凝縮液の比熱と動粘度および凝縮潜熱，U_{Vb} は蒸気主流速度，x は平板先端からの距離である．重力支配から蒸気せん断力支配に適用できるこの整理法は円管上の凝縮にも応用され（たとえば藤井ら，1971b），平板・円管を問わず凝縮現象の理解に貢献した．

Shekriladze-Gomelauri (1966) は蒸気せん断力を気液界面における蒸気の吸い込み量によって変換さ

れた運動量で表現した．上原-藤井 (1971) は彼らの理論を吸い込みアナロジ理論と名付けるとともに，二相境界層モデルとの関係を示した．吸い込みアナロジは液膜と蒸気境界層を連立で解く必要がないため簡便な方法として注目され，その後のいくつかの理論研究で活用されている．Denny-Mills (1969) は平板上における飽和蒸気の凝縮について，重力と蒸気せん断力の影響が共存する系をとりあげ，液膜の熱物性を変物性として扱うとともに伝熱面温度を変化させた解析を行った．そして，水を含む 10 種類の物質による解析を行い，液膜の熱物性値を評価する代表温度 (reference temperature) に関する考察を行った．平板上の凝縮を対象とした層流二相境界層モデルによる解析は精力的に継続され，不凝縮ガスを含む蒸気 (Sparrow *et al.*, 1967 ; 藤井ら，1978a, b)，２成分蒸気 (Sparrow-Marschall, 1969)，3 成分蒸気（小山-藤井，1985 ; 藤井ら，1989）および多成分蒸気（小山ら，1987a, 1987b）へと発展した．

伝熱促進面については Gregorig (1954) 以降，Karkhu-Borovkov (1970), Webb (1979), Mori *et al*. (1981), Adamek (1981), Adamek-Webb (1990) 等によりさまざまなモデルが提案された．モデル化の困難さは薄液膜部に生じる圧力勾配 $\partial(\sigma/r_i)/\partial x$ の取扱いであった．本田-藤井 (1978a, b) および Fujii- Honda (1978) は，それぞれ正弦波状面と V 形溝付面，および，矩形溝を持つ面について，表面張力，重力および蒸気せん断力の影響を同時に考慮した解析を行い，薄液膜部に対する厳密解および厚液膜部を含む全領域に適用できる近似解を与えた．そして，実験との比較によりモデルの妥当性を示すとともに，フィン先端に丸みを持つ任意の溝形状に適用できる熱伝達の整理式を提案した（本田-藤井,1984）．以上の層流膜状凝縮モデルにより，凝縮の基本的な特性は 1980 年代までに解明されたと言えよう．

層流液膜を仮定した凝縮のモデル化とシミュレーションはその後も展開され，現象のより深い理解が進んでいる．凝縮器の設計と関連する主要なものを列挙する．水平円筒面については，冷却側の熱伝達と管壁内熱伝導の影響を同時に考慮する水蒸気（本田-藤井，1980）とフロン系冷媒（藤井ら，1981）の凝縮．ローフィン付管については単管（本田-野津，1985）と管群内（本田ら，1988）における凝縮，平板上については波状流領域（宮良, 2000)，マイクロフィン付管については環状流領域（野津-本田,1998）と層状流領域（本田ら，2000）の解析がある．さらに，プレートフィン付面上（松元-小山，2009）およびミニチャンネル内（地下-小山，2012）などが挙げられる．これらは広範な実験との比較によりその妥当性が示されたもので，実験に際して，たとえば，管の細径化とフィンの微細化に伴う伝熱量や伝熱面温度の計測に多大の苦労がなされている．

藤井ら (1972) は，Nusselt (1916) の水膜理論から層流二相境界層理論までになされた管外凝縮研究を総括し，理論と実験との関係について，(1)実験条件が Nusselt の理論で仮定された境界条件と一致するか，(2)Nusselt が行った単純化の仮定に問題がないか，(3)実験結果から無次元数を算出する際の物性値は正しいか，(4)従来の実験がいずれも同程度の精度で信頼できるかを指摘している．しかし，実際の凝縮器では蒸気せん断力の影響を無視できない場合が多いこと，および，凝縮温度差は冷却側の条件にも依存するため必ずしも壁温一様の仮定が成立しないことに注意が必要である．

ここで凝縮関係のレビュー論文および成書を紹介する．Rose (1988, 1998) は平板および単一円管上の層流膜状凝縮に関するレビューを，Rose (2004) は凝縮液膜に作用する表面張力の影響をまとめている．さらに，Rose (2006) は管内と管外の凝縮促進，ミニチャンネルおよびマランゴニ凝縮を扱っている． Marto (1988) は ASME Heat Transfer Division 50 周年記念号で水平ローフィン付管上における凝縮とその促進法を解説している．Miyara (2008) は炭化水素の凝縮をまとめている．近年では，HFO 系冷媒に関する研究が活発になされ，管内凝縮の成果は Righetti *et al.* (2016) に示されている．成書について，藤井 (2005) は膜状凝縮全般を，Fujii (1991) は層流二相境界層理論をそれぞれ詳述した．Kandlikar *et al.* (1999) は凝縮分野も広く扱っている．Rifert-Smirnov (2003) による旧・ソ連およびロシアにおける研究の紹介は興味深い．これらも含めて参考文献欄を参照のこと．

1.3 冷媒と伝熱促進管の開発

冷媒は純粋冷媒 (pure refrigerant) と混合冷媒 (refrigerant mixture, refrigerant blend) に大別され，前者は純冷媒，単一成分冷媒とも呼ばれる．混合冷媒は，全組成範囲で露点と沸点が分離する非共沸混合冷媒 (zeotropic refrigerant mixture) と，ある一定の組成で露点と沸点が等しく，あたかも純粋冷媒と同一の相変化を示す共沸混合冷媒 (azeotropic refrigerant mixture) に分類できる．共沸混合冷媒は R502 など ASHRAE 冷媒番号が 500 番台のものが該当する．なお，非共沸混合冷媒で，成分冷媒の熱物性が近いため気液の組成変化が小さい R410A に代表される冷媒は擬似共沸混合冷媒 (pseudo-azeotropic refrigerant mixture) と呼ばれ，実用的には共沸混合冷媒と同様に扱われる（日本冷凍空調学会，2010）．なお，近年における冷媒開発については藤本 (2011)，東 (2014)による記事が参考になる．

1940 年代にシェルチューブ型の液-液熱交換器用伝熱促進管として管外面にフィンを有する管が開発され，Katz-Geist (1948) はこの管が管外凝縮の促進にも有効であることを実験的に見いだし，フィンによる表面積拡大効果が注目された．その後，表面張力による薄液膜化 (Gregorig, 1954)と管下部のフィン管溝部に凝縮液が保持される現象が見いだされ，両者の相反する効果を念頭に置いた熱伝達の予測法の開発が試みられた（たとえば，Rifert *et al.*, 1977）．さらに，シェルチューブ型凝縮器(shell-and-tube type condenser)では複数の伝熱管が管群として配置されるため，上方管で生じた凝縮液が下方管の伝熱を阻害する凝縮液イナンデーションおよび管群内における複雑な流れをともなう気液二相流に起因する蒸気せん断力の評価法に対する精力的な取り組みが行われた．

Marto (1988) は 1940 年代から半世紀にわたる管外凝縮に関する実験の一覧をまとめている．初期の頃はフィンピッチ 4～24 fins per inch (fpi) で水蒸気，*n*-ブタン，*n*-ペンタン，プロパン等の有機冷媒による実験が行われ，商用伝熱管は 19 fpi でフィン高さは 1/16 インチ程度であった．その後，フロン系冷媒が主流となり商用伝熱管は 26 fpi (Pearson-Withers, 1969) や 40 fpi の管が主力となり，これらの管による実験や単位長さあたりのフィン枚数を増加させた研究が行われている．また，3 次元ローフィン付管が開発されている．

空調機用伝熱管として管の内面にらせん状の微細な溝が多数加工された管，いわゆるマイクロフィン付管 (microfin-tube) は 1980 年代の初頭から実用化され溝形状・寸法の開発が継続的に進められている．それは，オイルショック後の 1979 年に制定された省エネルギー法により家庭用ヒートポンプに成績係数 (coefficient of performance; COP)の向上が課せられたこと，引き続き，1987 年のモントリオール議定書によりオゾン層破壊係数 (ozone depletion potential ; ODP)が 0 の HFC 系冷媒への移行，1999 年の改正省エネルギー法に伴う COP を評価指標とするトップランナー方式の導入, 2006 年の省エネルギー法改正に伴う通年消費エネルギー効率 (annual performance and factor; APF)を指標とする新たな方式が導入されたことによる．これらに加えて，近年では HCFC 系冷媒の廃止，地球温暖化係数(grobal warming potential; GWP)が 0 に近い HFO 系冷媒や自然冷媒と適合する各種の要素技術とシステム化技術の研究開発が急速に進んでいる．

熱交換器の伝熱性能は冷媒側の熱伝達，管とフィンとの接触熱抵抗，空気側の熱伝達で定まる．佐々

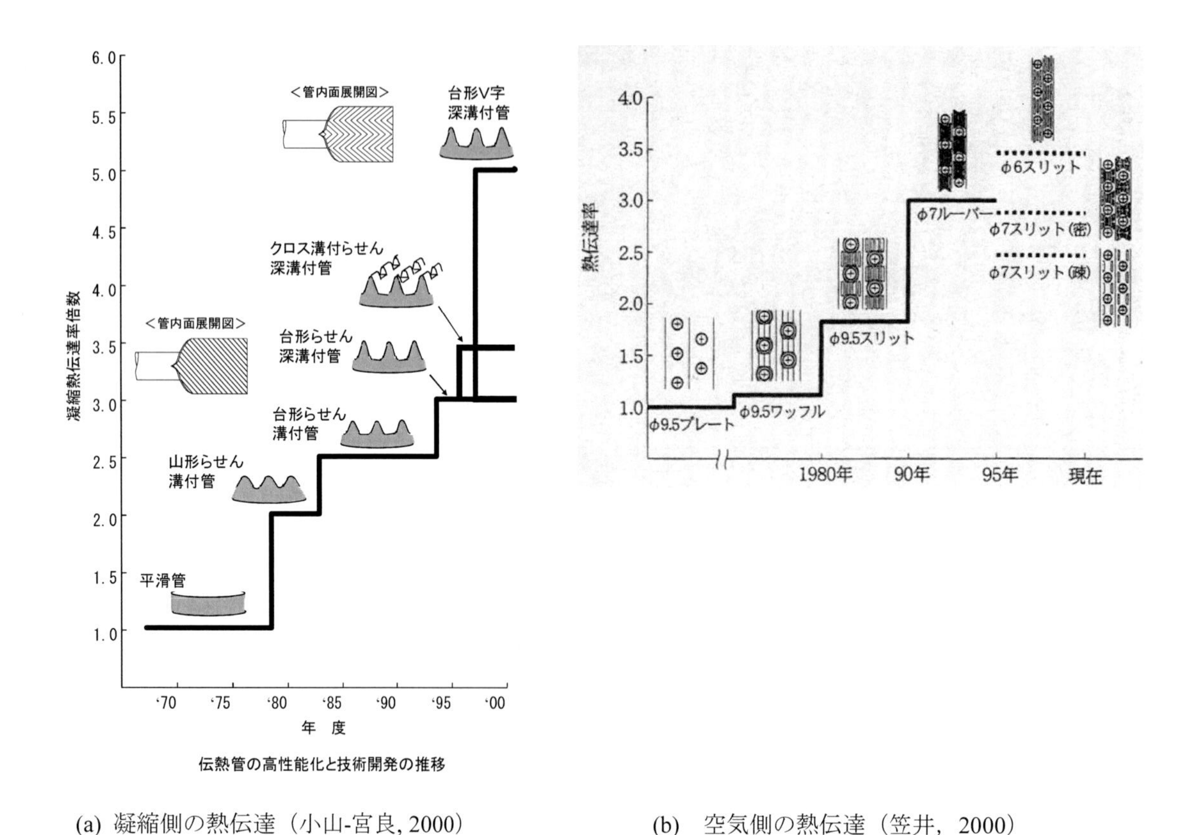

(a) 凝縮側の熱伝達（小山-宮良, 2000）　　(b) 空気側の熱伝達（笠井, 2000）

図 1.3-1 クロスフィンチューブ型熱交換器の高性能化

木ら (2006) はクロスフィンチューブ型熱交換器の 20 年間における冷媒側，空気側および接触部の熱抵抗の変化を示すとともに，内面溝付管の高性能化につれて冷媒側と接触熱抵抗が同程度になり空気側とのアンバランスがもたらされていることを指摘している．図 1.3-1 は(a)凝縮側と(b)空気側の熱伝達率の向上を時系列的に表す．冷媒側の溝形状は初期の山形溝（三角溝）から台形溝に変化するとともに，溝部管表面が広く，フィン高さが高くなる傾向であった．現在は，さまざまな制約を満たす適正な冷媒の開発と同時に，これと適合する溝の形状・寸法の研究開発が進んでいる．さらに，APF 向上に不可欠な暖房時の凝縮性能向上を図るために，低流量域で高い性能を発揮する管の開発が課題であると述べている．

1.4 本書の構成

本書の目的は，凝縮の基礎理論から凝縮促進法までを体系的に記述し，冷凍空調技術のさらなる向上と次世代を担う技術者の育成をめざすことである．したがって章の構成は次のとおりである．

第 2 章は凝縮現象理解の基礎として平板上の膜状凝縮およびその伝熱促進法について説明する．第 2.2 節では，平板上での純蒸気の膜状凝縮を取り扱う．はじめに，層流膜状凝縮の基礎理論を体系的に理解するために，基礎式を説明する．ついで，Nusselt (1916)の理論を含む層流自由対流凝縮，層流強制対流凝縮，層流共存対流凝縮および乱流凝縮液膜に関する理論解析の概要を紹介する．第 2.3 節では，平板上での二成分非共沸混合冷媒の層流自由対流および層流強制対流凝縮の相似解による解析を紹介する．第 2.4 節では，二成分非共沸混合冷媒の理論的取り扱いを多成分非共沸混合冷媒に拡張する方法を説明する．第 2.5 節では平板上凝縮の促進法について解説する．

第 3 章は滴状凝縮およびマランゴニ凝縮を扱う．前述のとおり，両者を生起する要因は基本的に異なることに注意を要する．すなわち，滴状凝縮は伝熱のぬれ性が，マランゴニ凝縮は成分の表面張力差に起因する液膜の不安定が原因である．

第 4 章は管外の膜状凝縮について，平滑管とローフィン付管を取りあげる．管の配置は水平に配置された単管と管群を扱う．平滑管を扱う理由は管外凝縮の特徴を理解するとともに，伝熱促進管の性能評価やフィン付管群内における現象を把握するためである．そして，単管の凝縮性能に優れるものが必ずしも管群では性能を発揮できないこと，および，管群の列数に応じたフィン寸法の考え方も具体例を示す．

第 5 章は管内の膜状凝縮を扱う．管内凝縮の特性は流動様式に大きく依存し，平滑管で重力が支配的な層状流領域では Nusselt の式に管底を流れる液層の補正を加えた式が，蒸気せん断力が支配的な環状流領域では乱流液膜理論を適用した式が広く推奨されている．しかし，管内凝縮ではこれらの両極限の特性より，蒸気せん断力と重力の影響が共存する領域の特性を把握することが重要になる．また，過熱蒸気の凝縮では，過熱蒸気から気液界面への対流伝熱を考慮した取り扱いが必要になる．さらに，摩擦圧力損失の特性，マイクロフィン付管と 2 成分系非共沸混合冷媒の凝縮モデルの進展も記述した．

第 6 章は凝縮器の設計法を取りあげる．熱交換器の研究開発は単管の成果をもとに行われることが多い．本章では熱交換器の基礎を記述するとともに，主としてフィンチューブ熱交換器の設計について，冷媒側，空気側および接触熱抵抗の問題を取りあげる．ついで，伝熱管の最適配置を考える基礎事項を説明する．

第 7 章はトピックスと題して，はじめにミニチャンネル内凝縮を扱う．この主題は近年重要性が急増傾向にあるが実験との比較が困難なテーマである．引き続き，プレートフィン式凝縮器の伝熱解析と実験，プレート式凝縮器に関する研究の現状，ヒートポンプ式給湯器における超臨界圧二酸化炭素の冷却熱伝達を取りあげ，最後に冷媒の凝縮に及ぼす冷凍機油の影響を扱う．

第 1 章の文献

[原著論文]

上原春男，藤井　哲，1971，層流膜状凝縮における二相境界層理論と Shekriladze-Gomelauri の吸い込みアナロジ理論との関係についての覚え書き，九州大学生産科学研究所報告，No. 53, pp. 21-24.

小山　繁，藤井　哲，1985，3 成分混合気の平板上での層流強制対流膜状凝縮，日本機械学会論文集 B 編，Vol.51，No.465，pp.1497-1506.

小山　繁，五島正雄，藤井　哲，1987a，多成分混合気の平板上での層流膜状凝縮熱伝達の代数的予測法（第 1 報　強制対流凝縮の場合），九州大学機能物質科学研究所報告，Vol.1，No.1，pp.77-83.

小山　繁，五島正雄，藤井　哲，1987b，多成分混合気の平板上での層流膜状凝縮熱伝達の代数的予測法（第 2 報　体積力対流凝縮の場合），九州大学機能物質科学研究所報告，Vol.1，No.1，pp.85-89.

地下大輔，小山　繁，2012，HFC および HFO 系冷媒の水平微細流路内凝縮（矩形流路内熱伝達の予測モデル），日本冷凍空調学会論文集，Vol. 29，No.4，pp. 421-432.

野津　滋，本田博司，1998，冷媒のマイクロフィン付き水平管内凝縮（環状流域における熱伝達の数値解析），日本機械学会論文集 B 編，Vol. 64，No.623, pp. 2258-2265.

藤井　哲，上原春男，平田勝己，1971a，鉛直面上の膜状凝縮熱伝達（体積力と強制対流が共存する場合），日本機械学会論文集，Vol. 37, No. 294, pp. 355-363.

藤井　哲，上原春男，蔵田親利，1971b，水平円筒面への強制対流凝縮，日本機械学会論文集，Vol. 37, No. 294, pp. 364-372.

藤井　哲，上原春男，古俵良治，1972，水平円筒面上の膜状凝縮に関する実験と理論，機械の研究，Vol. 24, No.8, pp. 1045-1052.

藤井 哲，上原春男，三原一正，1978a，不凝縮ガスを含む蒸気および過熱蒸気の強制対流凝縮：相似解に関する考察，日本機械学会論文集，Vol.44, No.378, pp.600-607.

藤井 哲，三原一正，加藤泰生，1978b，不凝縮ガスを含む蒸気および過熱蒸気の強制対流凝縮：第２報，新表示式および簡易計算法の提案，日本機械学会論文集，Vol.44,No.385,pp.3154-3159.

藤井　哲，本田博司，小田鵠介，加藤泰生，河野俊二，1981，フロン系冷媒の流動蒸気の水平円管上の凝縮，日本機械学会論文集 B 編，Vol. 47, No.421, pp.1861-1870.

藤井　哲，小山　繁，渡部正治，1989，3 成分混合気の鉛直平板上での層流体積力対流膜状凝縮，日本機械学会論文集，Vol. 55，No. 510，pp. 434-441.

本田博司，藤井　哲，1978a，みぞ付き垂直面上の層流膜状凝縮，日本機械学会論文集,Vol. 44, No.383, pp.2411-2419.

本田博司，藤井　哲，1978b，みぞ付き鉛直面上の層流膜状凝縮（一様壁面熱流束の場合），日本機械学会論文集，Vol. 44, No.387, pp.3857-3864.

本田博司，藤井　哲，1980，水蒸気の水平円管上の凝縮（管壁内熱伝導を考慮した解析），日本機械学会論文集 B 編，Vol. 46, No.412, pp.2420-2429.

本田博司, 藤井　哲, 1984, 縦溝付面上の膜状凝縮熱伝達の整理, 日本機械学会論文集 B 編, Vol. 50, No.460, pp.2993-2999.

本田博司，野津　滋，1985，水平ローフィン付管上の膜状凝縮熱伝達の整理，日本機械学会論文集 B 編．Vol. 51, No. 462, pp.572-581.

本田博司，野津　滋，武田泰仁，1988，水平ローフィン付管群の凝縮伝熱性能計算法，日本機械学会論文集 B 編，Vol. 54, No.504, pp.2128-2135.

本田博司，王　華生，野津　滋，2000，マイクロフィン付き水平管内凝縮の理論解析，日本機械学会論文集 B 編，Vol. 66, No. 650, pp. 185-191.

松元達也，小山　繁，2009，フィン付き鉛直矩形流路内での純冷媒の層流膜状凝縮に関する理論解析，日本冷凍空調学会論文集，Vol. 26，No. 3，pp.359-370..

宮良明男，2000，波流凝縮液膜の流動および熱伝達特性に関する数値解析，日本機械学会論文集 B 編，Vol. 66, No. 642，pp.482-489.

Ademek,T., 1981, Bestimmung der Kondensationgrossen auf feingewellten Oberflachen zur Auslegun aptimaler Wandprofile, *Warme-und Stoffubertragung*, Vol.15, pp.255-270.

Adamek, T. and Webb, R., 1990, Prediction of film condensation on vertical finned plates and tubes ; A model for drainage channel., *International Journal of Heat and Mass Transfer,* Vol. 33, No.8, pp.1737-1749.

Chen, M.M., 1961, An analytical study of laminar film condensation: Part 1- Flat plate, *ASME Journal of Heat Transfer,* Vol. 83, No.1, pp.48-54.

Denny, V.E. and Mills, A.F., 1969, Nonsimilar solutions for laminar film condensation on a vertical surface, *International*

Journal of Heat and Mass Transfer, Vol. 12, pp.965-979.

English, L.T. and Donkin, B., 1896, Transmission of heat from surface condensation through metal cylinders, *Proceedings of the Institution of Mechanical Engineers*, Vol. 54, No.3-4, pp.501-535.

Fujii, T. and Honda, H., 1978, Laminar filmwise condensation on a vertical single fluted plate, *Heat Transfer 1978*, Vol.2, pp.419-424.

Gregorig, R., 1954, Hautkondensation an feingewellten oberflächen bei berücksichtigung der oberflächenspannungen, *Zeitschrift für angewandte Mathematik und Physik*, Vol.5, pp.36-49.

Karkhu, V.A. and Borovkov, V.P., 1970, Film condensation of vapor on horizontal corrugated tubes, *Journal of Engineering Physics*, Vol. 19, No.4, pp.1229-1234.

Katz,D.L. and Geist,J.M., 1948, Condensation on six finned tubes in a vertical row, *Transactions of the ASME*, Vol. 70, pp.907-914.

Koh, J.C.Y., Sparrow, E.M. and Harnett, J.P., 1961, The two phase boundary layer in laminar film condensation, *International Journal of Heat and Mass Transfer*, Vol.2, pp.69-82.

Koh, J.C.Y., 1962, Film condensation in a forced convection boundary-layer flow, *International Journal of Heat and Mass Transfer*, Vol.5, pp.941-945.

Mirkovich, V.V. and Missen, R.W., 1961, Non-filmwise condensation of binary vapors of miscible liquids, *Canadian Journal of Chemical Engineering*, Vol. 39, No.2, pp.86-87.

Mori, Y., Hijikata, K., Hirasawa, S. and Nakayama, W., 1981, Optimized performance of condensers with outside condensing surfaces, *ASME Journal of Heat Transfer*, Vol. 103, No. 1, pp.96-102.

Nusselt, W.,1916, Die Oberflachenkondensation des Wasserdampfes, *Zeit. VDI*, 60-27, pp.541-546, pp.569-575.

Orrock, D., 1910, The transmission of heat in surface condensation, *Transactions of the ASME*, Vol. 32, pp.1139-1214.

Pearson, J.F and Withers, J.G., 1969, New finned tube configuration improves refrigerant condensing, *ASHRAE Journal*, Vol.11, No.6, pp.77-82.

Rifert, V.G., Barabash, P.A., Colubev, A.B., Leont'yev, G.G. and Chaplinskiy, S.I., 1977, Investigation of film condensation enhanced by surface forces, *Heat Transfer – Soviet Research*, Vol.9, No.2, pp.23-27.

Rohsenow, W.M., 1956, Heat transfer and temperature distribution in laminar-film condensation, *Transactions of the ASME,* Vol. 78, No.2, pp.1645-1648.

Schmidt, E., Schurig, W. and Sellschopp, W., 1930, Versuche über die kondensation von wasserdampf in film-und tropfenform, *Technische Mechanik und Thermodynamik*, Vol.1, No.2, pp.53-63.

Shekriladze, I.G. and Gomelauri, V.I., 1966, Theoretical study of laminar film condensation of flowing vapor, *International Journal of Heat and Mass Transfer*, Vol. 9, pp.581-591.

Sparrow, E.M. and Gregg, J.L., 1959, A boundary layer treatment of laminar film condensation, *ASME Journal of Heat Transfer,* Vol. 81, No.1, pp.13-18.

Sparrow, E.M., Minkowycz, W.J. and Saddy, M., 1967, Forced convection condensation in the presence of noncondensables and interfacial shear, *International Journal of Heat and Mass Transfer*, Vol.10, pp.1829-1845.

Sparrow, E.M. and Marschall, E., 1969, Binary, gravity-flow film condensation, *ASME Journal of Heat Transfer*, Vol.91, No.2, pp. 205-211.

Webb, R.L., 1979, A generalized procedure for the design and optimization of fluted Gregorig condensing surfaces, *ASME*

Journal of Heat Transfer, Vol. 101, No.2, pp.335-339.

[研究レビュー]

笠井一成，2000，空調用熱交換器の変遷，冷凍，Vol. 75，No. 878，pp.1052-1057.

小山　繁，宮良明男，2000, 凝縮熱伝達，冷凍，75-874, pp.654-661.

佐々木直栄，渥美哲郎，石橋明彦，高橋宏行，国枝　博，山本孝司，法福　守，2006，高効率熱交換器用銅管の動向（伝熱管調査小委員会），銅と銅合金，Vol. 45, No.1, pp.11-15.

棚沢一郎，1989, 日本における最近の凝縮研究の進展，日本機械学会論文集 B 編，Vol.55, No.516, pp.2111-2119.

東　之弘，2014, 新冷媒探索の方向性，冷凍，Vol.89, No.1043, pp.595-600.

藤本　悟，2011，各国の冷媒規制と新冷媒の動向，冷凍，Vol.86, No.1007, pp.690-696.

本田博司，1990, 凝縮伝熱の促進技術，冷凍，65-757, pp.1111-1116.

本田博司，2006, 管内蒸発・凝縮熱伝達の促進，日本冷凍空調学会論文集 Vol.23, No.4, pp.341-353.

Marto, P.J., 1984, Heat transfer and two-phase flow during shell-side condensation, *Heat Transfer Engineering*, Vol. 5, No.1-2, pp.31-61.

Marto, P.J., 1988, An evaluation of film condensation on horizontal integral-fin tubes, *ASME Journal of Heat Transfer*, Vol.110, No.4, pp.1287-1305.

Miyara, A., 2008, Condensation of hydrocarbons-A review, *International Journal of Refrigeration*, Vol.31, No.4, pp.621-632.

Pate, M.B., Ayub, Z.H. and Kohler, J., 1991, Heat exchangers for air-conditioning and refrigeration industry: State-of-the-art design and technology, *Heat Transfer Engineering*, Vol. 12, No.3, pp.56-70.

Righetti, G., Zilio. C., Mancin, S. and Longo, G.A. 2016, A review on in-tube two-phase heat transfer of hydro-fluoro-olefines refrigerants, *Science and Technology for the Built Environment*, Vol. 22, No.8, pp.1191-1225.

Rose, J.W., 1988, Fundamentals of condensation, *JSME International Journal, Series II*, Vol.31, No.3, pp.357-375.

Rose, J.W., 1998, Condensation heat transfer fundamentals, *Chemical Engineering Research and Design,* Vol. 76, No.2, pp.143-151.

Rose,J.W., 2004, Surface tension effects and enhancement of condensation heat transfer, *Chemical Engineering Research and Design*, Vol.82, No. A4, pp.419-429.

Rose, J.W., 2006, Enhanced condensation heat transfer, *JSME International Journal*, Series B, Vol.49, No.3, pp.626-635.

[著書]

西川兼康，1999，熱工学の歩み，テクノライフ選書，コロナ社.

日本冷凍空調学会冷凍空調便覧改訂委員会, 2010, 冷凍空調便覧第 I 巻基礎編，新版第 6 版，日本冷凍空調学会.

藤井　哲，上原春男，1973，膜状凝縮熱伝達，伝熱工学の進展, Vol.1，養賢堂.

藤井　哲，2005, 膜状凝縮熱伝達，九州大学出版会.

Kandlikar, S.G., Shoji, M. and Dhir, V.K. eds., 1999, *Handbook of Phase Change*, *Boiling and Condensation*, Taylor & Francis, Philadelphia.

Rifert,V.G. and Smirnov,H.F., 2003, *Condensation Heat Transfer Enhancement* (*Developments in Heat Transfer*), WIT Press, Southampton .

Fujii, T., 1991, *Theory of Laminar Film Condensation*, Springer-Verlag, New York.

Webb, R. L., 1994, *Principles of Enhanced Heat Transfer*, John Willy & Sons, Inc., New York.

第２章　平板上の膜状凝縮

2.1　はじめに

本章では，凝縮現象の理解の基礎として平板上の膜状凝縮およびその伝熱促進法について説明する．第 2.2 節では，平板上での純蒸気の膜状凝縮を取り扱う．本節では，まず，層流膜状凝縮の基礎理論を体系的に理解するために，基礎式を説明する．ついで，Nusselt (1916)の理論を含む層流自由対流膜状凝縮，層流強制対流膜状凝縮，層流共存対流膜状凝縮および乱流膜状凝縮の理論解析の概要を紹介する．第 2.3 節では，平板上での二成分非共沸混合冷媒の層流自由対流および層流強制対流膜状凝縮の相似解による解析を紹介する．第 2.4 節では，二成分非共沸混合冷媒の理論的取り扱いを多成分非共沸混合冷媒に拡張する方法を説明する．第 2.5 節では平板上凝縮の促進法について解説する．

2.2　純冷媒の膜状凝縮

2.2.1　層流膜状凝縮の基礎式

Nusselt (1916)は静止した飽和純蒸気の鉛直冷却面上での凝縮問題を最初に理論的に取り扱い，冷却面上に形成されて流下する液膜の流動と熱伝達の基本特性を明らかにした．その後，Sparrow-Gregg (1959)は，Schlichting (1979)によって体系づけられた境界層理論(boundary layer theory)を鉛直冷却面上での単一成分蒸気（以下，純蒸気と呼ぶ）の層流自由対流膜状凝縮に展開し，冷却面上の液膜流とそのまわりの蒸気流を二相境界層問題(two phase boundary layer problem)として取り扱った．そして，彼らは，導出された二相境界層方程式を相似変換(similarity transformation)して数値解析した．以降，層流膜状凝縮を二相境界層問題として理論的に取り扱う方法は，Cess (1960), Sparrow-Eckert (1961), Koh *et al.* (1961)を始めとする多くの研究者によって飽和純蒸気，過熱純蒸気，不凝縮ガスを含む蒸気，二成分蒸気，多成分蒸気の自由対流および強制対流膜状凝縮の解析に拡張された．

第 2.2 節第 1 項では，純蒸気の層流膜状凝縮の理論的取り扱いを理解するために，過熱純蒸気の鉛直冷却面上での層流自由対流膜状凝縮を二相境界層問題として取り扱う方法の基礎的事項を主として説明する．図 2.2-1 に物理モデルと座標系を示す．鉛直伝熱面が静止した過熱純蒸気にさらされている場合を考える．伝熱面温度が周囲蒸気の温度よりも低く，蒸気の飽和温度より高い場合は，伝熱面近傍の冷却された蒸気は周囲蒸気との密度差のために鉛直下向きに流れる，いわゆる自由対流が生じる．この伝熱面近傍の流下する蒸気層を蒸気境界層と呼ぶ．一方，伝熱面温度が蒸気の飽和温度より低い場合は，伝熱面近傍の蒸気は冷却されて蒸気境界層を形成するとともに，伝熱面上で凝縮して液となり，重力の作用により伝熱面上を鉛直下方に膜状で流下する．この凝縮液の膜を液膜と呼ぶ．これらの液膜と蒸気境界層からなる系を二相境界層と呼ぶ．図 2.2-1 において，xは伝熱面の先端から鉛直下向きに伝熱面に沿って測った距離，yは伝熱面からその法線方向に測った距離，UおよびVはそれぞれx方向およびy方向の速度成分，Tは温度，gは重力加速度，Pは圧力，δおよびΔはそれぞれ液膜厚さおよび蒸気境界層厚さを示す．また，添字LおよびVはそれぞれ凝縮液および蒸気を示し，添字w，iおよびbはそれぞれ伝熱面，気液界面および蒸気境界層外縁（周囲蒸気）を示す．

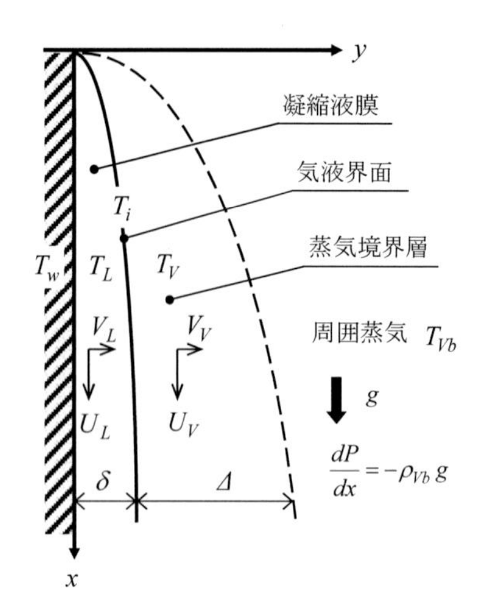

図 2.2-1　鉛直平板上の層流自由対流膜状凝縮モデル

伝熱面温度T_wおよび周囲蒸気の温度T_{Vb}と圧力Pが既知の場合の，液膜および蒸気境界層の質量，運動量およびエネルギーの保存則を表す二相境界層方程式，伝熱面と蒸気境界層外縁における境界条件および気液界面における適合条件の導出に際して，いくつかの仮定が置かれているが，その主なものを以下に示す．

(1) 液膜および蒸気境界層はいずれも層流であり，伝熱面上端から鉛直下向きに発達する．
(2) 液膜厚さδおよび蒸気境界層厚さ$\varDelta$はいずれも薄く（ただし，$\delta << \varDelta$），その流れ方向変化も小さい．
(3) 凝縮は気液界面でのみ生じる．また，気液界面において温度および速度は連続である．
(4) 蒸気境界層のx方向運動量式中の浮力項における密度を除き，他のすべての物性値は一定である．

(a) 二相境界層方程式

上述の仮定より，液膜および蒸気境界層に関する以下の基礎式が得られる．

<u>液膜に関する基礎式</u>

$$\frac{\partial U_L}{\partial x}+\frac{\partial V_L}{\partial y}=0 \quad \text{（質量）} \qquad (2.2\text{-}1)$$

$$U_L\frac{\partial U_L}{\partial x}+V_L\frac{\partial U_L}{\partial y}=\nu_L\frac{\partial^2 U_L}{\partial y^2}+g\left(1-\frac{\rho_{Vb}}{\rho_L}\right) \quad \text{（}x\text{方向運動量）} \qquad (2.2\text{-}2)$$

$$U_L\frac{\partial T_L}{\partial x}+V_L\frac{\partial T_L}{\partial y}=\kappa_L\frac{\partial^2 T_L}{\partial y^2} \quad \text{（エネルギー）} \qquad (2.2\text{-}3)$$

ここに，ν_L，ρ_Lおよびκ_Lはそれぞれ液の動粘度，密度および温度伝導率であり，ρ_{Vb}は周囲蒸気の密度である．また，式(2.2-2)中の左辺，右辺第 1 項および右辺第 2 項はそれぞれ慣性項，粘性項および浮力項を表し，式(2.2-3)中の左辺および右辺はそれぞれ対流項および熱伝導項を表す．なお，蒸気密度ρ_{Vb}が液密度ρ_Lに比して十分に小さいと見なせる場合は，式(2.2-2)は，次のようになる．

$$U_L\frac{\partial U_L}{\partial x}+V_L\frac{\partial U_L}{\partial y}=\nu_L\frac{\partial^2 U_L}{\partial y^2}+g \quad \text{（}x\text{方向運動量）} \qquad (2.2\text{-}4)$$

蒸気境界層に関する基礎式

$$\frac{\partial U_V}{\partial x}+\frac{\partial V_V}{\partial y}=0 \qquad \text{（質量）} \qquad (2.2\text{-}5)$$

$$U_V\frac{\partial U_V}{\partial x}+V_V\frac{\partial U_V}{\partial y}=\nu_V\frac{\partial^2 U_V}{\partial y^2}+g\left(1-\frac{\rho_{Vb}}{\rho_V}\right) \qquad \text{（}x\text{方向運動量）} \qquad (2.2\text{-}6)$$

$$U_V\frac{\partial T_V}{\partial x}+V_V\frac{\partial T_V}{\partial y}=\kappa_V\frac{\partial^2 T_V}{\partial y^2} \qquad \text{（エネルギー）} \qquad (2.2\text{-}7)$$

ここに，ν_V，ρ_V および κ_V はそれぞれ蒸気の動粘度，密度および温度伝導率である．また，液膜に関する基礎式の場合と同様に，式(2.2-6)中の左辺，右辺第１項および右辺第２項はそれぞれ慣性項，粘性項および浮力項を表し，式(2.2-7)中の左辺および右辺はそれぞれ対流項および熱伝導項を表す．さらに，式(2.2-6)の右辺第２項の浮力項において蒸気を理想気体として取り扱うことができるとすれば，式(2.2-6)は次のようになる．

$$U_V\frac{\partial U_V}{\partial x}+V_V\frac{\partial U_V}{\partial y}=\nu_V\frac{\partial^2 U_V}{\partial y^2}+g\omega_T\left(T_{Vb}-T_V\right) \qquad \text{（}x\text{方向運動量）} \qquad (2.2\text{-}8)$$

ここに，ω_T は温度差による浮力に関するパラメータ（平均体膨張係数）であり，次式で定義される．

$$\omega_T=1/T_{Vb} \qquad (2.2\text{-}9)$$

なお，式(2.2-2)，式(2.2-4)，式(2.2-6)および式(2.2-8)の導出は【付録 2.1】を参考のこと．

(b) 境界条件および適合条件

伝熱面上の境界条件

伝熱面において液の速度は零，液温は伝熱面温度と一致するので，境界条件は以下のようになる．

$$y=0\text{ で，} \qquad U_L=0 \ , \ V_L=0 \ , \ T_L=T_w \qquad (2.2\text{-}10, 11, 12)$$

気液界面における適合条件

気液界面において速度，せん断応力，凝縮質量流束，温度およびエネルギー流束は連続であるので，適合条件は以下のように表される．

$$y=\delta\text{ で，} \qquad U_{Li}=U_{Vi} \ , \ \mu_L\left(\frac{\partial U_L}{\partial y}\right)_i=\mu_V\left(\frac{\partial U_V}{\partial y}\right)_i \qquad (2.2\text{-}13, 14)$$

$$\rho_L\left(U_L\frac{d\delta}{dx}-V_L\right)_i=\rho_V\left(U_V\frac{d\delta}{dx}-V_V\right)_i=m_x \qquad (2.2\text{-}15)$$

$$T_{Li}=T_{Vi}=T_i=T_s \ , \ k_L\left(\frac{\partial T_L}{\partial y}\right)_i=m_x\,\Delta i_v+k_V\left(\frac{\partial T_V}{\partial y}\right)_i \qquad (2.2\text{-}16, 17)$$

ここに，μ および k はそれぞれ粘度，密度および熱伝導率であり，それらに付した添字 L および V は液および蒸気を示す．また，m_x，T_s および Δi_v はそれぞれ局所凝縮質量流束（位置 x における気液界面の単位面積・単位時間当たりの凝縮質量），飽和温度および凝縮潜熱（蒸発潜熱と同じ）であり，添

字 i は気液界面を示す．さらに，式(2.2-16)は，極めて圧力が低く希薄な状態でない限り，気液界面における液温度 T_{Li} と蒸気温度 T_{Vi} は同じ気液界面温度 T_i となり，それは飽和温度 T_s と等しいと考えてよいことを示している．なお，式(2.2-15)および式(2.2-17)の導出は【付録 2.2】参照のこと．

蒸気境界層外縁での境界条件

蒸気境界層外縁では蒸気は静止しており，温度も周囲蒸気と一致するので，境界条件は以下のように表される．

$$y = \delta + \varDelta \, (y \to \infty) \text{ で，} \quad U_V = 0 \quad , \quad T_V = T_{Vb} \tag{2.2-18, 19}$$

以上は，過熱された純蒸気が鉛直平板上で層流自由対流凝縮する場合を理論的に取り扱うための仮定，仮定から導出される二相境界層方程式，ならびに二相境界層方程式が満足すべき境界条件および適合条件であるが，平板に沿って流れる過熱純蒸気が平板上で層流強制対流凝縮する場合についても同様に取り扱うことができる．この場合の基礎方程式は，式(2.1-1)から式(2.2-19)で記述される層流自由対流凝縮に関する基礎方程式において，液膜および蒸気境界層内の x 方向の運動量方程式（式(2.2-2)（あるいは式(2.2-4)），および式(2.2-6)（あるいは式(2.2-8)））中の重力加速度 g を $g = 0$ と置き，式(2.2-18)の蒸気境界層外縁での速度に関する境界条件を次式で置き換えればよい．

$$y = \delta + \varDelta \, (y \to \infty) \text{ で，} \quad U_V = U_{Vb} \tag{2.2-20}$$

ここに，U_{Vb} は主流速度である．なお，主流が平板に沿う場合，主流速度は流れ方向（x 方向）に変化しないので，流れ方向の静圧勾配は生じないこと（$\partial P/\partial x = 0$）に注意を要する（Schlichting (1979)）．また，飽和純蒸気の場合は，層流自由対流凝縮および層流強制対流凝縮のいずれにおいても，蒸気境界層内には温度分布が形成されないので，式(2.2-7)で表される蒸気境界層のエネルギー方程式は取り扱う必要がなく，気液界面でのエネルギー保存に関する適合条件式(2.2-17)を次式に置き換えればよい．

$$k_L \left(\frac{\partial T_L}{\partial y} \right)_i = m_x \, \Delta i_v \tag{2.2-21}$$

2.2.2　層流自由対流凝縮

(a) 伝熱面温度が一様な場合の解析解（Nusselt の理論）

鉛直冷却面上で静止した純蒸気が凝縮する場合，すなわち自由対流凝縮する場合，凝縮液膜の流動状態は，図 2.2-2 に示すように層流，波状流および乱流の三つに大別される．層流から波状流へは次式で定義される膜レイノルズ数 Re_L が約 40 で遷移し，波状流から乱流へは $Re_L \cong 1400$ で遷移する．

$$Re_L = 4\,\Gamma / \mu_L \tag{2.2-22}$$

ここに，Γ は単位幅当たりの凝縮液質量流量，μ_L は液粘度である．Nusselt は，図 2.2-2 における層流液膜の流動と熱伝達機構を最初に解析した．以下，Nusselt (1916)の理論解析の概要を説明する．

(a-1) 基礎式および条件

図 2.2-3 に Nusselt の層流凝縮液膜モデルを示す．以下に用いる記号は基本的には第 2.2 節第 1 項と同様である．温度 T_s（= 飽和温度）の飽和純蒸気が一定温度 T_w（$T_w < T_s$）の鉛直冷却面に接するとそ

の上で凝縮し，凝縮した液は鉛直下向きに重力加速度 g の作用により流下する．その際，液膜厚さ δ は鉛直下方に行くほど徐々に厚くなる．この凝縮現象の解析に際して Nusselt はいくつかの仮定を導入したが，その主なものを以下に示す．

(1) 凝縮液の流れは層流膜状である．
(2) 液膜厚さ δ は薄く，その流れ方向変化は小さい．
(3) 蒸気の密度は液の密度に比して十分に小さい $\left(\rho_{Vb} << \rho_L\right)$．
(4) 気液界面における蒸気のせん断応力は無視できる．
(5) 液膜における運動量式中の慣性項とエネルギー式中の対流項は無視できる．
(6) 凝縮液の物性値は液膜内で変化しない（一定である）．

以上の仮定を用いると凝縮液膜に関する基礎式(2.2-1)～式(2.2-3)は以下のように簡単化される．

$$\frac{\partial U_L}{\partial x} + \frac{\partial V_L}{\partial y} = 0 \qquad \text{（質量）} \qquad (2.2\text{-}23)$$

$$\nu_L \frac{\partial^2 U_L}{\partial y^2} + g = 0 \qquad \text{（}x\text{ 方向運動量）} \qquad (2.2\text{-}24)$$

$$\frac{\partial^2 T_L}{\partial y^2} = 0 \qquad \text{（エネルギー）} \qquad (2.2\text{-}25)$$

伝熱面における境界条件は，式(2.2-10)～式(2.2-12)と同じであり，以下のようになる．

$$y = 0 \text{ で，} \quad U_L = 0 \ , \ V_L = 0 \ , \ T_L = T_w \qquad (2.2\text{-}26, 27, 28)$$

また，凝縮液膜流によって誘起される蒸気の流れは無視できるとしているので，気液界面における適合条件は以下のように表される．

$$y = \delta \text{ で，} \quad \frac{\partial U_L}{\partial y} = 0 \ , \ m_x = \rho_L \left(U_L \frac{d\delta}{dx} - V_L \right)_i \qquad (2.2\text{-}29, 30)$$

$$T_L = T_s \ , \ k_L \left(\frac{\partial T_L}{\partial y} \right)_i = m_x \Delta i_v \qquad (2.2\text{-}31, 32)$$

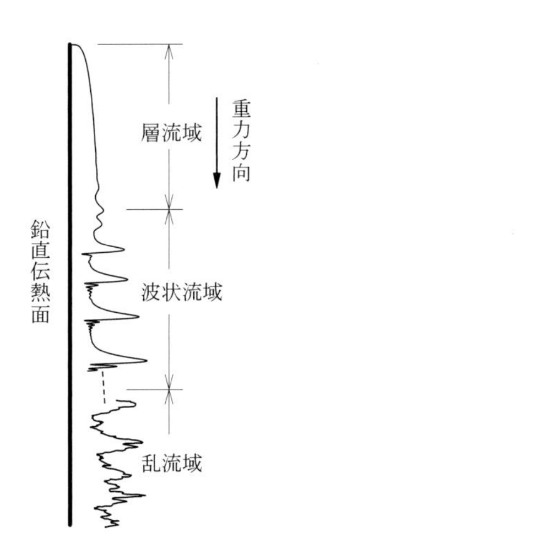

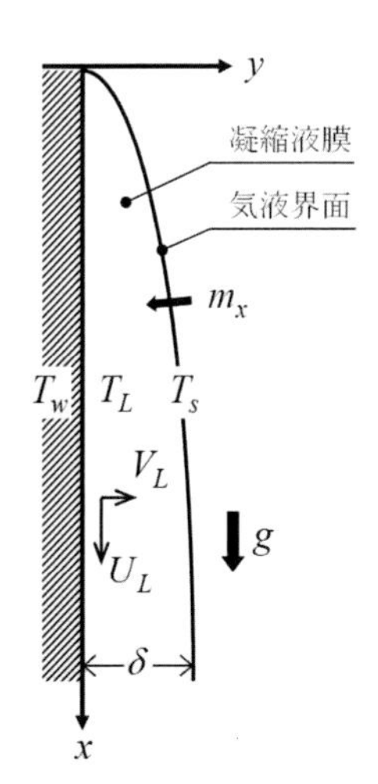

図 2.2-2　鉛直平板上の凝縮液膜流の流動状態　　図 2.2-3　Nusselt の層流凝縮液膜モデル

(a-2) 凝縮液膜内の速度分布および温度分布

x 方向の速度分布 U_L は，式(2.2-24)を式(2.2-26)および式(2.2-29)の条件のもとに解くことによって次のように求められる．

$$U_L = \frac{g}{\nu_L}\left(\delta y - \frac{y^2}{2}\right) \tag{2.2-33}$$

また，y 方向の速度分布 V_L は，式(2.2-23)に式(2.2-33)を代入して積分し，式(2.2-27)の条件を適用することによって次のように得られる．

$$V_L = -\frac{g}{\nu_L}\frac{d\delta}{dx}\frac{y^2}{2} \tag{2.2-34}$$

さらに，温度分布は，式(2.2-25)を条件式(2.2-28)および式(2.2-31)のもとに解くことによって次のように求められる．

$$T_L = (T_s - T_w)y/\delta + T_w \tag{2.2-35}$$

(a-3) 液膜厚さ

式(2.2-30)を式(2.2-32)に代入すれば，次式が得られる．

$$k_L\left(\frac{\partial T_L}{\partial y}\right)_i = \rho_L\,\Delta i_v\left(U_L\frac{d\delta}{dx} - V_L\right)_i \tag{2.2-36}$$

上式に式(2.2-33)，式(2.2-34)および式(2.2-35)を代入すると液膜厚さ δ に関する次式が得られる．

$$\delta^3\frac{d\delta}{dx} = \frac{\mu_L k_L (T_s - T_w)}{g\,\rho_L^2\,\Delta i_v} \tag{2.2-37}$$

鉛直平板の先端の凝縮開始点では凝縮液膜厚さは零であること（$x=0$ で，$\delta=0$）を考慮して，上式を積分すれば，位置 x における液膜厚さ δ に関する次式が得られる．

$$\delta = \left\{4\mu_L\,k_L(T_s - T_w)x/\left(g\,\rho_L^2\,\Delta i_v\right)\right\}^{1/4} \tag{2.2-38}$$

(a-4) 熱伝達特性

式(2.2-35)より液膜内の温度分布は直線的であるので，位置 x における局所伝熱面熱流束 q_{wx} は次式で与えられる．

$$q_{wx} = k_L\left(\frac{\partial T_L}{\partial y}\right)_w = k_L\frac{T_s - T_w}{\delta} \tag{2.2-39}$$

上式に式(2.2-38)を代入すれば，局所伝熱面熱流束に関する次式が求められる．

$$q_{wx} = \left\{g\,\rho_L^2\,k_L^3\,\Delta i_v (T_s - T_w)^3/(4\,\mu_L\,x)\right\}^{1/4} \tag{2.2-40}$$

また，上式を鉛直平板に沿って位置$x=0$から$x=\ell$（ℓは平板高さ）まで積分してℓで割れば，平均伝熱面熱流束q_{wm}が求められる．

$$q_{wm}=\frac{1}{\ell}\int_0^{\ell} q_{wx}\,dx=4\left\{g\,\rho_L^2\,k_L^3\,\Delta i_v\left(T_s-T_w\right)^3/\left(4\,\mu_L\,\ell\right)\right\}^{1/4}/3=4\left(q_{wx}\right)_{x=\ell}/3 \quad (2.2\text{-}41)$$

局所熱伝達率h_{Lx}を，

$$h_{Lx}=q_{wx}/\left(T_s-T_w\right) \quad (2.2\text{-}42)$$

と定義すれば，上式と式(2.2-40)よりh_{Lx}に関する次式が得られる．

$$h_{Lx}=\left\{g\,\rho_L^2\,k_L^3\,\Delta i_v/\left[4\,\mu_L\left(T_s-T_w\right)x\right]\right\}^{1/4} \quad (2.2\text{-}43)$$

また，局所熱伝達率h_{Lx}の無次元数，すなわち局所ヌセルト数Nu_{Lx}を次式で定義する．

$$Nu_{Lx}=h_{Lx}\,x/k_L\left(=x/\delta\right) \quad (2.2\text{-}44)$$

ここに，局所ヌセルト数は位置xとその位置における液膜厚さδとの比を表す．上式に式(2.2-43)を代入すれば，次式が得られる．

$$Nu_{Lx}=\left(Ga_{Lx}\,Pr_L/Ja_L\right)^{1/4}/\sqrt{2}\cong 0.707\left(Ga_{Lx}\,Pr_L/Ja_L\right)^{1/4} \quad (2.2\text{-}45)$$

ここに，Ga_{Lx}は代表寸法をxとしたガリレオ数（重力と粘性力の比を表す無次元数），Pr_Lは液のプラントル数，Ja_Lは液のヤコブ数（液の顕熱と凝縮潜熱との比で，相変化数とも呼ばれる）であり，それぞれ以下のように定義される．

$$Ga_{Lx}=g\,x^3/\nu_L^2\,,\quad Pr_L=\mu_L\,c_{pL}/k_L\,,\quad Ja_L=c_{pL}\left(T_s-T_w\right)/\Delta i_v \quad (2.2\text{-}46, 47, 48)$$

なお，c_{pL}は液の定圧比熱である．

平均熱伝達率h_{Lm}を，

$$h_{Lm}=q_{wm}/\left(T_s-T_w\right) \quad (2.2\text{-}49)$$

と定義すれば，上式と式(2.2-41)より，h_{Lm}は次のようになる．

$$h_{Lm}=4\left\{g\,\rho_L^2\,k_L^3\,\Delta i_v/\left[4\,\mu_L\left(T_s-T_w\right)\ell\right]\right\}^{1/4}/3 \quad (2.2\text{-}50)$$

また，平均ヌセルト数Nu_{Lm}を

$$Nu_{Lm}=h_{Lm}\,\ell/k_L \quad (2.2\text{-}51)$$

と定義すれば，次式が得られる．

$$Nu_{Lm}=2\sqrt{2}\left[Ga_{L\ell}\,Pr_L/Ja_L\right]^{1/4}/3\cong 0.943\left[Ga_{L\ell}\,Pr_L/Ja_L\right]^{1/4} \quad (2.2\text{-}52)$$

ここに，$Ga_{L\ell}$は代表寸法をℓとしたガリレオ数であり，次式で定義される．

$$Ga_{L\ell} = g\,\ell^3 / \nu_L^{\,2} \tag{2.2-53}$$

(a-5) 凝縮質量流束

式(2.2-32)，式(2.2-35)および式(2.2-38)の関係を用いれば，位置xにおける局所凝縮質量流束m_xに関する次式が求められる．

$$m_x = \left\{g\,\rho_L^{\,2}\,k_L^3 (T_s - T_w)^3 \big/ \left(4\,\mu_L\,\Delta i_v^{\,3}\,x\right)\right\}^{1/4} \tag{2.2-54}$$

また，上式を鉛直平板に沿って位置$x = 0$から$x = \ell$（ℓは平板高さ）まで積分してℓで割れば，平均凝縮質量流束m_mが求められる．

$$m_m = \frac{1}{\ell}\int_0^{\ell} m_x\,dx = 4\left\{g\,\rho_L^{\,2}\,k_L^{\,3}\,(T_s - T_w)^3 \big/ \left(4\,\mu_L\,\Delta i_v^{\,3}\,\ell\right)\right\}^{1/4} \big/ 3 = 4(m_x)_{x=\ell} / 3 \tag{2.2-55}$$

無次元の局所凝縮質量流束M_Lおよび平均凝縮質量流束M_{Lm}をそれぞれ

$$M_L = m_x\,x \big/ \left[\mu_L (Ga_{Lx}/4)^{1/4}\right] \quad , \quad M_{Lm} = m_m\,\ell \big/ \left[\mu_L\,(Ga_{L\ell}/4)^{1/4}\right] \tag{2.2-56, 57}$$

と定義すれば，以下の式が得られる．

$$M_L = (Ja_L / Pr_L)^{3/4} \quad , \quad M_{Lm} = 4(Ja_L / Pr_L)^{3/4} / 3 = 4(M_L)_{x=\ell} / 3 \tag{2.2-58, 59}$$

ここに，M_LおよびM_{Lm}はJa_LおよびPr_Lの関数である．なお，式(2.2-58)および式(2.2-59)より，式(2.2-45)の局所ヌセルト数および式(2.2-52)の平均ヌセルト数は以下のようにも表される（これらの式は凝縮質量流束と熱伝達率の関係，すなわち凝縮により放出された潜熱と熱伝達率の関係を表している）．

$$Nu_{Lx} = M_L^{-1/3}\ \ Ga_{Lx}^{\,1/4} \big/ \sqrt{2} \cong 0.707\,M_L^{-1/3}\ \ Ga_{Lx}^{\,1/4} = 0.707\,M_L^{-1/3} Ga_{Lx}^{\,1/4} \tag{2.2-60}$$

$$Nu_{Lm} = 2\sqrt{2}\,M_L^{-1/3}\ Ga_{L\ell}^{\,1/4} / 3 \cong 0.943\,M_L^{-1/3}\ Ga_{L\ell}^{\,1/4} \tag{2.2-61}$$

(a-6) 無次元関係式を利用した伝熱量と凝縮量の計算方法

伝熱面温度T_wと飽和蒸気温度T_sおよび伝熱面高さℓが既知である場合を考える．凝縮液の代表物性値を求め，それらの値を式(2.2-40)，式(2.2-43)および式(2.2-54)に代入することによって局所位置xにおける伝熱面熱流束q_{wx}，熱伝達率h_{Lx}および凝縮質量流束m_xを容易に求めることができる．同様に，代表物性値および伝熱面高さを式(2.2-41)，式(2.2-50)および式(2.2-55)に代入すれば，伝熱面全体の平均の伝熱面熱流束q_{wm}，熱伝達率h_{Lm}および凝縮流束m_mを求めることができる．ここに，上述の諸物理量を求めるための代表物性値の取り方について，新里ら (1992)は，蒸気の物性値は一定とし，液の物性値の変化を考慮した場合の飽和純蒸気の鉛直平板上の層流自由対流膜状凝縮に関する二相境界層方程式を，後述する Koh *et al.* (1961)と同様の相似変換法を用いて数値解析することにより検討し，評価温度$T_r = T_w + (T_s - T_w)/4$における液物性値を代表物性値として用いればよいことを示している．

以上の伝熱面熱流束，熱伝達率および凝縮流束の計算は，無次元関係式を利用してもできる．この場合の手順を以下に示す．

(1) 液の代表物性値（評価温度 $T_r = T_w + (T_s - T_w)/4$ における物性値）を計算する．

(2) 式(2.2-47)および式(2.2-48)で定義されるプラントル数 Pr_L およびヤコブ数 Ja_L，並びに式（2.2-46）および式(2.2-53)で定義されるガリレオ数 Ga_{Lx} および $Ga_{L\ell}$ を求める．

(3) 式(2.2-45)および式(2.2-52)より，それぞれ局所ヌセルト数 Nu_{Lx} および平均ヌセルト数 Nu_{Lm} を求める．

(4) Nu_{Lx} および Nu_{Lm} の定義式である式(2.2-44)および式(2.2-51)より，それぞれ局所熱伝達率 h_{Lx} および平均熱伝達率 h_{Lm} を求める．

(5) h_{Lx} および h_{Lm} の定義式である式(2.2-42)および式(2.2-49)より，それぞれ局所伝熱面熱流束 q_{wx} および平均伝熱面熱流束 q_{wm} を求める．

(6) 式(2.2-58)および式(2.2-59)より，それぞれ無次元の局所凝縮質量流束 M_L および平均凝縮質量流束 M_{Lm} を求める．

(7) M_L および M_{Lm} の定義式の式(2.2-56)および式(2.2-57)より，それぞれ局所および平均の凝縮質量流束 m_x および m_m を求める．

(b) 伝熱面熱流束が一様な場合の解析解

(b-1) 基礎式，境界条件，適合条件，速度分布および温度分布

藤井ら (1971a)は，Nusselt (1916)の理論解析に習い，伝熱面熱流束が一様な場合（q_w ＝一定）の飽和純蒸気の鉛直冷却面上の層流自由対流膜状凝縮の解析を行った．基本的仮定はNusseltの理論解析と同じであり，それらの仮定より導出される液膜の連続の式，運動量の式およびエネルギー式は式(2.2-23), (2.2-24)および(2.2-25)と同じである．また，式(2.2-28)の伝熱面上の境界条件を次式で置き換えることを除けば，他の伝熱面上の境界条件は式(2.2-26)，式(2.2-27)で表され，気液界面における適合条件は式(2.2-29)～式(2.2-32)で表される．

$$q_w = k_L \left(\frac{\partial T_L}{\partial y} \right)_w = \text{一定}. \tag{2.2-62}$$

伝熱面上の境界条件および気液界面での適合条件のもとに液膜の連続の式，運動量の式およびエネルギー式を解いて求められる液膜内の x 方向速度分布および y 方向速度分布はそれぞれ前出の式(2.2-33)および式(2.2-34)で表され，液膜内の温度分布は次式で表される．

$$T_L = T_s - q_w (\delta - y)/k_L \tag{2.2-63}$$

ここに，x 方向に変化する伝熱面温度を T_{wx} とすれば，液膜内の温度分布は次式でも表される．

$$T_L = (T_s - T_{wx})y/\delta + T_{wx} \tag{2.2-64}$$

なお，T_{wx} は後述の式(2.2-69)で与えられる．

(b-2) 液膜厚さおよび伝熱面温度

液膜内の温度分布は直線的であるので，次式が成り立つ．

$$q_w = k_L \left(\frac{\partial T_L}{\partial y} \right)_w = k_L \frac{T_s - T_{wx}}{\delta} = k_L \left(\frac{\partial T_L}{\partial y} \right)_i = \text{一定}. \tag{2.2-65}$$

上式と式(2.2-36)より，液膜厚さ δ に関する次式が得られる．

$$q_w = \rho_L \, \Delta i_v \left(U_L \frac{d\delta}{dx} - V_L \right)_i = \Delta i_v \, m_x \qquad (2.2\text{-}66)$$

さらに，上式に式(2.2-33)および式(2.2-34)の関係を代入すると，次式が得られる．

$$\delta^2 \frac{d\delta}{dx} = \frac{\mu_L q_w}{g \, \rho_L^2 \, \Delta i_v} \qquad (2.2\text{-}67)$$

上式を，$x = 0$ で，$\delta = 0$ の条件で解けば，位置 x における液膜厚さに関する次式が得られる．

$$\delta = \left[3\mu_L \, q_w x / \left(g \, \rho_L^2 \, \Delta i_v \right) \right]^{1/3} \qquad (2.2\text{-}68)$$

また，上式を式(2.2-65)に代入すれば，位置 x における伝熱面温度に関する次式が求められる．

$$T_{wx} = T_s - \left[3\mu_L \, q_w^4 \, x / \left(g \, \rho_L^2 \, k_L^3 \, \Delta i_v \right) \right]^{1/3} \qquad (2.2\text{-}69)$$

さらに，平均伝熱面熱温度 T_{wm} は，上式を鉛直平板に沿って位置 $x = 0$ から $x = \ell$ （ℓ は平板高さ）まで積分することによって次のように求められる．

$$T_{wm} = \frac{1}{\ell} \int_0^\ell T_{wx} dx = T_s - 3 \left[3\mu_L \, q_w^4 \, \ell / \left(g \, \rho_L^2 \, k_L^3 \, \Delta i_v \right) \right]^{1/3} / 4 \qquad (2.2\text{-}70)$$

(b-3) 熱伝達特性

局所熱伝達率 h_{Lx} は式(2.2-42)と同形であり，次式で定義される．

$$h_{Lx} = q_w / \left(T_s - T_{wx} \right) \qquad (2.2\text{-}71)$$

従って，式(2.2-69)の関係を上式に代入すれば，次式が得られる．

$$h_{Lx} = \left[3\mu_L \, q_w \, x / \left(g \, \rho_L^2 \, k_L^3 \, \Delta i_v \right) \right]^{-1/3} \qquad (2.2\text{-}72)$$

また，上式は次のように無次元数で表現できる．

$$Nu_{Lx}^* = \left(3Re_{Lx} / 4 \right)^{-1/3} \cong 1.10 / Re_{Lx}^{1/3} \qquad (2.2\text{-}73)$$

ここに，Nu_{Lx}^* は長さの次元を有する $\left(\nu_L^2 / g \right)^{1/3}$ を代表寸法としたヌセルト数であり，Re_{Lx} は膜レイノルズ数と呼ばれ，それらは以下のように定義される．

$$Nu_{Lx}^* = h_{Lx} \left(\nu_L^2 / g \right)^{1/3} / k_L \quad , \quad Re_{Lx} = 4 q_w \, x / \left(\mu_L \, \Delta i_v \right) \qquad (2.2\text{-}74, 75)$$

伝熱面熱流束が一様の場合の平均熱伝達率 h_{Lm} を平均伝熱面温度 T_{wm} を用いて，

$$h_{Lm} = q_w / (T_s - T_{wm}) \tag{2.2-76}$$

と定義すれば，上式に式(2.2-70)を代入すると次式が得られる．

$$h_{Lm} = 4\left[3\mu_L q_w \ell / \left(g \rho_L^2 k_L^3 \Delta i_v\right)\right]^{-1/3} / 3 \tag{2.2-77}$$

また，長さの次元を有する $\left(\nu_L^2 / g\right)^{1/3}$ を代表寸法した一種の平均ヌセルト数 Nu_{Lm}^* を

$$Nu_{Lm}^* = h_{Lm} \left(\nu_L^2 / g\right)^{1/3} / k_L \tag{2.2-78}$$

と定義すれば，次式が得られる．

$$Nu_{Lm}^* = 4\left[3 Re_{L\ell} / 4\right]^{-1/3} / 3 \cong 1.47 \left(Re_{Ll}\right)^{-1/3} \tag{2.2-79}$$

ここに， $Re_{L\ell}$ は，式(2.2-75)中の代表寸法 x を ℓ に置き換えた膜レイノルズ数である．

(b-4) 凝縮質量流束

伝熱面熱流束 q_w と飽和蒸気温度 T_s および伝熱面高さ ℓ が既知である場合を考える．式(2.2-69)および式(2.2-70)より位置 x における伝熱面温度 T_{wx} および平均伝熱面温度 T_{wm} を求めることができる．また，式(2.2-72)および式(2.2-77)より局所熱伝達率 h_{Lx} および平均熱伝達率 h_{Lm} が求められる．なお，凝縮質量流束は式(2.2-66)で分かるように位置 x に依らず一定となり，次のように伝熱面熱流束より容易に求められる．

$$m_x = q_w / \Delta i_v \tag{2.2-80}$$

(c) 飽和純蒸気の層流自由対流膜状凝縮の相似解

Koh *et al.* (1961)は，温度 T_s の静止した飽和純蒸気中に鉛直に設置された，一定温度 T_w （ただし，$T_w < T_s$ ）に保たれた平板上の層流自由対流凝縮について相似変換により理論解析した．以下，その手法の概要と解析結果を紹介する．なお，相似変換法の詳細は【付録 2. 3】を参照のこと．

(c-1) 基礎式および条件

この場合の基礎方程式は，第 2.2 節第 1 項で説明した液膜に関する式(2.2-1)から式(2.2-3)，蒸気境界層に関する式(2.2-5)および式(2.2-6)（ただし，式(2.2-6)に関しては右辺第 2 項の浮力項を除いた式），伝熱面上（ $y = 0$ ）での境界条件に関する式(2.2-10)から式(2.2-12)，気液界面（ $y = \delta$ ）での適合条件に関する式(2.2-13)から式(2.2-17)（ただし，式(2.2-17)式に関しては右辺第 2 項の蒸気境界層からの対流熱伝達項を除いた式），並びに蒸気境界層外縁（ $y = \delta + \varDelta\,(y \to \infty)$ ）での境界条件に関する式(2.2-18)から構成される．すなわち，基礎方程式は以下のように表される．

液膜に関する基礎式

$$\frac{\partial U_L}{\partial x} + \frac{\partial V_L}{\partial y} = 0 \qquad \text{（質量）} \tag{2.2-81}$$

$$U_L \frac{\partial U_L}{\partial x} + V_L \frac{\partial U_L}{\partial y} = \nu_L \frac{\partial^2 U_L}{\partial y^2} + g\left(1 - \frac{\rho_{Vb}}{\rho_L}\right)$$ （x 方向運動量） (2.2-82)

$$U_L \frac{\partial T_L}{\partial x} + V_L \frac{\partial T_L}{\partial y} = \kappa_L \frac{\partial^2 T_L}{\partial y^2}$$ （エネルギー） (2.2-83)

蒸気境界層に関する基礎式

$$\frac{\partial U_V}{\partial x} + \frac{\partial V_V}{\partial y} = 0$$ （質量） (2.2-84)

$$U_V \frac{\partial U_V}{\partial x} + V_V \frac{\partial U_V}{\partial y} = \nu_V \frac{\partial^2 U_V}{\partial y^2}$$ （x 方向運動量） (2.2-85)

伝熱面上の境界条件

$y = 0$ で，　$U_L = 0$ ， $V_L = 0$ ， $T_L = T_w$ (2.2-86, 87, 88)

気液界面における適合条件

$y = \delta$ で，　$U_{Li} = U_{Vi}$ ， $\mu_L \left(\frac{\partial U_L}{\partial y}\right)_i = \mu_V \left(\frac{\partial U_V}{\partial y}\right)_i$ (2.2-89, 90)

$$\rho_L \left(U_L \frac{d\delta}{dx} - V_L\right)_i = \rho_V \left(U_V \frac{d\delta}{dx} - V_V\right)_i = m_x$$ (2.2-91)

$T_{Li} = T_{Vi} = T_s$ ， $k_L \left(\frac{\partial T_L}{\partial y}\right)_i = m_x \Delta i_v$ (2.2-92, 93)

蒸気境界層外縁での境界条件

$y = \delta + \Delta\,(y \to \infty)$ で， $U_V = 0$ (2.2-94)

(c-2) 相似解の導出

液膜における流れ関数 $\Psi_L(x, y)$ および蒸気境界層における流れ関数 $\Psi_V(x, y)$ をそれぞれ以下のように定義すれば，液膜および蒸気境界層における質量保存に関する式(2.2-81)および式(2.2-84)は自動的に満足される．

$U_L = \frac{\partial \Psi_L}{\partial y}$ ， $V_L = -\frac{\partial \Psi_L}{\partial x}$ (2.2-95a, 95b)

$U_V = \frac{\partial \Psi_V}{\partial y}$ ， $V_V = -\frac{\partial \Psi_V}{\partial x}$ (2.2-96a, 96b)

そこで，相似変数 η_L および η_V ，無次元流れ関数 $F_L(\eta_L)$ および $F_V(\eta_V)$ ，並びに無次元温度 $\Theta_L(\eta_L)$ を以下のように定義する．

$\eta_L = C_L \frac{y}{x^{1/4}}$ ，　$\eta_V = C_V \frac{y}{x^{1/4}}$ (2.2-97, 98)

$$F_L(\eta_L)=\frac{\Psi_L(x,y)}{4C_L\nu_L x^{3/4}} \quad , \quad F_V(\eta_V)=\frac{\Psi_V(x,y)}{4C_V\nu_V x^{3/4}} \quad , \quad \Theta_L(\eta_L)=\frac{T_s-T_L}{T_s-T_w} \tag{2.2-99, 100, 101}$$

ここに，C_L および C_V はいずれも定数であり，以下のように定義される．

$$C_L=\left[g(\rho_L-\rho_{Vb})/\left(4\nu_L^2\rho_L\right)\right]^{1/4} \quad , \quad C_V=\left[g/\left(4\nu_V^2\right)\right]^{1/4} \tag{2.2-102, 103}$$

以上の無次元変数を用いれば，液膜および蒸気境界層に関する二相境界層方程式，境界条件および適合条件は以下のように表される．

液膜の基礎式

$$\frac{d^3F_L}{d\eta_L^3}+3F_L\frac{d^2F_L}{d\eta_L^2}-2\left(\frac{dF_L}{d\eta_L}\right)^2+1=0 \tag{2.2-104}$$

$$\frac{d^2\Theta_L}{d\eta_L^2}+3\,Pr_L F_L\frac{d\Theta_L}{d\eta_L}=0 \tag{2.2-105}$$

蒸気境界層の基礎式

$$\frac{d^3F_V}{d\eta_V^3}+3F_V\frac{d^2F_V}{d\eta_V^2}-2\left(\frac{dF_V}{d\eta_V}\right)^2=0 \tag{2.2-106}$$

伝熱面上の境界条件

$$\eta_L=0\text{ で，}\qquad F_L=0 \quad , \quad \frac{dF_L}{d\eta_L}=0 \quad , \quad \Theta_L=1 \tag{2.2-107, 108, 109}$$

気液界面での適合条件

$\eta_L=\eta_{Li}$ および $\eta_V=\eta_{Vi}$ で，

$$F_V=RF_L\left[(\rho_L-\rho_V)/\rho_L\right]^{1/4}\approx RF_L \tag{2.2-110}$$

$$\frac{dF_V}{d\eta_V}=\frac{dF_L}{d\eta_L} \quad , \quad \frac{d^2F_V}{d\eta_V^2}=R\frac{d^2F_L}{d\eta_L^2}\left(\frac{\rho_L-\rho_V}{\rho_L}\right)^{3/4}\approx R\frac{d^2F_L}{d\eta_L^2} \tag{2.2-111, 112}$$

$$\Theta_L=0 \quad , \quad -\frac{d\Theta_L}{d\eta_L}=3F_L\frac{\mu_L\Delta i_v}{\lambda_L(T_s-T_w)}=3F_L\frac{Pr_L}{Ja_L} \tag{2.2-113, 114}$$

ここに，R は $\rho\mu$ 比で，次式で定義される．

$$R=\sqrt{\rho_L\mu_L/(\rho_V\mu_V)} \tag{2.2-115}$$

なお, 気液界面では, $\eta_{Vi}\neq 0$ であり, η_{Vi} は η_{Li} が求まれば次式で一義的に計算できるが, Koh *et al.* (1961) は気液界面で $\eta_V=\eta_{Vi}=0$ と近似して解析を行っていることに注意を要する．

$$\eta_{Vi}=C_V\eta_{Li}/C_L \tag{2.2-116}$$

蒸気境界層外縁での境界条件

$$\eta_V \to \infty \text{ で}, \qquad \frac{dF_V}{d\eta_V} = 0 \tag{2.2-117}$$

(c-3) 解析結果

Koh *et al.* (1961)は，式(2.2-104)，式(2.2-105)および式(2.2-106)を所定の適合条件および境界条件のもとに数値的に解き，熱伝達特性に及ぼす液プラントル数 Pr_L，液ヤコブ数 Ja_L および $\rho\mu$ 比 R の影響を検討した．

図 2.2-4 に液膜および蒸気境界層内の速度分布と液膜内温度分布の計算例を示す．図(a)および(b)のいずれの条件においても液膜内のエネルギーの輸送は熱伝導支配で，対流項の影響は無視でき，温度分布は直線と見なせる．速度分布に関しては，Pr_L の影響が顕著に現れており，図(a)の Pr_L =10 の場合は慣性項の影響は小さく，気液界面のごく近傍で液膜速度は最大となり，その速度分布形はヌセルトの解の速度分布（式(2.2-33)）に近い形を維持するが，図(b)の Pr_L =0.003 の場合は，蒸気境界層の慣性項の影響により，液膜速度は液膜内で最大となり，気液界面に向かって速度は減少し，その速度分布形はヌセルトの解の速度分布（式(2.2-33)）とは大きく異なる．

図 2.2-5 に $\rho\mu$ 比 R =600 の熱伝達特性の計算結果を示す．縦軸は相似解による局所ヌセルト数とヌセルトの式(2.2-45)との比である $Nu_{Lx}/\left[Ga_{Lx}\,Pr_L/(4\,Ja_L)\right]^{1/4}$ で，横軸は Ja_L である．ここに，縦軸の中のガリレオ数 Ga_{Lx} は，蒸気密度の影響を考慮した次式で定義されるが，このガリレオ数は蒸気密度が液密度に比して十分に小さいとすれば，式(2.2-46)で定義されたガリレオ数と一致する．

$$Ga_{Lx} = g\,x^3\left(1-\rho_{Vb}/\rho_L\right)/\nu_L{}^2 \tag{2.2-118}$$

図より，$Pr_L \geqq 10$ の場合は，局所ヌセルト数 Nu_{Lx} は，Ja_L が大きくなると，ヌセルトの式より高い値をとる．これは，凝縮量の増加とともに対流項の影響が顕著となることに対応する．一方，$Pr_L \leqq 0.03$ の場合は，Nu_{Lx} は Ja_L の増加とともにヌセルトの式よりも低い値となるが，これは，図 2.2-4(b)に示すように，液膜速度分布が慣性項の影響によりヌセルトの解の速度分布（式(2.2-33)）と大きく異なることによるものである．また，$Pr_L = 1$ の場合においては，Ja_L が大きくなっても，Nu_{Lx} はヌセルトの式に近い値を取る．なお，図示していないが，R の影響は R =10～600 の範囲では無視できるほど小さい．

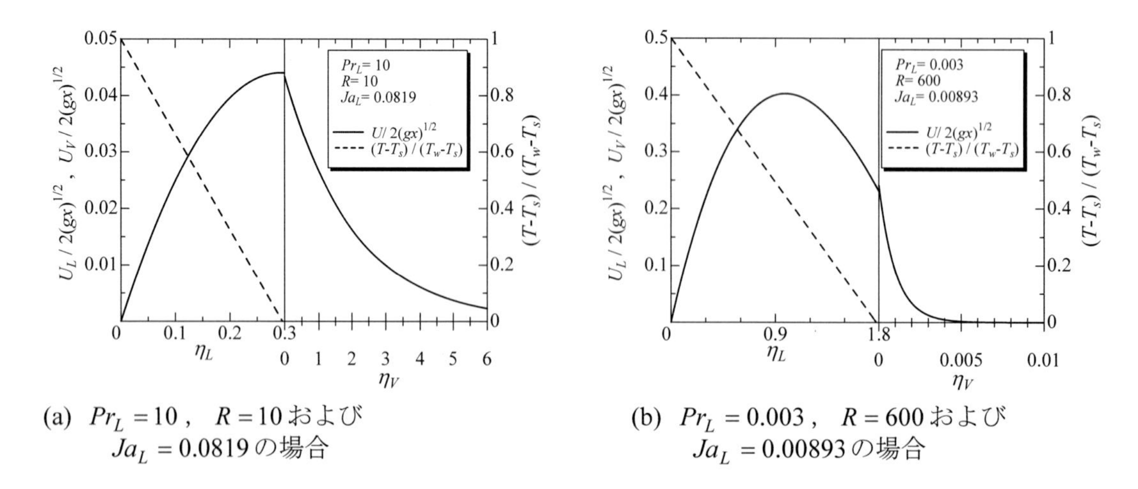

(a) $Pr_L = 10$，$R = 10$ および $Ja_L = 0.0819$ の場合

(b) $Pr_L = 0.003$，$R = 600$ および $Ja_L = 0.00893$ の場合

図 2.2-4　速度および温度分布の計算例

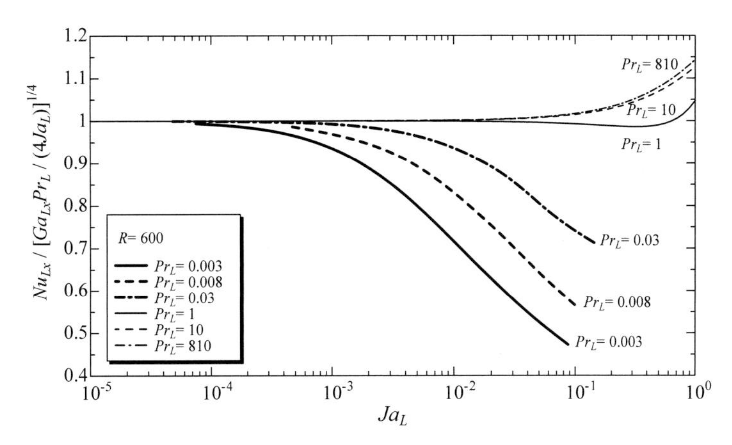

図 2.2-5　$Nu_{Lx}/\left[Ga_{Lx}\ Pr_L/\left(4\,Ja_L\right)\right]^{1/4}$ と Ja_L の関係

2.2.3　層流強制・共存対流凝縮

(a) 飽和純蒸気の層流強制対流凝縮の相似解

Koh (1962)は主流速度が U_{Vb} で，飽和温度が T_s の飽和蒸気が，温度 T_w （ただし，$T_w < T_s$ ）に保たれた平板上で層流強制対流膜状凝縮する場合について相似変換により理論解析した．以下，その手法の概要と解析結果を紹介する．

(a-1) 基礎式および条件

この場合の基礎方程式は，第 2.2 節第 1 項で説明したように，液膜に関する基礎式(2.2-1)から式(2.2-3)（ただし，式(2.2-2)中の右辺第 2 項の重力項を無視（ $g = 0$)），蒸気境界層に関する基礎式(2.2-5)および式(2.2-6) （ただし，式(2.2-6)中の右辺第 2 項の重力項を無視（ $g = 0$)），伝熱面上（ $y = 0$ ）での境界条件に関する式(2.2-10)から式(2.2-12)，気液界面（ $y = \delta$ ）での適合条件に関する式(2.2-13)から式(2.2-16)および式(2.2-21)，並びに蒸気境界層外縁（ $y = \delta + \varDelta\,(y \to \infty)$ ）での境界条件に関する式(2.2-20)から構成される．すなわち，基礎方程式は以下のように表される．

液膜に関する基礎式

$$\frac{\partial U_L}{\partial x} + \frac{\partial V_L}{\partial y} = 0 \qquad \text{（質量）} \qquad (2.2\text{-}119)$$

$$U_L \frac{\partial U_L}{\partial x} + V_L \frac{\partial U_L}{\partial y} = \nu_L \frac{\partial^2 U_L}{\partial y^2} \qquad \text{（}x\text{ 方向運動量）} \qquad (2.2\text{-}120)$$

$$U_L \frac{\partial T_L}{\partial x} + V_L \frac{\partial T_L}{\partial y} = \kappa_L \frac{\partial^2 T_L}{\partial y^2} \qquad \text{（エネルギー）} \qquad (2.2\text{-}121)$$

蒸気境界層に関する基礎式

$$\frac{\partial U_V}{\partial x} + \frac{\partial V_V}{\partial y} = 0 \qquad \text{（質量）} \qquad (2.2\text{-}122)$$

$$U_V \frac{\partial U_V}{\partial x} + V_V \frac{\partial U_V}{\partial y} = \nu_V \frac{\partial^2 U_V}{\partial y^2} \qquad \text{（}x\text{ 方向運動量）} \qquad (2.2\text{-}123)$$

伝熱面上の境界条件

$y=0$ で，　$U_L=0$ ，$V_L=0$ ，$T_L=T_w$ (2.2-124, 125, 126)

気液界面における適合条件

$y=\delta$ で，　$U_{Li}=U_{Vi}$ ，$\mu_L\left(\frac{\partial U_L}{\partial y}\right)_i=\mu_V\left(\frac{\partial U_V}{\partial y}\right)_i$ (2.2-127, 128)

$$\rho_L\left(U_L\frac{d\delta}{dx}-V_L\right)_i=\rho_V\left(U_V\frac{d\delta}{dx}-V_V\right)_i=m_x \quad (2.2\text{-}129)$$

$$T_{Li}=T_{Vi}=T_s \quad , \quad k_L\left(\frac{\partial T_L}{\partial y}\right)_i=m_x\,\Delta i_v \quad (2.2\text{-}130, 131)$$

蒸気境界層外縁での境界条件

$y=\delta+\Delta\,(y\to\infty)$ で，$U_V=U_{Vb}$ (2.2-132)

(a-2) 相似解の導出

Koh (1962)は，まず，液膜および蒸気境界層における質量保存に関する式(2.2-119)および式(2.2-122)を自動的に満足する液膜における流れ関数$\Psi_L(x,y)$および蒸気境界層における流れ関数$\Psi_V(x,y)$をそれぞれ以下のように定義した．

$$U_L=\frac{\partial\Psi_L}{\partial y} \quad , \quad V_L=-\frac{\partial\Psi_L}{\partial x} \quad (2.2\text{-}133a, 133b)$$

$$U_V=\frac{\partial\Psi_V}{\partial y} \quad , \quad V_V=-\frac{\partial\Psi_V}{\partial x} \quad (2.2\text{-}134a, 134b)$$

そして，相似変数η_Lおよびη_V，無次元流れ関数$F_L(\eta_L)$および$F_V(\eta_V)$，並びに無次元液温度$\Theta_L(\eta_L)$を以下のように定義した．ここに，相似変数および相似解の導出方法は付録【2.3】に示した層流自由対流膜状凝縮の場合と類似である．

$$\eta_L=y\sqrt{U_{Vb}/(\nu_L x)} \quad , \quad \eta_V=y\sqrt{U_{Vb}/(\nu_V x)} \quad (2.2\text{-}135, 136)$$

$$F_L(\eta_L)=\frac{\Psi_L(x,y)}{(\nu_L U_{Vb}x)^{\frac{1}{2}}} \quad , \quad F_V(\eta_V)=\frac{\Psi_V(x,y)}{(\nu_V U_{Vb}x)^{\frac{1}{2}}} \quad , \quad \Theta_L(\eta_L)=\frac{T_s-T_L}{T_s-T_w} \quad (2.2\text{-}137, 138, 139)$$

以上の無次元変数を用いて，液膜および蒸気境界層に関する二相境界層方程式，境界条件および適合条件を表した．

液膜の基礎式

$$\frac{d^3F_L}{d\eta_L^3}+\frac{1}{2}F_L\frac{d^2F_L}{d\eta_L^2}=0 \quad (2.2\text{-}140)$$

$$\frac{d^2\Theta_L}{d\eta_L^2}+\frac{1}{2}Pr_L F_L\frac{d\Theta_L}{d\eta_L}=0 \quad (2.2\text{-}141)$$

蒸気境界層の基礎式

$$\frac{d^3F_V}{d\eta_V^3}+\frac{1}{2}F_V\frac{d^2F_V}{d\eta_V^2}=0 \tag{2.2-142}$$

伝熱面上の境界条件

$$\eta_L=0\text{で}, \qquad F_L=0 \quad , \quad \frac{dF_L}{d\eta_L}=0 \quad , \quad \Theta_L=1 \tag{2.2-143, 144, 145}$$

気液界面での適合条件

$\eta_L=\eta_{Li}$ および $\eta_V=\eta_{Vi}=0$ で,

$$RF_L=F_V \quad , \quad \frac{dF_L}{d\eta_L}=\frac{dF_V}{d\eta_V} \quad , \quad R\frac{d^2F_L}{d\eta_L^2}=\frac{d^2F_V}{d\eta_V^2} \tag{2.2-146, 147, 148}$$

$$\Theta_L=0 \quad , \quad -\frac{d\Theta_L}{d\eta_L}=\frac{F_L}{2}\frac{\mu_L\Delta i_v}{k_L(T_s-T_w)}=\frac{F_L}{2}\frac{Pr_L}{Ja_L} \tag{2.2-149, 150}$$

ここに，Koh (1962)は，Koh *et al.* (1961)の層流自由対流凝縮に関する相似解の場合と同様に，本来，$\eta_{Vi}\neq 0$ で，η_{Vi} は η_{Li} が求まれば次式で求められるところを，$\eta_V=\eta_{Vi}=0$ としている．

$$\eta_{Vi}=\sqrt{\nu_L/\nu_V}\,\eta_{Li} \tag{2.2-151}$$

蒸気境界層外縁での境界条件

$$\eta_V\to\infty\text{で}, \qquad \frac{dF_V}{d\eta_V}=1 \tag{2.2-152}$$

(a-3) 解析結果

図 2.2-6(a)に液膜および蒸気境界層内の流れ方向速度分布の計算例を示し，図 2.2-6(b)に液膜内温度分布の計算例を示す．図 2.2-6(a)の速度分布より，流れ方向の速度は，液膜内ではほぼ直線的に増加し，蒸気境界層内では放物線的に増加して境界層外縁で主流蒸気速度となることがわかる．また，$\rho-\mu$ 比 R =500 の場合は，液膜の速度は蒸気主流速度に比して無視できるほど小さいことがわかる．図 2.2-6(b)の温度分布に関しては，Pr_L =0.003～10 の範囲で，液膜内温度分布は，R =10 の場合と R =500 の場合

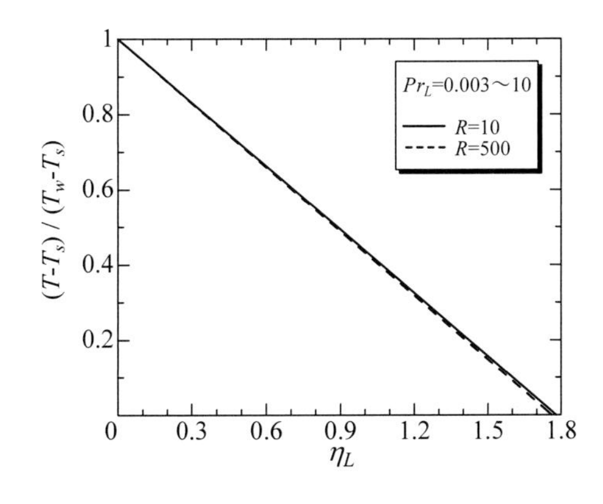

図.2-6(a) 液膜および蒸気境界層内の速度分布

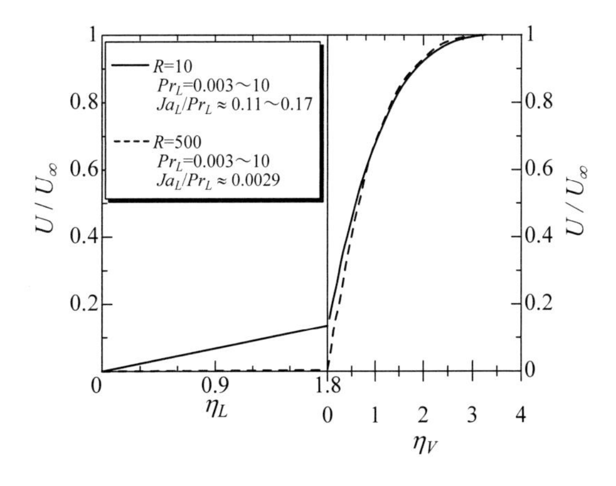

図 2.2-6(b) 液膜内温度分布

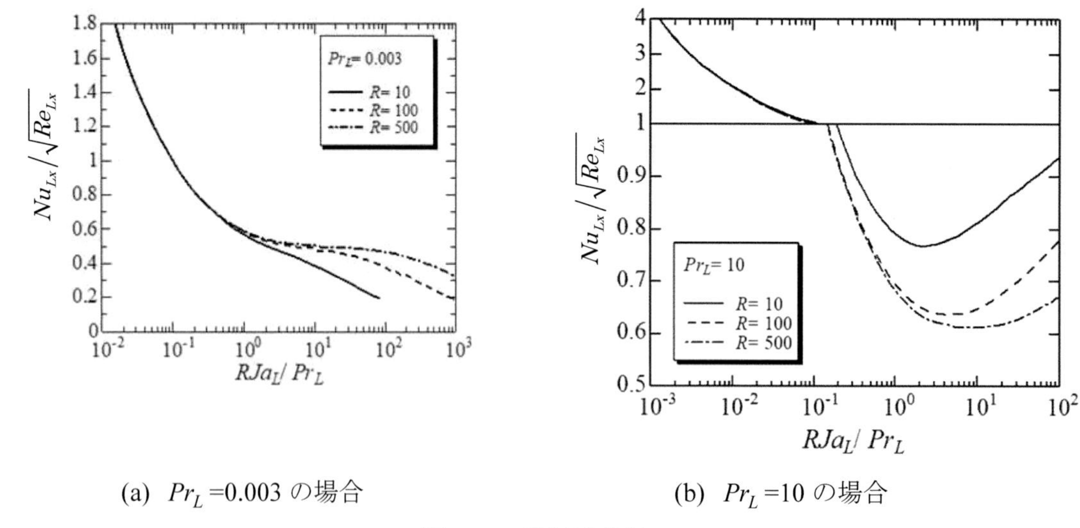

(a) Pr_L =0.003 の場合　　　(b) Pr_L =10 の場合

図 2.2-7 熱伝達特性

でほとんど差違はなく，ほぼ直線的である．なお，図示していないが，Pr_L =100 の場合は液膜内の温度分布は対流項の影響により直線的ではなくなる．

図 2.2-7(a)および(b)にそれぞれ Pr_L =0.003 および Pr_L =10 の場合の $Nu_{Lx}/\sqrt{Re}_{Lx}$ と $R\,Ja_L/Pr_L$ の関係を示す．ここに，レイノルズ数 Re_{Lx} は次式で定義される．

$$Re_{Lx} = U_{Vb}x/\nu_L \tag{2.2-153}$$

図 2.2-7(a)および(b)のいずれの場合も，$R\,Ja_L/Pr_L$ が 10^{-1} 以下では，$Nu_{Lx}/\sqrt{Re}_{Lx}$ と $R\,Ja_L/Pr_L$ の関係に Pr_L および R の影響はほとんど現れないが，$R\,Ja_L/Pr_L$ が 10^{-1} 以上では，$Nu_{Lx}/\sqrt{Re}_{Lx}$ と $R\,Ja_L/Pr_L$ の関係は Pr_L および R によって大きく異なる特性を示す．

なお，藤井ら (1991a)は，後に，平板上の純蒸気の層流強制対流膜状凝縮について，物性値の変化を考慮した相似解を数値的に解き，液膜の代表物性値の取り方について検討して，評価温度 $T_r = T_w + (T_s - T_w)/3$ における液物性値を代表物性値として用いればよいことを示している．

(b) 飽和純蒸気の層流共存対流凝縮に関する積分法による近似解

藤井ら(1971b)は，主流速度 U_{Vb} で鉛直下方に流れる温度 T_s の飽和純蒸気が鉛直に設置された一定温度 T_w（ただし，$T_w < T_s$）に保たれた平板上で層流膜状凝縮する場合について積分法により近似解析し，自由対流から強制対流までの熱伝達特性を含む共存対流層流膜状凝縮の熱伝達相関式を提案した．以下に藤井ら(1971b)の近似解析の概要を説明する．

(b-1) 基礎式および条件

藤井らは，(1) 液膜における慣性項および対流項は無視できる，(2) 物性値は一定，(3) 蒸気密度は液密度に比して十分に小さいなどの仮定を用いて，前出の第 2.2.1 項で示した液膜のおよび蒸気境界層の基礎式を，以下のように簡略化した．なお，物理モデルと座標系は，蒸気が主流速度 U_{Vb} で平板に沿って鉛直下方に流れていることを除けば，図 2.2-1 の層流自由対流膜状凝縮の場合と類似である．

液膜に関する基礎式

$$\frac{\partial U_L}{\partial x} + \frac{\partial V_L}{\partial y} = 0 \qquad \text{（質量）} \tag{2.2-154}$$

$$\nu_L \frac{\partial^2 U_L}{\partial y^2} + g = 0$$ （x方向運動量）　(2.2-155)

$$\frac{\partial^2 T_L}{\partial y^2} = 0$$ （エネルギー）　(2.2-156)

蒸気境界層に関する基礎式

$$\frac{\partial U_V}{\partial x} + \frac{\partial V_V}{\partial y} = 0$$ （質量）　(2.2-157)

$$U_V \frac{\partial U_V}{\partial x} + V_V \frac{\partial U_V}{\partial y} = \nu_V \frac{\partial^2 U_V}{\partial y^2}$$ （x方向運動量）　(2.2-158)

伝熱面上の境界条件

$y = 0$ で，　$U_L = 0$　，$V_L = 0$　，$T_L = T_w$　(2.2-159, 160, 161)

気液界面における適合条件

$y = \delta$ で，　$U_{Li} = U_{Vi}$　，$\mu_L \left(\frac{\partial U_L}{\partial y} \right)_i = \mu_V \left(\frac{\partial U_V}{\partial y} \right)_i$　(2.2-162, 163)

$$\rho_L \left(U_L \frac{d\delta}{dx} - V_L \right)_i = \rho_V \left(U_V \frac{d\delta}{dx} - V_V \right)_i = m_x \tag{2.2-164}$$

$T_L = T_s$　，$k_L \left(\frac{\partial T_L}{\partial y} \right)_i = m_x \Delta i_v$　(2.2-165, 166)

蒸気境界層外縁での境界条件

$y = \delta + \Delta \ (y \to \infty)$ で，　$U_V = U_{Vb}$　(2.2-167)

(b-2) 近似解法

液膜内の速度分布および温度分布

液膜内のx方向の速度分布U_Lは，式(2.2-155)を式(2.2-159)および式(2.2-162)の条件のもとに解くことによって次のように求められる．

$$U_L = \left(\frac{U_{Li}}{\delta} + \frac{g\delta}{2\nu_L} \right) y - \frac{g}{2\nu_L} y^2 \tag{2.2-168}$$

次に，液膜内のy方向の速度分布V_Lは，式(2.2-154)に式(2.2-168)を代入してyに関して積分し，式(2.2-160)の条件を適用することによって次のように求められる．

$$V_L = \left(\frac{U_{Li}}{\delta^2} - \frac{g}{2\nu_L} \right) \frac{d\delta}{dx} \frac{y^2}{2} - \frac{1}{\delta} \frac{dU_{Li}}{dx} \frac{y^2}{2} \tag{2.2-169}$$

さらに，液膜内の温度分布は，式(2.2-156)を条件式(2.2-161)および式(2.2-165)のもとに解くことによって次のように求められる．

$$T_L = (T_s - T_w)y/\delta + T_w \tag{2.2-170}$$

凝縮質量流束および液膜厚さ

式(2.2-164)に，式(2.2-168)および式(2.2-169)を適用すれば，凝縮質量流束 m_x は次のように表される．

$$m_x = \rho_L \left(\frac{U_{Li}}{2} + \frac{g\delta^2}{4\nu_L} \right) \frac{d\delta}{dx} + \frac{\rho_L \delta}{2} \frac{dU_{Li}}{dx} \tag{2.2-171}$$

また， m_x は，式(2.2-166)および式(2.2-170)より次式でも表される．

$$m_x = \frac{k_L (T_s - T_w)}{\Delta i_v \delta} \tag{2.2-172}$$

よって，式(2.2-171)および式(2.2-172)より，液膜厚さ δ に関する次式が得られる．

$$\frac{\delta^2}{2} \frac{dU_{Li}}{dx} + \left(\frac{U_{Li}}{4} + \frac{g\delta^2}{8\nu_L} \right) \frac{d\delta^2}{dx} = \frac{k_L (T_s - T_w)}{\rho_L \Delta i_v} \tag{2.2-173}$$

蒸気境界層内の x 方向の速度分布

蒸気境界層内の x 方向の速度分布として，式(2.2-162)および式(2.2-167)を満足する次式を仮定する．

$$U_V = U_{Li} + (U_{Vb} - U_{Vi}) \left[\frac{2(y-\delta)}{\Delta} - \frac{(y-\delta)^2}{\Delta^2} \right] \tag{2.2-174}$$

蒸気境界層に関する基礎式の積分法による取り扱い

式(2.2-158)は，式(2.2-157)の関係より，次式のようにも表現できる．

$$\frac{\partial U_V^2}{\partial x} + \frac{\partial (V_V U_V)}{\partial y} = \nu_V \frac{\partial^2 U_V}{\partial y^2} \tag{2.2-175}$$

上式を y に関して $y = \delta$ から $y = \delta + \Delta$ まで積分すると，次式が得られる．

$$\frac{d}{dx} \int_\delta^{\delta+\Delta} U_V^2 dy - U_{Vb} \left[U_{Vb} \frac{d}{dx}(\delta + \Delta) - V_{Vb} \right] + U_{Vi} \left(U_{Vi} \frac{d\delta}{dx} - V_{Vi} \right) = -\nu_V \left(\frac{\partial U_V}{\partial y} \right)_{y=\delta} \tag{2.2-176}$$

また，式(2.2-157)も同様に， y に関して $y = \delta$ から $y = \delta + \Delta$ まで積分すると，

$$\frac{d}{dx} \int_\delta^{\delta+\Delta} U_V dy - \left[U_{Vb} \frac{d}{dx}(\delta + \Delta) - V_{Vb} \right] + \left(U_{Vi} \frac{d\delta}{dx} - V_{Vi} \right) = 0 \tag{2.2-177}$$

式(2.2-176)を，式(2.2-177)，式(2.2-172)および式(2.2-164)を用いて変形すれば，次式が得られる．

$$\frac{d}{dx} \int_\delta^{\delta+\Delta} (U_{Vb} - U_V) U_V dy + \frac{k_L (T_s - T_w)}{\rho_V \Delta i_v \delta} (U_{Vb} - U_{Vi}) = \nu_V \left(\frac{\partial U_V}{\partial y} \right)_{y=\delta} \tag{2.2-178}$$

適合条件の式(2.2-163)に，式(2.2-168)および式(2.2-174)の関係を代入すれば，次の蒸気境界層厚さ Δ と液膜厚さ δ の関係が得られる．

$$\Delta = 2\mu_V (U_{Vb} - U_{Vi})\delta \big/ \{\mu_L (U_{Li} - g\delta^2/(2\nu_L))\} \tag{2.2-179}$$

次いで，式(2.2-178)に式(2.2-174)を代入して積分し，式(2.2-179)の関係よりΔを消去し，式（2.2-162）の関係より U_{Vi} を消去すれば，次式が得られる．

$$\frac{d}{dx}\left\{\frac{(U_{Vb} - U_{Li})^2 (2U_{Vb} + 3U_{Li})\delta}{U_{Li} - g\delta^2/(2\nu_L)}\right\} + \frac{15R^2 \nu_L (U_{Vb} - U_{Li})}{2\delta}\left\{\frac{Ja_L}{Pr_L} - \frac{U_{Li} - g\delta^2/(2\nu_L)}{U_{Vb} - U_{Li}}\right\} = 0 \tag{2.2-180}$$

局所熱伝達率および局所ヌセルト数

U_{Vb}，T_s および T_w が既知であれば，式(2.2-173)と式(2.2-180)を連立させて解くことにより，液膜厚さ δ および気液界面速度 U_{Li} が求められる．また，以下の局所熱伝達率 h_{Lx} および局所ヌセルト数 Nu_{Lx} も求められる．

$$h_{Lx} = q_{wx}/(T_s - T_w) = k_L/\delta \quad , \quad Nu_{Lx} = h_{Lx}\, x/k_L = x/\delta \tag{2.2-181, 182}$$

(b-3) 近似解析の結果

藤井ら (1971b)は，まず，$U_{Vb} = 0$ の自由対流凝縮について式(2.2-173)および式(2.2-180)を解き，得られた近似解がヌセルトの解と一致することを示した．次いで，$g = 0$ の強制対流凝縮について式(2.2-173)および式(2.2-180)を解き，強制対流凝縮熱伝達に関する次の近似式を求めた．

$$Nu_{Lx} = K\sqrt{Re_{Lx}}\,, \qquad \text{ここに，}\ K = 0.450[1.20 + 1/(R\,Ja_L/Pr_L)]^{1/3} \tag{2.2-183}$$

さらに，藤井らは，共存対流凝縮の場合について，式(2.2-173)および式(2.2-180)を数値的に解き，自由対流，共存対流および強制対流凝縮における熱伝達を予測できる次の近似式を提案した．

$$\frac{Nu_{Lx}}{\sqrt{Re_{Lx}}} = K\left(1 + \frac{1}{4K^4}\frac{Pr_L}{Fr_x\, Ja_L}\right)^{1/4} \tag{2.2-184}$$

ここに，Fr_x は代表寸法を x としたフルード数であり，次式で定義される．

$$Fr_x = U_{Vb}^2/(g\,x) \tag{2.2-185}$$

図 2.2-8 に藤井らの強制対流凝縮および共存対流凝縮の熱伝達に関する近似式（式(2.2-183)および式(2.2-184)，並びにヌセルトの式(2.2-45)および Shekriladze-Gomelauri (1966)の鉛直平板上共存対流凝縮熱伝達の近似解を示す．ここに，Shekriladze-Gomelauri (1966)は，気液界面に働くせん断応力が凝縮量に比例すると仮定して，平板上の強制対流凝縮熱伝達，鉛直平板上の共存対流凝縮熱伝達，水平円管上の強制対流および共存対流凝縮熱伝達に関する近似解を求めている．本図において，横軸の $Pr_L/(Fr_x\, Ja_L)$ が小さい場合は，強制対流に対応し，$Pr_L/(Fr_x\, Ja_L)$ が大きい場合が自由対流凝縮に対応しており，共存対流凝縮の熱伝達近似式(2.2-184)は，$Pr_L/(Fr_x\, Ja_L)$ が小さくなると式(2.2-183)に漸近し，$Pr_L/(Fr_x\, Ja_L)$ が大きくなるとヌセルトの式に漸近することがわかる．また，$R\,Ja_L/Pr_L$ が大きくなると式(2.2-184)は Shekriladze-Gomelauri の近似解に近づくことがわかる．なお，藤井ら (1971b)は，式(2.2-184)を x に関して $x = 0$ から $x = l$ （l は平板の高さ）まで積分して，鉛直平板の共存対流凝縮の平均熱伝達

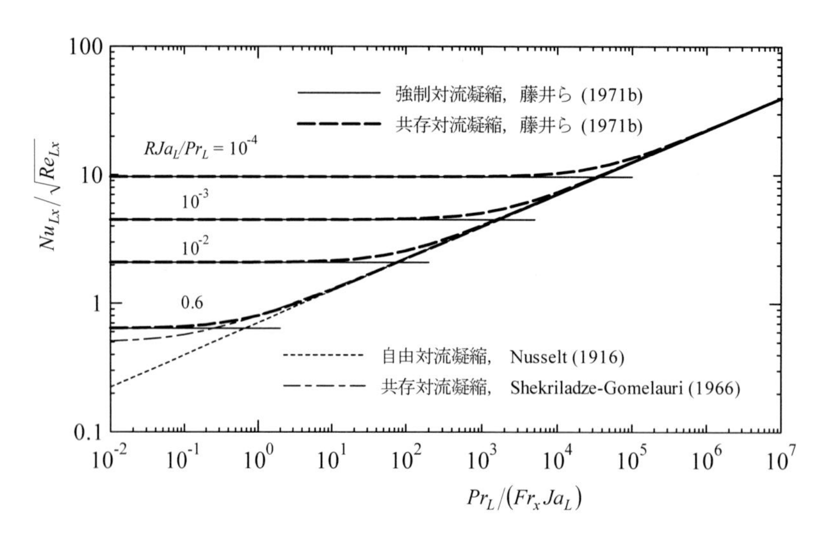

図 2.2-8　鉛直平板上の熱伝達特性

特性に関する次式も提案している．

$$\frac{Nu_{Ll}}{\sqrt{Re_{Ll}}} = 2K\left(1+\left(\frac{\sqrt{2}}{3K}\right)^4 \frac{Pr_L}{Fr_l\, Ja_L}\right)^{1/4} \tag{2.2-186}$$

ここに，Nu_{Ll} は平均ヌセルト数（式(2.2-182)の x を l に置き換えた式），Re_{Ll} は代表寸法を l としたレイノルズ数（式(2.2-153)の x を l に置き換えた式），Fr_l は代表寸法を l としたフルード数（式(2.2-185)の x を l に置き換えた式）である．

2.2.4 乱流膜状凝縮

(a) 自由対流凝縮液膜流における波の発生と乱流への遷移

表面が平滑に見える自由対流凝縮液膜の層流域においても液膜表面には微細な擾乱波(disturbance wave)が存在しており，擾乱波の成長により凝縮液膜の流動状態は層流から波状流に遷移し，波の不規則な変形や崩壊により乱流へと遷移する．波状流域および乱流域の膜レイノルズ数 $Re_L = 4\Gamma/\mu_L$ は，それぞれ $Re_L \cong 40$～1400 および $Re_L > 1400$ の範囲である．

擾乱波の成長の初期段階は線形安定性理論(linear stability theory)（Pierson and Whitaker, 1977）で説明でき，不安定波長（周波数）領域の波が早く成長するため，振幅の大きな波は規則的な二次元波である．層流から波状流までの凝縮液膜については数値計算により詳細な解析が行われている (Miyara, 2001)．図 2.2-9 は，初期条件で発生した空間的擾乱および凝縮開始点で与えた擾乱が成長する波の様子である．初期値として与えた理論解の液膜形状と数値解との差は空間的擾乱の初期値となり，不安定波長の波が成長するが液膜の流下に伴い下流境界から流出する．凝縮開始点近傍で与えた擾乱は振幅が大きくなりながら流下し，正弦形状の波から前方に表面張力波を伴う孤立波に成長する．図 2.2-10 は凝縮開始点で与えた擾乱の発達と線形安定性理論との比較を示したものである．凝縮液膜表面波の振幅の成長速度は線型安定性理論で計算される結果とよく一致している．なお，Re_{L0} は計算領域出口の膜レイノルズ数，$Ka = g\mu_L^4 / \left(\rho_L \sigma^3\right)$ はカピッツァ数，ρ_L / ρ_V は気液密度比，t は無次元時間である．

図 2.2-11 は発達した波と同じ速度で移動する座標から観察した液膜内の流線と等温線である．振幅の大きな波の中には循環流が発生しており，大波に保持された比較的温度の高い液が波とともに排出される．この領域の流れは層流的であり，Laminar wavy film flow とも呼ばれる．波による伝熱促進メカニズムは等温線から理解できる．すなわち，局所的に液膜が薄くなることおよび大波内に発生した循環流により壁面近傍の等温線が密になることにより，伝熱が促進される．なお，波の波長に依存して液膜が薄くなる効果と循環流の効果の割合が異なる（宮良，1997）．

図 2.2-12 は膜レイノルズ数に対するヌセルト数の変化および次の波状流域の式との比較を示す．

Kutateladze (1963):
$$Nu_{Lx}^* = 0.756 Re_{Lx}^{-0.22} \tag{2.2-187}$$

Chun-Seban (1971):
$$Nu_{Lx}^* = 0.822 Re_{Lx}^{-0.22} \tag{2.2-188}$$

上原-木下 (1994):
$$Nu_{Lx}^* = 1.0 Re_{Lx}^{-0.25} \tag{2.2-189}$$

層流から波状流に遷移するとヌセルト数が高くなるが，遷移する膜レイノルズ数の値はプラント数 Pr_L とヤコブ数 Ja_L に依存して変化することがわかる．発達した領域のヌセルト数の計算値はプラントル数が大きいほど高く，層流液膜の式(2.2-73)に比べて $Pr_L = 1$ では約 30%，$Pr_L = 5$ では約 45%，$Pr_L = 10$

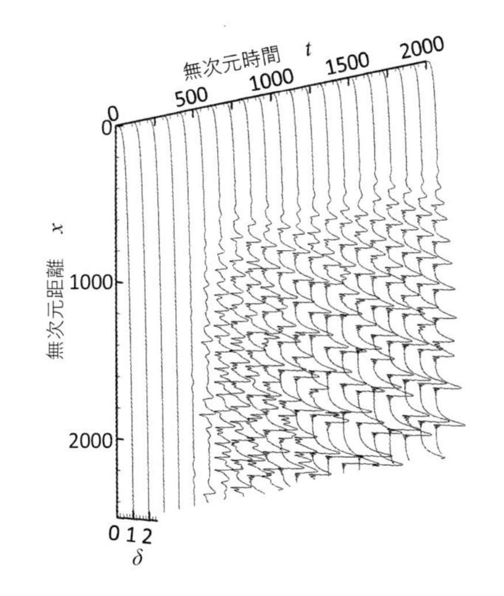

図 2.2-9　表面波の時空間的な発達の様子

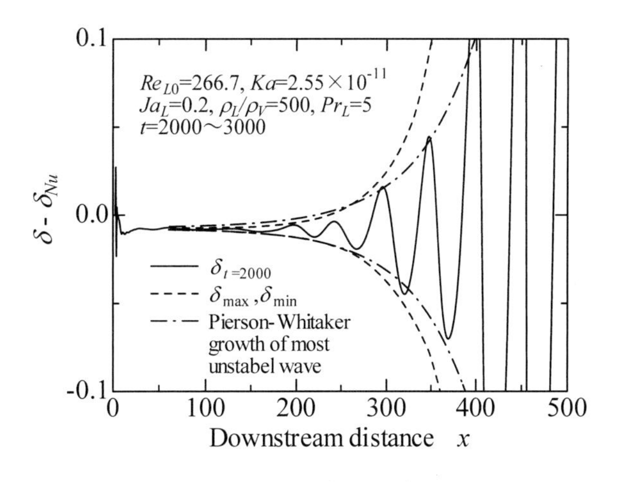

図 2.2-10　波の発達

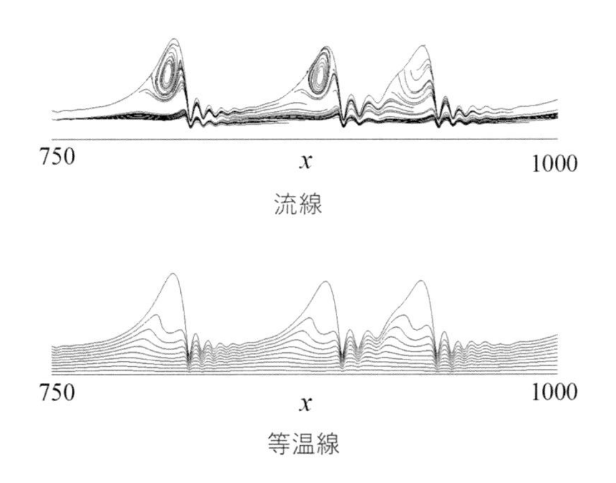

図 2.2-11　液膜内の流線および等温線

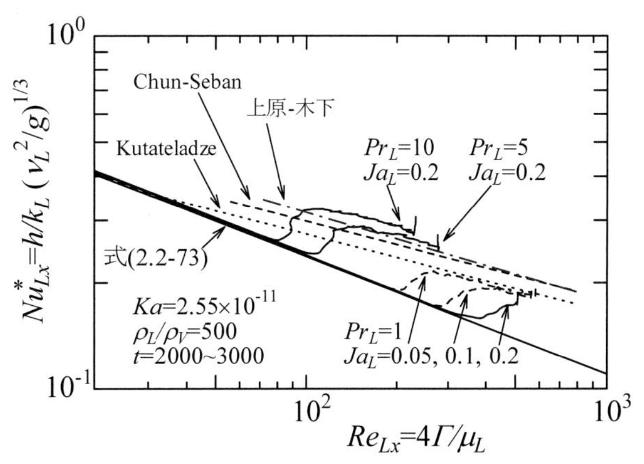

図 2.2-12　層流から波状流域までのヌセルト数の変化

では約 50%高い．$Pr_L = 1.8 \sim 5.7$ の実験で得られた Chun-Seban の式および $Pr_L = 4 \sim 8$ で得られた上原－木下の式は $Pr_L = 5$ の計算値とよく一致する．Kutateladze の式は $Pr_L = 1$ の計算値と一致するが，式の作成に使われた実験データの条件は不明である．

現実の凝縮現象では伝熱面の微細な凹凸や外的振動により擾乱が与えられるが，前述の数値計算結果は波の形状だけでなく，周波数特性も実験で観察される結果と一致しており (Miyara, 2001)，波状流域の伝熱促進メカニズムは前述の通り解明されたと言える．一方，波が三次元的に崩れ，液膜内部の流れも乱流に発達すると全く違った特性を示すと考えられるが，乱流液膜までの直接数値計算は未だなされておらず，また実験的な研究も極めて少ない．以下に，乱流液膜理論による解析手法および実験データに基づいた熱伝達の式を説明する．

(b) 乱流液膜理論

乱流液膜における流動および伝熱機構については，単相流の壁法則に基づいた解析が多くなされている(Rohsenow *et al.*, 1956; Dukler, 1960)．乱流液膜理論では，渦動粘度 ε_m と渦温度伝導率 ε_h を用いて液膜内のせん断力 τ と速度勾配の関係および熱流束 q と温度勾配の関係を表し，それらの関係を壁面せん断力 τ_w，壁面熱流束 q_w および壁面温度 T_w を用いて無次元化する．さらに液膜厚さ δ は非常に薄いと仮定することによって，$\tau \cong \tau_w - \rho g y$，$q \cong q_w$ とおけるので，以下の二式が得られる．

$$\frac{\tau}{\tau_w} = \left(1 + \frac{\varepsilon_m}{\nu_L}\right)\frac{dU^+}{dy^+} \cong 1 - B\frac{y^+}{\delta^+} \tag{2.2-190}$$

$$\frac{q}{q_w} = \left(\frac{1}{Pr_L} + \frac{\varepsilon_h}{\nu_L}\right)\frac{dT^+}{dy^+} \cong 1 \tag{2.2-191}$$

ここに，無次元座標 y^+，無次元液膜厚さ δ^+，無次元速度 U^+，気液界面せん断力 τ_i に関する無次元パラメータ B および無次元温度 T^+ はそれぞれ $y^+ = y\sqrt{\tau_w/\rho_L}\big/\nu_L$，$\delta^+ = \delta\sqrt{\tau_w/\rho_L}\big/\nu_L$，$U^+ = U\big/\sqrt{\tau_w/\rho_L}$，$B = 1 - \tau_i/\tau_w = \rho_L g\delta/\tau_w$ および $T^+ = \rho_L c_{PL}(T - T_w)\sqrt{\tau_w/\rho_L}\big/q_w$ と定義される．式(2.2-190)および式(2.2-191)において，ε_m と ε_h の分布を与えると，無次元パラメータ B と無次元液膜厚さ δ^+ と無次元気液界面温度 T_i^+ の関係が求まる．また，膜レイノルズ数 Re_L，局所熱伝達率 h，ヌセルト数 Nu^* が以下のように計算できる．

$$Re_L = 4\int_0^{\delta^+} U^+ dy^+ = 4\int_0^{\delta^+}\int_0^{y^+} \frac{1 - \left(B/\delta^+\right)y^+}{1 + \varepsilon/\nu_L} dy^+ \tag{2.2-192}$$

$$h = \frac{q_w}{T_w - T_i} = \frac{\rho_L c_{pL}}{T_i^+}\sqrt{\frac{\tau_w}{\rho_L}} = \frac{\rho_L c_{pL}}{\int_0^{\delta^+}\left(\frac{1}{Pr_L} + \frac{\varepsilon_h}{\nu_L}\right)^{-1} dy^+}\sqrt{\frac{\tau_w}{\rho_L}} \tag{2.2-193}$$

$$Nu^* = \frac{h}{k_L}\left(\frac{\nu_L^{\,2}}{g}\right)^{1/3} = \left(\frac{\delta^+}{B}\right)^{1/3}\frac{Pr_L}{T_i^+} = \left(\frac{\delta^+}{B}\right)^{1/3}\frac{Pr_L}{\int_0^{\delta^+}\left(\frac{1}{Pr_L} + \frac{\varepsilon_h}{\nu_L}\right)^{-1} dy^+} \tag{2.2-194}$$

乱流液膜内の速度分布を Karman の一般速度分布を用いて次のように表すことができる．

$$U^+ = y^+ \qquad : \ y^+ \le 5 \tag{2.2-195a}$$

$$U^+ = -3.05 + 5\ln y^+ \qquad : \ 5 < y^+ \le 30 \tag{2.2-195b}$$

$$U^+ = 5.5 + 2.5\ln y^+ \qquad : \ y^+ > 30 \tag{2.2-195c}$$

一方，渦動粘度は次式で定義される．

$$\tau = \rho_L\left(\nu_L + \varepsilon_m\right)\frac{dU}{dy} \tag{2.2-196}$$

この式を無次元数を用いて表現すれば，

$$\frac{\varepsilon_m}{\nu_L} = \left(\frac{dU^+}{dy^+}\right)^{-1} - 1 \tag{2.2-197}$$

となるので，この式に式(2.2-195)を代入すれば，渦動粘度は次式となる．

$$\frac{\varepsilon_m}{\nu_L} = -B\frac{y^+}{\delta^+} \cong 0 \qquad : \ y^+ \le 5 \tag{2.2-198a}$$

$$\frac{\varepsilon_m}{\nu_L} = \frac{1}{5}\left\{y^+ - \frac{B}{\delta^+}(y^+)^2\right\} - 1 \qquad : \ 5 < y^+ \le 30 \tag{2.2-198b}$$

$$\frac{\varepsilon_m}{\nu_L} = \frac{1}{2.5}\left\{y^+ - \frac{B}{\delta^+}(y^+)^2\right\} - 1 \qquad : \ y^+ > 30 \tag{2.2-198c}$$

この式を式(2.2-193)および式(2.2-194)に代入して積分すれば，熱伝達率およびヌセルト数が求まる．なお，水平面上または水平管内凝縮の場合は重力が働かないので $B = 0$，鉛直流でも $\tau_i >> \rho_L g\delta$ の場合は $\tau_i \cong \tau_w$ であり $B = 0$ となる．

(c) 熱伝達率の予測

上原-木下 (1994)は，鉛直に設置した長さ 2980mm の伝熱面上の R11，R113 および R123 の自由対流凝縮熱伝達の実験を行い，局所熱伝達率の実験値を約 ±15% 以内の誤差で予測する次式を提案している．

$$Nu_{Lx}^* = 0.059\left(Pr_L Re_{Lx}\right)^{1/6} \tag{2.2-199}$$

また，上原ら (1989)は，後部凝縮器を有する実験装置で，鉛直に設置した長さ 1030mm の伝熱面上の R11，R113，R114 の強制対流凝縮熱伝達の実験を行い，強制対流乱流凝縮液膜の局所熱伝達率を予測する次式を提案している．

$$Nu_{Lx}^* = 0.125 Ja_L^{1/15} Pr_L^{1/3} R^{-1/2} Re_{Lx}^{4/5} \tag{2.2-200}$$

R は気液の密度と粘度の積の比を表す $\rho\mu$ 比と呼ばれるパラメータであり，式(2.2-115)で定義される．

2.3　二成分非共沸混合冷媒の膜状凝縮

混合冷媒の凝縮現象は，共沸(azeotropic)および擬似共沸(near-azeotropic)の場合は純冷媒と同じとして取り扱うことができるが，非共沸(zeotropic)の場合は主として蒸気側の物質伝達抵抗のため純冷媒の場合より取り扱いが複雑となる．図 2.3-1 に低沸点成分 1 および高沸点成分 2 から構成される非共沸の二成分混合冷媒が凝縮する場合の液膜と蒸気境界層内における温度分布と成分 1 の濃度（質量分率）分布，並びに気液界面での相平衡状態(phase equilibria)の概念図を示す．図 2.3-1(a)に示すように，気液界面では高沸点成分 2 が凝縮しやすいため，蒸気相側の低沸点成分 1 の濃度が高くなる．従って，蒸気境界層内の濃度分布は拡散と対流による物質輸送の釣合いから決まり，蒸気相側に物質伝達抵抗が存在することになる．また，図 2.3-1(b)に示す相平衡関係に対応して蒸気相側の温度はバルクから気液界面に向かって低下する．液膜内においても基本的には温度分布と濃度分布が形成される．ここに，液膜内の温度分布は，液膜厚さは極めて薄いので，主として熱伝導によって決定される．一方，液膜内の濃度分布は，蒸気側に比べて小さく無視できる．ただし，周囲蒸気の濃度や伝熱面温度に大きな分布がある特殊な場合は無視できない．以上より，二成分非共沸混合冷媒の凝縮熱伝達は，蒸気相の物質伝達抵抗によって液膜内での伝熱に有効な温度差が小さくなるため，純冷媒の場合に比して低下する．このような現象は三成分以上の非共沸混合冷媒の場合も生じる．従って，非共沸混合冷媒を用いる場合の熱交換器の熱的最適設計を行うには，非共沸混合冷媒の伝熱特性を把握することが重要である．

多成分蒸気の層流膜状凝縮に関する問題を最初に理論的に取り扱った研究者は Sparrow-Eckert (1961)であり，彼らは不凝縮ガスを含む水蒸気の層流膜状自由対流凝縮を二相境界層理論に基づき理論解析した．その後，多くの研究者が二相境界層理論に基づき，種々の物質の組み合わせについて二相境界層方程式を相似変換して数値的に解いたが，それらは図や表として計算例を示すのみであり，その結果を一般的に応用することはできなかった．そこで，Rose (1980), 藤井ら (1977, 1978, 1980, 1987, 1991b, 1991c)および小山ら (1986)は，相似解の結果を用いて，二成分蒸気の凝縮特性を代数的に求め

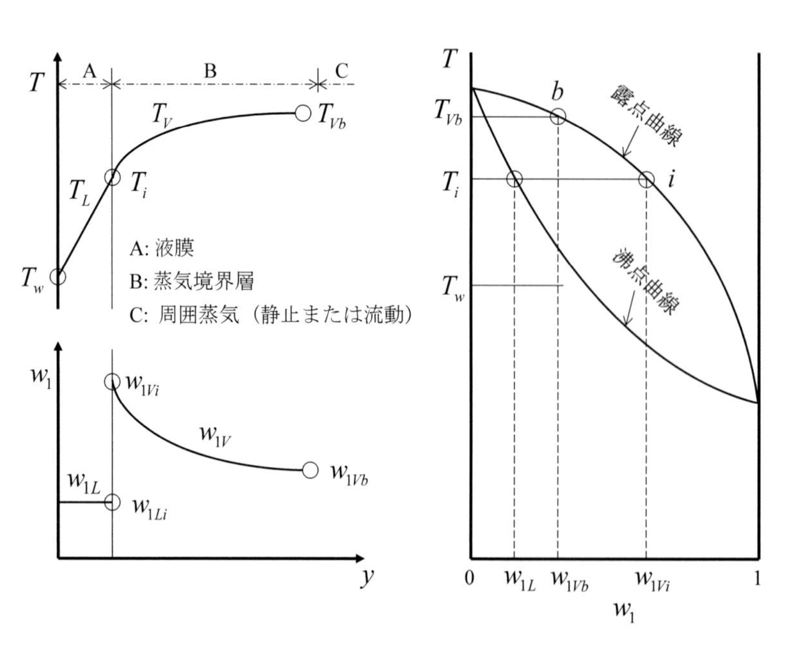

(a) 温度と濃度の分布　　(b) 相平衡図

図 2.3-1　非共二成分混合冷媒の膜状凝縮の概念図

る一般性のある方法を提案した．そこで，本節では，二成分非共沸混合冷媒の冷却面上での層流膜状凝縮を理解するために，藤井および小山らのグループで行われた理論的研究について説明する．

2.3.1　層流自由対流凝縮

ここでは，鉛直平板上で低沸点成分１と高沸点成分２から成る二成分非共沸混合冷媒の蒸気が層流自由対流膜状凝縮する場合を取り扱う．図 2.3-2 に物理モデルと座標系を示す．図において w_{1V} および w_{1L} は蒸気境界層内および液膜内の低沸点成分質量分率を示し，それ以外の記号は，前出の図 2.2-1 と同じである．鉛直平板の温度 T_w が混合冷媒の露点温度より低い場合，混合冷媒は平板上で凝縮し，凝縮液膜および蒸気蒸気境界層が形成される．ここに，周囲蒸気の温度および成分 1 の蒸気質量分率をそれぞれ T_{Vb} および w_{1Vb} とし，気液界面における温度，成分 1 の蒸気質量分率および成分 1 の液質量分率をそれぞれ T_i，w_{1Vi} および w_{1Li} とすれば，平板の周りには，図 2.3-1 で示したような温度分布および質量分率の分布は形成される．このような凝縮現象を理論的に取り扱うための二相境界層方程式，伝熱面と境界層外縁における境界条件および気液界面における適合条件を導出する際には，第 2.2.1 項における仮定に加えて，以下の仮定が用いられている．

(1) 二成分非共沸混合冷媒の蒸気は理想混合気体として扱う．
(2) 凝縮した各成分は相互に溶解する（相溶性）．
(3) 凝縮液の密度は蒸気の密度に比して十分に大きい．
(4) 液膜は極めて薄く，凝縮した各成分は完全に混合し，液膜内に濃度分布は形成されない．
(5) 気液界面の温度 T_i，成分 1 の質量分率 w_{1Vi} および $w_{1Li}(=w_{1L})$ の x 方向の変化は無視できる．
(6) 拡散熱および熱拡散は無視できる．

(a) 二相境界層方程式，境界条件および適合条件

上述の仮定により得られる液膜および蒸気境界層に関する二相境界層方程式，境界条件および適合条件は，第 2.2.1 項と共通するものもあるが，説明の都合上，以下に示す（小山ら(1986)を参考）．

液膜に関する基礎式

$$\frac{\partial U_L}{\partial x}+\frac{\partial V_L}{\partial y}=0 \qquad \text{（質量）} \qquad (2.3\text{-}1)$$

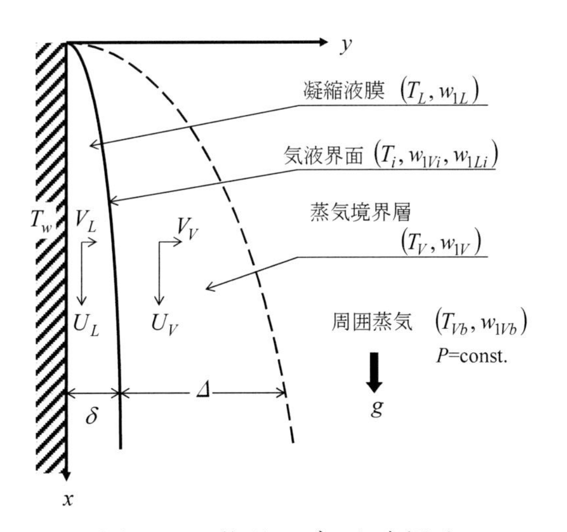

図 2.3-2　物理モデルと座標系

$$U_L \frac{\partial U_L}{\partial x} + V_L \frac{\partial U_L}{\partial y} = \nu_L \frac{\partial^2 U_L}{\partial y^2} + g \quad \text{（} x \text{方向運動量）} \tag{2.3-2}$$

$$U_L \frac{\partial T_L}{\partial x} + V_L \frac{\partial T_L}{\partial y} = \kappa_L \frac{\partial^2 T_L}{\partial y^2} \quad \text{（エネルギー）} \tag{2.3-3}$$

ここに，周囲蒸気の質量分率は x 方向に変化せず，凝縮した各成分は完全に混合して液膜内には濃度分布は形成されないので，液膜内の成分１の質量保存の式を取り扱う必要はない．

蒸気境界層に関する基礎式

$$\frac{\partial U_V}{\partial x} + \frac{\partial V_V}{\partial y} = 0 \quad \text{（質量）} \tag{2.3-4}$$

$$U_V \frac{\partial U_V}{\partial x} + V_V \frac{\partial U_V}{\partial y} = \nu_V \frac{\partial^2 U_V}{\partial y^2} + g\left(1 - \frac{\rho_{Vb}}{\rho_V}\right) \quad \text{（} x \text{方向運動量）} \tag{2.3-5}$$

$$U_V \frac{\partial T_V}{\partial x} + V_V \frac{\partial T_V}{\partial y} = \kappa_V \frac{\partial^2 T_V}{\partial y^2} + D_{12V}\, \Delta c_p \frac{\partial w_{1V}}{\partial y} \frac{\partial T_V}{\partial y} \quad \text{（エネルギー）} \tag{2.3-6}$$

$$U_V \frac{\partial w_{1V}}{\partial x} + V_V \frac{\partial w_{1V}}{\partial y} = D_{12V} \frac{\partial^2 w_{1V}}{\partial y^2} \quad \text{（成分１の質量）} \tag{2.3-7}$$

ここに，D_{12V} は成分 1 と成分 2 の相互拡散係数である．式(2.3-5)の右辺第２項の浮力項は次のように表される（付録【2.4】参照）．

$$g\left(1 - \rho_{Vb}/\rho_V\right) = g\omega_w\left(w_{1V} - w_{1Vb}\right) + g\omega_T\left(T_{Vb} - T_V\right) - g\omega_w\omega_T\left(w_{1V} - w_{1Vb}\right)\left(T_{Vb} - T_V\right) \tag{2.3-8}$$

ここに，ω_w および ω_T はそれぞれ濃度差および温度差による浮力に関するパラメータであり，以下のように表される．

$$\omega_w = \left(M_1 - M_2\right) / \left[M_1 - \left(M_1 - M_2\right) w_{1Vb}\right] \quad , \quad \omega_T = 1/T_{Vb} \tag{2.3-9, 10}$$

また，式(2.3-6)の右辺第２項は拡散項であり，その項中の Δc_p は次式で表される一種の比熱比である．

$$\Delta c_p = \left(c_{p1V} - c_{p2V}\right) / \left[w_{1V} c_{p1V} + \left(1 - w_{1V}\right) c_{p2V}\right] = \left(c_{p1V} - c_{p2V}\right) / c_{pV} \tag{2.3-11}$$

ここに，c_{p1V}，c_{p2V} および c_{pV} はそれぞれ成分 1，成分 2 および混合蒸気の定圧比熱である．

伝熱面上の境界条件

伝熱面において液の速度は零，液温は伝熱面温度と一致するので，境界条件は以下のようになる．

$$y = 0 \text{ で，} \quad U_L = 0 \quad , \quad V_L = 0 \quad , \quad T_L = T_w \tag{2.3-12, 13, 14}$$

気液界面における適合条件

気液界面において速度，せん断応力，凝縮質量流束，温度，エネルギー流束および成分１の凝縮質量流束は連続であるので，適合条件は以下のように表される．

$$y = \delta \text{ で，} \quad U_{Li} = U_{Vi} \quad , \quad \mu_L\left(\frac{\partial U_L}{\partial y}\right)_i = \mu_V\left(\frac{\partial U_V}{\partial y}\right)_i \tag{2.3-15, 16}$$

$$\rho_L\left(U_L\frac{d\delta}{dx}-V_L\right)_i=\rho_V\left(U_V\frac{d\delta}{dx}-V_V\right)_i=m_x=m_{1x}+m_{2x} \tag{2.3-17}$$

$$T_L=T_V=T_i \quad , \quad k_L\left(\frac{\partial T_L}{\partial y}\right)_i=m_x\,\Delta i_v+k_V\left(\frac{\partial T_V}{\partial y}\right)_i \tag{2.3-18, 19}$$

$$w_{1V}=w_{1Vi} \tag{2.3-20}$$

$$m_{1x}=w_{1Vi}(m_{1x}+m_{2x})+\rho_V D_{12V}\left(\frac{\partial w_{1V}}{\partial y}\right)_i=w_{1L}(m_{1x}+m_{2x}) \tag{2.3-21}$$

ここに，m_x，m_{1x}，m_{2x}，T_iおよびΔi_vはそれぞれ局所凝縮質量流束，成分１の局所凝縮質量流束，成分２の局所凝縮質量流束，気液界面温度および凝縮潜熱である．式(2.3-17)，式(2.3-19)および式(2.3.21)の導出は【付録 2.5】を参照のこと．なお，気液界面における成分１の液および蒸気の質量分率は，相平衡の関係により表すことができ，一般的には以下のように圧力と温度の関数として表現できる．

$$w_{1L}=w_{1Li}=W_{1L}(P,T_i) \quad , \quad w_{1V}=w_{1Vi}=W_{1V}(P,T_i) \tag{2.3-22a, 22b}$$

蒸気境界層外縁での境界条件

蒸気境界層外縁では蒸気は静止しており，温度および質量分率は周囲蒸気と一致するので，境界条件は以下のように表される．

$$y=\delta+\varDelta\ (y\to\infty)\text{で，}\quad U_V=0 \quad , \quad T_V=T_{Vb} \quad , \quad w_{1V}=w_{1Vb} \tag{2.3-23, 24, 25}$$

(b) 相似解の導出

二成分非共沸混合冷媒の層流自由対流膜状凝縮に関する相似変換の方法は，蒸気境界層における無次元温度$\Theta_V(\eta_V)$および成分１の無次元濃度$\Phi_V(\eta_V)$を新たに導入する以外は，第 2.2.2 項(c-2)の飽和純蒸気の場合と同じである．すなわち，式(2.2-95)および式(2.2-96)で定義される液膜における流れ関数$\Psi_L(x,y)$および蒸気境界層における流れ関数$\Psi_V(x,y)$を導入すれば，液膜および蒸気境界層における質量保存に関する式(2.3-1)および式(2.3-4)は自動的に満足される．そこで，相似変数η_Lおよびη_V，無次元流れ関数$F_L(\eta_L)$および$F_V(\eta_V)$，無次元温度$\Theta_L(\eta_L)$および$\Theta_V(\eta_V)$，並びに成分 1 の無次元濃度$\Phi_V(\eta_V)$を以下のように定義する．

$$\eta_L=C_L\,y/x^{1/4}, \qquad \eta_V=C_V(y-\delta)/x^{1/4} \tag{2.3-26, 27}$$

$$F_L(\eta_L)=\frac{\Psi_L(x,y)}{4C_L\nu_L x^{3/4}}, \qquad F_V(\eta_V)=\frac{\Psi_V(x,y)}{4C_V\nu_V x^{3/4}} \tag{2.3-28, 29}$$

$$\Theta_L(\eta_L)=\frac{T_i-T_L}{T_i-T_w}, \qquad \Theta_V(\eta_V)=\frac{T_{Vb}-T_V}{T_{Vb}-T_i}, \qquad \Phi_V(\eta_V)=\frac{w_{1V}-w_{1Vb}}{w_{1Vi}-w_{1Vb}} \tag{2.3-30, 31, 32}$$

ここに，C_LおよびC_Vはいずれも定数であり，以下のように定義される．

$$C_L=\left[g/\left(4\nu_L^2\right)\right]^{1/4} \quad , \quad C_V=\left[g/\left(4\nu_V^2\right)\right]^{1/4} \tag{2.3-33, 34}$$

以上の無次元変数を用いれば，液膜および蒸気境界層に関する二相境界層方程式，境界条件および適合条件は以下のように表される．

液膜の基礎式

$$\frac{d^3F_L}{d\eta_L^3}+3F_L\frac{d^2F_L}{d\eta_L^2}-2\left(\frac{dF_L}{d\eta_L}\right)^2+1=0 \tag{2.3-35}$$

$$\frac{d^2\Theta_L}{d\eta_L^2}+3\,Pr_L F_L\frac{d\Theta_L}{d\eta_L}=0 \tag{2.3-36}$$

ここに， Pr_L は式(2.2-47)で定義された液のプラントル数である．

蒸気境界層の基礎式

$$\frac{d^3F_V}{d\eta_V^3}+3F_V\frac{d^2F_V}{d\eta_V^2}-2\left(\frac{dF_V}{d\eta_V}\right)^2+\omega_T\left(T_{Vb}-T_i\right)\Theta_V+\omega_w\left(w_{1Vi}-w_{1Vb}\right)\Phi_V$$
$$-\omega_w\omega_T\left(w_{1Vi}-w_{1Vb}\right)\left(T_{Vb}-T_i\right)\Phi_V\Theta_V=0 \tag{2.3-37}$$

$$\frac{d^2\Theta_V}{d\eta_V^2}+3\,Pr_V F_V\frac{d\Theta_V}{d\eta_V}+\frac{Pr_V\,\Delta c_P}{Sc_V}\left(w_{1Vi}-w_{1Vb}\right)\Phi_V'\Theta_V'=0 \tag{2.3-38}$$

$$\frac{d^2\Phi_V}{d\eta_V^2}+3\,Sc_V F_V\frac{d\Phi_V}{d\eta_V}=0 \tag{2.3-39}$$

ここに，Pr_V および Sc_V はそれぞれ蒸気のプラントル数およびシュミット数であり，以下のように定義される．

$$Pr_V=\mu_V\,c_{pV}/k_V \quad , \quad Sc_V=\mu_V/\left(\rho_V D_{12V}\right) \tag{2.3-40, 41}$$

伝熱面上の境界条件

$$\eta_L=0\text{ で，}\qquad F_L=0\quad,\quad\frac{dF_L}{d\eta_L}=0\quad,\quad\Theta_L=1 \tag{2.3-42, 43, 44}$$

気液界面での適合条件

$\eta_L=\eta_{Li}$ および $\eta_V=0$ で，

$$RF_L=F_V=R\left(M_{1L}+M_{2L}\right)/3 \tag{2.3-45}$$

$$\frac{dF_L}{d\eta_L}=\frac{dF_V}{d\eta_V}\quad,\quad R\frac{d^2F_L}{d\eta_L^2}=\frac{d^2F_V}{d\eta_V^2} \tag{2.3-46, 47}$$

$$\Theta_L=0\quad,\quad\Theta_V=1 \tag{2.3-48, 49}$$

$$-\frac{d\Theta_L}{d\eta_L}=\frac{\mu_L\Delta i_v M_L}{k_L\left(T_i-T_w\right)}-\frac{k_V\sqrt{\nu_L}\left(T_{Vb}-T_i\right)}{k_L\sqrt{\nu_V}\left(T_i-T_w\right)}\frac{d\Theta_V}{d\eta_V} \tag{2.3-50}$$

$$\Phi_V=1 \tag{2.3-51}$$

$$-\frac{d\Phi_V}{d\eta_V}=\frac{\left[w_{1Vi}M_{2L}-\left(1-w_{1Vi}\right)M_{1L}\right]R\,Sc_V}{w_{1Vi}-w_{1Vb}}=\frac{\left(w_{1Vi}-w_{1L}\right)M_L\,R\,Sc_V}{w_{1Vi}-w_{1Vb}} \tag{2.3-52}$$

ここに，R は式(2.2-115)で定義された $\rho\mu$ 比である．また，M_L は無次元凝縮質量流束，$M_{kL}\left(k=1,2\right)$ は成分 k の無次元凝縮質量流束であり，それらは以下のように定義される．

$$M_L = m_x x \Big/ \left[\mu_L (Ga_{Lx}/4)^{1/4}\right] \quad , \quad M_{kL} = m_{kx} x \Big/ \left[\mu_L (Ga_{Lx}/4)^{1/4}\right] \tag{2.3-53, 54}$$

ここに，Ga_{Lx} は式(2.2-46)で定義されたガリレオ数である．

蒸気境界層外縁での境界条件

$$\eta_V = \eta_{Vb} \;（\eta_V \to \infty）で，\; \frac{dF_V}{d\eta_V} = 0 \quad , \quad \Theta_V = 0 \quad , \quad \Phi_V = 0 \tag{2.3-55, 56, 57}$$

(c) 解析結果の例

藤井ら (1978)や小山ら (1986)は，第 2.3.1 項(b)で導出された鉛直平板上での飽和および過熱二成分混合蒸気の層流自由対流凝縮の相似解を数値的に解き，熱伝達および物質伝達特性を検討した．

小山らの不凝ガスの空気を含む水蒸気の凝縮に関する計算結果の例（圧力 $P = 50$ kPa，周囲混合気中の空気質量分率 $w_{1Vb} = 0.0223$，周囲混合気の露点温度 $T_{dew,b} = 81$ ℃）を図 2.3-3 に示す．図(a)，(b)および(c)はそれぞれ無次元液膜厚さが $\eta_{Li} = 0.1$ で周囲混合気の過熱度が $\Delta T_{sh} = T_{Vb} - T_{dew,b} = 0$ K の場合，$\eta_{Li} = 0.2$ で $\Delta T_{sh} = T_{Vb} - T_{dew,b} = 0$ K の場合および $\eta_{Li} = 0.2$ で $\Delta T_{sh} = T_{Vb} - T_{dew,b} = 100$ K の場合の結果であり，各図には液膜および蒸気境界層内の無次元温度分布と無次元速度分布，並びに蒸気境界層内の空

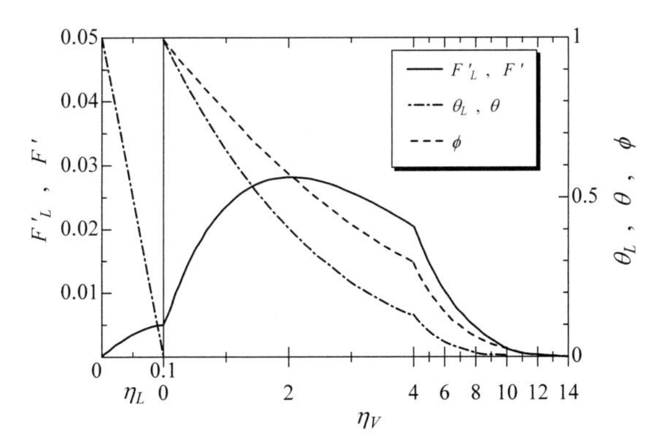

(a) $\eta_{Li} = 0.1$，$\Delta T_{sh} = T_{Vb} - T_{dew,b} = 0$ K の場合

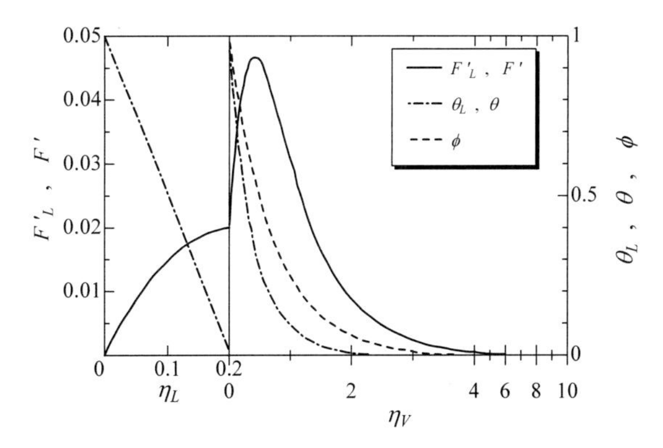

(b) $\eta_{Li} = 0.2$，$\Delta T_{sh} = T_{Vb} - T_{dew,b} = 0$ K の場合

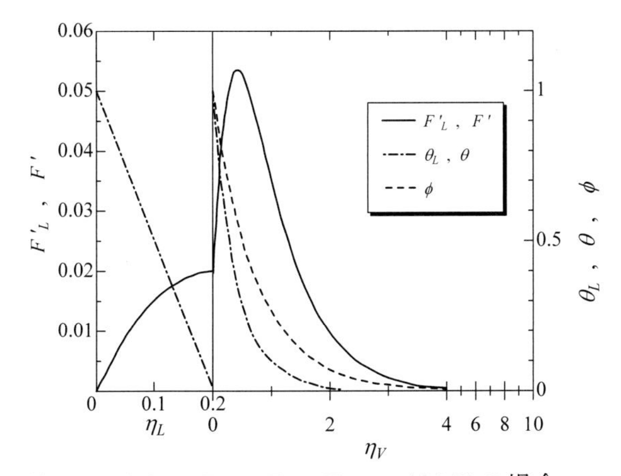

(c) $\eta_{Li} = 0.2$，$\Delta T_{sh} = T_{Vb} - T_{dew,b} = 100$ K の場合

図 2.3-3　空気・水系における速度，温度および濃度の分布例
（圧力 $P = 50$ kPa,周囲混合気中の空気質量分率 $w_{1Vb} = 0.0223$，周囲混合気の露点温度 $T_{dew,b} = 81$ ℃）

気質量分率分布を示している．図(a)と(b)を比較すると，無次元液膜厚さη_{Li}が大きくなると（凝縮質量流束の増加に対応），蒸気境界層厚さが薄くなり，液膜内と蒸気境界層内の最大速度が増加することが分かる．これは，凝縮量の増加に伴って，気液界面における冷却面に向かう吸い込み速度が増加することと気液界面蒸気側の空気質量分率の増加によって気液界面温度が低下して，蒸気境界層内の浮力が増大したことによるものである．図(b)と(c)を比較すると，蒸気境界層内の最大速度が，図(c)の場合のほうがわずかに大きいことが分かる．これは，周囲混合気の過熱度が高い方が蒸気境界層内の浮力が大きいことによるものである．

(d) 液膜の熱伝達特性，蒸気境界層の熱伝達特性および物質伝達特性の相関式

小山ら (1986)は，相似解の解析結果に基づき，以下のような液膜の熱伝達特性，蒸気境界層の熱伝達特性および物質伝達特性の相関式を求めた．以下に相関式を示す．

液膜の熱伝達特性

冷却面および気液界面における液膜の局所熱伝達率α_{wx}およびα_{ix}は，

$$q_{wx}=k_L\left(\frac{\partial T_L}{\partial y}\right)_w=\alpha_{Lwx}(T_i-T_w),\quad q_{Lix}=k_L\left(\frac{\partial T_L}{\partial y}\right)_i=\alpha_{Lix}(T_i-T_w) \tag{2.3-58, 59}$$

と定義され，冷却面および気液界面における局所ヌセルト数Nu_{Lwx}およびNu_{Lix}は以下のように定義される．

$$Nu_{Lwx}=\alpha_{Lwx}x/k_L=\left(-\Theta_{Lw}'\right)Ga_{Lx}^{1/4}/\sqrt{2}\quad,\quad Nu_{Lix}=\alpha_{Lix}x/k_L=\left(-\Theta_{Li}'\right)Ga_{Lx}^{1/4}/\sqrt{2} \tag{2.3-60, 61}$$

ここに，式(2.3-60)および(2.3-61)中のΘ_{Lw}'およびΘ_{Li}'は前出の第 2.3.1 項(b)の相似解における無次元液膜温度の冷却面および気液界面での勾配であり，小山らは相似解の計算結果に基づき，Θ_{Lw}'およびΘ_{Li}'を以下のように近似している．

$$-\Theta_{Lw}'\cong-\Theta_{Li}'=\left(M_{1L}+M_{2L}\right)^{-1/3}=M_L^{-1/3} \tag{2.3-62}$$

蒸気境界層の熱伝達特性

気液界面における蒸気側の局所熱伝達率α_{Vix}は，

$$q_{Vix}=k_V\left(\frac{\partial T_V}{\partial y}\right)_i=\alpha_{Vix}(T_{Vb}-T_i) \tag{2.3-63}$$

と定義され，局所ヌセルト数Nu_{Vix}は次式で定義される．

$$Nu_{Vix}=\frac{\alpha_{Vix}x}{k_V}=\left(-\Theta_{Vi}'\right)\frac{(Gr_xPr_V)^{\frac{1}{4}}}{\sqrt{2}(\Omega_i\,Pr_V)^{\frac{1}{4}}} \tag{2.3-64}$$

ここに，Ω_iおよびGr_xはそれぞれ浮力に関するパラメータおよびグラスホフ数であり，以下のように定義される．

$$\Omega_i=\omega_T(T_{Vb}-T_i)+[1-\omega_T(T_{Vb}-T_i)]\omega_w(w_{1Vi}-w_{1Vb})\quad,\quad Gr_x=g\Omega_ix^3/\nu_V^2 \tag{2.3-65, 66}$$

式(2.3-64)中の $\Theta_{Vi}^{'}$ は前出の第 2.3.1 項(b)の相似解における無次元蒸気温度の気液界面での勾配であり，小山ら (1986)は相似解の計算結果に基づき，$\Theta_{Vi}^{'}$ を次式で近似している．

$$\frac{-\Theta_{Vi}^{'}}{\sqrt{2}\,C_N(Pr_V)(\chi_i^*\;Pr_V)^{1/4}}=f_{HTN}\left(Pr_V,\,RM_L,\,\chi_i^*,\,\phi_i\right) \tag{2.3-67}$$

ここに，ここに，χ_i^* は浮力に関するパラメータ，$C_N(Pr_V)$ はプラントル数 Pr_V の関数，ϕ_i は拡散項のパラメータであり，それぞれ以下のように表される．

$$\chi_i^*=\Omega_i+\omega_w(w_{1Vi}-w_{1Vb})\left[(Pr_V/Sc_V)^{1/2}-1\right] \tag{2.3-68}$$

$$C_N(Pr_V)=3\left[Pr_V\Big/\left(2.4+4.9\sqrt{Pr_V}+5Pr_V\right)\right]^{1/4}\Big/4 \tag{2.3-69}$$

$$\phi_i=\Delta c_p(w_{1Vi}-w_{1L}) \tag{2.3-70}$$

また，蒸気境界層の熱伝達に関する関数形 $f_{HTN}(a,b,c,d)$ は次式で与えられる．

$$f_{HTN}(a,b,c,d)=1+1.25a^{0.75}\left\{\left(b/c^{1/4}\right)(1-d/2)\right\}^{1.15} \tag{2.3-71}$$

蒸気境界層の物質伝達特性

気液界面における蒸気側の成分 1 の局所拡散質量流束を j_{1Vix} とすれば，気液界面における蒸気側の物質伝達率 β_{Vix} は以下のように定義される．

$$-j_{1Vix}=-\rho_V\,D_{12V}\left(\frac{\partial w_{1V}}{\partial y}\right)_i=\beta_{Vix}(w_{1Vi}-w_{1Vb}) \tag{2.3-72a}$$

ここに，第 4 章においては物質伝達率 β_{Vix} は次式で定義されていることに注意を要する．

$$-j_{1Vix}=-\rho_V\,D_{12V}\left(\frac{\partial w_{1V}}{\partial y}\right)_i=\rho_V\,\beta_{Vix}(w_{1Vi}-w_{1Vb}) \tag{2.3-72b}$$

式(2.3-72a)で定義される物質伝達率 β_{Vix} に関する無次元数として，シャーウッド数 Sh_{Vix} は以下のように定義される．

$$Sh_{Vix}=\frac{\beta_{Vix}x}{\rho_V D_{12V}}=\left(-\Phi_{Vi}^{'}\right)\frac{(Gr_{Vx}\,Sc_V)^{\frac{1}{4}}}{\sqrt{2}(\Omega_i\,Sc_V)^{\frac{1}{4}}} \tag{2.3-73}$$

式(2.3-73)中の $\Phi_{Vi}^{'}$ は前出の第 2.3.1 項(b)の相似解における無次元濃度の気液界面での勾配であり，小山ら (1986)は相似解の計算結果に基づき，$\Phi_{Vi}^{'}$ を次式で近似している．

$$\frac{-\Phi_{Vi}^{'}}{\sqrt{2}\,C_N(Sc_V)(\chi_i\;Sc_V)^{\frac{1}{4}}}=f_{MTN}(Y_{1R}) \tag{2.3-74}$$

ここに，χ_i は浮力に関するパラメータ，Y_R は成分１の質量分率の関数であり，以下のように表される．

$$\chi_i = \Omega_i + \omega_T \left(T_{Vb} - T_i\right)\left[\left(Sc_V / Pr_V\right)^{1/2} - 1\right] \quad , \quad Y_{1R} = \frac{w_{1Vi} - w_{1Vb}}{w_{1Vi} - w_{1L}} \tag{2.3-75, 76}$$

また，$C_N\left(Sc_V\right)$ は式(2.3-69)のプラントル数 Pr_V の関数 $C_N\left(Pr_V\right)$ 中の Pr_V をシュミット数 Sc_V に置き換えた関数である．さらに，蒸気境界層の物質伝達に関する関数形 $f_{MTN}(a)$ は次式で与えられる．

$$f_{MTN}(a) = \sqrt{2}\left(2-a\right)^{-0.5}\left(1-a\right)^{-0.3} \tag{2.3-77}$$

(e) 二成分混合蒸気の凝縮特性の代数的予測法

小山ら (1986)は相似解より求めた液膜の熱伝達特性，蒸気境界層の熱伝達特性および蒸気境界層の物質伝達特性の相関式を用いて二成分混合蒸気の凝縮特性を代数的に予測する方法を提案した．以下にその代数的予測法を示す．

<u>気液界面におけるエネルギー保存の式</u>

気液界面におけるエネルギー保存に関する適合条件式(2.3-50)に液膜および蒸気境界層の熱伝達に関する相関式(2.3-62)および(2.3-67)を代入すると次式が得られる．

$$M_L^{-\frac{1}{3}} = \frac{Pr_L\, M_L}{Ja_L} + \sqrt{2}\, C_N\left(Pr_V\right)\frac{k_V}{k_L}\left(\frac{\nu_L}{\nu_V}\right)^{\frac{1}{2}}\frac{T_{Vb} - T_i}{T_i - T_w}\left(\chi_i^*\, Pr_V\right)^{\frac{1}{4}} f_{HTN}\left(Pr_V, RM_L, \chi_i^*, \phi_i\right) \tag{2.3-78}$$

<u>気液界面における成分１の質量保存の式</u>

気液界面における成分１の質量保存に関する適合条件式(2.3-52)に蒸気境界層の物質伝達に関する相関式(2.3-74)を代入すると次式が得られる．

$$M_L = \frac{\sqrt{2}\, C_N\left(Sc_V\right)\left(\chi_i\, Sc_V\right)^{1/4}}{Sc_V\; R} f_{MTN}\left(Y_{1R}\right) \times Y_{1R} \tag{2.3-79}$$

<u>液濃度と凝縮質量流束の関係式</u>

気液界面温度は液膜の流れ方向に変化せず，かつ凝縮成分は相溶性で，完全混合されるので，

$$w_{1L} = M_{1L} / \left(M_{1L} + M_{2L}\right) = M_{1L} / M_L \tag{2.3-80}$$

周囲混合蒸気の条件 $\left(P, T_{Vb}, w_{1Vb}\right)$ および冷却面温度 T_w が既知の条件として与えられれば，気液界面におけるエネルギー保存の式(2.3-78)，気液界面における成分１の質量保存の式(2.3-79)，液濃度と凝縮質量流束の関係式(2.3-80)および相平衡の関係式(2.3-22)で構成される連立代数方程式を解くことによって，未知数である T_i，w_{1Vi}，w_{1L}，M_L，M_{1L}，M_{2L} が求められる．ついで，局所凝縮質量流束 m_x，局所伝熱面熱流束 q_{wx}，蒸気境界層からの局所対流熱流束 q_{Vix} が以下の諸式より求められる．

$$m_x = \mu_L\, M_L \left(Ga_{Lx}/4\right)^{1/4} / x \quad , \quad q_{wx} = k_L\left(T_i - T_w\right) M_L^{-1/3}\left(Ga_{Lx}/4\right)^{1/4} / x \tag{2.3-81, 82}$$

$$q_{Vix} = \frac{k_V\left(T_{Vb} - T_i\right)}{x} C_N\left(Pr_V\right)\left(\chi_i^* / \Omega_i\right)^{1/4}\left(Gr_{Vx}\, Pr_V\right)^{1/4} f_{HTN}\left(Pr_V, RM_L, \chi_i^*, \phi_i\right) \tag{2.3-83}$$

また，その他の諸量を求めることができる．ここに，藤井ら (1991d)は，二成分混合蒸気の代表物性値の取り方について検討し，周囲と気液界面の算術平均濃度とそれに対応する飽和温度における物性値を用いることを推奨している．なお，液膜の代表物性値としては，純冷媒の場合（新里ら，1992）と同様に評価温度 $T_r = T_w + (T_i - T_w)/4$ における値を用いれば良い（第 2.2.2 項(a-6)を参照）．

2.3.2　層流強制対流凝縮

(a) 二相境界層方程式，境界条件および適合条件

低沸点成分 1 と高沸点成分 2 からなる二成分非共沸混合冷媒が平板上で層流強制対流膜状凝縮する場合も，第 2.3.1 項の二成分非共沸混合冷媒の層流自由対流膜状凝縮の場合と同様の仮定を用いれば，以下に示す液膜および蒸気境界層に関する二相境界層方程式，境界条件および適合条件が得られる．

液膜に関する基礎式

$$\frac{\partial U_L}{\partial x} + \frac{\partial V_L}{\partial y} = 0 \qquad \text{(質量)} \qquad (2.3\text{-}84)$$

$$U_L \frac{\partial U_L}{\partial x} + V_L \frac{\partial U_L}{\partial y} = \nu_L \frac{\partial^2 U_L}{\partial y^2} \qquad (x\text{ 方向運動量}) \qquad (2.3\text{-}85)$$

$$U_L \frac{\partial T_L}{\partial x} + V_L \frac{\partial T_L}{\partial y} = \kappa_L \frac{\partial^2 T_L}{\partial y^2} \qquad \text{(エネルギー)} \qquad (2.3\text{-}86)$$

ここに，凝縮した各成分は完全に混合し，周囲蒸気の質量分率は変化しないので，液膜内には濃度分布は形成されない．

蒸気境界層に関する基礎式

$$\frac{\partial U_V}{\partial x} + \frac{\partial V_V}{\partial y} = 0 \qquad \text{(質量)} \qquad (2.3\text{-}87)$$

$$U_V \frac{\partial U_V}{\partial x} + V_V \frac{\partial U_V}{\partial y} = \nu_V \frac{\partial^2 U_V}{\partial y^2} \qquad (x\text{ 方向運動量}) \qquad (2.3\text{-}88)$$

$$U_V \frac{\partial T_V}{\partial x} + V_V \frac{\partial T_V}{\partial y} = \kappa_V \frac{\partial^2 T_V}{\partial y^2} + D_{12V}\,\Delta c_p \frac{\partial w_{1V}}{\partial y}\frac{\partial T_V}{\partial y} \qquad \text{(エネルギー)} \qquad (2.3\text{-}89)$$

$$U_V \frac{\partial w_{1V}}{\partial x} + V_V \frac{\partial w_{1V}}{\partial y} = D_{12V} \frac{\partial^2 w_{1V}}{\partial y^2} \qquad \text{(成分 1 の質量)} \qquad (2.3\text{-}90)$$

伝熱面上の境界条件

伝熱面において液の速度は零，液温は伝熱面温度と一致するので，境界条件は以下のようになる．

$$y = 0\text{ で，} \qquad U_L = 0 \ , \ V_L = 0 \ , \ T_L = T_w \qquad (2.3\text{-}91, 92, 93)$$

気液界面における適合条件

気液界面において速度，せん断応力，凝縮質量流束，温度，エネルギー流束および成分 1 の凝縮質量流束は連続であるので，適合条件は以下のように表される．

$$y=\delta \text{ で，} \quad U_{Li}=U_{Vi} \quad , \quad \mu_L\left(\frac{\partial U_L}{\partial y}\right)_i=\mu_V\left(\frac{\partial U_V}{\partial y}\right)_i \tag{2.3-94, 95}$$

$$\rho_L\left(U_L\frac{d\delta}{dx}-V_L\right)_i=\rho_V\left(U_V\frac{d\delta}{dx}-V_V\right)_i=m_x=m_{1x}+m_{2x} \tag{2.3-96}$$

$$T_L=T_V=T_i \quad , \quad k_L\left(\frac{\partial T_L}{\partial y}\right)_i=m_x\,\Delta i_v+k_V\left(\frac{\partial T_V}{\partial y}\right)_i \tag{2.3-97, 98}$$

$$w_{1V}=w_{1Vi} \tag{2.3-99}$$

$$m_{1x}=w_{1Vi}(m_{1x}+m_{2x})+\rho_V D_{12V}\left(\frac{\partial w_{1V}}{\partial y}\right)_i=w_{1L}(m_{1x}+m_{2x}) \tag{2.3-100}$$

ここに，m_x，m_{1x}，m_{2x}，T_i および Δi_v はそれぞれ局所凝縮質量流束，成分 1 の局所凝縮質量流束，成分 2 の局所凝縮質量流束，気液界面温度および凝縮潜熱である．また，気液界面では前出の式(2.3-22)で示した相平衡の関係が成立する．

蒸気境界層外縁での境界条件

蒸気境界層外縁では蒸気の速度，温度および質量分率は周囲蒸気（主流蒸気）の値と一致するので，境界条件は以下のように表される．

$$y=\delta+\varDelta\,(y\to\infty) \text{ で，} \quad U_V=U_{Vb} \quad , \quad T_V=T_{Vb} \quad , \quad w_{1V}=w_{1Vb} \tag{2.3-101, 102, 103}$$

(b) 相似解の導出

二成分非共沸混合冷媒の層流強制対流膜状凝縮に関する相似変換の方法は，蒸気境界層における無次元温度 $\Theta_V(\eta_V)$ および成分 1 の無次元濃度 $\Phi_V(\eta_V)$ を新たに導入する以外は，第 2.2.3 項(a-2)の飽和純蒸気の場合と同じである．すなわち，式(2.2-133)および式(2.2-134)で定義される液膜における流れ関数 $\Psi_L(x,y)$ および蒸気境界層における流れ関数 $\Psi_V(x,y)$ を導入すれば，液膜および蒸気境界層における質量保存に関する式(2.3-84)および式(2.3-87)は自動的に満足される．そこで，相似変数 η_L および η_V，無次元流れ関数 $F_L(\eta_L)$ および $F_V(\eta_V)$，無次元温度 $\Theta_L(\eta_L)$ および $\Theta_V(\eta_V)$，並びに成分 1 の無次元濃度 $\Phi_V(\eta_V)$ を以下のように定義する．

$$\eta_L=y\sqrt{U_{Vb}/(\nu_L x)} \quad , \quad \eta_V=(y-\delta)\sqrt{U_{Vb}/(\nu_V x)} \tag{2.3-104, 105}$$

$$F_L(\eta_L)=\Psi_L(x,y)\big/\sqrt{\nu_L U_{Vb}x} \;, \quad F_V(\eta_V)=\Psi_V(x,y)\big/\sqrt{\nu_V U_{Vb}x} \tag{2.3-106, 107}$$

$$\Theta_L(\eta_L)=\frac{T_i-T_L}{T_i-T_w} \quad , \quad \Theta_V(\eta_V)=\frac{T_{Vb}-T_V}{T_{Vb}-T_i} \quad , \quad \Phi_V(\eta_V)=\frac{w_{1V}-w_{1Vb}}{w_{1Vi}-w_{1Vb}} \tag{2.3-108, 109, 110}$$

以上の無次元変数を用いれば，液膜および蒸気境界層に関する二相境界層方程式，境界条件および適合条件は以下のように表される．

液膜の基礎式

$$\frac{d^3F_L}{d\eta_L^3}+\frac{1}{2}F_L\frac{d^2F_L}{d\eta_L^2}=0 \tag{2.3-111}$$

$$\frac{d^2\Theta_L}{d\eta_L^2}+\frac{1}{2}Pr_L F_L\frac{d\Theta_L}{d\eta_L}=0 \tag{2.3-112}$$

ここに，Pr_L は式(2.2-47)で定義された液のプラントル数である．

蒸気境界層の基礎式

$$\frac{d^3F_V}{d\eta_V^3}+\frac{1}{2}F_V\frac{d^2F_V}{d\eta_V^2}=0 \tag{2.3-113}$$

$$\frac{d^2\Theta_V}{d\eta_V^2}+\frac{1}{2}Pr_V F_V\frac{d\Theta_V}{d\eta_V}+\frac{Pr_V\,\Delta c_P}{Sc_V}\left(w_{1Vi}-w_{1Vb}\right)\Phi_V'\Theta_V'=0 \tag{2.3-114}$$

$$\frac{d^2\Phi_V}{d\eta_V^2}+\frac{1}{2}Sc_V F_V\frac{d\Phi_V}{d\eta_V}=0 \tag{2.3-115}$$

ここに，Pr_V および Sc_V はそれぞれ式(2.3-40)で定義された蒸気のプラントル数および式(2.3-41)で定義された蒸気のシュミット数である．

伝熱面上の境界条件

$$\eta_L=0\ \text{で,}\qquad F_L=0\ ,\ \frac{dF_L}{d\eta_L}=0\ ,\ \Theta_L=1 \tag{2.3-116, 117, 118}$$

気液界面での適合条件

$\eta_L=\eta_{Li}$ および $\eta_V=0$ で，

$$RF_L=F_V=2R\left(M_{1L}+M_{2L}\right)=2R\,M_L \tag{2.3-119}$$

$$\frac{dF_L}{d\eta_L}=\frac{dF_V}{d\eta_V}\ ,\quad R\frac{d^2F_L}{d\eta_L^2}=\frac{d^2F_V}{d\eta_V^2} \tag{2.3-120, 121}$$

$$\Theta_L=0\ ,\quad \Theta_V=1 \tag{2.3-122, 123}$$

$$-\frac{d\Theta_L}{d\eta_L}=\frac{\mu_L\Delta i_v M_L}{k_L\left(T_i-T_w\right)}+\frac{k_V\sqrt{\nu_L}\left(T_{Vb}-T_i\right)}{k_L\sqrt{\nu_V}\left(T_i-T_w\right)}\left(-\frac{d\Theta_V}{d\eta_V}\right) \tag{2.3-124}$$

$$\Phi_V=1 \tag{2.3-125}$$

$$-\frac{d\Phi_V}{d\eta_V}=\frac{\left[w_{1Vi}M_{2L}-\left(1-w_{1Vi}\right)M_{1L}\right]R\,Sc_V}{w_{1Vi}-w_{1Vb}}=\frac{\left(w_{1Vi}-w_{1L}\right)M_L\,R\,Sc_V}{w_{1Vi}-w_{1Vb}} \tag{2.3-126}$$

ここに，R は式(2.2-115)で定義された $\rho\mu$ 比である．また，M_L は無次元凝縮質量流束，$M_{kL}\ (k=1,2)$ は成分 k の無次元凝縮質量流束であり，それらは以下のように定義される．

$$M_L=m_x\,x\Big/\left(\mu_L Re_{Lx}{}^{1/2}\right),\quad M_{kL}=m_{kx}\,x\Big/\left(\mu_L Re_{Lx}{}^{1/2}\right) \tag{2.3- 127, 128}$$

上式中の Re_{Lx} は式(2.2-153)で定義されたレイノルズ数と同じである．

蒸気境界層外縁での境界条件

$$\eta_V=\eta_{Vb}\ （\eta_V\to\infty）\ \text{で,}\quad \frac{dF_V}{d\eta_V}=1\ ,\ \Theta_V=0\ ,\ \Phi_V=0 \tag{2.3-129, 130, 131}$$

(c) 液膜の熱伝達特性，蒸気境界層の熱伝達特性および物質伝達特性の相関式

藤井ら (1977, 1987)は，相似解を数値解析し，以下に示す液膜の熱伝達特性，蒸気境界層の熱伝達特性および物質伝達特性の相関式を求めた．

液膜の熱伝達特性

冷却面および気液界面における液膜の局所熱伝達率 α_{wx} および α_{ix} は，

$$q_{wx} = k_L \left(\frac{\partial T_L}{\partial y} \right)_w = \alpha_{Lwx}(T_i - T_w), \quad q_{Lix} = k_L \left(\frac{\partial T_L}{\partial y} \right)_i = \alpha_{Lix}(T_i - T_w) \tag{2.3-132, 133}$$

と定義され，冷却面および気液界面における局所ヌセルト数 Nu_{Lwx} および Nu_{Lix} は以下のように定義される．

$$Nu_{Lwx} = \alpha_{Lwx} x / k_L = \left(-\Theta'_{Lw} \right) Re_{Lx}^{1/2}, \quad Nu_{Lix} = \alpha_{Lix} x / k_L = \left(-\Theta'_{Li} \right) Re_{Lx}^{1/2} \tag{2.3-134, 135}$$

ここに，Re_{Lx} は式(2.2-153)で定義されたレイノルズ数である．また，式(2.3-134)および(2.3-135)中の Θ'_{Lw} および Θ'_{Li} は前出の第 2.3.2 項 (b) の相似解における無次元液膜温度の冷却面および気液界面での勾配であり，藤井ら (1977, 1987)は，相似解の計算結果に基づき， Θ'_{Lw} および Θ'_{Li} を以下のように近似している．

$$-\Theta'_{Lw} = h_{HTF}(2RM_L) \tag{2.3-136}$$

$$-\Theta'_{Li} = h_{HTF}(2RM_L) \times g_{HTF}(Pr_L, R, 2RM_L) \tag{2.3-137}$$

ここに，液膜の熱伝達に関する関数形 $h_{HTF}(a)$ および $g_{HTF}(a, b, c)$ は以下のように与えられる．

$$h_{HTF}(a) = 0.433 \left(1.367 - 0.432/\sqrt{a} + 1/a \right)^{1/2} \tag{2.3-138}$$

$$g_{HTF}(a, b, c) = 1 - (0.23a + 0.35) c/b \tag{2.3-139}$$

蒸気境界層の熱伝達特性

気液界面における蒸気側の局所熱伝達率 α_{Vix} は，

$$q_{Vix} = k_V \left(\frac{\partial T_V}{\partial y} \right)_i = \alpha_{Vix}(T_{Vb} - T_i) \tag{2.3-140}$$

と定義され，局所ヌセルト数 Nu_{Vix} は次式で定義される．

$$Nu_{Vix} = \alpha_{Vix} x / k_V = \left(-\Theta'_{Vi} \right) Re_{Vx}^{1/2} \tag{2.3-141}$$

ここに， Re_{Vx} は次式で定義されたレイノルズ数である．

$$Re_{Vx} = U_{Vb} x / \nu_V \tag{2.3-142}$$

また，式(2.3-141)中の Θ'_{Vi} は前出の第 2.3.2 項 (b) の相似解における無次元蒸気温度の気液界面での勾配であり，藤井ら (1987)は，相似解の計算結果に基づき， Θ'_{Vi} を次式で近似している．

$$-\Theta'_{Vi} = C_F(Pr_V) \times f_{HTF}(Pr_V, RM_L, \phi_i) \tag{2.3-143}$$

ここに，$C_F\left(Pr_V\right)$は Rose (1980)が求めたプラントル数 Pr_V の関数で，次式で表される．

$$C_F\left(Pr_V\right)=Pr_V{}^{1/2}\Big/\left(27.8+75.9Pr_V{}^{0.306}+657Pr_V\right)^{1/6} \tag{2.3-144}$$

また，蒸気境界層の熱伝達に関する関数形 $f_{HTF}(a,b,c)$は次式で与えられる．

$$f_{HTF}(a,b,c)=1+2.6a^{0.66}\{b(1-2c/3)\}^{1.05} \tag{2.3-145}$$

なお，ϕ_iは拡散項のパラメータであり，自由対流凝縮の場合の式(2.3-70)と同じである．

蒸気境界層の物質伝達特性

気液界面における蒸気側の成分１の局所拡散質量流束を j_{1Vix} とすれば，気液界面における蒸気側の物質伝達率 β_{Vix} は以下のように定義される．

$$-j_{1Vix}=-\rho D_{12V}\left(\frac{\partial w_{1V}}{\partial y}\right)_i=\beta_{Vix}\left(w_{1Vi}-w_{1Vb}\right) \tag{2.3-146}$$

式(2.3-146)で定義される物質伝達率 β_{Vix} に関する無次元数として，シャーウッド数 Sh_{Vix} は以下のように定義される．

$$Sh_{Vix}=\beta_{Vix}x/\left(\rho_V D_{12V}\right)=\left(-\Phi_{Vi}^{'}\right)Re_{Vx}{}^{1/2} \tag{2.3-147}$$

式(2.3-147)中の $\Phi_{Vi}^{'}$ は前出の第 2.3.2 項(b)の相似解における無次元濃度の気液界面での勾配であり，藤井ら (1987)は，相似解の計算結果に基づき，$\Phi_{Vi}^{'}$ を次式で近似している．

$$-\Phi_{Vi}^{'}=C_F\left(Sc_V\right)\{1+K_{MTF}\left(Sc_V,R,Y_{1R}\right)\}f_{MTF}\left(Y_{1R}\right) \tag{2.3-148}$$

ここに，Y_{1R} は式(2.3-76)で定義された気液界面における成分１の濃縮の程度を表す無次元数であり，関数 $C_F\left(Sc_V\right)$は式(2.3-144)の Pr_V をシュミット数 Sc_V に置き換えた関数である．また，蒸気境界層の物質伝達に関する関数形 $K_{MTF}(a,b,c)$および $f_{MTF}(a)$は以下のように与えられる．

$$K_{MTF}(a,b,c)=0.1\left(0.87-a^{3/4}+0.0015/a^3+13/b\right)c^{0.8} \tag{2.3-149}$$

$$f_{MTF}(a)=(1-a)^{-0.52}(1-a/2)^{-0.48} \tag{2.3-150}$$

(d) 二成分混合蒸気の凝縮特性の代数的予測法

藤井ら (1977, 1987)は二成分混合蒸気の相似解によって得られた液膜の熱伝達，蒸気境界層の熱伝達および蒸気境界層の物質伝達に関する相関式を用いて，二成分混合蒸気の凝縮特性を代数的に予測する方法を提案した．以下にそれを示す．なお，藤井ら (1991b, 1991c)は上述の相関式の改良・修正を行ったが，それらは，第 2.3.2 項(c)で示した藤井ら (1977, 1987)の相関式の式(2.3-136, 137, 143, 148)と大きな差異はない．

気液界面におけるエネルギー保存の関係

気液界面におけるエネルギー保存に関する適合条件式(2.3-124)に液膜および蒸気境界層の熱伝達に関する相関式(2.3-137)および(2.3-143)を代入すると次式が得られる．

$$h_{HTF}(2RM_L)\times g_{HTF}(Pr_L, R, 2RM_L)$$
$$=\frac{Pr_L\ M_L}{Ja_L}+C_F(Pr_V)\frac{k_V}{k_L}\left(\frac{\nu_L}{\nu_V}\right)^{\frac{1}{2}}\frac{T_{Vb}-T_i}{T_i-T_w}\times f_{HTF}(Pr_V, RM_L, \phi_i) \tag{2.3-151}$$

気液界面における成分１の質量保存の関係

気液界面における成分１の質量保存に関する適合条件式(2.3-126)に蒸気境界層の物質伝達に関する相関式(2.3-148)を代入すると次式が得られる．

$$M_L=\frac{C_F(Sc_V)}{R\,Sc_V}\{1+K_{MTF}(Sc_V, R, Y_{1R})\}\,f_{MTF}(Y_{1R})\times Y_{1R} \tag{2.3-152}$$

周囲混合蒸気の条件(P, T_{Vb}, w_{1Vb})および冷却面温度T_wが既知の条件として与えられれば，気液界面におけるエネルギー保存の関係式(2.3-151)，気液界面における成分１の質量保存の関係式(2.3-152)，前出の液濃度と凝縮質量流束の関係式(2.3-80)および気液界面における相平衡の関係式(2.3-22)から構成される連立代数方程式を解くことによって，未知数であるT_i，w_{1Vi}，w_{1L}，M_L，M_{1L}，M_{2L}が求められる．ついで，局所凝縮質量流束m_x，各成分の局所凝縮質量流束m_{kx} $(k=1,2)$，局所伝熱面熱流束q_{wx}，蒸気境界層からの局所対流熱流束q_{Vix}が以下の諸式より求められる．

$$m_x=\mu_L M_L\ {Re_{Lx}}^{1/2}/x \quad , \quad m_{kx}=\mu_L M_{kL}\ {Re_{Lx}}^{1/2}/x \tag{2.3-153, 154}$$
$$q_{wx}=h_{HTF}(2RM_L)k_L(T_i-T_w)\,{Re_{Lx}}^{1/2}/x \tag{2.3-155}$$
$$q_{Vix}=C_F(Pr_V)f_{HTF}(Pr_V, RM_L, \phi_i)k_V(T_{Vb}-T_i){Re_{Vx}}^{1/2}/x \tag{2.3-156}$$

ここに，藤井ら (1991e)は，二成分混合蒸気の鉛直平板上の自由対流凝縮の場合と同様に，二成分混合蒸気の平板上の強制対流凝縮の場合についても，二成分混合蒸気の代表物性値の取り方について検討し，周囲と気液界面の算術平均濃度とそれに対応する飽和温度における物性値を用いよいことを示している．また，その他の代表物性値の取り方についても検討している．なお，液膜の代表物性値としては，純冷媒の場合（藤井ら，1991a）と同様に評価温度$T_r=T_w+(T_i-T_w)/3$における値を用いれば良い（第 2.2.3 項(a-3)を参照）．

2.4　多成分非共沸混合冷媒の膜状凝縮

三成分以上の多成分非共沸混合冷媒が平板上で凝縮する場合，個々の成分の拡散が相互に干渉するので各成分の質量保存の式は二成分のそれに比して複雑になる．そして，その理論的取り扱いについては，これまで，(1) 物質伝達を拡散の相互干渉を無視して擬似的な二成分系として取り扱う Schrodt (1973)の方法, (2) 物質伝達における対流項を無視して，多成分系の濃度差拡散に関する Maxwell-Stefan の式（Bird *et. al.*, 1960）を厳密に解く Krishna-Standart (1976)の方法，(3) 濃度の関数となる多成分系の相互拡散係数およびその他の物性値を一定と近似し，各成分の質量保存の式を二成分系の式の組み合わせに変換する Toor (1964)や Stewart-Prober (1963)の方法の三通りの方法が提案されている．ここに，Webb (1982)は，これらの方法のうち，(3)の方法が比較的厳密であると報告している．そこで，小山-藤井 (1985)，藤井ら (1989)および小山ら (1987a, 1987b)は，上述の(3)の方法と，第 2.3 節で示した二成分非共沸混合冷媒の二相境界層理論による解析方法とを組み合わせて多成分蒸気の層流膜状凝縮を理論的に取り扱い，二成分非共沸混合冷媒に対して提案された凝縮特性の代数的予測法を三成分以上の多成分系に拡張する方法を提案した．本節では，藤井らおよび小山らの多成分非共沸混合冷媒の凝縮特性の代数的予測法について概説する．

2.4.1　層流自由対流凝縮

(a) 二相境界層方程式，境界条件および適合条件

n 成分からなる多成分非共沸混合冷媒の鉛直平板上での層流自由対流膜状凝縮に関する二相境界層方程式，境界条件および適合条件は，蒸気境界層における成分 k の質量保存に関連する基礎式，境界条件および適合条件，並びに蒸気境界層における x 方向の運動量方程式中の浮力項およびエネルギー方程式中の拡散項を除けば，二成分非共沸混合冷媒に関する第 2.3.1 項(a)で示した諸式と同じである．そこで，二成分系とは形が異なる式についてのみ以下に説明する．なお，用いる記号は，成分 k の液および蒸気の質量分率 w_{kL} および w_{kV} が追加されることを除けば，第 2.3.1 項(a)と同じである．

<u>蒸気境界層に関する基礎式について</u>

$$U_V \frac{\partial U_V}{\partial x} + V_V \frac{\partial U_V}{\partial y} = \nu_V \frac{\partial^2 U_V}{\partial y^2} + g\left(1 - \frac{\rho_{Vb}}{\rho_V}\right) \quad \text{（} x \text{ 方向運動量）} \tag{2.4-1}$$

$$U_V \frac{\partial T_V}{\partial x} + V_V \frac{\partial T_V}{\partial y} = \kappa_V \frac{\partial^2 T_V}{\partial y^2} + \frac{\partial T_V}{\partial y} \sum_{k=1}^{n-1}\sum_{l=1}^{n-1} \Delta c_{pkn} D^*_{klV} \frac{\partial w_{lV}}{\partial y} \quad \text{（エネルギー）} \tag{2.4-2}$$

$$U_V \frac{\partial w_{kV}}{\partial x} + V_V \frac{\partial w_{kV}}{\partial y} = \sum_{l=1}^{n-1} D^*_{klV} \frac{\partial^2 w_{lV}}{\partial y^2} \quad (k = 1, 2, \cdots, n\text{-}1) \quad \text{（成分 } k \text{ の質量）} \tag{2.4-3}$$

式(2.4-1)の右辺第 2 項の浮力項は次式で与えられる（付録【2.6】参照）．

$$\begin{aligned} g\left(1 - \frac{\rho_{Vb}}{\rho_V}\right) &= g\left(1 - \frac{T_V}{T_{Vb}}\frac{M_b}{M}\right) = g\left\{1 - \left[1 - \omega_T\left(T_{Vb} - T_V\right)\right]\left[1 - \sum_{l=1}^{n-1} \omega_{wl}\left(w_{lV} - w_{lVb}\right)\right]\right\} \\ &= g\omega_T\left(T_{Vb} - T_V\right) + g\left[1 - g\omega_T\left(T_{Vb} - T_V\right)\right]\sum_{l=1}^{n-1} \omega_{wl}\left(w_{lV} - w_{lVb}\right) \end{aligned} \tag{2.4-4}$$

上式中の M および M_b はそれぞれ蒸気境界層内および蒸気境界層外縁（周囲蒸気）の見掛けの分子量であり，ω_T および ω_{wl} はそれぞれ濃度差および温度差による浮力に関するパラメータであり，以下のように表される．

$$\omega_T = \frac{1}{T_{Vb}} \quad , \quad \omega_{wl} = M_b\left(\frac{1}{M_n} - \frac{1}{M_l}\right) = \left(\frac{1}{M_n} - \frac{1}{M_l}\right) \Bigg/ \sum_{k=1}^{n} \frac{w_{kVb}}{M_k} \tag{2.4-5, 6}$$

ここに，M_n，M_k および M_l はそれぞれ成分 n，成分 k および成分 l の分子量であり，w_{kVb} は周囲蒸気における成分 k の質量分率である．次に，式(2.4-2)および式(2.4-3)中の D^*_{klV} は成分 k と成分 l の相互拡散に関する係数であり，多成分系における成分 k と成分 l の相互拡散係数を D^M_{klV} とすれば，次式で与えられる（付録【2.7】参照）．

$$D^*_{klV} = D^+_{knV} - D^+_{klV} \qquad \text{ここに，} \quad D^+_{klV} = \frac{M_k}{M} D^M_{klV} - \frac{M_k}{M_l} \sum_{m=1}^{n} D^M_{kmV}\, w_{mV} \tag{2.4-7}$$

さらに，式(2.4-2)中の Δc_{pkn} は，成分 k の定圧比熱 c_{pkV}，成分 n の定圧比熱 c_{pnV} および混合蒸気の定圧比熱 c_{pV} で表される定圧比熱の関数であり，次のようになる．

$$\Delta c_{pkn} = \left(c_{pkV} - c_{pnV}\right) \Bigg/ \sum_{l=1}^{n} w_{lV} c_{plV} = \left(c_{pkV} - c_{pnV}\right) / c_{pV} \tag{2.4-8}$$

<u>気液界面における適合条件について</u>

$y = \delta$ で，

$$\rho_L\left(U_L \frac{d\delta}{dx} - V_L\right)_i = \rho_V\left(U_V \frac{d\delta}{dx} - V_V\right)_i = m_x = \sum_{l=1}^{n} m_{lx} \tag{2.4-9}$$

$$k_L\left(\frac{\partial T_L}{\partial y}\right)_i = m_x\, \Delta i_v + k_V\left(\frac{\partial T_V}{\partial y}\right)_i = \sum_{k=1}^{n} m_{kx} \Delta i_{kv} + k_V\left(\frac{\partial T_V}{\partial y}\right)_i \tag{2.4-10}$$

$$w_{kV} = w_{kVi} \qquad (k = 1, 2, \cdots, n\text{-}1) \tag{2.4-11}$$

$$m_{kx} = w_{kVi}\, m_x + \rho_V \sum_{l=1}^{n} D^*_{klV}\left(\frac{\partial w_{lV}}{\partial y}\right)_i = w_{kL} m_x \qquad (k = 1, 2, \cdots, n\text{-}1) \tag{2.4-12}$$

ここに，m_x および m_{kx} はそれぞれ局所凝縮質量流束および成分 k の局所凝縮質量流束である．また，Δi_v は n 成分混合蒸気の凝縮潜熱であり，成分 k の蒸気と液の分子配エンタルピーの差を Δi_{kv} とすれば，次のようになる（なお，n 成分系の Δi_v の取り扱いは【付録 2.5】の二成分系と基本的に同じである）．

$$\Delta i_v = \sum_{k=1}^{n} \frac{m_{kx}}{m_x} \Delta i_{kv} = \sum_{k=1}^{n} w_{kLi} \Delta i_{kv} \tag{2.4-13}$$

さらに，気液界面においては，形式的に以下のように表現される相平衡の関係が成り立つ．

$$w_{kVi} = W_{kV}\left(T_i, p, w_{1Vi}, w_{2Vi}, \cdots, w_{(n-2)Vi}\right) \qquad (k = 1, 2, \cdots, n\text{-}1) \tag{2.4-14a}$$

$$w_{kLi} = W_{kL}\left(T_i, p, w_{1Vi}, w_{2Vi}, \cdots, w_{(n-2)Vi}\right) \qquad (k = 1, 2, \cdots, n\text{-}1) \tag{2.4-14b}$$

<u>蒸気境界層外縁での境界条件について</u>

$$y = \delta + \varDelta\,(y \to \infty)\text{で，}\quad w_{kV} = w_{kVb} \qquad (k = 1, 2, \cdots, n\text{-}1) \tag{2.4-15}$$

(b) 相似解の導出

n 成分系の相似解の導出においては，二成分系における成分 1 の無次元濃度 $\varPhi_V(\eta_V)$ の替わりに次式の成分 k の無次元濃度 $\varPhi_{kV}(\eta_V)$ を導入することを除けば，相似変数 η_L および η_V，無次元流れ関数 $F_L(\eta_L)$ および $F_V(\eta_V)$，無次元温度 $\varTheta_L(\eta_L)$ および $\varTheta_V(\eta_V)$ の定義は第 2.3.1 項 (b) の二成分系の場合と全く同じである．

$$\varPhi_{kV}(\eta_V) = \frac{w_{kV} - w_{kVb}}{w_{kVi} - w_{kVb}} \qquad (k = 1, 2, \cdots, n\text{-}1) \tag{2.4-16}$$

従って，液膜の基礎式および伝熱面上の境界条件は第 2.3.1 項 (b) で示した二成分系と全く同じであるので，その説明はここでは省略し，以下には，相似変換された n 成分系における蒸気境界層の基礎式，並びにそれらに関連した主要な適合条件および境界条件のみ示す．

<u>蒸気境界層の基礎式について</u>

$$\begin{aligned}&\frac{d^3F_V}{d\eta_V^{\,3}} + 3F_V\frac{d^2F_V}{d\eta_V^{\,2}} - 2\left(\frac{dF_V}{d\eta_V}\right)^2 \\ &\qquad + \omega_T(T_{Vb} - T_i)\varTheta_V + \left[1 - \omega_T(T_{Vb} - T_i)\varTheta_V\right]\sum_{l=1}^{n-1}\omega_{wl}(w_{lVi} - w_{lVb})\varPhi_{lV} = 0\end{aligned} \tag{2.4-17}$$

$$\frac{d^2\varTheta_V}{d\eta_V^{\,2}} + 3\,Pr_V F_V\frac{d\varTheta_V}{d\eta_V} + Pr_V\sum_{k=1}^{n-1}\sum_{l=1}^{n-1}\frac{\Delta c_{pkn}}{Sc_{klV}}(w_{lVi} - w_{lVb})\frac{d\varPhi_{lV}}{d\eta}\frac{d\varTheta_V}{d\eta} = 0 \tag{2.4-18}$$

$$\sum_{l=1}^{n-1} a_{kl}\frac{d^2\varPhi_{lV}}{d\eta_V^{\,2}} + 3F_V\frac{d\varPhi_{kV}}{d\eta_V} = 0 \qquad (k = 1, 2, \cdots, n\text{-}1) \tag{2.4-19}$$

ここに，Sc_{klV} は無次元数（成分 k-l 間の一種のシュミット数に相当）で，a_{kl} は Sc_{klV} と気液界面および周囲における成分 k および l の蒸気質量分率で定まる係数であり，以下のように定義される．

$$Sc_{klV} = \nu_V / D^*_{klV} \quad , \qquad a_{kl} = \frac{(w_{lVi} - w_{lVb})}{Sc_{klV}(w_{kVi} - w_{kVb})} \tag{2.4-20, 21}$$

<u>気液界面の適合条件について</u>

$\eta_L = \eta_{Li}$ および $\eta_V = 0$ で，

$$RF_L = F_V = R\sum_{l=1}^{n} M_{lL}/3 = R\,M_L/3 \tag{2.4-22}$$

$$-\frac{d\varTheta_L}{d\eta_L} = \frac{\mu_L\Delta i_v M_L}{k_L(T_i - T_w)} + \frac{k_V\sqrt{\nu_L}(T_{Vb} - T_i)}{k_L\sqrt{\nu_V}(T_i - T_w)}\left(-\frac{d\varTheta_V}{d\eta_V}\right) \tag{2.4-23}$$

$$\varPhi_{kV} = 1 \quad , \qquad (k = 1, 2, \cdots, n\text{-}1) \tag{2.4-24}$$

$$\sum_{l=1}^{n-1} a_{kl}\frac{d\varPhi_{lV}}{d\eta_V} = C_k \qquad (k = 1, 2, \cdots, n\text{-}1) \tag{2.4-25}$$

ここに，

$$C_k = \frac{(M_{kL} - w_{kVi} M_L)R}{w_{kVi} - w_{kVb}} = \frac{(w_{kL} - w_{kVi}) M_L R}{w_{kVi} - w_{kVb}} \tag{2.4-26}$$

また，M_L は無次元凝縮質量流束で，M_{kL} は成分 k の無次元凝縮質量流束であり，それらの定義式は第 2.3.1 項(b)の式(2.3-53)および式(2.3-54)と同じである．

蒸気境界層外縁での境界条件について

$$\eta_V = \eta_{Vb}\ (\eta_V \to \infty)\ で，\quad \Phi_{kV} = 0 \qquad (k = 1, 2, \cdots, n\text{-}1) \tag{2.4-27}$$

(c) 蒸気境界層における物質移動に関する諸式の直交変換

式(2.4-19)で示すように成分 k の物質移動は他の成分の物質移動と連成している．この場合，物質移動に関する諸式を直交変換(orthogonal transformation)すれば，成分 k の物質移動問題は，仮想的な二成分の物質移動問題の組み合わせとして取り扱うことができる（Toor (1964), Stewart-Prober (1964)）．以下に，この方法について説明する．

成分 k の質量保存に関する基礎式(2.4-19)，気液界面における適合条件式(2.4-24, 25)および蒸気境界層外縁での境界条件式(2.4-27)を行列表示すると以下のように表される．

蒸気境界層内の成分 k の質量保存

$$\mathbf{A}\frac{d^2\mathbf{\Phi}_V}{d\eta_V^2} + 3F_V\frac{d\mathbf{\Phi}_V}{d\eta_V} = \mathbf{0} \tag{2.4-28}$$

気液界面での適合条件

$$\eta_V = 0\ で，\quad \mathbf{\Phi}_V = \mathbf{I} \quad , \quad \mathbf{A}\frac{d\mathbf{\Phi}_V}{d\eta_V} = \mathbf{C} \tag{2.4-29, 30}$$

蒸気境界層外縁での境界条件

$$\eta_V = \eta_{Vb}\ (\eta_V \to \infty)\ で，\quad \mathbf{\Phi}_V = \mathbf{0} \tag{2.4-31}$$

ここに，$\mathbf{0}$ および $\mathbf{I}$ はそれぞれ要素が 0 および 1 の(n-1)次元縦ベクトルであり，$\mathbf{\Phi}_V$，$\mathbf{A}$ および $\mathbf{C}$ は以下のように定義される．

$$\mathbf{\Phi}_V = (\Phi_{kV})_1^{n-1}, \quad \mathbf{A} = (a_{kl})_{n-1}^{n-1}, \quad \mathbf{C} = (C_k)_1^{n-1} \tag{2.4-32, 33, 34}$$

係数行列 $\mathbf{A}$ は正則行列であるので，正則行列 $\mathbf{P}$ により行列 $\mathbf{A}$ の固有値 $1/Sc_{kV}$ $(k = 1, 2, \cdots, n\text{-}1)$を対角要素に持つ対角行列 $\mathbf{B}$（標準形）へ変換できる（Sc_{kV} は一種のシュミット数）．すなわち，

$$\mathbf{B} \equiv (\delta_{kl}/Sc_{kV})_{n-1}^{n-1} = \mathbf{Q\,A\,P} \tag{2.4-35}$$

ここに，δ_{kl} はクロネッカーのデルタ記号であり，行列 $\mathbf{Q}$ および $\mathbf{P}$ は，以下のようになる．

$$\mathbf{Q}=\mathbf{P}^{-1}=(q_{kl})_{n-1}^{n-1} \quad , \quad \mathbf{P}=(p_{kl})_{n-1}^{n-1} \tag{2.4-36, 37}$$

次に，新たな無次元の濃度に関する $\mathbf{\Phi}_V^*$ を次式で定義する．

$$\mathbf{\Phi}_V^*=(\Phi_{kV}^*)_1^{n-1}=\mathbf{D\,Q\,\Phi}_V=\mathbf{D\,P}^{-1}\mathbf{\Phi}_V \tag{2.4-38}$$

ここに，行列 $\mathbf{D}$ は式(2.4-29)に対応した $\mathbf{\Phi}_V^*$ に関する適合条件を規格化するために導入した行列であり，次式で定義される．

$$\mathbf{D}=\left(\delta_{kl}\Big/\sum_{m=1}^{n-1}q_{km}\right)_{n-1}^{n-1} \tag{2.4-39}$$

$\mathbf{\Phi}_V$ は逆に式(2.4-38)より $\mathbf{\Phi}_V^*$ を用いて次のように表される．

$$\mathbf{\Phi}_V=\mathbf{P\,D}^{-1}\mathbf{\Phi}_V^* \quad \text{または，} \quad \Phi_{kV}=\sum_{l=1}^{n-1}\sum_{m=1}^{n-1}p_{kl}\,q_{lm}\Phi_{lV}^* \qquad (k=1,2,\cdots,n\text{-}1) \tag{2.4-40a, 40b}$$

以上の関係を用いて，式(2.4-28)から式(2.4-31)の $\mathbf{\Phi}_V$ の関係を $\mathbf{\Phi}_V^*$ の関係に変換すると以下のようになる（ここに，行列 $\mathbf{B}$ および行列 $\mathbf{D}$ はいずれも対角行列であるので，$\mathbf{B\,D}^{-1}=\mathbf{D}^{-1}\mathbf{B}$ の関係が成立することを利用している）．

蒸気境界層内の成分 k の質量保存　$(k=1,2,\cdots,n\text{-}1)$

$$\mathbf{B}\frac{d^2\mathbf{\Phi}_V^*}{d\eta_V^2}+3F_V\frac{d\mathbf{\Phi}_V^*}{d\eta_V}=\mathbf{0} \qquad \text{または，} \quad \frac{d^2\Phi_{kV}^*}{d\eta_V^2}+3Sc_{kV}F_V\frac{\mathrm{d}\,\Phi_{k\mathrm{V}}^*}{\mathrm{d}\eta_\mathrm{V}}=0 \tag{2.4-41a, 41b}$$

気液界面での適合条件　$(k=1,2,\cdots,n\text{-}1)$

$\eta_V=0$ で，

$$\mathbf{\Phi}_V^*=\mathbf{I} \qquad \text{または，} \quad \Phi_{kV}^*=1 \tag{2.4-42a, 42b}$$

$$\mathbf{B}\frac{d\mathbf{\Phi}_V^*}{d\eta_V}=\mathbf{DQC}=\mathbf{DP}^{-1}\mathbf{C} \qquad \text{または，} \quad \frac{\mathrm{d}\,\Phi_{kV}^*}{\mathrm{d}\,\eta_V}=\sum_{m=1}^{n-1}q_{km}C_m\,Sc_{kV}\Big/\sum_{l=1}^{n-1}q_{kl} \tag{2.4-43a, 43b}$$

蒸気境界層外縁での境界条件　$(k=1,2,\cdots,n\text{-}1)$

$$\eta_V=\eta_{Vb}\ (\eta_V\to\infty)\ \text{で，} \quad \mathbf{\Phi}_V^*=\mathbf{0} \quad \text{または，} \quad \Phi_{kV}^*=0 \tag{2.4-44a, 44b}$$

式(2.4-17)に式(2.4-40b)を代入すれば，x 方向の運動量保存の式は次のように表せる．

$$\frac{d^3F_V}{d\eta_V^3}+3F_V\frac{d^2F_V}{d\eta_V^2}-2\left(\frac{dF_V}{d\eta_V}\right)^2+\omega_T^*\Theta_V+(1-\omega_T^*\Theta_V)\sum_{k=1}^{n-1}\omega_{wk}^*\Phi_{kV}^*=0 \tag{2.4-45}$$

ここに，ω_T^* および ω_{wk}^* は浮力に関するパラメータであり，以下のように表される．

$$\omega_T^*=\omega_T(T_{Vb}-T_i) \quad , \quad \omega_{wk}^*=\sum_{l=1}^{n-1}\sum_{m=1}^{n-1}\omega_{wl}(w_{lVi}-w_{lVb})p_{lk}q_{km} \tag{2.4-46, 47}$$

また，式(2.4-18)に式(2.4-40b)を代入すれば，エネルギー保存の式は次のように表せる．

$$\frac{d^2\Theta_V}{d\eta_V^{\ 2}}+3(1-\phi)Pr_V F_V\frac{d\Theta_V}{d\eta_V}=0 \tag{2.4-48}$$

ここに，ϕ は次式の拡散項に関する関数である．

$$\phi=-\sum_{k=1}^{n-1}\sum_{l=1}^{n-1}\frac{\Delta c_{pkn}}{Sc_{klV}}(w_{lVi}-w_{lVb})\left(\sum_{j=1}^{n-1}\sum_{m=1}^{n-1}p_{lj}q_{jm}\frac{d\Phi_{jV}^{*}}{d\eta}\right)\bigg/(3F_V) \tag{2.4-49}$$

以上より，n 成分系の層流自由対流膜状凝縮に関する相似解，境界条件および適合条件は，以下のようにまとめられる．

(1) 液膜における運動量保存およびエネルギー保存に関する式は二成分系と同じであり，それぞれ式(2.3-35)および式(2.3-36)で表される．

(2) 蒸気境界層における運動量保存，エネルギー保存および成分 k の質量保存に関する式は，それぞれ式(2.4-45)，式(2.4-48)および式(2.4-41b)で表される．

(3) 境界条件および適合条件としては，二成分系の式(2.3-42)から式(2.3-52)および式(2.3-55)から式(2.3-57)において，無次元凝縮質量流束に関する式(2.3-45)を式(2.4-22)に置き換え，無次元濃度に関する式(2.3-51)，式(2.3-52)および式(2.3-57)をそれぞれ式(2.4-42b)，式(2.4-43b)および式(2.4-44b)に置き換えれば良い．

(d) 多成分混合蒸気の凝縮特性の代数的予測方法

n 成分混合蒸気の鉛直平板上の層流自由対流膜状凝縮に関する相似解は，蒸気境界層における運動量保存の式(2.4-45)中の浮力項およびエネルギー保存の式(2.4-48)中の拡散項を除けば，二成分系の相似解と同形式である．そこで，小山ら (1987b)は，このことに着目して，n 成分混合蒸気の場合の蒸気境界層内での温度差に基づく浮力と各成分の濃度差に基づく浮力の相互干渉の影響が二成分および三成分混合気の熱と物質の同時移動を伴う自由対流（田中 (1985)，渡部ら (1988)）の場合と同じであると仮定して，二成分系の鉛直平板上の層流自由対流凝縮に関する相似解の数値解析（小山ら，1986）で求められた液膜の熱伝達相関式，蒸気境界層の熱伝達および物質伝達に関する相関式を n 成分系に適用して，n 成分混合蒸気の凝縮特性を代数的に予測する方法を提案した．以下にその方法を示す．

<u>気液界面におけるエネルギー保存の関係</u>

$$M_L^{-\frac{1}{3}}=\frac{Pr_L\,M_L}{Ja_L}+\sqrt{2}\,C_N(Pr_V)\frac{k_V}{k_L}\left(\frac{\nu_L}{\nu_V}\right)^{\frac{1}{2}}\frac{T_{Vb}-T_i}{T_i-T_w}\left(\chi_i^{*}\,Pr_V\right)^{\frac{1}{4}}f_{HTN}\left(Pr_V,RM_L,\chi_i^{*},\phi_i\right) \tag{2.4-50}$$

ここに，$C_N(Pr_V)$ は式(2.3-69)で表されるプラントル数 Pr_V の関数であり，$f_{HTN}(Pr_V,RM_L,\chi_i^{*},\phi_i)$ は式(2.3-71)で表される蒸気境界層の熱伝達に関する関数形である．また，χ_i^{*} およびは ϕ_i はそれぞれ浮力および拡散項に関するパラメータであり，以下のように定義される．

$$\chi_i^{*}=\Omega_i+\sum_{k=1}^{n-1}\sum_{l=1}^{n-1}\sum_{m=1}^{n-1}\omega_{wl}(w_{lVi}-w_{lVb})p_{lk}q_{km}\left[(Pr_V/Sc_{kV})^{\frac{1}{2}}-1\right] \tag{2.4-51}$$

$$\phi_i = \sum_{k=1}^{n-1}\left\{\sum_{l=1}^{n-1}\frac{\Delta c_{pkn}}{Sc_{klV}}\left(w_{lVi}-w_{lVb}\right)\left[\sum_{j=1}^{n-1}Sc_{jV}\,p_{lj}\left(\sum_{m=1}^{n-1}q_{jm}\frac{w_{mVi}-w_{mL}}{w_{mVi}-w_{mVb}}\right)\right]\right\} \tag{2.4-52}$$

また，式(2.4-51)中の Ω_i は次式で定義される浮力に関するパラメータである．

$$\Omega_i = \omega_T\left(T_{Vb}-T_i\right)+\left[1-\omega_T\left(T_{Vb}-T_i\right)\right]\sum_{k=1}^{n-1}\sum_{l=1}^{n-1}\sum_{m=1}^{n-1}\omega_{wl}\left(w_{lVi}-w_{lVb}\right)p_{lk}q_{km} \tag{2.4-53}$$

気液界面における成分の k の質量保存の関係

$$M_L = \frac{\sqrt{2}\,C_N\left(Sc_{kV}\right)\left(\chi_{ki}\,Sc_{kV}\right)^{1/4}}{Sc_{kV}\;R}\,f_{MTN}\left(Y_{kR}\right)\times Y_{kR} \qquad (k=1,2,\cdots,n\text{-}1) \tag{2.4-54}$$

ここに，$C_N\left(Sc_{kV}\right)$ は式(2.3-69)のプラントル数 Pr_V の関数 $C_N\left(Pr_V\right)$ 中の Pr_V を一種のシュミット数である Sc_{kV} に置き換えた関数であり，$f_{MTN}\left(Y_{kR}\right)$ は式(2.3-77)で表される蒸気境界層の物質伝達に関する関数形である．また，χ_i は浮力に関するパラメータ，Y_{kR} は n 成分系における各成分の質量分率の関数であり，以下のように表される．

$$\begin{aligned}\chi_{ki} &= \Omega_i+\omega_T\left(T_{Vb}-T_i\right)\left[\left(Sc_{kV}/Pr_V\right)^{\frac{1}{2}}-1\right]\\ &\quad+\sum_{l=1}^{n-1}\sum_{m=1}^{n-1}\sum_{p=1}^{n-1}\omega_{wm}\left(w_{mVi}-w_{mVb}\right)p_{ml}q_{lp}\left[\left(Sc_{kV}/Sc_{lV}\right)^{\frac{1}{2}}-1\right]\end{aligned} \tag{2.4-55}$$

$$Y_{kR} = \sum_{l=1}^{n-1}q_{kl}\Bigg/\left[\sum_{m=1}^{n-1}q_{km}\frac{w_{mVi}-w_{mL}}{w_{mVi}-w_{mVb}}\right] \tag{2.4-56}$$

凝縮質量流束と各成分の液膜内質量分率の関係

$$w_{kL} = M_{kL}\Bigg/\sum_{i=1}^{n}M_{iL} = M_{kL}/M_L \qquad (k=1,2,\cdots,n\text{-}1) \tag{2.4-57}$$

周囲混合蒸気の条件 $\left(P,T_{Vb},w_{1Vb},w_{2Vb},\cdots,w_{(n-1)Vb}\right)$ および冷却面温度 T_w が既知であれば，気液界面におけるエネルギー保存に関する関係式(2.4-50)，成分 k の質量保存に関する関係式(2.4-54)，凝縮質量流束と各成分の液膜内質量分率の関係式(2.4-57)と気液界面における相平衡の関係式(2.4-14)からなる連立代数方程式を数値的に解くことによって，T_i，w_{kVi}，w_{kL}，$\dot{M}_{kL}$，$\dot{M}_L$ などの物理量が求められる．そして，局所凝縮質量流束 m_x，成分 k の局所凝縮質量流束 m_{kx}，局所伝熱面熱流束 q_{wx}，気液界面における蒸気境界層からの局所対流熱流束 q_{Vix} などの諸量が以下のように求められる．

$$m_x = \mu_L\,M_L\left(Ga_{Lx}/4\right)^{1/4}/x \quad , \quad m_{kx} = \mu_L\,M_{kL}\left(Ga_{Lx}/4\right)^{1/4}/x \tag{2.4-58, 59}$$

$$q_{wx} = k_L\left(T_i-T_w\right)M_L^{-1/3}\left(Ga_{Lx}/4\right)^{1/4}/x \tag{2.4-60}$$

$$q_{Vix} = k_V\left(T_{Vb}-T_i\right)C_N\left(Pr_V\right)\left(\chi_i^*/\Omega_i\right)^{1/4}\left(Gr_{Vx}\,Pr_V\right)^{1/4}f_{HTN}\left(Pr_V,RM_L,\chi_i^*,\phi_i\right)/x \tag{2.4-61}$$

2.4.2　層流強制対流凝縮

(a) 二相境界層方程式，境界条件および適合条件

n 成分非共沸混合冷媒の鉛直平板上での層流強制対流膜状凝縮に関する二相境界層方程式，境界条件および適合条件は，蒸気境界層における成分 k の質量保存に関連する基礎式，境界条件および適合条件，並びにエネルギー保存の式中の拡散項を除けば，二成分非共沸混合冷媒に関する第 2.3.2 項 (a) で示した諸式と同じである．そして，二成分系とは形が異なる蒸気境界層におけるエネルギー保存の式および成分 k の質量保存の式は，層流自由対流凝縮の場合の第 2.4.1 項 (a) で示した式(2.4-2)および式(2.4-3)と同じであり，関連した境界条件，適合条件等も，第 2.4.1 項 (a) で示した式(2.4-9)から式(2.4-15)と同じである．従って，ここでは，それらの説明は省略する．

(b) 相似解の導出

n 成分系の層流強制対流膜状凝縮に関する相似解の導出においては，二成分系における成分 1 の無次元濃度 $\Phi_V(\eta_V)$ の替わりに第 2.4.1 項 (b) で示した式(2.4-16)で定義される成分 k の無次元濃度 $\Phi_{kV}(\eta_V)$ を導入することを除けば，相似変数 η_L および η_V，無次元流れ関数 $F_L(\eta_L)$ および $F_V(\eta_V)$，無次元温度 $\Theta_L(\eta_L)$ および $\Theta_V(\eta_V)$ の定義は第 2.3.2 項 (b) の二成分系の層流強制対流凝縮の場合と全く同じである．また，相似変換された濃度に関連した適合条件および境界条件は第 2.4.1 項 (a) の n 成分系の層流自由対対流凝縮に関する式(2.4-23)から式(2.4-27)と全く同じである．そこで，ここでは，相似変換された n 成分系の層流強制対流凝縮に関する相似解と関連した境界条件および適合条件のうち，第 2.3.2 項 (b) および第 2.4.1 (b) と異なる式についてのみ以下に示す．

相似変換された n 成分系における蒸気境界層のエネルギー保存の式および成分 k の質量保存の式は以下のように表される．

$$\frac{d^2\Theta_V}{d\eta_V^2}+\frac{1}{2}Pr_V F_V\frac{d\Theta_V}{d\eta_V}+Pr_V\frac{d\Theta_V}{d\eta}\sum_{k=1}^{n-1}\sum_{l=1}^{n-1}\frac{\Delta c_{pkn}}{Sc_{klV}}\left(w_{lVi}-w_{lVb}\right)\frac{d\Phi_{lV}}{d\eta}=0 \tag{2.4-62}$$

$$\sum_{l=1}^{n-1}a_{kl}\frac{d^2\Phi_{lV}}{d\eta_V^2}+\frac{1}{2}F_V\frac{d\Phi_{kV}}{d\eta_V}=0 \qquad (k=1,2,\cdots,n\text{-}1) \tag{2.4-63}$$

ここに，Δc_{pkn}，Sc_{klV} および a_{kl} はそれぞれ式(2.4-8)，式(2.4-20)および式(2.4-21)で与えられる．また，適合条件のひとつである式(2.4-9)を相似変換した関係式は次式で表される．

$$RF_L=F_V=2R\sum_{l=1}^{n}M_{lL}=2R\,M_L \tag{2.4-64}$$

ここに，M_L は無次元凝縮質量流束，M_{lL} は成分 l の無次元凝縮質量流束であり，それらは第 2.3.2 (b) の式(2.3-127)および式(2.3-128)で定義される．

(c) 蒸気境界層における物質移動に関する諸式の直交変換

第 2.4.1 項 (c) の場合と同様に，他の成分の物質移動と連成している成分 k の物質移動問題は，直交変換を行うことにより，仮想的な二成分の物質移動問題の組み合わせとして取り扱うことができる．この直交変換の方法，並びに成分 k の質量保存に関係する適合条件および境界条件は第 2.4.1 (c) と全く同じであるので，ここでは省略し，無次元濃度 $\Phi_{kV}(\eta_V)$ を直交変換した新たな無次元濃度 $\Phi_{kV}^*(\eta_V)$ で表

現される蒸気境界層内の成分 k の質量保存の式およびエネルギー方程式のみ以下に示す.

蒸気境界層内の成分 k の質量保存　($k = 1, 2, \cdots, n\text{-}1$)

$$\mathbf{B}\frac{d^2\mathbf{\Phi}_V^*}{d\eta_V^2}+\frac{1}{2}F_V\frac{d\mathbf{\Phi}_V^*}{d\eta_V}=\mathbf{0} \qquad \text{または,} \quad \frac{d^2\Phi_{kV}^*}{d\eta_V^2}+\frac{1}{2}Sc_{kV}F_V\frac{\mathrm{d}\,\Phi_{k\mathrm{V}}^*}{\mathrm{d}\eta_\mathrm{V}}=0 \tag{2.4-65a, 65b}$$

蒸気境界層内のエネルギー保存

$$\frac{d^2\Theta_V}{d{\eta_V}^2}+\frac{1}{2}(1-\phi)Pr_VF_V\frac{d\Theta_V}{d\eta_V}=0 \tag{2.4-66}$$

ここに, ϕ は次式で表される拡散項に関する関数である.

$$\phi=-2\sum_{k=1}^{n-1}\sum_{l=1}^{n-1}\frac{\Delta c_{pkn}}{Sc_{klV}}(w_{lVi}-w_{lVb})\left(\sum_{j=1}^{n-1}\sum_{m=1}^{n-1}p_{lj}q_{jm}\frac{d\Phi_{jV}^*}{d\eta}\right)\Bigg/F_V \tag{2.4-67}$$

以上より, n 成分系の層流強制対流膜状凝縮に関する相似解, 境界条件および適合条件は, 以下のようにまとめられる.

(1) 液膜における運動量保存およびエネルギー保存に関する式は二成分系と同じであり, それぞれ式(2.3-111)および式(2.3-112)で表される.

(2) 蒸気境界層における運動量保存に関する式は二成分系と同じであり, 式(2.3-113)で表される. 一方, 蒸気境界層におけるエネルギー保存および成分 k の質量保存に関する式は, それぞれ式(2.4-66)および式(2.4-65b)で表される.

(3) 境界条件および適合条件としては, 二成分系の式(2.3-116)から式(2.3-126)および式(2.3-129)から式(2.3-131)において, 無次元凝縮質量流束に関する式(2.3-119)を式(2.4-64)に置き換え, 無次元濃度に関する式(2.3-125), 式(2.3-126)および式(2.3-131)をそれぞれ式(2.4-42b), 式(2.4-43b)および式(2.4-44b)に置き換えれば良い.

(d) 多成分混合蒸気の凝縮特性の代数的予測方法

n 成分混合蒸気の平板上の層流強制対流凝縮に関する相似解は, 基本的には二成分混合蒸気の場合と同形式となる. そこで, 小山ら (1987a)は, このことに着目して, 二成分系の平板上の層流強制対流凝縮に関する相似解の数値解析 (藤井ら, 1977, 1987) で求められた液膜の熱伝達相関式, 蒸気境界層の熱伝達および物質伝達に関する相関式を n 成分系に適用して, n 成分混合蒸気の凝縮特性を代数的に予測する方法を提案した. 以下にその方法を示す.

気液界面におけるエネルギー保存の関係

$$\begin{aligned}&h_{HTF}(2RM_L)\times g_{HTF}(Pr_L, R, 2RM_L)\\&=\frac{Pr_L\,M_L}{Ja_L}+C_F(Pr_V)\frac{k_V}{k_L}\left(\frac{\nu_L}{\nu_V}\right)^{\frac{1}{2}}\frac{T_{Vb}-T_i}{T_i-T_w}\times f_{HTF}(Pr_V, RM_L, \phi_i)\end{aligned} \tag{2.4-68}$$

ここに, $h_{HTF}(2RM_L)$ および $g_{HTF}(Pr_L, R, 2RM_L)$ は式(2.3-138)および式(2.3-139)で表される液膜の熱伝達に関する関数形であり, $C_F(Pr_V)$ は式(2.3-144)で表されるプラントル数 Pr_V の関数であり,

$f_{HTF}(Pr_V, RM_L, \phi_i)$は式(2.3-145)で表される蒸気境界層の熱伝達に関する関数形である．また，ϕ_iは拡散項に関するパラメータであり，n成分系の自由対流凝縮の場合の式(2.4-52)と同じである．

気液界面の蒸気側の成分の k の質量保存の関係

$$M_L = \frac{C_F(Sc_{kV})}{R\,Sc_{kV}}\{1 + K_{MTF}(Sc_{kV}, R, Y_{kR})\} f_{MTF}(Y_{kR}) \times Y_{kR} \qquad (k = 1, 2, \cdots, n\text{-}1) \tag{2.4-69}$$

ここに，$C_F(Sc_{kV})$は式(2.3-144)のプラントル数Pr_Vの関数$C_N(Pr_V)$中のPr_Vを一種のシュミット数であるSc_{kV}に置き換えた関数であり，$K_{MTF}(Sc_{kV}, R, Y_{kR})$および$f_{MTF}(Y_{kR})$はそれぞれ式(2.3-149)および式(2.3-150)で表される蒸気境界層の物質伝達に関する関数形である．また，Y_{kR}はn成分系における各成分の質量分率の関数であり，自由対流凝縮の場合の式(2.4-56)と同じである．

周囲混合蒸気の条件$(P, T_{Vb}, w_{1Vb}, w_{2Vb}, \cdots, w_{(n-1)Vb})$および伝熱面温度 T_wが既知であれば，気液界面におけるエネルギー保存に関する関係式(2.4-68)，成分 k の質量保存に関する関係式(2.4-69)，凝縮質量流束と各成分の液膜内質量分率の関係式(2.4-57)と気液界面における相平衡の関係式(2.4-14)からなる連立代数方程式を数値的に解くことによって，T_i，w_{kVi}，w_{kL}，$\dot{M}_{kL}$，$\dot{M}_L$などの物理量が求められる．そして，局所凝縮質量流束m_x，成分 k の局所凝縮質量流束m_{kx}，局所伝熱面熱流束q_{wx}，気液界面における蒸気境界層からの局所対流熱流束q_{Vix}などの諸量が以下のように求められる．

$$m_x = \mu_L M_L\, Re_{Lx}^{1/2}/x \quad , \quad m_{kx} = \mu_L M_{kL}\, Re_{Lx}^{1/2}/x \tag{2.4-70, 71}$$

$$q_{wx} = h_{HTF}(2RM_L) k_L (T_i - T_w)\, Re_{Lx}^{1/2}/x \tag{2.4-72}$$

$$q_{Vix} = C_F(Pr_V) f_{HTF}(Pr_V, RM_L, \phi_i) k_V (T_{Vb} - T_i) Re_{Vx}^{1/2}/x \tag{2.4-73}$$

2.5　平板上凝縮の促進法

本節では平板上における凝縮促進について，平板表面に凹凸を持つ溝付面 (fluted surface) 上における純蒸気の層流膜状凝縮を取り上げる．蒸気中におかれた鉛直溝付面（管）上における凝縮液の形成と排除について図 2.5-1 で説明する．凝縮液は伝熱面の山部で凸の，また溝部で凹の形状になる．このため，蒸気相と液膜内に表面張力により次の圧力差を生じる．

$$P_L - P_V = \sigma / r_i \tag{2.5-1}$$

ここに，P_L および P_V はそれぞれ液膜内および蒸気相の圧力，σ は表面張力である．r_i は気液界面の曲率半径で，曲率の中心が液相側にある場合を正とする．図 2.5-1 で気液界面の曲率半径 r_i は伝熱面の曲率半径 r_w とともに変化し，式(2.5-1)で示される液膜内圧力が伝熱面の山部から溝部に向けて，すなわち，伝熱面に沿う座標 x の増大とともに低下する．したがって，山部から溝部に向けて表面張力による圧力勾配 $\sigma\partial(\sigma/r_i)/\partial x$ を駆動力とする液膜流れを生じ，山部に凝縮特性に優れる薄液膜が形成される．そして，この薄液膜が溝部に流れ込み，溝部の凝縮液は重力や蒸気せん断力によって下方（紙面に直交する方向）に流れる．その結果，溝部を流れる凝縮液の流量は面の下流側に向けて増大する．図 2.5-1 の左図は溝部凝縮液量が少ない場合を，右図は多い場合を表す．凝縮液を，気液界面の曲率半径 r_i が，座標 x とともに変化する薄液膜部 $0 \le x \le x_b$，および，一定値 r_b の円弧で近似できる厚液膜部 $x_b < x$ に分けて考える．伝熱面の熱的条件として壁温一様の場合を取りあげて説明する．薄液膜部の層流液膜について，液膜の基礎式の慣性項と対流項を省略すれば液膜厚さ δ を定める次式が得られる．

$$\frac{g\rho_L}{3\nu_L}\frac{\partial\delta^3}{\partial z} - \frac{\sigma}{3\nu_L}\frac{\partial}{\partial x}\left\{\frac{\partial}{\partial x}\left(\frac{1}{r_i}\right)\delta^3\right\} = \frac{k_L\left(T_s - T_w\right)}{\delta\Delta i_v} \tag{2.5-2}$$

ここに，z は鉛直下向きの座標，ρ_L，k_L および ν_L はそれぞれ凝縮液の密度，熱伝導率と動粘度，Δi_v は凝縮潜熱，T_s および T_w はそれぞれ飽和温度と壁温を表す．式(2.5-2)左辺第 1 項は重力の影響を，第 2 項は表面張力による圧力勾配の影響を表す.さらに,薄液膜と伝熱面表面との幾何学的な関係として，液膜厚さ δ , 伝熱面の曲率半径 r_w と気液界面の曲率半径 r_i との間に次式が成り立つ（本田・藤井, 1978a）.

$$\frac{\partial^2\delta}{\partial x^2} = \frac{1}{r_w} - \frac{1}{r_i} \tag{2.5-3}$$

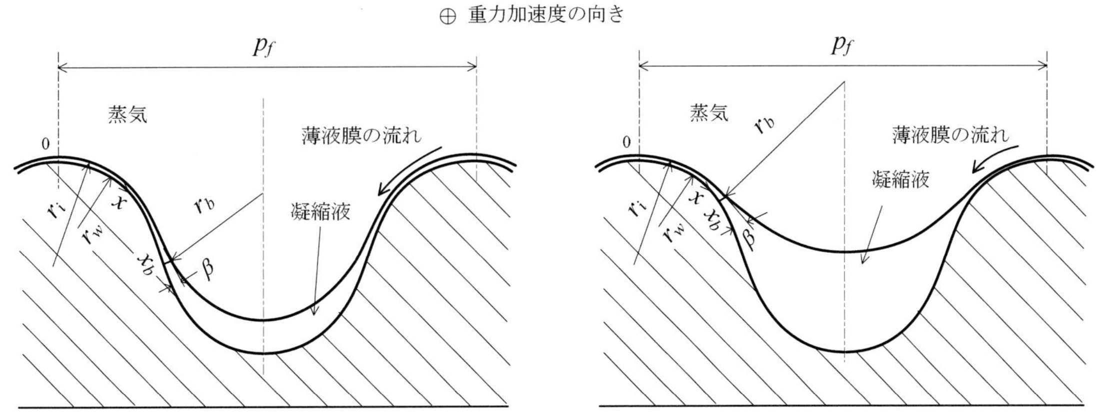

図 2.5-1 鉛直溝付面（管）上に形成された凝縮液

式(2.5-2)の境界条件は次式で与えられる．

$$z=0\text{ で，}\quad \delta=0 \tag{2.5-4}$$

$$x=0\text{ で，}\quad \partial\delta/\partial x=0,\quad \partial^3\delta/\partial x^3=0 \tag{2.5-5}$$

$$x=x_b\text{ で，}\quad \partial\delta/\partial x=tan\beta,\quad r_i=r_b \tag{2.5-6}$$

ここに，式 (2.5-4) は平板の先端で液膜厚さが 0，式 (2.5-5) は山部の頂点で液膜厚さが対称および圧力勾配が 0 であることを表す. 式 (2.5-6) は $x=x_b$ で薄液膜と厚液膜が滑らかに接続される条件を表す. 溝部液膜は前述の仮定より，粘性力と重力のバランスで定まると考え，気液界面の境界条件は蒸気相の流動条件に応じて設定すればよい．

公称面積（１ピッチあたりの投影面積 $p_f\times\ell$）基準の熱伝達率を次式で定義する．

$$h=\frac{Q}{p_f\,\ell(T_s-T_w)} \tag{2.5-7}$$

ここに p_f は溝ピッチ，ℓ は伝熱面の全長，Q は伝熱面の全長について 1 ピッチあたりの伝熱量である．

溝付面上の凝縮モデルは Gregorig (1954) 以降いくつか提案されている．それらの中で，Karhu-Borovkov (1970)，Kedzierski-Webb (1990)のモデルは式 (2.5-2) 左辺第 2 項に含まれる気液界面曲率の勾配 $\partial(1/r_i)/\partial x$ を溝の形状・寸法で表現したもので，気液界面曲率を用いたものではない．圧力勾配を液膜形状と関連づける方法がいくつか提案されている．Panchel-Bell (1980) は山部の頂点における液膜形状が伝熱面の形状と同一であると仮定した．Adamek-Webb (1990) は薄液膜部をその形状に応じて分割し，表面張力のみ考慮する領域と重力のみ考慮する領域に区分した．本田-藤井は正弦波状面および V 型面をとりあげ壁温一様（本田-藤井，1978a）と熱流束一様（本田-藤井，1978b）の場合について重力，表面張力および蒸気せん断力の影響を考慮した解析を行った．同様に，Fujii-Honda (1978) は矩形溝を持つ面をとりあげ，実験との比較，並びに数値解析の結果を整理するとともに，フィン先端に丸みを持つ任意の溝形状に適用できる熱伝達の整理式を提案した（本田-藤井,1984)．

図 2.5-2 は R113 が 3 種類の溝形状（台形溝，三角溝，波状溝）を持つ鉛直面上で凝縮する場合の熱伝達率を溝ピッチに対して示したものである (Honda-Rose, 1999)．凝縮温度差が 10 K，伝熱面長さが 50 mm で溝高さ 0.61 mm の結果を示す．図において，熱伝達率の最大値は溝ピッチが 0.5~0.6 mm の範囲に存在し，溝ピッチがこれより小さい範囲の熱伝達率は，面積拡大効果より溝部を流れる凝縮液流量の増大効果の方が大きくなるため低下する．溝形状を比較すると，3 種類の溝形状は，平滑面と比較して，すなわち，図中に示す Nusselt の式による計算値と比較して，10 倍以上の伝熱促進効果を持ち，特に台形溝の伝熱促進効果は他の 2 種類の溝より全般的に高い．

下向き面上における凝縮液の挙動について，R113 を用いた凝縮様相の観察結果を図 2.5-3 に，伝熱面および溝部寸法を表 2.5-1 に示す（野津ら, 1991）．伝熱面の長さは 50mm である．図 2.5-3(a)は平滑面で凝縮温度差 (T_s-T_w)= 30K における挙動を比較したものである． 水平から下向きに測った傾斜角 ϕ = 0°の面，すなわち下向き水平面の場合は，面上にかなり規則性を有する液滴の分布が見られ，その成長・離脱がくりかえされている．傾斜角が 1.5°を超えると，液滴は伝熱面上をゆっくりと下端へむけて移動し，液の落下は傾斜角 1.5°では面上および下端から，傾斜角 2.6 および 3.4°では下端のみ

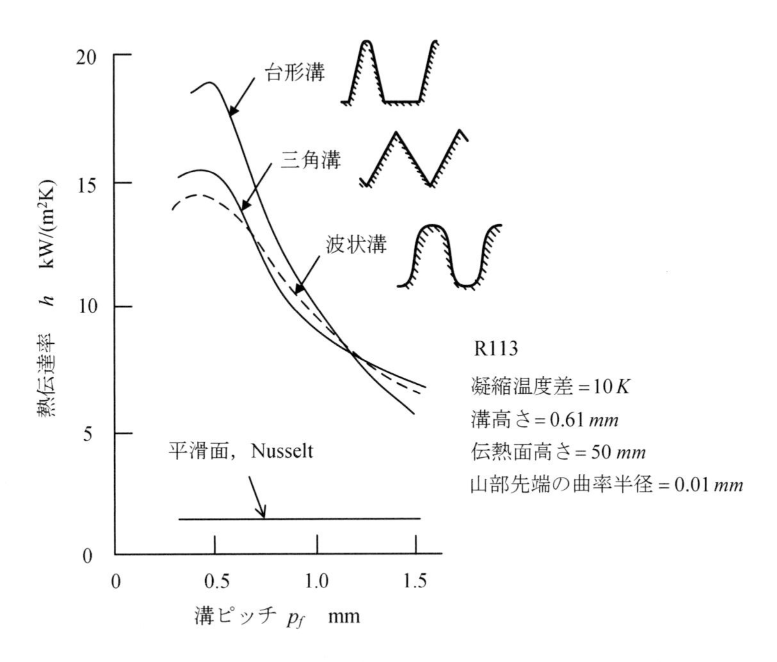

図 2.5-2 溝付鉛直面上の凝縮熱伝達に及ぼす溝ピッチと溝形状の影響 (Honda-Rose, 1999)

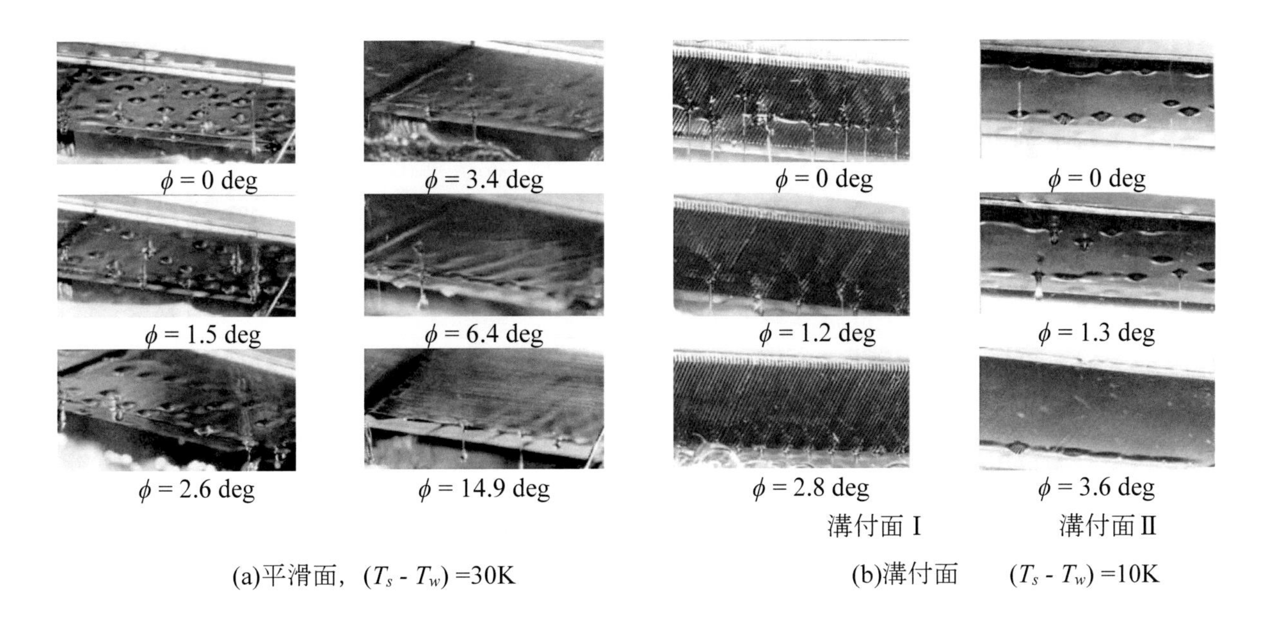

図 2.5-3 下向き面上の凝縮様相，R113，面の長さは 50 mm（野津ら，1991）

で生じている．傾斜角がさらに大きくなると，凝縮様相は液滴の変形，傾斜方向に平行な峰の形成を経て傾斜角 14.9°では平滑な気液界面を有する液膜が面のほぼ全体を覆う状態へと変化する．この凝縮様相の変化は傾斜角と凝縮温度差が小さいほど小さな傾斜角で生じる傾向が見られる．

図 2.5-3(b)は凝縮温度差が 10K で傾斜角が 0°付近における溝付面 I と溝付面 II の凝縮様相を比較したものである．図において，溝付面 I を見ると，凝縮液はフィン間溝部を伝って流れ，傾斜角 0°では面のほぼ中央から，傾斜角 1.2°および 2.8°では面の下端付近から離脱している．溝付面 II を見ると，ϕ = 0 °および 1.3°では伝熱面上の数カ所に液滴や溝と直角方向に連なる峰がみられ，凝縮液の一部は傾斜角 1.3°でも面上から離脱している．この傾向は凝縮温度差が大きいほど顕著である．傾斜角 3.6°では凝縮液の離脱は下端のみで生じている．

表 2.5-1 伝熱面および溝部の寸法（野津ら，1991）

			平滑面	フィン付面		
				I	II	
フィンピッチ	p_f	mm	- - -	0.97	0.50	溝付面 I
フィン高さ	h_f	mm	- - -	1.80	0.95	
フィン先端のフィン間隔	s	mm	- - -	0.82	0.27	
フィン半頂角	θ	rad	- - -	0.094	0.0	溝付面 II
伝熱面の幅	w	mm	248	150	150	
伝熱面の長さ	ℓ	mm	50	50	50	
面積拡大率	ε_A		1.00	4.38	4.80	

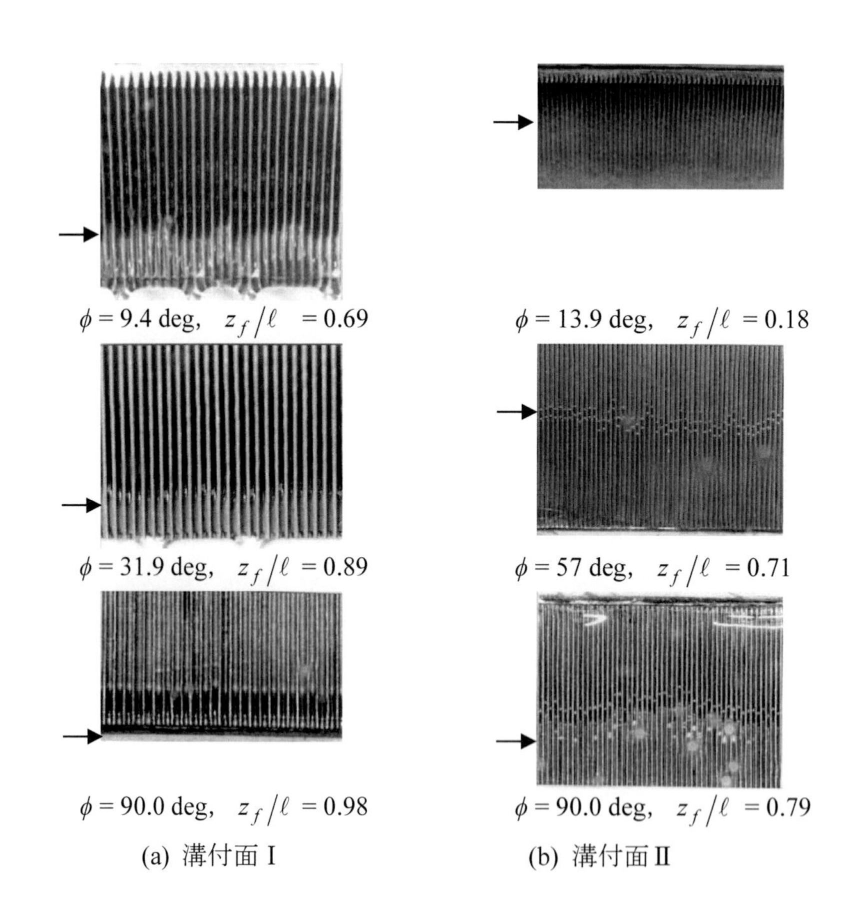

図 2.5-4　液充満位置の比較，溝付面，$(T_s - T_w)$ =10 K（野津ら，1991）

上述の溝付面 I と溝付面 II における凝縮液の挙動の相違は，溝幅の差によると考えられる．すなわち，溝幅が比較的大きい面 I は凝縮液の流れに対する抵抗が小さく，溝に沿う液流速が早いため離脱位置は伝熱面上の一箇所になったのに対して，溝幅が小さい面 II は流動抵抗が大きく液流速が遅いため傾斜角 0°と 1.3°で凝縮液の離脱が複数の位置で生じると考えられる．

図 2.5-4 は凝縮温度差$\left(T_s - T_w\right)$= 10 K で傾斜角が比較的大きい場合の溝付面 I と溝付面 II における凝縮様相を比較したものである．図(a)の面 I を見ると，矢印で示される位置のフィン間溝部には 2 列の光の反射点が見られる．さらに，傾斜角 9.4°の写真から明らかなように，面上端のフィン間溝部には

凝縮液が充満してない．図(b)の面Ⅱを見ると，傾斜角 13.9°では矢印で示される位置より下方では凝縮液がフィン間溝部をあふれ，傾斜角 57°および 90°では面の下方のフィン間溝部に 2 列の光の反射点が見られる．これらの現象は，面Ⅰでは傾斜角が 4°以上および 2.8°で凝縮温度差 5 K 以下の場合に，面Ⅱでは傾斜角 30°以上および 13.9°で凝縮温度差 7K 以下の場合に見られる．これらの光の反射は第 4.3 節の水平ローフィン付管上の凝縮で観察されたものと基本的に同一で，この位置で溝部液膜厚さの急変を生じる．そして，この位置（液充満位置）より上方のフィン間溝部には薄液膜が，下方のフィン間溝部には厚液膜が保持される．

次に，液充満位置について考察する．図 2.5-5 に物理モデルを示す．図において，記号 z は伝熱面の上端から測った距離，s はフィン先端のフィン間隔，h_f はフィン高さ，θ はフィンの半頂角である．そして，$0 \le z \le z_f$ の領域ではフィン上の凝縮液は表面張力によりフィン間溝部へ引き込まれ，重力によって下端に向けて溝部を流下する．これに対して $z_f \le z \le \ell$ の領域ではフィン間溝部には表面張力作用により凝縮液がほぼ充満している．$z = z_f$ における溝部気液界面は図 2.5-5(b)に示されるように，フィン先端でフィン側面に接するものとする．水平ローフィン付管の溝部液膜形状に関する 4.3 節の解析を適用すると液充満位置 z_f は次式で計算できる．

$$z_f = \ell - 2\sigma cos\theta / \left(gs\rho_L sin\phi\right) \tag{2.5-8}$$

野津ら(1991)は式 (2.5-8) で定まる z_f と実験値との比較を行い，z_f の実験値は溝付面Ⅰで傾斜角が 5.8°以下の領域，溝付面Ⅱで凝縮温度差の増大につれて式(2.5-8)による計算値より低下することを示し，その原因として $z_f \le z \le \ell$ における凝縮液の流動抵抗を考慮しなかったことを挙げている．

図 2.5-6 は平滑面および 2 種類の溝付面上の平均熱伝達率 h_m に及ぼす傾斜角の影響を比較したものである（野津ら，1991）．図 2.5-6(a)は平滑面，図(b)と図(c)はそれぞれ溝付面Ⅰおよび溝付面Ⅱである．図中の実線は傾斜平板上の層流膜状凝縮に関する Nusselt (1916) から求まる h_m である．

$$Nu_{Lm} = 0.943\left(Ga_{L\ell} Pr_L / Ja_L\right)^{1/4} \tag{2.5-9}$$

ここに，$Nu_{Lm} = h_m \ell / k_L$ は平均ヌセルト数，$Ja_L = c_{pL}\left(T_s - T_w\right) / \Delta i_v$ はヤコブ数，$Ga_{L\ell} = g\,sin\phi\,\ell^3 / \nu_L^2$ はガリレオ数である．図中の破線は下向き平滑面上の層流膜状凝縮に関する Gerstmann-Griffith (1967)の

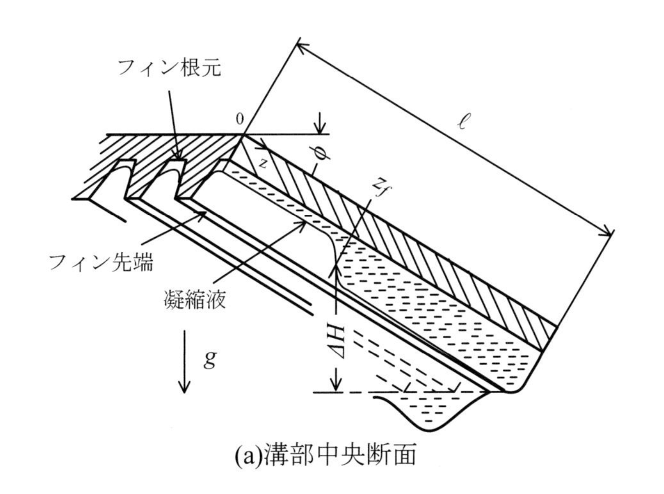

(a)溝部中央断面

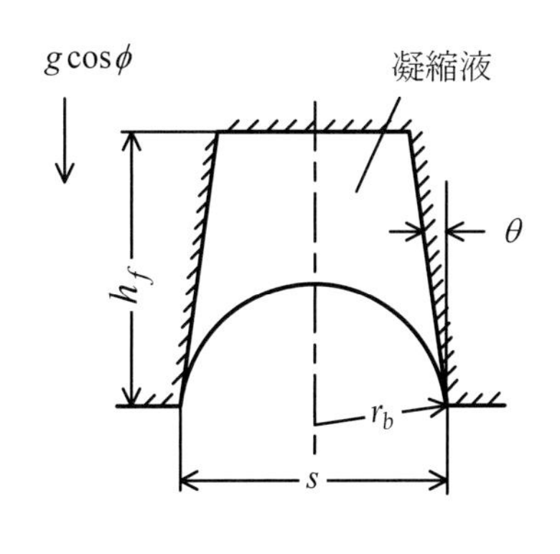

(b) 液充満位置における溝部液膜形状

図 2.5-5 液充満位置に関する物理モデル

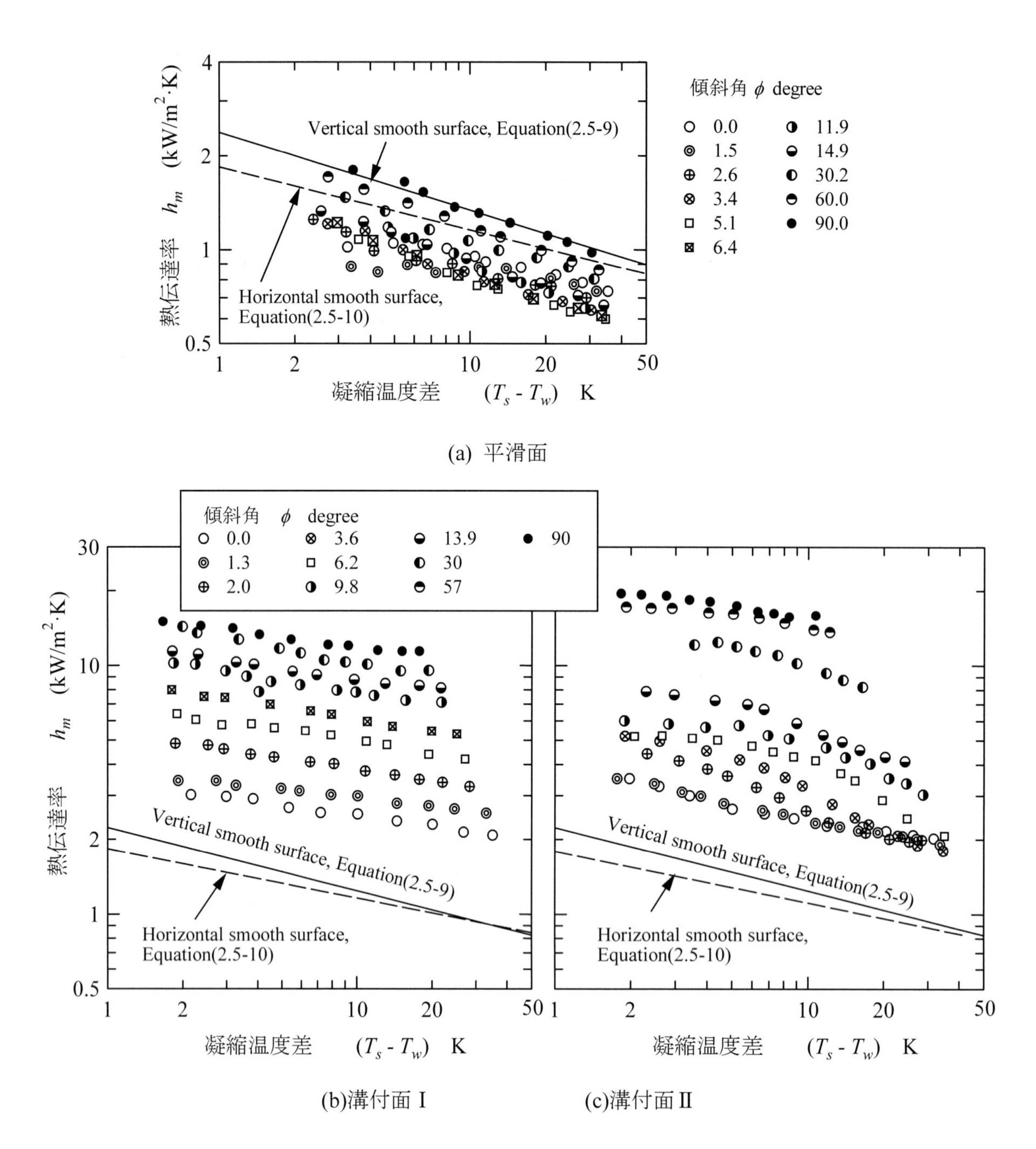

図 2.5-6 平滑面および溝付面上の凝縮熱伝達，R113，野津ら（1991）

式を表す．

$$10^6 \le Ra_L \le 10^8 \ ; \qquad Nu_{Lm} = 0.69 Ra_L^{\ 0.2} \tag{2.5-10a}$$

$$10^8 \le Ra_L \le 10^{10} \ ; \qquad Nu_{Lm} = 0.81 Ra_L^{\ 0.193} \tag{2.5-10b}$$

ここに，Nu_{Lm} および Ra_L はそれぞれ以下のように定義される（なお，式中の傾斜角 ϕ は水平下向き面の場合を ϕ ＝0°と定義している）．

$$Nu_{Lm} = \frac{h_m}{k_L}\left\{\frac{\sigma}{g(\rho_L - \rho_V)cos\phi}\right\}^{1/2}, \quad Ra_L = \frac{g cos\phi(\rho_L - \rho_V)\Delta i_v}{k_L \nu_L (T_s - T_w)}\left\{\frac{\sigma}{g(\rho_L - \rho_V)cos\phi}\right\}^{3/2} \tag{2.5-11a, b}$$

図 2.5-6(a)の平滑面に関する熱伝達の実験値は傾斜角の増大につれていったん低下し，最小値に達した後増大し，鉛直面で最大に達する．熱伝達の最小値を与える傾斜角は，凝縮温度差の増大とともに大きくなり，凝縮温度差 8 K 以上では傾斜角が 5.1°~6.4°になる．この角度における凝縮様相は図 2.5-3 で示したとおり，液膜上に峰が形成され，面の大部分が厚い液膜で覆われている．記号○で示される傾斜角 0 の実験値は Gerstmann-Griffith の式(2.5-10)による予測値より 15～20%低い．しかし，彼らの実験値も予測値より 10～15%低いため，Gerstmann-Griffith の凝縮モデルの改善が必要であろう．一方，記号●で示される鉛直面の実験値は Nusselt の式(2.5-9)とよく一致している．次に，図(b)の溝付面 I を見ると，熱伝達の実験値は傾斜角 0°，すなわち，下向き水平面で最小値をとり，傾斜角の増大とともに単調に増加している．図(c)の溝付面 II を見ると，傾斜角 0°と 1.3°の熱伝達の差は小さく，この角度を超えれば熱伝達は傾斜角とともに増大する．しかし，溝付面 I と異なり，凝縮温度差が大きい領域では伝熱促進効果は小さくなる．このことは，図 2.5-3 および図 2.5-4 の説明から明らかなように，溝付面 II の溝幅が溝付面 I より狭いため，溝部に凝縮液が充満しやすいことに原因があると考えられる．

図 2.5-7 は平滑面および 2 種類の溝付面で凝縮温度差 10 K における熱伝達率の実験値を傾斜角に対して示したものである．図中には伝熱面長さ 0.46 m の下向き平滑面に関する Gerstmann-Griffith (1967) の実験値を併記してある．平滑面に関する両者の実験値を比較すると，熱伝達率は傾斜角の増大とともにいったん減少し，最小値を経て大きくなる．熱伝達率が最小となる傾斜角は野津らの実験で約 5°，Gerstmann-Grlffithe の実験で約 12°である．この相違は伝熱面の長さの差によるものである．傾斜角が小さい領域のデータを除けば，野津らの実験値は Nusse1t の式 (2.5-9) とよく一致し，Gerstmann-Griffith の実験値は Nusselt の式よりいく分高めである．図中の破線は傾斜角が小さい領域に対する Gerstmann-Griffith (1967) の次式を表す．

$$Nu_{Lm} = \frac{0.90 Ra_L^{1/6}}{1 + 1.1 Ra_L^{-1/6}} \tag{2.5-12}$$

図から明らかなように，式(2.5-12)から求まる熱伝達率の傾斜角による変化の傾向は実験値と異なる．

次に溝付面 I と溝付面 II を比較すると，熱伝達率は傾斜角が 20～30°までは急激に増大し，それ以上の傾斜角になると増大がゆるやかになる．熱伝達率は傾斜角が 30°以下では面 I の方が大きく，これ以上の傾斜角では面 II の方が大きい．この相違は両伝熱面の溝寸法の相違によるものである．溝間隔の小さい面 II では溝に沿う液流の駆動力である溝方向の重力成分 $g sin\phi$ が小さい領域では溝部に凝縮液が充満しやすい．従って，有効伝熱面積がフィン間隔の大きい面 I よりも減少すると考えられる．一方，$g sin\phi$ が大きい領域では大部分の溝部に凝縮液が充満しないため，フィン間隔の小さい面 II の方が有効伝熱面積が大きくなるためと考えられる．これらのことから，高い熱伝達率を与える溝は，傾斜角が小さい場合は溝部を流れる凝縮液の排液が良好な溝間隔が広い面が，傾斜角が大きい領域では溝間隔が小さいく面積拡大率の大きい面が有効と考えられる．

図 2.5-7 には下向き水平面および鉛直面の伝熱促進に関する従来の実験値も併記してある．いずれも Rl13 の凝縮である．引用した実験値はそれぞれの研究で最高の伝熱性能を示した面のものである．それらの概略を表 2.5-2 に示す．同表において，梁取ら(1986)の面は円板面，Hijikata *et al.* (1987)の面は頂

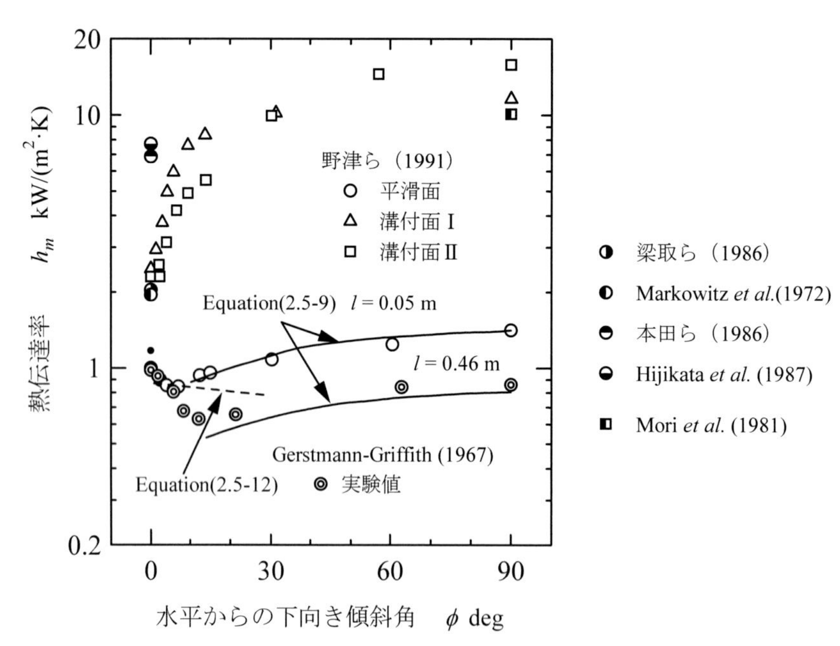

図 2.5-7 平滑面および溝付面上の凝縮，R113, $(T_s - T_w)$ =10K（野津ら，1991）

表 2.5-2 伝熱面および溝部の寸法（野津ら，1991）

	ϕ deg	p mm	h mm	ℓ mm	
平滑面	0~90	---	---	460	Gerstmann-Griffith (1967)
平滑面，円板	0	---	---	64	梁取ら(1986)
ダブルリップル面	0	0.76*	0.76*	146	Markowitz *et al*.(1972)
台形フィン付面（排液板付）	0	0.61	0.91	40	本田ら(1986)
平滑面，円錐面（排液板付）	0	---	---	17	Hijikata *et al*. (1987)
三角フィン付面	90	1.00	0.87	50	Mori *et al*. (1981)

* 小さなうねりを伴う面

角 14°の円錐面，その他は矩形面である．前 2 者については直径を ℓ の欄に記入してある．水平面について比較すると，野津らの溝付面 I と溝付面 II は平滑面の 2.3～2.5 倍の伝熱性能を示すが，この面はフィン付面に排液装置を取付けた本田ら(1986)および Hijikata *et al*.(1987)の実験値よりかなり低い．
しかし，伝熱面を水平から 10°~30°傾斜させると，排液装置付の水平面と同程度の性能が得られる．つぎに鉛直面について比較すると，野津らの溝付面 II が最高の伝熱性能を示し，ℓ が同一の平滑面より 12 倍の伝熱性能が認められる．

第２章の付録

【付録 2.1】液膜に関する基礎式(2.2-2)および式(2.2-4)の導出，並びに蒸気境界層に関する基礎式(2.2-6)および式(2.2-8)の導出

液膜および蒸気境界層の x 方向運動量方程式は以下のように表される．

$$U_L \frac{\partial U_L}{\partial x} + V_L \frac{\partial U_L}{\partial y} = -\frac{1}{\rho_L}\frac{\partial P}{\partial x} + \nu_L \frac{\partial^2 U_L}{\partial y^2} + g \tag{A2.1-1}$$

$$U_V \frac{\partial U_V}{\partial x} + V_V \frac{\partial U_V}{\partial y} = -\frac{1}{\rho_V}\frac{\partial P}{\partial x} + \nu_V \frac{\partial^2 U_V}{\partial y^2} + g \tag{A2.1-2}$$

周囲蒸気は静止しているので，その圧力（静水圧）は y 方向（水平）には変化せず，重力によって x 方向（鉛直）にのみ変化する．従って，周囲蒸気の圧力は式(A2.1-2)中の速度成分を零とした次式より求められる．

$$-\frac{1}{\rho_{Vb}}\frac{\partial P}{\partial x} + g = 0 \tag{A2.1-3}$$

ここに，ρ_{Vb} は周囲蒸気の密度である．流体の運動に伴う静圧の変化は一般に無視でき，また気液界面の曲率半径は十分に大きく，表面張力による蒸気と液の圧力差は無視できるとすれば，蒸気境界層および液膜内の y 方向の圧力は周囲蒸気の圧力と同じと見なせる．したがって，式(A2.1-3)を式(A2.1-1)および(A2.1-2)に代入すれば，以下の液膜および蒸気境界層に関する x 方向運動量方程式が得られる[本文中の式(2.2-2)および式(2.2-6)]．

$$U_L \frac{\partial U_L}{\partial x} + V_L \frac{\partial U_L}{\partial y} = \nu_L \frac{\partial^2 U_L}{\partial y^2} + g\left(1 - \frac{\rho_{Vb}}{\rho_L}\right) \tag{A2.1-4}$$

$$U_V \frac{\partial U_V}{\partial x} + V_V \frac{\partial U_V}{\partial y} = \nu_V \frac{\partial^2 U_V}{\partial y^2} + g\left(1 - \frac{\rho_{Vb}}{\rho_V}\right) \tag{A2.1-5}$$

ここに，式(A2.1-4)および(A2.1-5)中の右辺第２項が浮力項である．

臨界点近傍を除けば，蒸気密度は液の密度に比して十分に小さい($\rho_{Vb} << \rho_L$)．したがって，このような場合は，式(A2.1-4)は次のようになる[本文中の式(2.2-4)]．

$$U_L \frac{\partial U_L}{\partial x} + V_L \frac{\partial U_L}{\partial y} = \nu_L \frac{\partial^2 U_L}{\partial y^2} + g \tag{A2.1-}$$

また，蒸気を理想気体として取り扱うことができるとすれば，周囲蒸気および蒸気境界層内の密度はそれぞれ

$$\rho_{Vb} = \frac{PM}{RT_{Vb}}, \qquad \rho_V = \frac{PM}{RT_V} \tag{A2.1-7, 8}$$

と表されるので（R は一般気体定数，M は分子量），式(A2.1-5)は次のようになる[本文中の式(2.2-8)]．

$$U_V \frac{\partial U_V}{\partial x} + V_V \frac{\partial U_V}{\partial y} = \nu_V \frac{\partial^2 U_V}{\partial y^2} + g\omega_T (T_{Vb} - T_V) \tag{A2.1-9}$$

ここに，ω_T は温度差による浮力に関するパラメータ（平均体膨張係数）であり，次式で定義される．

$$\omega_T = \frac{1}{T_{Vb}} \tag{A2.1-10}$$

なお，上式において T_{Vb} は絶対温度[K]であることに注意を要する．

【付録 2.2】気液界面における適合条件の式(2.2-15)および式(2.2-17)の導出

図 A2.2-1(a)に示す平板に沿う x 方向の微小区間 $[x, x+dx]$ における気液界面を含む微小要素 $d\delta\, dx$ での質量保存について考える．気液界面と微小要素 $d\delta\, dx$ 内の蒸気側とで囲まれる領域での質量保存より次式が得られる．

$$m_x \sqrt{dx^2 + d\delta^2} = \rho_V U_V d\delta - \rho_V V_V dx \tag{A2.2-1}$$

同様に，気液界面と微小要素 $d\delta\, dx$ 内の液側とで囲まれる領域での質量保存より次式が得られる．

$$m_x \sqrt{dx^2 + d\delta^2} = \rho_L U_L d\delta - \rho_L V_L dx \tag{A2.2-2}$$

ここに，液膜厚さ δ の x 方向の変化量は小さいので，$d\delta << dx$ となる．この関係を考慮すれば，式(A2.2-1)および

式(A2.2-2)より，次式が得られる[本文中の式(2.2-15)].

$$\rho_L\left(U_L\frac{d\delta}{dx}-V_L\right)_i=\rho_V\left(U_V\frac{d\delta}{dx}-V_V\right)_i\equiv m_x \tag{A2.2-3}$$

次に，図 A2.2-1(b)に示す平板に沿う x 方向の微小区間 $[x, x+dx]$ における気液界面を含む微小要素 $d\delta\,dx$ でのエネルギー保存について考える．気液界面近傍の蒸気境界層側の x および y 方向の単位面積・単位時間当たりのエネルギー流束をそれぞれ e_{Vx} および e_{Vy} とし，気液界面近傍の凝縮液膜側の x および y 方向の単位面積・単位時間当たりのエネルギー流束をそれぞれ e_{Lx} および e_{Ly} とおけば，気液界面ではエネルギーは蓄積されないので，次式が得られる．

$$e_{Ly}dx-e_{Lx}d\delta=e_{Vy}dx-e_{Vx}d\delta \tag{A2.2-4}$$

ここに，

$$e_{Ly}=\left(\rho_L V_L i_L-k_L\frac{\partial T_L}{\partial y}\right)_i\quad,\quad e_{Lx}=\left(\rho_L U_L i_L-k_L\frac{\partial T_L}{\partial x}\right)_i \tag{A2.2-5a, 5b}$$

$$e_{Vy}=\left(\rho_V V_V i_V-k_V\frac{\partial T_V}{\partial y}\right)_i\quad,\quad e_{Vx}=\left(\rho_V U_V i_V-k_V\frac{\partial T_V}{\partial x}\right)_i \tag{A2.2-5c, 5d}$$

従って，式(A2.2-4)に式(A2.2-5a, 5b, 5c, 5d)を代入すると，次式が得られる．

$$-\rho_L\left(U_L\frac{d\delta}{dx}-V_L\right)_i i_{Li}-k_L\left(\frac{\partial T_L}{\partial y}-\frac{\partial T_L}{\partial x}\frac{d\delta}{dx}\right)_i=-\rho_V\left(U_V\frac{d\delta}{dx}-V_V\right)_i i_{Vi}-k\lambda_V\left(\frac{\partial T_V}{\partial y}-\frac{\partial T_V}{\partial x}\frac{d\delta}{dx}\right)_i \tag{A2.2-6}$$

ここに， $\frac{\partial T_L}{\partial x}\frac{d\delta}{dx}<<\frac{\partial T_L}{\partial y}$ および $\frac{\partial T_V}{\partial x}\frac{d\delta}{dx}<<\frac{\partial T_V}{\partial y}$ と近似することができる．以上より，式(A2.2-6)は，式(A2.2-3)の関係を用いて次のように表される[本文中の式(2.2-17)].

$$k_L\left(\frac{\partial T_L}{\partial y}\right)_i=m_x\,\Delta i_v+k_V\left(\frac{\partial T_V}{\partial y}\right)_i \tag{A2.2-7}$$

ここに， Δi_v は凝縮潜熱であり，次式で定義される．

$$\Delta i_v\equiv i_{Vi}-i_{Li} \tag{A2.2-8}$$

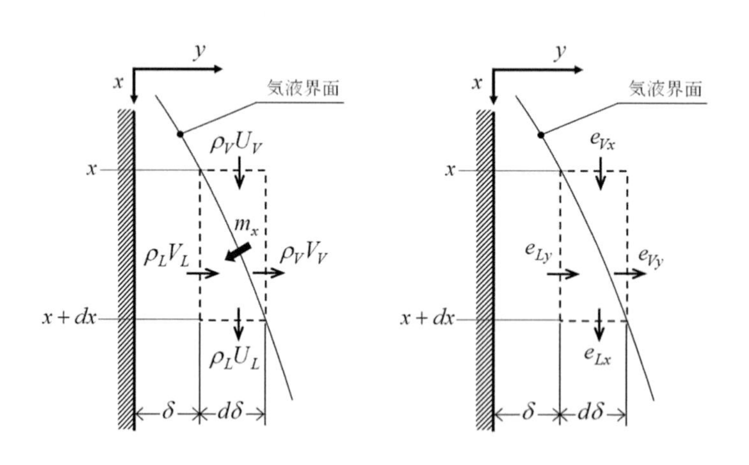

(a)質量保存　　(b)エネルギー保存

図 A2.2-1　気液界面を含む微小要素 $d\delta\,dx$ における質量およびエネルギー保存

【付録 2.3】層流自由対流膜状凝縮に関する相似変換法（式(2.2-104)から式(2.2-114)の導出）

液膜における流れ関数 $\Psi_L(x, y)$ をそれぞれ以下のように定義すれば，液膜における質量保存に関する本文中の式(2.2-81)は自動的に満足される．

$$U_L=\frac{\partial\Psi_L}{\partial y}\quad,\quad V_L=-\frac{\partial\Psi_L}{\partial x} \tag{A2.3-1}$$

そこで，無次元変数η_Lおよび無次元流れ関数$F_L(\eta_L)$を

$$\eta_L=\frac{y}{h(x)} \quad , \quad F_L(\eta_L)=\frac{\Psi_L(x, y)}{f(x)} \tag{A2.3-2, 3}$$

と定義すれば，以下の関係が得られる．

$$\frac{\partial}{\partial y}=\frac{\partial\eta_L}{\partial y}\frac{\partial}{\partial\eta_L}=\frac{1}{h}\frac{d}{d\eta_L} \quad , \quad \frac{\partial}{\partial x}=\frac{\partial\eta_L}{\partial x}\frac{\partial}{\partial\eta_L}=-\frac{h'}{h}\eta_L\frac{d}{d\eta_L} \tag{A2.3-4, 5}$$

従って，

$$U_L=\frac{\partial\Psi_L}{\partial y}=f\frac{\partial F_L}{\partial y}=\frac{f}{g}\frac{dF_L}{d\eta_L} \tag{A2.3-6}$$

$$V_L=-\frac{\partial\Psi_L}{\partial x}=-f'\,F_L-f\frac{\partial F_L}{\partial x}=-f'\,F_L+\frac{f\,h'}{h}\eta_L\frac{dF_L}{d\eta_L} \tag{A2.3-7}$$

$$\frac{\partial U_L}{\partial x}=\frac{f'h-f\,h'}{h^2}\frac{dF_L}{d\eta_L}-\frac{f\,h'}{h^2}\frac{d^2F_L}{d\eta_L^2}, \quad \frac{\partial U_L}{\partial y}=\frac{f}{h^2}\frac{d^2F_L}{d\eta_L^2}, \quad \frac{\partial^2U_L}{\partial y^2}=\frac{f}{h^3}\frac{d^3F_L}{d\eta_L^3} \tag{A2.3-8, 9, 10}$$

以上の関係式を，本文中の液膜のx方向運動量方程式(2.2-82)に代入すると，次式が得られる．

$$\frac{d^3F_L}{d\eta_L^3}+\frac{f'h}{\nu_L}F_L\frac{d^2F_L}{d\eta_L^2}-\frac{f'h-f\,h'}{\nu_L}\left(\frac{dF_L}{d\eta_L}\right)^2+\frac{h^3}{\nu_L f}g\left(1-\frac{\rho_{Vb}}{\rho_L}\right)=0 \tag{A2.3-11}$$

上式はxおよびη_Lを独立変数とする微分方程式であり，

$$\frac{f'h}{\nu_L}=C_1 \quad , \quad \frac{f'h-f\,h'}{\nu_L}=C_2 \quad , \quad \frac{h^3}{\nu_L f}g\left(1-\frac{\rho_{Vb}}{\rho_L}\right)=C_3 \tag{A2.3-12,13, 14}$$

とおけば，式(A2.3-11)は次のように表される．

$$\frac{d^3F_L}{d\eta_L^3}+C_1F_L\frac{d^2F_L}{d\eta_L^2}-C_2\left(\frac{dF_L}{d\eta_L}\right)^2+C_3=0 \tag{A2.3-15}$$

Koh ら(1961)は上式において，C_1，C_2およびC_3が定数となるような関数$f(x)$および$h(x)$を見出し，式(A2.3-11)（式(A2.3-15)）をη_Lのみを独立変数とした常微分方程式に変換した．すなわち，式(A2.3-14)より次式が得られる．

$$f=\frac{g}{C_3\nu_L}\left(1-\frac{\rho_{Vb}}{\rho_L}\right)h^3 \tag{A2.3-16}$$

上式をxに関して微分すると，次式が得られる．

$$f'=\frac{3g}{C_3\nu_L}\left(1-\frac{\rho_{Vb}}{\rho_L}\right)h^2\,h' \tag{A2.3-17}$$

上式を式(A2.3-12)に代入すれば次式が得られる．

$$\frac{3g}{C_3\nu_L^2}\left(1-\frac{\rho_{Vb}}{\rho_L}\right)h^3\,h'=C_1 \tag{A2.3-18}$$

上式は関数$h(x)$に関する常微分方程式であり，その解は次式で与えられる．

$$h(x)=\left\{\frac{4C_1C_3\nu_L^2x}{3g\left(1-\frac{\rho_{Vb}}{\rho_L}\right)}\right\}^{\frac{1}{4}} \tag{A2.3-19}$$

また，式(A2.3-19)を式(A2.3-16)に代入すれば，次式で示す関数$f(x)$が求められる．

$$f(x)=\left\{\left(\frac{4}{3}\right)^3g\left(1-\frac{\rho_{Vb}}{\rho_L}\right)\frac{C_1^3\nu_L^2x^3}{C_3}\right\}^{\frac{1}{4}} \tag{A2.3-20}$$

式(A2.3-19)および式(A2.3-20)で与えられる関数$h(x)$および$f(x)$を式(A2.3-13)に代入すれば，

$$C_2=2\,C_1\,/\,3 \tag{A2.3-21}$$

となり，C_2の値はC_1の値が与えられれば自動的に求められる．以上より，式(A2.3-19)および式(A2.3-20)で与えられる関数$h(x)$および$f(x)$を用いれば，C_1，C_2およびC_3は定数となる．

定数のC_1およびC_3は任意の値を与えてよいが，Kohら(1961)はこれらの定数を

$$C_1 = 3 \quad , \quad C_2 = 2 \quad , \quad C_3 = 1 \qquad \text{(A2.3-22, 23, 24)}$$

として関数$h(x)$および$f(x)$を

$$h(x) = \left\{ \frac{4\nu_L^2 x}{g\left(1 - \dfrac{\rho_{Vb}}{\rho_L}\right)} \right\}^{\frac{1}{4}} \quad , \quad f(x) = \left\{ 4^3 g\left(1 - \frac{\rho_{Vb}}{\rho_L}\right) \nu_L^2 x^3 \right\}^{\frac{1}{4}} \qquad \text{(A2.3-25, 26)}$$

とし，式(A2.3-15)を

$$\frac{d^3 F_L}{d\eta_L^3} + 3F_L \frac{d^2 F_L}{d\eta_L^2} - 2\left(\frac{dF_L}{d\eta_L}\right)^2 + 1 = 0 \qquad \text{(A2.3-27)}$$

とした[本文中の式(2.2-104)]．ここに，

$$C_L = \left(\frac{g(\rho_L - \rho_{Vb})}{4\nu_L^2 \rho_L} \right)^{\frac{1}{4}} \qquad \text{(A2.3-28)}$$

とおけば，

$$h(x) = \frac{x^{1/4}}{C_L} \quad , \quad f(x) = 4C_L \nu_L x^{3/4} \qquad \text{(A2.3-29, 30)}$$

となり，本文中の式(2.2-97)および式(2.2-99)で示された無次元変数η_Lおよび無次元流れ関数$F_L(\eta_L)$は以下のように導出される[本文中の式(2.2-97)および式(2.2-99)]．

$$\eta_L = C_L \frac{y}{x^{1/4}} \quad , \quad F_L(\eta_L) = \frac{\Psi_L(x, y)}{4C_L \nu_L x^{3/4}} \qquad \text{(A2.3-31, 32)}$$

Kohら(1961)は，ついで，次式の無次元温度$\Theta_L(\eta_L)$を導入して，

$$\Theta_L(\eta_L) = \frac{T_s - T_L}{T_s - T_w} \qquad \text{(A2.3-33)}$$

本文中の液膜のエネルギー方程式(2.2-83)を$x-y$座標系から$x-\eta$座標系に変換して，次式の常微分方程式を求めている[本文中の式(2.2-105)]．

$$\frac{d^2 \Theta_L}{d\eta_L^2} + 3Pr_L F_L \frac{d\Theta_L}{d\eta_L} = 0 \qquad \text{(A2.3-34)}$$

さらに，蒸気境界層に関しても，液膜のx方向運動量方程式の取り扱いと同様に，無次元変数η_Vおよび無次元流れ関数$F_V(\eta_V)$を，

$$\eta_V = C_V \frac{y}{x^{1/4}} \quad , \quad F_V(\eta_V) = \frac{\Psi_V(x, y)}{4C_V \nu_V x^{3/4}} \quad , \quad \text{ここに，} \quad C_V = \left(\frac{g}{4\nu_V^2} \right)^{\frac{1}{4}} \qquad \text{(A2.3-35, 36, 37)}$$

と定義して，本文中の蒸気のx方向運動量方程式(2.2-85)を$x-y$座標系から$x-\eta$座標系に変換して，次式の常微分方程式を得ている[本文中の式(2.2-106)]．

$$\frac{d^3 F_V}{d\eta_V^3} + 3F_V \frac{d^2 F_V}{d\eta_V^2} - 2\left(\frac{dF_V}{d\eta_V}\right)^2 = 0 \qquad \text{(A2.3-38)}$$

伝熱面上の境界条件，気液界面での適合条件および蒸気境界層外縁での境界条件も同様に座標変換され，以下のように表される[本文中の式(2.2-107)から式(2.2-114)]．

伝熱面上の境界条件

$\eta_L = 0$ で，　$F_L = 0$,　$\dfrac{dF_L}{d\eta_L} = 0$,　$\Theta_L = 1$　(A2.3-39, 40, 41)

気液界面での適合条件

$\eta_L = \eta_{Li}$ および $\eta_V = \eta_{Vi}$ で，（ただし，$C_L\,\eta_{Vi} = C_V\,\eta_{Li}$）

$$F_V = RF_L\left(\frac{\rho_L-\rho_V}{\rho_L}\right)^{\frac{1}{4}} \approx RF_L \quad , \quad \frac{dF_V}{d\eta_V} = \frac{dF_L}{d\eta_L} \qquad \text{(A2.3-42, 43)}$$

$$\frac{d^2F_V}{d\eta_V^2} = R\frac{d^2F_L}{d\eta_L^2}\left(\frac{\rho_L-\rho_V}{\rho_L}\right)^{\frac{3}{4}} \approx R\frac{d^2F_L}{d\eta_L^2} \qquad \text{(A2.3-44)}$$

$$\Theta_L = 0 \quad , \quad -\frac{d\Theta_L}{d\eta_L} = 3F_L\frac{\mu_L\Delta i_v}{k_L(T_s-T_w)} = 3F_L\frac{Pr_L}{Ja_L} \qquad \text{(A2.3-45, 46)}$$

以上の方程式体系において，無次元の液膜厚さ η_{Li}，$\rho\mu$ 比 R，プラントル数 Pr_L およびヤコブ数 Ja_L が位置 x によらず一定であれば，平板上に形成される液膜内の速度場および温度場は無次元流れ関数 $F_L(\eta_L)$ および無次元温度 $\Theta_L(\eta_L)$ を用いて，無次元変数 η_L のみの関数として表すことができ，液膜の周辺に形成される蒸気境界層内の速度場は無次元流れ関数 $F_V(\eta_V)$ を用いて，無次元変数 η_V のみの関数として表すことができる．このような解析手法は相似変換と呼ばれ，その際の無次元変数 η_L および η_V は相似変数と呼ばれている．

【付録 2.4】蒸気境界層内の x 方向運動量の式中の浮力項に関する式(2.3-8)から式(2.3-10)の導出

混合蒸気を理想気体として取り扱うことができるとすれば，その状態方程式は次のように表される．

$$P = \rho RT/M \qquad \text{(A2.4-1)}$$

ここに，M は見掛けの分子量であり，成分 1 の質量分率を w_{1V} とし，成分 1 および成分 2 の分子量をそれぞれ M_1 および M_2 とすれば，次のようになる．ここに，M の値は混合蒸気の組成比によって異なることに注意を要する．

$$\frac{1}{M} = \frac{w_{1V}}{M_1} + \frac{1-w_{1V}}{M_2} \qquad \text{(A2.4-2)}$$

従って，周囲蒸気および蒸気境界層内の密度はそれぞれ以下のように表される．

$$\rho_{Vb} = \frac{PM_{Vb}}{RT_{Vb}}, \qquad \rho_V = \frac{PM_V}{RT_V} \qquad \text{(A2.4-3, 4)}$$

ここに，周囲蒸気および蒸気境界層内の見掛けの分子量は式(A2.3-2)より以下のようになる．

$$M_{Vb} = \frac{1}{\dfrac{w_{1Vb}}{M_1} + \dfrac{1-w_{1Vb}}{M_2}} \quad , \quad M_V = \frac{1}{\dfrac{w_{1V}}{M_1} + \dfrac{1-w_{1V}}{M_2}} \qquad \text{(A2.4-5, 6)}$$

以上より，混合蒸気境界層における浮力項は次のように表される[本文中の式(2.3-8)]．

$$g\left(1-\frac{\rho_{Vb}}{\rho_V}\right) = g\omega_w(w_{1V}-w_{1Vb}) + g\omega_T(T_{Vb}-T_V) - g\omega_w\omega_T(w_{1V}-w_{1Vb})(T_{Vb}-T_V) \qquad \text{(A2.4-7)}$$

ここに，ω_w および ω_T はそれぞれ濃度差および温度差による浮力に関するパラメータであり，以下のように表される[本文中の式(2.3-9)および式(2.3-10)]．

$$\omega_w = \frac{M_1-M_2}{M_1-(M_1-M_2)w_{1Vb}} \quad , \quad \omega_T = \frac{1}{T_{Vb}} \qquad \text{(A2.4-8, 9)}$$

【付録 2.5】気液界面における適合条件の式(2.3-17)，式(2.3-19)および式(2.3-21)の導出

図 A2.5-1(a)に示す平板に沿う x 方向の微小区間 $[x, x+dx]$ における気液界面を含む微小要素 $d\delta\,dx$ での成分 k (k = 1, 2)の質量保存について考える．ここに，m_{kx} は成分 k の局所凝縮質量流束，n_{kVx} および n_{kVy} は成分 k の x 方向および y 方向の蒸気質量流束，n_{kLx} および n_{kLy} は成分 k の x 方向および y 方向の液質量流束である．まず，気液界

面と微小要素 $d\delta\,dx$ 内の蒸気側とで囲まれる領域での成分 k の質量保存より次式が得られる．

$$m_{kx}\sqrt{dx^2+d\delta^2}=n_{kVx}d\delta-n_{kVy}dx \tag{A2.5-1}$$

ここに，n_{kVx} および n_{kVy} は，以下のように与えられる．

$$n_{kVx}=\left[w_{kV}\rho_V U_V-\rho_V D_{12V}\left(\frac{\partial w_{kV}}{\partial x}\right)\right]_i \quad , \quad n_{kVy}=\left[w_{kV}\rho_V V_V-\rho_V D_{12V}\left(\frac{\partial w_{kV}}{\partial y}\right)\right]_i \tag{A2.5-2, 3}$$

式(A2.5-1)に式(A2.5-2)および式(A.2.5-3)を代入すると，

$$m_{kx}\sqrt{dx^2+d\delta^2}=\left[w_{kV}\rho_V U_V-\rho_V D_{12V}\left(\frac{\partial w_{kV}}{\partial x}\right)\right]_i d\delta-\left[w_{kV}\rho_V V_V-\rho_V D_{12V}\left(\frac{\partial w_{kV}}{\partial y}\right)\right]_i dx \tag{A2.5-4}$$

ここに，$d\delta << dx$ で，x 方向の分子拡散項は対流項に比して無視できるので，上式は次のようになる．

$$m_{kx}=w_{kVi}\rho_V\left(U_V\frac{d\delta}{dx}-V_V\right)_i+\rho_V D_{12V}\left(\frac{\partial w_{kV}}{\partial y}\right)_i \tag{A2.5-5}$$

同様に，気液界面と微小要素 $d\delta\,dx$ 内の液側とで囲まれる領域での成分 k の質量保存は次のようになる．

$$m_{kx}\sqrt{dx^2+d\delta^2}=n_{kLx}d\delta-n_{kLy}dx \tag{A2.5-6}$$

ここに，液側の x および y 方向の分子拡散項は対流項に比して無視できるので，

$$n_{kLx}=\left(w_{kL}\rho_L U_L\right)_i \quad , \quad n_{kLy}=\left(w_{kL}\rho_L V_L\right)_i \tag{A2.5-7, 8}$$

式(A2.5-1)に式(A2.5-7, 8)を代入して，$d\delta << dx$ であることを考慮すれば，次式が得られる．

$$m_{kx}=w_{kLi}\rho_L\left(U_L\frac{d\delta}{dx}-V_L\right)_i \tag{A2.5-9}$$

従って，局所凝縮質量流束 m_x は，式(A2.5-5)およびの(A.2.5-9)の関係より次のようになる[本文中の式(2.3-17)]．

$$m_x=m_{1x}+m_{2x}=\rho_V\left(U_V\frac{d\delta}{dx}-V_V\right)_i=\rho_L\left(U_L\frac{d\delta}{dx}-V_L\right)_i \tag{A2.5-10}$$

また，式(A2.5-5)および式(A2.5-9)は，次のようにも表される[本文中の式(2.3-21)]．

$$m_{kx}=w_{kVi}\left(m_{1x}+m_{2x}\right)+\rho_V D_{12V}\left(\frac{\partial w_{kV}}{\partial y}\right)_i=w_{kLi}\left(m_{1x}+m_{2x}\right) \tag{A2.5-11}$$

次に，図 A2.5-1(b)に示す平板に沿う x 方向の微小区間 $[x, x+dx]$ における気液界面を含む微小要素 $d\delta\,dx$ でのエネルギー保存について考える．気液界面近傍の蒸気境界層側の x および y 方向の単位面積・単位時間当たりのエ

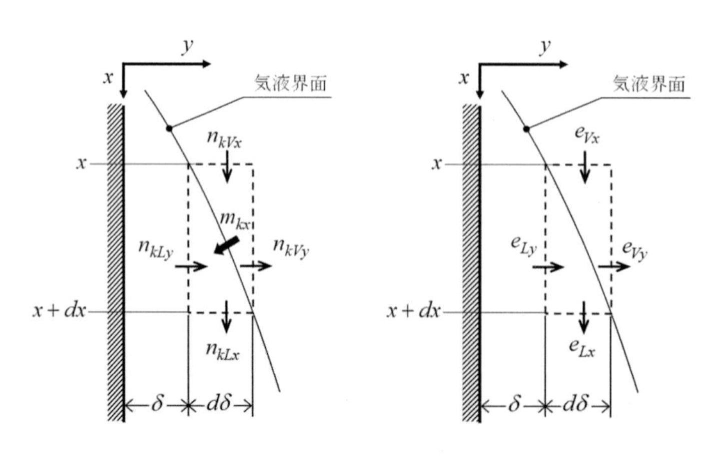

(a)質量保存　　　　　　(b)エネルギー保存

図 A2.5-1　気液界面を含む微小要素 $d\delta\,dx$ における質量およびエネルギー保存

ネルギー流束をそれぞれ e_{Vx} および e_{Vy} とし，気液界面近傍の凝縮液膜側の x および y 方向の単位面積・単位時間当たりのエネルギー流束をそれぞれ e_{Lx} および e_{Ly} とおけば，気液界面ではエネルギーは蓄積されないので，次式が得られる．

$$e_{Ly}dx - e_{Lx}d\delta = e_{Vy}dx - e_{Vx}d\delta \tag{A2.5-12}$$

ここに，

$$e_{Ly} = \left(n_{1Ly}i_{1L} + n_{2Ly}i_{2L} - k_L \frac{\partial T_L}{\partial y} \right)_i \quad , \quad e_{Lx} = \left(n_{1Lx}i_{1L} + n_{2Lx}i_{2L} - k_L \frac{\partial T_L}{\partial x} \right)_i \tag{A2.5-13a, 13b}$$

$$e_{Vy} = \left(n_{1Vy}i_{1V} + n_{2Vy}i_{2V} - k_V \frac{\partial T_V}{\partial y} \right)_i \quad , \quad e_{Vx} = \left(n_{1Vx}i_{1V} + n_{2Vx}i_{2V} - k_V \frac{\partial T_V}{\partial x} \right)_i \tag{A2.5-13c, 13d}$$

上式において，i_{1L} および i_{2L} はそれぞれ気液界面における成分 1 および 2 の液の分子配エンタルピー，i_{1V} および i_{2V} はそれぞれ気液界面における成分 1 および 2 の蒸気の分子配エンタルピーであり，以下のように定義される．

$$i_{1L} = i_L + (1 - w_{1L})\left(\frac{\partial i_L}{\partial w_{1L}} \right)_{P,T} \quad , \quad i_{2L} = i_L - w_{1L}\left(\frac{\partial i_L}{\partial w_{1L}} \right)_{P,T} \quad , \quad i_{1V} = i_V + (1 - w_{1V})\left(\frac{\partial i_V}{\partial w_{1V}} \right)_{P,T} \quad , \quad i_{2V} = i_V - w_{1V}\left(\frac{\partial i_V}{\partial w_{1V}} \right)_{P,T}$$

従って，(A2.5-12)に式(A2.5-13a, 13b, 13c, 13d)を代入すると，次式が得られる．

$$\begin{aligned} &\left(n_{1Ly} - n_{1Lx}\frac{d\delta}{dx} \right) i_{1L} + \left(n_{2Ly} - n_{2Lx}\frac{d\delta}{dx} \right) i_{2L} - k_L\left(\frac{\partial T_L}{\partial y} - \frac{\partial T_L}{\partial x}\frac{d\delta}{dx} \right) \\ &= \left(n_{1Vy} - n_{1Vx}\frac{d\delta}{dx} \right) i_{1V} + \left(n_{2Vy} - n_{2Vx}\frac{d\delta}{dx} \right) i_{2V} - k_V\left(\frac{\partial T_V}{\partial y} - \frac{\partial T_V}{\partial x}\frac{d\delta}{dx} \right) \end{aligned} \tag{A2.5-14}$$

ここに，式(A2.5-2)，式(A2.5-3)，式(A2.5-7)および(A2.5-8)，並びに式(A2.5-9)および式(A2.5-10)より，

$$n_{kLy} - n_{kLx}\frac{d\delta}{dx} = w_{kL}\rho_L V_L - w_{kL}\rho_L U_L \frac{d\delta}{dx} = -w_{kL}\rho_L\left(U_L\frac{d\delta}{dx} - V_L \right) = -w_{kL}m_x = -m_{kx} \tag{A2.5-15}$$

$$\begin{aligned} n_{kVy} - n_{kVx}\frac{d\delta}{dx} &= w_{kV}\rho_V V_V - \rho_V D_{12V}\frac{\partial w_{kV}}{\partial y} - \left(w_{kV}\rho_V U_V - \rho_V D_{12V}\frac{\partial w_{kV}}{\partial x} \right)\frac{d\delta}{dx} \\ &= -w_{kV}\rho_V\left(U_V\frac{d\delta}{dx} - V_V \right) - \rho_V D_{12V}\frac{\partial w_{kV}}{\partial y} + \rho_V D_{12V}\frac{\partial w_{kV}}{\partial x}\frac{d\delta}{dx} \\ &= -w_{kV}m_x - \rho_V D_{12V}\frac{\partial w_{kV}}{\partial y} + \rho_V D_{12V}\frac{\partial w_{kV}}{\partial x}\frac{d\delta}{dx} = -m_{kx} + \rho_V D_{12V}\frac{\partial w_{kV}}{\partial x}\frac{d\delta}{dx} \end{aligned} \tag{A2.5-16}$$

式(A.2.5-15)および式(A.2.5-16)を式(A2.5-14)に代入し，$\frac{\partial T_L}{\partial x}\frac{d\delta}{dx} << \frac{\partial T_L}{\partial y}$，$\frac{\partial T_V}{\partial x}\frac{d\delta}{dx} << \frac{\partial T_V}{\partial y}$，$\frac{\partial w_{kV}}{\partial x}\frac{d\delta}{dx} << \frac{\partial w_{kV}}{\partial y}$ と近似できるとすれば，次式が得られる[本文中の式(2.3-19)]．

$$k_L\left(\frac{\partial T_L}{\partial y} \right)_i = m_{1x}\,\Delta i_{1v} + m_{2x}\,\Delta i_{2v} + k_V\left(\frac{\partial T_V}{\partial y} \right) = m_x\,\Delta i_v + k_V\left(\frac{\partial T_V}{\partial y} \right)_i \tag{A2.2-17}$$

ここに，Δi_v は凝縮潜熱であり，次式で定義される．

$$\Delta i_v = \frac{m_{1x}}{m_x}\Delta i_{1v} + \frac{m_{2x}}{m_x}\Delta i_{2v} = w_{1Li}\Delta i_{1v} + (1 - w_{1Li})\Delta i_{2v} \tag{A2.2-18}$$

また，Δi_{1v} および Δi_{2v} はそれぞれ気液界面における成分 1 および成分 2 の蒸気と液の分子配エンタルピーの差であり，以下のように定義される．

$$\Delta i_{1v} = i_{1V} - i_{1L} \quad , \quad \Delta i_{2v} = i_{2V} - i_{2L} \tag{A2.5-19a, 19b}$$

なお，蒸気も液も理想混合物と見なせる場合は，Δi_{1v} および Δi_{2v} は成分 1 および 2 がそれぞれ単独で存在すると

した時の気液界面温度T_iにおける凝縮潜熱である.

【付録 2.6】多成分混合蒸気の蒸気境界層内の x 方向運動量の式中の浮力項に関する式(2.4-4)から式(2.4-6)の導出

多成分混合蒸気を理想気体として取り扱うことができるとすれば，周囲および境界層内の混合蒸気の密度は以下のように表される.

$$\rho_{Vb} = \frac{PM_b}{RT_{Vb}}, \qquad \rho_V = \frac{PM}{RT_V} \tag{A2.6-1, 2}$$

ここに，M_b および M はそれぞれ周囲および境界層内の混合蒸気の見掛けの分子量であり，以下のように表される.

$$M_b = \frac{1}{\displaystyle\sum_{l=1}^{n}\frac{w_{iVb}}{M_i}} \quad , \qquad M = \frac{1}{\displaystyle\sum_{i=1}^{n}\frac{w_{iV}}{M_i}} \tag{A2.6-3, 4}$$

従って，浮力項に，式(A.2.6-1)から式(A.2.6-4)の関係式を代入すれば，

$$\begin{aligned} g\left(1-\frac{\rho_{Vb}}{\rho_V}\right) &= g\left(1-\frac{T_V\,M_b}{T_{Vb}\,M}\right) = g\left\{1-\left[1-\omega_T\left(T_{Vb}-T_V\right)\right]\left[1-\sum_{l=1}^{n-1}\omega_{wl}\left(w_{lV}-w_{lVb}\right)\right]\right\} \\ &= g\omega_T\left(T_{Vb}-T_V\right)+g\sum_{l=1}^{n-1}\omega_{wl}\left(w_{lV}-w_{lVb}\right)-g\omega_T\left(T_{Vb}-T_V\right)\sum_{l=1}^{n-1}\omega_{wl}\left(w_{lV}-w_{lVb}\right) \end{aligned} \tag{A2.6-5}$$

ここに，

$$\omega_T = \frac{1}{T_{Vb}} \quad , \qquad \omega_{wl} = M_b\left(\frac{1}{M_n}-\frac{1}{M_l}\right) = \frac{\dfrac{1}{M_n}-\dfrac{1}{M_l}}{\displaystyle\sum_{k=1}^{n}\frac{w_{kVb}}{M_k}} \tag{A2.6-6, 7}$$

【付録 2.7】多成分混合気の物質拡散

n 成分混合気において，成分 i のモル分率，成分 i のモル濃度および混合気のモル密度をそれぞれ x_i，c_i および c とし，成分 i と成分 j からなる二成分系の相互拡散係数を D_{ijV} とすれば，二成分混合気に関する Fick の法則を拡張した，n 成分混合気の物質拡散に関する Stefan-Maxwell の式（Bird *et. al.*, 1960）は次式で表される.

$$\vec{\nabla}x_i = \sum_{\substack{j=1\\ j\neq i}}^{n}\frac{c_i\,c_j}{c^2\,D_{ijV}}\left(\vec{v}_j-\vec{v}_i\right) \tag{A2.7-1}$$

次に，成分 i の質量拡散流束 $\vec{j}_i$ を用いて式(A2.7-1)を表せば，次式が得られる.

$$\vec{j}_i = \frac{c^2}{\rho}\sum_{j=1}^{n-1}M\,M_i\,b_{ij}^{*}\,\vec{\nabla}x_j \tag{A2.7-2}$$

上式において，ρ および M_i はそれぞれ混合気の密度および成分 i の分子量であり，M は次式で定義される混合気の見掛けの分子量である.

$$M = \frac{\rho}{c} = \frac{1}{\displaystyle\sum_{i=1}^{n}\frac{w_i}{M_i}} = \sum_{i=1}^{n}M_i x_i \tag{A2.7-3}$$

また，b_{ij}^{*} は次式で定義される b_{ij} を要素とした行列 $\left(b_{ij}\right)_{n-1}^{n-1}$ の逆行列の要素である.

$$b_{ij} = \frac{x_i}{D_{ijV}}-\frac{M_j x_i}{M_n D_{inV}} \quad \left(j\neq i\right) \quad \text{または,} \quad b_{ij} = -\sum_{\substack{k=1\\ k\neq i}}^{n}\frac{x_k}{D_{ikV}}-\frac{M_i x_i}{M_n D_{inV}} \quad \left(j=i\right) \tag{A2.7-4a, 4b}$$

なお，成分 i の質量拡散流束 $\vec{j}_i$ は次式で定義される.

$$\bar{j}_i = \rho_i \left(\bar{v}_i - \bar{v}\right) = \bar{n}_i - w_i\, \rho\, \bar{v} = \bar{n}_i - w_i \sum_{k=1}^{n} \bar{n}_k \quad i \tag{A2.7-5}$$

ここに，$\bar{v}_i$，$\bar{v}$ および $\bar{n}_i$ はそれぞれ固定座標系における成分 i の速度，局所質量平均速度および成分 i の質量流束であり，ρ_i および w_i はそれぞれ成分 i の質量濃度および成分 i の質量分率である．

次に，多成分系の拡散係数 D_{ijV}^{M} を，

$$D_{ij}^{M} = \frac{M}{M_j}\left(b_{ij}^{*} - b_{ii}^{*}\right) \quad (j \neq i), \quad D_{ijV}^{M} = D_{iiV}^{M} = 0 \quad (j = i), \quad D_{ijV}^{M} = D_{inV}^{M} = -\frac{M}{M_n} b_{ii}^{*} \quad (j = n) \tag{A2.7-6}$$

と定義すれば，式(A2.7-2)は，次のように表される．

$$\bar{j}_i = \frac{c^2}{\rho} \sum_{j=1}^{n} M_i M_j D_{ijV}^{M}\, \bar{\nabla} x_j \quad i \tag{A2.7-7}$$

ついで，上式中のモル分率 x_i を質量分率 w_i に変換すれば，次式が得られる．

$$\bar{j}_i = \rho \sum_{j=1}^{n} D_{ijV}^{+}\, \bar{\nabla} w_j \qquad \text{ここに，} \quad D_{ijV}^{+} = \frac{M_i}{M} D_{ijV}^{M} - \frac{M_i}{M_j} \sum_{m=1}^{n} D_{imV}^{M}\, w_{mV} \tag{A2.7-8, 9}$$

さらに，$\sum_{i=1}^{n} w_i = 1$ なる総和の関係を考慮すれば，(A2.7-9)は次のようになる．

$$\bar{j}_i = -\rho \sum_{j=1}^{n-1} D_{ijV}^{*}\, \bar{\nabla} w_j \qquad \text{ここに，} \quad D_{ijV}^{*} = D_{inV}^{+} - D_{ijV}^{+} \tag{A2.7-10, 11}$$

なお，3 成分系の場合の拡散係数 D_{ijV}^{M} は次式で与えられる（Bird *et. al.*, 1960）．

$$D_{ijV}^{M} = D_{ijV}\left\{1 + \frac{x_k\left[\left(M_k / M_j\right) D_{ikV} - D_{ijV}\right]}{x_i\, D_{jkV} + x_j\, D_{ikV} + x_k\, D_{ijV}}\right\} \tag{A2.7-12}$$

第２章の文献

上原春男，江頭真二，田口雄三，1989，蒸気流動がある場合の鉛直面上の膜状凝縮（第１報，流動状態と局所凝縮熱伝達率），日本機械学会論文集 B 編，Vol.55, No.510, pp.3109-3116.

上原春男，木下英二，1994，鉛直面上の体積力対流の波流および乱流膜状凝縮，日本機械学会論文集 B 編，Vol.60, No.557, pp.3109-3116.

小山 繁，藤井 哲，1985，３成分混合気の平板上での層流強制対流膜状凝縮，日本機械学会論文集 B 編，Vol.51, No.465, pp.1497-1506.

小山 繁，藤井 哲，渡部正治，1986，飽和および過熱の２成分混合蒸気の鉛直平板上での層流体積力対流膜状凝縮，日本機械学会論文集 B 編，Vol.52, No.474, pp.827-834.

小山 繁，五島正雄，藤井 哲，1987a，多成分混合気の平板上での層流膜状凝縮熱伝達の代数的予測法（第１報　強制対流凝縮の場合），九州大学機能物質科学研究所報告，Vol.1, No.1, pp.77-83.

小山 繁，五島正雄，藤井 哲，1987b，多成分混合気の平板上での層流膜状凝縮熱伝達の代数的予測法（第２報　体積力対流凝縮の場合），九州大学機能物質科学研究所報告，Vol.1, No.1, pp.85-89.

新里寛英，李 鐘鵬，藤井 哲，1992，自由対流層流膜状凝縮における液膜の物性値の評価温度，九州大学機能物質科学研究所報告, Vol.6, No.1, pp.1-9.

田中宏史，1985，熱と物質の同時移動を伴う自由対流における熱伝達係数と物質伝達係数の近似式，九州大学生産科学研究所報告, No.78, pp.47-52.

野津 滋，本田博司，小林 勉，稲葉英男，1991，下向き凝縮面の伝熱促進に関する研究（凝縮面を傾斜させた場合の実験結果），日本機械学会論文集 B 編，Vol.57, No.533, pp.195-201.

藤井 哲，上原春男，小田鴿介，1971a，一様熱流束面上の膜状凝縮－体積力対流の場合－，九州大学生産科学研究所報告, No.52, pp.15-21.

藤井 哲，上原春男，平田勝己，1971b，鉛直面上の膜状凝縮熱伝達（体積力と強制対流が共存する場合），日本機械学会論文集（第２部），Vol.37, No.294, pp.355-363.

藤井 哲，上原春男，三原一正，加藤泰生，1977，不凝縮ガスを含む蒸気の層流強制対流凝縮に関する理論解析，九州大学生産科学研究所報告, No.66, pp.53-80.

藤井 哲，上原春男，三原一正，高嶋宏明，1978，不凝縮ガスを含む蒸気の層流体積力対流凝縮に関する理論解析，九州大学生産科学研究所報告, No.67, pp.23-41.

藤井 哲，加藤泰生，1980，２成分蒸気の平板上での層流膜状凝縮，日本機械学会論文集 B 編，Vol.46, No.402, pp.306-312.

藤井 哲，小山 繁，渡部正治，1987，二成分混合蒸気の平板上での層流強制対流膜状凝縮，日本機械学会論文集（B 編），Vol.53, No.486, pp.541-548.

藤井 哲，小山 繁，渡部正治，1989，３成分混合気の鉛直平板上での層流体積力対流膜状凝縮，日本機械学会論文集 B 編，Vol.55, No.510, pp.434-441.

藤井 哲，新里寛英，李 鐘鵬，1991a，純蒸気の強制対流凝縮における液膜の代表物性値，九州大学機能物質科学研究所報告, Vol.5, No.2, pp.209-213.

藤井 哲，新里寛英，李 鐘鵬，1991b，２成分混合気の層流膜状凝縮の際の気相境界層における対流物質伝達と対流熱伝達の式の表現形式と精度について，日本機械学会論文集 B 編，Vol.57, No.541, pp.3155-3160.

藤井 哲，新里寛英，李 鐘鵬，1991c，２成分混合気の層流膜状凝縮における液膜の熱伝達の式について，日本機械学会論文集 B 編，Vol.57, No.542, pp.3456-3460.

藤井 哲，李 鐘鵬，新里寛英，渡部正治，1991d，二成分混合蒸気の凝縮における気相境界層の代表物性値（II　層流自由対流凝縮の場合），九州大学機能物質科学研究所報告，Vol.5, No.2, pp.223-227.

藤井 哲，李 鐘鵬，新里寛英，渡部正治，1991e，二成分混合蒸気の凝縮における気相境界層の代表物性値（I　層流強制対流凝縮の場合），九州大学機能物質科学研究所報告，Vol.5, No.2, pp.215-221.

本田博司，藤井 哲，1978a，みぞ付き垂直面上の層流膜状凝縮，日本機械学会論文集，Vol.44, No.383, pp.2411-2419.

本田博司，藤井 哲，1978b，みぞ付き鉛直面上の層流膜状凝縮（一様壁面熱流束の場合），日本機械学会論文集，Vol.44, No.387, pp.3857-3864.

本田博司，藤井 哲，1984，縦溝付面上の膜状凝縮熱伝達の整理，日本機械学会論文集 B 編，Vol.50, No.460, pp.2993-2999.

本田博司，野津 滋，古川安航，1986，下向水平面上の膜状凝縮に及ぼす多孔質排液板の影響，日本機械学会論文集

B 編，Vol.52, No.475, pp.1355-1362.

宮良明男，1997，傾斜面上を表面波を伴って流れる流下液膜の数値計算（第 2 報，流動および熱伝達特性に及ぼす表面波の影響），日本機械学会論文集 B 編，Vol.63, No.616, pp.3998-4005.

梁取美智雄，土方邦夫，森 康夫，内田幹和，1986，液膜排除板による下向冷却面への膜状凝縮熱伝達の促進，日本機械学会論文集 B 編，Vol.52, No. 475, pp.1086-1094.

渡部正治，藤井哲，小山繁，1988，鉛直平板上での 3 成分混合気の熱と物質の同時移動を伴う層流自由対流，日本機械学会論文集 B 編，Vol.54, No.499, pp.647-654.

Adamek, T. and Webb, R.L., 1990, Prediction of film condensation on vertical finned plates and tubes ; A model for the drainage channel., *International Journal of Heat and Mass Transfer,* Vol.33, No.8, pp.1737-1749.

Bird, R.B., Stewart, W.E. and Lightfoot, 1960, Transport Phenomena, John Wily & Sons Inc., New York, USA.

Cess, R.D., 1960, Laminar film condensation on a flat plate in the absence of a body force, *Zeitschrift für Angewandte Mathematik und Physik*, Vol. XI, pp. 426-433.

Chun, K.R. and Seban, R.A., 1971, Heat transfer to evaporating liquid films, *ASME Journal of Heat Transfer*, Vol.93, pp.391-396.

Dukler, A.E., 1960, Fluid mechanics and heat transfer in vertical falling-film systems, *Chemical Engineering Progress Symposium Series*, Vol.56, No.30, pp.1-10.

Fujii, T. and Honda, H., 1978, Laminar filmwise condensation on a vertical single fluted plate, *Heat Transfer 1978*, Vol.2, pp.419-424.

Gerstmann, J. and Griffith, P., 1967, Laminar film condensation on the underside of horizontal and inclined surfaces, *International Journal of Heat and Mass Transfer*, Vol.10, No.5, pp.567- 580.

Gregorig, R., 1954, Hautkondensation an feingewellten oberflächen bei berücksichtigung der oberflächenspannungen, *Zeitschrift für Angewandte Mathematik und Physik*, Vol.5, pp.36-49.

Hijikata, K., Simoda, K. and Mori,Y., 1987, Condensation heat transfer enhancement on a downward facing surface by the gravity, *Proceedings of the 2nd ASME-JSME Thermal Engineering Joint Conference*, Vol.4, pp. 393-400.

Honda, H. and Rose, J.W., 1999, Augmentation techniques in enhanced condensation, in *Handbook of Phase Change,* Kandlikar,S.G. (editor-in-chief), Taylor & Francis, Philadelphia , pp.605-620.

Karkhu, V.A. and Borovkov, V.P., 1970, Film condensation of vapor on horizontal corrugated tubes, *Journal of Engineering Physics*, Vol.19, No.4, pp.1229-1234.

Kedzierski,M.A. and Webb, R. L., 1990, Practical fin shapes for surface-tension-drained condensation, *ASME Journal of Heat Transfer*, Vol.112, No. 22, pp. 479-485.

Koh J.C.Y., Sparrow E.M. and Hartnett J.P., 1961, The two-phase boundary layer in laminar film condensation, *International Journal of Heat and Mass Transfer*, Vol.2, No.1-2, pp.69-82.

Koh J.C.Y., 1962, Film condensation in a forced-convection boundary-layer flow, *International Journal of Heat and Mass Transfer*, Vol.5, No.10, pp.941-945.

Krishna, R. and Standart, G.L., 1976, A multicomponent film model incorporating a general matrix method of solution to the MaxwelJ-Stefan equations, *AIChE Jounal*, Vol.22, No.2, pp.383-389.

Kutateladze, S.S., 1963, Fundamentals of Heat Transfer, Academic, New York.

Markowitz, A., Mikic, B. B. and Bergles, A. E., 1972, Condensation on a downward-facing horizontal rippled surface, *ASME Journal of Heat Ttransfer*, Vol.94, No.3,pp.315-320.

Miyara, A., 2001, Flow dynamics and heat transfer of wavy condensate film, *ASME, Journal of Heat Transfer*, Vol.123, pp.492-500.

Mori, Y., Hijikata, K., Hirasawa, S. and Nakayama, W., 1981, Optimized performance of condensers with outside condensing surfaces, *ASME Journal of Heat Transfer*, Vol.103, No.1, pp.96-102.

Nusselt, W., 1916, Die oberflachenkondensation des wasserdampfes, *Zeit.* VDI, Vol.60, No.27, pp.541-546.

Panchel, C. and Bell, K.J., 1980, Analysis of Nusselt-type condensation on a vertical finned surface, *Numerical Heat Transfer*, Vol.3, No.3, pp.357-371.

Pierson, F.W. and Whitaker, S., 1977, Some theoretical and experimental observation of the wave structure of falling liquid films, *Industrial and Engineering Chemistry Fundamentals*, Vol.16, No.4, pp.401-408.

Rohsenow, W.M., Webber, J.H. and Ling, A.T., 1956, Effect of vapor velocity on laminar and turbulent film condensation, *Trans. ASME*, Vol.78, pp.1637-1643.

Rose, J. W., 1980, Approximate equations for forced-convection condensation in the presence of a non-condensing gas on a flat plate and horizontal tube, *International Heat and Mass Transfer*,, Vol.23, No.4, pp.539-546.

Schlichting H. (translated by Kestin J.), 1979, Boundary-Layer Theory, 7th ed., McGraw-Hill Publishing Co., New York.

Schrodt, J.T., 1973, Simultaneous heat and mass transfer from multicomponent condensing vapor-gas systems, *AIChE Jounal*, Vol.19, No.4, pp.753-759.

Shekriladze I.G., Gomelauri, V.I., 1966, Theoretical study of laminar film condensation of flowing vapour, *International Journal of Heat and Mass Transfer*, Vol.9, No.6, pp.581-591.

Sparrow, E. M. and Gregg J.L., 1959, A boundary-layer treatment of laminar-film condensation, *Trans. ASME, Ser. C, Journal of Heat Transfer*, Vol.81, No.1, pp.13-18.

Sparrow E.M. and Eckert E.R.G., 1961, Effects of superheated vapor and noncondensable gases on laminar film condensation, *AIChE Journal*, Vol.7, No.3, pp.473-477.

Stewart, W.E. and Prober, R., 1964, Matrix calculation of multicomponent mass transfer in isothermal systems, *Industrial and Engineering Chemistry Fundamentals*, Vol.3, No.3, 224-235.

Toor, H.L., 1964, Solution of the linearized equations of multicomponent mass transfer 11. Matrix Methods, *AIChE Jounal*, Vol.10, No.4, pp.460-465.

Webb, D.R., 1982, Heat and mass transfer in condensation of multicomponent vapours, *Proceedings of 7th International Heat Transfer Conference*, Vol.5, pp.167-174.

第３章　滴状凝縮およびマランゴニ凝縮

3.1 はじめに

本章では，滴状など凝縮液の厚さが不均一な形態を示す凝縮現象について扱う．すなわち，液でぬれにくい冷却面に蒸気が凝縮するときに生起する滴状凝縮(dropwise condensation)，および一部の混合蒸気において，主に凝縮液表面の濃度差分布に起因する表面張力不安定により，擬似的な滴状凝縮などを生じるマランゴニ凝縮(Marangoni condensation)について，それぞれの現象に係る凝縮機構および熱伝達特性などについて説明する．これらの現象は，非常に小さな液滴あるいは薄い液膜が凝縮面上に非定常的に現れることにより，伝熱を阻害する要因となる凝縮液の伝熱抵抗を大きく減少させる．そのためそれらの凝縮形態は，通常の膜状凝縮(film condensation)と比較して非常に大きな熱伝達率を示すことが特徴である．例えば，マランゴニ凝縮においては，水に0.1wt%程度のエタノールを加えることにより，水蒸気の凝縮熱伝達率は数倍以上の促進率を得ることができる．また，滴状凝縮においては，大気圧水蒸気では20倍程度の熱伝達率を示すことが知られている．しかし，非ぬれ性の表面を条件とするため，実用に対して充分に信頼に足る維持方法が開発されていないなど，実用的な観点から未解決な事項が残されている．

3.2 滴状凝縮

3.2.1 滴状凝縮熱伝達の基本事項

熱交換器の金属表面など固体面上の凝縮現象では，図 3.2-1 に模式的に示したように，凝縮液(condensate)と表面との間のぬれ性(wettability)によって，膜状凝縮と滴状凝縮の 2 形態が存在する．ぬれやすい面(lyophilic surface)では凝縮液は面をぬらして拡がり，膜状となる．ぬれにくい面(lyophobic surface)では，離散的な液滴群を形成し，滴状凝縮を示す．また，それらの中間的なぬれを示す場合，あるいはぬれ性が均一でないような場合には，混合凝縮(mixed condensation)が生じる．凝縮液の熱抵抗が小さい液体金属蒸気(liquid metal vapor)の場合を除いて，滴状凝縮は膜状凝縮に比べて非常に大きな熱伝達率を示すことが知られている．例えば，大気圧の水蒸気の滴状凝縮熱伝達率は，膜状凝縮の20倍程度の値を示す．しかし，固体面は液体でぬれる場合がより一般的であり，

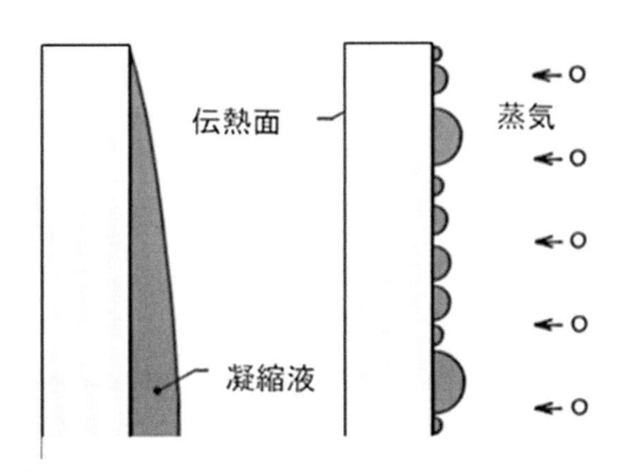

図 3.2-1 伝熱面のぬれによる凝縮形態の分類：膜状凝縮と滴状凝縮

滴状凝縮を実現するためには，滴状凝縮の促進剤(promoter of dropwise condensation) と呼ばれる物質を表面に付着させるなどの方法により，疎液性面(lyophobic surface)を実現する必要がある．

滴状凝縮現象においては，主に蒸気の液滴表面への凝縮にともなって放出される凝縮潜熱(latent heat of condensation)が，液滴を通して冷却面(cooling surface)に伝達される．液滴は蒸気の凝縮と液滴同士の合体(coalescence)により成長していく．図 3.2-2 に示すように，滴状凝縮はいくつかの過程の組み合わせから構成される．液滴の合体による移動，あるいは重力や蒸気せん断力などの外力により離脱する液滴の掃除により， 新生面が露出され，蒸気にさらされる．新生面には，凝縮面に存在する核生成点(nucleation site)から初生液滴群(group of initial drops)が形成される．核生成点は非常に密に存在し，一般的に 10^7 から 10^9 個/mm^2 である．初生液滴(initial drop)は，隣接する液滴と合体するまで凝縮により成長する．その後，液滴は合体を繰り返しながら成長を続け，また合体にともなう液滴移動により，新たな初生液滴群が形成される．そのような過程が続くことにより最大液滴の半径が 1mm 程度に達すると，液滴の付着力(adhesion force)に重力(gravitational force)などの外力が勝り，離脱液滴(departing drop)は伝熱面上を滑り，その軌跡上の液滴を吸収しながら伝熱面から離脱する．なお，水蒸気の滴状凝縮過程における最大と最小の液滴の直径比は非常に大きく，約 10^6 である．

図 3.2-3 はトリローリルトリチオフォスファイト(trilauryl trithiophosphite)を吸着させた銅製の伝熱面を共通に，3 種類の有機物蒸気，プロピレングリコール(propylene glycol)，エチレングリコール(ethylene glycol)およびグリセリン(glycerol)の滴状凝縮の様相を示している．伝熱面(heat transfer surface)に対して 45°方向から顕微鏡を介して瞬間撮影した画像であり，表面張力が大きくなるプロピレングリコール，エチレングリコールおよびグリセリンの順に，接触角(contact angle)が増大して

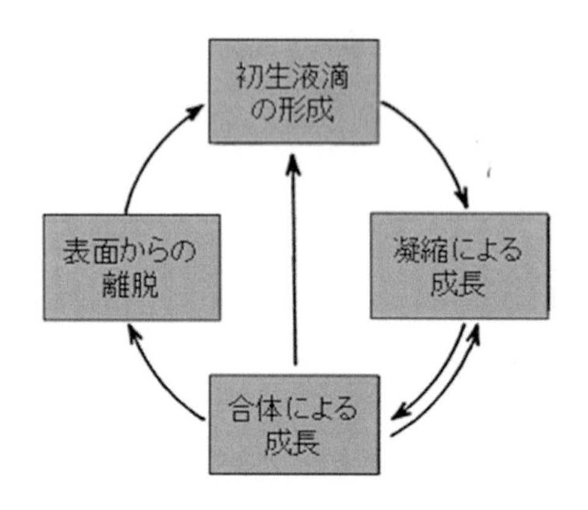

図 3.2-2 滴状凝縮サイクル

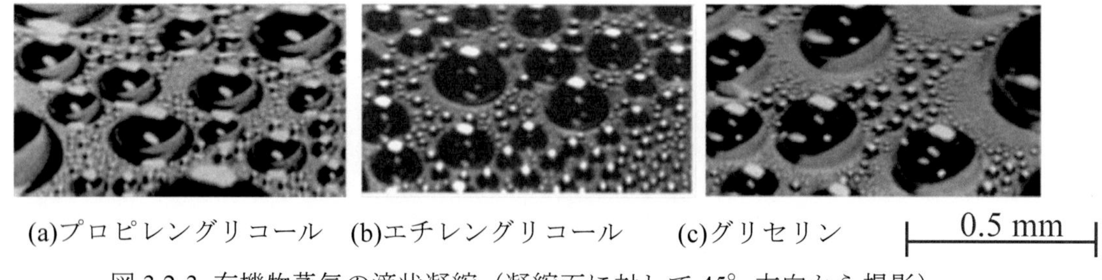

(a)プロピレングリコール　(b)エチレングリコール　(c)グリセリン

図 3.2-3 有機物蒸気の滴状凝縮（凝縮面に対して 45° 方向から撮影）

いることがわかる(Utaka, 1987).

図 3.2-4 は，不凝縮気体が含まれる過熱蒸気が凝縮するときの温度を定義し，凝縮液滴を通過する熱流に対する伝熱抵抗(heat transfer resistance)およびそれらに対応する温度差を表したものである(Graham, 1967). 滴状凝縮の伝熱抵抗および温度差は，蒸気側から順に，

R_{nc}, ΔT_{nc} ：不凝縮気体(non-condensing gas)による拡散伝熱抵抗(diffusion resistance)と温度差，

R_c, ΔT_c ：過熱蒸気による対流伝熱(convective heat transfer)と温度差，

R_i, ΔT_i ：気液界面熱伝達(heat transfer by interphase mass transfer)と温度差，

R_{dc}, ΔT_{dc} ：液滴の熱伝導抵抗(heat conduction resistance)と温度差，

R_p, ΔT_p ：促進剤層の熱抵抗(thermal resistance of promoter layer)と温度差，

R_{cm}, ΔT_{cm} ：狭窄熱抵抗(constriction resistance)と温度差，

の直列熱抵抗から構成される．また，図 3.2-5 には，Rose - Glicksman (1973)によりまとめられた，伝熱面上に形成される液滴の，時・空間平均の滴径分布(drop size distribution)を示した．一般的に，このような滴径分布をもとに，上述の単一液滴の伝熱量を全液滴について積分することにより，滴状凝縮の平均熱流束が求められる．なお，1μm 程度以下の微細液滴は観測が難しく，滴状凝縮熱伝達率を計算する際には，例えば図 3.2-5 中の a, b, c のような分布を仮定することになる．それらの詳細は，3.2-5 滴状凝縮理論と関連する．

滴状凝縮熱伝達に関するレビューは、Le Fevre and Rose (1969)，棚澤 (1973, 1982, 1991)，Marto (1994) および Rose (1994, 2002)らによりなされている．

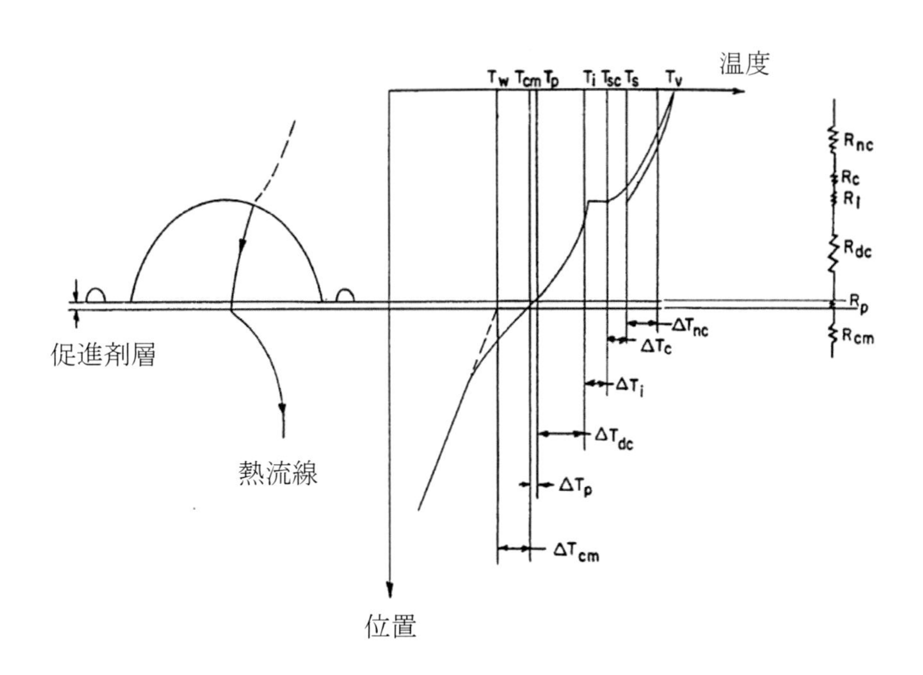

図 3.2-4 滴状凝縮液滴の伝熱抵抗

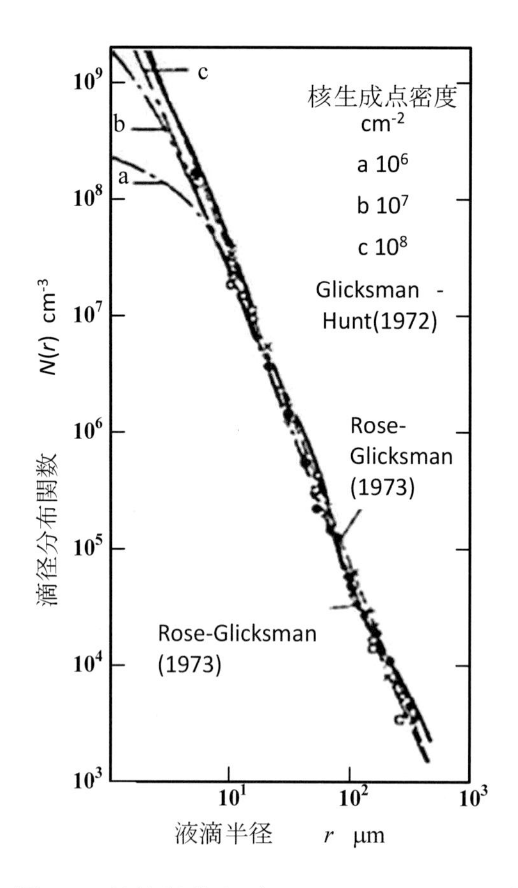

図 3.2-5 液滴径分布（Rose-Glicksman, 1973）

3.2.2 滴状凝縮の促進方法

固体面上で滴状凝縮を発生させるためには，何らかの方法により固体の表面エネルギーを低下させ，凝縮液が面上で拡がらないようにする必要がある．一般に，液体金属を除く液体は，金属の純表面（吸着物質の存在しない面）上では拡がって液膜を形成する．したがって，滴状凝縮を得るためには何らかの表面処理が必要である．しかし，実用に対して充分に信頼に足る滴状凝縮の促進法は確立されていないのが現状である．

現在用いられている滴状凝縮の促進法は以下のように分類される．

1. 有機物促進剤（を金属凝縮面へ吸着）の適用
2. 蒸気あるいは給水への促進物質の注入
3. 硫化物（あるいはセレン化物）の薄膜を形成
4. 貴金属類による表面被覆
5. 高分子材料（PTFE など）の被覆
6. イオン注入

表 3.2-1 に，水蒸気の滴状凝縮を生じさせるための方法および特徴をまとめた．従来から種々の促進剤が用いられてきているが，いずれも主に水蒸気に対して実験室レベルでは有効である．初期の滴状凝縮実験では，蒸気中への間欠的な脂肪酸の注入が行われた．その後，さらに確実な方法として，金属に結合しやすい元素をもつ長鎖炭化水素により疎液性の面を得る方法が用いられた．実

表 3.2-1　滴状凝縮を維持するための表面処理

表面処理法	促進剤（被覆材）の種類	長　所	短　所
凝縮面に促進剤を直接付着（吸着）させる．	鎖状脂肪酸類（オレイン酸、ステアリン酸など），アミン類，シリコーン樹脂，オクタデカンチオール，モンタンワックス，ほか	簡単にできる（実験室向き）．	長時間にわたり滴状凝縮を維持しにくい
蒸気（あるいは給水）中に促進剤を添加し，凝縮時に凝縮面に吸着させる		簡単にできる（実験室向き）．	給水および凝縮液が汚染される．凝縮面が腐食を受けることが多く，長時間にわたり滴状凝縮を維持しにくい
凝縮面に硫化物（あるいはセレン化物）の薄膜を形成	硫化銅、セレン化銅、硫化銀、セレン化銀など	比較的簡単にできる．	なぜ滴状凝縮が得られるか，完全な滴状凝縮が得られるか等の信頼できる報告が不足
凝縮面を貴金属類の薄膜によって被覆（めっき）	金、銀、ロジウム、パラジウム、クロムなど	金属で薄い膜を作ることができるので、熱抵抗増加が少ない，長時間にわたり滴状凝縮を維持できる	薄液膜形成のためのコストが高い．純金属はぬれ性を示すのに，なぜ貴金属薄膜により滴状凝縮が得られるのか不明確
凝縮面表面を高分子材料の皮膜によって被覆	ポリテトラフロロエチレン（テフロン）類	長時間にわたり良質の滴状凝縮を維持できる	薄くて強い皮膜を作ることが難しい．熱抵抗の増加が大きくなる可能性がある．被覆のためのコストが高い
イオン注入法	種々の金属面に窒素，酸素，炭素などのイオンを注入する	実験室では 4 年以上にわたり滴状凝縮を維持，工業的な条件下での持続性の検討が必要	多くの研究が続けられているが，この方法によりなぜ滴状凝縮が得られるのか不明確

験研究に十分な滴状凝縮の持続時間をもつ代表的な物質としては，ヂオクタデシルディサルファイド(dioctadecyl disulphide)やオクタデカンチオール(octadecanethiol)などがある．これらの促進剤は表面の酸化により促進機能が阻害されるため，滴状凝縮の実用に対して有効性は低い．PTFE(polytetrafluoroethylene)は非常に良好な疎液性材料であるが，十分に薄い層の形成法が確立されていない．水蒸気の滴状凝縮の場合，0.02 mm から 0.03mm の厚さの熱抵抗が，膜状凝縮に対する滴状凝縮の利点を帳消しにしてしまうことになる．

金やクロムなどの金属面，特にめっき面が，良好な滴状凝縮を生じさせることが知られている．しかし，前述のように，純金属はぬれ性を示すはずであるため，疎液性をもつ不純物がめっき等の過程で表面に補足されている可能性が指摘されている．実際に注意深い実験によると，膜状凝縮が観察されている．それらは Earb - Thelen (1966), Wilkins et al. (1973a), Erb (1973)および Woodruff - Westwater (1979)により検討されている．

ただし，ここでの基板材料は，多くの場合，銅（およびその合金）と銀に限定される．これ以外の固体材料あるいは水以外の蒸気について，滴状凝縮を得る方法はまだほとんどわかっていない．

3.2.3 水蒸気の滴状凝縮

(a) 大気圧での滴状凝縮熱伝達

これまで大気圧付近における水蒸気の滴状凝縮熱伝達の測定は多く行われてきた．しかし，滴状凝縮は非常に高い熱伝達率を示すため，小さな温度差を正確に測定しなければならず，さらに，ごく微量の不凝縮気体の存在でも大きな熱伝達の低下を招く．そのため主に不凝縮気体の影響と測定の精度に問題があり，熱伝達率の値には大きな相違が存在していた．しかし，その後の実験技術の向上により，比較的再現性の良好な信頼できる実験データが得られるようになった．それらの詳細は，例えば Le Fevre - Rose (1964, 1965)および Citakoglu - Rose (1968)により説明されている．鉛直銅平板上・地上重力下での滴状凝縮熱伝達率は，不凝縮気体が除かれており，凝縮面の高さが数百 mm 以下，熱流束が 10～100 kW /m^2 程度，凝縮面に平行な蒸気の流速(vapor velocity)が 10 m /s 以下であれば, 190～350 kW / (m^2・K)の値をとると考えてよい．なお，この範囲内で数値の差が生ずる原因のうちでは，測定精度に加えて蒸気流速および表面状態の影響が大きいと考えられる．

図 3.2-6(a)(b)に，いくつかの代表的な測定結果 [Le Fevre and Rose (1964, 1965), Tanner et al. (1965), Citakoglu - Rose (1968), Graham, (1969), Wimshurst - Rose (1970)] について，それぞれ凝縮面過冷度(condensing surface subcooling)に対する熱流束および熱伝達率の変化を示した．同時に，後述の 3.2-6(a)項の Le Fevre - Rose (1966)の滴状凝縮理論と比較した．図 3.2-6 (b)に見られるように，熱伝達率は過冷度への依存性を示し，過冷度の低下に伴って減少している．比較的小さい過冷度域にお

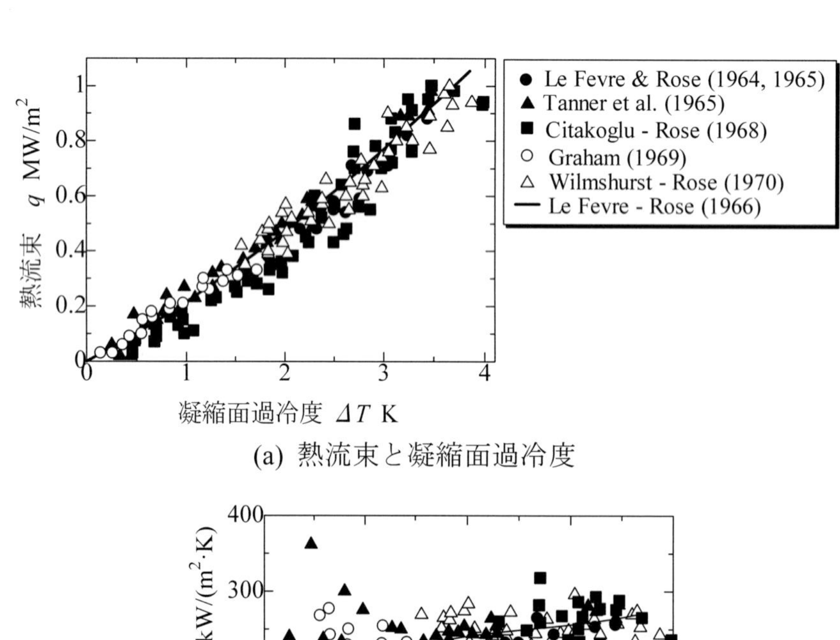

(a) 熱流束と凝縮面過冷度

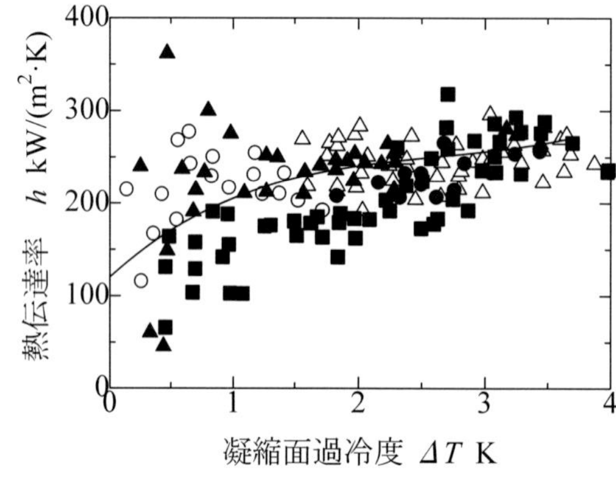

(b) 熱伝達率と凝縮面過冷度

図 3.2-6　大気圧水蒸気の熱伝達特性

ける熱伝達率の低下は，凝縮面上の核生成点密度(nucleation site density)の減少に対応していると考えられている．より大きな過冷度においてはほぼ一定の熱伝達率を示す．

(b)離脱液滴径の影響

滴状凝縮においては，液滴の熱伝導抵抗が液滴寸法に大きく依存するため，熱伝達率は凝縮面上の液滴の大きさの分布と密接な関連をもっている．この滴径分布を規定するものは，付着滴のうち最大寸法のものである．したがって，滴状凝縮熱伝達の実験においては離脱液滴径(departing drop diameter)あるいは最大液滴径(maximum drop diameter)に注意を払う必要がある．滴状凝縮の熱伝達率に影響を与える外部的な因子の中にも，蒸気流速，表面状態，凝縮面の高さや傾斜などのように，液滴径の変化と結びつくものが多くある．棚澤ら(1976)は，重力・遠心力・蒸気せん断力および凝縮面の傾斜を用いて離脱液滴径を大きく変化させ，滴状凝縮熱伝達率の変化を測定した．結果は図3.2-7に示したように，外力の種類に関係なく，熱伝達率は離脱直径のほぼ−0.3乗に比例している．この傾向は3.2-5節のLe Fevre and Rose (1966)あるいは田中(1975a)の理論と良好な一致がみられている．

(c)蒸気圧力の影響

これまでに報告されている低圧および大気圧(atmospheric pressure)での熱伝達率の測定値のうち，信頼できると考えられる6組の研究者 [Tanner et al., (1968), Graham, (1969), Wimshurst - Rose (1970),

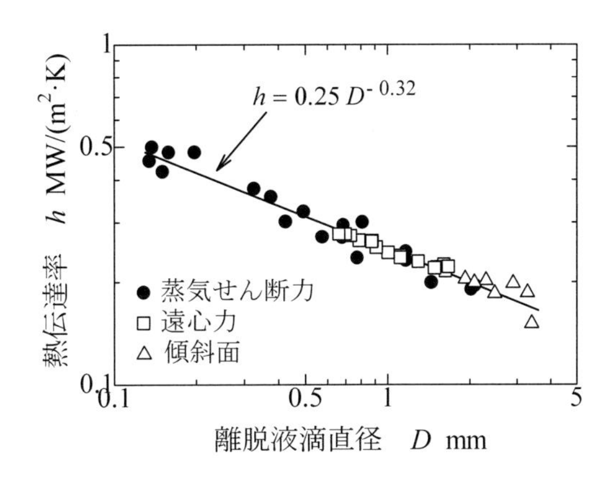

図3.2-7 離脱液滴直径の熱伝達率への影響

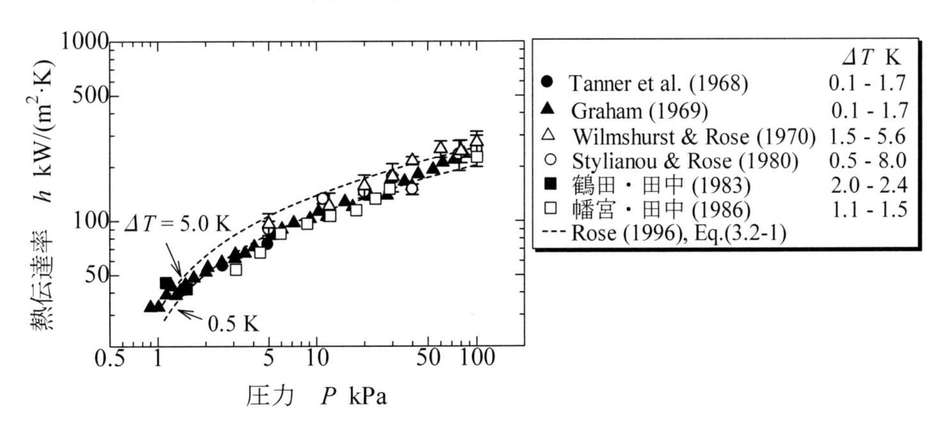

図3.2-8 蒸気圧力の熱伝達への影響

Stylianou - Rose (1983)，鶴田・田中(1983), 播宮・田中(1986)] の測定結果を図 3.2-8 に示す．また Rose (1996)の経験式

$$h = T_s^{0.8}(5 + 0.3\Delta T) \tag{3.2-1}$$

を破線で表した．ここで，h は kW/(m^2·K)，T_s は飽和蒸気(saturated vapor)の温度°C，ΔT は K である．いずれも，蒸気圧力の低下にともない熱伝達率が小さくなる傾向を示している．

高圧での熱伝達率に関するこれまでに報告されている測定値のうち, Wenzel (1957)によるものが信頼できると考えられているが，熱伝達率が圧力上昇とともに低下するという結果を与えている点に疑問がある．

(d) 伝熱面熱物性の影響

滴状凝縮においては，非常に小さい液滴に覆われる個所の熱流束は大きいが，比較的大きい液滴の底部はほとんど断熱に近い．また，液滴は合体移動により位置を変化させる．したがって，伝熱

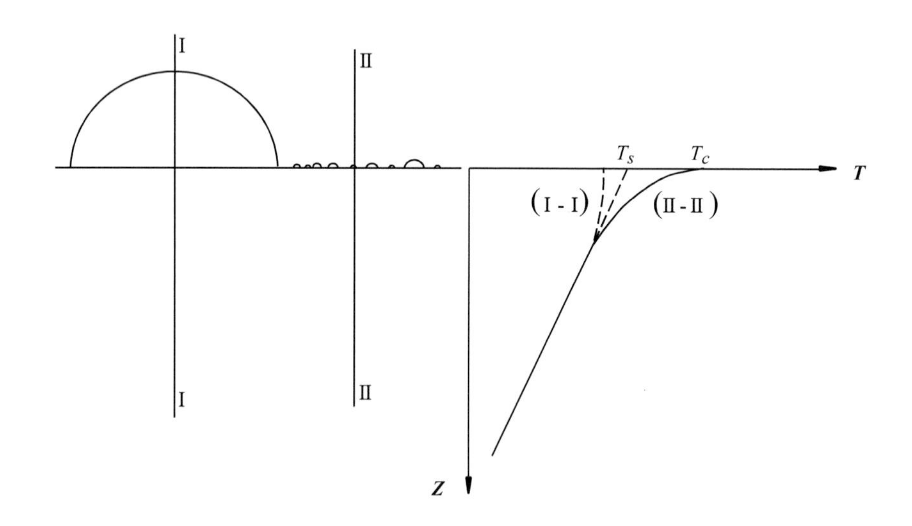

図 3.2-9 滴状凝縮の狭窄熱抵抗モデル（Mikic, 1969）

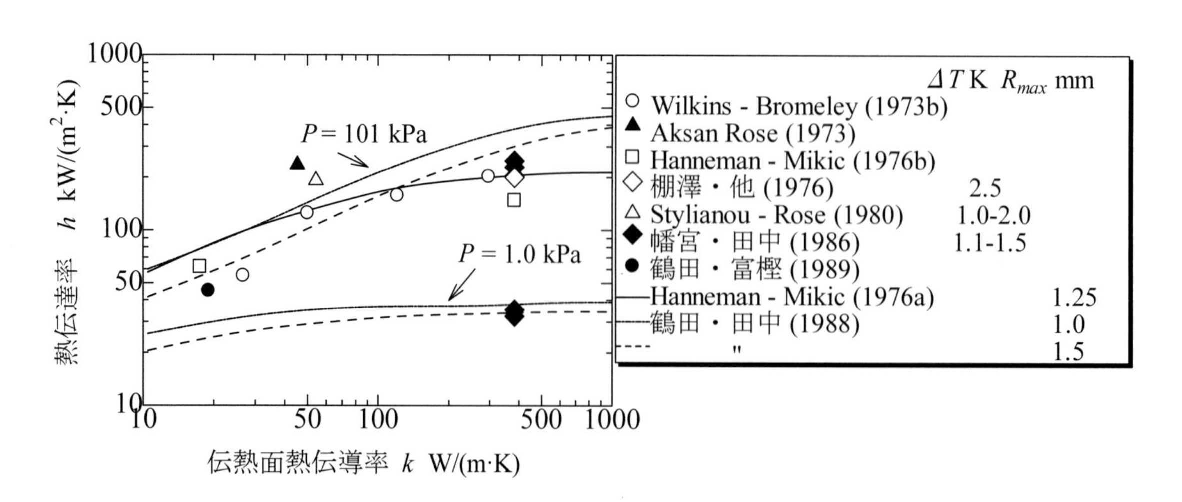

図 3.2-10 伝熱面熱物性の影響

面表面の温度と熱流束は一様ではなく，また時間的・場所的に変化する．Mikic (1969)は，伝熱面の熱伝導率(thermal conductivity)の有限性に起因する熱流の不均一が，滴状凝縮熱伝達率へ及ぼす影響を考え，図 3.2-9 に示したような熱流の狭窄(constriction of heat flow)モデルに基づく狭窄熱抵抗理論を提案した．その理論によれば，伝熱面の熱伝導率が低下するほど滴状凝縮の熱伝達率は減少する．

図 3.2-10 に，伝熱面材質を変化させたときの，滴状凝縮熱伝達率の測定および理論的研究の結果を示した．Wilkins - Bromley (1973b), Hannemann - Mikic (1976a) および 鶴田・富樫 (1989)の結果によれば，伝熱面熱伝導率の減少にともなって熱伝達率の低下する傾向が示されている．また，Hannemann - Mikic (1976a) および 鶴田・田中 (1988) により，定常状態を仮定した理論が提案されている．図 3.1-10 に見られるように，両者とも熱伝導率への比較的強い依存性を示しており，多くの測定結果とよく一致している．しかし，それらの傾向と異なる結果も存在している．Aksan - Rose (1973)および Stylianou - Rose (1980)の測定結果では，熱伝達率の伝熱面熱伝導率への依存性はほとんど見られていない．

以上から，熱流の狭窄現象は熱伝達率への影響を有している．しかし，より厳密には，図 3.2-6 で示したように比較的低い過冷度領域では，滴状凝縮熱伝達率は凝縮面過冷度に依存すること，熱流束の大きさにより合体頻度も異なり液滴移動の頻度も異なるため，熱流束の大きさが伝熱面温度の均一性に影響することが考えられる．液滴移動にともなう伝熱面温度の非定常変化への依存性を考慮した検討はまだ十分でなく，またこれまでの測定結果においては，実験条件が統一されていないことなどから，さらなる検討が必要であろう．

(e) 凝縮曲線

滴状凝縮現象は非常に高い熱伝達率を示す過程である．しかし，熱流束を増大させていくときに，良好な熱伝達特性がどこまで維持されるか明らかにしておく必要がある．滴状凝縮が生じるような凝縮面において，広範囲な凝縮面過冷度に対する熱流束の変化を表す曲線を凝縮曲線(condensation curve)と呼ぶ．図 3.2-11 に示すように，1 気圧の水蒸気の凝縮曲線は，Takeyama - Shimizu (1974)によって初めて測定されたが，その後，宇高・棚澤 (1980, 1981)により，同心凹面球状の特殊形状伝

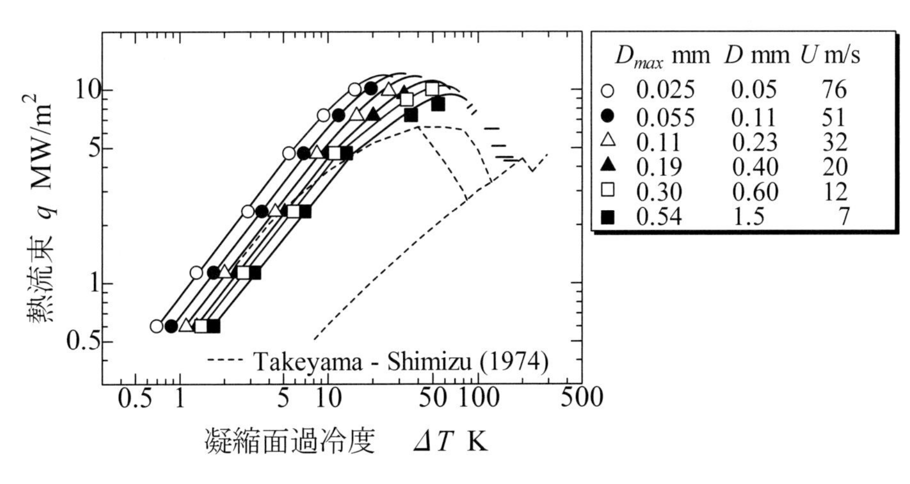

図 3.2-11 水蒸気の凝縮曲線

熱面を用いて，凝縮曲線のより正確な測定が報告されている．その結果によれば，水蒸気の滴状凝縮はきわめて大きな熱流束まで維持され，極大の熱流束(maximum heat flux)は約 10 MW /m² に達した後に膜状凝縮へ移行する．なお，宇高・棚澤の測定ではいずれの条件においても，滴状から膜状への遷移過程(transition process)で飛躍的な移行が生じており，右下がりの領域に定常状態では存在できない過冷度領域が存在している．過冷度が増し，表面温度が 0°*C* を切ると氷の上で膜状凝縮（氷上膜状凝縮）(on-ice condensation)が生じる．凝縮形態の遷移現象については 3.2.5 項において説明する．

3.2.4 水以外の蒸気の滴状凝縮

(a) 有機化合物

エチレングリコール，アニリン，ニトロベンゼン，プロピレングリコール，グリセロールに関する測定結果の報告がある [Topper - Baer (1955), Mizushina et al. (1967), Peterson - Westwater (1966), Wismshurst - Rose (1974), Stylianou - Rose (1983), Utaka et al. (1987, 1994)]．またフロン類の滴状凝縮については Iltscheff (1971)による考察がある．

水は表面張力が大きく，実験室において滴状凝縮を実現することは比較的容易であることから，従来からほとんどの測定は水蒸気について行われてきた．水以外の物質は，水銀など一部の場合を除いて，表面張力が低く，滴状凝縮の実現は難しいため測定データも少ない．

減圧下におけるいくつかの有機物蒸気(organic vapor)の測定結果（Wilmshurst - Rose (1974)による PTFE 被覆表面におけるアニリンとニトロベンゼン，単分子膜吸着の促進剤を用いた銅製伝熱面上の Stylianou - Rose (1983)によるエチレングリコール，および宇高ら(1987, 1994)のプロピレングリコ

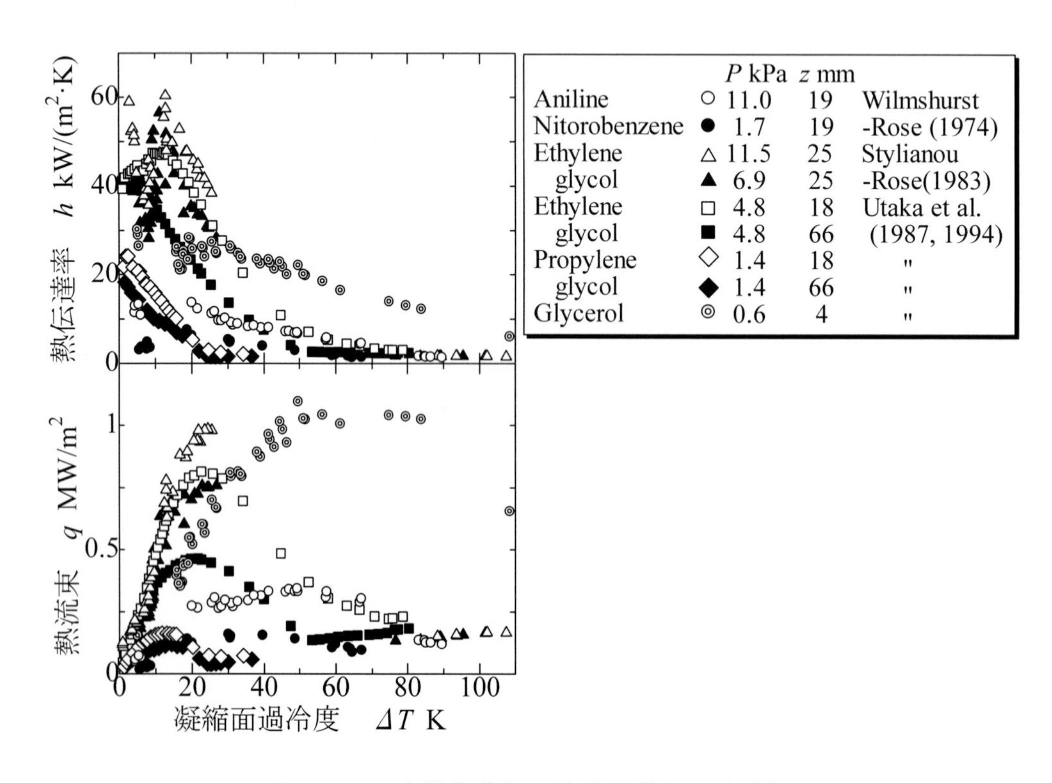

図 3.2-12　有機物蒸気の滴状凝縮熱伝達特性

ール，エチレングリコールおよびグリセロール）を図 3.2-12 に示した．ここで z は測定位置の伝熱面上端からの距離を示している．有機物蒸気の熱流束は水蒸気の場合と比べて低いため，大熱流束を得るための特殊な工夫無しに，いずれも凝縮曲線が測定されている．

水蒸気の場合と同様に，適当な冷却強度の範囲では，有機物蒸気の滴状凝縮熱伝達率は膜状凝縮と比較して非常に高く，圧力の低下に応じて減少する．物質の違いあるいは圧力により広範囲に物性が変化することから，それらの影響が有機物蒸気の熱伝達に顕著に現れている．すなわち，主に有機液体の熱伝導率が低いことにより，水蒸気に比べて熱伝達率が小さい．比較的表面張力(surface tension)の大きいグリセロールでは，それの小さいプロピレングリコールに比べて，より大きな過冷度域まで滴状凝縮は維持されている．また，大気圧水蒸気の場合と比べて，有機液の粘性が高く，表面張力および凝縮潜熱が小さいことから，極大熱流束値は 1/100～1/10 程度であることがわかる．

(b) 液体金属

これまでの報告はすべて水銀蒸気(mercury vapor)についてのものであるが，測定値のうち Ivanovskii ら(1967)，Rose (1972)，Necmi - Rose (1977)および Niknejad - Rose (1978)のものが信頼できると思われる．

3. 2. 5 凝縮曲線における滴状－膜状間の凝縮遷移形態

滴状と膜状間の凝縮形態の遷移現象(transition phenomena between dropwise and film condensation)については，図 3.2-11 に示した水蒸気では凝縮曲線が途中で不連続となっているように，いずれの場合にも滴状から膜状へ飛躍的移行を示した．また，Takeyama - Shimizu (1974)により，過冷度の増大方向と減少方向とで異なるヒステリシス(hysteresis)が示された．Stylianou - Rose (1983)は，滴状から膜状への飛躍的移行現象の開始点を遷移の特徴点としてとらえ，過冷度の増大により核生成点密度が増大するという核生成点飽和説などの遷移機構(transition mechanism)を提案した．しかし，Utaka et al. (1988)は，飛躍的移行開始点にて凝縮現象自体に急激な変化が生じることにより，滴状から膜状への移行が発生するものではないことを示した．凝縮曲線は小過冷度域から膜状域まで定常的な連続曲線として本来存在するものであるが，冷却側条件（冷却側熱伝達と伝熱ブロックの直列抵抗熱コンダクタンス）と凝縮熱伝達特性の関係により決められる，熱通過系の不安定性により飛躍現象が生起する．

3.2.4 項で示したように，有機物蒸気の極大熱流束はあまり大きくなく，比較的容易に凝縮曲線を測定することが可能であるため，滴状と膜状間の遷移現象についてより多くの知見を得ることが可能である．図 3.2-13 に，Utaka et al. (1991)による，定常的に滴状から膜状までの連続曲線が得られるときの，プロピレングリコール蒸気における滴状から膜状への遷移の様相を示している．図中の過冷度は伝熱面上端からの距離 $z = 5.5$mm における値である．写真に見られるように，理想的な滴状凝縮状態から，冷却強度の増大にともなって，細いリブレット(rivulet)が下流側から徐々に形成されてゆく．さらに，凝縮液量の増大と温度低下による粘性の増加により，リブレットが太りながら上流側に延びてゆく．下流側では膜状凝縮が現れ始め，膜状部は上流側に進展し，全面が膜状に移行する．これらの様相変化から，滴状から膜状への移行は連続的な変化過程によることが理解される．

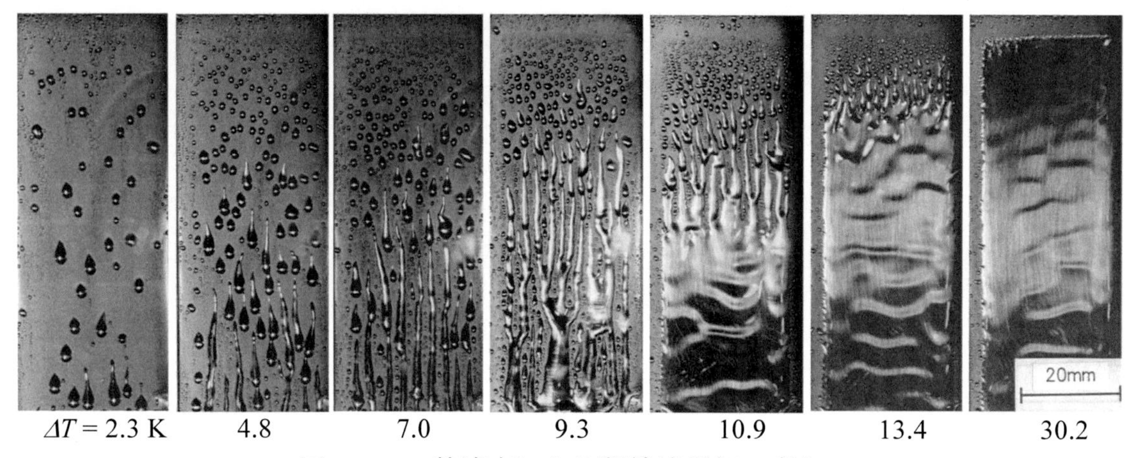

図 3.2-13　熱流束による凝縮液様相の変化
[プロピレングリコール蒸気(T_s = 362 K, D = 0.8 mm)　オクタデカンチオール吸着銅面]

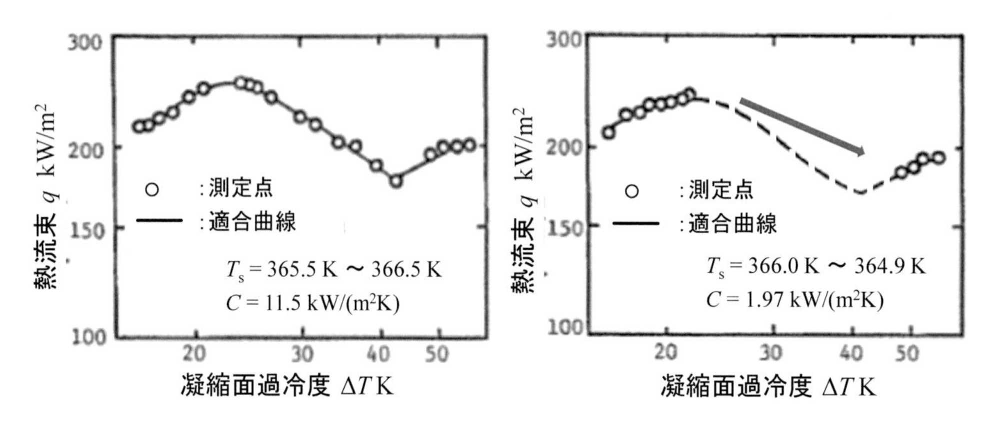

図 3.2-14 滴状から膜状への遷移形態（連続的と飛躍的な移行曲線）

図 3.2-14 は，熱通過系の不安定性(instability in overall heat transfer system)が異なる場合の比較を示している(Utaka et al., 1988)．同一の蒸気側条件の下で，冷却側の熱コンダクタンス(thermal conductance)を変化させた場合に，(a)の連続曲線と，(b)に例示されているような，矢印で示されるような破線部が定常状態(steady state)では存在しない飛躍曲線に分かれることがわかる．したがって，滴状から膜状への飛躍的移行など遷移形態は，伝熱面上で生じる凝縮の物理現象とは直接関係しておらず，熱通過系の不安定性により決定されると考えられる．したがって，滴状から膜状への凝縮形態の移行を表す凝縮曲線は，図 3.2-14(a)に示されるような連続的な曲線として存在するはずである．また，滴状－膜状間のヒステリシス(hysteresis)は，伝熱面の端部の条件に大きく依存し，端部の影響を除いた場合にはヒステリシスが存在しないことが示されている (Utaka et al., 1990).

3.2.6 滴状凝縮理論

(a)Le Fevre - Rose の理論

Le Fevre - Rose(1966)により，単一液滴を通過する熱流束と，凝縮面上の液滴の滴径分布を組み合わせて滴状凝縮の平均熱流束が導かれた．単一液滴の熱抵抗を導く際には，主に

1. 相平衡温度への液滴表面の曲率の影響,
2. 気液界面における界面物質伝達,

3．液滴を通しての熱伝導，

が考慮されている．液滴の伝熱面と接する基底部分を通過する熱流束q_Bと凝縮面過冷度ΔTの関係は式(3.2-2)で与えられる．

$$\Delta T = \frac{2\sigma}{r}\frac{v_\ell T}{\Delta h_v} + \left(\frac{K_1 r}{k} + \frac{K_2 v_g T}{\Delta h_v^2}\frac{\alpha+1}{\alpha-1}\sqrt{\frac{RT}{2\pi}}\right) q_B \tag{3.2-2}$$

ここでσ, r, v, Δh_v, R, k, αは，それぞれ表面張力，液滴基底半径，比体積，凝縮潜熱，気体定数，熱伝導率，凝縮係数(condensation coefficient)を表している．滴径分布は，式(3.2-3)により表される．

$$f = 1 - \left(r / R_{max}\right)^n \tag{3.2-3}$$

ここでfおよびnは，それぞれ基底部の半径がrより大きい液滴で覆われる面積割合および定数である．表面熱伝達率は式(3.2-4)により求められる．

$$h = \frac{n}{R_{max}^n \Delta T}\int_{R_{min}}^{R_{max}} \frac{\dfrac{\Delta T}{T} - \dfrac{2\sigma v_\ell}{r\Delta h_v}}{\dfrac{K_1 r}{kT} + \dfrac{K_2 v_g}{\Delta h_v^2}\dfrac{\alpha+1}{\alpha-1}\sqrt{\dfrac{RT}{2\pi}}} r^{n-1} dr \tag{3.2-4}$$

ここで，活性液滴の最小半径（初生液滴半径(initial drop diameter)）R_{min}と最大半径(maximum drop radius) R_{max}は，それぞれ式(3.2-5)および式(3.2-6)で表される．

$$R_{min} = \frac{2\sigma v_g}{\Delta h_v}\frac{T}{\Delta T} \tag{3.2-5}$$

$$R_{max} = K_3\sqrt{\frac{\sigma}{\left(\rho_\ell - \rho_g\right)g}} \tag{3.2-6}$$

無次元定数K_1は液滴の形状係数であり，K_2は，促進剤層の熱抵抗などを考慮しない場合に，液滴の表面積と基底面積の比を表している．K_3は次元解析から求められる定数である．ρは密度である．水蒸気の滴状凝縮の場合には，$K_1 = 2/3$, $K_2 = 1/2$，$K_3 = 0.4$およびn=1/3を用いる．

(b) 田中の理論

Tanaka (1975a, 1975b, 1979, 1981)は，孤立滴の凝縮による成長速度を与えれば，滴状凝縮の滴径分布その他の現象全体が決定されるとの考えを基に，離脱液滴の流跡に現れる新生面からの過渡滴径分布(transient drop size distribution)を解析し，滴状凝縮理論を提案した．

液滴は新生面上に形成され，$r_e(r)$の速度で直接凝縮により成長するとともに，液滴同士で合体が生じることにより，見かけの成長速度(apparent drop growth rate)は$r_a(r,t)$で表される．凝縮成長には，Umur - Griffith (1965)による単一液滴の成長式を修正した，Mikic (1969)による近似式(3.2-7)を用いた．

$$\Delta T = \left(\frac{1}{2\pi r^2 h_i} + \frac{1}{4\pi r k}\right) Q \tag{3.2-7}$$

ここで，r, k, Q はそれぞれ液滴基底部半径，熱伝導率，液滴から伝熱面への熱流である．また，h_i は気液界面における物質伝達による熱伝達率で，式(3.2-8)で表される(Schrage, 1953)．

$$h_i = \frac{2\alpha}{2-\alpha}\frac{1}{(2\pi r T_s)^{0.5}}\frac{\Delta h_v^2}{v_g T_s} \tag{3.2-8}$$

ここで α, T_s はそれぞれ凝縮係数，蒸気の飽和温度を表している．

半径が r と $r+\mathrm{d}r$ の間にある単位面積あたりの液滴の個数は $N(r,t)\mathrm{d}r$ で表される．ここで，t は，離脱液滴による掃除からの経過時間である．このような状況で，図 3.2-15(a)に示すような半径 r の液滴の存在面積を幾何学的に定め，さらに液滴の重なり合いを避けるために，図 3.2-15(b)のような再配置を用いて，滴半径 r の液滴群の成長と消滅のバランスから式(3.2-9)および式(3.2-10)の関係式を導いた．

$$\frac{\partial N}{\partial t} = -\frac{\partial\left(N\dot{r}_a\right)}{\partial t} - \int_r^{R_{max}} 2\pi\rho\left\{\dot{r}_a\left(r\right)+\dot{r}_a\left(\rho\right)\right\}\Psi\left(r;N\right)N\left(r\right)N\left(\rho\right)d\rho + \pi R_{max}^2 N\left(R_{max}\right)\dot{r}_a\left(R_{max}\right)N\left(r\right) \tag{3.2-9}$$

$$\Psi\left(r,t;N\right) = \frac{1}{\left(1-\int_r^{R_{max}}\pi\rho^2 N\left(\rho,t\right)d\rho\right)\left(1-\dfrac{r}{r_E\left(r,t\right)}\right)} \tag{3.2-10}$$

ここで N, $\dot{r}_a$, $\dot{r}_e$, R_{max}, R_{min}, S は，それぞれ滴径分布関数，見かけの液滴成長速度，凝縮成長速度，最大液滴半径，初生液滴半径，形状因子を表している．式(3.2-11)で定義される変数 r_E は等価すき間半径であり，液滴がどの程度近接して配列されているかの基準となる．

$$r_E\left(r,t\right) = 2\frac{1-\int_r^{R_{\max}}\pi\rho^2 N\left(\rho,t\right)d\rho}{\int_r^{R_{\max}} 2\pi\rho N\left(\rho,t\right)d\rho} \tag{3.2-11}$$

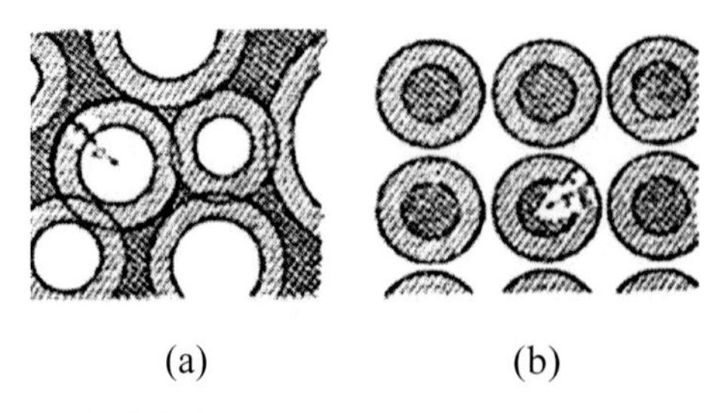

(a)　(b)

図 3.2-15 液滴存在範囲とその近似配置の解析モデル

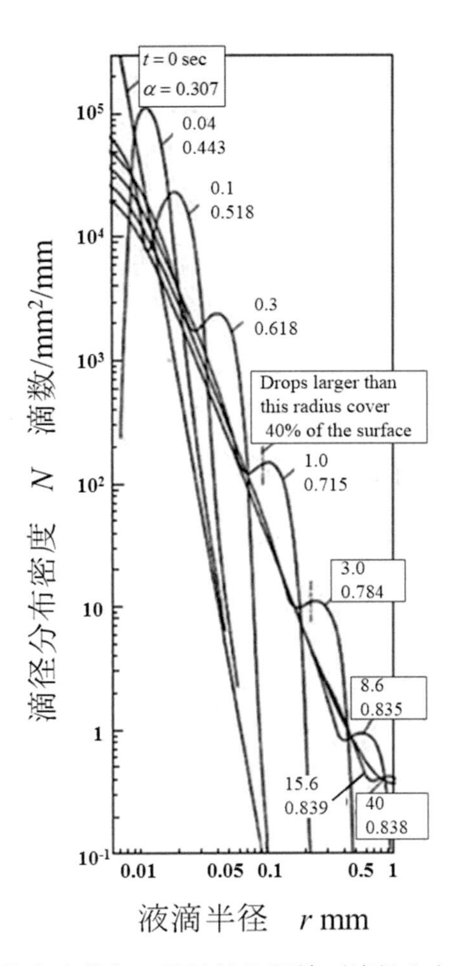

図 3.2-16 飽和水蒸気の過渡滴状凝縮（滴径分布の推移）

（大気圧飽和蒸気，$\Delta T = 1$ K，$R_{max} = 1.0$ mm, $R_{min} = 0.006$ mm, $D = 0.018$ mm）

式(3.2-12)は，合体により液滴が成長するときの，半径 r の液滴体積増加を表している．

$$\int_{R_{min}}^{r} \frac{S}{3}\pi\rho^3 \cdot 2\pi r\left\{\dot{r}_a(r)+\dot{r}_a(\rho)\right\}\Psi(\rho;N)N(\rho)d\rho = S\pi r^2(\dot{r}_a+\dot{r}_e) \tag{3.2-12}$$

$$S = (2-3\cos\theta+\cos^3\theta)/\sin^3\theta \tag{3.2-13}$$

ここで R_{min}, Ψ は，それぞれ初生液滴半径および形状因子である．

式(3.2-14)で表されるように，r_E は隣り合う核生成点間の距離 D に等しいと仮定し，式(3.2-9)と式(3.2-12)を数値的に解いた．

$$r_E\left(R_{min},t\right) = D \tag{3.2-14}$$

有限の初生液滴半径 R_{min} を仮定したときの，大気圧水蒸気における過渡的滴径分布の計算結果を図 3.2-16 に示す．時間の経過とともに液滴径の増大方向に移動するが，初期を除いていずれの時間においても，山形をもつ特徴的な相似分布を示していることがわかる．

$B_i(=h_iR_{max}/k) \gg 1$ を満たす場合（水の場合には満足する）に，熱伝達率は式(3.2-15)により表される．

$$h/h_i = 3.47B_i^{-0.3} \tag{3.2-15}$$

3.3 マランゴニ凝縮

3.3.1 マランゴニ凝縮について

マランゴニ凝縮(Marangoni condensation)は，表面張力差(surface tension difference)を駆動力とする液膜不安定(liquid film instability)により生起する，混合蒸気(vapor mixture)に固有の凝縮現象である．高沸点成分(component of high boiling point)に比べて表面張力が低い低沸点液体(component of low boiling point)からなる混合蒸気において特徴的に生起し，凝縮液表面の温度・濃度分布(temperature and concentration distributions)に基づく表面張力差を駆動力として，滴状などの不均一な凝縮液厚さ(non-uniform thickness of condensate)を生じる．伝熱面上の最小液滴寸法は条件により大きく異なるとともに比較的大きく，またぬれ面上で生成するなど，3.2 節で述べた疎液性面上で生じる滴状凝縮とは基本的に異なる現象である．しかし，特に凝縮液が滴状を示す領域のマランゴニ滴状凝縮(Marangoni dropwise condensation)と疎液面状の滴状凝縮は，マクロ状態の凝縮液の様相および液滴挙動には類似点が多く，また両現象とも良好な熱伝達特性を示すことが両者の共通の特徴である．

マランゴニ凝縮は，Mirkovich - Missen (1961) により pentane - methylene dichloride 混合蒸気の凝縮の際に，平滑な液膜となる膜状凝縮とは異なる，筋状，滴状の凝縮液形態が初めて報告された．さらに，Ford - Missen (1968), Ford - McAller (1971) らにより検討されている．1980 年代後半から，我が国で活発に研究が進められてきている．例えば Fujii et al. (1993) により水－エタノール(water-ethanol)系など数種類の混合蒸気について，凝縮液形態(condensate mode)の分類と熱伝達特性に関する研究が行われた．Hijikata et al. (1996) は，摂動法を用いた凝縮液膜の不安定解析を行い，薄液膜の安定性について検討し，水－エタノール系における測定結果と比較・説明している．宇高らのグループ (1995, 1998, 2001, 2002, 2003, 2004) は，水－エタノール系について一連の実験的検討を行い，マランゴニ凝縮の主要なパラメータの影響とそのメカニズムに関する検討を進めた．また，五島ら(1995)は，水平円管外面の水－アンモニア(water-ammonia)混合蒸気の測定を行い，Fujii (1991) の理論と比較した．Deans らのグループ (1997, 2004) は水蒸気へのアンモニア添加の効果を，Vemuri et al. (2006) は水蒸気への 2 - ethoxyethanol 添加の効果について実験的に検討し，それぞれ単成分水蒸気に比べて伝熱促進(heat transfer enhancement)を実現している．最近，Ma et al. (2012) は，水－エタノール蒸気の凝縮時の，凝縮液形態と表面自由エネルギー差との関係について検討している．

3.3.2 マランゴニ凝縮現象とその生成機構

マランゴニ凝縮における滴状などの凝縮液形態の生起条件は，伝熱面のぬれ性により決められる前節の膜状凝縮と滴状凝縮の場合とは異なり，表 3.3-1 に示すように，高沸点成分と低沸点成分の液体表面張力（それぞれ s2 および s1）の関係によって決められる．”ネガティブシステム(negative system)” においては通常の膜状凝縮が生じる．逆に，高沸点成分の液体表面張力が低沸点物質のそれに比べて大きい，いわゆる “ポジティブシステム(positive system)” においては，温度の低い薄液膜部の液は高温となる厚い液膜の方に引き込まれる表面張力不安定によってマランゴニ滴状凝縮が特徴的に現れる．このような不安定現象は，液体の蒸留塔(distillation column)における蒸発系の液膜の不安定性に関して，Zuiderweg - Harmens (1958) により，はじめて説明された．

表 3.3-1 表面張力関係による 2 成分蒸気の凝縮形態の特性（1:低沸点成分，2:高沸点成分）

	$\sigma_2 < \sigma_1$ (negative system)	$\sigma_2 > \sigma_1$ (positive system)
凝縮液	・平坦化・規則分布 ・定常的	・不規則分布 ・非一様・非定常液膜厚さ変化・凝縮液流動
蒸気相	・規則分布 ・定常的	・非一様濃度変化・分布 ・非定常・非一様拡散・流動
(特徴)	・膜状凝縮	・マランゴニ凝縮 （凝縮遷移，極大熱伝達率・熱流束）

Ford - Missen (1968) は，マランゴニ凝縮現象の生成条件を式(3.3-1)で表し，以下のように説明した．

$$\frac{\partial\sigma}{\partial\delta} > 0 \tag{3.3-1}$$

$$\frac{\partial\sigma}{\partial\delta} = \left(\frac{\partial\sigma}{\partial T}\right)_{Li} \cdot \frac{\partial T}{\partial\delta} \tag{3.3-2}$$

$$\frac{\partial\sigma}{\partial\delta} = \left(\frac{\partial\sigma}{\partial w_1}\right)_{Li} \cdot \left(\frac{\partial w_1}{\partial T}\right)_{Li} \cdot \frac{\partial T}{\partial\delta} \tag{3.3-3}$$

ここで σ は凝縮液膜の表面張力，δ は液膜の厚さ，T は液膜の表面温度，w_1 は低沸点成分の質量分率，Li は気液界面の液側を表す．図 3.3-1(a)に示すような凝縮液膜の厚さの不均一を考えると，厚い液膜の表面張力が薄い液膜のそれより大きい場合には，液が厚い部分に引っ張られ，液膜厚さの分布が拡大する不安定状態になる．混合蒸気の凝縮系においては，式(3.3-2)と式(3.3-3)中の $\partial T/\partial\delta$ は正，$(\partial w_1/\partial T)_{Li}$ は負であるので，液膜の安定性は混合液の熱力学性質，つまり $(\partial\sigma/\partial T)_{Li}$ あるいは $(\partial\sigma/\partial w_1)_{Li}$ により決められる．$(\partial\sigma/\partial T)_{Li} > 0$ あるいは $(\partial\sigma/\partial w_1)_{Li} < 0$ の場合には混合液がポジティブシステムを形成し，凝縮液膜はマランゴニ対流によって不安定になる．一般的に、成分液間の表面張力差の大きな混合媒体においては、混合液の表面張力は濃度に対する依存性が温度のそれに比べて大きく、マランゴニ滴状凝縮は主に凝縮液表面の濃度の不均一から生じる表面張力分布に起因する現象であり，$(\partial\sigma/\partial w_1)_{Li} < 0$ が生成条件となる．したがって，成分液間の表面張力差の大きな混合媒体の凝縮において，この現象が顕著に現れやすい．

Hijikata et al. (1996) は，表面張力の大きさ自身よりも，その濃度および温度依存性が重要な役割を演じることなど，マランゴニ凝縮における初期平滑液膜から液滴が生成する機構について，摂動法(method of perturbation)を用いて解析した．初期液膜に対する不安定解析と実験の結果を図 3.3-2 に示す．ここで，k，ω はそれぞれ波数(wave number)および時間経過に伴う増幅率(amplification factor)であり，Ma, Pr は式(3.3-4)および式(3.3-5)により定義される．

$$Ma = \left(\frac{\partial\sigma}{\partial w_1} . \frac{1}{\alpha_1} + \frac{\partial\sigma}{\partial T}\right)\frac{\Delta TH}{a\mu} \tag{3.3-4}$$

$$Pr = \frac{\nu}{a} \tag{3.3-5}$$

H, α_1 はそれぞれ初期液膜厚さと定数である．$k/(Ma/Pr)$ と Ma/Pr の関係として表される安定曲線による区分と実験結果は良好な対応を示していることがわかる．

以上のように，マランゴニ凝縮の基本的な生成機構については明らかにされてきている．しかし，これまで熱伝達を予測するための理論式あるいは経験式は作成されていない．

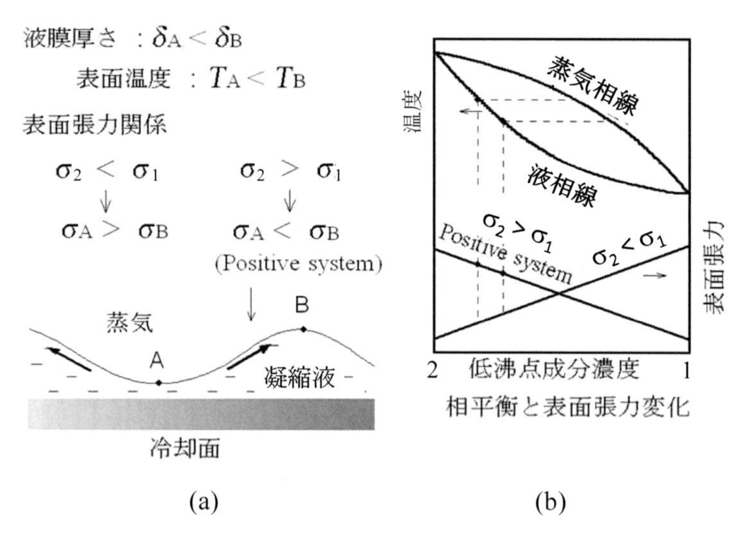

(a)　(b)

図 3.3-1 凝縮液の不規則化のメカニズム：表面張力駆動力と気液相平衡の関係

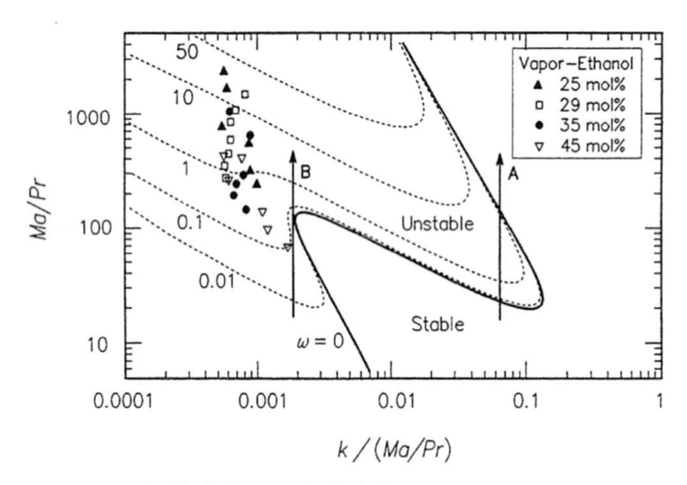

図 3.3-2 凝縮液膜の不安定解析 (Hijikata et al., 1996)

3.3.3 マランゴニ凝縮熱伝達の基本特性

マランゴニ凝縮は，一般的に伝熱促進効果が大きく，単成分蒸気の場合と比較して非常に良好な熱伝達特性を示す．図 3.3-3 に代表的なマランゴニ凝縮熱伝達の基本的な伝熱特性，すなわち蒸気の質量分率を一定とするときの，凝縮面過冷度に対する熱伝達率の変化（凝縮特性曲線(condensation characteristic curve)）を，水－エタノールの場合について示した（宇高・寺地，1995）．また，水－エタノール混合蒸気の気液平衡およびエタノール質量分率に対する表面張力変化を図 3.3-4 に示す．図 3.3-3 に示される伝熱特性は表 3.3-2 のような領域に区分される．表中の記号は図 3.3-3 に対応している．3.3.5 項において詳細を記すように，マランゴニ凝縮熱伝達特性を支配する主な要因としては，凝縮液(condensae)の熱抵抗を決める凝縮液形態と蒸気側の熱抵抗を支配する拡散抵抗(diffusion resistance)の 2 種類から構成され，互いに連成して影響を及ぼす．したがって，それらの熱抵抗の特性は，基本的に凝縮面過冷度あるいは蒸気濃度の条件により定められることになる．すなわち，凝縮面過冷度の小さい側から，蒸気側拡散抵抗の支配する熱伝達の低い拡散抵抗支配領域(diffusion resistance dominant region)を経て，熱伝達が直線的に増加する伝熱急増領域(region of abrupt increase of heat transfer)に入る．さらに凝縮面過冷度が増大してゆくと，極大熱流束(maximum heat flux)を迎え，その後，さらに冷却強度の増大によって凝縮液表面は均温化され，滴状から膜状凝縮に遷移する過程で熱伝達が減少してゆく．

凝縮液表面の温度が液相線温度(liquid line temperature)に近づくと，蒸気側拡散抵抗(vapor-side diffusion resistance)は，２成分混合蒸気の特性である急激な減少を示す．同時に，表面張力差の増加によるマランゴニ力の増大によって，液滴間に存在する液膜の薄膜化が促進され，凝縮液抵抗が減少する．そのようなマランゴニ凝縮現象を支配する両抵抗の減少に対応して，伝熱面温度が液相線温度（凝縮面過冷度が蒸気線と液相線温度の差）付近より低下することによって，熱伝達が大きく促進され伝熱急増領域が現れる．

従来の実験に基づく多くの報告においては，混合蒸気濃度が凝縮液形態(condensate mode)あるいは熱伝達を支配する主要因と考えられてきたが，上述のように，マランゴニ凝縮現象は冷却条件に大きく影響されることが明らかにされ，凝縮特性曲線(condensation characteristic curve)が示された．

Murase et al. (2007) は，水平円管外面における水－エタノール混合蒸気マランゴニ凝縮熱伝達の測定を行った．水平円管に関しては，凝縮液に作用する外力が位置により変化し，垂直面に比して小さいため熱伝達率は低下するが，垂直面の付近の局所値については，Utaka - Wang (2004)と類似の結果が得られている．Yan et al. (2009)は，垂直円管外面における水－エタノール混合蒸気の凝縮過程における凝縮液形態の検討とともに熱伝達の測定を実施し，同様の結果が得られている．

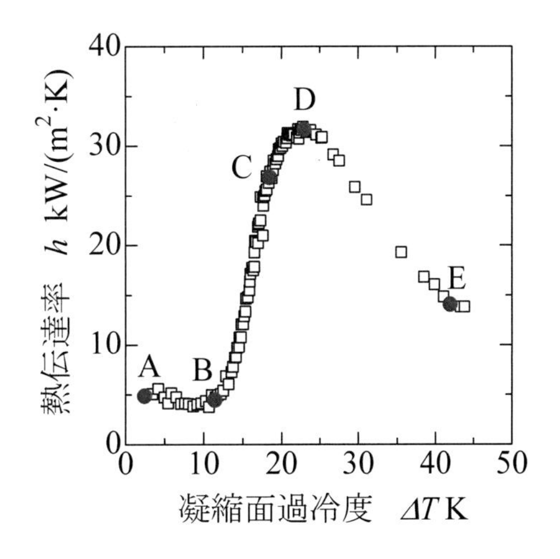

図 3.3-3 マランゴニ凝縮熱伝達基本特性（水－エタノール混合蒸気）

表 3.3-2　マランゴニ凝縮の領域区分と熱伝達特性

領域（小過冷度側から）	特　性
拡散抵抗支配領域： q, h の直線的急増領域より低い ΔT (A-B)	蒸気側拡散抵抗支配による低熱伝達率
伝熱急増領域： q, h の直線的急増領域 (B-C)	蒸気拡散抵抗と凝縮液側滴状凝縮による抵抗減少による h の増大
滴・膜遷移領域： (C-D-E)	滴状から膜状への遷移 q の負勾配，h の減少
膜状領域： (E-)	膜状凝縮

3.3.4 マランゴニ凝縮における蒸気相側拡散抵抗と凝縮液特性

マランゴニ凝縮の熱伝達特性は，凝縮液形態に基づく凝縮液による熱抵抗と蒸気層における物質拡散抵抗によって決められ，またその現象は，凝縮液の形態変化にともなって凝縮液厚さと蒸気濃度が時間的・位置的に変化する非定常過程から構成されている．それらの結果として，前述のような凝縮特性曲線が決定される．したがって，マランゴニ凝縮のより詳細な伝熱特性を明らかにするためには蒸気層の拡散抵抗および凝縮液の特性を明らかにする必要がある．

(a) 蒸気相における拡散抵抗

2 成分蒸気における拡散を伴う凝縮過程として，Utaka - Wang (2004)は水－エタノール混合蒸気における離脱液滴による掃除直後の過渡的過程をモデル化することによる数値解析を行った．すなわち，比較的寸法の大きい液滴の存在するときの，液滴への凝縮速度はその滴自身の熱抵抗により小さく，近傍の蒸気濃度は一様に近づく．その液滴の離脱直後の薄液膜の出現する過程では，凝縮速度(condensation rate)はステップ的に増加し，濃度分布が形成される．そのような過程を理想化し，式(3.3-6)の 1 次元非定常拡散方程式を，式(3.3-7)～(3.3-11)の境界条件および初期条件のもとに数値的に解くことにより，蒸気層が一様濃度から成分選択的な凝縮が生じる過程の蒸気層側の熱コンダクタンス(vapor-side thermal conductance)の変化に関する検討を行っている．なお，ここでは蒸気層側のコンダクタンスだけ考慮するため，境界条件として気液界面温度(temperature at vapor-liquid interface)を与えている．

混合蒸気のエタノール質量分率を w_1，拡散係数を D_{12}，凝縮により伝熱面へ流れ込む蒸気の速度を V，蒸気密度を ρ，凝縮速度を m として，

$$\frac{\partial w_1}{\partial t} + V\frac{\partial w_1}{\partial y} = D_{12}\frac{\partial^2 w_1}{\partial y^2} \tag{3.3-6}$$

$$y = 0 : w_1 = w_{1Vi} \tag{3.3-7}$$

$$\left(\rho D_{12}\frac{\partial w_1}{\partial y}\right)_{Vi} = \left(w_{1Li} - w_{1Vi}\right)m \tag{3.3-8}$$

$$m = \rho V \tag{3.3-9}$$

$$y = \infty : w_1 = w_{1B} \tag{3.3-10}$$

$$t = 0 : w_1 = w_{1B} \tag{3.3-11}$$

である．ただし，w_{1Vi}, w_{1Li}, w_{1B} はそれぞれ気液界面における蒸気と液のエタノール質量分率およびバルクエタノール蒸気質量分率である．また，蒸気の凝縮潜熱を Δh_v，質量分率 w_{1B} に対応する気液相平衡(vapor-liquid equilibrium)における蒸気線(vapor line)と液相線(liquid line)の温度を T_V と T_L，凝縮過程の気液界面温度を T_i として，蒸気層の熱コンダクタンス H と無次元過冷度 ΔT^* を，それぞれ式(3.3-12)および式(3.3-13)のように定義する．

$$H = \Delta h_v m / (T_L - T_V) \tag{3.3-12}$$

$$\Delta T^* = (T_V - T_i) / (T_V - T_L) \tag{3.3-13}$$

図 3.3-5 は主流エタノール蒸気質量分率 0.01 wt%，蒸気層の無次元過冷度 $\Delta T^* = 0.5$ における蒸気質量分率分布の経時変化を示している．時間の増加に伴って，低沸点成分のエタノールの主流側の拡散により，蒸気層の蒸気濃度分布の変化が緩やかになり，濃度変化の浸透深さ(penetration depth)（蒸気濃度境界層厚さ）が増加してゆくことがわかる．したがって，この場合には時間経過とともに蒸気層の熱コンダクタンスが低減してゆくことになる．

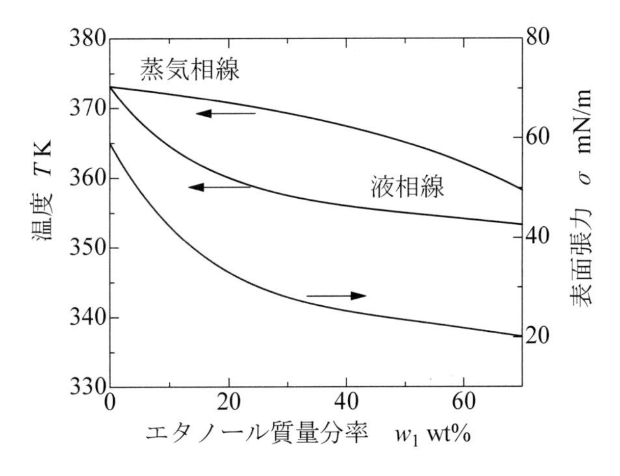

図 3.3-4 水－エタノールの気液相平衡と表面張力

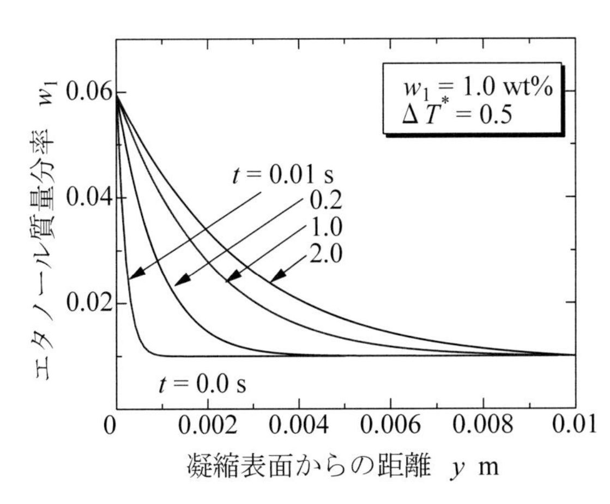

図 3.3-5 水－エタノール混合蒸気の凝縮過程における濃度分布変化

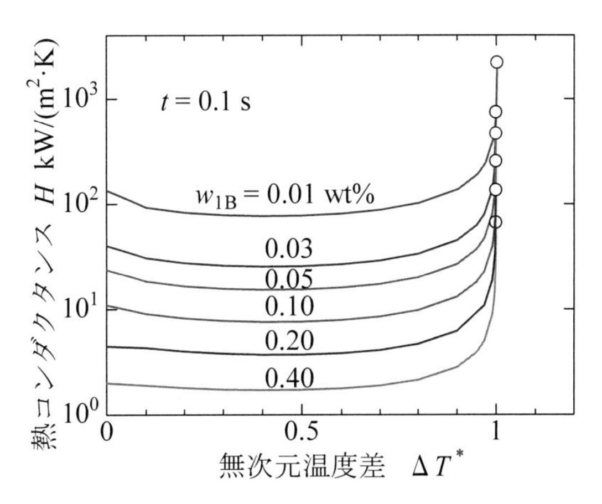

図 3.3-6 蒸気相側温度差に対する熱コンダクタンス変化($t = 0.1$ s)

図 3.3-6 は, 凝縮特性曲線における極大熱伝達率点の離脱液滴により掃除される周期が約 0.1～0.2 s であることを考慮して，時間 $t = 0.1$ s 経過時の蒸気層における，無次元過冷度に対する熱コンダクタンスの変化を示している．蒸気側拡散抵抗の特徴として，いずれの蒸気質量分率においても，無次元温度差 ΔT^* が 1.0 に近づく（気液界面温度が液相線温度に近づく）と，蒸気の主流成分と凝縮成分の質量分率が漸近してくることにより，熱コンダクタンスが急激に上昇する傾向を持つことが示されている．したがって，3.3.3 項において記したような，伝熱急増領域における蒸気側拡散抵抗の減少が理解される．

(b) 凝縮液の形態

図 3.3-7 および図 3.3-8 に，従来の研究における，それぞれ蒸気質量分率および凝縮面過冷度による凝縮液形態(condensate mode)変化の様相を示した．図 3.3-7 には，Ford - McAller (1971) による有機液体(organic liquid)の組み合わせ，Fujii et al. (1993) による円管外面における水－エタノールおよび Philpott - Deans (2004) による水－アンモニア混合蒸気の凝縮様相を示している．いずれもの研究でも Fujii et al. (1993) により分類される凝縮液形態，Drop, Streak, Ring および Wavy film の 4 種類のいずれかを示していることがわかる．なお，多くの実験的研究においては，凝縮液形態は蒸気濃

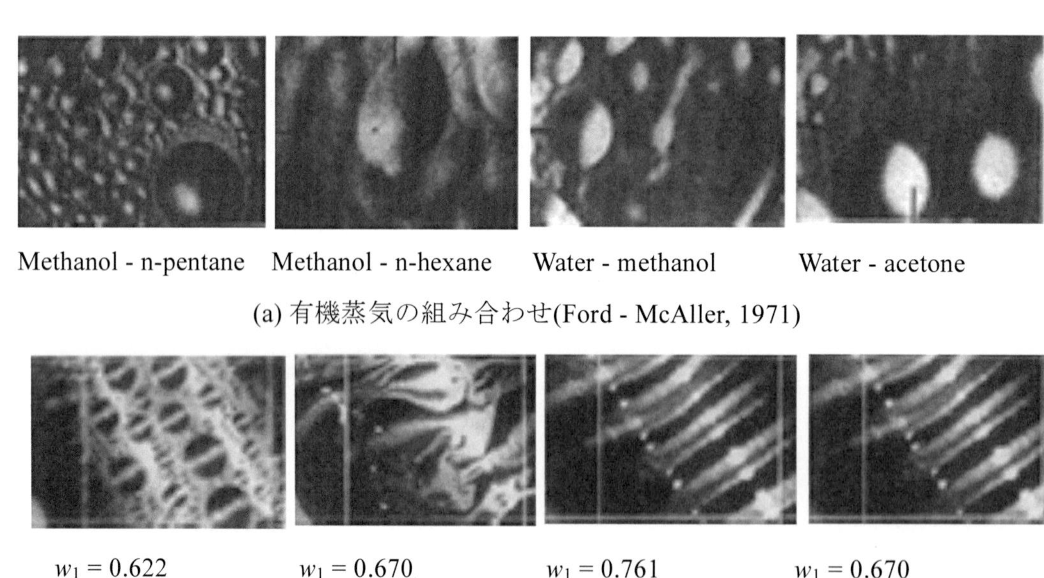

(a) 有機蒸気の組み合わせ(Ford - McAller, 1971)

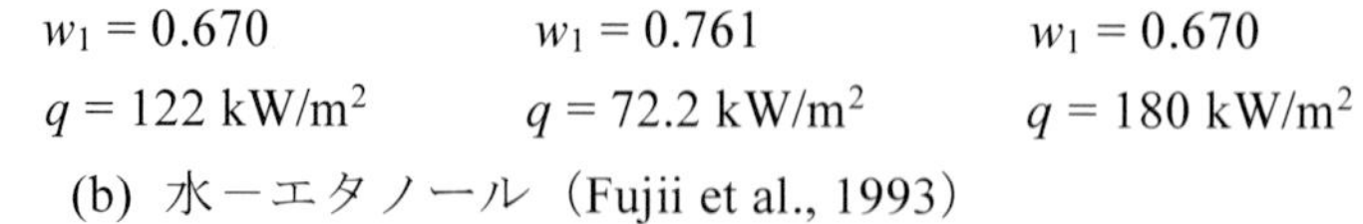

$w_1 = 0.622$, $q = 48.3$ kW/m^2　$w_1 = 0.670$, $q = 122$ kW/m^2　$w_1 = 0.761$, $q = 72.2$ kW/m^2　$w_1 = 0.670$, $q = 180$ kW/m^2

(b) 水－エタノール（Fujii et al., 1993）

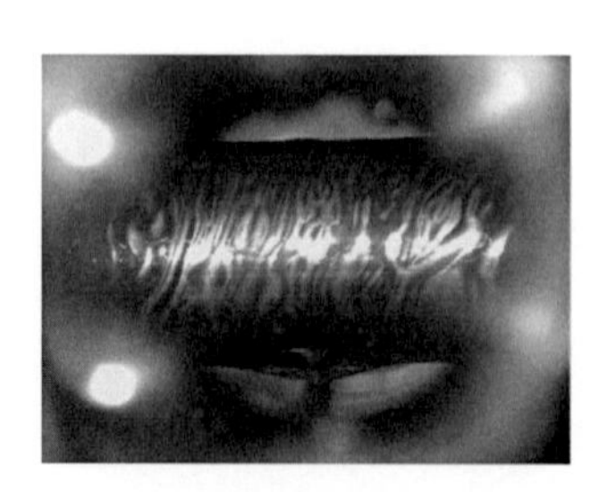

(c) 水－アンモニア [$w_1 = 0.0109$ wt% (ammonia), $\Delta T = 10.5$ K (Philpott - Deans, 2004)]

図 3.3-7 濃度による凝縮液形態の分類

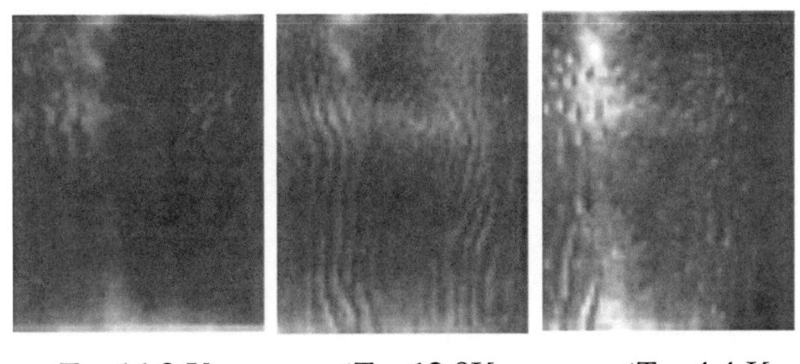

ΔT = 14.3 K　　ΔT = 12.8K　　ΔT = 4.4 K

(a) pentane – methlene dichloride 蒸気 w_1 = 0.14 wt% (Mirkovich - Missen, 1961)

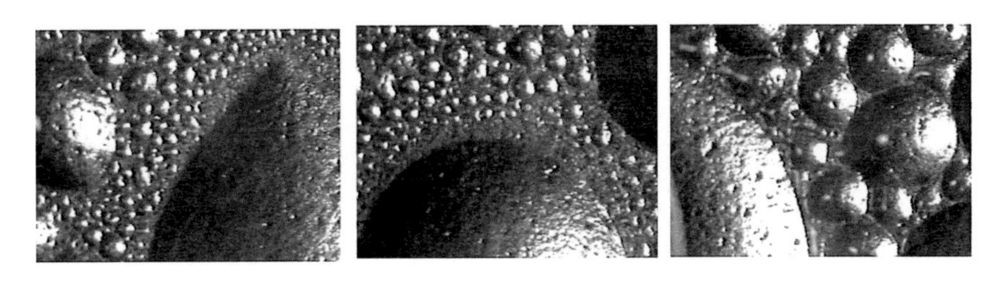

ΔT = 15.2 K　　ΔT = 18.3K　　ΔT = 29.5 K

(b) 水－エタノール w_1 = 0.37 wt%（宇高ら，1998）　0.2 mm

図 3.3-8 凝縮面過冷度による凝縮液形態の分類

度によって分類されることが多く，3.3.3 項に示したように，凝縮液形態とともに熱伝達特性は過冷度の強い関数であることは，従来の多くの研究において示されなかった．しかし，図 3.3-8 の Pentane - Methylene dichloride 蒸気(Mirkovich - Missen, 1961)および水－エタノール（宇高ら，1998）の凝縮様相に見られるように，凝縮液の特性は過冷度への依存性が非常に強いことが理解される．伝熱特性の過冷度依存性については，前述のように宇高・寺地 (1995) により検討された．

(c) 初生液滴間隔と凝縮液膜厚さ

実際のマランゴニ滴状凝縮状態における液滴あるいは液膜の挙動が，熱伝達を決める主要因の一つであるため，伝熱特性を知る上で重要である．宇高らは水—エタノール混合蒸気のマランゴニ凝

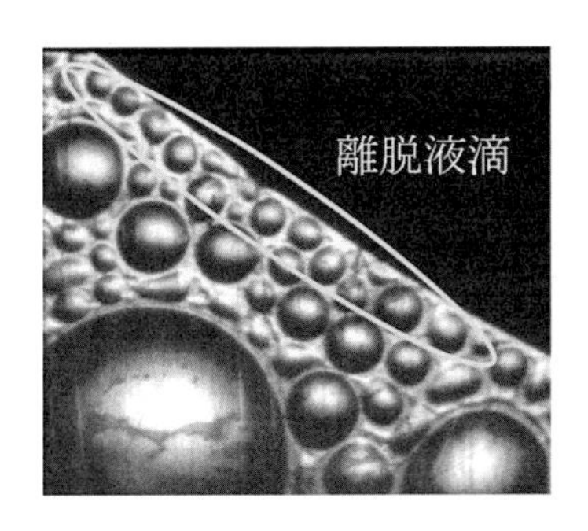

100μm

図 3.3-9　初生液滴群と初生液滴間隔

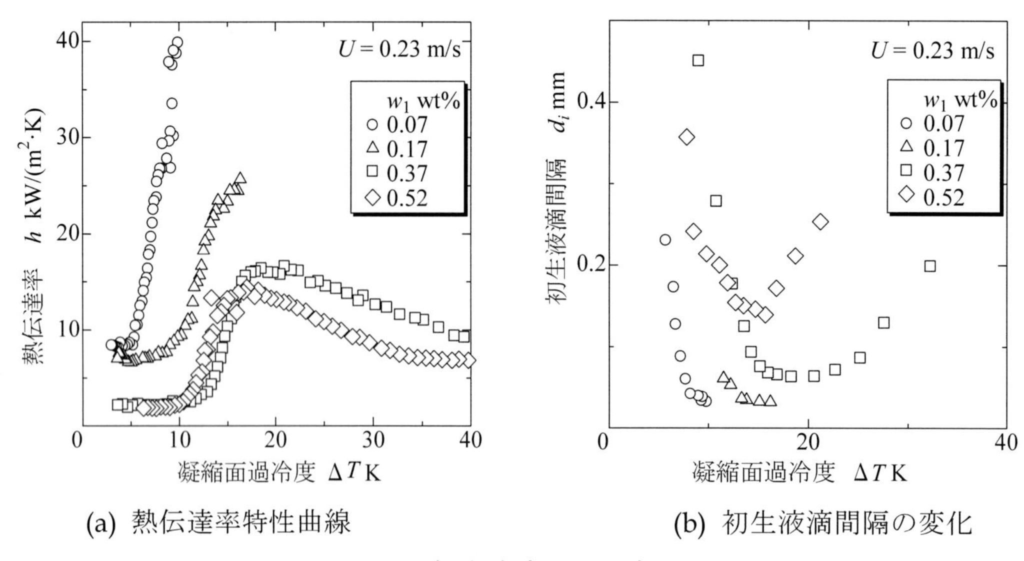

(a) 熱伝達率特性曲線　　(b) 初生液滴間隔の変化

図 3.3-10 初生液滴間隔の変化特性

縮の観測から，液滴の離脱後に現れる薄液膜からの液滴形成 過程(1998) および薄液膜厚さ (2003) に関する測定を行った．図 3.3-9 に示されるように，液滴離脱後に残された薄液膜の液膜不安定により分裂・形成される初生液滴群(group of initial drops)の隣接間隔，すなわち液滴の生成する平均距離を表す初生液滴間隔(initial drop distance)を，エタノール蒸気質量分率と凝縮面過冷度の関数として求めた．その結果，初生液滴間隔は図 3.3-8(b)の写真に見られるように，蒸気質量分率が一定の条件において，過冷度条件により寸法が大きく変化する．さらに，図 3.3-10(a)(b)に見られるように，初生液滴間隔は凝縮特性曲線と密接な対応を有していることが明らかにされた．すなわち，過冷度の変化に対して，初生液滴間隔は，いずれの質量分率においても大きく変化し，最小値を有するU字形状を示す．その最小値付近の過冷度においては，熱伝達率は極大を示す．したがって，初生液滴間隔は液滴径分布における最小液滴寸法を決める意味で凝縮液の伝熱抵抗を支配するとともに，液滴形成過程における表面張力不安定の強さを決める基本的パラメータであるといえる．
また，図 3.3-11 に示すように，Utaka - Nishikawa (2003) はレーザ消光法(laser extinction method)を利用し，水―エタノール混合蒸気のマランゴニ凝縮において，液滴間に存在する凝縮薄液膜厚さ(condensate thickness)と凝縮液様相の対応関係を示した．図 3.3-12 のように，伝熱面の全域にわたって凝縮液滴の間には厚さ 1 μm 前後の凝縮薄液膜が存在し，低過冷度側から極大熱伝達率を示す過冷度までの領域では，過冷度の増大にともなって初生液滴間および最小液膜厚さ(minimum condensate thickness)とも減少する傾向を示した．各エタノール質量分率において，初生液滴間隔の最小値付近で最小液膜厚さは最小になり，その後増加してゆくことが明らかになった．

以上の結果から，極大熱伝達率点までの過冷度領域では，過冷度の増大にともなって，初生液滴間隔が減少するとともに，液滴間の薄液膜厚さは減少し，熱伝達率は増大してゆくことが示された．そのことから，初生液滴間隔の減少にともなって薄液膜部への凝縮速度は大きく増加するにもかかわらず，液滴間の薄液膜厚さは逆に減少することから，液滴が表面張力差により薄液膜部への凝縮液を引き込む速度が非常に大きくなることを意味している．したがって，初生液滴間隔の最小値付近で，液滴周縁から液滴中央方向への凝縮液の引き込み力が最大となることが推測される．

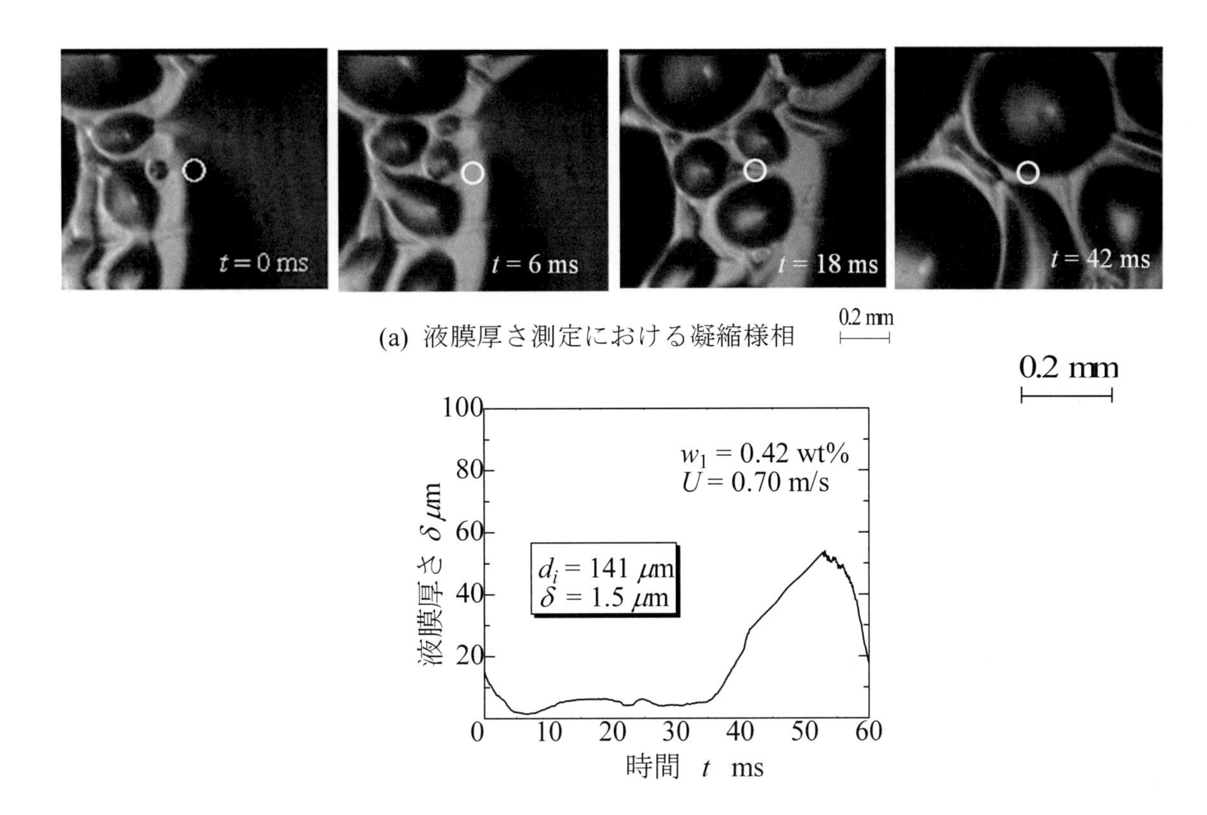

(a) 液膜厚さ測定における凝縮様相

(b) 液膜厚さ変化

図 3.3-11 凝縮の様相と液膜厚さとの対応（w_1 = 0.42 wt%, δ_{min} = 1.5 μm）

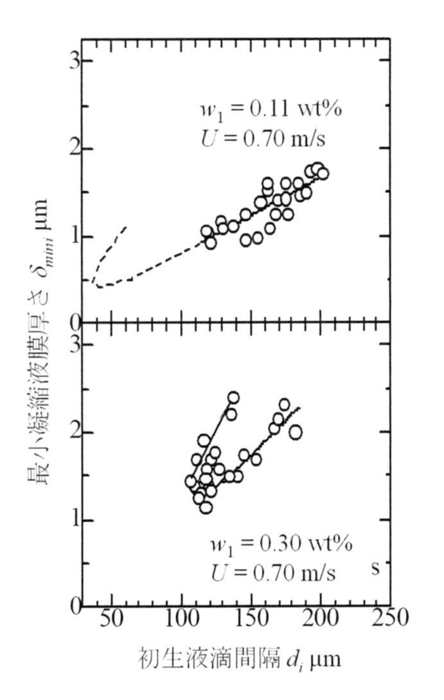

図 3.3-12 初生液滴間隔と薄液膜厚さ

以上から，3.3.3 項において記したような，伝熱急増領域から極大熱伝達率点における過程において，凝縮液滴の小径化および液滴間の凝縮液の薄液膜化が進み，凝縮液の熱抵抗が減少することが理解される．

3.3.5 マランゴニ凝縮の熱伝達特性

ここでは，マランゴニ凝縮への主要な影響因子として蒸気濃度，凝縮面過冷度，蒸気流速および不凝縮気体濃度の影響について説明する．

(a) 蒸気濃度と凝縮面過冷度の影響

蒸気濃度を変化させて測定を行った研究は多く行われてきているが，3.3.3 項に示したように，凝縮面過冷度(condensing surface subcooling)を規定してはじめて正確な伝熱特性を知ることができるが，そのような報告は多くない．例えば，Morrison - Deans (1997)は，水－アンモニア混合蒸気の熱伝達特性を，アンモニア質量分率に対する水蒸気単成分の熱伝達率に対する倍率として示した．アンモニアを比較的少量添加することにより，単成分水蒸気に比べて最大で 1.2 倍程度の熱伝達率の向上が実現されている．Stone et al. (2001)の報告では，冷却条件の等しいときの単成分水蒸気と 100-500ppm の N-octanol 添加の熱流束を比較し，低濃度の添加物により約 3 倍の伝熱促進率が得られている．また，図 3.3-13 に示すように，Vemuri et al. (2006)は，$w_1 = 0.9$ wt%の 2 ethoxy ethanol を水蒸気へ添加することにより，1.47 倍の伝熱促進率を実現している．しかし，これらの研究においては，凝縮面過冷度の影響の考慮は十分とはいえない．

図 3.3-14 は，Utaka - Wang (2004)により，水－エタノール混合蒸気のマランゴニ凝縮の全般的な熱伝達特性を明らかにする目的で，特に伝熱特性の良好な低エタノール濃度領域に着目して熱伝達率の変化を測定したものである．いずれの蒸気質量分率においても，熱伝達率の凝縮特性曲線が測定されている．いずれの特性曲線も極大値をもつ特徴的変化特性を示し，エタノール質量分率への依存性が大きいことがわかる．図 3.3-15 に示したように，熱伝達率特性曲線の極大値は，$w_1 = 0.01 \sim 0.02$ wt%付近で極大値を示す．水－エタノール混合蒸気の凝縮熱伝達率と単成分水蒸気の凝縮熱伝達率の比較から，微量のエタノール（純水中に質量 1/1000 程度）を添加することにより凝縮熱伝達は 6～8 倍程度の顕著な伝熱促進率(rate of heat transfer enhancement)が得られており，エタノールの添加による凝縮伝熱の促進効果が確認される．

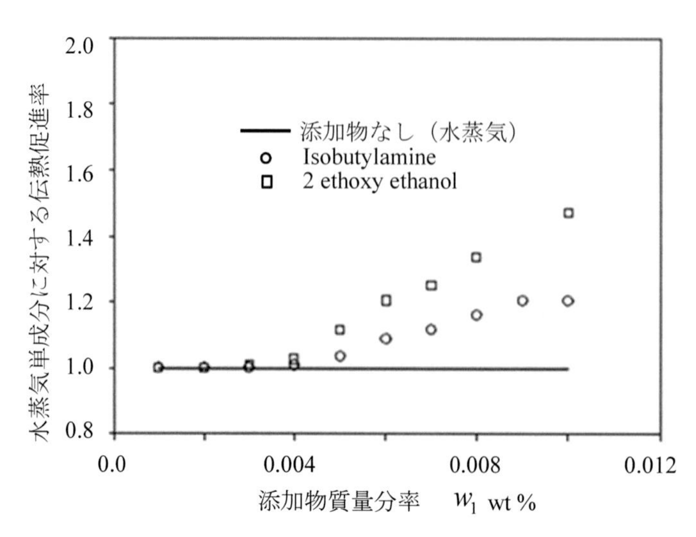

図 3.3-13　水蒸気への添加物の熱伝達率への影響 (Vemuri et al., 2006)

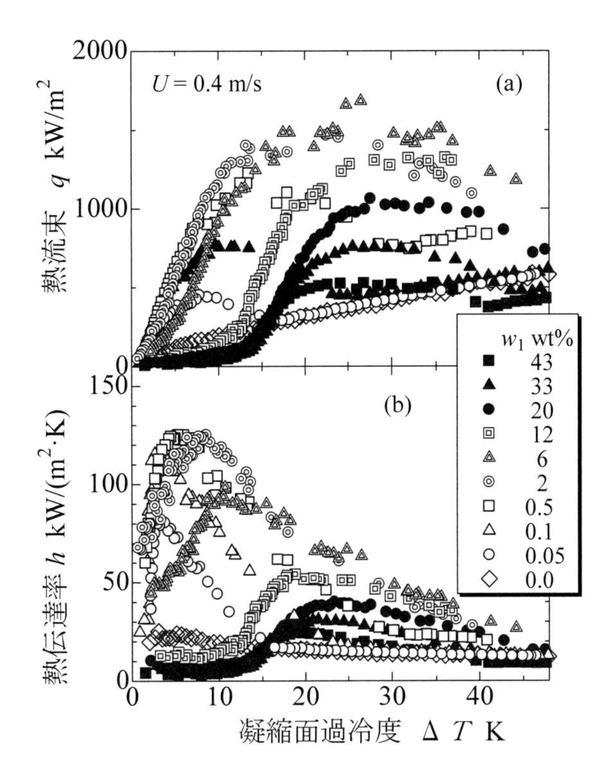

図 3.3-14 凝縮特性曲線における水－エタノール混合蒸気濃度の影響

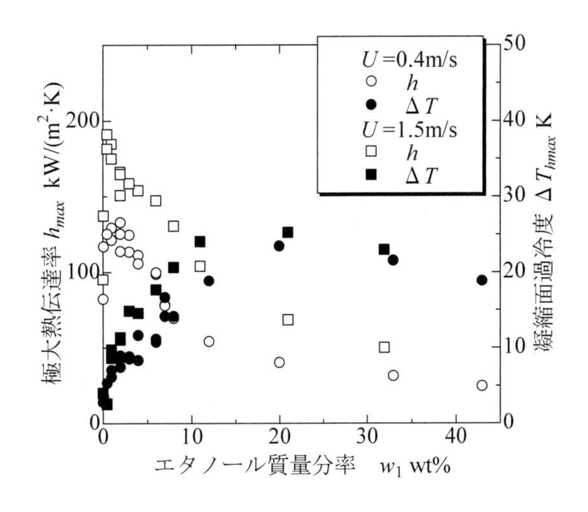

図 3.3-15 水－エタノール混合蒸気濃度に対する極大熱伝達率点の変化

(b) 蒸気流速の影響

広範囲の蒸気流速(vapor velocity)における熱伝達特性曲線を図 3.3-16 に示す（宇高・小林, 2001）. エタノール質量分率 $w_1 = 0.09$, 0.32 wt%におけるいずれの蒸気質量分率においても，蒸気流速の増大にともなって凝縮熱伝達率は全過冷度域にわたって大きな増大傾向を示している．質量分率の低い $w_1 = 0.09$ の条件においては，蒸気流速が 18 m/s より比較的大きいときには，測定された極大熱伝達率は疎液性面上の滴状凝縮とほぼ同様の 200 kW/(m²·K) 前後の高い値を示している．

マランゴニ凝縮における蒸気流速増大の効果として，蒸気側拡散抵抗の低減と滴状凝縮域の最大液滴（離脱液滴）寸法の減少による凝縮液抵抗の低減が特徴として挙げられる．特に，蒸気流による効果は蒸気側の拡散抵抗に強く影響することから，主に拡散抵抗に支配されている低過冷度域の熱伝達特性に強く影響する．したがって，図 3.3-16 に現れている特性は，拡散抵抗支配である比較的過冷度の小さい領域で，蒸気流速増加にともなう熱伝達率の増大が特に顕著である．また，極大熱伝達率を示す凝縮面過冷度付近では蒸気側の拡散抵抗の影響は大きくないと考えられるが，凝縮液形態が滴状であるため，蒸気流速の増大にともなって，伝熱面上の最大液滴寸法が小さくなり凝縮液の熱抵抗が減少する．したがって，蒸気流速の増加は，凝縮特性曲線の全過冷度域にわたって熱伝達率の向上を示すことになる．

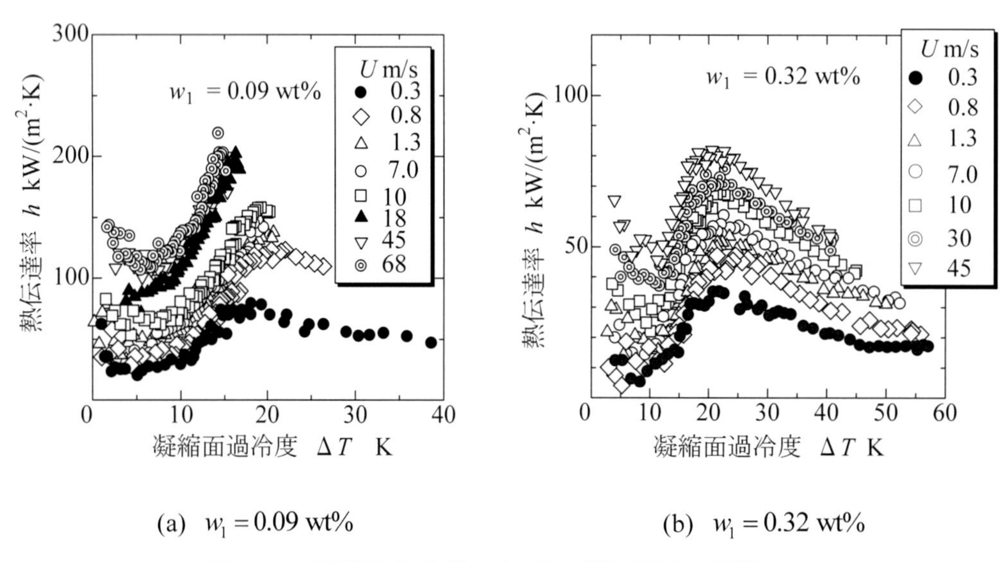

(a) $w_1 = 0.09$ wt%　　(b) $w_1 = 0.32$ wt%

図 3.3-16 凝縮特性曲線における蒸気流速の影響

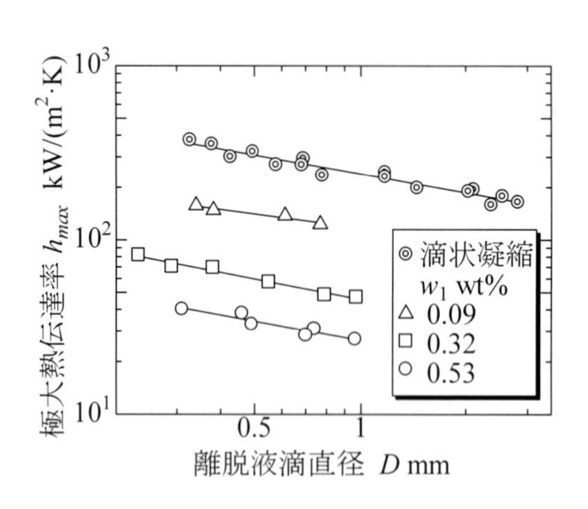

図 3.3-17 極大熱伝達率と離脱液滴直径の関係

図 3.3-17 に，離脱液滴直径(departing drop diameter)に対する，マランゴニ凝縮の極大熱伝達率と疎液性面上の滴状凝縮熱伝達率との変化傾向を比較した．マランゴニ凝縮のいずれの蒸気質量分率においても，疎液性面上の液滴直径に対する傾向と類似していることがわかる．疎液性面上の滴状凝縮においては，凝縮面上の比較的大きな液滴群は伝熱を阻害する要因として作用し，主要な伝熱は

微小液滴を通して行われる．したがって，両者が類似の傾向を示していることから，マランゴニ凝縮特性曲線の極大熱伝達率点においては，凝縮液の熱抵抗が支配的であると考えられる．また疎液性面上の滴状凝縮の場合と同様に，伝熱面上の比較的大きな凝縮液滴が伝熱抵抗として働き，図3.3-12 に示したように，液滴間の 1μm 前後と非常に薄い液膜が主要な伝熱の担い手であるため，離脱液滴直径に対する熱伝達の関係が類似していると考えられる．

(c) 不凝縮気体の影響

一般に凝縮現象においては，凝縮蒸気の伝熱面への凝縮流れが生じるため，不凝縮気体(non-condensing gas)が凝縮面付近に蓄積し，拡散抵抗層が形成され熱抵抗として作用する．滴状凝縮など熱伝達率の高い現象ほど，相対的にその抵抗は大きくなり，極めて微量の不凝縮気体でも熱伝達率を低下させる．図 3.3-18(a)(b)に，王・宇高 (2002) による，マランゴニ滴状凝縮における不凝縮気体の影響の測定結果例を示す．それぞれエタノール質量分率 $w_1 = 0.07$ wt% および $w_1 = 0.45$ wt% において，不凝縮気体として窒素ガス混入させたときの凝縮特性曲線を示している．熱伝達率の比較的小さい拡散抵抗支配領域と膜状凝縮領域では，不凝縮気体の影響は現れにくいが，極大熱伝達率点近傍の熱伝達の良好な滴状凝縮領域において，その影響が顕著になることがわかる．また，蒸気層の拡散抵抗が増大するほど不凝縮気体の影響が相対的に低下することから，不凝縮気体濃度の増加にともなって熱伝達率特性曲線への影響は弱まる．

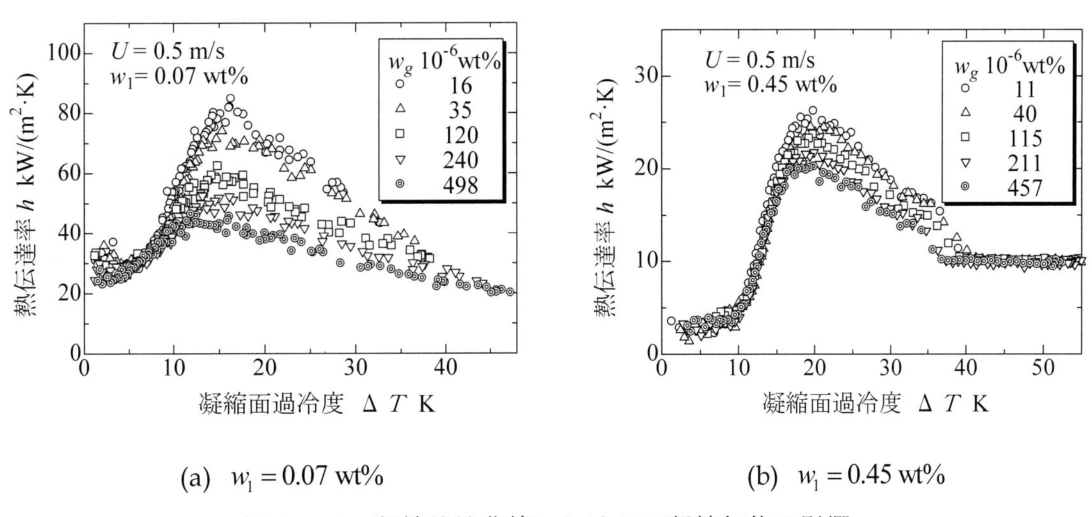

(a) $w_1 = 0.07$ wt%　　(b) $w_1 = 0.45$ wt%

図 3.3-18　凝縮特性曲線における不凝縮気体の影響

3.2 節の文献

Aksan,S.N. and Rose,J.W., 1973: "Dropwise condensation - The effect of thermal properties of the condenser material", Int. J. Heat Mass Transfer, 16: 461-467.

Citakoglu,E. and Rose,J.W., 1968: "Dropwise condensation - Some factors influencing the validity of heat-transfer measurements", Int. J. Heat Mass Transfer, 11: 523-537.

Erb,R.A. and Thelen,E., 1966: "Dropwise condensation characteristics of permanent hydrophobic systems", U.S. Off. Saline Water Res. Dev. Rep. No.184.

Erb,R.A., 1973: “Dropwise condensation on gold, Improving heat transfer in steam condensers”, Gold Bullletin, 6(1): 2-6.

Glicksman,L.R. and Hunt,A.W., 1972: “Numerical simulation of dropwise condensation”, Int. J. Heat Mass Transfer, 15: 2251-2269.

Graham,C., 1969: “ , The limiting heat transfer mechanism of dropwise condensation”, Ph. D. Thesis, Massachusetts Institute of Technology.

Hannemann,R.J. and Mikic,B.B., 1976a: “An analysis of the effect of surface thermal conductivities on the rate of heat transfer in dropwise condensation”, Int. J. Heat Mass Transfer, 19: 1299-1307.

Hannemann,R.J. and Mikic,B.B., 1976b: “An experimental investigation into the effect of surface thermal conductivity on the rate of heat transfer in dropwise condensation”, Int. J. Heat Mass Transfer, 19: 1309-1317.

Iltscheff,S., 1971: “Ueber einige versuche zur erzielung von tropfenkondensation mit fluorierten kaelte-mittern”, Kaeltetechnik-Klimatisierung, 23(8) : 237-241.

Ivanovskii,M.N., Subbotin,V.I. and Milovanov,Yu.W., 1967: “Heat transfer with dropwise condensation of mercury vapour”, Teploenergetika, 14(6) : 81.

Le Fevre,E.J. and Rose,J.W., 1964: “Heat-transfer measurement during dropwise condensation of steam”, Int. J. Heat Mass Transfer, 7: 272-273.

Le Fevre,E.J. and Rose,J.W., 1965: “An experimental study of heat transfer study by dropwise condensation”, Int. J. Heat Mass Transfer, 8: 1117-1133.

Le Fevre,E.J. and Rose,J.W., 1966: “A theory of heat-transfer by dropwise condensation”, Proc. 3rd Int. Heat Transfer Conf., 2: 362-375.

Le Fevre,E.J. and Rose,J.W., 1969: “Dropwise condensation”, Proc. Symp. Bicentenary of the James Watt Patent, Univ. Glasgow: 166-191.

Marto,P.J., 1994: “Vapor condenser”, McGraw Hill Year Book of Science and Technology, 428-431, McGraw Hill.

Mikic,B.B., 1969: “On mechanism of dropwise condensation”, Int. J. Heat Mass Transfer, 12: 1311-1323.

Mizushina,T., Kamimura,H. and Kuriwaki,Y., 1967: “Tetrafluoroethylene coatings on condenser tubes”, Int. J. Heat Mass Transfer, 10: 1015-1016.

Peterson,A.C. and Westwater,J.N., 1966: “Dropwise Condensation of Ethylene Glycol”, Chemcal Engineering Progress Symposium Series, 62(-64) : 135-142.

Rose, J.W., 1972; “Dropwise condensation of mercury”, Int. J. Heat Mass Transfer, 15, 1431-1434.

Necmi,S. and Rose,J.W., 1977: “Heat-transfer measurements during dropwise condensation of mercury”, Int. J. Heat Mass Transfer, 20: 877-881.

Niknejad,J. and Rose,J.W., 1978: Dropwise condensation of mercury – further heat-transfer measurements, Proc. 6th Int. Heat Transfer Conf., 2: 483.

Rose, J.W., 1972: “Dropwise condensation of mercury”, Int. J. Heat Mass Transfer, 15: 1431-1434.

Rose, J.W. and Glicksman,L.R., 1973: “Dropwise condensation – the distribution of drop sizes”, Int. J. Heat Mass Transfer, 16: 411-425.

Rose, J.W., 1976: "Further aspects of dropwise condensation theory", Int. J. Heat Mass Transfer, 19: 1363-1370.

Rose,J.W., 1988: "Some aspects of dropwise condensation theory", Int. Communications in Heat and Mass Transfer, 15:449-473.

Rose,J.W., 1994: "Dropwise condensation", Heat Exchanger Design Update, Begell House Inc., New York: 1-3.

Rose,J.W., Utaka,Y. and Tanasawa,I., 1999: "Dropwise condensation", Handbook of Phase Change: Boiling and Condensation, Ed. by Kandlikar,S.G., Taylor & Francis, Chap.20: 581-594.

Rose,J.W., 2002: "Dropwise condensation theory and Experiment: a review", Proc. of the Institution of Mechanical Engineers, 216: 115–127.

Schrage,R.W., 1953: "Theoretical investigation of interphase mass transfer", Columbia University Press, New York.

Stylianou,S.A. and Rose,J.W., 1980: "Dropwise condensation on surfaces having different thermal conductivities", Trans. ASME, J. Heat Transfer, 102: 477-482.

Stylianou,S.A. and Rose,J.W., 1983: "Drop-to-filmwise condensation transition: " Heat transfer measurements for ethandiol", Int. J. Heat Mass Transfer, 26(5) : 747-760.

Takeyama,T. and Shimizu,S., 1974: "On the transition of dropwise-film condensation", Proc. 5th Int. Heat Transfer Conf., 3: 274-278.

Tanaka,H., 1975a: "A theoretical study on dropwise condensation", Trans. ASME, J. Heat Transfer, 97: 72-78.

Tanaka,H., 1975b: "Measurement of drop-size distribution during transient dropwise condensation", Trans. ASME, J. Heat Transfer, 97: 341-346.

Tanaka,H., 1979: "Further developments of dropwise condensation theory", Trans. ASME, J. Heat Transfer, 101: 603-611.

Tanaka,H., 1981: "Effect of Knudsen number on dropwise condensation", Trans. ASME, J. Heat Transfer, 97: 606-607.

Tanasawa,I., 1991: "Advances in condensation heat transfer", Advances in Heat Transfer, Academic Press, 21: 55-139.

Tanner,D.W., Pope,C.J., Potter,C.J. and West,D., 1965: Heat transfer in dropwise condensation - Part I", The effecs of heat flux, steam velocity and non-condensable gas concentration, Int. J. Heat Mass Transfer, 8: 427-436.

Tanner,D.W., Pope,C.J., Potter,C.J. and West,D., 1968: "Heat transfer in dropwise condensation at low steam pressures in the absence of non-condensable gas", Int. J. Heat Mass Transfer, 11: 181-190.

Topper, L. and Baer, E., 1955: "Dropwise condensation of vapors and heat transfer rates, Jouranal of Colloid Science, 10: 225-226.

Umur,A. and Griffith,P., 1965: "Mechanism of dropwise condensation", Trans. ASME, J. Heat Transfer, 87: 275-282.

Utaka,Y., Saito,A., Ishikawa,H. and Yanagida,H., 1987: "Transition from dropwise condensation to film condensation of propylene glycol", ethylene glycol and glycerol vapors, Proc. 2nd ASME・JSME Thermal Eng. Conf., 4: 377-384.

Utaka,Y., Saito,A. and Yanagida,H., 1988: "On the mechanism determining the transition mode from dropwise to film condensation": Int. J. Heat Mass Transfer, 31-5, 1113-1120.

Utaka,Y., Saito,A. and Yanagida,H., 1990: "An experimental investigation of the reversibility and hysteresis of the condensation curves", Int. J. Heat Mass Transfer, 33(4): 649-659.

Utaka,Y., Kubo,R. and Ishii,K., 1994: "Heat transfer characteristics of condensation of vapor on a lyophobic surface",

Proc. 10th Int. Heat Transfer Conf., 3: 401-406.

Wenzel,H., 1957: “Versuche ueber tropfenkondensation, “Allgemeine Waermetechnik, 8(3): 53-59.

Wilkins,D.G., Bromley,L.A. and Read,S.M., 1973a: “Dropwise and filmwise condensation of water vapor on gold”, AIChE J. 19: 119-123.

Wilkins,D.G. and Bromley,L.A. , 1973b: “Dropwise condensation phenomena”, AIChE J., 19: 839-845.

Wilmshurst,R. and Rose,J.W., 1970: “Dropwise condensation - Further heat-transfer measurements”, Proc. 4th Int. Heat Transfer Conf., 6: Cs1-4.

Wilmshurst,R. and Rose,J.W., 1974: “Dropwise and filmwise condensation of aniline, ethandiol and nitrobenzene”, Proc. 5th Int. Heat Transfer Conf., 3: 269-273.

Woodruff,D.W. and Westwater,J.W., 1979: “Steam condensation on electroplated gold: Effect of plating thickness”, Int. J. Heat Mass Transfer, 22: 629 -632.

宇高義郎, 棚澤一郎, 1980: “水蒸気の滴状凝縮における凝縮曲線の測定”, 日本機械学会論文集(B 編), 46(409) : 1844-1853.

宇高義郎, 棚澤一郎, 1981: “水蒸気の滴状凝縮における凝縮曲線の測定（続報）”, 日本機械学会論文集(B 編), 47(420), 1620-1628.

棚澤一郎, 1973: “滴状凝縮”, 伝熱工学の進展, 養賢堂, 4.

棚澤一郎, 1982: “滴状凝縮研究の現況と将来展望”, 日本機械学会論文集, 48(429) : 835-843.

棚澤一郎, 落合淳一, 宇高義郎, 塩冶震太郎, 1976: “滴状凝縮過程の実験的研究（液滴の離脱径の影響）”, 日本機械学会論文集, 42(361) : 2846-2853.

鶴田隆治, 田中宏明, 1983: “滴状凝縮の微視観察研究”, 日本機械学会論文集(B), 49(446): 2181-2189.

鶴田隆治, 田中宏明, 1988: “滴状凝縮熱伝達における狭さく熱抵抗の理論的研究”, 日本機械学会論文集(B), 54(506): 2811-2816.

鶴田隆治, 富樫盛典, 1989: “滴状凝縮熱伝達における狭さく熱抵抗の研究”, 日本機械学会論文集(B), 55(517), 2852-2860.

幡宮重雄, 田中宏明, 1986: “滴状凝縮機構に関する研究：第 1 報, 低圧水蒸気の凝縮熱伝達率の測定”, 日本機械学会論文集(B), 52(476): 1828-1833.

3.3 節の文献

Ford,J.D. and Missen,R.W., 1968: “On the Conditions for Stability of Falling Films Subject to Surface Tension Disturbunces; the Condensation of Binary Vapors”, The Canadian Journal of Chemical Engineering, 46: 309-312.

Ford,J.D. and McAller,J.E., 1971:”Non-Filmwise Condensation of Binary Vapors: Mechanism and Droplet Sizes, The Canadian Journal of Chemical Engineering, 49: 157-158.

Fujii,T., 1991: “Theory of Laminar Film Condensation”, Springer-Verlag, 116.

Fujii,T., Osa,N. and Koyama,S., 1993: “Free Convective Condensation of Binary Vapor Mixtures on a Smooth Horizontal Tube: Condensing Mode and Heat transfer Coefficient of Condensate”, Proc. US Engineering Foundation Conference, 171-182.

Hijikata,K., Fukasaku,Y. and Nakabeppu,O., 1996: "Theoretical and Experimental Studies on the Pseudo-Dropwise Condensation of a Binary Vapor Mixture, Journal of Heat Transfer", 118: pp.140-147.

Ma,X. and Lan,Z., Xu,W., Wang,M. and Wang,S., 2012: "Effect of surface free energy difference on steam-ethanol mixture condensation heat transfer", International Journal of Heat Mass Transfer, 55(4): 531–537.

Mirkovich,V.V. and Missen,R.W., 1961: "Non-Filmwise Condensation of Binary Vapor of Miscible Liquids", Canadian Journal of Chemical Engineering, 86.

Morisson,J.N.A. and Deans,J., 1997:"Augumentation of steam condensation heat transfer by addition of ammonia", International Journal of Heat Mass Transfer, 40(4): 765-772.

Murase,T., Wang,H.S. and Rose,J.W., 1997:" Marangoni condensation of steam–ethanol mixtures on a horizontal tube", International Journal of Heat Mass Transfer, 50(19-20): 3774-3779.

Philpott,C. and Deans,J., 2004: "The enhancement of steam condensation heat transfer in a horizontal shell and tube condenser by addition of ammonia", International Journal of Heat Mass Transfer, 47: 3683–3693.

Stone,A., Razani,A., Kim,K. and Paquette,J., 2001: "Enhanced Steam Condensation as a Result of Heat Transfer Additives", International Journal of Environmentally Conscious Design & Manufacturing, 10(4): 1–8.

Utaka,Y. and Nishikawa,T., 2003: "Measurement of Condensate Film Thickness for Solutal Marangoni Condensation Applying Laser Extinction Method", Journal of Enhanced Heat Transfer, 10(2): 119-129.

Utaka,Y. and Wang,S., 2004: "Characteristic curves and the promotion effect of ethanol addition on steam condensation heat transfer", International Journal of Heat Mass Transfer, 47(21): 4507-4516.

Vemuri,S., Kim,K.J. and Kang,Y.T., 2006: "A study on effective use of heat transfer additives in the process of steam condensation", International Journal of Refrigeration, 29: 724–734.

Yan,J.J. and Wang,J.S. Yang,Y.S., Hu,S.H. and Liu,J.P., 2009: "Research on Marangoni Condensation Modes for Water–ethanol Mixture Vapors", Microgravity Science and Technology, 21(Suppl 1): S77-S85.

Zuiderweg,F.J. and Harmens,S., 1958: "The influence of surface phenomena on the performance of distillation columns", Chemical Engineering Science, 9(2/3): 89-103.

宇高義郎, 寺地宣明, 1995: "水－エタノール２成分混合蒸気の凝縮熱伝達特性曲線の測定", 日本機械学会論文集(B 編), 61(583): 1063-1069.

宇高義郎, 剱持達也, 横山俊哉, 1998: "水－エタノール混合蒸気の凝縮熱伝達に関する研究（濃度差マランゴニ滴状凝縮における液滴形成および離脱過程の観測）", 日本機械学会論文集(B 編), 64(626): 3364-3370.

宇高義郎, 小林大範, 2001：“水－エタノール濃度差マランゴニ凝縮熱伝達に関する研究（広範囲の蒸気流速域における特性）”, 日本機械学会論文集（B 編）, 67(653)：pp.141～147.

王世学, 宇高義郎, 2002：“水－エタノール濃度差マランゴニ凝縮熱伝達における不凝縮気体の影響”, 日本冷凍空調学会論文集, 19(4)：313～320.

五島正雄, 小嶋満夫, 小山繁, 藤井哲, 柏木孝夫, 1995：“水－アンモニア混合蒸気の水平円管外自由対流凝縮”, 日本機械学会論文集(B 編), 61(581): 231-238.

第 4 章 管外の膜状凝縮

4.1 はじめに

本章では水平管の外表面における膜状凝縮を扱う．多数のチューブ（管）が規則正しく配置され，それらの周囲をシェル（胴）で覆ったシェルチューブ型凝縮器(shell and tube condenser)や二重管型凝縮器(double-tube condenser)では，管外面の凝縮で生じた熱は管壁を介して管内を流れる冷却媒体に伝達される．

平滑管上の膜状凝縮理論は平板上の理論とともに発展し，Nusselt (1916) 以降，Sparrow-Gregg (1959)，Chen (1961) 等は自由対流凝縮をより詳細に解析を行い，液膜の式に含まれる対流項と慣性項の影響を検討し Nusselt 理論との比較を行った．Denny-Mills (1969)，Shekriladze-Gomelauri (1966)，藤井ら(1971)はこれらの項の影響を省略するとともに，重力(gravity)と蒸気せん断力(vapor shear)，すなわち流動蒸気と気液界面との速度差で生じる気液界面せん断力が共存する系の解析を行っている．

藤井ら (1972) は単管上の凝縮に関する従前の研究で用いられた実験の装置と方法および実験結果の整理法について詳細な検討を行った．そして，自由対流凝縮の実験値は Nusselt の式と水蒸気で±30%，有機物質で±15%の精度でそれぞれ一致することを示した．さらに，液膜の式に含まれる対流項と慣性項の影響を実験的に把握することは困難であること，および，これらの項の影響を検討した Peck-Reddie (1951) による Nusselt の式の修正は誤りであること等を指摘した．本章のモデル説明では，液膜の式に含まれる対流項と慣性項の影響は無視する．次節以降の概要は次のとおりである．

第 4.2 節では純冷媒の平滑単管上の凝縮を取りあげ，基礎理論の概要と藤井ら (1971) 以降の理論展開を中心に説明する．

第 4.3 節では単一のローフィン付管(low-finned tube)を扱う．フィン付管の凝縮性能は平滑管(smooth tube, plain tube)と比べて表面張力の影響が顕著になることが特徴である．静止蒸気中における凝縮を例にあげれば，表面張力と重力による複合効果が液膜分布を定め，熱伝達率はフィンの形状・寸法と凝縮物質の組み合わせに依存する．

第 4.4 節および第 4.5 節では純冷媒の平滑管群 (smooth-tube bundle) およびフィン付管群 (finned-tube bundle)内凝縮を扱う．単管と管群では，凝縮液イナンデーション(condensate inundation)，すなわち，上方管から流下する凝縮液が下方管の熱伝達に影響を与えること，および，多数の管が配置された管群内を流れる蒸気流が液膜に及ぼす蒸気せん断力の推算が重要になる．さらに，フィン付管の場合，最大凝縮性能を与えるフィン寸法は，第 4.3 節の単管と第 4.5 節の管群で必ずしも一致しない．したがって，管群の最適フィン寸法は凝縮量にも影響を与えることに注意が必要である．

第 4.6 節では，主として二成分混合冷媒の単管および管群内凝縮を扱う．混合冷媒の凝縮では気相内に形成される物質伝達抵抗 (mass transfer resistance) の影響により凝縮量が純冷媒の場合より低下するため，物質伝達抵抗に対する深い理解が求められる．

管外凝縮と次章で扱う管内凝縮では，熱伝達に有効な薄液膜の形成メカニズムは管の内面・外面を問わず共通に成りたつ．なお，管群内凝縮に特化した研究レビューに Browne-Bansal (1999) がある．

4.2 純冷媒の平滑管上の凝縮

4.2.1 基礎方程式および境界条件

鉛直下向きに流れる飽和蒸気の水平円管上における層流膜状凝縮を扱う．図 4.2-1 に物理モデルおよび座標系を示す．温度T_sの飽和蒸気が近寄り速度U_∞で鉛直下向きに流れ，管壁温度T_wの水平円管上で凝縮する．図において，R_oは管の外半径，xは管上端から周方向の管表面に沿う座標，yはそれに直交する座標とする．U_LおよびV_Lはそれぞれ液膜速度のxおよびy成分，U_VおよびV_Vはそれぞれ蒸気速度のxおよびy成分，gは重力加速度，Pは圧力を表す．液膜厚さをδ，蒸気境界層厚さをΔ，蒸気境界層外縁（$y=\delta+\Delta$）における蒸気速度のx成分を$U_{V\Delta}$とする．

(a) 基礎方程式

液膜および蒸気境界層に次の仮定をおく．

1. 液膜厚さδは管外径と比較して十分薄く，液膜の式に含まれる慣性項と対流項の影響は無視できる．
2. 凝縮は気液界面でのみ生じる．
3. 気液界面で速度と温度は連続である．
4. 物性値は一定とする．

以上の仮定をもとに，強制対流凝縮領域から自由対流凝縮領域まで適用できる連続，運動量，エネルギ保存は次式で表示できる．

液膜の基礎式

$$\frac{1}{R_o}\frac{\partial U_L}{\partial \phi}+\frac{\partial V_L}{\partial y}=0 \quad \text{（連続）} \tag{4.2-1}$$

$$0=g(\rho_L-\rho_V)\sin\phi-\frac{1}{R_o}\frac{dP}{d\phi}+\mu_L\frac{\partial^2 U_L}{\partial y^2} \quad \text{（運動量）} \tag{4.2-2}$$

$$0=\frac{\partial^2 T_L}{\partial y^2} \quad \text{（エネルギ）} \tag{4.2-3}$$

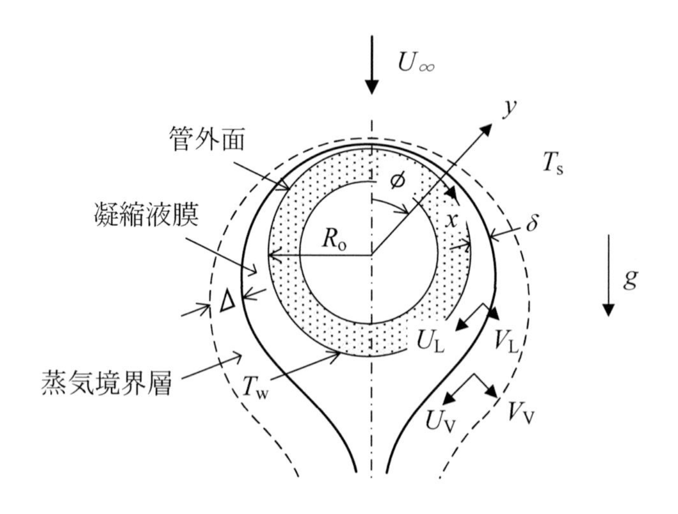

図 4.2-1 水平円管上における凝縮モデル

蒸気境界層の基礎式

$$\frac{1}{R_o}\frac{\partial U_V}{\partial \phi}+\frac{\partial V_V}{\partial y}=0 \qquad \text{（連続）} \qquad (4.2\text{-}4)$$

$$\rho_V\left(\frac{U_V}{R_o}\frac{\partial U_V}{\partial \phi}+V_V\frac{\partial U_V}{\partial y}\right)=-\frac{1}{R_o}\frac{dP}{d\phi}+\mu_V\frac{\partial^2 U_V}{\partial y^2} \qquad \text{（運動量）} \qquad (4.2\text{-}5)$$

式(4.2-2)および式(4.2-5)の導出は【付録 4.1】を参照のこと.

(b) 境界条件および適合条件

$y=0$ (壁面)で　　$U_L=0$,　　$V_L=0$　　(4.2-6, 7)

壁温一様　$T_L=T_w$,　　熱流束一様　$k_L\left(\frac{\partial T_L}{\partial y}\right)=q_w$　(4.2-8a, b)

$y=\delta+\Delta$ （蒸気境界層外縁)で

$$U_V=U_{V\phi}, \qquad \frac{dU_{V\phi}}{dy}=0 \qquad (4.2\text{-}9,10)$$

$y=\delta$ （気液界面）で

$$U_{Li}=U_{Vi} \qquad (4.2\text{-}11)$$

$$\mu_L\left(\frac{\partial U_L}{\partial y}\right)_i=\mu_V\left(\frac{\partial U_V}{\partial y}\right)_i \qquad (4.2\text{-}12)$$

$$\rho_L\left(\frac{U_L}{R_o}\frac{d\delta}{d\phi}-V_L\right)_i=\rho_V\left(\frac{U_V}{R_o}\frac{d\delta}{d\phi}-V_V\right)_i \qquad (4.2\text{-}13)$$

$$T_L=T_s \qquad (4.2\text{-}14)$$

ここに，添字 i は気液界面を，添字 L と V は液および蒸気を表す．式(4.2-12)は気液界面で気相と液膜の速度分布から算出できるせん断力が等しい条件を，また，式(4.2-13)は気液界面における質量の連続条件をそれぞれ表す.

気液界面では，凝縮潜熱 Δi_v が液膜に取り込まれるため，熱量の連続に関する次の条件が成り立つ.

$$y=\delta \quad \text{で} \qquad \Delta i_v\,\rho_L\frac{1}{R_o}\frac{d}{d\phi}\int_0^\delta U_L\,dy=k_L\left(\frac{\partial T_L}{\partial y}\right)_i \qquad (4.2\text{-}15)$$

ここに，式(4.2-15)右辺は気液界面における熱流束を表す．第 2 章で述べたように，液膜の式の対流項を無視すれば液膜内温度は y 方向に直線的に変化する．したがって，壁温 T_w が与えられる場合は，式(4.2-3)を式(4.2-8a)と式(4.2-14)の条件で解き，得られた温度分布を式(4.2-15)に代入すれば，熱量の連続を表す式(4.2-15)は次式で書き改めることができる.

$$\Delta i_v\,\rho_L\frac{1}{R_o}\frac{d}{d\phi}\int_0^\delta U_L\,dy=\frac{k_L(T_s-T_w)}{\delta} \qquad (4.2\text{-}16)$$

式(4.2-16)より，液膜の速度分布を与えれば液膜厚さ δ が定まる．同様に，壁面熱流束 q_w が与えらる場合は，次の関係が成り立つ.

$$\Delta i_v \rho_L \frac{1}{R_o}\frac{d}{d\phi}\int_0^{\delta} U_L dy = q_w \tag{4.2-17}$$

(c) 熱伝達率の求め方

図 4.2-1 に示す管頂からの角度 ϕ における局所熱伝達率 h_ϕ は，その位置における δ を用いて，次式で計算できる．

$$h_\phi = \frac{q_\phi}{(T_s - T_w)} = \frac{k_L\left(\dfrac{\partial T_L}{\partial y}\right)_{y=0}}{(T_s - T_w)} = \frac{k_L\left(\dfrac{T_s - T_w}{\delta}\right)}{(T_s - T_w)} = \frac{k_L}{\delta} \tag{4.2-18}$$

式(4.2-18)において，h_ϕ が δ に逆比例する特性は伝熱促進を図る際に重要である．局所ヌセルト数 $Nu_{D\phi}$ は式(4.2-18)を用いて次式で計算できる．

$$Nu_{D\phi} = hD_o/k_L = (k_L/\delta)D_o/k_L = \delta/D_o = 1/\bar{\delta} \tag{4.2-19}$$

ここに，$\bar{\delta} = \delta/D_o$ は無次元の液膜厚さ，$D_o(=2R_o)$ は管外径である．平均熱伝達率 h_m を平均熱流束と平均温度差の商で定義する．

$$h_m = \frac{\dfrac{1}{\pi R_o}\displaystyle\int_0^{\pi} q_\phi R_o d\phi}{\dfrac{1}{\pi R_o}\displaystyle\int_0^{\pi}(T_s - T_w)R_o d\phi} = \frac{\displaystyle\int_0^{\pi} q_\phi d\phi}{\displaystyle\int_0^{\pi}(T_s - T_w)d\phi} \tag{4.2-20}$$

式(4.2-20)をもとに，壁温一様および熱流束一様の場合の平均熱伝達率 h_m はそれぞれ次式で算出できる．

壁温一様　$h_m = \dfrac{k_L}{\pi}\displaystyle\int_0^{\pi}\left(\frac{d\phi}{\delta}\right)$,　　熱流束一様　$h_m = \dfrac{\pi q_w}{\displaystyle\int_0^{\pi}(T_s - T_w)d\phi}$　　(4.2-21, 22)

平均ヌセルト数 Nu_D は次式で計算できる．

壁温一様　$Nu_D = \dfrac{h_m D_o}{k_L} = \dfrac{1}{\pi}\displaystyle\int_0^{\pi}\left(\frac{d\phi}{\bar{\delta}}\right)$,　熱流束一様　$Nu_D = \dfrac{h_m D_o}{k_L} = \dfrac{\pi D_o q_w}{k_L\displaystyle\int_0^{\pi}(T_s - T_w)d\phi}$　(4.2-23, 24)

以上の諸式をもとに，次節以降で自由対流凝縮，強制および共存対流凝縮について説明する．その際，液密度は蒸気密度より十分大きい $\rho_L \approx (\rho_L - \rho_V)$ の場合を扱う．なお，冷媒の熱力学的性質と凝縮条件を考慮して，蒸気密度も考慮する場合があることに注意が必要である．

4.2.2 自由対流凝縮の解

自由対流凝縮では気液界面に蒸気せん断力が作用しないため，式(4.2-2)を $y=\delta$ で $\partial U_L/\partial y = 0$ の条件で解けば，液膜速度の周成分 U_L は次式となる．

$$U_L = \frac{g}{\nu_L}\left(\delta y - \frac{y^2}{2}\right) sin\phi \tag{4.2-25}$$

液膜速度の y 成分 V_L は連続の式(4.2-1)から求めることができる．管頂からの角度 ϕ の位置を流れる凝縮液の質量流量 Γ は式(4.2-25)を y 方向に 0 から δ まで積分すれば求まる．

$$\Gamma = \int_0^{\delta} \rho_L U_L \, dy = \frac{\rho_L g \delta^3}{3\nu_L} sin\phi \tag{4.2-26}$$

ここに，Γ は管の単位長さあたりの流量を表し，管の片面を流下する量で定義される．

(a) 伝熱面温度が一様な場合

式(4.2-25)を式(4.2-16)に代入すると，δ に関する次の方程式が得られる．

$$\delta \frac{1}{3\nu_L} \frac{d}{d\phi}\left(\delta^3 \sin\phi\right) = \frac{k_L (T_s - T_w) D_o}{2 g \rho_L \Delta i_v} \tag{4.2-27}$$

Nusselt (1916) は式(4.2-27)の境界条件として，管頂における液膜厚さを有限と見なして，液膜厚さの周方向分布を求めた．そして，液膜厚さの分布を式(4.2-23)に代入し周平均ヌセルト数に関する次式を求めた．

$$Nu_D = \frac{h D_o}{k_L} = 0.725 \, G_D^{1/4} \tag{4.2-28}$$

ここに，$G_D = g \rho_L \Delta i_v D_o^3 / \{k_L \nu_L (T_s - T_w)\}$ は重力の影響を表す無次元数で，ガリレオ数 $Ga_D = g D_o^3 / \nu_L^2$，ヤコブ数 $Ja = c_{pL}(T_s - T_w)/\Delta i_v$，凝縮液のプラントル数 Pr_L と $G_D = Ga_D / (Pr_L Ja)$ の関係がある．その後，本田ら (1982) は式(4.2-27)の境界条件に，管頂における液膜の対称条件を与えた数値解析を行い，式(4.2-28)の係数 0.728 を得た．同様に，Rose (1998) も同式の係数が 0.728 になることを導いた．本章では式(4.2-28)の係数を 0.728 とする次式を Nusselt の式と呼ぶことにする．

$$Nu_D = \frac{h D_o}{k_L} = 0.728 \, G_D^{1/4} \tag{4.2-29}$$

(b) 伝熱面熱流束が一様な場合

式(4.2-25)を式(4.2-17)に代入すると，δ に関する次の方程式が得られる．

$$\frac{1}{3\nu_L} \frac{d}{d\phi}\left(\delta^3 \sin\phi\right) = \frac{q_w D_o}{2 g \rho_L \Delta i_v} \tag{4.2-30}$$

式(4.2-30)を $\phi = 0$ で δ が有限の条件で解けば，δ の周方向分布は次式となる．

$$\delta = \left(\frac{3\nu_L q_w D_o}{2 g \rho_L \Delta i_v} \frac{\phi}{\sin\phi}\right)^{1/3} \tag{4.2-31}$$

凝縮温度差 $(T_s - T_w)$ の周方向分布は $q_w = k_L (T_s - T_w)/\delta$ の関係より，次式から求まる．

$$T_s - T_w = \frac{q_w \delta}{k_L} = \frac{q_w}{k_L}\left(\frac{3\nu_L q_w D_o}{2g\rho_L \Delta i_v}\frac{\phi}{\sin\phi}\right)^{1/3} \tag{4.2-32}$$

熱伝達特性の周平均値を代表寸法に$\left(\nu_L^2/g\right)^{1/3}$または$D_o$を用いて表せば，それぞれ次式となる．

$$Nu_m{}^* = \frac{h_m}{k_L}\left(\frac{\nu_L{}^2}{g}\right)^{1/3} = 1.43\,Re_f{}^{-1/3}, \qquad Nu_D = \frac{h_m D_o}{k_L} = 0.695 G_D^{1/4} \tag{4.2-33, 34}$$

ここに，式(4.2-33)のNu^*は凝縮数，$Re_f = 4\Gamma/\mu_L = 2\pi D_o q_w/\left(\mu_L \Delta i_v\right)$は膜レイノルズ数と呼ばれ，$\Gamma$はすべての凝縮液が管下端から落下することが仮定されている．

4.2.3 強制および共存対流凝縮の解

強制および共存対流凝縮の場合は，式(4.2-1)～式(4.2-5)で$U_\infty > 0$として扱う．本項では，鉛直下降流を中心にとりあげ，次のモデルを説明する．

1. 蒸気境界層外縁にポテンシャル流れを仮定する藤井ら(1971)のモデル
2. 蒸気せん断力を，凝縮量（気液界面における蒸気の吸込み量）と関連付けたShekriladze-Gomerauli (1966)のモデル
3. 蒸気境界層外縁の流れに，吸込みを伴う単相乱流境界層の実験結果を適用し，境界層のはく離を考慮する藤井・本田(1980)のモデル
4. 前項のモデルに管壁内熱伝導の影響を導入した本田-藤井(1980)のモデル

(a) 伝熱面熱流束または伝熱面温度が一様な場合

藤井ら(1971)は，液膜の運動量の式(4.2-2)で$\rho_L \approx \left(\rho_L - \rho_V\right)$および$dP/d\phi = 0$を仮定し，式(4.2-1)~式(4.2-5)の境界条件に式(4.2-6, 7, 8a) および 式(4.2-9) ~式(4.2-14)を与えるとともに，蒸気境界層外縁の流れをポテンシャル流と仮定した解析を行った．蒸気境界層の運動方程式(4.2-5)に含まれる境界層外縁の速度$U_{V\Delta}$は次式で表される．

$$U_{V\Delta} = 2U_\infty sin\,\phi \tag{4.2-35}$$

ここに，U_∞は蒸気の近寄り速度である．そして，蒸気境界層をプロフィル法で解析し，気液界面速度と液膜厚さを連立させて解き，数値解をもとに，強制および共存対流凝縮領域の熱伝達について，自由対流凝縮の式(4.2-28)との接続を考慮して次式を提案した．

$$\frac{Nu_D}{\sqrt{Re_L}} = \chi\left(1 + \frac{0.276}{\chi^4}F_D\right)^{1/4} \tag{4.2-36}$$

ここに，$F_D = g\mu_L \Delta i_v D_o / \left\{k_L U_\infty^2 \left(T_s - T_w\right)\right\}$は蒸気流速の影響を表す無次元数で，液のプラントル数Pr_L，フルード数$Fr_D = U_\infty^2/\left(gD_o\right)$，ヤコブ数$Ja = c_{pL}\left(T_s - T_w\right)/\Delta i_v$と$F_D = Pr_L/\left(Fr_D Ja\right)$の関係がある．また，$Re_L = U_\infty D_o/\nu_L$は二相レイノルズ数，$\chi = 0.90\{1 + Pr_L/\left(RJa\right)\}^{1/3}$，$R = \sqrt{\rho_L \mu_L / \rho_V \mu_V}$は$\rho\mu$比である．式(4.2-36)から求まる$Nu_D$は，$U_\infty = 0$で自由対流凝縮の式(4.2-28)と一致し，$U_\infty \to \infty$で$\chi\sqrt{Re_L}$に漸近し重力の影響を含まない式になる．

Shekriladze-Gomerauli (1966) は，凝縮を気液界面における蒸気の吸込みとみなして，蒸気せん断力を

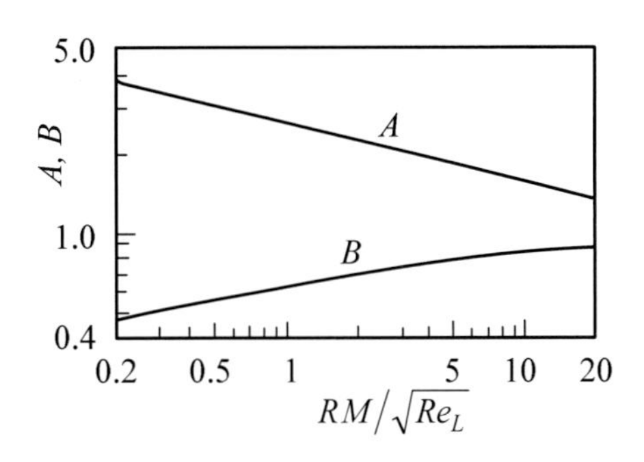

図 4.2-2　式(4.2-40)の定数 A および係数 B と $RM/\sqrt{Re_L}$ の関係 (藤井-本田,1980)

液膜に持ち込まれる運動量で与えた．すなわち，蒸気境界層方程式を解く代わりに，蒸気せん断力を次式で与えて，液膜厚さを求めた．

$$\mu_L\left(\frac{dU_L}{dy}\right)_i = m\left(2U_\infty \sin\phi - U_{Li}\right) \tag{4.2-37}$$

ここに，mは凝縮質量流束，U_{Li} は気液界面速度である．そして，壁温一様の条件における平均熱伝達率を次式でまとめた．

$$\frac{Nu_D}{\sqrt{Re_L}} = 0.64\left\{1+\sqrt{1+1.69F_D}\right\}^{1/2} \tag{4.2-38}$$

上原-藤井(1971)は，Shekriladze-Gomerauli のモデルは二相境界層理論の近似解と見なせることを指摘している．両者のモデルに共通なことは，蒸気境界層のはく離の影響を無視したことである．

藤井-本田(1980)は蒸気境界層外縁の速度 $U_{V\Delta}$ を，円筒まわりの単相乱流境界層の静圧分布の測定結果 (Roshko, 1954) をもとに次式を仮定した．

$$U_{V\Delta} = U_\infty\left(1.762\phi - 0.314\phi^3 - 0.338\phi^5\right) \tag{4.2-39}$$

そして，蒸気境界層の解法に Truckenbrodt (1956) による吸込み境界層の近似解法を適用し，はく離点から後流側は自由対流凝縮として扱った．熱流束一様の数値解は，次式により±8%以内で近似される．

$$10^{-2} < \sqrt{Re_L}/\left(Fr\,M\right) \text{で} \qquad \frac{Nu_D}{\sqrt{Re_L}} = 0.615\left(\frac{\sqrt{Re_L}}{Fr_D\,M}\right)^{1/3}\left\{1+\left(\frac{\sqrt{Re_L}}{Fr_D\,M}+A\right)^{-B}\right\} \tag{4.2-40}$$

ここに，$M = q_w D_o/\left(\mu_L \Delta i_v\right)$，$A$ と B は $RM/\sqrt{Re_L}$ の関数で図 4.2-2 により与えられる．壁温一様の数値解は，本田ら(1985)による若干の修正により次式で整理される．

$$\frac{Nu_D}{\sqrt{Re_L}} = 0.728F_D^{1/4}\left(1+X+0.57X^2\right)^{1/4} \tag{4.2-41}$$

ここに $X = \left\{1+\mathrm{Pr}_L/\left(R\,Ja\right)\right\}^{2/3}/\sqrt{F_D}$ ．

(b) 管壁内熱伝導の影響を考慮した解

一定の厚みを持つ凝縮管の温度は凝縮側と冷却側の熱伝達および管の材質・寸法で定まるとともに，

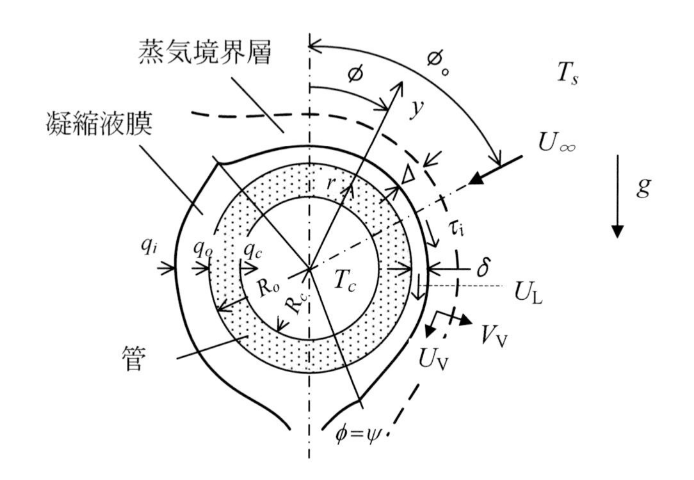

図 4.2-3 水平円管上における凝縮モデル，蒸気流のはく離と管壁内熱伝導の影響を考慮するモデル

管周方向に温度分布が存在するため凝縮熱伝達もその影響を受ける．本田-藤井 (1980) は，図 4.2-3 に示すモデルを用いて，凝縮熱伝達に及ぼす管壁内熱伝導と冷却側熱伝達の影響を同時に考慮した解析を行った．その概要は，蒸気相および液膜の式(4.2-1)～ 式(4.2-5)に，管壁内 2 次元熱伝導の式,

$$\frac{\partial^2 T_w}{\partial r^2}+\frac{1}{r}\frac{\partial T_w}{\partial r}+\frac{1}{r^2}\frac{\partial^2 T_w}{\partial \phi^2}=0 \qquad (4.2\text{-}42)$$

および，次の適合条件を追加したものである．

$r=R_o$ で　$$k_w\left(\partial T_w/\partial r\right)=k_L\left(\partial T_L/\partial r\right)=q_o \qquad (4.2\text{-}43a)$$

$r=R_c$ で　$$k_w\left(\partial T_w/\partial r\right)=h_c\left(T_w-T_c\right)=q_c \qquad (4.2\text{-}43b)$$

ここに，T_w は管壁内温度，T_L は凝縮液の温度，T_c は冷却水のバルク温度，h_c は冷却側の熱伝達率，k_w は管の熱伝導率，q_o および q_c はそれぞれ管の外面および内面における熱流束である．そして，壁温の周方向分布に関する数値解は水蒸気に関する藤井ら(1980)，および，フロン系冷媒に関する藤井ら(1981a)，Gogoni-Dorokov (1971, 1976) 等の実験と良く一致することを示した．

図 4.2-4(a), (b)は，それぞれ水蒸気と R114 がアルミ黄銅管上で凝縮する際の壁温と熱流束の数値解を比較したものである（藤井ら，1981a)．図中に示す無次元数の定義は次のとおりである．

管外表面　$$\bar{q}_o=\frac{q_o D_o}{k_L\left(T_s-T_c\right)},\qquad \bar{T}_{wo}=\frac{\left(T_{wo}-T_c\right)}{\left(T_s-T_c\right)} \qquad (4.2\text{-}44a,\ b)$$

管内表面　$$\bar{q}_c=\frac{q_c D_c}{k_L\left(T_s-T_c\right)},\qquad \bar{T}_{wc}=\frac{\left(T_{wc}-T_c\right)}{\left(T_s-T_c\right)} \qquad (4.2\text{-}45a,\ b)$$

ここに，T_{wo} および T_{wc} はそれぞれ管の外表面および内表面の温度，D_o と D_c はそれぞれ管の外径および内径である．

計算は，熱伝達を支配する無次元数 F_D および $Pr_L/\left(R\,Ja\right)$ が水蒸気と R114 で互いに等しくなるよう

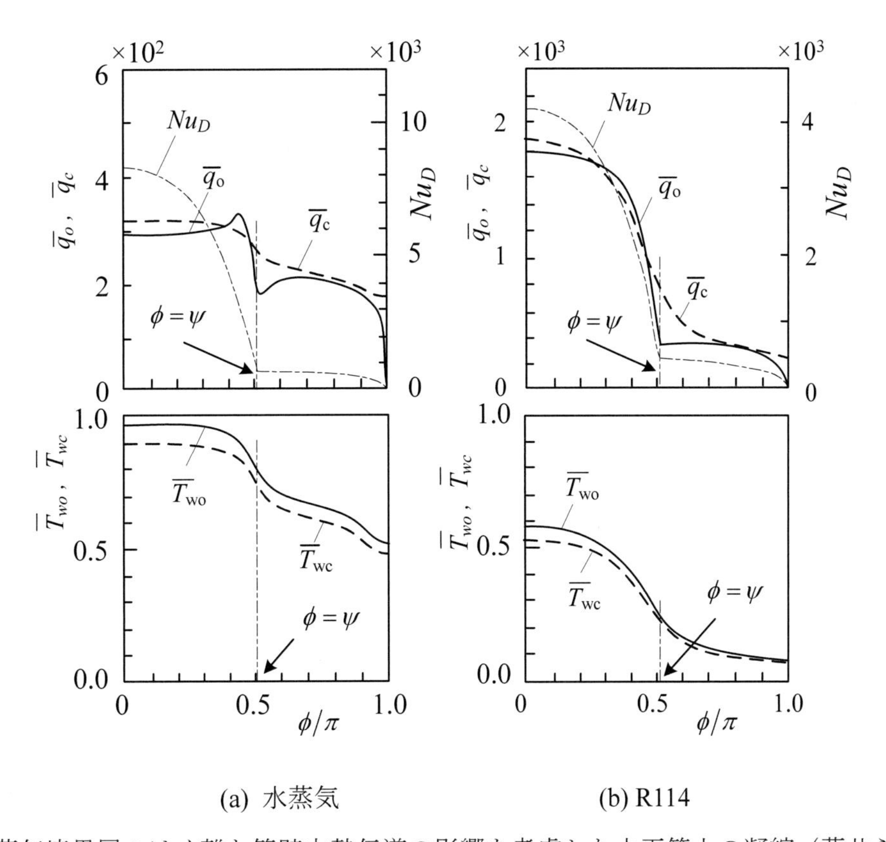

(a) 水蒸気　　　　　(b) R114

図 4.2-4 蒸気境界層のはく離と管壁内熱伝導の影響を考慮した水平管上の凝縮（藤井ら,1981a）

表 4.2-1 図 4.2-4 の主要な計算条件および計算結果

	水蒸気	R114
蒸気温度	306 K	306 K
冷却水温度	294 K	294 K
Re_L	5.4×10^6	3×10^6
F_D	0.0471	0.0489
Nu_D	1.183×10^3	1.356×10^3
h_m/h_c	3.29	0.385

に Re_L と T_c を与え，冷却水流速は $2m/s$，冷却側の熱伝達率 h_c は単相管内乱流熱伝達の式を与えている．

表 4.2-1 に示される F_D および後述の図 4.2-5 から明らかなように，両者の条件は強制対流凝縮が支配的な領域であり，図 4.2-4 から，全ての量が蒸気境界層のはく離点 $\phi = \psi$ の前後で急変することがわかる．水蒸気と R114 の結果を比較すると，ヌセルト数の周方向分布の差は小さいが，熱流束および壁温分布に大きな相違が見られる．すなわち，水蒸気では，はく離点前後における管の外面と内面における熱流束（それぞれ $\overline{q}_o$ と $\overline{q}_c$）の変化はいずれも比較的小さい．これは，蒸気－冷却水間の熱抵抗に占める冷却側の抵抗が大きく，したがって壁温変化が小さいことに対応する．R114 の場合は $\overline{q}_o$ と $\overline{q}_c$ の変化が大きく，壁温の変化が大きいことに対応している．なお，本田-藤井 (1980) は管材質が凝縮熱伝達に及ぼす影響にも言及している．

4.2.4 実験と理論の比較

図 4.2-5 は水蒸気（Nicol-Wallace, 1976：藤井ら，1980）および R113 (Honda *et al.*, 1982) による実験値を $Nu_D/\sqrt{Re_L}$ と F_D の座標で示したものである．図中には前項で説明した熱伝達の式も併記してある．壁温一様の式は，自由対流凝縮に関する Nusselt の式(4.2-29)，ポテンシャル流れを仮定した藤井らの式(4.2-36)，および Roshko の流れを仮定した藤井・本田の式(4.2-41)を示す．熱流束一様の条件では，自由対流凝縮の式(4.2-34)を $Nu_D/\sqrt{Re_L}$ と F_D で書き換えた次式

$$\frac{Nu_D}{\sqrt{Re_L}} = 0.695 F_D^{1/4} \tag{4.2-46}$$

を示す．Roshko の流れを仮定した解は，Nicol-Wallace (1976) の実験条件に基づくもので，凝縮温度差 11K の場合を示す．

はじめに，以上の式を相互に比較する．$Nu_D/\sqrt{Re_L}$ は U_∞ が小さな領域（F_D が大きな領域）では伝熱面の条件や蒸気速度分布の影響は小さいが，U_∞ の増大（F_D の減少）につれて差が大きくなる．壁温一様の $Nu_D/\sqrt{Re_L}$ を比較すれば，ポテンシャル流ではく離を考慮しない式(4.2-36)は，Roshko の流れではく離を考慮した式(4.2-41)より高い値を与える．

次に実験値を比較すると，水蒸気の熱伝達率は F_D の減少とともに単調に低下し，その値は熱流束一様の解に近い．R113 の熱伝達率は F_D の減少とともにいったん低下し，$F_D < 1$ で増大に転じ，熱伝達の式と傾向が異なる．

図 4.2-6 は本田ら (1985) による凝縮液膜の観察結果を示す．R113 鉛直下降蒸気が外径 19.1mm の単管上で凝縮する場合の液膜流を観察するため，微量のトレーサが液膜表面に注入されている．図 4.2-6 (a) は蒸気流速が低い $F_D = 7.8$ の場合で，トレーサの濃さは周方向に一様かつ境界が明瞭であるため液膜は層流と考えられる．一方，図 4.2-6(b) は蒸気流速が高い $F_D = 0.7$ の場合で，管の下方でトレーサの流跡が折れまがり，その位置より下方ではトレーサの暗部が水平方向に広がり，液の混合を生じていると考えられる．したがって，図 4.2-5 の $F_D < 1$ の領域で $Nu_D/\sqrt{Re_L}$ が層流理論からはずれる原因は，液膜内における混合作用によるものと考えられる．本田ら (1985) はこれらのことを考慮して，R113 で管外径 $D_o = 8.0$, 19.0 および 37.1mm（本田ら,1985），$D_o = 12.5$mm (Lee-Rose,1984)，R21 で $D_o = 2.5$, 6.0, 17.0mm (Gogonin-Dorokov, 1971,1976) および $D_o = 16.0$mm (Kutateladze *et al.*,1979) による実験結果を解析し次式を提案した．

$$Nu_D = \left(Nu_\ell^4 + Nu_t^4\right)^{1/4} \tag{4.2-47}$$

式(4.2-47)右辺の Nu_ℓ は層流液膜の熱伝達に関する前述の式(4.2-41)を用いる．Nu_t は平滑管内乱流凝縮熱伝達の整理で用いられる等価レイノズル数を修正した次式を用いる．

$$Nu_t = 0.11\left(\mathrm{Re}_f + \mathrm{Re}_L\sqrt{\rho_v/\rho_L}\right)^{0.8}\mathrm{Pr}_L^{0.4} \tag{4.2-48}$$

ここに，$Re_f = 2\pi D_o q_w/(\mu_L \Delta i_v)$ は膜レイノルズ数，$Re_L = U_\infty D_o/\nu_L$ は二相レイノルズ数である．そして式(4.2-47)に より上述の実験結果は R113 で±15%以内で,R21 で±20%以内で整理できることが示されている．

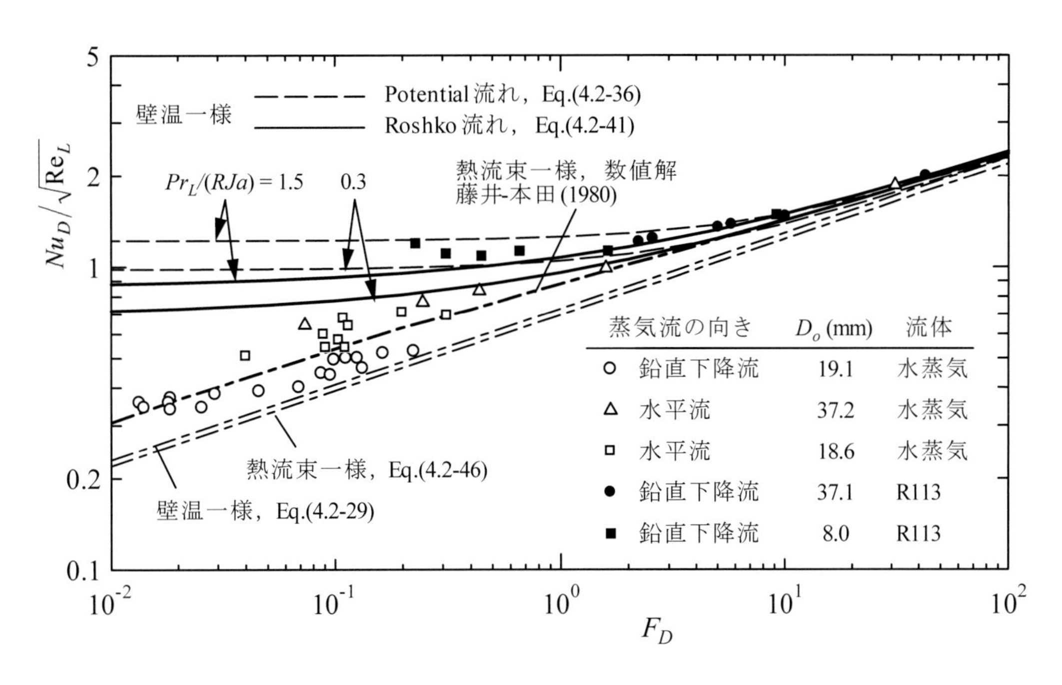

図 4.2-5 水平円管上における R113 および水蒸気の凝縮熱伝達（Honda-Fujii, 1984 等から作成）

図 4.2-6 水平円管上における R113 蒸気の凝縮様相，D_o = 19.1 mm，ΔT = 10 K（本田ら,1985）

図 4.2-4 および図 4.2-5 で水蒸気と冷媒の熱伝達特性に及ぼす伝熱面の熱的条件をまとめれば，水蒸気の凝縮は熱流束一様モデルに，冷媒の凝縮は壁温一様モデルにそれぞれ近いと見なすことができる．

4.3 純冷媒のローフィン付管上の凝縮

図 4.3-1 にローフィン付管の例を示す．ローフィン付管はフィン形状が台形または矩形で，その形状が管の周方向に変化しない 2 次元ローフィン付管，ならびに，フィン形状が鋸刃状のように管の周方向にも変化する 3 次元ローフィン付管に大別される．熱伝達の解析で重要なことは，フィン間溝部に形成される薄液膜の形状がフィン形状と密接に関連するため，液膜流れに及ぼす表面張力による圧力差の評価の方法ならびに凝縮液の排液である．

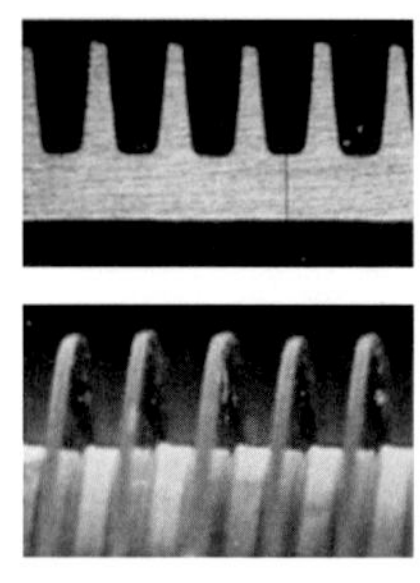

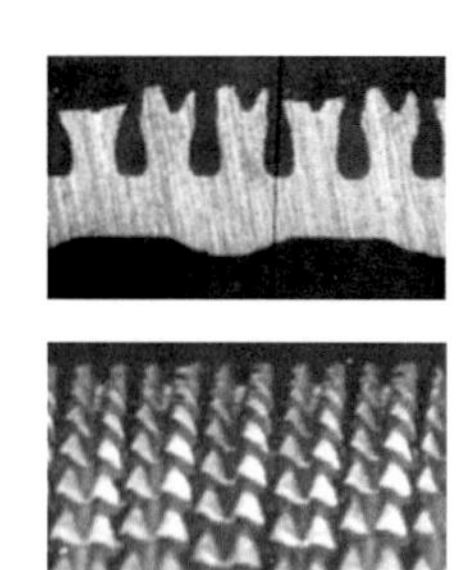

2 次元ローフィン付管　　3 次元ローフィン付管

図 4.3-1 ローフィン付管の例

ローフィン付管上の液膜モデルは Beatty-Katz (1948) による重力流モデルにはじまり，その後，表面張力の影響を考慮した多くのモデルが提案されている．モデル間で異なることは，液膜の運動方程式に含まれる圧力項（後述の式(4.3-14)）の評価法である．本章では，Marto (1988) により"most complete approach"と評価された本田-野津 (1985) によるモデルを中心に説明する．重力流モデルおよび表面張力流モデルの発展は Marto (1988) に示されている．

4.3.1 凝縮液の挙動と熱伝達

(a) 凝縮様相と熱伝達

はじめに，静止蒸気中におかれた水平ローフィン付管上の凝縮特性について，本田ら (1983) の実験を説明する．実験は平滑管，3 種類の 2 次元ローフィン付管，および 1 種類の 3 次元ローフィン付管を用い，R113 とメタノールに関する熱伝達率の測定とフィン間溝部液膜形状の観察が行われている．管およびフィンの諸元を表 4.3-1 に示す．同表において，D_o はフィン先端径，D_c は管内径，p_f はフィンピッチ，h_f はフィン高さ，t_m はフィン高さの中央におけるフィン厚さ，r_o はフィン先端角部の曲率半径，θ はフィン先端の半頂角である．面積拡大率 (area enhancement ratio) ε_A はフィン付管の表面積（実面積, actual surface area）と外径 D_o の平滑管の表面積（公称面積, nominal surface area）の比を表す．

図 4.3-2 は公称面積（外径 D_o の平滑管の表面積）基準の熱伝達率 h と凝縮温度差 $\Delta T = (T_s - T_w)$ の関係を示す．R113 の実験値を見ると，2 次元フィン付管 B ~ D の熱伝達率はフィンピッチが小さいほど高く，2 次元フィン付管 D と 3 次元フィン付管 E の伝熱特性はほぼ等しい．メタノールの実験値を見ると，3 種類の 2 次元フィン付管 B ~ D の伝熱特性の差は R113 より小さい．一方，3 次元フィン付管 E の熱伝達率は，2 次元フィンき管 B ~ D のものより最大 30%高い．図中には凝縮温度差 5K における伝熱促進率 (heat transfer enhancement ratio) $\varepsilon_H = h/h_N$ も併記してある．ここに，h_N は外径 D_o の平滑管上の凝縮熱伝達で式(4.2-29)による計算値である．図において,ローフィン付管の伝熱促進率はいずれの

表 4.3-1　管およびフィンの諸元，(本田ら,1983)

管の名称		D_o mm	D_c mm	p_f mm	h_f mm	t_m mm	r_o mm	θ deg	ε_A
平滑管	A	19.05	15.88	-	-	-	-	-	-
2次元ローフィン付管	B	18.69	14.10	0.98	1.46	0.51	0.043	4.5	3.24
	C	18.89	15.48	0.64	0.92	0.29	0.048	5.3	3.32
	D	19.35	14.20	0.50	1.13	0.11	0.043	0.0	4.84
3次元ローフィン付管	E	19.40	15.50	-	-	-	-	-	-

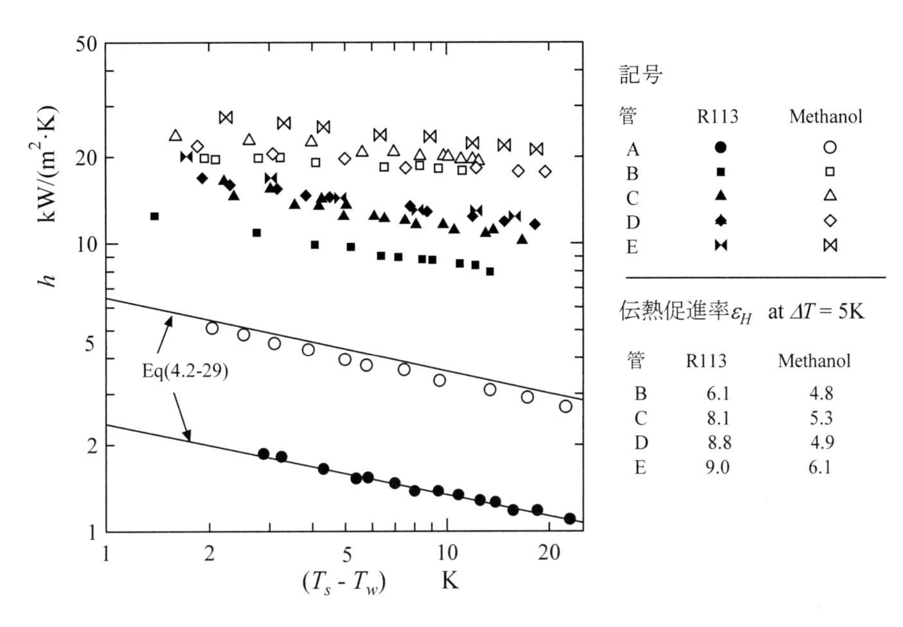

図 4.3-2 ローフィン付管および平滑管上の凝縮熱伝達率, R113, メタノール (本田ら,1983)

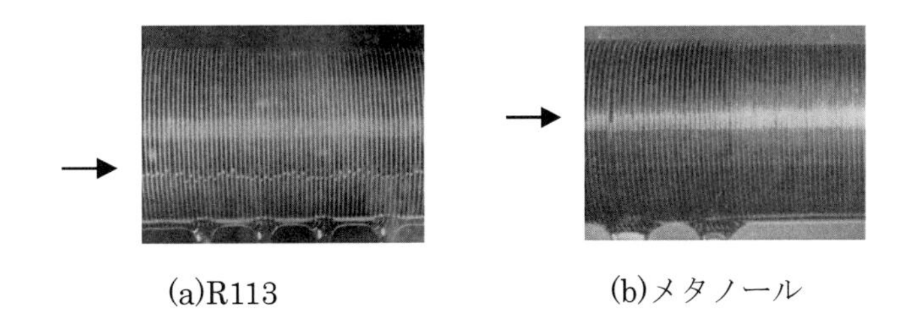

図 4.3-3　2次元ローフィン付管上の凝縮様相，$\Delta T = 12$ K（本田ら,1983）

条件でも表4.3-1に示す面積拡大率を上回るとともに，伝熱促進率はR113の方がメタノールより高い．

図 4.3-3(a)，(b)は，それぞれ R113 およびメタノールについて，2次元フィン付管 D における凝縮様相を比較したものである．図中に矢印で示される 2 列の光の反射位置の近傍で，フィン間溝部液膜厚さが後述の図 4.3-4 で示す急変を生じている．この反射位置は，図 4.3-3 の(a)と(b)の比較から明らかなように，R113 よりメタノールの方が管頂に近い．

図 4.3-4 は，2次元フィン付管 D を用いた R113 とメタノールの実験について，フィン間溝部中央の液膜厚さ δ_0 および壁温 T_w の周方向分布を示す．図の右にはメタノールの溝部液膜形状の観察結果をイラスト表示してある．壁温 T_w は管軸に直交する 4 個所の管断面内で測定され，冷却水入口付近における値を記号○で，中央付近の 3 箇所の断面における値を記号△，□，●で示してある．図中には飽和

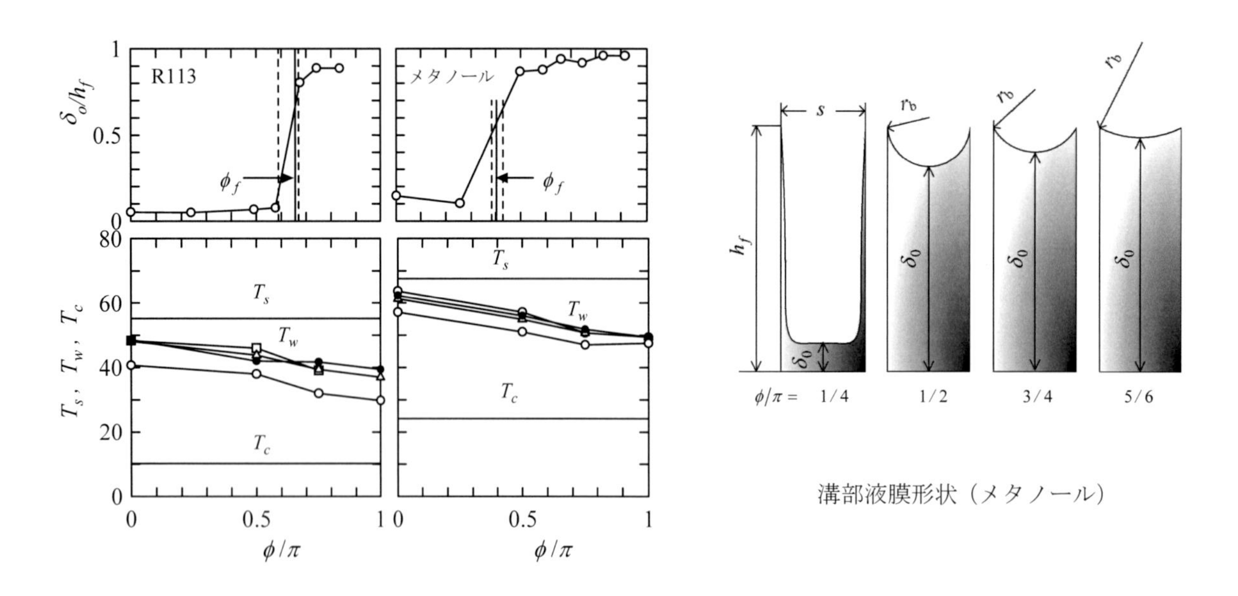

図 4.3-4 フィン間溝部中央の液膜厚さ δ_0 および壁温 T_w の周方向分布（本田ら,1983）

温度 T_s および管内を流れる冷却水温度の平均値 T_c を併記してある．δ_0 の分布図には図 4.3-3 に示した 2 列の光の反射位置を破線で示してある．フィン間溝部中央の液膜厚さは R113 で $\phi/\pi<0.6$, メタノールで $\phi/\pi<0.35$ の領域でフィン高さ h_f と比べて十分小さく，フィンの先端と側面に薄液膜が形成されこれらの領域が有効な伝熱面になる．δ_0 は R113 で $\phi/\pi=0.6\sim0.7$, メタノールで $\phi/\pi=0.4$の近傍で急増し，フィン間溝部に液が充満をはじめる．そして，この領域では周方向角度の増大とともに気液界面の曲率半径が大きくなり壁温が低下する．なお，δ_0 の図に示す縦の実線は後述の液充満角 ϕ_f の式(4.3-11)から求まる値である．

(b) 液充満角

図 4.3-3, 4 で説明したように，フィン間溝部に保持される凝縮液は周方向のある角度から溝部を急速に充満するとともに，この角度は凝縮物質により異なる．本項では，管下方のフィン間溝部に保持される厚液膜の形状を解析し，溝部に液が充満をはじめる管周方向の角度（液充満角 ϕ_f，Flooding angle）を定める式を導く．溝部に保持される厚液膜がフィン先端部に接する場合を対象とする．図 4.3-5 に示す物理モデルおよび座標系について，図(a)は周方向角度 ϕ における管軸に平行な断面を，図(b)は軸に直交する断面を表す．図中の記号 R_o と R_r は管の中心 O からフィン先端およびフィン根元までの半径を表す．座標 x, y の原点をフィン間中央の気液界面とする．モデル化に際して次の仮定を置く．

1) 静止液膜
2) 軸直角断面内の気液界面曲率が溝部気液界面形状に及ぼす影響は無視できる．
3) 管底（$\phi=\pi$）で液膜厚さ δ はフィン高さ h_f に等しく，気液界面は平面とする．
4) フィン高さとフィン間隔はフィン先端径と比べて十分小さい．

以上の仮定をもとに，気液界面の曲率半径 r_i の解析を説明する．はじめに，図(a)の管軸に平行な断面における気液界面形状を考える．$x=0$ における気液界面の曲率半径を r_{i0} とすれば，$y=0$ の面の圧力は次式で表すことができる．

$$x=0\text{ で}\qquad P_s-\frac{\sigma}{r_{i0}}\tag{4.3-1}$$

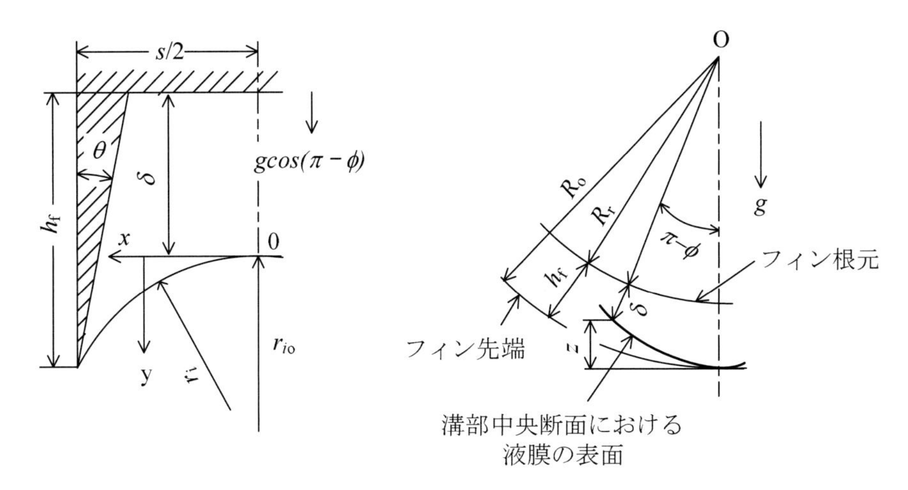

(a) 管頂からの角度ϕにおける軸に平行な断面　　(b)フィン間溝部中央の軸直角断面

図 4.3-5 フィン管溝部の液膜形状（本田ら,1983）

$x = x$ で　　$$P_s - \frac{\sigma}{r_i} + \rho_L g y \cos\phi \tag{4.3-2}$$

したがってr_iとr_{io}は式(4.3-1, 2)より次の関係がある．

$$-\frac{\sigma}{r_i} + \rho_L\, g\, y\, cos\,\phi = -\frac{\sigma}{r_{io}} \tag{4.3-3}$$

曲率半径r_iは座標(x, y)上で次式により表すことができる．

$$r_i = \frac{\left\{1 + \left(d\, y/d\, x\right)^2\right\}^{3/2}}{\left(d^2 y/d\, x^2\right)} \tag{4.3-4}$$

次に，図(b)の管軸に直交する断面を考える．液充満位置における液膜圧力は気液界面の曲率半径r_{io}を用いて$P_s - \sigma/r_{io}$になる．$\phi = \pi$における液膜表面圧力は，仮定(3)より蒸気圧P_sに等しい．したがって，$\phi = \phi$と$\phi = \pi$の断面間で静水圧を考慮すれば次式が成りたつ．

$$\rho_L g z - \frac{\sigma}{r_{i0}} = 0 \tag{4.3-5}$$

式(4.3-5)のzは管の下端から液充満位置までの高さを表し，図 4.3-5(b)に示す液膜の幾何学的関係から次の関係が成り立つ．

$$z = R_o + \left(R_r + \delta\right)\cos\phi \tag{4.3-6}$$

したがって, 気液界面形状は式(4.3-3)と式(4.3-5)を連立で解けば定まる. 境界条件は次式で与えられる.

$x = 0$　で　　$y = 0$,　　$dy/dx = 0$　　(4.3-7)

$\phi = \pi$　で　　$r_{i0} = \infty$　　(4.3-8)

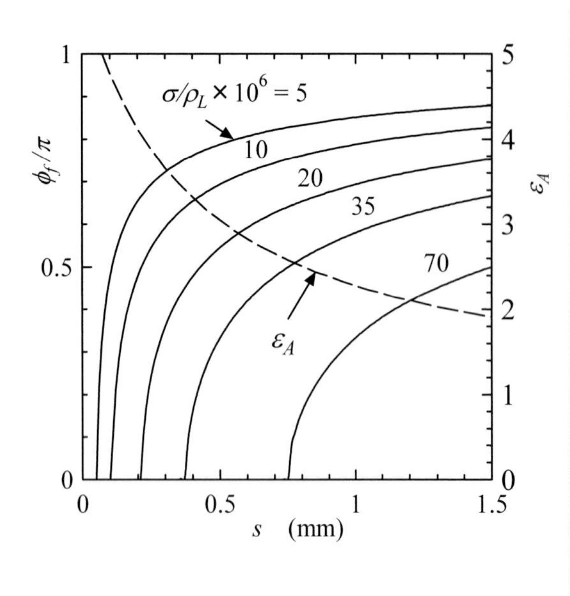

冷媒	σ	ρ_L	σ/ρ_L
	(N/m)	(kg/m^3)	(m^3/s^2)
R1234yf	0.00440	1034	4.26×10^{-6}
R32	0.00449	893.0	5.03×10^{-6}
R134a	0.00612	1147	5.33×10^{-6}
R123	0.0134	1425	9.43×10^{-6}
R245fa	0.0117	1297	9.04 ×10^{-6}
R1270	0.00513	478.6	10.7 ×10^{-6}
R290	0.00526	467.5	11.3 ×10^{-6}
RE170	0.00927	636.3	14.6 ×10^{-6}
R600a	0.00835	531.2	15.7 ×10^{-6}
R600	0.0102	554.9	18.5 ×10^{-6}
R717	0.0171	579.4	29.5 ×10^{-6}
R718	0.0696	992.2	70.1 ×10^{-6}
(REFPROP 9.1 による計算値)			

図 4.3-6　液充満角ϕ_fに及ぼすフィン間隔sおよび凝縮物質の影響，40℃.

以上のモデルに基づく本田ら (1983) の解析結果によれば, 気液界面曲率の数値解は実験値と良く一致するとともに，厚液膜の表面形状は円弧で近似できることが示された．この事実をもとに，厚液膜の表面形状を半径r_{io}の円弧で近似し，液充満角の式を導く．式(4.3-6)に含まれる$(R_r+\delta)$は，図 4.3-5(b) より次式で表示できる.

$$R_r+\delta=R_o-r_{io}+\sqrt{r_{io}^2-s^2/4} \tag{4.3-9}$$

次いで，式(4.3-9)を式(4.3-5,6)に代入し，無次元化すれば次式が得られる.

$$\overline{R}_o+\left(\overline{R}_o-\overline{r}_{io}+\sqrt{\overline{r}_{io}^2-0.25}\right)cos\,\phi=1/\left(B_o\overline{r}_{io}\right) \tag{4.3-10}$$

ここに，$\overline{R}_o=R_o/s$，$\overline{r}_{io}=r_{io}/s$，$Bo=g\rho_L s^2/\sigma$はボンド数である．そして，$r_{io}$は溝部の厚液膜がフィン先端に接する場合，すなわち$r_{i0}=s/(2cos\,\theta)$で最小値になる．したがって，この関係を式(4.3-10)に代入し，仮定 4)を適用すれば液充満角ϕ_fの式が得られる.

$$\phi_f=\cos^{-1}\left\{\frac{4\sigma\cos\theta}{g\rho_L D_o s}-1\right\} \tag{4.3-11}$$

式(4.3-11)の適用範囲は$2h_f \geq s$である．$2h_f < s$の場合も同様に次式が得られる（本田ら,1987a).

$$\phi_f=\cos^{-1}\left\{\left(\frac{4\sigma\cos\theta}{g\rho_L D_o s}\right)\frac{s/h_f}{1+\left(s/2h_f\right)^2}-1\right\} \tag{4.3-12}$$

式(4.3-11, 12)で重要なことは, 液充満角は表面張力と液密度の比σ/ρ_Lおよびフィン寸法の影響を受け，たとえば，フィン寸法を固定した場合，液充満角はσ/ρ_Lが大きい物質ほどフィン間溝部が液で充満されやすくなることである．なお，全周にわたってフィン間溝部が凝縮液で充満される場合，すなわち$\phi_f=0$は式(4.3-11,12) 右辺{　}内の第１項が１を超える場合である.

図 4.3-6 はフィン先端径が 19.1mm の管を対象に，液充満角に及ぼすσ/ρ_Lとフィン間隔sの影響を示す．液充満角はσ/ρ_Lを一定とすればフィン間隔とともに大きくなるが，面積拡大率はフィン間隔が広くなれば低下する．図の右には，代表的な冷媒の 40℃におけるσ/ρ_Lをまとめてある．同表をおおまかにまとめれば，フロン系冷媒のσ/ρ_Lは炭化水素の 1/2 前後，水の 1/10 程度とみなせる．したがって，伝熱促進を図る際は，冷媒とフィン寸法の組合せに留意する必要がある．

4.3.2 2次元ローフィン付管の熱伝達

図 4.3-7 に物理モデルおよび座標系を示す．図(a)はフィン間溝部の軸直角断面を表し，周方向の角度$0 \le \phi \le \phi_f$は凝縮液がフィン間溝部を充満しない領域，$\phi_f \le \phi \le \pi$は凝縮液がフィン間溝部を充満する領域とする．そして，前者を領域u，後者を領域fと呼ぶことにする．図(b)は領域uのフィン間溝部の軸断面を，図(c)は領域fの軸断面を示す．薄液膜は，領域uではフィンの先端部と側面に，領域fではフィン先端部にのみ形成される．フィン上の凝縮液には，表面張力による圧力差により，フィン間溝部（x方向）及びそれに直交するϕ方向の流れが誘起される．それと同時に，重力により鉛直下向き流れを生じる．これらの複合作用によりフィン上の凝縮液はフィン間溝部に流れ込み，溝部を重力により周方向へ流下し，管の下端から落下する．

図 4.3-7 において，フィン先端中央からフィン表面に沿う座標をx，管頂からの周方向座標をϕとする．液膜厚さをδ，気液界面の曲率半径をr_iとする．液膜を気液界面曲率がxとともに変化する$0 \le x \le x_b$の薄液膜部と曲率が一定とみなせる$x_b \le x$の厚液膜部に大別し，両者は$x = x_b$で気液界面半径r_bの円弧で接続されるものとする．蒸気の飽和温度をT_s，壁面温度をT_wとする．管およびフィンの主要寸法について，フィン先端半径をR_o，フィン根元半径をR_r，管の内半径をR_c，フィンのピッチをp_f，高さをh_fとする．フィン先端部について，角部の半径をr_o，フィン間隔をs，半頂角をθとする．

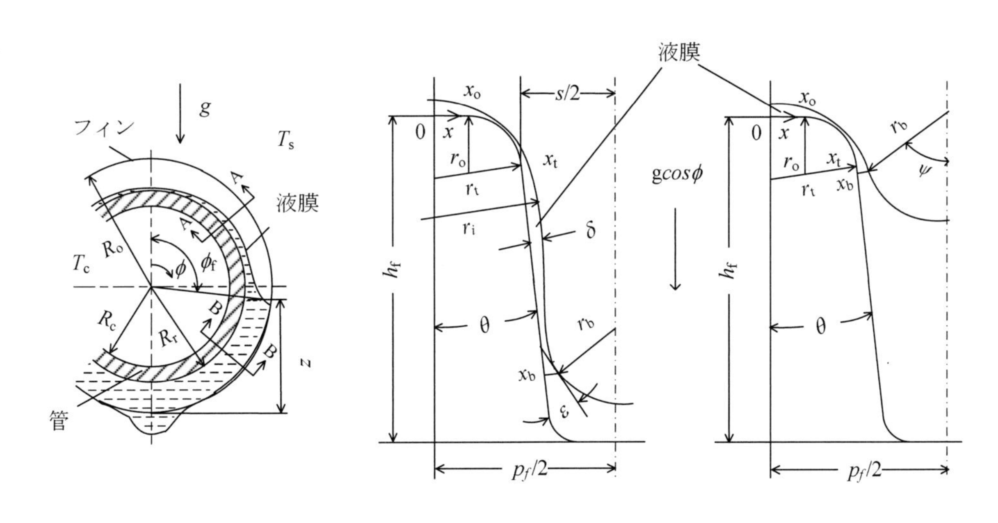

(a)フィン間溝部の軸直角断面　(b) A-A 断面（領域u）　(c) B-B 断面（領域f）

図 4.3-7　2 次元ローフィン付管上の凝縮モデル　（本田-野津，1985）

(a) フィン付面上の液膜モデル

ローフィン付管の熱伝達モデルの基礎となるローフィン付面について，図 4.3-7(a), (b)に示す管周方向の角度ϕの位置を流れる液膜を考える．フィン付面は静止蒸気中に置かれ，液膜のモデル化に際しては，表面張力と重力の影響を同時に考慮する．平滑面上における液膜流れとの相違点は，表面張力による圧力差が液膜の流れを大きく支配することである．薄液膜の厚さδがフィンピッチおよびフィン高さより十分小さいと考え，平滑面上の液膜に対するNusseltの仮定をそのまま適用したモデルを考える．主要な仮定は次のとおりである．

(1)伝熱面温度T_wは一様

(2)層流液膜

(3)液膜の式に含まれる慣性項と対流項は無視できる

(4)フィン高さh_fは管の外半径R_oに比べて十分小さい．

これらの仮定により，液膜の基礎式は次式で与えられる．

$$\frac{\partial U_L}{\partial x}+\frac{\partial V_L}{\partial y}+\frac{\partial W_L}{R_o\partial\phi}=0 \qquad \text{(連続)} \qquad (4.3\text{-}13)$$

$$0=g_x-\frac{1}{\rho_L}\frac{\partial P_L}{\partial x}+\nu_L\frac{\partial^2 U_L}{\partial y^2} \qquad (x\text{方向の運動量}) \qquad (4.3\text{-}14)$$

$$0=g_\phi-\frac{1}{\rho_L}\frac{\partial P_L}{R_0\partial\phi}+\nu_L\frac{\partial^2 W_L}{\partial y^2} \qquad (\phi\text{方向の運動量}) \qquad (4.3\text{-}15)$$

$$0=\frac{\partial^2 T_L}{\partial y^2} \qquad \text{(エネルギ)} \qquad (4.3\text{-}16)$$

ここに，U_L，V_L，W_Lはそれぞれ液膜速度のx，y，ϕ成分，g_xおよびg_ϕはそれぞれ重力加速度のxおよびϕ成分である．気液界面における液側の圧力P_Lと蒸気側の圧力P_Vの差(P_L-P_V)は気液界面の曲率半径と次の関係を持つ．

$$P_L-P_V=\sigma\left(\frac{1}{r_x}+\frac{1}{r_\phi}\right) \qquad (4.3\text{-}17)$$

ここに，r_xはx軸を含むフィン表面に垂直な面内における気液界面の曲率半径，r_ϕはx軸に垂直な面内における気液界面の曲率半径である．そして，薄液膜の流れはフィン間溝部に向かうものが大きく，式(4.3-17)で$r_x>>r_\phi$と仮定する．

$$\frac{\partial P_L}{\partial x}=\sigma\frac{\partial}{\partial x}\left(\frac{1}{r_x}+\frac{1}{r_\phi}\right)\approx\sigma\frac{\partial}{\partial x}\left(\frac{1}{r_x}\right) \qquad (4.3\text{-}18)$$

$$\frac{\partial P_L}{R_o\partial\phi}=\sigma\frac{\partial}{R_o\partial\phi}\left(\frac{1}{r_x}+\frac{1}{r_\phi}\right)\approx 0 \qquad (4.3\text{-}19)$$

式(4.3-18, 19)より，気液界面の曲率半径はxの関数と見なせるため，式(4.3-14)と式(4.3-15)はそれぞれ次式となる．

$$0=\frac{\partial^2 U_L}{\partial y^2}+\frac{1}{\nu_L}\left\{g_x-\frac{\sigma}{\rho_L}\frac{d}{dx}\left(\frac{1}{r_i}\right)\right\} \qquad (x\text{方向の運動量}) \qquad (4.3\text{-}20)$$

$$0=\frac{\partial^2 W_L}{\partial y^2}+\frac{1}{\nu_L}g_\phi \qquad (\phi\text{方向の運動量}) \qquad (4.3\text{-}21)$$

ここに，$r_i=r_x$は気液界面の曲率半径を表す．式(4.3-20, 21)の境界条件は次式で与えられる．

$y=0$ で　$U_L=0$，　$W_L=0$　(4.3-22, 23)

$y=\delta$ で　$\dfrac{\partial U_L}{\partial y}=0$，　$\dfrac{\partial W_L}{\partial y}=0$　(4.3-24, 25)

式(4.3-20, 21)を式(4.3-22~25)の条件で解けば，U_L および W_L はそれぞれ次式で与えられる．

$$U_L=\frac{1}{\nu_L}\left\{g_x-\frac{\sigma}{\rho_L}\frac{d}{dx}\left(\frac{1}{r_i}\right)\right\}\delta^2\left\{\left(\frac{y}{\delta}\right)-\frac{1}{2}\left(\frac{y}{\delta}\right)^2\right\} \tag{4.3-26}$$

$$W_L=\frac{1}{\nu_L}g_\phi\delta^2\left\{\left(\frac{y}{\delta}\right)-\frac{1}{2}\left(\frac{y}{\delta}\right)^2\right\} \tag{4.3-27}$$

気液界面における熱量保存の関係を，平滑管の場合と同様に，式(4.3-16)を (x,ϕ) 座標系で表示すれば，次式となる．

$$\Delta i_v\rho_L\left(\frac{\partial}{\partial x}\int_0^\delta U_L\,dy+\frac{\partial}{R_o\partial\phi}\int_0^\delta W_L\,dy\right)=k_L\left(\frac{\partial T}{\partial y}\right)_i \tag{4.3-28}$$

ここに，式(4.3-28)左辺(　)内の第 1 項は x 方向の液流量変化を，第 2 項は ϕ 方向の変化を表す．そして，凝縮温度差 (T_s-T_w) が既知の場合，式(4.3-28)は次式となる．

$$\Delta i_v\rho_L\left(\frac{\partial}{\partial x}\int_0^\delta U_L\,dy+\frac{\partial}{R_o\partial\phi}\int_0^\delta W_L\,dy\right)=\frac{k_L(T_s-T_w)}{\delta} \tag{4.3-29}$$

式(4.3-29)に式(4.3-26, 27)の U_L と W_L を代入すれば，液膜厚さを求める次式が得られる．

$$\frac{2}{3\nu_L D_o}\frac{\partial}{\partial\phi}\left(g_\phi\delta^3\right)+\frac{1}{3\nu_L}\frac{\partial}{\partial x}\left[\left\{g_x-\frac{\sigma}{\rho_L}\frac{d}{dx}\left(\frac{1}{r_i}\right)\right\}\delta^3\right]=\frac{k_L(T_s-T_w)}{\delta\rho_L\Delta i_v} \tag{4.3-30}$$

式(4.3-30)左辺第 1 項は重力による液膜の ϕ 方向流れを，第 2 項は重力と表面張力による x 方向流れをそれぞれ表す．フィン付面上における凝縮液の重要な挙動は，図 4.3-4 で説明したように，フィン上の薄液膜は表面張力による圧力差によりフィン間溝部に引き込まれることである．したがって，液膜の周方向流れを無視すれば，式(4.3-30)の左辺第 1 項を省略可能になり，液膜分布を定める次式が得られる．

$$\frac{G}{3}\frac{d}{d\bar{x}}\left(\bar{\delta}^3 f_x\right)-\frac{S}{3}\frac{d}{d\bar{x}}\left\{\bar{\delta}^3\frac{d}{d\bar{x}}\left(\frac{1}{\bar{r}_i}\right)\right\}=\frac{1}{\bar{\delta}} \tag{4.3-31}$$

ここに，$G=g\rho_L\Delta i_v p_f^3/\{k_L\nu_L(T_s-T_w)\}$ は重力の影響を，$S=\sigma\Delta i_v p_f/\{k_L\nu_L(T_s-T_w)\}$ は表面張力の影響をそれぞれ表す無次元数，$\bar{x}=x/p_f$，$\bar{r}_i=r_i/p_f$ である．重力加速度の x 成分 g_x を重力加速度 g と成分を表す関数 f_x の積で表せば，フィン先端角部に半径 r_o の丸みを持つ台形フィンの場合，f_x は次式で与えられる．

$0 \le x \le x_0$ で　　$f_x = 0$　　(4.3-32a)

$x_0 \le x \le x_t$ で　　$f_x = cos\phi sin\{(x - x_0)/r_0\}$　　(4.3-32b)

$x_t \le x$ で　　$f_x = cos\phi sin\phi$　　(4.3-32c)

無次元の気液界面曲率 $1/r_i$ は次式で表せる.

$0 \le \bar{x} \le \bar{x}_o$, $\bar{x}_t \le \bar{x}$ で

$$\frac{1}{\bar{r}_i} = \frac{-d^2\bar{\delta}/d\bar{x}^2}{\left\{1 + \left(d\bar{\delta}/d\bar{x}\right)^2\right\}^{3/2}} \tag{4.3-33a}$$

$\bar{x}_o \le \bar{x} \le \bar{x}_t$ で

$$\frac{1}{\bar{r}_i} = \frac{\dfrac{1}{\bar{r}_o} + \left(\dfrac{2}{\bar{r}_o^2} + \dfrac{\bar{\delta}}{\bar{r}_o^3}\right)\bar{\delta} + 2\dfrac{\left(d\bar{\delta}/d\bar{x}\right)^2}{\bar{r}_o} - \left(1 + \dfrac{\bar{\delta}}{\bar{r}_o}\right)\left(\dfrac{d^2\bar{\delta}}{d\bar{x}^2}\right)}{\left\{\left(1 + \dfrac{\bar{\delta}}{\bar{r}_o}\right)^2 + \left(\dfrac{d\bar{\delta}}{d\bar{x}}\right)^2\right\}^{3/2}} \tag{4.3-33b}$$

式(4.3-31)の境界条件は次式で与えられる.

$\bar{x} = 0$ で　　$\dfrac{d\bar{\delta}}{d\bar{x}} = 0$,　　$\dfrac{d(1/\bar{r}_i)}{dx} = 0$　　(4.3-34, 35)

さらに，フィン側面上の x_b で気液界面の曲率半径が r_b の厚液膜に接続する場合，次式が成り立つ.

$\bar{x} = \bar{x}_b$ で　　$\dfrac{d\bar{\delta}}{d\bar{x}} = tan\,\varepsilon$,　$\bar{r}_i = -\bar{r}_b$　　(4.3-36, 37)

ここに，式(4.3-36, 37)は $x = x_b$ で，すなわち薄液膜と厚液膜の接続位置で，気液界面形状がなめらかに接続することを表す.

局所の熱伝達率 h_x とヌセルト数 Nu_x はそれぞれ次式から求まる.

$$h_x = \frac{k_L}{\delta_x}\ ,\qquad Nu_x = \frac{h_x p}{k_L} = \frac{p}{\delta_x} = \frac{1}{\bar{\delta}_x} \tag{4.3-38, 39}$$

ここに $\bar{\delta} = \delta/p_f$ である．1ピッチあたりの伝熱量 Q_p は $0 \le \bar{x} \le \bar{x}_b$ の薄液膜部のみ考慮する．Q_p およびフィンピッチを代表寸法とするヌセルト数 Nu_p は次式で求まる.

$$Q_p = h_p\left(T_s - T_w\right)p_f = 2\int_0^{x_b} h_x\left(T_s - T_w\right)dx \tag{4.3-40}$$

$$Nu_p = \frac{h_p p_f}{k_L} = 2\int_0^{\bar{x}_b}\frac{d\bar{x}}{\bar{\delta}_x} = 2\int_0^{\bar{x}_b} Nu_x\,dx \tag{4.3-41}$$

図 4.3-8 は $S = 10^7, \bar{x}_o = 0.05, \bar{r}_o = 0.01, \bar{s} = 0.7,\ \theta = 0$，$\varepsilon = \pi/6$ を固定し，$\bar{x}_b$ を変化させた場合の数値解を示す．フィン側面上($x > x_t$)における薄液膜部の長さ($\bar{x}_b - \bar{x}_t$)は図(a)が最大，図(c)が最小の場合である．また，$G/S = \rho g p_f^2/\sigma = 1$ は重力と表面張力の影響が同程度の場合を，$G/S = 0$ は重力の影響が無視できる場合

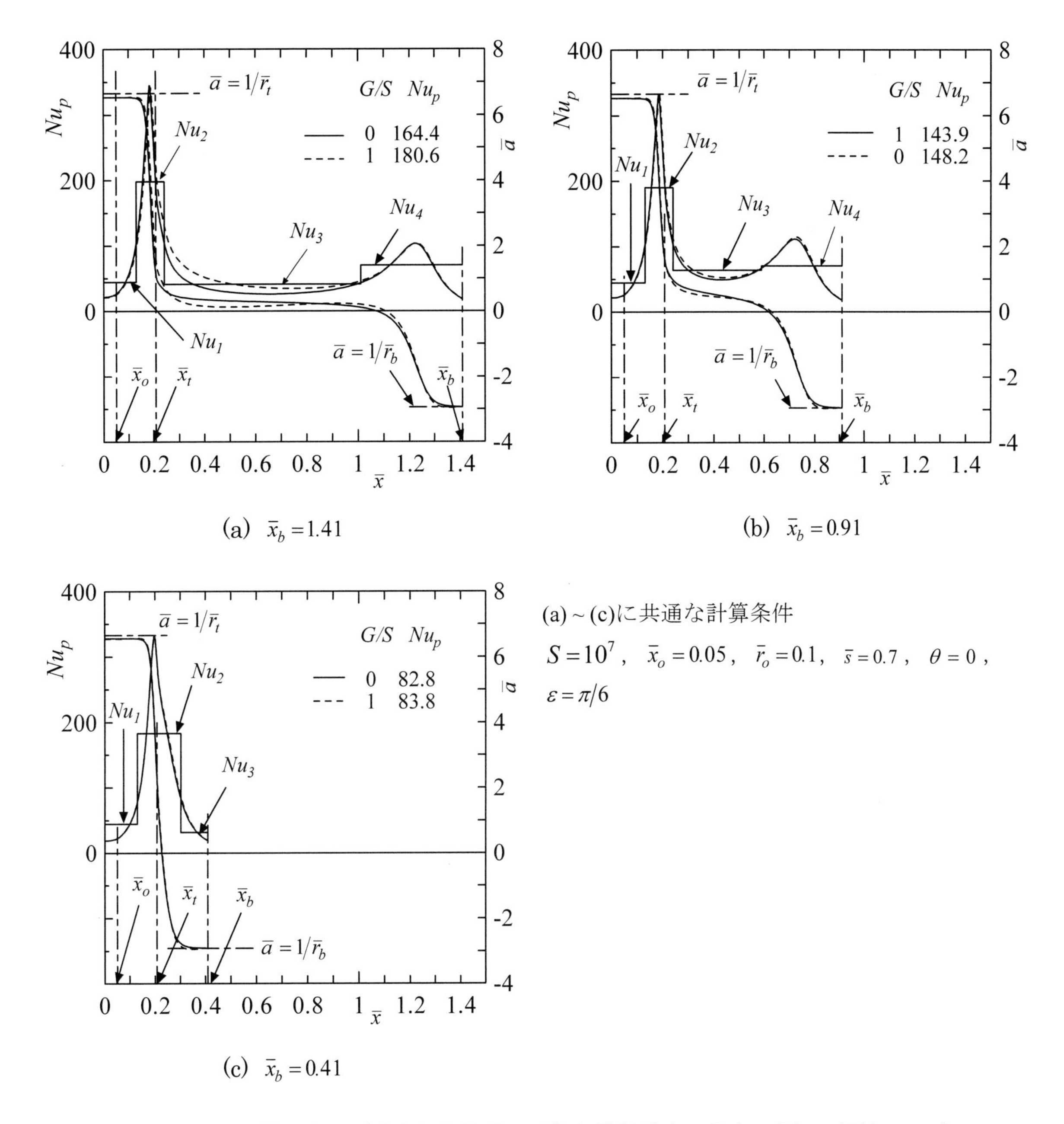

図 4.3-8 フィン付面上に形成された液膜の形状と熱伝達率の分布　(本田・野津, 1985)

を表す．$(\bar{x}_b-\bar{x}_t)$が比較的大きい図(a) と図((b) では，Nu_xはフィン先端の角部および溝部液膜との境界付近で高く，$\bar{x}=0$の近傍とフィン側面で低い．気液界面曲率$\bar{a}$ $(=1/\bar{r})$ はNu_xが極大値を示す付近で急激に変化する．フィン頂部の$\bar{a}$はほぼ一定であるため，気液界面形状は円弧状になる．$(\bar{x}_b-\bar{x}_t)$が小さい図(c)の場合，Nu_xはフィン先端の角部で最大値をとる凸形の分布になり，$\bar{a}$もこの部分で大きく変化する．

図中には式(4.3-41)で定義される公称面積基準の平均ヌセルト数Nu_pも記入してある．Nu_pは$G/S=\rho_L g p_f^2/\sigma=1$の方が$G/S=0$の場合より大きく，両者の差は$\bar{x}_b$とともに大きくなる．しかし，$\bar{x}_b$の減少とともにこの差も小さくなり，$\bar{x}_b\approx 0.4$ では約 1%になる．これは，$\bar{x}_b$の減少とともに，フィン側面の圧力勾配が大きくなり重力の影響が相対的に低くなることによる．

図 4.3-9 は表面張力のみ考慮する$S=10^7$，$G=0$を与えた場合のNu_pと$\bar{x}_b$の関係を示す．Nu_pは$\bar{x}_b$が小さい領域で$\bar{x}_b$とともに急増し，$\bar{x}_b$の増大とともには緩やかに変化する．これは，図 4.3-8 から明らかなように，フ

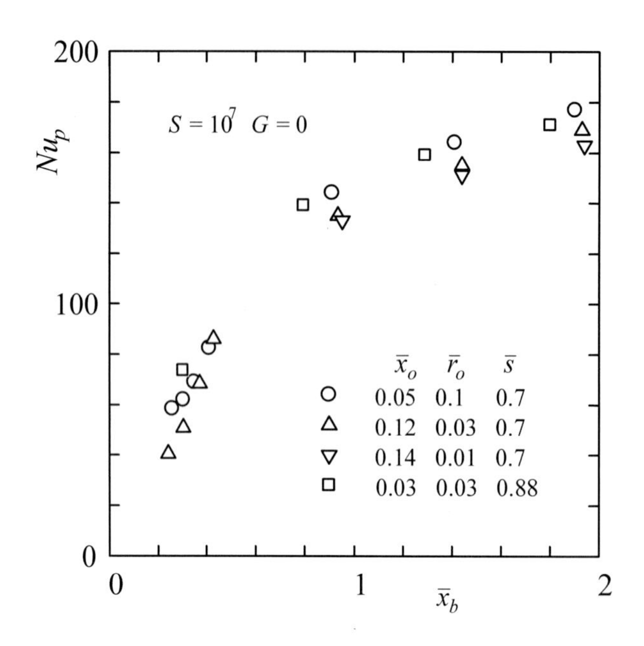

図 4.3-9　Nu_p の $\bar{x}_b$ による変化（本田-野津, 1985）

ィン側面に作用する圧力勾配が減少するためである．フィン間隔が同一で $\bar{r}_o$ が異なる記号○，△，▽を比較すると，$\bar{r}_o$ が大きいほど Nu_p も大きい．また，$\bar{r}_o$ が同一でフィン間隔が異なる記号△と□を比較すれば，フィン間隔の大きい(フィン厚さの薄い)□の方が Nu_p が大きい．この結果は伝熱促進に際して重要な知見になる．

次に，Nu_p の近似式を説明する．図 4.3-8 で示したように，気液界面曲率はフィン先端付近の $1/\bar{r}_t$ から溝部厚液膜の $-1/\bar{r}_b$ まで変化する．そして，曲率が急激に変化するフィン先端の角部および薄液膜と厚液膜の接続部では液膜がさらに薄くなり熱伝達が格段に良好になる．本田-野津 (1985) は，これらの特性を表現できるように薄液膜部 $0 \le x \le x_b$ を 2 ~ 4 領域に分割し，領域ごとの平均ヌセルト数 Nu_i ($i = 1$~4) の式を作成した．そして，それらを組み合わせて Nu_p の近似式を提案した．Nu_p の式を表 4.3-2 に，Nu_i を導く例を【付録 4..2】にそれぞれ示す．同表において，領域 i の無次元伝熱量 $\overline{Q_i} = Q_i / \{k_L (T_s - T_w)\}$ は Nu_i と $\Delta\bar{x}_i$ を用いて次式で表現できる．

$$\overline{Q_i} = Nu_i \Delta\bar{x}_i \tag{4.3-42}$$

したがって，式(4.3-41)の Nu_p は，2 ~ 4 分割された領域ごとの伝熱量の和として次式で求まる．

$$Nu_p = \frac{h_p p_f}{k_L} = 2\sum_1^N \overline{Q_i} = \sum_1^N \left(Nu_i \Delta\bar{x}_i \right) \tag{4.3-43}$$

そして，本田-野津(1985)による Nu_p の数値解は，式(4.3-43)による計算値と ± 5%以内で一致する．

(b)　2次元ローフィン付管の熱伝達

前項で説明したフィン付面の凝縮特性を 2 次元ローフィン付管の凝縮熱伝達の予測に適用する．公称面積基準熱伝達率 h を次式で定義する．

$$h = \frac{q_m}{\left(T_s - T_{wm} \right)} \tag{4.3-44}$$

表 4.3-2 領域ごとの平均ヌセルト数の式（本田-野津, 1985）

4 領域モデル　[領域 u, $\Delta\bar{a}_2/\Delta x_2 \ge \Delta a_3/\Delta x_3$ の場合]
$Nu_p = 2\left(\bar{Q}_1 + \bar{Q}_2 + \bar{Q}_3 + \bar{Q}_4\right) = 2\left(Nu_1 \Delta\bar{x}_1 + Nu_2 \Delta\bar{x}_2 + Nu_3 \Delta\bar{x}_3 + Nu_4 \Delta\bar{x}_4\right)$ $Nu_1 = 2.4/\left(\bar{\delta}_0 + 0.045\bar{r}_0\right)$, $Nu_2 = \dfrac{1.14S^{0.23}\Delta\bar{a}_2^{0.25}}{\Delta\bar{x}_2^{0.5}\left(1+2\bar{Q}_1/\bar{Q}_2\right)^{0.25}}$, $Nu_3 = \dfrac{0.90S^{0.25}\Delta\bar{a}_3^{0.25}}{\Delta\bar{x}_3^{0.5}\left\{1+2\left(\bar{Q}_1+\bar{Q}_2\right)/\bar{Q}_3\right\}^{0.25}}$ $Nu_4 = \dfrac{1.14S^{0.25}\Delta\bar{a}_4^{0.25}}{\Delta\bar{x}_4^{0.5}\left\{1+2\left(\bar{Q}_1+\bar{Q}_2+\bar{Q}_3\right)/\bar{Q}_4\right\}^{0.25}}$, $\bar{\delta}_0 = \bar{x}_1\left(1-sin\theta\right)/cos\theta$ $\bar{x}_1 = \left(\bar{x}_o + \bar{x}_t\right)/2$, $\bar{x}_2 = \bar{x}_t + 0.03$, $\bar{x}_3 = \bar{x}_b - 0.9\bar{r}_b$, $\bar{x}_4 = \bar{x}_b$ $\Delta\bar{x}_1 = \bar{x}_1$, $\Delta\bar{x}_2 = \bar{x}_2 - \bar{x}_1$, $\Delta\bar{x}_3 = \bar{x}_3 - \bar{x}_2$, $\Delta\bar{x}_4 = \bar{x}_4 - \bar{x}_3$ $\Delta\bar{a}_1 = 0.0$, $\Delta\bar{a}_2 = 1/\bar{r}_t - 15/\left(\Delta\bar{x}_3^{0.5}S^{0.2}\right)$, $\Delta\bar{a}_3 = 15/\left(\Delta\bar{x}_3^{0.5}S^{0.2}\right)$, $\Delta\bar{a}_4 = 1/\bar{r}_b$
3 領域モデル　[領域 u, $\Delta\bar{a}_2/\Delta x_2 < \Delta a_3/\Delta x_3$, $\bar{x}_b - 0.3\bar{r}_b > \bar{x}_t$ の場合]
$Nu_p = 2\left(\bar{Q}_1 + \bar{Q}_2 + \bar{Q}_3\right) = 2\left(Nu_1 \Delta\bar{x}_1 + Nu_2 \Delta\bar{x}_2 + Nu_3 \Delta\bar{x}_3\right)$ $Nu_1 = 2.4/\left(\bar{\delta}_0 + 0.045\bar{r}_0\right)$, $Nu_2 = \dfrac{1.14S^{0.23}\Delta\bar{a}_2^{0.25}}{\Delta\bar{x}_2^{0.5}\left(1+2\bar{Q}_1/\bar{Q}_2\right)^{0.25}}$, $Nu_3 = \dfrac{1.140S^{0.23}\Delta\bar{a}_3^{0.25}}{\Delta\bar{x}_3^{0.5}\left\{1+2\left(\bar{Q}_1+\bar{Q}_2\right)/\bar{Q}_3\right\}^{0.25}}$ $\bar{x}_1 = \left(\bar{x}_o + \bar{x}_t\right)/2$, $\bar{x}_2 = Max\left(\bar{x}_b - 0.3\bar{r}_b, \bar{x}_t\right)$, $\bar{x}_3 = \bar{x}_b$, $\Delta\bar{x}_1 = \bar{x}_1$, $\Delta\bar{x}_2 = \bar{x}_2 - \bar{x}_1$, $\Delta\bar{x}_3 = \bar{x}_3 - \bar{x}_2$ $\Delta\bar{a}_1 = 0.0$, $\Delta\bar{a}_2 = 1/\bar{r}_t + 0.98/\bar{r}_b$, $\Delta\bar{a}_3 = 0.02/\bar{r}_b$
2 領域モデル　[領域 f]
$Nu_p = 2\left(\bar{Q}_1 + \bar{Q}_2\right) = 2\left(Nu_1 \Delta\bar{x}_1 + Nu_2 \Delta\bar{x}_2\right)$, $Nu_1 = 0.9S^{0.25}\Delta\bar{a}_1^{0.25}/\Delta\bar{x}_1^{0.25}$, $Nu_2 = \dfrac{1.14S^{0.23}\Delta\bar{a}_2^{0.25}}{\Delta\bar{x}_2^{0.5}\left(1+2\bar{Q}_1/\bar{Q}_2\right)^{0.25}}$ $\bar{x}_1 = 0.8\bar{x}_o$, $\bar{x}_2 = 0.2\bar{x}_o + \left(\psi_m + \pi/16\right)\bar{r}_o$, $\Delta\bar{x}_1 = \bar{x}_1$, $\Delta\bar{x}_2 = \bar{x}_2 - \bar{x}_1$ $\Delta\bar{a}_1 = 0.001/\bar{r}_{tm}$, $\Delta\bar{a}_2 = 0.999/\bar{r}_{tm} + 1/\bar{r}_{bm}$, $\bar{r}_{tm} = \bar{x}_o\left\{\left(\bar{r}_o + \bar{r}_{bm}\right)/\left(0.5 - \bar{x}_o\right)\right\} + \bar{r}_o$, $\bar{r}_{bm} = \sigma/\left(\rho_L g z_m p_f\right)$ $\bar{z}_m = \bar{R}_o\left\{1 - \dfrac{sin\phi_f}{\pi - \phi_f}\right\}$ は領域 f の平均高さ（図 4.3-7 参照）, $\psi_m = sin^{-1}\left(\dfrac{0.5 - \bar{x}_o}{\bar{r}_o + \bar{r}_{bm}}\right)$, $\bar{r}_{bm} = \dfrac{\sigma}{\rho_L g \bar{z}_m}$

ここに，q_m は公称面積基準熱流束，すなわちフィン先端径を持つ平滑円管の表面積基準の熱流束，T_{wm} は管の根元における平均温度を表し，両者はそれぞれ次式で定義される．

$$q_m = \frac{1}{\pi}\int_0^{\pi} q\left(\phi\right)d\phi \ , \ T_{wm} = \frac{1}{\pi}\int_0^{\pi} T_w\left(\phi\right)d\phi \qquad (4.3\text{-}45, 46)$$

水平ローフィン付管上の凝縮では，図 4.3-4 から明らかなように，フィン間溝部液膜の厚さが液充満角 ϕ_f の前後で急激に変化する．したがって，q_m および T_{wm} の領域 u および領域 f ごとに求め，各領域における諸量にそれぞれ添字 u および f を付ける．領域ごとの熱流束は次式で求まる．

$$q_u = h_u \eta_u\left(T_s - T_{wu}\right), \qquad q_f = h_f \eta_f\left(T_s - T_{wf}\right) \qquad (4.3\text{-}47, 48)$$

熱流束と壁温の面積平均値に基づく平均熱伝達率 h を次式で定義する．

$$h = \frac{q_u \phi_f + q_f\left(\pi - \phi_f\right)}{\left(T_s - T_{wu}\right)\phi_f + \left(T_s - T_{wf}\right)\left(\pi - \phi_f\right)} \qquad (4.3\text{-}49)$$

フィン先端径 D_o 基準の平均ヌセルト数は次式で求まる．

$$Nu_D = \frac{hD_o}{k_L} = \frac{(Nu_D)_u \eta_u \left(1-\overline{T}_{wu}\right)\overline{\phi}_f + (Nu_D)_f \eta_f \left(1-\overline{T}_{wf}\right)\left(1-\overline{\phi}_f\right)}{\left(1-\overline{T}_{wu}\right)\overline{\phi}_f + \left(1-\overline{T}_{wf}\right)\left(1-\overline{\phi}_f\right)} \tag{4.3-50}$$

ここに，$\overline{T}_{wi} = (T_{wi}-T_c)/(T_s-T_c)$，$\overline{\phi}_f = \phi_f/\pi$．領域 u および領域 f の平均ヌセルト数 $(Nu_D)_i$ を次式で計算する．

$$(Nu_D)_u = (Nu_p)_u\left(\overline{D}_o + \overline{D}_r\right)/2\,, \qquad (Nu_D)_f = (Nu_p)_f \overline{D}_o \tag{4.3-51a, b}$$

領域 u のフィン効率 η_u は厚さ t_m と仮想外径 $(D_o + t_m)$ を持つ矩形フィンの値を用いる．領域 f のフィン効率は次式で計算する．

$$\eta_f = \left\{1 + \frac{k_L}{k_w}\frac{(Nu_D)_f}{\bar{t}_m} ln(D_o/D_r)\right\}^{-1} \tag{4.3-52}$$

式(4.3-51)の Nu_p を求める際，$\overline{x}_b$ は次式を仮定する．

$$\overline{x}_b = \overline{x}_r + 0.3\,\overline{r}_b \tag{4.3-53}$$

ここに，$\overline{r}_b$ はフィン側面およびフィン根元の管表面に接する円弧の半径，$\overline{x}_r$ はこの円弧とフィン側面が接する座標を表す．この仮定は，フィン付面に関する前述の数値解との比較から妥当である．さらに，単管上，ならびに，管群内で凝縮液イナンデーションの影響を受けない領域では，溝部液膜厚さがフィン高さ等より十分小さいことから考えても妥当である．なお，本モデルでは $\overline{x}_r > \overline{x}_t$ を満たす必要があるため，モデルの適用範囲は幾何学的な制約から次式で与えられる．

$$h_f/(1-\sin\theta) > r_o + s/(2\cos\theta) \tag{4.3-54}$$

各領域の平均壁温 $\overline{T}_{wu}$，$\overline{T}_{wf}$ は管周方向の温度分布を，次式の管周方向熱伝導方程式の解から定める．

$$\eta_i (Nu_D)_i \frac{k_L}{k_w} - \left[\eta_i (Nu_D)_i \frac{k_L}{k_w} + \left\{\frac{1}{2} ln\left(\frac{D_r}{D_c}\right) + \frac{1}{Nu_c}\frac{k_w}{k_c}\right\}^{-1}\right]\overline{T}_w = -\frac{4A}{\pi^2 D_r}\frac{d^2\overline{T}_w}{d\overline{\phi}^2} \tag{4.3-55}$$

管頂および管底における境界条件は次式で与えられる．

$$\overline{\phi} = 0\,, \quad \overline{\phi} = 1 \quad \text{で} \quad \frac{d\overline{T}_w}{d\overline{\phi}} = 0 \tag{4.3-56, 57}$$

液充満位置における熱流束と温度の接続条件は次式で与えられる．

$$\overline{\phi} = \overline{\phi}_f \quad \text{で} \quad \left(\frac{d\overline{T}_w}{d\overline{\phi}}\right)_u = \left(\frac{d\overline{T}_w}{d\overline{\phi}}\right)_f, \quad \left(\overline{T}_w\right)_u = \left(\overline{T}_w\right)_f \tag{4.3-58, 59}$$

式(4.3-55)を式(4.3-56)～ 式(4.3-59)の条件で解けば，領域ごとの平均壁温 $\overline{T}_{wu}$ および $\overline{T}_{wf}$ が求まる．

領域 u $\quad \left(1-\overline{T}_{wu}\right) = \dfrac{1}{\overline{\phi}_f}\displaystyle\int_0^{\overline{\phi}_f}\left(1-\overline{T}_w\right)d\overline{\phi}$

$$= \left(1-\overline{T}_{wu0}\right)+\frac{\left(\overline{T}_{wu0}-\overline{T}_{wf0}\right)}{m_u\,\overline{\phi}_f}\left[coth\left(m_u\,\overline{\phi}_f\right)+\frac{m_u}{m_f}coth\left\{m_f\left(1-\overline{\phi}_f\right)\right\}\right]^{-1} \tag{4.3-60a}$$

領域 f

$$\left(1-\overline{T}_{wf}\right)=\frac{1}{\left(1-\overline{\phi}_f\right)}\int_{\overline{\phi}_f}^{1}\left(1-\overline{T}_w\right)d\overline{\phi}$$
$$=\left(1-\overline{T}_{wf0}\right)-\frac{\left(\overline{T}_{wu0}-\overline{T}_{wf0}\right)}{m_f\left(1-\overline{\phi}_f\right)}\left[\coth\left\{m_f\left(1-\overline{\phi}_f\right)\right\}+\frac{m_f}{m_u}\coth\left(m_u\overline{\phi}_f\right)\right]^{-1} \tag{4.3-60b}$$

ここに

$$\left(1-T_{wi0}\right)=\left[1+\eta_i\left(Nu_D\right)_i\left\{\frac{k_L}{2k_w}ln\left(\frac{D_r}{D_c}\right)+\frac{1}{Nu_c}\frac{k_L}{k_c}\right\}\right]^{-1} \quad , \quad i=u,f \tag{4.3-61a}$$

$$m_i=\frac{\pi}{2}\sqrt{\frac{D_r}{A}\left[\eta_i\left(Nu_D\right)_i\frac{k_L}{k_w}+\left\{\frac{1}{2}\ln\left(\frac{D_r}{D_c}\right)+\frac{1}{Nu_c}\frac{k_w}{k_c}\right\}^{-1}\right]}, \qquad i=u,f \tag{4.3-61b}$$

図 4.3-10(a)は図 4.3-2 の実験値について，平均熱伝達率の実験値 h_{ex} と式(4.3-50)による計算値 h_c の比を平均凝縮温度差 $\left(T_s-T_w\right)$ に対してプロットしたものである．実験値と計算値の一致は全般的に良好である．しかし，記号■と▲で示す管 B と管 C の R113 に関する実験値は 1.1～1.17 の範囲に，その他のものは 0.87 ~ 1.0 の範囲にあり，両者の間には明確な差がある．この理由として R113 では，式(4.3-31)に含まれる無次元数 G と S との比（$G/S=g\rho_L\,p_f^2/\sigma$）が 1 程度になり，重力の影響が無視できないためである．試みに，領域 u について表面張力と重力の影響を次式で同時に考慮する．

$$\left(Nu_D\right)_u=\left\{\left(Nu_D\right)_{us}^3+\left(Nu_D\right)_{ug}^3\right\}^{1/3} \tag{4.3-62}$$

式(4.3-62)の $\left(Nu_D\right)_{us}$ は表面張力の影響を表す式(4.3-50)から求める．$\left(Nu_D\right)_{ug}$ は重力の影響を表す項で，Beatty-Katz (1948) のモデルに基づき次式から算出する．

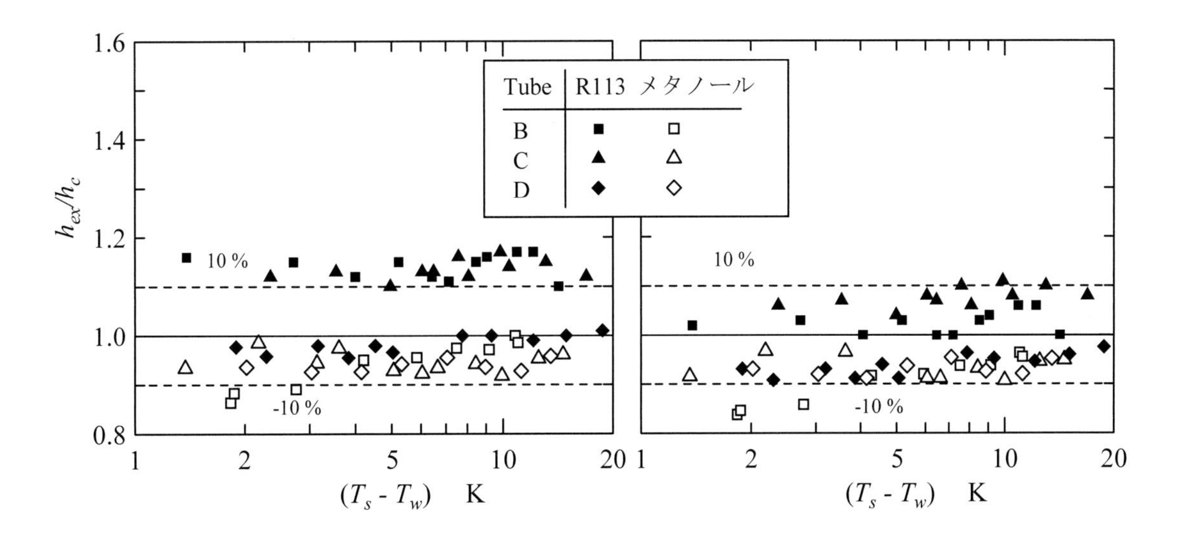

(a) 表面張力モデルとの比較　　(b)表面張力と重力を考慮したモデルとの比較

図 4.3-10 熱伝達率の実験値と計算値との比較　(本田-野津，1985)

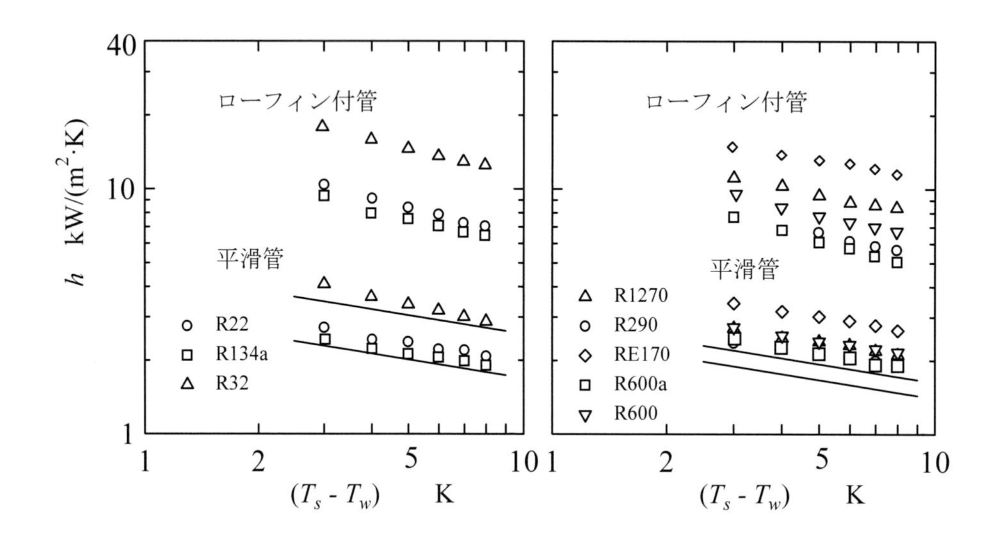

図 4.3-11 Jung *et al.*の実験結果，D_o = 19 mm, h_f= 1.2 mm　(Miyara, 2008 より作成)

$$\left(Nu_D\right)_{ug} = 0.689\, G_{Du}^{1/4}\left\{1.3 f_\ell \left(D/h_e\right)^{1/4} + f_0 + f_r \left(D_o/D_r\right)^{1/4}/\eta_u\right\} \tag{4.3-63}$$

ここに，$h_e = \pi\left(D_o^2 - D_r^2\right)/\left(4D_o\right)$，$G_{Du} = g\rho_L \Delta i_v D_o^3/\left\{k_L \nu_L \eta_u \left(T_s - T_{wu}\right)\right\}$，$f_\ell$，$f_o$，$f_r$ はそれぞれ直径 D_o の円管の表面積に対するフィンの側面，先端および根元の面積割合である．

図 4.3-10(b)は上述の修正を加えたもので，大部分の実験値が±10%以内で整理できる．そして，Honda-Nozu (1987) は，炭化水素 (Beatty-Katz, 1948) および水 (Yau *et al.*,1985) を含む 11 種類の物質と 22 種類のフィン付管による従来の実験値と，Beatty-Katz (1948)，Owen *et al.* (1983)，Webb *et al.* (1985) の式との比較も行い，式(4.3-63)による計算法が最も優れていることを示した．

その後，本田ら (1987a) はフィン間隔が広くフィン間溝部の管表面にも薄液膜が形成される場合にモデルを拡張した．そのポイントは，領域 u がフィン間溝部の管表面に存在する場合をとりあげ，この領域に対する熱伝達の式を定めたこと，ならびに，図 4.3-7 に示す薄液膜と厚液膜の接続位置 x_b を凝縮量とフィン間溝部を流下する液流量のバランスから定めたことである．Rose (1994) は台形溝を持つローフィン付管の凝縮熱伝達に関する次元解析から熱伝達の予測法を提案した．本田らの修正モデル (1987a)，Beatty-Katz (1948)および Rose (1994) の式と実験との比較は後述の図 4.3-12 に示されている．

次に，近年における研究を概観する．冷媒は R134a によるものが多く，フィンピッチは商用伝熱管である 26 fins per inch (fpi) で台形フィンを用いたものが多い．代表的なものは，Jung *et al.* (1999, 2003, 2004) および Park *et al.* (2005) はフィンの形状・寸法を固定し，炭化水素を含む各種物質の特性を実験的に把握した．図 4.3-11 に熱伝達の実験値を示す．図中の実線は，R22，R32， R290 および R600 に対する平滑管の自由対流凝縮の関する式(4.2-29)を表す．Ji *et al.* (2012) は熱伝達に及ぼすフィン間隔を調べている．今後の課題は，低 GWP 系冷媒を対象に，実用的でより高精度な予測法の開発と言えよう．

4.3.3 フィン形状・寸法の最適化

熱伝達に及ぼすフィン間隔の影響を概観する．図 4.3-12 は矩形フィン付管の伝熱促進率 ε_H とフィン間隔の関係を示す (Honda-Rose, 1999)．図中には，重力流れに基づく Beatty-Katz (1948)の式，表面張力と重力の影響を同時に考慮する本田ら (1987a) の予測法，ならびに Rose (1994) の式による伝熱促進

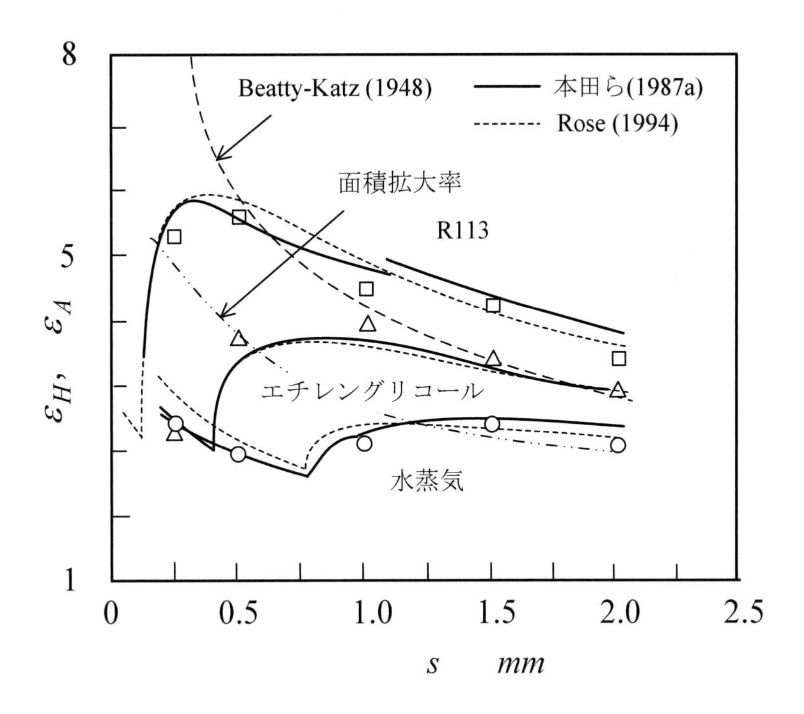

図 4.3-12 伝熱促進率とフィン間隔の関係，矩形フィン付管
D_o = 15.9 mm, h_f = 1.6 mm, t_m = 0.5 mm, (Honda-Rose, 1999)

率 ε_H ，および，フィン先端径を外径とする平滑管に対する面積拡大率 ε_A も併記してある．

実験値を見ると，伝熱促進率は物質およびフィン間隔によって異なり，その最大値は σ/ρ_L が小さい R113 が高く，σ/ρ_L が大きい水蒸気が低い．伝熱促進率の最大値を与えるフィン間隔は R113，エチレングリコール，水蒸気の順に広くなる．

伝熱促進率の実験値と予測値を比較すると，Beatty-Katz (1948) の式はフィン間隔が大きい領域で実験値と比較的一致するが，フィン間隔が狭い領域で実験値と予測値の傾向と値が大きく異なる．台形フィンに対する Rose (1994) の式は全般的に実験値と良く一致する．本田ら (1987a) の予測法は Rose の式と同程度の予測値を与える．

凝縮特性に優れるフィン形状を見いだす研究は，Mori *et al.* (1981)，Gregorig (1954)，Adamek (1981)，Kedzierski-Webb (1990)，朱-本田 (1992)，本田-眞喜志 (1995)などがある．図 4.3-13 は，これらのフィンと矩形フィンについて，管頂($\phi = 0$)における凝縮特性を液膜の基礎式(4.3-30)をもとに解析した結果を示す（本田-眞喜志，1995)．図において，放物フィン，Adamek，Gregorig，Kedzierski-Webb および朱-本田のフィンは，フィン表面の曲率半径が先端から単調に増加する特徴がある．そして，熱伝達に及ぼすフィン形状の影響は比較的小さい．本田-眞喜志のフィンは，朱-本田のフィンの側面に周方向リブを 1 個または 2 個取り付けたもので，フィン先端部に加え，フィン側面にも薄液膜を積極的に形成させる構造である．そして，図 4.3-13 によれば，ダブルリブ付フィンは放物フィンより最大 1.9 倍の凝縮性能を有している．

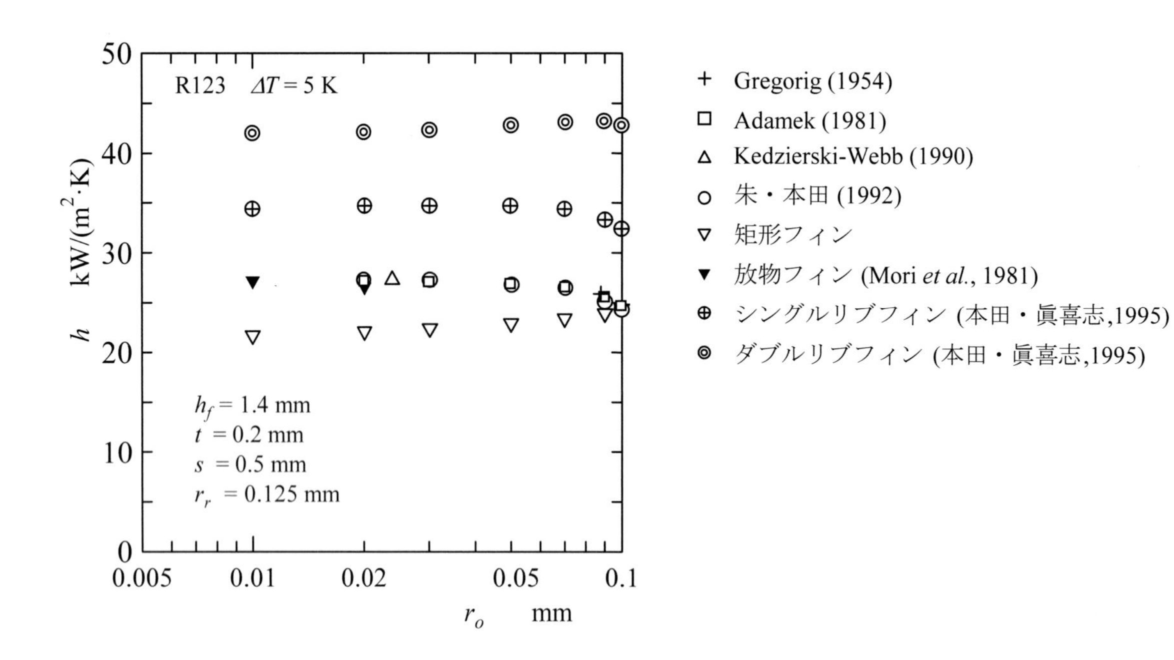

図 4.3-13 フィン形状が熱伝達率に及ぼす影響　(本田-眞喜志,1995)

4. 4 純冷媒の平滑管群内凝縮

管群内における凝縮は，凝縮液イナンデーション，すなわち，上方管で凝縮した液が下方管の熱伝達に影響を与えること，および，多数の伝熱管で構成される管群の内部における蒸気流の複雑さが主要な原因となるため単管上の凝縮より複雑になる．本節では，Collier-Thome (1994) および Cavallini *et al.* (2003) で評価された本田ら (1988a) の実験と熱伝達の式を紹介する．ついで，その後の研究展開も取り入れた熱伝達の予測法を説明する．

4. 4. 1 凝縮液イナンデーションと蒸気流速が熱伝達におよぼす影響

はじめに，本節で扱う冷媒に関する実験の概要を表 4.4-1 に示す．同表の記号 p_l および p_t はそれぞれ蒸気の流れ方向（鉛直方向）および蒸気流と直交する方向（水平方向）の管ピッチを表す．

図 4.4-1 は, 本田ら (1988a) による 3 行 15 列の碁盤目管群 (in-line tube bundle) と千鳥管群 (staggered tube bundle) を用いた R113 の凝縮様相について，管列方向の凝縮温度差 $\Delta T = (T_s - T_w)$ が 10K の場合の第 1 管列と第 13 管列を比較したものである．図(a)は管群入口の蒸気流速 U_o が低い場合の碁盤目管群で，凝縮液は液滴または液柱の形で落下し，下方管に衝突した凝縮液は波紋を拡げながら管を流下することも観察されている．落下点数は下方管ほど多くなるが，この実験では，後述のフィン付管群で観察されたシートモードは観察されてない（図 4.5-1 参照）．図(b), (c)は蒸気流速が高い場合の碁盤目管群と千鳥管群を比較したものである．両管群ともに第 1 管列は管上半部の液膜に細かい縦じまが見

表 4.4-1 平滑管群に関する実験の概要

冷媒	管配列	行数×列数	p_l (mm)	p_t (mm)	D_o (mm)	U_o (m/s)	文献
R12	1 行管列	1×5	-	-	19.1	-	Young-Wohlenberg(1942)
R113	碁盤目，千鳥	3×15	22.0	22.0	15.9	2.1~19.4	本田ら (1988a)
R134a	千鳥	3×13	20.0	24.0	16.8	~ 1.0	Belghazi *et al.* (2001)
R134a	千鳥	3×10	22.9	22.9	19.1	-	Randall-Eckels (2005)
R134a	1 行管列	1×10 1×9 1×6	25.5 28.6 44.5	-	18.9	~ 0.2	Gstoehl-Thome (2006a)

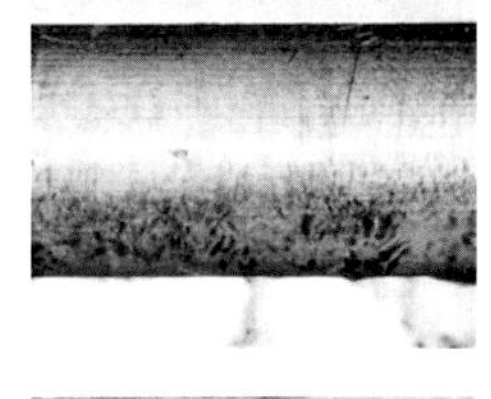

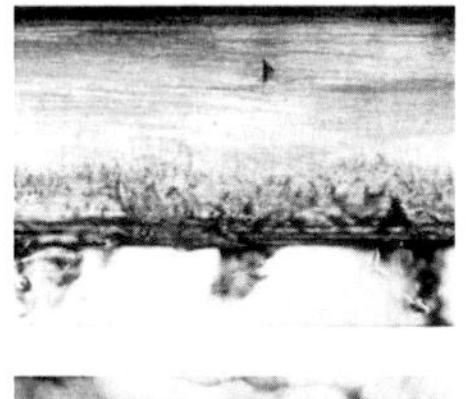

第 13 管列

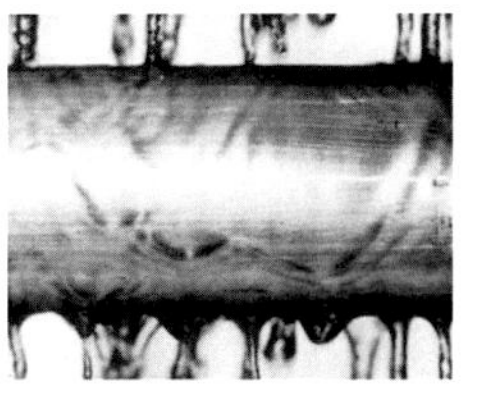

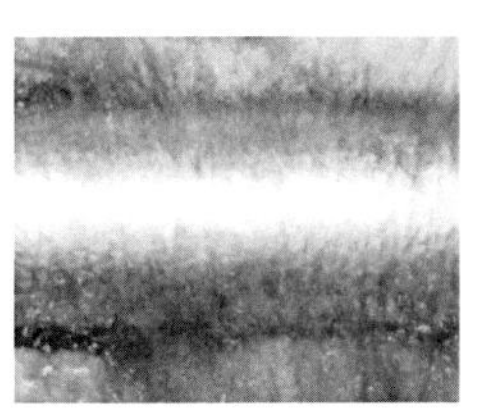

(a)碁盤目管群 U_o = 2.1 m/s　(b)碁盤目管群 U_o = 15.8 m/s　(c)千鳥管群 U_o = 19.4 m/s

図 4.4-1 凝縮状態，R113, ΔT ≒ 10 K （本田ら,1988a）

られ，管下半部では蒸気流のはく離によるしま模様が乱れ液膜が厚くなる．管下端から離脱した凝縮液は数ミリ下方で分裂し，しぶきを生じている．これらの特徴は単管に関する図 4.2-6 と同様である．基盤目管群の第 13 列では上方管からの凝縮液が伝熱管手前に設けられた観察用窓ガラスの表面を流下するため，管群内部の状況が不明瞭である．

後述のフィン付管の 1 行管列における凝縮液の落下モードの観察結果（本田ら，1987b）も含めて凝縮液イナンデーションをまとめる．低蒸気流速の場合は，凝縮量の増大につれて液滴モードから液柱モードに変化すると考えられる．高蒸気流速の場合は，管配列，凝縮量，蒸気流速，管ピッチと管外径の比などが複雑に関連し，たとえば，上方管で生じた凝縮液が下方管に衝突の後，液滴となって蒸気相を落下するなど，管群内に複雑な様相を生じる．

凝縮液イナンデーションが下方管の熱伝達に及ぼす影響について，Nusselt (1916) は凝縮液が管の下端からシート状に流下すると考えて下方管の熱伝達を解析した．理論の前提は，管群の第 1 列から第 $(n-1)$ 列までで生じたすべての凝縮液は第 n 列の管頂にシート状で流下することである．そして，このことにより第 n 列の管上を流れる凝縮液の質量流量と液膜厚さは単管の式(4.2-26)と式(4.2-27)がそのまま適用できる．式(4.2-27)を積分すれば次式が得られる．

$$\bar{\delta}_n = \frac{1}{(sin\,\phi)^{1/3}}\left\{\left(\frac{2}{G_D}\right)\left(\int_0^{\phi} sin^{1/3}\phi\, d\phi + C_n\right)\right\}^{1/4} \tag{4.4-1}$$

ここに，C_n は管列ごとの積分定数である．第 n 管列の熱伝達率 h_n，および，管群入口から第 n 管列までの平均熱伝達率 $\bar{h}_n$ は，第 1 管列の熱伝達率 h_1 と管群入口からの管列数 n を用いて，それぞれ式(4.4-2)および式(4.4- 3)で表される．

$$\frac{h_n}{h_1} = n^{5/4} - (n-1)^{5/4}, \qquad \frac{\bar{h}_n}{h_1} = n^{-1/4} \tag{4.4-2, 3}$$

式(4.4-2, 3) は管列方向の凝縮温度差一様の仮定がなされている．式の導出法は，藤井(2005)，西川・藤田(1982)等が参考になる．

図 4.4-2 は，本田ら (1988a) の基盤目管群内における熱伝達率の分布 h_n/h_1 を管群入口からの管列数 n に対して示したものである．凝縮温度差 ΔT が 10K で管列方向に一様な場合で，管群入口における蒸気流速 U_o は図(a)が 4.7 m/s，図(b)が 15.9 m/s である．熱伝達率の実験値は蒸気流速 4.7 m/s の場合は管列方向に単調に低下し，第 10 管列から下流ではほぼ一定になる．一方，蒸気流速 15.9 m/s の場合は第 1 管列から第 3 管列まで 5%程度増大し，第 4 管列以降は管列数の増大につれて減少する．なお，高蒸気流速の場合，Kutateladze *et al*. (1981) の実験にも見られるように，管群出口付近で端部効果が認められるため，図 4.4-2 にはこの影響を受けていると見なせる実験値は除いてある．図(a)に示す記号●は 1 行 5 列管群で R12 を用いた Young-Wholenberg (1942) の実験値であり，凝縮液の落下モードは液滴または液柱であることが報告されている．

図中の一点鎖線は式(4.4-2)を表し，この式は蒸気流速に拘わらず実験値より低めの値を与える．管 1 本あたりを流下する凝縮液流量は，管群内における全凝縮量と全管列数の関係から $1/n$ に比例することになる．しかし，Kern (1950, 1958) は上方管で生じた凝縮液の全てが下方管の表面を流下しないと考え，管 1 本あたりの凝縮液流量が $1/n^{2/3}$ に比例すると仮定した．そして，この仮定の妥当性を York

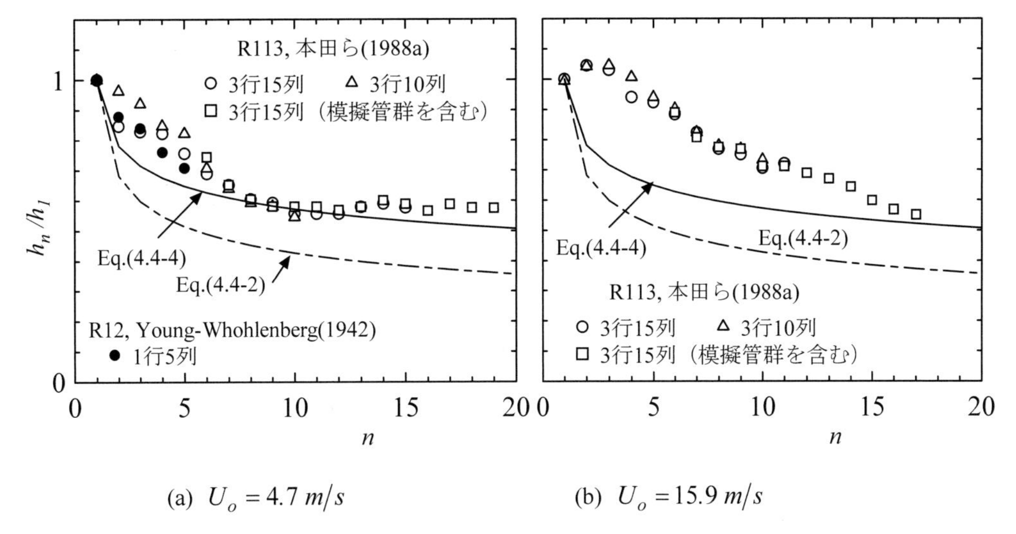

図 4.4-2 熱伝達率の管列方向変化，R113, ΔT ≒ 10 K

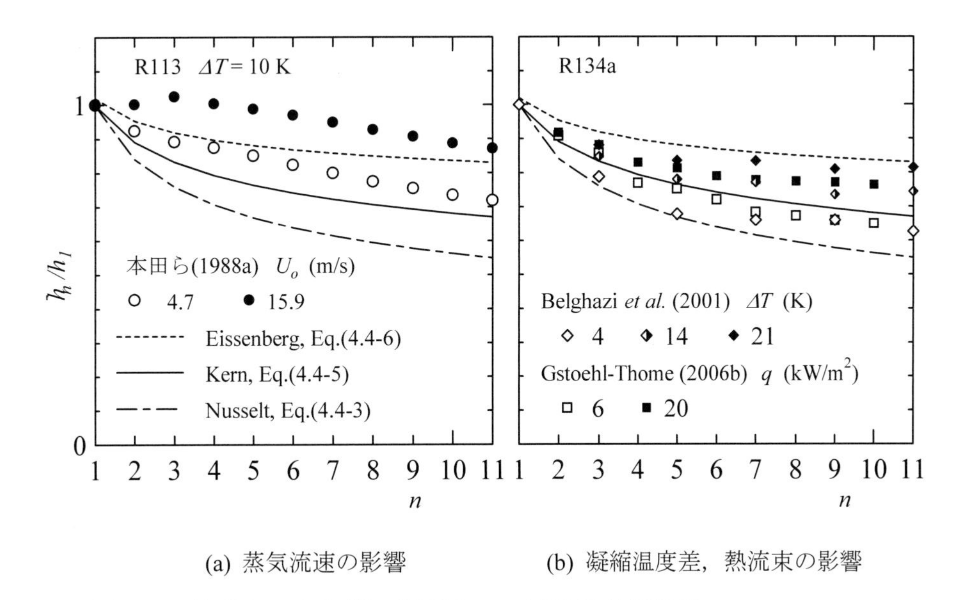

(a) 蒸気流速の影響　　(b) 凝縮温度差，熱流束の影響

図 4.4-3 管群入口から第 n 管列までの平均熱伝達特性，R113, R134a.

Corporation が行った冷媒による実験で確認し次式を提案した．

$$\frac{h_n}{h_1} = n^{5/6} - \left(n-1\right)^{5/6}, \qquad \frac{\overline{h}_n}{h_1} = n^{-1/6} \tag{4.4-4, 5}$$

図 4.4-2 中の実線は式(4.4-4)を示す．図から明らかなように，本田ら (1988a) の低蒸気流速の実験値および Young-Wohlenberg (1942)の実験値との一致は比較的良好である．

図 4.4-3 は管群入口から第 n 管列までの平均熱伝達率の実験値を $\overline{h}_n/h_1$ と n の座標で示したものである．図中には本田ら(1988a)の R113, Belghazi *et al.* (2001) および Gstoehl-Thome (2006a) の R134a, Young-Wohlenberg (1942)による R12 の実験値を示してある．図中には，式(4.4-3)，式(4.4-5)および千鳥管群では上方管の凝縮液が下方管の側面に流下すると仮定した Eissenberg (1972) の式も記入してある．

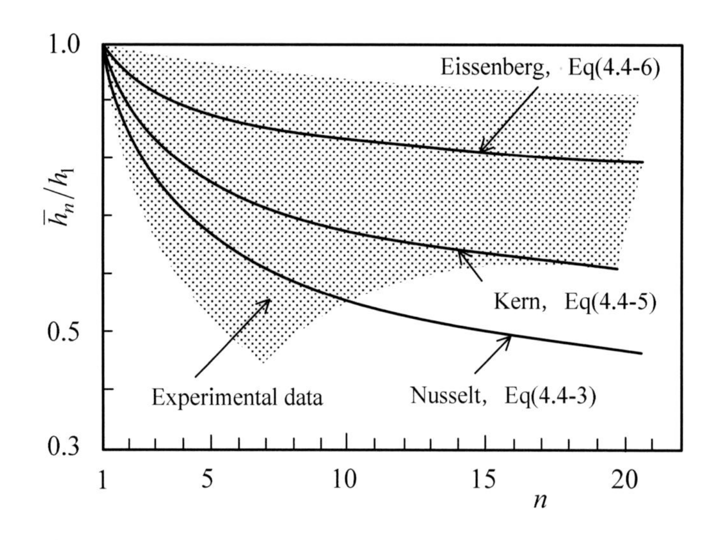

図 4.4-4 管群入口から第 n 管列までの平均熱伝達率，水蒸気 (Marto, 1984)

$$\frac{\overline{h}_n}{h_1} = 0.6 + 0.42 n^{-1/4} \tag{4.4-6}$$

図 4.4-3 の(a)は蒸気流速の影響を，(b)は熱流束（凝縮量）の影響を表す．両図から明らかなように，$\overline{h}_n/h_1$ を n のみで表現することは困難であり，式(4.4-3, 5, 6) は近似的な値を与えると解釈すべきであろう．詳細に見ると，図(a)で蒸気流速 15.9 m/s，$n = 2$，3 の $\overline{h}_n/h_1$ は 1 を超えている．図(b)では，凝縮量と密接に関連する凝縮温度差や熱流束が大きいほど $\overline{h}_n/h_1$ の低下割合が低いことがわかる．

図 4.4-4 は水蒸気の実験値をまとめたものである (Marto, 1984)．$\overline{h}_n/h_1$ の実験値は n の増大につれて低下すると同時に実験値の幅が広がる．図 4.4-3 の冷媒で高蒸気流速の条件では $\overline{h}_n/h_1$ が 1 を超えるが水蒸気ではこの傾向は認められない．この原因として，管群入口における蒸気レイノルズ数の違いが考えられる．すなわち，図 4.4-3(b)の冷媒では管群入口における蒸気レイノルズ数の最大値は 1.6×10^5，図 4.4-4 の水蒸気の場合は 10^4 程度である．単相の管群内熱伝達は管配列，管ピッチ，管群の深さ（管列数）等が複雑に影響するため一般性を有する式は提案されてない．しかし，本田ら (1988a) による管群の管配列に近い単相流の実験値（たとえば Zukauskas, 1972）によれば，第 1 管列の熱伝達率は管群内部より低く，そしてこの傾向はレイノルズ数とともに増大し，管群内凝縮と傾向が類似である．

4.4.2 熱伝達の整理式

(a)凝縮液イナンデーションモデル

図 4.4-1 ~ 図 4.4-4 の考察をもとに，凝縮液イナンデーションモデルを考える．図 4.4-5 の (a) は千鳥管群，(b) は碁盤目管群である．管群内に破線で囲まれた検査空間を考え，イナンデーションに関する重力流モデルと一様分散流モデルを説明する．両者のモデルの共通事項は，第 1 管列から第 $(n - 1)$ 管列までに生じた全ての凝縮液は断面 a-a を通過することである．そして，重力流モデルでは断面 a-a を通過する全ての凝縮液は第 n 管列の管表面にシート状で落下すると仮定する．図中の矢印は上方管で生じた凝縮液が下方管の管頂に流下する場合を表す．これに対して，一様分散流モデルでは，検査空間内を流れる凝縮液は断面 a-a を一様に分散した状態で通過し,下方管に到達する凝縮液量は全通過液

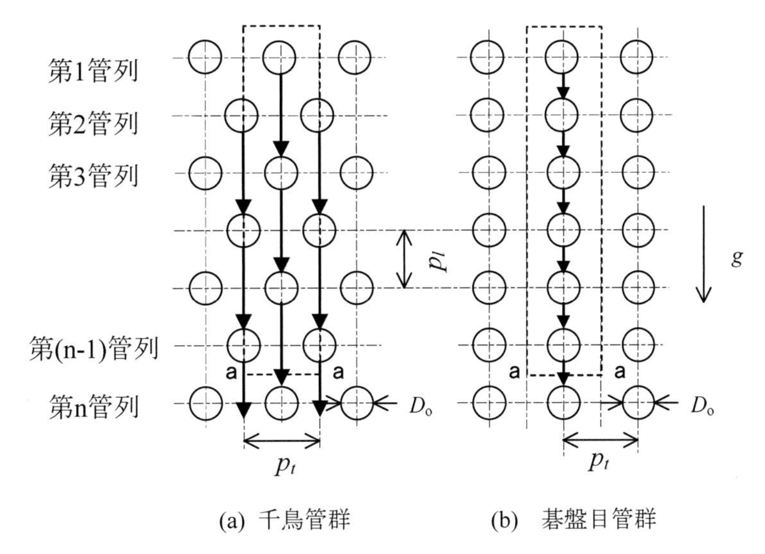

図 4.4-5　凝縮液イナンデーション．凝縮液が下方管の管頂に流下する重力流モデル

表 4.4-2　管群の第 n 管列における膜レイノルズ数 $Re_f = 4\Gamma/\mu_L$ の表示式

	千鳥配列	碁盤目配列
重力流モデル Re_{fg}	n が奇数　$\dfrac{2\pi D_0}{\mu_L \Delta i_v}\sum_{i=1}^{(n+1)/2} q_{2i-1}$　：　n が偶数　$\dfrac{2\pi D_0}{\mu_L \Delta i_v}\sum_{i=1}^{n/2} q_{2i}$	$\dfrac{2\pi D_0}{\mu_L \Delta i_v}\sum_{i=1}^{n} q_i$
一様分散流モデル Re_{fu}	第 1 管列　$\dfrac{2\pi D_o q_1}{\mu_L \Delta i_v}$　：　第 2 管列以降 $\dfrac{2\pi D_o}{\mu_L \Delta i_v}\left(\sum_{i=1}^{n-1} q_i D_0/p_t + q_n\right)$	

量の D_o/p_t 倍と考える．両モデルに基づく膜レイノルズ数 $Re_f = 4\Gamma/\mu_L$ の表示式を表 4.4-2 に示す．同表中の Re_{fg} および Re_{fu} はそれぞれ重力流モデルおよび一様分散流モデルによる膜レイノルズ数であり，Γ は管の片側の単位長さあたりの凝縮液流量で下端における値とする．

(b)熱伝達の整理

本田ら (1988a) は，はじめに管群の実験値を単管の熱伝達に関する図 4.2-5 の $Nu_D/\sqrt{Re_L}$ と F_D の座標を用いて検討を行った．そして，第 1 管列の実験値は単管の実験値とかなり一致するが，管群内部の実験値はばらつきが大きくなることを示した．その理由の一つとして，図 4.4-1 で述べた凝縮液イナンデーションの影響が挙げられる．

図 4.4-6 は本田ら (1988a) の R113 による 3 行 15 列管群の実験値を，凝縮数 Nu^* と重力流モデルによる膜レイノルズ数 Re_{fg} の座標に示す．図中には，静止蒸気に関する Kutateladge *et al.* (1985) の実験で管外径が 10 mm 以上の実験値を近似する式

$$Nu^* = h\left(\nu_L^2/g\right)^{1/3}/k_L = \left\{\left(1.2/Re_{fg}^{0.3}\right)^4 + \left(0.072 Re_{fg}^{0.2}\right)^4\right\}^{1/4} \tag{4.4-7}$$

および，単管上の自由対流凝縮の式(4.2-29)から導れる次式を併記してある．

$$Nu^* = 1.20/Re_{fg}^{1/3} \tag{4.4-8}$$

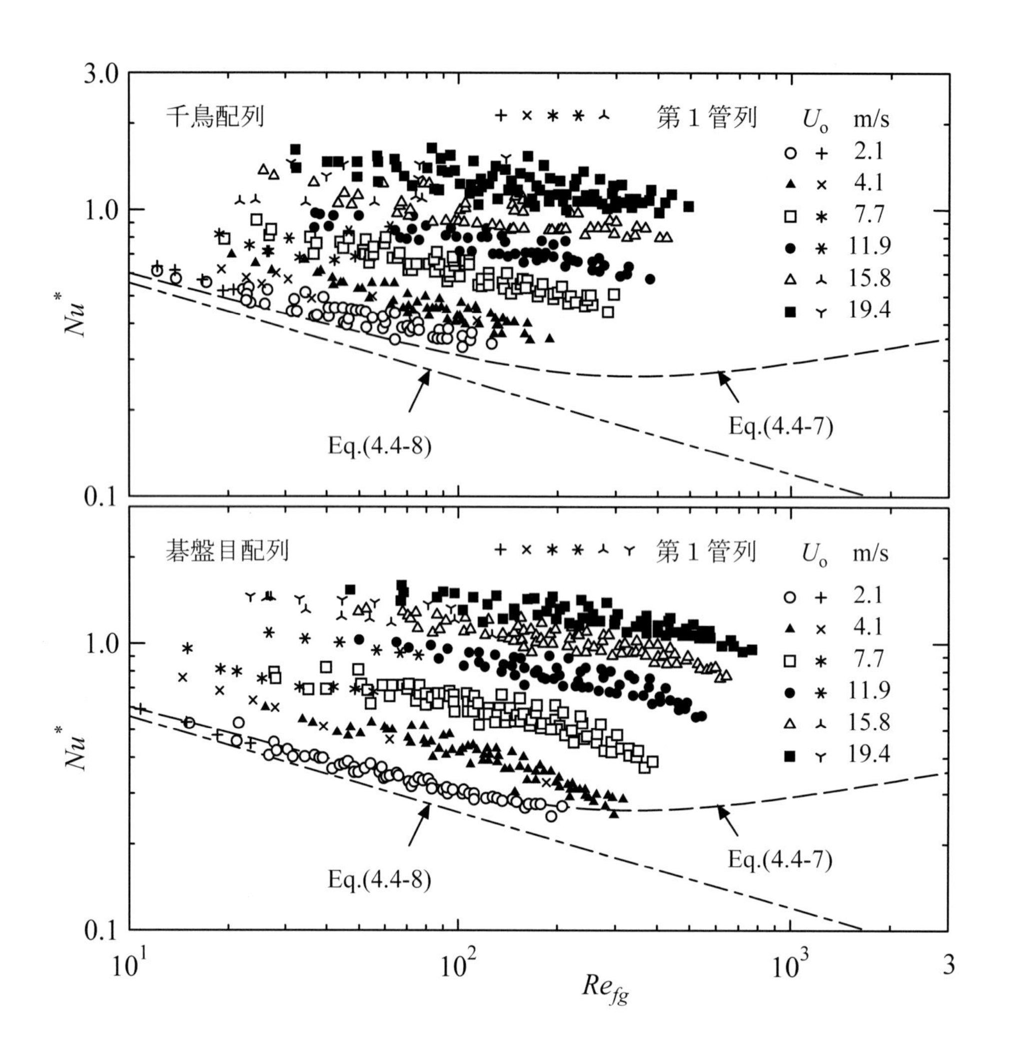

図 4.4-6 水平平滑管群内における凝縮熱伝達, R113（本田ら, 1988a）

図において，凝縮数の実験値は，管群入口における蒸気流速の増大につれて式(4.4-8)より高めの値を示すとともに，膜レイノルズ数への依存性が低下する．管群入口における蒸気流速が 2.1m/s の実験値を見ると，基盤目管群では式(4.4-7)と良く一致するが，千鳥管群では実験値の方がやや高めの値を示す．この原因として，低蒸気流速では管から離脱した凝縮液はその大部分が真下の管に落下するため，凝縮液の落下距離が短い基盤目管群の方が下方管列の液膜が厚くなり熱伝達が低下することが考えられる．一方，蒸気流速が 11.9m/s 以上の実験値を見ると，凝縮数は基盤目管群の方が千鳥管群よりやや高目であり，膜レイノルズ数を重力流モデルでは正しく評価できないことも考えられよう．

以上の結果より，高蒸気流速域の凝縮液イナンデーションの影響は一様分散流モデルに基づく膜レイノルズ数 Re_{fu} で評価する方が適切と考えられる．したがって，高蒸気流速域における熱伝達の整理式を一様分散流モデルに基づく膜レイノルズ数をもとに導く．液膜流の熱伝達率は次式で表現される．

$$Nu_{Df} = \frac{\sqrt{\tau/\rho_L}\,D_o}{\nu_L}\frac{Pr_L}{T_i^+} = \sqrt{\frac{f}{2}\frac{\rho_L}{\rho_V}}Re_{LD}\frac{Pr_L}{T_i^+} \tag{4.4-9}$$

ここに，τ は管周平均の壁面せん断力，$f = 2\tau/\left(\rho_V U_V^2\right)$は摩擦係数，$Re_{LD} = U_V D_o/\nu_L$ は二相レイノルズ数，$T_i^+ = \rho_L c_{pL} \Delta T \sqrt{\tau/\rho_L}/q$ は液膜の無次元温度差である．なお，U_Vには最小断面流速を用いる．式

(4.4-9)右辺に含まれる f と T_i^+ は未知のため，これらの関数形を仮定し，実験値をもとに定める．摩擦係数 f は気液界面における蒸気の吸込み効果を考慮し，次式を仮定する．

$$f = a' Re_{VD}^{-m} + b' \frac{v_i}{U_V} \tag{4.4-10}$$

ここに，$Re_V = U_{VD} D_o / \nu_V$ は蒸気レイノルズ数，$v_i = q / (\rho_V \Delta i_v)$ は気液界面における蒸気の吸込み速度である．液膜内の無次元温度差 T_i^+ は，第5章の乱流液膜理論を参考に，次式を仮定する．

$$T_i^+ = c' Pr_L^{0.6} Re_{fu}^{n} \tag{4.4-11}$$

式(4.4-10)，(4.4-11)を式(4.4-9)に代入すると次式が得られる．

$$Nu_{Df} = a \left\{ 1 + b \left(\frac{q}{\rho_V U_V \Delta i_v} \right) Re_{VD}{}^{m} \right\}^{1/2} Re_{LD}{}^{1-m/2} \left(\frac{\nu_V}{\nu_L} \right)^{m/2} \left(\frac{\rho_V}{\rho_L} \right)^{1/2} \frac{Pr_L^{0.4}}{Re_{fu}{}^{n}} \tag{4.4-12}$$

本田ら (1988a) は，式(4.4-12)に含まれる未知数 a, b, m, n を R113 の 3 行 15 列管群による実験から定め，蒸気流速の広い範囲に適用できる次式を提案した．

千鳥管群

$$Nu_D = \left\{ Nu_{Dg}^4 + \left(Nu_{Dg} Nu_{Df} \right)^2 + Nu_{Df}^4 \right\}^{1/4} \tag{4.4-13}$$

ここに

$$Nu_{Dg} = Gr_D^{1/3} \left\{ \left(1.2 / Re_{fg}^{0.3} \right)^4 + \left(0.072 Re_{fg}^{0.2} \right)^4 \right\}^{1/4} \tag{4.4-14a}$$

$$Nu_{Df} = 0.165 \left(\frac{p_t}{p_\ell} \right)^{0.7} \left\{ Re_{VD}^{-0.4} + 1.83 \left(\frac{q_n}{\rho_V \Delta i_v U_{Vn}} \right) \right\}^{1/2} \left(\frac{\rho_V}{\rho_L} \right)^{1/2} \frac{Re_{LD} Pr_L^{0.4}}{Re_{fu}{}^{0.2}} \tag{4.4-14b}$$

$Gr_D = g \rho_L (\rho_L - \rho_V) D_o^3 / \mu_L^2$，$Re_{VD} = U_{Vn} D_o / \nu_V$，$Re_{LD} = U_{Vn} D_o / \nu_L$，$U_{Vn}$ は第 n 管列における蒸気の最小断面速度，q_n は第 n 管列の熱流束である．式(4.4-14b)の係数 $0.165 (p_t / p_\ell)^{0.7}$ は p_t / p_ℓ が異なる他の研究も参考に定められている．ただし，$n = 1$ のとき式(4.4-14b)の係数は 0.13 とする．

碁盤目管群

$$Nu_D = \left\{ Nu_{Dg}^4 + Nu_{Df}^4 \right\}^{1/4} \tag{4.4-15}$$

ここに

$$Nu_{Df} = 0.053 \left\{ Re_{VD}^{-0.2} + 18.0 \left(\frac{q_n}{\rho_V \Delta i_v U_{Vn}} \right) \right\}^{1/2} \left(\frac{\rho_V}{\rho_L} \right)^{1/2} \frac{Re_{LD} Pr_L^{0.4}}{Re_{fu}{}^{0.2}} \tag{4.4-16}$$

ただし $n = 1$ のとき式(4.4-16)の係数は 0.042，第 1 管列では式(4.4-14b)，(4.4-16)の係数 a をいずれも 0.8 倍する．

千鳥管群の式(4.4-13)および碁盤目管群の式(4.4-15)は，本田ら (1988a) の実験結果を平均絶対値偏差 5.4%および 4.5%で整理できる．さらに，両式は水蒸気に関する Nobbs-Mayhew (1976) の実験値，R11,R12, R21 による 5 種類の管群に関する他の研究者の実験結果も平均絶対値偏差 9.9% ~ 15.4%の範囲で整理できる．

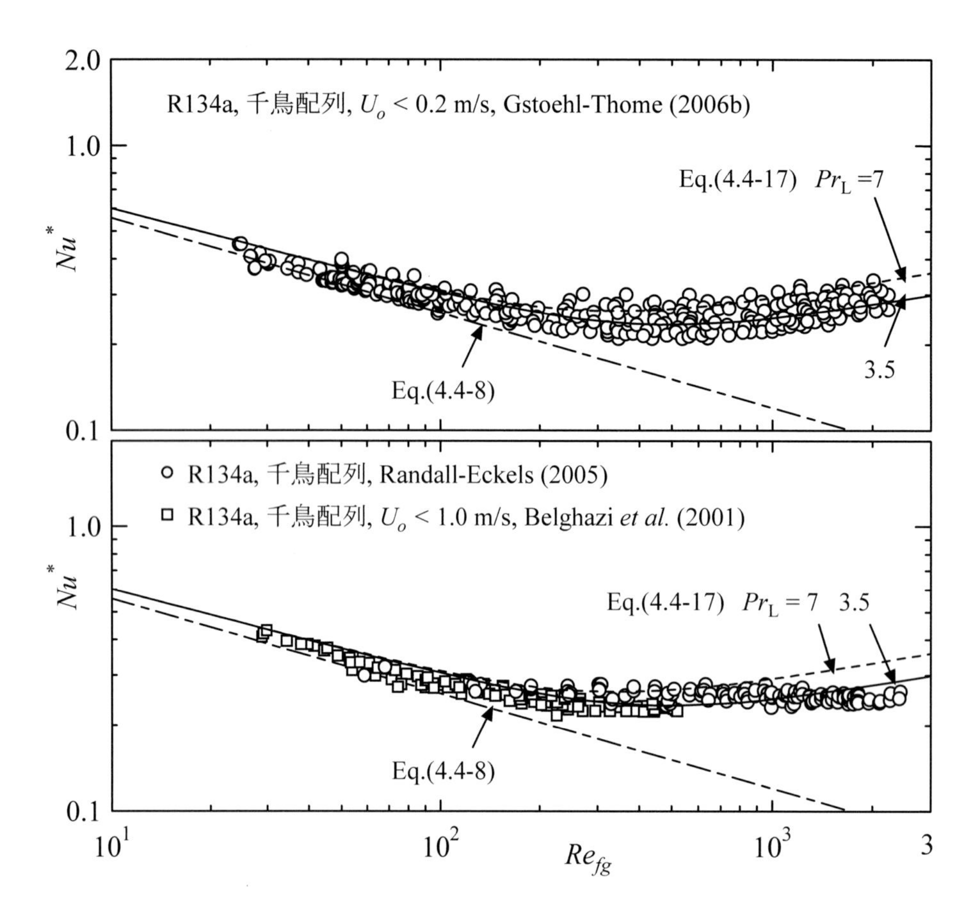

図 4.4-7 水平平滑管群内における凝縮熱伝達, R134a

(Gstoehl-Thome, 2006b: Randall-Eckels, 2005: Belghazi *et al.*, 2001)

平滑管群内凝縮に関する本田ら (1988a) 以降の研究として，Belghazi *et al.* (2001) は R134a の千鳥管群を用いた膜レイノルズ数 700 以下の実験研究がある．Gstoehl-Thome (2006a, b) は R134a の 1 行管群による実験を行い，彼らの実験値が式(4.4-13)と平均絶対値偏差 9.3%で整理できることを示している．さらに，本田ら (1988a) の R113 と Gstoehl-Thome (2006b) の R134a では凝縮液のプラントル数が 2 倍程度異なることを考慮して，式(4.4-7) 右辺の乱流域の特性を表す第 2 項の係数 0.072 を $0.04Pr_L^{1/3}$ に置き換えた次式を提案した．

$$Nu^* = \left\{\left(1.2/\mathrm{Re}_{fg}^{\ 0.3}\right)^4 + \left(0.04\,\mathrm{Pr}_L^{1/3}\,\mathrm{Re}_{fg}^{\ 0.2}\right)^4\right\}^{1/4} \tag{4.4-17}$$

図 4.4-7 は Gstoehl-Thome (2006b)，Randall-Eckels (2005)，Belghazi *et al.* (2001) の R134a に関する実験値を凝縮数と膜レイノルズ数の座標で整理したもので，図中には自由対流凝縮熱伝達に関する単管の式(4.4-8)および管群の式(4.4-17)も示してある．R113 に関する図 4.4-6 と併せ見ると，式(4.4-17)は乱流域におけるプラントル数の影響をより正確に評価していると言える．

4.5 純冷媒のローフィン付管群内凝縮

4.5.1 凝縮液イナンデーション

(a)静止蒸気中における挙動

本田ら (1987b) はR113，メタノールおよび*n*-プロパノールの静止蒸気中に縦列に配置された2次元ローフィン付管からの凝縮液イナンデーションを観察した．管およびフィンの寸法は，フィン先端径 D_o = 15.76 mm，フィンピッチ p_f = 0.94 mm，フィン高さ h_f = 1.40 mm，フィン先端のフィン間隔 = 0.76 mm，フィン先端の半頂角 θ = 0.089 rad である．管列方向の管ピッチ p_ℓ は22mmと44mmである．そして，管から離脱する液の落下モードを次の4種類に分類した．

(1)液滴モード；液流量が小さく，液滴が断続的に落下する．

(2)液柱モード；落下液が管軸方向にほぼ一定のピッチで液柱を形成する．

(3)液柱・シート共存モード；管の一部に液柱が，残りの部分に連続した液シートが形成される．

(4)シートモード；上方管と下方管との間に1枚の液シートが形成される．

図4.5-1はR113で管ピッチが22 mmの場合の凝縮様相を示す．図(a)～ 図(d)はそれぞれ液滴モード，液柱モード，液柱・シート共存モードおよびシートモードであり，図中には，管の片側を流下する単位長さあたりの液流量 Γ の値を併記してある．液柱モードでは，最上管からの液落下モードは規則性が強く，下方管ではかなり不規則である．これは，下方管では落下液の運動量の影響を受けるためと考えられる．シートモードでは上方管からの液が流下している部分にも液充満位置が観察される．R113に関する実験から明らかなように，液落下点数は Γ により変化し，液柱モードで最大値をとる．また，シートモードを除けば，上方管からの落下液が下方管の全面を覆いながら流下することはない．これらの事実は，次項で説明するフィン付管群の凝縮伝熱モデルを構成する際に重要な知見を与える．

凝縮液落下モードを支配する無次元数について，蒸気密度が液密度と比べて十分小さいと仮定すれば，物理量は Γ，σ，ρ_L，μ_L，g，D_o およびフィン寸法が考えられる．これらの量について，Yung *et al.*(1980)を参考に次元解析を行うと，次の2つの無次元数が導かれる．

$$\Lambda = 2\pi\sqrt{\frac{2\sigma}{g\rho_L}}, \qquad K = \frac{\Gamma\left(g/\rho_L\right)^{1/4}}{\sigma^{3/4}} \tag{4.5-1, 2}$$

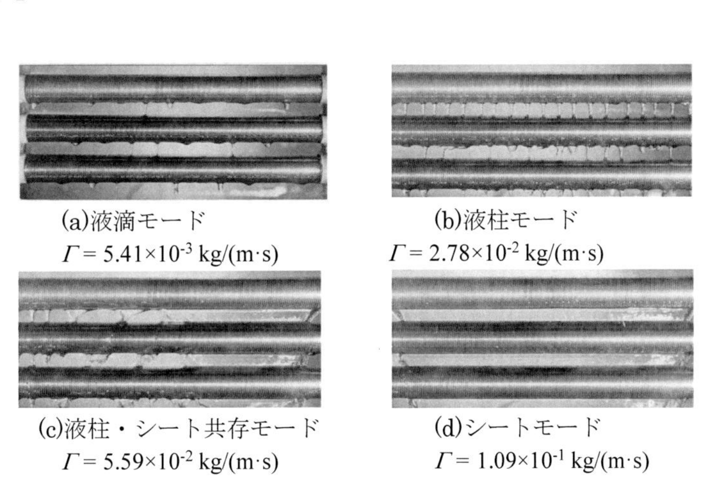

(a)液滴モード　Γ = 5.41×10^{-3} kg/(m·s)

(b)液柱モード　Γ = 2.78×10^{-2} kg/(m·s)

(c)液柱・シート共存モード　Γ = 5.59×10^{-2} kg/(m·s)

(d)シートモード　Γ = 1.09×10^{-1} kg/(m·s)

図4.5-1　1行管列を流下する凝縮液のながれ，R113　（本田ら,1987b）

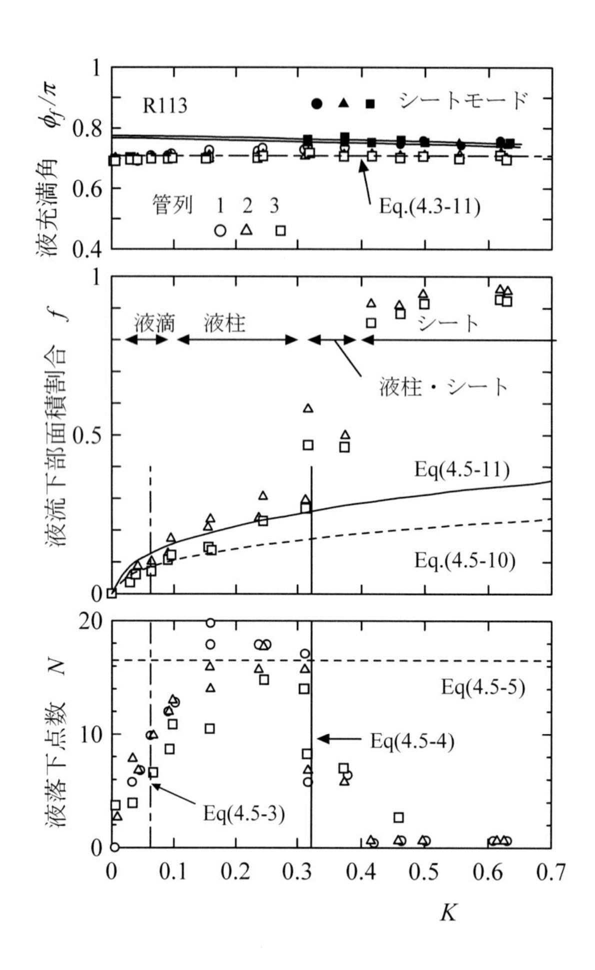

図 4.5-2 液充満角，液流下部面積割合，液落下点数と無次元数 K の関係，R113（本田ら,1987b）

式(4.5-1) の Λ は Taylor 不安定の最危険波長である．図 4.5-2 は R113 で管ピッチが 22 mm の実験における液充満角 ϕ_f，液流下部面積割合 f および液滴個数 N の測定値と無次元数 K との関係を示す．液充満角の図中には，2 次元ローフィン付管における液充満角の式(4.3-11)を横の一点鎖線で，液流下部面積割合および液滴個数の図中には，Yung *et al.* (1980)が平滑管について求めた液柱形成開始点に関する次式の値を縦の一点鎖線で示してある．

$$K = 0.061 \tag{4.5-3}$$

液充満角の図に示す中実の記号はシートモードの実験値を，白抜きの記号はそれ以外のモードの値を表す．液充満角の実験値は，シートモードでは液充満角の式(4.3-11)より大きく，無次元数 K の増大につれてわずかに低下する．シートモード以外では K の影響は小さく，式(4.3-11)と良く一致している．液流下部面積割合は K とともに増大し，液柱・シート共存モードで急増し，シートモードで 1 になる．液落下点数は，液滴モードでは K とともに増大し，液柱モードではほぼ一定値をとり，液柱・シート共存モードおよびシートモードで急減する．以上の特徴は R113，メタノールおよび *n*-プロパノールに共通であり，液落下に関する次の結果が得られる．

3 種類の物質について，液滴モードから液柱モードへの遷移点を与える K の値は R113，メタノール，

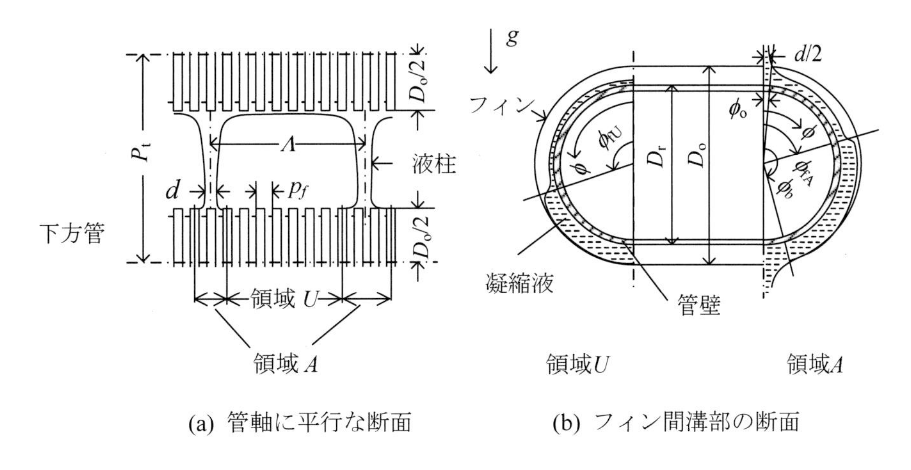

(a) 管軸に平行な断面　　(b) フィン間溝部の断面

図 4.5-3　凝縮液の流下モデル，液柱モード (Honda *et al.*,1989)

n-プロパノールの順に減少し，*n*-プロパノールの値は式(4.5-3)と良く一致する．液柱モードから液柱・シート共存モードへの遷移点は 3 種類の物質に共通で

$$K = 0.32 \tag{4.5-4}$$

と見なせる．液柱・シート共存モードからシートモードへの遷移点は，$K = 0.37 \sim 0.46$ の範囲にある．液落下点数は，管の長さ ℓ と式(4.5-1)の Λ から次式で定まる．

$$N = \frac{\ell}{\Lambda} = \frac{\ell\sqrt{g\rho_L/(2\sigma)}}{2\pi} \tag{4.5-5}$$

図 4.5-2 の破線は式(4.5-5) を表し，同式から求まる値は液柱モード領域の測定値と良く一致している．

次に液柱モードにおけるイナンデーションの解析について説明する．図 4.5-3 に物理モデルと座標系を示す．上方管の下端から落下した凝縮液は重力加速度により速度 U_L の増大と液柱直径 d の減少を伴いながら下方管に落下する．下方管に落下した液はいくつかの隣接するフィン間溝部を流下する．したがって，液流下部面積割合 f を予測するためには，液柱の直径 d を解析する必要がある．落下液柱の運動方程式は次式となる．

$$\rho_L U_L \frac{dU_L}{dx} = \rho_L g - \frac{dP}{dx} \tag{4.5-6}$$

ここに，$P = 2\sigma/d$ は気液の圧力差を表し，落下に伴う液中径の変化により生じる．液は上方管の下端から自由落下すると仮定する．鉛直下向きに x 座標を定義し上方管の下端を座標の原点とすれば，式(4.5-6)の境界条件は次式で表される．

$$x = 0 \quad で \qquad U_L = 0 \tag{4.5-7}$$

液柱速度 U_L と管の単位長さあたりの片側を流下する液量 Γ の間には次の関係が成り立つ．

$$\rho_L\left(\frac{\pi d^2}{4}\right)U_L = 2\Lambda\Gamma \tag{4.5-8}$$

式(4.5-6)を式(4.5-7)の条件で解き，式(4.5-8)の関係を用いると，次式が得られる．

$$32\rho_L\left(\frac{\Lambda\Gamma}{\pi\rho_L}\right)^2\frac{1}{d^4}=\rho_L g x-\frac{2\sigma}{d} \quad (4.5\text{-}9)$$

上式に $x=p_t-D_o$ を代入して d を求めれば液流下部面積割合 f が求まる．

$$f=d/\Lambda \quad (4.5\text{-}10)$$

図 4.5-2 の f および N の図中には式(4.5-10)を破線で示してある．同式は $K\le 0.32$ の実験値と定性的に一致するが，実験値より低い値を与える．そこで，式(4.5-10)に

$$F=cd/\Lambda \quad (4.5\text{-}11)$$

と補正を加え，実験との比較から，R113 とメタノールで $c=1.5$，n-プロパノールで $c=2.0$ が得られる．

(b)流動蒸気中における挙動

本田らは 3 行 15 列の碁盤目管群 (1989)と千鳥管群 (1991) を用いて，R113 による熱伝達率の管列方向分布の測定と凝縮様相の観察を行った．表 4.5-1 に管およびフィンの諸元を，図 4.5-4 に管の断面と外観をそれぞれ示す．これらの管の中から，2 次元ローフィン付管の A と B，3 次元ローフィン付管の C と E による実験を中心に説明する．

図 4.5-5 は 2 次元ローフィン付管 A を用いた碁盤目管群の第 1 管列と第 13 管列における凝縮状態について，管群入口における蒸気流速 U_∞ の影響を比較したものである．蒸気流速が低い場合の液落下モードは静止蒸気に関する図 4.5-1 の場合と同様に，液は第 1 管列で液滴の形で，第 13 管列で液柱の形で落下する．そして，下方管に衝突した液は，複数のフィン間溝部を流下し，それらの間には流下液の影響を受けない領域が存在する．蒸気流速が高い場合は，蒸気せん断力によって落下液が分裂し

表 4.5-1　管およびフィンの諸元

管の名称		D_o mm	D_r mm	D_c mm	p_f mm	h_f mm	t_o mm	θ rad
2 次元ローフィン付管	A	15.60	12.74	11.21	0.96	1.43	0.24	0.082
	B	16.10	13.50	11.80	0.50	1.30	0.05	0.047
3 次元ローフィン付管	C	15.85	13.87	12.09	0.73	0.99	--	--
	D	15.80	13.24	11.39	1.00	1.28	--	--
	E	15.81	13.84	12.22	0.69	1.01	--	--
	F	15.81	13.53	12.04	0.95	1.14	--	--

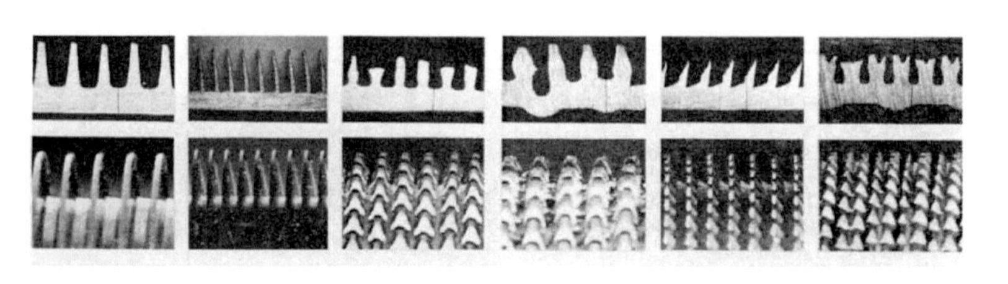

管 A　　管 B　　管 C　　管 D　　管 E　　管 F

図 4.5-4 フィン断面および管の外観 (Honda *et al.*, 1992)

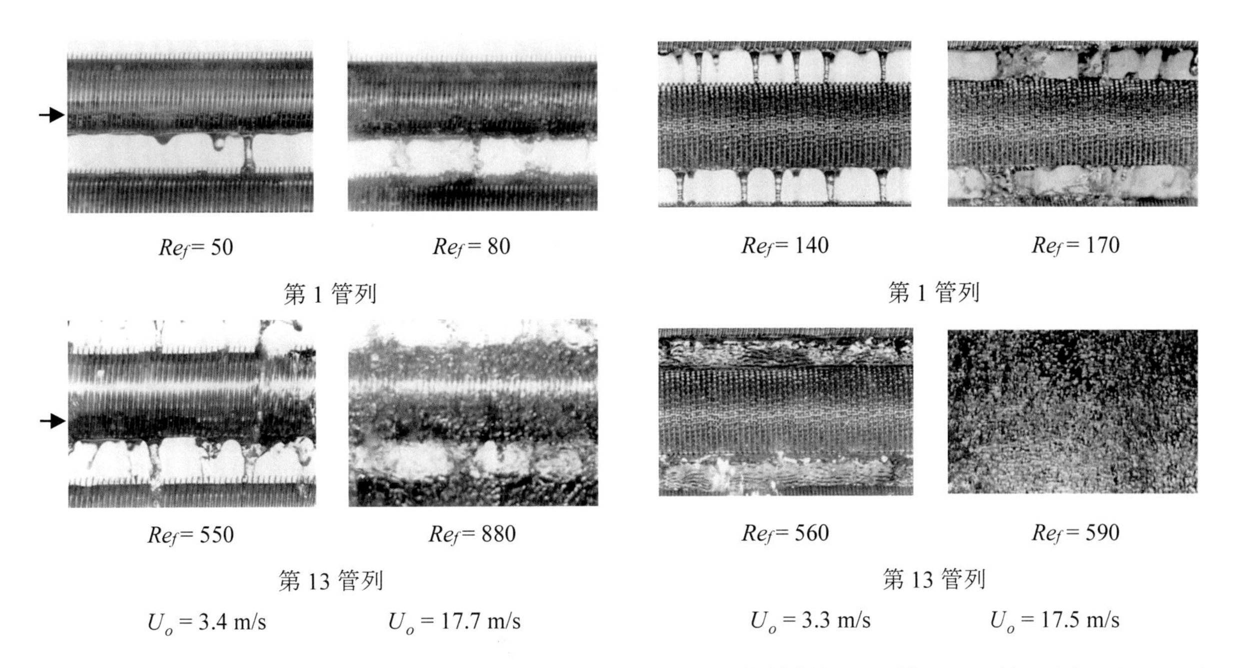

図 4.5-5 凝縮様相の比較, R113,管 A（本田ら,1989）　図 4.5-6 凝縮様相の比較, R113,管 D（本田ら,1989）

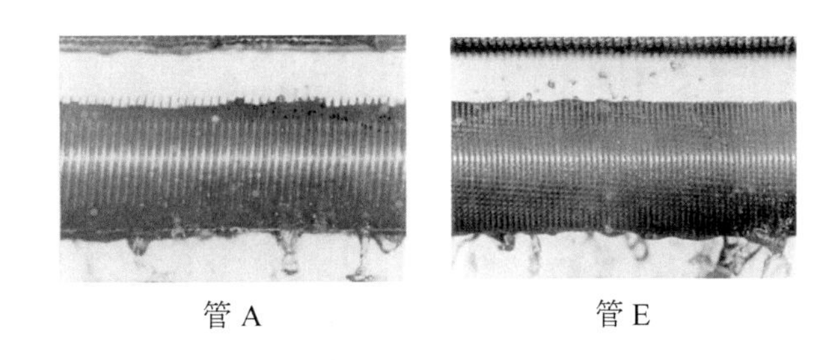

図 4.5-7 上方管からの凝縮液イナンデーションを受けない場合の凝縮様相, R113,（本田ら,1989）

飛散する．図中の矢印は液充満位置を表し，この位置は蒸気流速によらず，式(4.3-11)と良く一致する．

図 4.5-6 は 3 次元ローフィン付管 D を用いた碁盤目管群の場合である．液の落下モードは基本的には図 4.5-5 の場合と同様であるが，管 D では比較的小さい膜レイノルズ数で完全な液シートが形成されている．この原因は，フィン間溝部が，図 4.5-4 に示されるように，管軸方向にもつながっているため，凝縮液流量が軸方向に均一化されやすいことにあると考えられる．

図 4.5-7 は蒸気流速が高い場合について，管群内部の 1 つの管列のみで凝縮させた場合，すなわち，上方管からの凝縮液イナンデーションを受けない場合である．管 A，E ともに，管頂部のフィン間溝部にも凝縮液が保持されている．この液は上流管との間隙に生じた蒸気の循環流により持ち上げられたものと考えられる．

4.5.2 熱伝達特性

(a)蒸気流速の影響

図 4.5-8 は第 12 ~ 14 管列の 1 管列のみで凝縮させた場合の熱伝達を示す（本田ら,1989）．ただし，管 A については全管列で凝縮させた場合の第 1 管列の実験値も併記してある．図 4.5-8 に示す全ての管の熱伝達に及ぼす管群入口蒸気流速 U_0 の影響は，図 4.4-6 に示す平滑管群の場合より小さい．さらに，2 次元および 3 次元フィン付管とも管配列の影響は小さい．

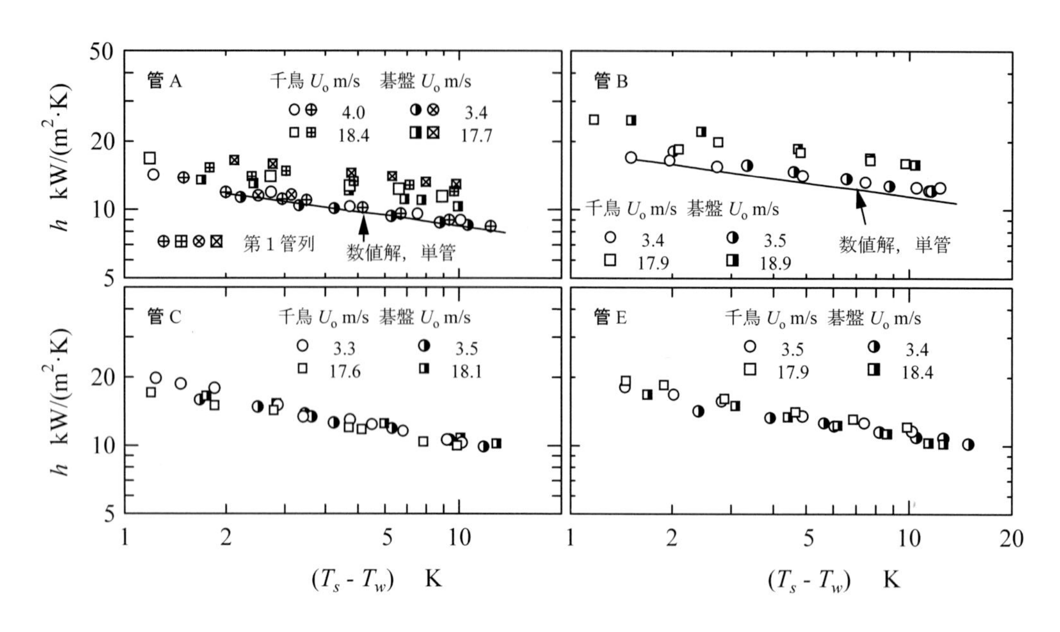

図 4.5-8 ローフィン付管群の凝縮熱伝達，R113，凝縮液イナンデーションを伴わない場合
（本田ら, 1989, 1991）

2 次元フィン付管 A, B の熱伝達には蒸気流速の影響が見られ，流速が 17.7m/s と 18.9m/s の熱伝達率は 3.4m/s と 3.5 m/s の場合の約 1.2 倍で，蒸気流速の影響は図 4.4-6 に示した平滑管群の場合ほど顕著でない．管 A について，第 1 管列と下方管列を比較すると，碁盤目管群で蒸気流速が高い場合の熱伝達は，第 1 管列の方が良好である．一方，千鳥管群ではこの差は認められない．管 A と管 B の図中には，4.3 節で述べたローフィン付単管の熱伝達の数値解を実線で記入してある．蒸気流速が低い場合の管 A，管 B ともに数値解と実験値は良く一致している．

(b)管列数の影響

図 4.5-9 は管 A について伝熱促進率 $\varepsilon_H = h/h_N$ と管群入口からの管列数 n との関係を示す．白抜きの記号は千鳥管群を，中実の記号は碁盤目管群を表す．平滑管の熱伝達率 h_N は，水平管に対する Nusselt の式(4.2-29) の管外径にフィン先端径を代入して得られる値を用いてある．

蒸気流速が低い場合の伝熱促進率に及ぼす管列数と管配列の影響は小さい．そして，伝熱促進率は蒸気流速とともに増大し，管列数と管配列の影響も見られる．たとえば，蒸気流速 18 m/s 程度の記号□と■の実験値を比較すると，伝熱促進率は $2 \leq n \leq 8$ で管列数の増加とともに減少し，$9 \leq n$ でおおむね一定の値になる．

図中の一点鎖線は平滑管を用いた千鳥管群の熱伝達の式(4.4-13) による計算値を示す．管 A の実験値と比較すると，伝熱促進率に及ぼす蒸気流速の影響は平滑管群の方がフィン付管群より大きい．これは，平滑管では蒸気流速と重力が液膜分布を定めるのに対し，フィン付管群では表面張力の効果が支配的になるためである．図中の実線は，後述のフィン付管群に関する伝熱計算法による h/h_N の数値解を示す．蒸気流速が低い場合の実験値は全管列で計算値と良く一致しているが，蒸気流速の増大につれて計算値は低めの値を与える．これは，計算モデルで蒸気流速の影響を無視しているためである．

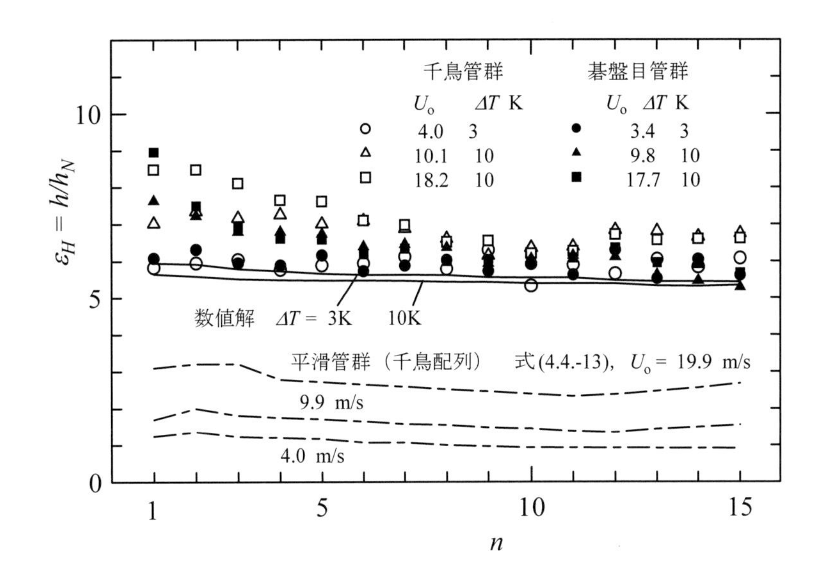

図 4.5-9 熱伝達率の管列方向分布，R113, 2 次元ローフィン付管 A （本田ら,1991）

(c) 蒸気流速と凝縮液イナンデーションの複合効果

管群の凝縮特性を平滑管の場合と同様に，凝縮数 Nu^*と重力流モデルに基づく膜レイノルズ数 Re_{fg}の座標で考察を行う. 図 4.5-10 および図 4.5-11 はそれぞれ千鳥管群および碁盤目管群について，管 A, B，C，E の実験値を比較したものである.

図 4.5-10 および図 4.5-11 に示すいずれの管群でも，熱伝達率は蒸気流速が高く，凝縮温度差が小さい方が高い. そして，凝縮数と膜レイノルズ数の関係は，2 次元ローフィン付管と 3 次元ローフィン付管で異なる. すなわち，前者の凝縮数は膜レイノルズ数の増大とともに極めて緩やかに低下するとともに膜レイノルズ数の大きな領域では，蒸気流速と凝縮温度差の影響はほとんど認められない. 一方，3 次元ローフィン付管の場合，凝縮数は膜レイノルズ数の増大につれて大きく低下し，膜レイノルズ数の大きな領域でも蒸気流速と凝縮温度差の影響が認められる. これらの 2 次元ローフィン付管と 3 次元ローフィン付管による管群内熱伝達特性の相違は，R134a による本田ら (2000) および Ji *et al.*(2012) の実験でも確認されている.

つぎに，管配列の影響を比較すると，2 次元ローフィン付管で蒸気流速が低い場合は管群間で特性の差は小さく，蒸気流速の増大につれて，熱伝達は千鳥管群の方がやや良好である. 3 次元ローフィン付管では，蒸気流速にかかわらず千鳥管群の方が優れ，膜レイノルズ数の増大とともに顕著になる. 後者は，管列方向のピッチが狭い碁盤目管群の方がイナンデーションの影響が大きいことによる. そして，3 次元ローフィン付管の C と E を比較すると，膜レイノルズ数の大きな領域における熱伝達の低下は両管群とも管 C の方が顕著である. これは，管 C の方が凝縮液を周方向に排液する効果が小さいためと考えられる.

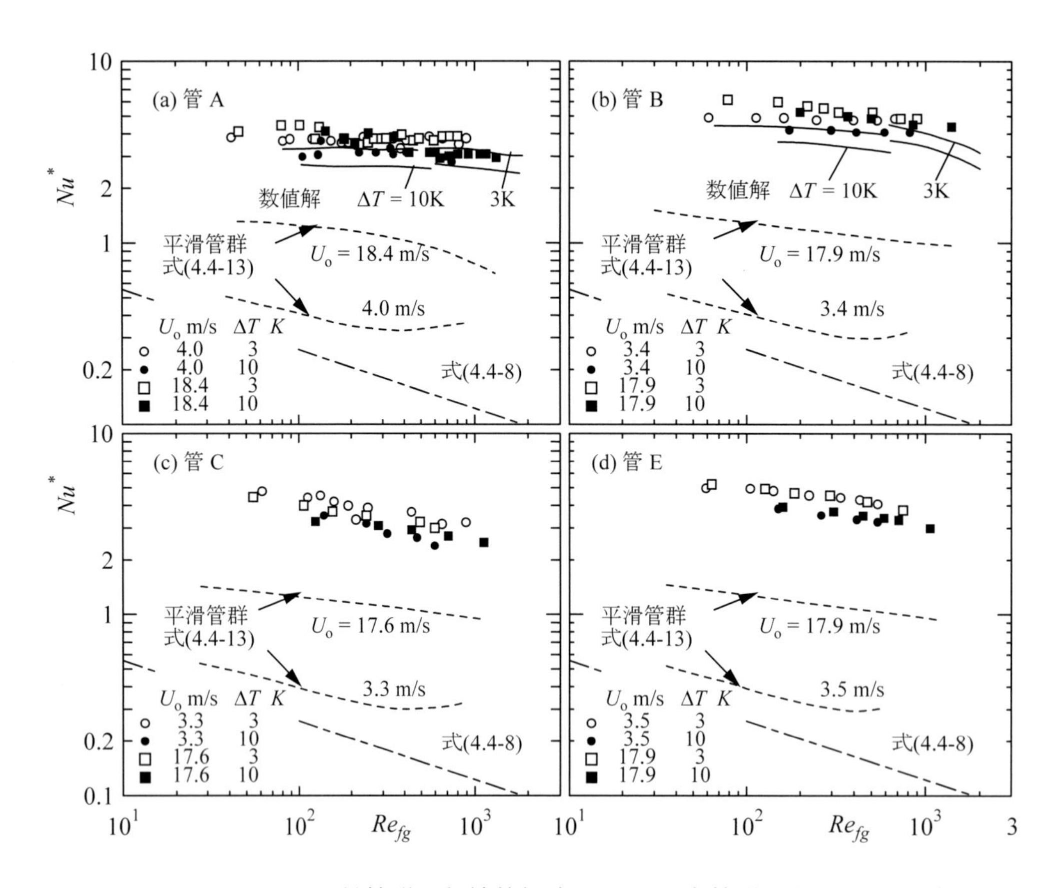

図 4.5-10 ローフィン付管群の凝縮熱伝達, R113, 千鳥管群　（本田ら,1991）

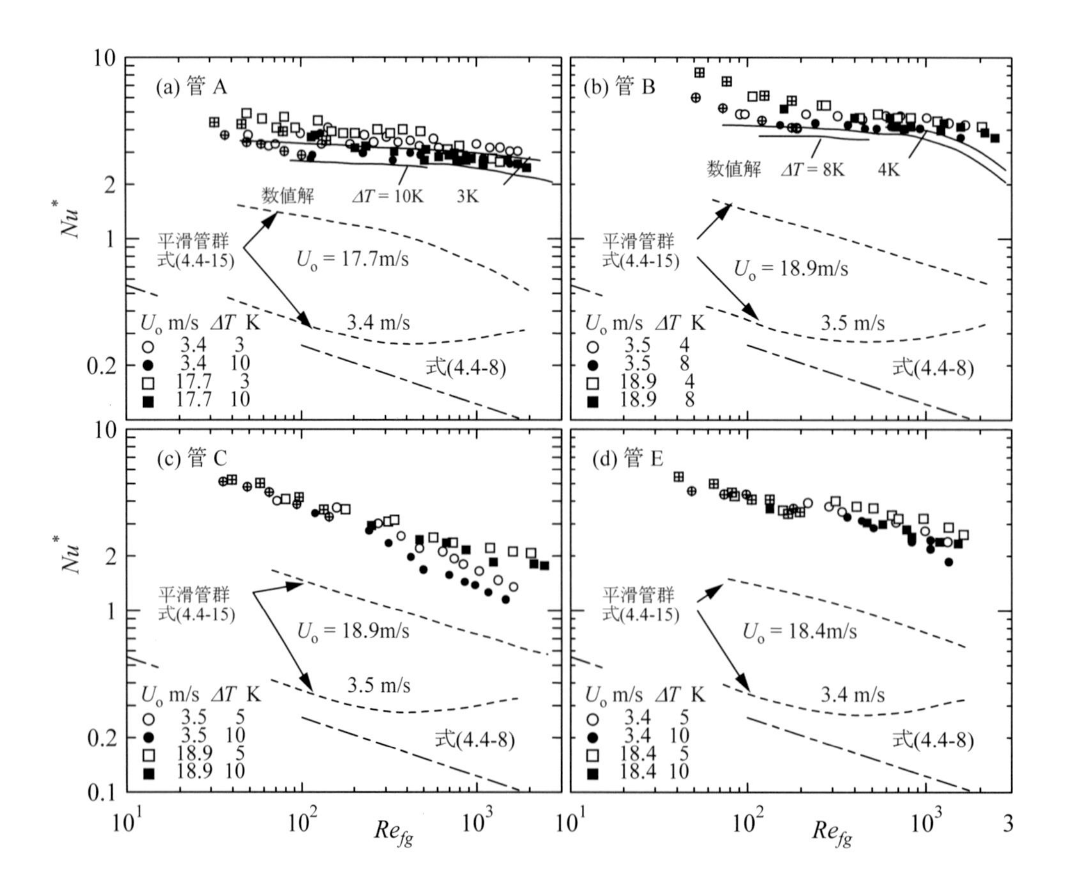

図 4.5-11　ローフィン付管群の凝縮熱伝達, R113, 基盤目管群　（本田ら,1989）

(d)熱伝達の計算法

2次元ローフィン付管群の熱伝達の予測法は，前節で述べた単管の伝熱解析法と本節の凝縮液イナンデーション解析法を組み合わせる方法がある（本田ら，1988b）．前述の図4.5-3は計算領域を表すモデルである．それは，上方管からのイナンデーションの影響を受ける領域Aとそれを受けない領域Uに区分し，さらに，各領域を$0 \le \phi \le \phi_f$の領域uと$\phi_f \le \phi \le \pi$の領域fに分割する．すなわちU_u，U_f，A_uおよびA_fの4領域を考える．管列ごとの面積平均熱流束q_mは4領域の熱流束から次式で定まる．

$$q_m = \left\{q_{Au}\left(\bar{\phi}_f - \bar{\phi}_0\right)_A + q_{Af}\left(\bar{\phi}_b - \bar{\phi}_f\right)_A\right\}f + \left\{q_{Uu}\bar{\phi}_{fU} + q_{Uf}\left(1 - \bar{\phi}_{fU}\right)\right\}(1 - f) \tag{4.5-12}$$

ここに，fは前述の液流下部面積割合，$\bar{\phi}_f = \phi_f / \pi$は無次元の液充満角である．凝縮熱伝達率$h$は，式(4.5-12)による平均熱流束をもとに，フィン先端径基準の熱通過率の定義式から次式で求める．

$$h_m = \left\{\frac{T_s - T_c}{q_m} - \frac{D_o}{2k_w} ln\left(\frac{D_r}{D_c}\right) - \frac{D_o}{D_c}\frac{1}{h_c}\right\}^{-1} \tag{4.5-13}$$

本節では，fおよび式(4.5-12)右辺第1項，すなわち領域Aの計算法を簡単に説明する．式(4.5-12)右辺第2項はイナンデーションの影響を受けない領域Uを表し，単管の熱伝達の式(4.3-47, 48)または2次元ローフィン付管の拡張モデル（本田ら，1987a）から計算できる．

液流下部面積割合fは液落下モードを定める式(4.5-11)から定める．すなわち，

$K \le 0.42$のとき（液柱モード）

$cd > p_f$について　$f = cd/\Lambda$　(4.5-14a)

$cd \le p_f$について　$f = p_f/\Lambda$　(4.5-14b)

$K > 0.42$のとき（シートモード）　$f = 1$　(4.5-15)

と定める．ここに，式(4.5-14)のΛおよびKはそれぞれ式(4.5-1)および式(4.5-2)で定義される．なお，図4.5-2に示す液滴モードおよび液柱・シート共存モードは液柱モードに含めて考える．フィン間溝部の液膜形状は溝部を流れる凝縮液流量とフィン寸法の関係から定まり，領域U_u，A_uでは図4.5-12に示すA~Dの4種のケースが，領域A_f，U_fではケースDのみ生じるとする．ケースAでは厚液膜はフィン根元の角部にのみ形成され，他の部分は薄液膜が形成される．ケースBはフィン高さがフィンピッチと比べて小さい場合であり，厚液膜がフィン先端の角部に接触する場合である．ケースCとDではフィン根元管表面全体が厚液膜に覆われ，ケースDでは厚液膜がフィン先端角部に接触する場合である．凝縮液流量がさらに多くなれば，フィン間溝部に液が完全に充満することも生じるが本節ではこの場合を扱わない．

液充満位置における溝部液膜形状はフィン寸法により図4.5-13に示す2つのケースが存在する．

$\dfrac{s}{2cos\theta} \le \dfrac{h_f}{(1 - sin\theta)}$のとき　$r_b = \dfrac{s}{2cos\theta}$　(4.5-16a)

$\dfrac{s}{2cos\theta} > \dfrac{h_f}{(1 - sin\theta)}$のとき　$r_b = \dfrac{h_f}{2}\left\{1 + \left(\dfrac{s}{2h_f}\right)^2\right\}$　(4.5-16b)

領域Uの液充満角ϕ_fは式(4.3-11, 12)から計算する．

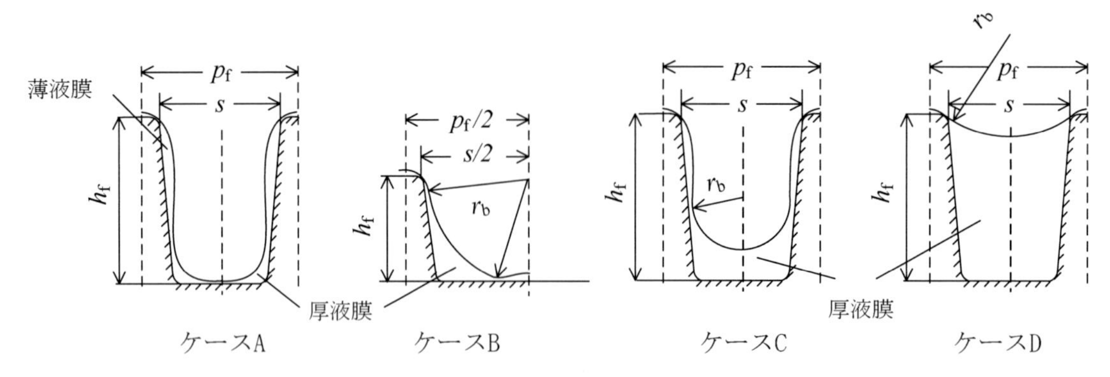

図 4.5-12　フィン間溝部の液膜形状，(Honda *et al.*, 1989)

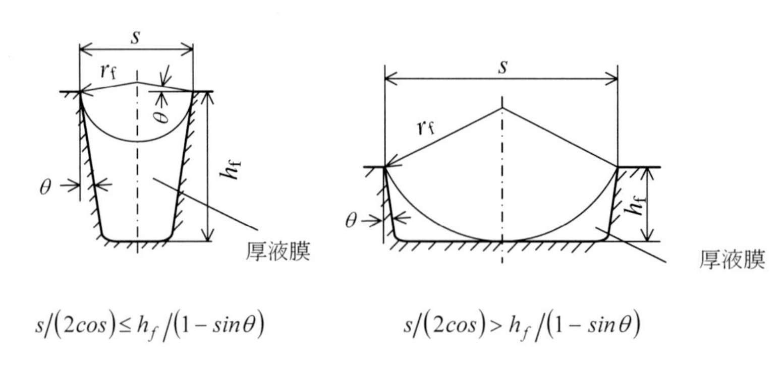

図 4.5-13 液充満位置におけるフィン間溝部の液膜形状，(Honda *et al.*, 1989)

領域 A について，図 4.5-3 に示す角度 ϕ_o おいび ϕ_b は液柱直径 d から定める．すなわち，落下液外縁とフィン先端の接する位置と管中心がなす角度で定め，$0 \le \phi \le \phi_o$ および $\phi_b \le \phi \le \pi$ の部分は液中内にあり伝熱に寄与しないとみなす．

式(4.5-12)の q_{Au} , q_{Af} , ϕ_{fA} および ϕ_{bA} は溝部厚液膜の解析を基に定める．液柱モードを例に説明する．フィン間溝部を周方向に流れる凝縮液の運動量を無視すれば，壁面せん断力，厚液膜に作用する重力および圧力勾配の間に次の関係が成り立つ．

$$\frac{\lambda}{2}\rho_L U_L{}^2 p_w = 2A\left(g\rho_L sin\phi - \frac{2}{D_m}\frac{dP}{d\phi}\right) \tag{4.5-17}$$

ここに，λ は凝縮液と伝熱面との間の平均摩擦係数，U_L は溝部凝縮液の周方向速度，p_w は濡れ縁長さ，$2A$ は 1 ピッチあたりの厚液膜部断面積，$D_m = (D_o + D_r)/2$ ，$P = -\sigma/r$ は凝縮液と蒸気の圧力差である．λ は厚液膜部を矩形ダクトで近似し，ダクト形状を表す関数 H を含む次式(Shah-London, 1978)から定めた．関数 H の詳細は本田ら(1987a)に示されている．

$$\lambda Re = 56.9 + 5610\left(H - \sqrt{2}/8\right)^{1.9} \tag{4.5-18}$$

U_L を第 n 管列の単位長さあたりの片側の面に落下する液量 M_n および第 n 管列の 1/2 ピッチあたりで生じる凝縮量 $m(\phi)$ で表せば次式が得られる．

$$U_L = (M_n + m(\phi))/(\rho_L A) \tag{4.5-19}$$

この関係を式(4.5-17)に代入すると次式が得られる．

$$\frac{\nu_L\{M_n+m(\phi)\}}{\rho_L g p_f{}^4}=\frac{F}{\lambda Re}\left(sin\,\phi-\frac{2}{\rho_L g D_m}\frac{dP}{d\phi}\right) \tag{4.5-20}$$

ここに，$F=AD_e^2/p_f^4$，$Re=\{M_n+m(\phi)\}D_e/(A\mu_L)$，$D_e=4A/p_w$ は厚液膜の等価直径である．M_nは液流下部面積割合も考慮すると次式で計算できる．

$$M_n=\frac{\Gamma_{n-1}\,p_f}{2f}=\frac{\pi D_o\,p_f}{4\Delta i_v\,f}\sum_{i=1}^{n-1}q_{mi} \tag{4.5-21}$$

ここに，q_{mi}は第 i 管列の平均熱流束を表す．式(4.5-19) 右辺の $m(\phi)$ は 1/2 ピッチあたりの凝縮量を表し，薄液膜の周方向流れを無視すれば，局所熱流束 $q(\phi)$ と次式の関係がある．

$$m(\phi)=\int_0^{\phi}\frac{p_f D_o q(\phi)}{4\Delta i_v}d\phi \tag{4.5-22}$$

領域 A_u について，$\phi_0\le\phi\le\phi_{fA}$ の平均熱流束 q_{Au} は次式で定義される角度 ϕ_1 における値，すなわち，$\phi_0\le\phi\le\phi_{fA}$ の溝部平均高さにおける液膜形状をもとに近似する．

$$sin\phi_1=\frac{\int_{\phi_o}^{\phi_{fA}}sin\phi d\phi}{\phi_{fA}-\phi_o} \tag{4.5-23}$$

その際，圧力勾配には次式の直線分布

$$\frac{dP}{d\phi}=\frac{-2\sigma(1/d+cos\,\theta/s)}{\phi_{fA}-\phi_o} \tag{4.5-24}$$

を与え，式(4.5-21)～ 式(4.5-24)を式(4.5-20)に代入し角度 ϕ_1 における厚液膜の形状を数値的に求める．

領域 A_f については式(4.5-20)から溝部厚液膜の気液界面曲率の周方向分布を求める．すなわち，同式を変形して得られる次式

$$\frac{d}{d\phi}\left(\frac{1}{r_i}\right)=-\frac{g\rho_L D_m}{2\sigma}\left\{\sin\phi-\frac{\lambda\mathrm{Re}\nu_L(M_n+m)}{F\rho_L g p_f{}^4}\right\} \tag{4.5-25}$$

に次の境界条件

$\phi=\phi_b$ で　　　　$d(1/r_i)/d\phi=0$，　$r_i=\infty$　　　　(4.5-26, 27)

を与えて解けば，ϕ_bは次式で表すことができる．

$$\phi_b=\sin^{-1}\left\{\frac{\lambda\mathrm{Re}\nu_L(M_n+m)}{F\rho_L g p^4}\right\} \tag{4.5-28}$$

ついで，式(4.5-25)を式(4.5-26, 27)の条件のもとでϕの負の方向へ数値的に解き，気液界面の曲率半径が式(4.5-16)に達するところで計算を終了し，その位置の角度を ϕ_{fA} とする．ついで，次式

$$P(\phi)=\frac{\int_{\phi_{fA}}^{\phi_b}P(\phi)d\phi}{\phi_b-\phi_{fA}} \tag{4.5-29}$$

により，$\phi_{fA}\le\phi\le\phi_b$ における平均圧力を与える角度を ϕ_2 とし，この位置における厚液膜の形状をもとに q_{Af} を計算する．式(4.5-19)のシートモードへの適用法は本田ら(1988b)を参照のこと．

凝縮物質とその管群入口における圧力・温度等の条件，管の諸元と管配列，冷却水の流速と温度等が与えられた場合，管列ごとに平均熱流束および平均熱伝達率を求める手順は次のとおりである．

1. 第 1 管列（最上列）は式(4.5-12)で $f=0$ の場合になるため，単管の計算法（4.3 節）用いる．
2. 第 2 管列以降は，上方管から落下する凝縮液の落下モードを判別し液流下部面積割合を式(4.5-14, 15)で定める．
3. 領域 U については，単管と同一の計算法を適用し q_{Uu} および q_{Uf} を求める．
4. 領域 A については，式(4.5-21)から M_n を求め，m の値を仮定して式(4.5-20)および式(4.5-25)を解き，$\phi=\phi_1$ および ϕ_2 における厚液膜の形状を求める．ついで，単管と同一の計算法を適用して，q_{Au} および q_{Af} を求める．そして，式(4.5-22)から m を求め，上述の手続きを繰り返し，収束解が得られるまで反復を繰り返す．
5. q_m および h_m をそれぞれ式(4.5-12)および式(4.5-13)から求める．
6. 次の管列にすすむ．ただし，フィン間溝部に凝縮液が充満する場合は計算を終了する．そうでない場合は，上述のステップ 2～ステップ 5 を繰り返す．

数値解析の流れ図は Honda *et al.* (1989) に示されている．本計算法による計算結果は図 4.5-9 ~ 図 4.5-11 に記入してあり，蒸気流速が高い場合の管群入口部を除けば，数値解は実験値と良く一致していると見なせる．

4.5.3 フィン寸法の最適化

前項で説明した静止蒸気中に置かれた 2 次元ローフィン付管群の伝熱性能計算法を用いて所定の凝縮器運転条件で高い性能を与えるフィン寸法の考え方を説明する．第 4.3 節で述べたように，ローフィン付管上の凝縮熱伝達は表面張力と液密度の比 σ/ρ_L の影響を強く受ける．蒸気の飽和温度を 35℃とし冷媒は R22 および R600 とする．この温度における σ/ρ_L の値は R22 が 5.83×10^{-6} (m^2/s^2)，R600 が 19.0×10^{-6} (m^2/s^2)で 3.3 倍の差がある．冷却水の温度と流速をそれぞれ 25℃および 2 m/s とする．フィン先端径が 19.1mm，管の肉厚が 1mm，フィン厚さが 0.2 mm の矩形フィンを対象に，フィンの高さと間隔および管列数を変化させる．

図 4.5-14 は R22 について，フィンの高さと厚さを固定し，第 1 管列から第 n 管列までの平均熱通過率 K_m を管列数 n とフィン間隔 s で表したものである（野津-本田，1990）．図中には，膜レイノルズ数 Re_f が 1,000，2,000，4,000 の線を記入するとともに，Kern の式(4.4-5)から求まる平滑管群の平均熱通過率も示してある．膜レイノルズ数は凝縮量に比例するため，膜レイノルズ数と平均熱通過率の線の交点から所定の凝縮能力を発揮するための管列数を求めることができる．

図において，平滑管とフィン付管ともに平均熱通過率は管列数の増大につれて減少する．フィン付管の熱通過率の減少はフィン間隔が 0.25 mm が最も顕著である．これはフィン間隔が狭いため，溝部を流れる凝縮液の流動抵抗が大きく，図 4.5-3 に示す角度 ϕ_{fA} が少ない管列数で $\phi_{fA}=0$ に近付くためである．また，管群の深さとフィン間隔の関係を見ると，浅い管群，たとえば，管列数 10 で構成される凝縮器ではフィン間隔 0.3mm の管を用いれば高い性能が得られる．しかし，深い管群，たとえば，管列数 20 以上ではフィン間隔 0.4mm の管の方が高い性能を示す．これらのことは凝縮器の設計で留意すべき事項である．

図 4.5-15 は R22 および R600 について，フィン厚さ t =0.2 mm で 2 種類のフィン高さ h_f の条件(1.2 mm, 0.6 mm)で,フィン間隔 s を変化させた場合の平均熱通過率 K_m を示す（野津-本田, 1990）．h_f =0.6 mm の図には Kern の式(4.4-5)による平滑管群の値も併記してある．各物質についてフィン高さの影響

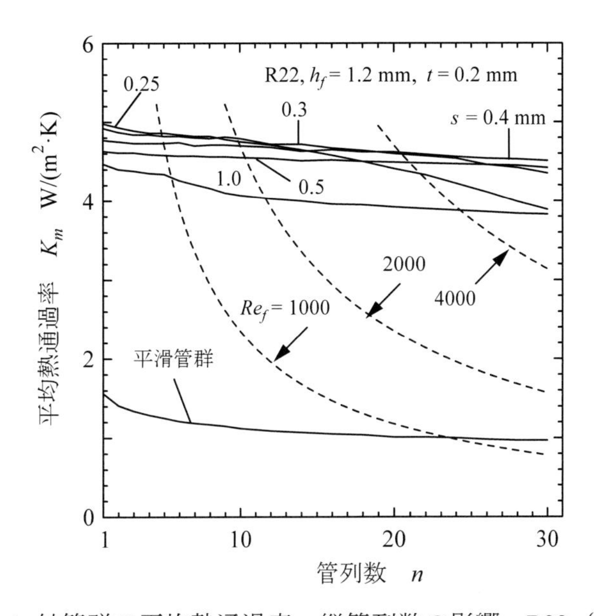

図 4.5-14 ローフィン付管群の平均熱通過率，縦管列数の影響，R22（野津-本田, 1990）

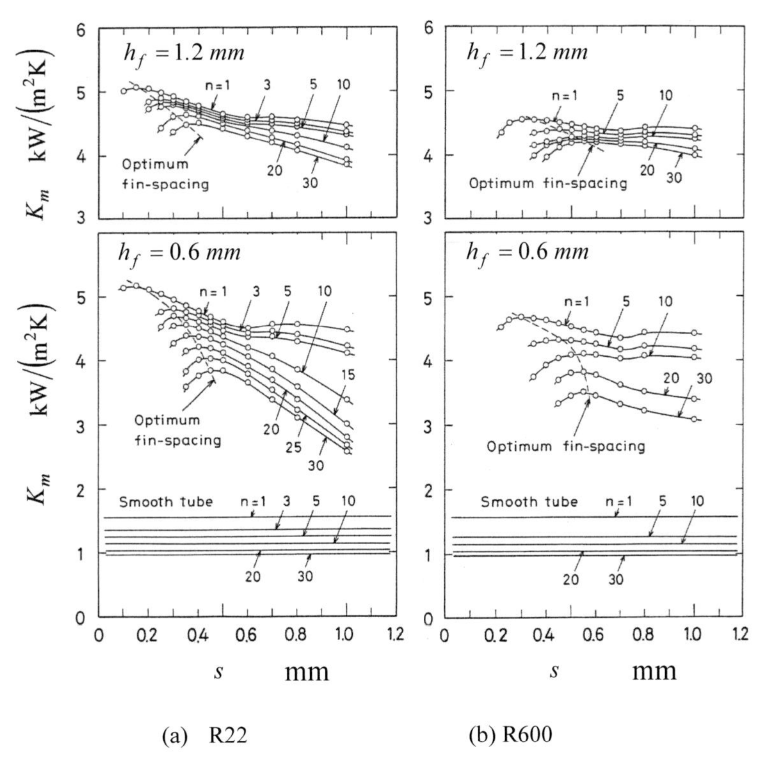

(a) R22　　(b) R600

図 4.5-15 ローフィン付管群の平均熱通過率，フィン厚さ t = 0.2 mm（野津-本田, 1990）

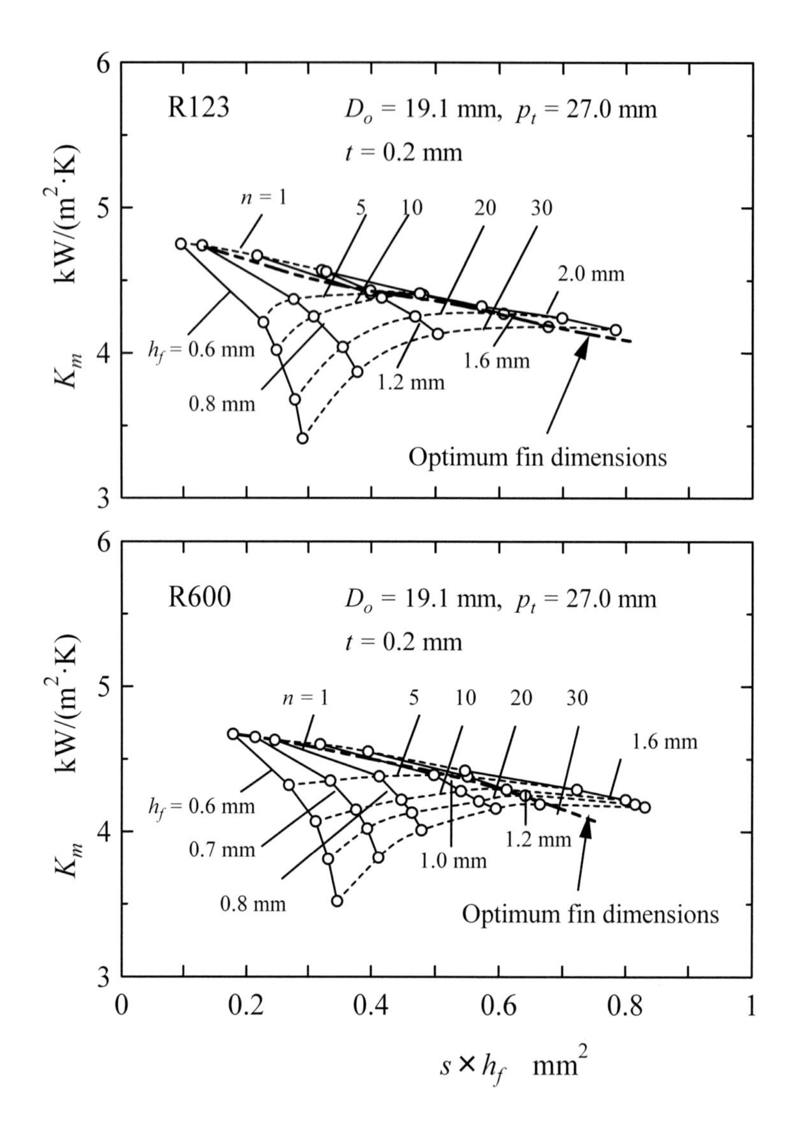

図 4.5-16　ローフィン付管群の平均熱通過率，フィンの高さと間隔の影響
（本田-金, 1994：野津-本田, 1990）

を比較すると，平均熱通過率に及ぼすフィン間隔と管列数の影響はフィン高さが低い方が顕著である．図中の破線は管列ごとの平均熱通過率が最大となる位置を結ぶ線である．これらの線から明らかなように，フィン間隔の最適値は管列数とともに増大する．

図 4.5-16 は矩形フィン付管群内における R123（本田-金, 1994）と R600（野津-本田, 1990）の凝縮特性を，平均熱通過率 K_m と溝部断面積($s \times h_f$)の座標で示したものである．平均熱通過率の管列方向変化は溝部断面積に対して上に凸の特性を示すとともに，管列数の増大につれて単管 (n=1) の値から低下する．図中の一点鎖線は管列数ごとに定まる平均熱通過率の最大値をつなぐ線である．この線から明らかなように，最適フィン寸法は管列数の増大とともにフィン間溝部の寸法が大きくなることがわかる．

4.6 混合冷媒の凝縮

4.6.1 はじめに

二成分混合蒸気の凝縮では気相内に濃度（質量分率）境界層が形成され，低沸点媒体の蒸気濃度は気液界面から蒸気バルク層に向けて低下する．はじめに，混合気相の取扱いを簡単に説明する．第2章第3節と同様に，低沸点蒸気または不凝縮ガスを成分1とし，その物理量に添字1を付す．

気相の物質伝達率βを気液界面における成分1の拡散質量流束j_1および気液界面と蒸気バルク層の質量分率の差$\left(w_{1Vi}-w_{1Vb}\right)$で定義する．すなわち，

$$\beta=\frac{j_1}{\rho_V\left(w_{1Vi}-w_{1Vb}\right)} \tag{4.6-1}$$

ここに，ρ_Vは混合気の密度，w_{1Vi}およびw_{1Vb}はそれぞれ気液界面および蒸気バルク層における成分1の質量分率である．拡散質量流束j_1は成分1の質量濃度ρ_{1V}，成分1の速度v_1，混合気質量中心の速度v，成分1の質量分率w_{1V}と次の関係がある．

$$j_1=-\rho_V D_{12}\left(\frac{\partial w_{1V}}{\partial y}\right)_i=-\left\{\rho_{1V}\left(v_1-v\right)\right\}_i \tag{4.6-2}$$

ここに，D_{12}は拡散係数．混合気の質量中心速度vと各成分速度v_1，v_2との間には次の関係が成り立つ．

$$\rho_V v=\rho_{1V}v_1+\rho_{2V}v_2 \tag{4.6-3}$$

混合冷媒の凝縮では，完全混合モデル，すなわち液膜内濃度は一様かつ気液界面の値w_{1Li}に等しいと仮定することが多い．前節までに述べたように，液膜の熱伝達は薄液膜部に支配されるため，完全混合液膜の仮定による大きな問題は生じないと考えられる．そして，この仮定が成立する場合，気液界面における凝縮液の質量分率w_{1Li}は混合気の質量分率w_{1Vi}と次式の関係を持つ．

$$w_{1Li}=\left(\frac{\rho_{1V}v_1}{\rho v}\right)_i=w_{1Vi}\left(\frac{v_1}{v}\right) \tag{4.6-4}$$

物質伝達率βは，式(4.6-2)～式(4.6-4)を用いて，凝縮質量流束mと次式で関連付けることができる．

$$\beta=\frac{j_1}{\rho_V\left(w_{1Vi}-w_{1Vb}\right)}=\frac{mW_R}{\rho_V\left(W_R-1\right)} \tag{4.6-5}$$

ここに，W_Rは濃縮の程度を表す質量分率の関数で，次式で定義される．

$$W_R=\frac{w_{1Vi}-w_{1Li}}{w_{1Vb}-w_{1Li}} \tag{4.6-6}$$

不凝縮ガスを含む単成分蒸気の凝縮では，気液界面で成分1の不透過条件（$v_1=0$）が成り立つ．この場合，式(4.6-6)のW_Rは次式となり，これを濃縮比と呼ぶことがある．

$$W_R = \frac{w_{1Vi}}{w_{1Vb}} \tag{4.6-7}$$

自由対流凝縮における気相の物質伝達の整理法には，第２章第３節の平板上の凝縮で得られた相似解を，単相自由対流熱伝達の場合と同様に，円管に拡張する方法がある（五島-藤井，1982）．具体的には平板上の凝縮で得られた気相物質伝達の式(2.3-73) を平板の先端から伝熱面長さ ℓ まで積分を行う．ついで，得られた式に含まれる伝熱面長さ ℓ を単相自由対流熱伝達の解析から得られた形状係数（藤井，1974）

$$\ell = 2.80 D_o \tag{4.6-8}$$

を用いて，代表寸法を管外径 D_o に変換する方法である．

強制対流凝縮の場合は，気液界面における蒸気の吸込み速度 v_i がゼロと無限大における物質伝達特性をもとに，これらの中間領域を含む全領域の特性を表す関数形を仮定して整理する方法がある．その概要は次のとおりである．

吸込み速度 v_i がゼロの極限におけるシャーウッド数 Sh_0 の式は，吸込みを伴わない単相熱伝達の式に，熱伝達と物質伝達のアナロジを適用して求める．吸込み速度が無限大の極限では質量バランスの式

$$Sh = \frac{v_i}{u} ReSc \tag{4.6-9}$$

を用いる．ここに，u は気相バルク層の速度，Sc はシュミット数である．ついで，吸込み速度が 0 から無限大までの全領域の特性を次式で表現する

$$\frac{Sh}{Sh_0} = \frac{1}{1+\gamma Sc} + \frac{v_i}{u}\frac{ReSc}{Sh_0} \tag{4.6-10}$$

ここに，γ は吸込み速度と主流速度の比 v_i/u を含むパラメータで，その関数形は流れの条件により研究者間で異なる．ついで，v_i/u に気液界面における成分の連続条件から得られる次式

$$\frac{v_i}{u} = \frac{(W_R - 1)\beta}{uW_R} = \frac{(W_R - 1)Sh}{W_R\, Re\, Sc} \tag{4.6-11}$$

を式(4.6-10)に代入すればシャーウッド数の式が得られる．

$$\frac{Sh}{Sh_0} = \frac{W_R}{1+\gamma Sc} \tag{4.6-12}$$

以上のほかに，古くから膜理論（Colburn-Drew, 1937 など）と呼ばれるものがある．この理論では境界層厚さの流れ方向変化を無視する．そして，混合気境界層内の密度が厚さ方向に一様と見なせる場合は次式が成りたつ．

$$\frac{Sh}{Sh_0} = \frac{W_R}{W_R - 1} ln(W_R) \tag{4.6-13}$$

4.6.2　単管上の凝縮

(a) 平滑管

はじめに自由対流凝縮をとりあげる．五島-藤井 (1982) は R12/R114 および R114/R11 の 2 種類の混合冷媒を用いた実験を行い熱伝達特性と凝縮状態を関連付けている．二成分蒸気の凝縮ではマランゴニ対流，すなわち，表面張力の不均一に起因する液膜内の対流により平滑な液膜が形成されない場合がある. R12/R114 による実験では凝縮液膜が管表面上を一様に覆い流下する現象が見い出されている. R114/R11 では，平滑な液膜，図 4.6-1(a)に示す液膜内にうっすらとしたリング状の縞模様を伴う液膜，図(b)に見られる明瞭な縞が管表面を左右に動き，隣り合うリングと分離・合体が繰り返す液膜，ならびに，図(c)のリング状の縞がほぼ静止する液膜の 4 形態を観察した．そして，図(b)の場合の熱伝達率は，その他の場合より約 50%高い結果を得ている．Fujii *et al.* (1993) は凝縮形態を Drop, Streak, Ring, Wavy film および Smooth film の 5 種類に分類し，凝縮形態が混合冷媒の質量分率，蒸気圧力および熱流束に依存することを見いだした．図 4.6-2 はエタノール/水の混合冷媒が外径 9.5 mm の水平円管上で凝縮する場合の凝縮様相を示す．同様な現象は外径 18 mm の水平円管による実験（藤井ら，1989a）でも観察されている．

(a) うっすらとしたリング状の縞模様伴う液膜

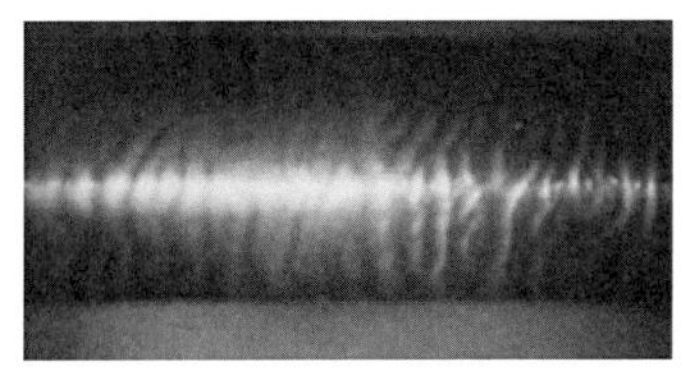

(b) 明瞭な縞が管表面を左右に動き，隣り合うリングと分離・合体が繰り返す液膜

(c) リング状の縞がほぼ静止する液膜

図 4.6-1 R114/R11 混合冷媒の凝縮状態 (五島-藤井, 1982)

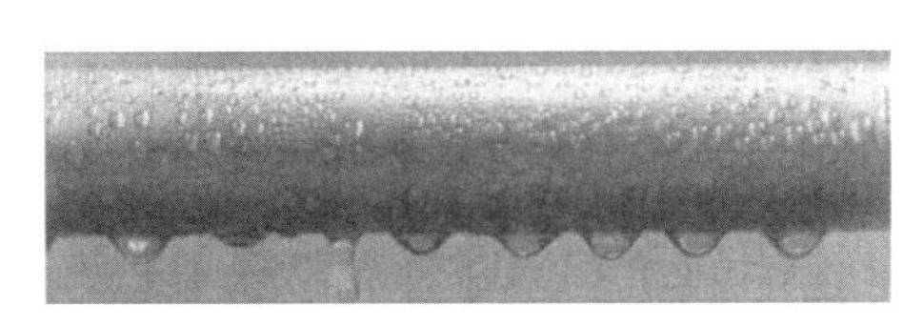

(a) Drop

w_{1Vb} = 0.34, P_{Vb} = 7.67×10⁴ Pa

$(T_{Vb} - T_w)$= 14.2 K, q_w= 148 kW/m²

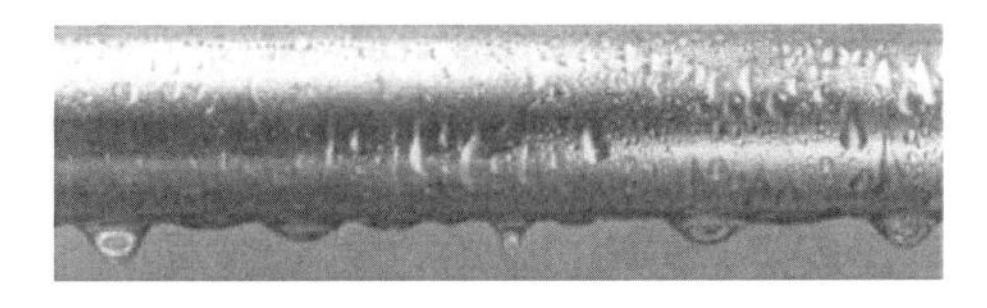

(b) Streak

w_{1Vb} = 0.58, P_{Vb} = 6.29×10⁴ Pa

$(T_{Vb} - T_w)$= 11.5 K, q_w= 132 kW/m²

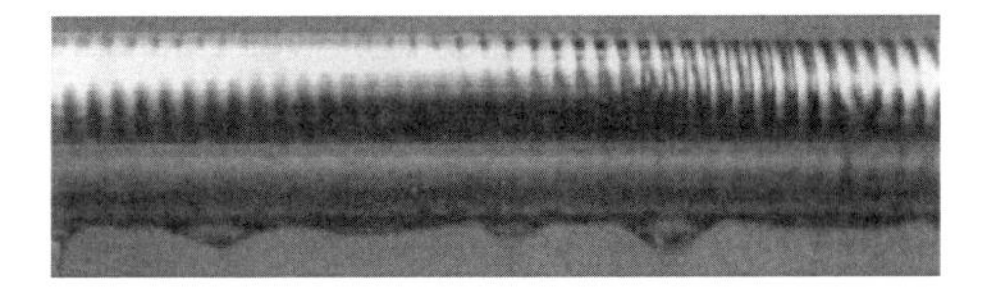

(c) Ring

w_{1Vb} = 0.74, P_{Vb} = 9.18×10⁴ Pa

$(T_{Vb} - T_w)$= 21.2 K, q_w= 114 kW/m²

図 4.6-2 エタノール/水混合冷媒の凝縮状態（Fujii et *al.*, 1993；長，1994）

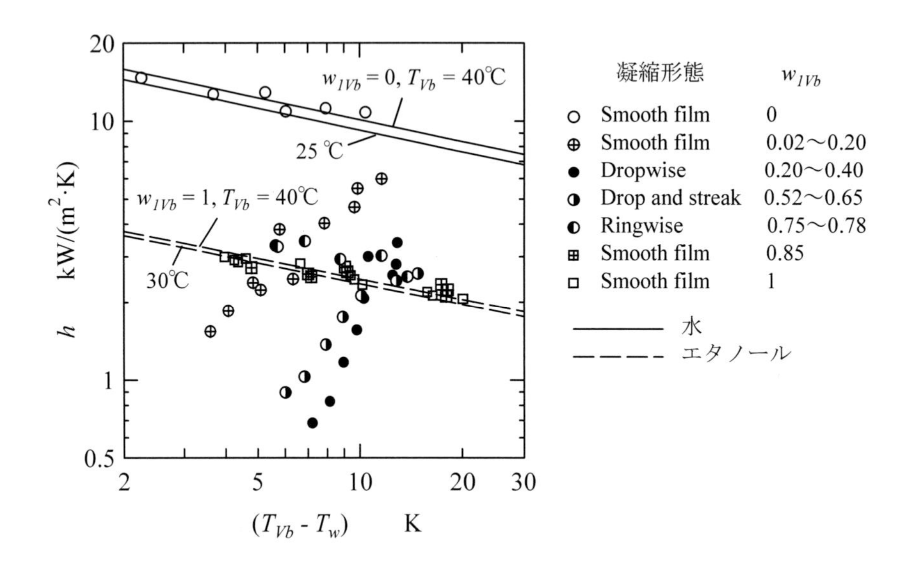

図 4.6-3 エタノール/水混合冷媒の凝縮熱伝達，藤井ら(1989a)

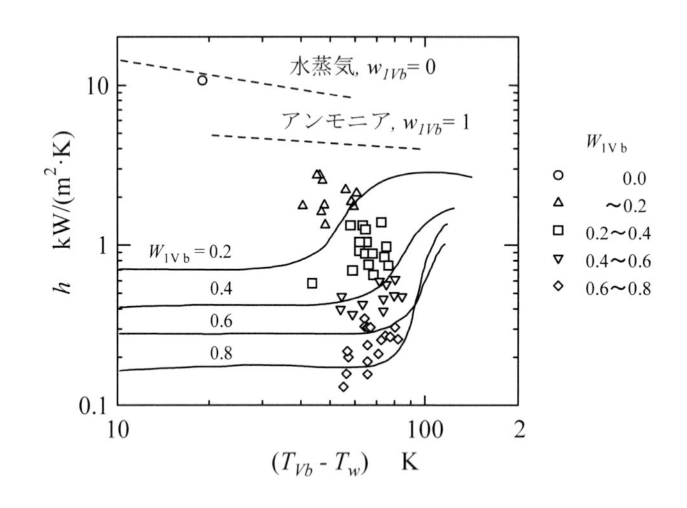

図 4.6-4 アンモニア/水混合冷媒の凝縮熱伝達，五島ら（1995）

図 4.6-3 は，藤井ら(1989a)の実験で得られたエタノール/水混合冷媒の凝縮熱伝達率 h と蒸気バルク温度と壁面との温度差 $\left(T_{Vb}-T_w\right)$ の関係を示す．図中の実線および破線は，それぞれ水平円管上の自由対流凝縮の式(4.2-29)から求めた水およびエタノールの熱伝達率の計算値を示す. エタノール（記号□）および水（記号○）の実験値は±5%の範囲で計算値と一致する．しかし， w_{1Vb} が 0.02 ~ 0.65 の実験値は自由対流凝縮の式とこう配が逆である．熱伝達率は凝縮側の温度差が小さくなるにつれて，エタノールの理論値より低下する．これは気相の物質伝達抵抗が相対的に大きくなるためである．そして，w_{1Vb} が 0.75 ~ 0.85 の実験値はエタノール純蒸気の理論に傾向が近づく．は凝縮形態が Drop, Streak および Ring の場合，実験値が平滑な液膜を仮定した二成分蒸気の理論値より 20% ~ 60%高いものは，凝縮液の熱伝導率を見かけ上 1.75 倍にすれば理論と実験がほぼ一致することを示した.

五島ら (1995) は外径 16mm の円管上におけるアンモニア/水混合冷媒による実験を行い，平滑な液膜，静止したリング状および乱れたリング状の液膜の 3 種類を観察した．図 4.6-4 は熱伝達の実験値を蒸気バルク温度と壁面温度の差 $\left(T_{Vb}-T_w\right)$ に対して示したものである．実験値はアンモニアの質量分率 w_{1Vb} の増加とともに単調に低下する．図中の破線は水蒸気およびアンモニアの凝縮熱伝達率の計算値を表し，$w_{1Vb}=0$ すなわち水蒸気の実験値は理論と良く一致している．図中の実線は平滑な液膜を仮定した二成分蒸気の凝縮理論から求まる熱伝達率の計算値を示したものである．実験値と比較すると，アンモニアの質量分率の広い範囲で一致することがわかる．

図 4.6-1 ~ 図 4.6-4 の考察から明らかなことは，リング状の液膜が出現した場合でも平滑な液膜を仮定した熱伝達の予測法が適用できる場合がある．Fujii *et al.* (1993) は表面張力の濃度依存性を考慮した液膜の解析を行い，凝縮形態線図を提案しており，今後の更なる進展が望まれる．なお，マランゴニ凝縮については第 3 章および藤井の成書(2005)第 5 章等に詳述されている．

実用の凝縮器では不凝縮性ガスの混入が避けられないことがある．そこで，藤井ら(1985)は，R12/R114 混合冷媒の水平円管上における自由対流凝縮に及ぼす空気の影響を実験と理論の両面から明らかにした．図 4.6-5 は実験結果を熱流束 q_w と凝縮側の全温度差 $\left(T_{Vb}-T_w\right)$ の座標に示したもので，添字 1, 2, 3 はそれぞれ空気，R12，R114 である．図(a)および図(b)は R12 の組成比 $w_{2Vb}/\left(w_{2Vb}+w_{3Vb}\right)$ がそれぞれ 0~0.1 および 0.6~0.8 の条件で，気相のバルク温度 T_{Vb} と空気の質量分率 w_{1Vb} は管中心軸と同一の高さにおける値が用いられている．

小山-藤井 (1985) および藤井ら (1989b) は 3 成分混合気の平板上における層流膜状凝縮の解析を行い，凝縮特性の予測法を開発した．それは，気相の物質伝達，液膜の熱伝達，凝縮量と液膜濃度の関係式，ならびに気液界面における相平衡の式を連立させて解く方法である．その詳細は第 2 章に示されている．図 4.6-5 の実線はこの計算法から求まる熱流束の計算値を表す．計算で与えられた $w_{2Vb}/\left(w_{2Vb}+w_{3Vb}\right)$ は図(a)，図(b)でそれぞれ 0.05 および 0.7，空気の質量分率 w_{1Vb} は 0 ~ 0.07 の範囲である．図 4.6-5 を見ると，熱流束 q_w の実験値は凝縮側の全温度差 $\left(T_{Vb}-T_w\right)$ の増大とともに大きくなり，空気の質量分率の増加とともに低下する．そして，実験値と計算値の傾向が一致するとともに，熱流束に関する大部分の実験値は計算値と一致することがわかる．

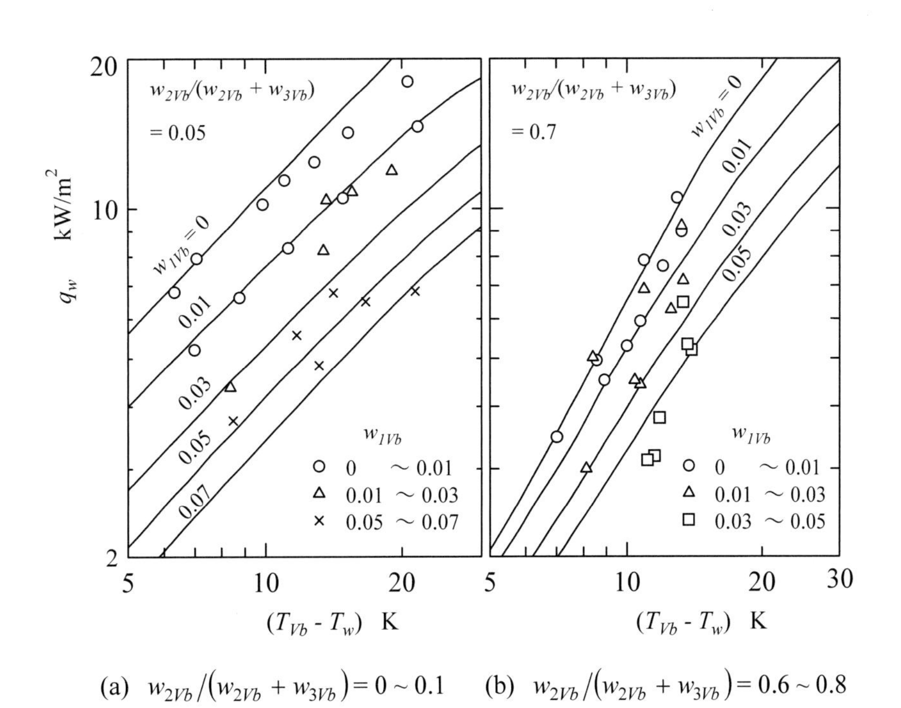

(a) $w_{2Vb}/\left(w_{2Vb}+w_{3Vb}\right)=0\sim0.1$　(b) $w_{2Vb}/\left(w_{2Vb}+w_{3Vb}\right)=0.6\sim0.8$

図 4.6-5 R12/R114 混合冷媒の凝縮に及ぼす空気の影響，$T_{Vb}=40$℃，藤井ら(1985)

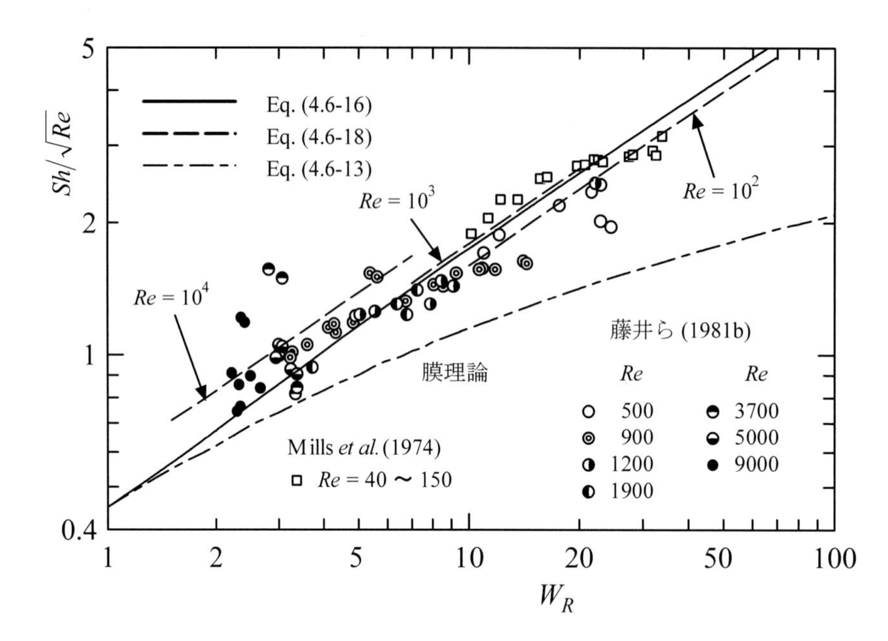

図 4.6-6　$Sh/\sqrt{Re}$ と W_R の関係　(藤井ら, 1981b)

次に，空気を含む水蒸気の強制対流凝縮について説明する．Rose (1980) は不凝縮ガスの円筒面上の強制対流凝縮について，気相物質伝達の式を導いている．凝縮量 0 の極限におけるシャーウッド数 Sh_0 は，空気の加熱・冷却に関する単相強制対流熱伝達をまとめた McAdams (1954) に示される実験値を $10 \le Re \le 10^4$ の範囲で近似する式を作成し，ついで熱伝達と物質伝達のアナロジーにより次式を得た．

$$Sh_0 = 0.57\sqrt{Re}\,Sc^{1/3} \tag{4.6-14}$$

そして，式(4.6-10)左辺第 1 項の γSc を吸込みを伴う平板上を流れる単相強制対流の特性をもとに，式(4.6-15)で表し，吸込みがゼロから無限大までの全領域に適用できる式(4.6-16)を導いている．

$$\gamma Sc = \frac{v_i}{u}\sqrt{Re}\,Sc = \frac{Sh}{\sqrt{Re}}\frac{(W_R - 1)}{W_R} \tag{4.6-15}$$

$$\frac{Sh}{\sqrt{Re}} = \frac{W_R\left\{\sqrt{1 + 2.28Sc^{1/3}(W_R - 1)} - 1\right\}}{2(W_R - 1)} \tag{4.6.-16}$$

図 4.6-6 は空気を含む水蒸気の単管上の凝縮に関する実験値を $Sh/\sqrt{Re}$ と W_R の座標で示したものである(藤井ら,1981b)．図中の実線は式(4.6-16) を表す．実験値の大部分は同式と±20%以内で一致する．

しかし，図 4.6-6 から明らかなように $Sh/\sqrt{Re}$ の実験値には Re 依存性が見られる．円筒に関する単相強制対流の実験 (Sucker-Bauer,1976) を参照すると，$Re > 5000$ では実験値は式(4.6-14)より高めの値を示すとともに，主流乱れが存在する場合はさらに高くなる可能性がある．したがって，主流の乱れ強さ 2.9%の伝熱実験から得られた Perkins-Leppert (1962) の式（粘性補正項を省略）にアナロジを適用して物質伝達の式に変換した．

$$Sh_o = \left(0.30\,Re^{0.50} + 0.10\,Re^{0.17}\right)Sc^{0.4} \qquad (40 \le Re \le 10^5) \tag{4.6-17}$$

ついで，$Sh/\sqrt{Re}$ に関する次式を導いた．

$$\frac{Sh}{\sqrt{\mathrm{Re}}}=\frac{W_R\left\{\sqrt{1+4\left(0.30+0.10\mathrm{Re}^{0.17}\right)Sc^{0.4}\left(W_R-1\right)}-1\right\}}{2\left(W_R-1\right)} \tag{4.6-18}$$

図 4.6-6 中の破線は $Re=10^2,10^3,10^4$ に対する式(4.6-18)を表し，実験値と定性的に一致する．したがって，伝熱量を高精度に予測するためには，主流の流動特性をより詳細に把握することが必要である．なお，同図から明らかなように，膜理論の式(4.6-13)は W_R の増大とともに実験値よりかなり低い値を与える．

(b) フィン付管

二成分蒸気の強制対流凝縮では濃度境界層は主流方向に発達する．一方，液膜流れを支配する要因は，蒸気せん断力，表面張力による圧力差および重力が考えられる．したがって，伝熱管の配置と蒸気流の方向および蒸気流速の関連を把握することが重要になる．

土方ら (1989) はフィン先端径 D_o = 21.0mm の平滑管と 2 種類の 2 次元フィン付管を用いて R113 および R114/R113 の管外凝縮に関する実験と解析を行っている． 伝熱管の配置（水平，鉛直）および蒸気流の方向（水平，鉛直）を組み合わせ，蒸気流速は 3 種類に変化させている．図 4.6-7(a)は R113 単成分について，鉛直下降蒸気流に置かれた平滑管および 2 種類のフィン付管の凝縮特性を比較したものである．フィン付管の熱伝達率は平滑管の 5～6 倍であり，蒸気流速の影響は小さい．図 4.6-7(b)は R114/R113 の凝縮特性を比較したものである．平滑管の特性は下方のハイフィン管の図に記入してある．図(a)の R113 と比較すると，蒸気流速の影響は R114/R113 の方が大きく，蒸気流速の減少につれて熱伝達率も低下する．なお図中の破線は平滑管に関する自由対流凝縮の式(4.2-29)を，一点鎖線はこの式とフィン付管の面積拡大率をかけ合わせた値である．気相の物質伝達について，土方ら (1989) は濃度境界層をプロフィル法で解析するとともに，熱伝達と物質伝達のアナロジを用いて次式を提案した．

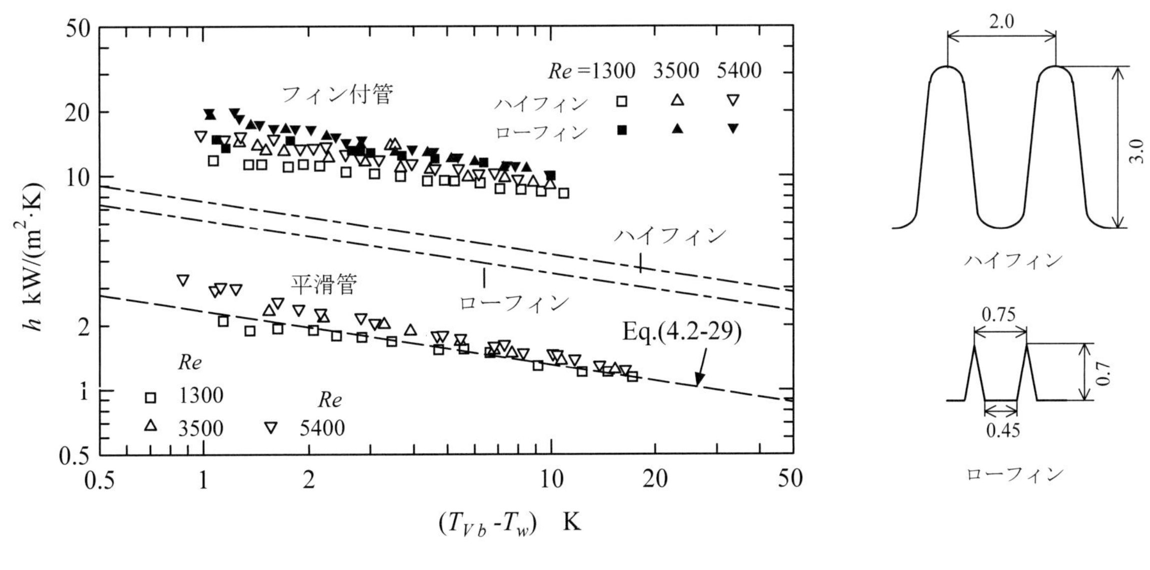

図 4.6-7(a)　純冷媒 R113 の熱伝達　（土方ら, 1989）

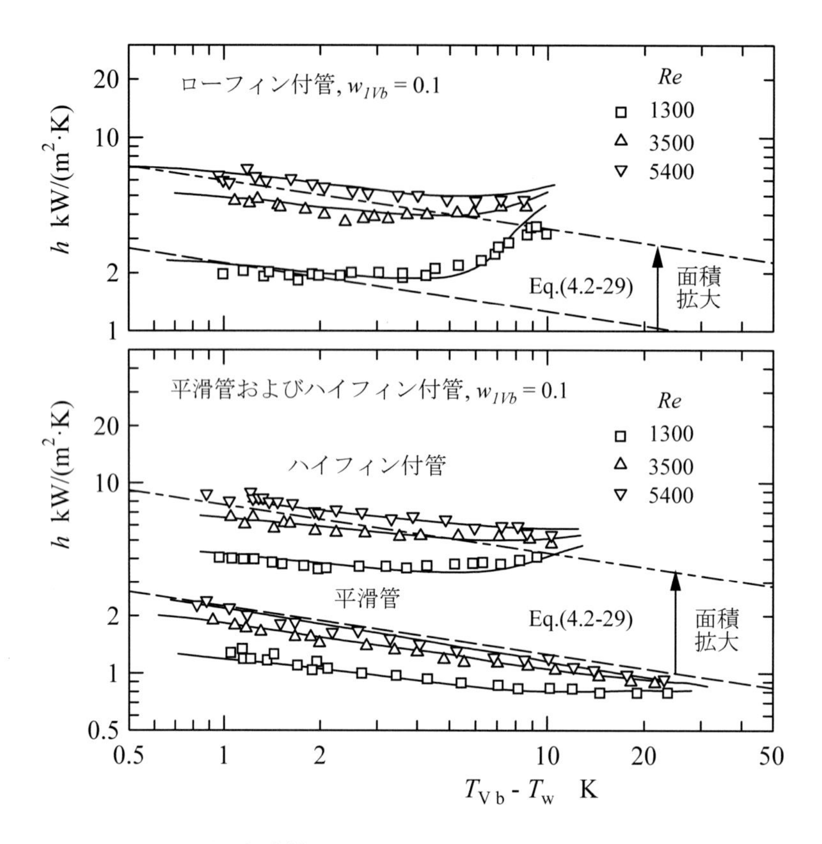

図 4.6-7(b)　混合冷媒 R114/R113 の熱伝達（土方ら，1989）

$$Sh = 0.27C\left(\rho_{Vb}/\rho_{Vi}\right)^{1/3} W_R^{1/3}\,\mathrm{Re}^{0.6}\,Sc^{1/3} \tag{4.6-19}$$

ここに，係数Cの値はフィンの形状・寸法に依存する．図中の実線は蒸気-壁面間の温度差に基づく熱伝達率の計算値を示す．計算に際して，液膜の熱伝達率には図 4.6-7(a)の実験値を用い，物質伝達率は式(4.6-18)のCが図中の熱伝達率の実験値と合うように定められている．図(b)において，実験値と計算値はよく一致している．そして，Cの値は平滑管，ローフィン付管，ハイフィン付管について 3.5，2.4~5.8 および 7.7~9.0 の順に大きくなる．

二重管型凝縮器では，第 6 章で述べるように蒸気が二重管の環状部を流れ，凝縮は内管外面上で生じ，凝縮の進行につれて環状部を流れる蒸気流量の減少と凝縮液流量の増大を生じる．野津ら（1991a, b）は図 4.6-8 に示す外径 D_r = 19.1 mm のコルゲート管上に直径 d_f = 0.3 mm のワイヤフィンをはんだ付けした管を内管とする水平二重管の環状部で R114/R113 の凝縮実験を行い，熱伝達と圧力損失の測定，気相内における断面内温度分布の計測，および気相物質伝達のモデル化を行った．これらの研究では，外管内径を変化させ環状部断面積の影響も検討しているが，本書では外管内径 D_i = 29.9mm の結果を中心に説明する．

図 4.6-9 は冷媒の質量速度 $G \approx 170$ kg/(m²·s)，管出口端における蒸気のクオリティが 0 の場合について，蒸気入口における R114 の質量分率 w_{1Vin} が図 4.6-9(a)は 0（R113 単成分），図 4.6-9(b)は 0.37 の場合を比較したものである．はじめに熱伝達率，物質伝達率および熱流束の定義を列挙する．

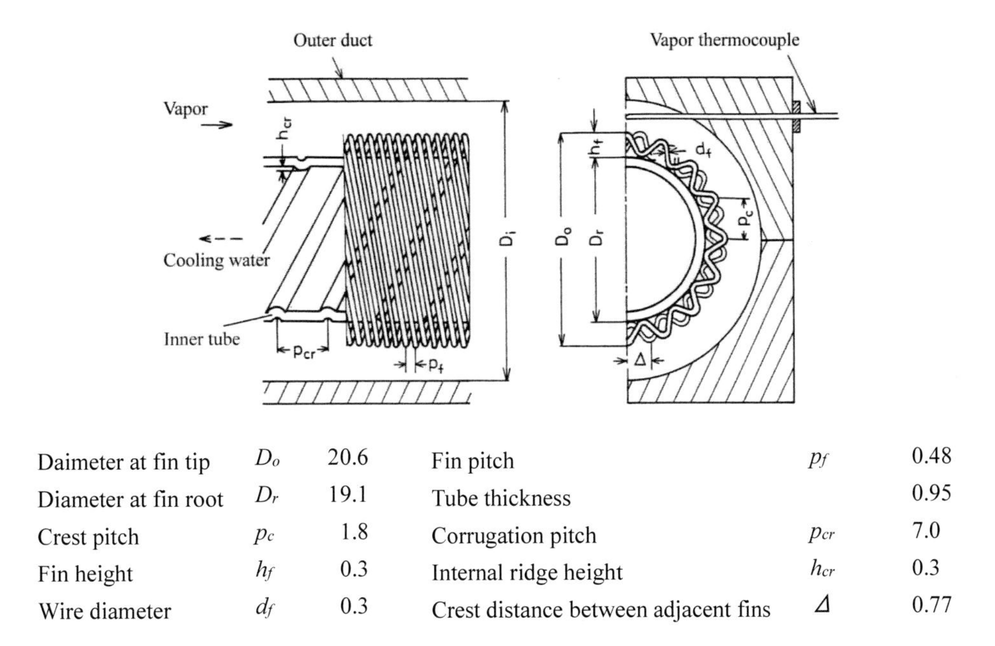

Daimeter at fin tip	D_o	20.6	Fin pitch	p_f	0.48
Diameter at fin root	D_r	19.1	Tube thickness		0.95
Crest pitch	p_c	1.8	Corrugation pitch	p_{cr}	7.0
Fin height	h_f	0.3	Internal ridge height	h_{cr}	0.3
Wire diameter	d_f	0.3	Crest distance between adjacent fins	Δ	0.77

図 4.6-8 ワーヤーフィン付コルゲート管および二重管環状部の概要，野津ら（1991a）

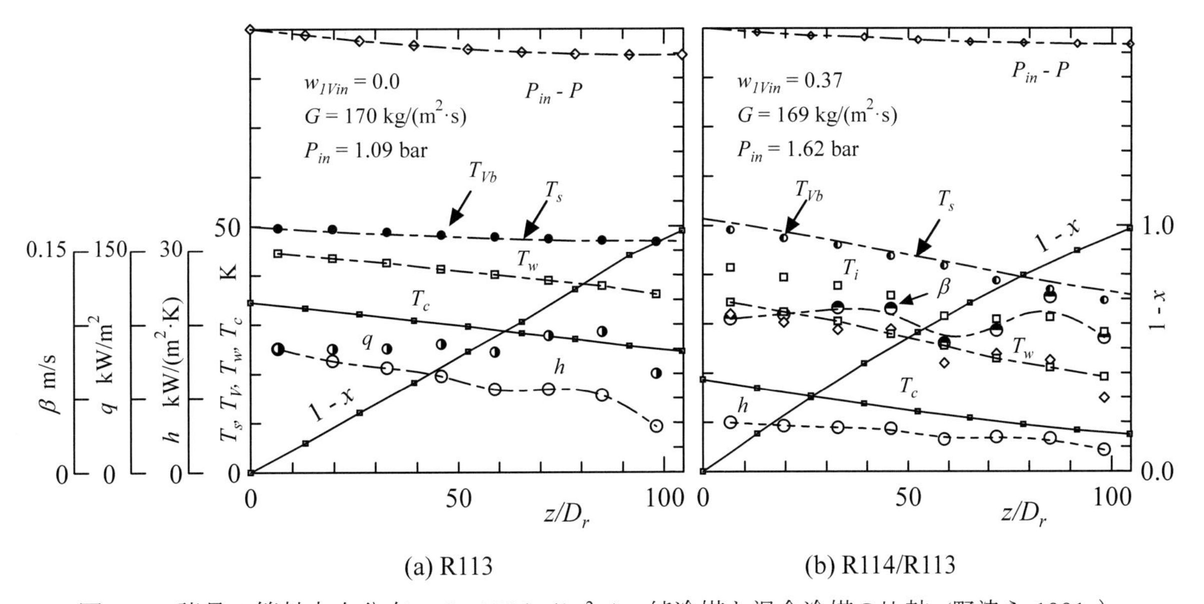

図 4.6-9 諸量の管軸方向分布，$G \approx 170$ kg/(m²·s)，純冷媒と混合冷媒の比較 (野津ら,1991a)

熱伝達率　$$h = \frac{q}{(T_{Vb} - T_w)}$$ ；気相の物質伝達率　$$\beta = \frac{mW_R}{\rho_{Vb}(W_R - 1)} \qquad (4.6\text{-}20, 21)$$

熱流束　$$q = m\{w_{1Li}\Delta i_{1v} + (1 - w_{1Li})\Delta i_{2v}\} = h_0(T_i - T_w) \qquad (4.6\text{-}22)$$

ここに，Δi_{1v} および Δi_{2v} は各単成分冷媒の凝縮潜熱である．h_0 はフィンおよび管表面における液膜の熱伝達率である．図中には熱流束 q，凝縮側の全温度差 $(T_{Vb} - T_w)$ に基づく熱伝達率 h，湿り度 $(1-x)$，蒸気のバルク温度 T_{Vb}，壁温 T_w，冷却水温度 T_c，管入口からの圧力降下 $(P_{in} - P)$ の測定値を記入してある．なお，図中には断面内で相平衡の成立を仮定して求まる飽和温度 T_s を参考のため示してある．こ

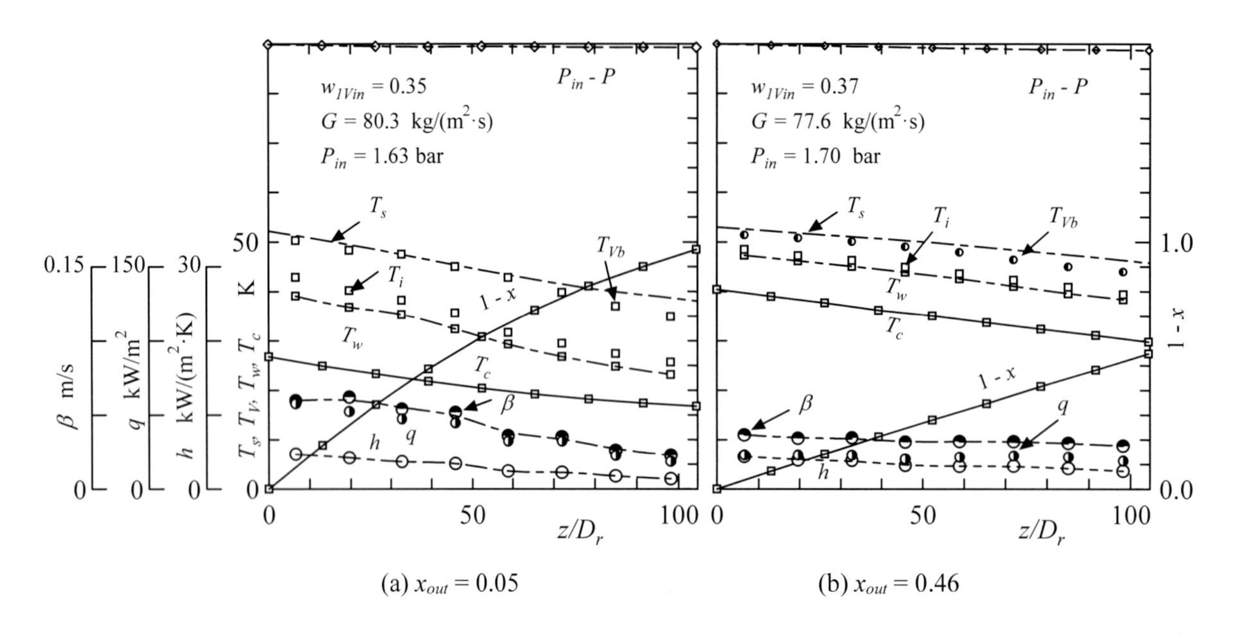

図 4.6-10 諸量の管軸方向分布，$G \approx 80$ kg/(m²·s)，凝縮質量流束の影響（野津ら, 1991a）

れらに加えて図(b)には，液膜の熱伝達の式に R113 純蒸気の式（本田ら，1988c）を仮定して求まる気液界面温度 T_i および物質伝達率 β も記入してある．図 4.6-9 の(a)と(b)で w_{1Vin} の影響を比較すると，凝縮側の全温度差 $\left(T_{Vb}-T_w\right)$ は図(b)の方が大きく，熱伝達率 h は図(b)の方がかなり小さい．これは気相の物質伝達抵抗が加わるためである．また，図(b)では凝縮の進行に伴う R114 質量分率の増大により蒸気のバルク温度が大きく低下している．

図 4.6-10 は $G \approx 80$ kg/(m²·s)，$w_{1Vin} \approx 0.36$ で管出口クオリティが図(a)の $x_{out} \approx$ 0.05 と図(b)の 0.46 の結果を比較したものである．はじめに，図 4.6-9(b)と図 4.6-10(a)で質量速度 G の影響を検討すると，凝縮側の全温度差に占める気相の物質伝達抵抗による温度降下の割合 $\left(T_{Vb}-T_i\right)/\left(T_{Vb}-T_w\right)$ は質量速度が小さい図 4.6-10(a)の方が大きい．物質伝達率は質量速度が大きい図 4.6-9(b)の方が高い．次に図 4.6-10(a)，(b)でクオリティが同じ条件で比較すると，$\left(T_{Vb}-T_i\right)/\left(T_{Vb}-T_w\right)$ は熱流束が小さい図(b)の方が大きく，物質伝達率は熱流束が大きい図(a)のほうが 40% ~ 70%大きい．物質伝達率に関する以上の考察および $D_i = 25.2$ mm の実験結果（野津ら，1991a, b）をまとめると，混合冷媒の凝縮では質量速度，環状部断面積および熱流束が大きいほど全温度差に占める気相内温度差が小さくなり物質伝達率が高くなる．本節で紹介した一連の実験では熱流束と凝縮質量流束は式(4.6-22)により比例関係にあるため，一般に物質伝達率は質量速度および凝縮質量流束が大きいほど高いと言える．

つぎに気相の物質伝達について考察を行う．環状部断面内における気相温度分布の測定結果によれば，フィン先端から十分離れた気相内にも半径方向温度分布を生じ，かつこの温度分布を有する層はクオリティが低いほど厚くなる．したがって，フィンはこの温度分布を生じる原因となる拡散層に埋没されていると考えられる（野津ら，1991a）．

ここで，吸込みを伴う単相管内乱流に関する物質伝達の近似式を仮定し，式(4.6-10)を混合冷媒の凝縮に拡張する．前述のように，濃度境界層はワーヤーフィンを覆いながら流れ方向に発達するとみなせる．図 4.6-11 は Kinney-Sparrow (1970) の吸込みを伴う発達した管内乱流に関する数値解析結果を Sh/Sh_0 と v_i/u の座標上に Sc をパラメータとして整理したものである．式(4.6-10)のパラメータ γ の関数形は Reynolds flux モデル(Wallis,1968)をもとに次式

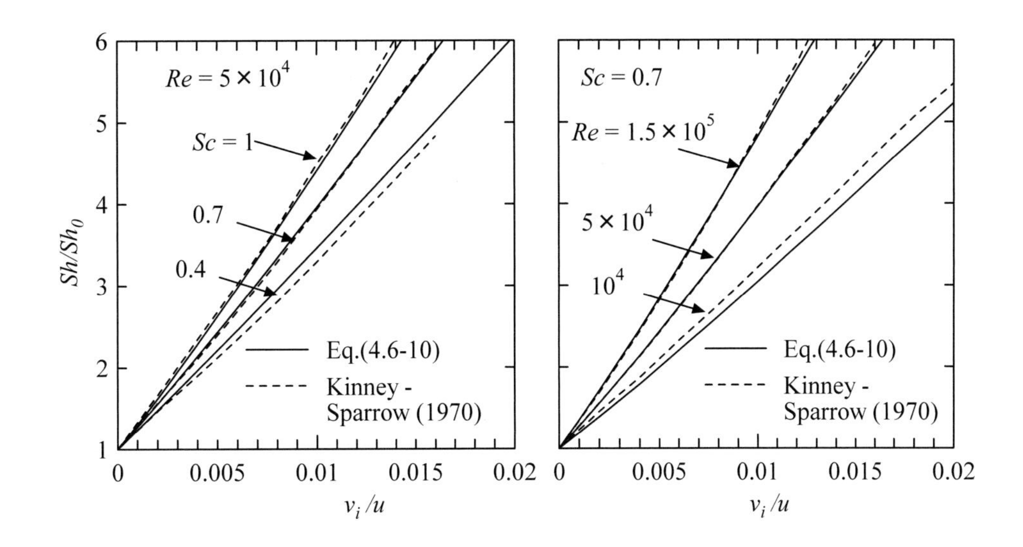

図 4.6-11 吸込みを伴う管内乱流 (kinney-Sparrow,1970) の数値解析（野津ら,1991b）

$$\gamma = C\, v_i / (u c_{f0}) \tag{4.6-23}$$

を仮定してある．ここに C は定数である．Kinney-Sparrow (1970) は c_{f0} および Sh_0 の数値解析結果を示してないため c_{f0} は Petukov (1970) の式から求めた．

$$c_{f0} = 1/(3.64 log_{10} Re - 3.28)^2 \qquad (10^4 \le Re \le 10^6) \tag{4.6-24}$$

同様に，Sh_0 は熱伝達に関する Gnielinski (1976) の式を熱伝達と物質伝達のアナロジを用いて物質伝達の式に変換して求めた．

$$Sh_0 = \frac{(c_{f0}/2)(Re - 1000)Sc}{1 + 12.7\sqrt{c_{f0}/2}\,(Sc^{2/3} - 1)} \qquad (3\times10^3 \le Re \le 10^6,\ 0.5 \le Sc \le 2000) \tag{4.6-25}$$

図 4.6-11 中の実線は，式(4.6-23)の C を 0.5 とした場合の Sh/Sh_0 を，破線は数値解を表す．なお，$Sc = 0.4$ は式(4.6-25)の適用範囲外であるが同式を用いた．図において，式(4.6-10)による計算値と数値解は $Re = 10^4$ で $v_i/u >$ 0.005 の場合を除けば±4%以内で一致している．

図 4.6-12 は物質伝達率の実験結果を Sh/Sh_0 と W_R の座標にプロットしたものである．図中の実験値は β の算出精度を考慮して，Lockhart-Martinelli のパラメータが $X_{tt} < 0.2$ で $(w_{1Vb} - w_{1Li}) \ge$ 0.1 の実験値を示してある．Sh_0 にはワーヤーフィンが取付けられている外管の表面を粗面とみなして，粗面管内乱流熱伝達に関する Dippry-Sabersky (1963) の式を物質伝達の式に変換して得られる次式を採用した．

$$Sh_0 = (c_{f0}/2) \mathrm{Re} Sc / k_D \tag{4.6-26}$$

ここに，$k_D = 1 + \psi\sqrt{c_{f0}/2}$，$\psi = 5.19\left(\mathrm{Re}\sqrt{c_{f0}/2}\,\varepsilon_s/D_e\right)^{0.2} Sc^{0.44} - 8.48$，$D_e$ は環状部の等価直径，$\varepsilon_s/D_e = \exp\left\{\left(3.0 - 1/\sqrt{c_{f0}/2}\right)/2.5\right\}$ である．図において，実験値は蒸気入口における質量分率と k_D により区別してある．k_D はその定義から明らかなように，u または c_{f0} が大きいほど大きくなる．Sh/Sh_0 の実験値は W_R の増大とともに大きくなる傾向が見られ，W_R が同一の場合，Sh/Sh_0 は k_D が大きいほど高い値を示す．図中の実線は物質伝達率の予測式を示す．その導出方法は，平滑管内乱流に関する図 4.6-11

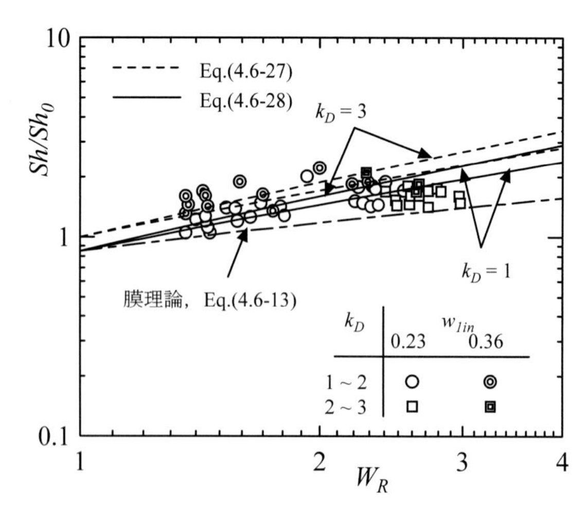

図 4.6-12 気相の物質伝達，（野津ら,1991b）

の場合と同様に $\gamma = 0.5 v_i / (u c_{f0})$ を仮定する．ついで v_i/u に式(4.6-10)の関係をもとに，Sh_0 に式(4.6-26)を採用し，気相の物質伝達率に関する次式が得られる．

$$\frac{Sh}{Sh_0} = \frac{2W_R k_D \left(\sqrt{1 + Sc\,(W_R - 1)/k_D} - 1\right)}{(W_R - 1)Sc} \tag{4.6-27}$$

図 4.6-12 において，Sh/Sh_0 の実験値と式(4.6-27)の傾向は一致するが，実験値の大部分は同式より低い．この理由として，ワイヤフィンの粗面としての性質が Dipprey-Sabersky が用いた Granular close-packed roughness と異なること，ワイヤフィン付面の ε_s/D_e が Dipprey-Sabersky の実験範囲を超えていることなどが考えられる．しかし，式(4.6-27)は気液界面における凝縮が気相の物質伝達に及ぼす影響を定性的に正しく表現すると考えられるため，実験値を近似する次式が提案されている．

$$\frac{Sh}{Sh_0} = \frac{1.7W_R k_D \left(\sqrt{1 + Sc\,(W_R - 1)/k_D} - 1\right)}{(W_R - 1)Sc} \tag{4.6-28}$$

実用的な二重管型凝縮器はＵベンド等の曲がり部を含む形式が多い．図 4.6-8 に示したワイヤフィン付コルゲート管を内管とし，4 箇所の直管部と 3 箇所のＵベンド部が交互に接続された二重管型凝縮器による実験として，R114/R113（野津ら,1994）によるものが挙げられる．直管部とＵベンド部の長さは共に 297mm である．実験結果によれば，高蒸気流速域におけるＵベンド部の熱伝達率はその前後の直管部より高くなり，その理由はＵベンド部における蒸気せん断力の増大によるものと考えられる．気相の物質伝達率にも同様な傾向が認められ，直管部とＵベンド部を問わず，物質伝達率を吸込み速度と摩擦係数で整理する式を提案している．

4.6.3　管群内の凝縮

はじめに，本田ら (1998a, b) によるローフィン付千鳥管群内における混合冷媒 R134a/R123 および単成分冷媒 R123 の実験で得られた測定値の管列方向分布を説明する．実験で用いられた 2 次元ローフィン付管の主要寸法は，フィン先端径 15.6mm，フィンピッチ 0.96mm，フィン高さ 1.43mm であり，管ピッチは水平および鉛直方向のいずれも 22mm である．

図 4.6-13 は気相バルク温度 T_{Vb}，気液界面温度 T_i，壁面温度 T_w，冷却水の入口と出口の平均温度 T_c，熱流束 q，凝縮側の全温度差 $\Delta T = (T_{Vb} - T_w)$，すなわち蒸気層と液膜内温度差の和，に基づく熱伝達率 h，および湿り度 $(1-x)$ の管列方向分布の例を示す．図中の記号 ΔT は管群入口における凝縮側の全温度差を表す．図において，気相バルク温度は管列方向に，すなわち凝縮の進行とともに低下する．気相の物質伝達抵抗に起因する温度降下 $(T_{Vb} - T_i)$ は全温度差の 35% ~ 55%に達している．熱流束および熱伝達率は，それぞれ 2 列目および 3 列目で最大になり，管列数の増大とともに徐々に低下する．

図 4.6-14 は $G \approx 20$ kg/(m²·s)における R134a の質量分率 w_{1Vb} の管列方向変化を示す．$\Delta T = 12$ K の管群入口付近を除けば，低沸点冷媒である R134a の質量分率が管列方向に増大するとともに，全温度差の大きい方が下流側で質量分率も増大する．図中に示す計算値は混合気の圧力と温度の測定値をもとに相平衡図から定まる質量分率を表し，全温度差が 3K と 5K における測定値と計算値はよく一致している．

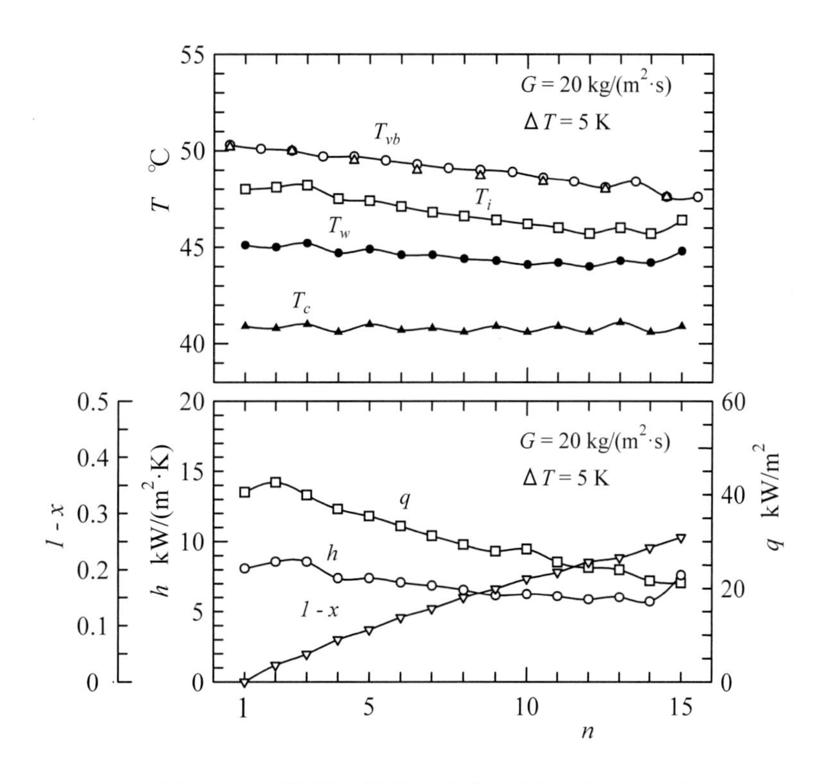

図 4.6-13　諸量の管群内分布　（本田ら, 1998a）

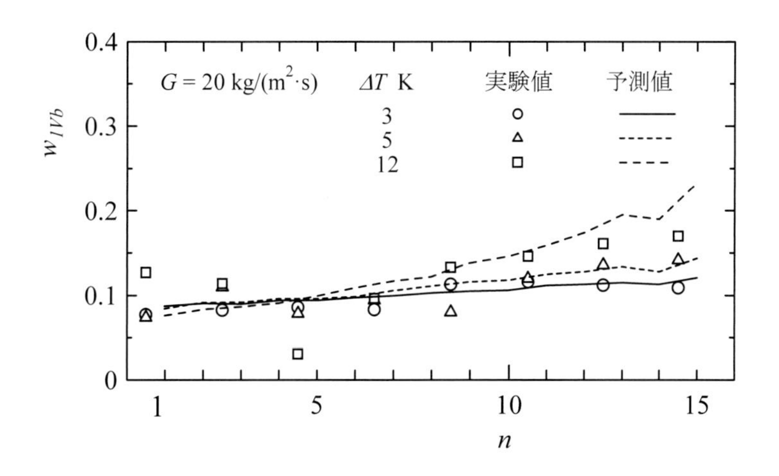

図 4.6-14　気相バルク濃度の管列方向変化　（本田ら, 1998a）

図 4.6-15,16 はそれぞれ熱伝達率 h および物質伝達率 β の管列方向分布を示す．図中の白抜きの記号は R134a/R123 を，中実の記号は R123 の結果を示す．図 4.6-15, 16 のいずれも，図(a)は質量速度 G の影響を，図(b)は管群入口における凝縮側の全温度差 ΔT の影響を表す．二重管環状部における混合冷媒の凝縮に関する図 4.6-9,10 と共通な特性は次のとおりである．

(a) 混合冷媒の熱伝達率は純冷媒のものより低下する．その理由は，混合気境界層内に物質伝達抵抗による温度差が形成されるため，凝縮側の全温度差が純冷媒の場合より増大するためである．

(b) 混合冷媒と純冷媒の熱伝達率は温度差が小さく質量速度が大きいほど高い．そして，熱伝達に及ぼす質量速度の影響は混合冷媒の方が大きい．その原因は，混合冷媒では質量速度が大きいほど蒸気流速が高くなるため，混合気境界層の物質伝達抵抗が低下することによる．

(c) 物質伝達率は温度差が大きいほど，また，熱伝達率は温度差が低いほど高い．すなわち，凝縮側の温度差が物質伝達率と熱伝達率に及ぼす影響は傾向が異なる．この原因は，液膜の熱伝達率は温度差が低いほど高くなるが，物質伝達率は温度差が大きいほど凝縮質量速度が増大するため，気液界面における吸込み効果が増大する理由による．

(d) 質量速度の影響は熱伝達率より物質伝達率の方が大きく現れる．液膜の熱伝達は表面張力，蒸気せん断力および重力の相対的重要性で定まる．これに対して，混合気境界層厚さは質量速度が大きく支配するためと考えられる．

管群に固有な特徴として，熱伝達率と物質伝達率はいずれも管群入口からいったん増大し，第 2 または第 3 列で最大値に達し，ついで管列方向に減少する．この性質は管群を流れる単相の熱伝達特性に類似である．なお，図 4.6-15 の破線で囲まれた枠は，水平平滑管に対する Nusselt の式(4.2-29)から求まる熱伝達率の範囲を表す．

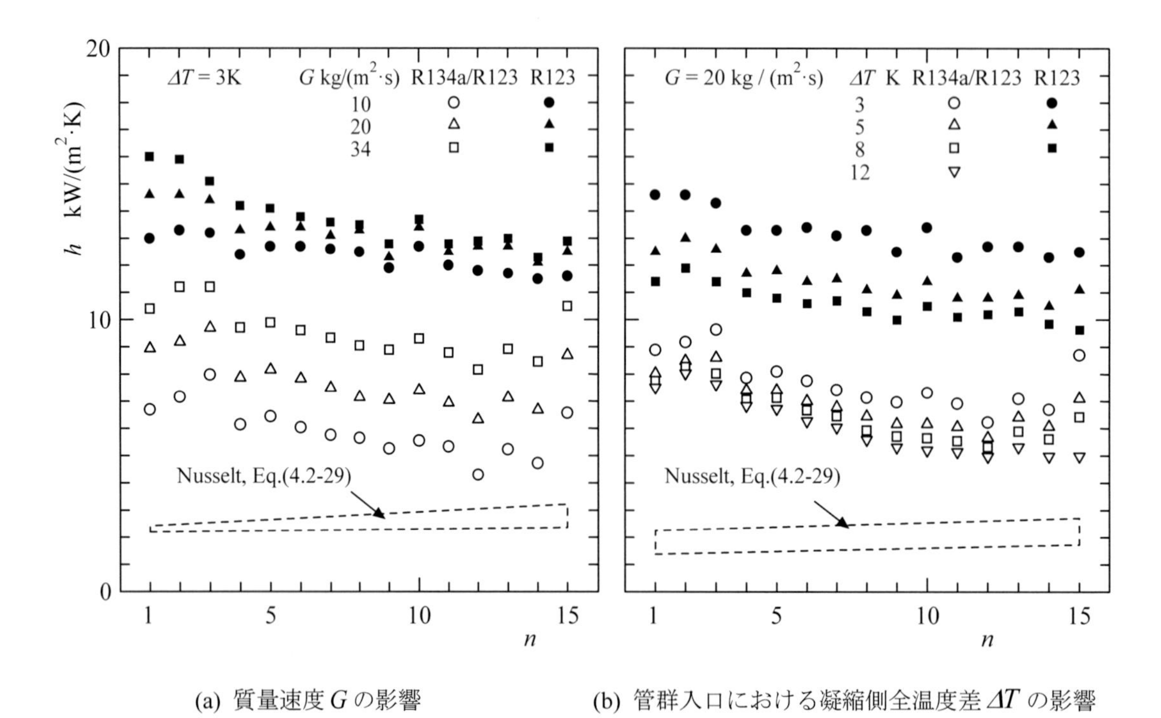

(a) 質量速度 G の影響　　(b) 管群入口における凝縮側全温度差 ΔT の影響

図 4.6-15　熱伝達率 h の管列 n 方向分布　（本田ら,1998a）

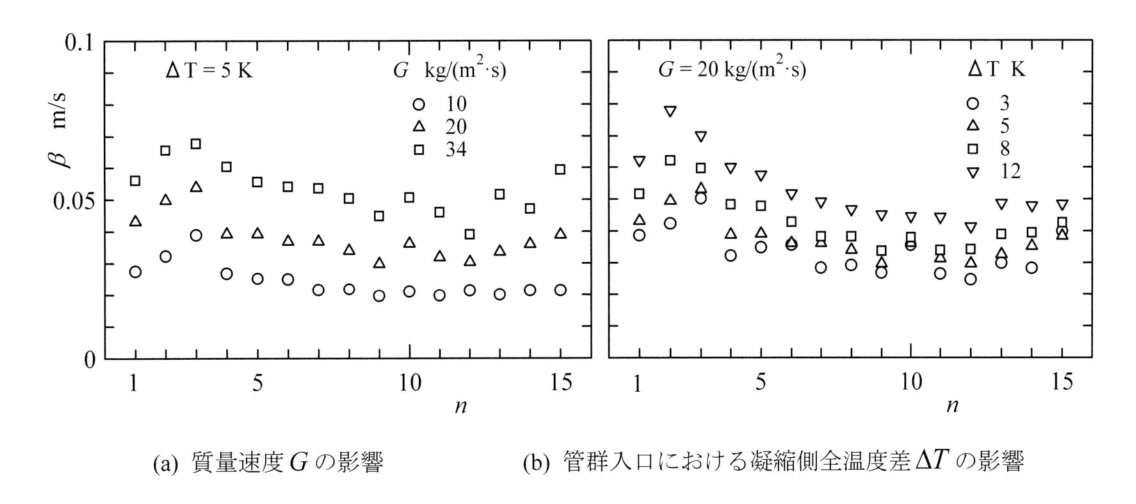

(a) 質量速度 G の影響　　(b) 管群入口における凝縮側全温度差 ΔT の影響

図 4.6-16 気相物質伝達率の管列方向分布 （本田ら, 1998a）

つぎに，気相の物質伝達率の整理を示す．本田ら (1998a) の実験における管群内蒸気レイノルズ数は 10^4 以上とみなせる．この範囲では，千鳥管群内の単相強制対流熱伝達に関する Zukauskas (1972) の式が適用可能である．熱伝達と物質伝達のアナロジを用いると，凝縮質量流束 $m \to 0$ の極限における Sh_0 は次式で表示できる．

$$Sh_0 = aRe_V^{0.6}\,Sc^{0.36} \tag{4.6-29}$$

ここに， $Re_V = \varsigma GxD_o/\mu_V$ ． Zukauskas (1972) によれば式(4.6-29)の係数 a は管列数 n の増加とともに大きくなり， $n \geq 10$ では 0.35 になる． McAdams (1954) に示される円管と直交する単相強制対流熱伝達に関する $Re > 10^4$ の実験値も式(4.6-19)と同様に $Re^{0.6}$ の特性を持つ．また，土方ら (1989) は，前述のとおり，濃度境界層のプロフィル法による解析と単管による凝縮実験との比較に基づいて式(4.6-19)を提案している．これらに共通な特性は Sh_0 および Sh が Re の 0.6 乗に比例することである．

図 4.6-17 は，この特性を考慮して実験値を $Sh/Re_V^{0.6}$ と W_R の座標で整理したもので，図によれば 2, 3 列目の実験値は他の列よりやや高めの値を示しているが，4～14 列の実験値は一部を除いて図中に実線で示す次式で整理できる．

$$Sh = 0.38W_R\,Re_V^{0.6}\,Sc^{0.36} \tag{4.6-30}$$

図 4.6-17 に示す点線および破線はそれぞれ $W_R = 1$ における $Sh/Re_V^{0.6}$ が式(4.6-30)と同一になるように膜理論の式(4.6-13)および土方らの式(4.6-19)を示したものである． $Sh/Re_V^{0.6}$ の実験値はこれら 2 つの式より W_R に強く依存し，気液界面における吸込みの影響が予測より大きく現れている．しかし，図 4.6-17 の管群と図 4.6-12 の二重管環状部を比較すれば，実験値が共に存在する $1.2 < W_R < 2.5$ の範囲における吸込みによる物質伝達率の増大はいずれの場合も最大 3 倍程度に達している．

式(4.6-30)は式(4.6-29)の係数 a が 0.38 の場合であり，Zukauskas (1972) による単相の千鳥管群の 10 列目以降に対する係数 $a =$ 0.35 の 1.09 倍である．一方，物質伝達率の実験値を実面積基準で再定義し，図 4.6-17 の座標で整理すれば $a =$ 0.11 が得られ，Zukauskas (1972) が得た 0.35 の 32%である．したがって，フィン付管では管表面の一部しか物質伝達に寄与しない．これは，表面張力の影響により薄液膜が形成される部分の面積割合が，フィン上のごく一部に限定されるためと考えられる．なお，本田

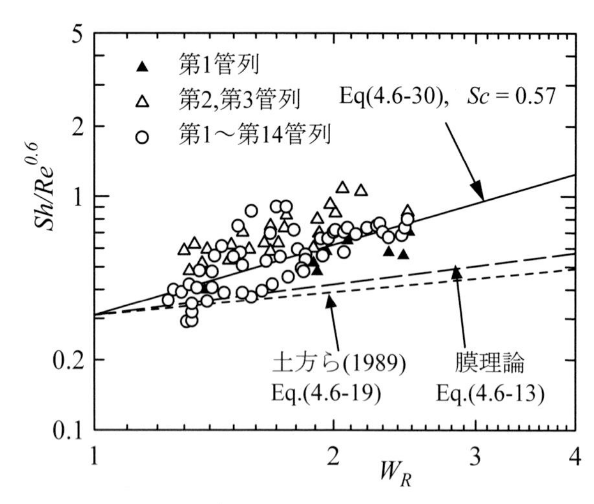

図 4.6-17 気相の物質伝達，（本田ら, 1998a）

ら (1998b) は気相の物質伝達抵抗に及ぼすフィン形状の影響も検討を重ね，気相境界層の更新と攪乱を促進するためには，3 次元ローフィン付管の方が適切である可能性を示唆している．

湿り空気の冷却・除湿について，藤井らは外径 15.6mm の平滑管が水平に配置された 7 行 15 列の千鳥管群（藤井ら,1977）と碁盤目管群（藤井ら,1982）を用いて伝熱量と凝縮量の測定を行っている．そして，湿り空気が凝縮する際に生じる凝縮液膜は非常に薄いため，気液界面温度が壁温に等しいと仮定し，壁面熱流束を凝縮熱流束と湿り空気から気液界面への対流熱流束に分離して現象の解釈を与えている．凝縮熱流束は単相流の熱伝達の式を熱伝達と物質伝達のアナロジを用いて物質伝達の式に変換して整理した．対流熱流束は，単相流熱伝達の式と比較して千鳥管群で約 15%，碁盤目管群で約 20%高い結果を得た．

【付録 4.1】液膜の基礎式(4.2-2)および蒸気境界層の基礎式(4.2-5)の導出

図 4.2-1 の(x,y)座標系を用いると，液膜及び蒸気境界層の運動量保存は次式で表示できる．

$$\rho_L\left(U_L\frac{\partial U_L}{\partial x}+V_L\frac{\partial U_L}{\partial y}\right)=g\rho_L\sin\phi-\frac{dP^*}{dx}+\mu_L\frac{\partial^2 U_L}{\partial y^2} \quad \text{（液膜）} \tag{A4.1-1}$$

$$\rho_V\left(U_V\frac{\partial U_V}{\partial x}+V_V\frac{\partial U_V}{\partial y}\right)=g\rho_V\sin\phi-\frac{dP^*}{dx}+\mu_V\frac{\partial^2 U_V}{\partial y^2} \quad \text{（蒸気境界層）} \tag{A4.1-2}$$

ここに，P^*は静圧と壁面の影響を受けない領域における重力ポテンシャルの和である（藤井-竹内, 1966）.

単相境界層では，その厚さが壁面の曲率半径と比べて十分に小さい場合は，壁面曲率の影響を無視して良い．凝縮液膜厚さは，一般に単相境界層よりさらに薄いため，壁面曲率の影響を無視して考える．すなわち，図 4.2-1 の座標を$x=R_o\phi$で置き換え，これを式(A4.1-1)～ 式(A4.1-2)に代入すれば，本文の式(4.2-2)および(4.2-5)が得られる．

$$\rho_L\left(\frac{U_L}{R_o}\frac{\partial U_L}{\partial\phi}+V_L\frac{\partial U_L}{\partial y}\right)=g(\rho_L-\rho_V)\sin\phi-\frac{1}{R_o}\frac{dP}{\partial\phi}+\mu_L\frac{\partial^2 U_L}{\partial y^2} \quad \text{（液膜）} \tag{A4.1-3}$$

$$\rho_V\left(\frac{U_V}{R_o}\frac{\partial U_V}{\partial\phi}+V_V\frac{\partial U_V}{\partial y}\right)=-\frac{1}{R_o}\frac{dP}{d\phi}+\mu_V\frac{\partial^2 U_V}{\partial y^2} \quad \text{（蒸気境界層）} \tag{A4.1-4}$$

ついで，式(A4.1-3), (A4.1-4)に含まれる圧力勾配$dP/d\phi$の取扱いを液膜の式を例に示す．

(1) 蒸気せん断力の影響が無視できる場合（$U_\infty=0$）

静圧Pは一様，すなわち$dP/d\phi=0$の関係が成り立つ．したがって，液膜の式(A4.1-3)で慣性項を無視すれば次式が成り立つ．

$$0=g(\rho_L-\rho_V)\sin\phi+\mu_L\frac{\partial^2 U_L}{\partial y^2} \tag{A4.1-5}$$

(2) 蒸気せん断力の影響が無視できない場合（$U_\infty>0$）

蒸気流をポテンシャル流と仮定すれば，ベルヌーイの法則より次の関係がなり立つ．

$$\frac{dP}{d\phi}=\rho_V U_{V\Delta}\frac{dU_{V\Delta}}{d\phi} \tag{A4.1-6}$$

ここに，$U_{V\Delta}$は蒸気境界層外縁における蒸気速度である．式(A4.1-6)を液膜の式(A4.1-3)に代入し，慣性項を無視すれば次式が得られる．

$$0=g(\rho_L-\rho_V)\sin\phi+\rho_V\frac{U_{V\Delta}}{R_o}\frac{\partial U_{V\Delta}}{\partial\phi}+\mu_L\frac{\partial^2 U_L}{\partial y^2} \tag{A4.1-7}$$

【付録 4.2】表 4.3-2 に示す領域ごとの平均ヌセルト数の式について

液膜速度の x 成分の式(4.3-26)で重力の影響を無視すれば次式が得られる．

$$U_L = -\frac{\sigma}{\mu_L}\frac{da}{dx}\delta^2\left\{\left(\frac{y}{\delta}\right)-\frac{1}{2}\left(\frac{y}{\delta}\right)^2\right\} \tag{A4.2-1}$$

ここに，$a=1/r_i$ は気液界面曲率．式(A4.2-1)を凝縮量と伝熱量の関係を表す式(4.3-29)の x 成分のみ考慮した次式

$$\Delta i_v \rho_L \frac{d}{d\,x}\int_0^\delta U_L\, dy = \frac{k_L(T_s - T_w)}{\delta} \tag{A4.2-2}$$

に代入すれば液膜厚さを定める式が得られる．

$$-\frac{\sigma}{3\mu_L}\frac{d}{d\,x}\left\{\delta^3\frac{da}{d\,x}\right\} = \frac{k_L\nu_L(T_s - T_w)}{\delta\,\mu_L\,\Delta i_v} \tag{A4.2-3}$$

式(A4.2-3)を薄液膜部の任意の領域に適用し，領域内で液膜厚さと曲率勾配を一定とみなして積分すれば次式が得られる．

$$-\frac{\sigma}{3\mu_L}\left\{\delta^3\frac{da}{d\,x}\right\} = \frac{k_L\nu_L(T_s - T_w)}{\delta\,\mu_L\,\Delta i_v}\,x + C \tag{A4.2-4}$$

ここに，積分定数 C は領域間の境界における液流量の連続条件から定まる．具体例として，式(A4.2-4)を $x_1 \le x \le x_2$ で積分を行い，液膜厚さ δ_2 を求めると次式が得られる．

$$\bar{\delta}_2 = \frac{\delta_2}{p_f} = \left\{\frac{3\Delta\bar{x}_2^2\left(1+2\overline{Q}_1/\overline{Q}_2\right)}{2S\,\Delta\bar{a}_2}\right\}^{1/4} \tag{A4.2-5}$$

したがって，Nu_2 の表示式として次式が得られる．

$$Nu_2 = \frac{h_2\,p}{k_L} = \frac{1}{\bar{\delta}_2} = \frac{0.90\,S^{0.25}\,\Delta\bar{a}_2^{0.25}}{\Delta\bar{x}_2^{0.5}\left(1+2\overline{Q}_1/\overline{Q}_2\right)^{0.25}} \tag{A4.2-6}$$

ここに，$\Delta\bar{x}_2 = \bar{x}_2 - \bar{x}_1$, $\Delta\bar{a}_2 = -(\bar{a}_2 - \bar{a}_1)$，$S = \sigma\Delta i_v p_f/\{k_L\nu_L(T_s - T_w)\}$ は表面張力の影響を表す無次元数である．$\overline{Q}_i = Q_i/\{k_L(T_s - T_w)\}$ は領域 $i\,(=1, 2)$ の無次元伝熱量で，領域の長さと液膜厚さとの間に $\overline{Q}_i = \Delta\bar{x}_i/\bar{\delta}_i$ の関係を持つ．

第４章の文献

上原春男，藤井　哲，1971, 層流膜状凝縮における二相境界層理論と Shekriladze-Gomelauri の吸込みアナロジ理論との関係についての覚え書き，九州大学生産科学研究所報告，53, 21-24.

長　伸朗, 1994, 二成分混合蒸気の凝縮液膜の流動様式と熱伝達に関する研究, 九州大学博士論文.

五島正雄，藤井　哲，1982，二成分混合冷媒の凝縮熱伝達，冷凍，Vol. 57, No. 660, pp.981-988.

五島正雄，小嶋満夫，小山　繁．藤井　哲，柏木孝夫，1995, 水-アンモニア混合蒸気の単一水平円管外自由対流凝縮，日本機械学会論文集 B 編，Vol.61, No.581, pp.231-238.

小山　繁，藤井　哲，1985，３成分混合気の平板上での層流強制対流膜状凝縮，日本機械学会論文集，Vol.51, No.465，pp.1497-1506.

朱　惠人，本田博司，1992, 水平フィン付き凝縮管のフィン形状最適化に関する研究，日本機械学会論文集 B 編，Vol.58, No.555, pp.3464-3470.

西川兼康，藤田恭伸，1982, 伝熱学，理工学社.

野津　滋，本田博司，1990, 水平環状フィン付き凝縮管のフィン寸法最適化，日本機械学会論文集 B 編，Vol. 56, No.524, pp. 1077-1083.

野津　滋，尾崎公一，稲葉英男，本田博司，1991a, 非共沸混合冷媒 R114/R113 の水平二重管環状部における凝縮（実験結果），日本機械学会論文集 B 編，Vol. 57, No.534, pp. 645-652.

野津　滋，尾崎公一，稲葉英男，本田博司，1991b, 非共沸混合冷媒 R114/R113 の水平二重管環状部における凝縮（実験結果），日本機械学会論文集 B 編，Vol. 57, No.535, pp. 1002-1008.

野津　滋，本田博司，西田　伸，1994, U ベンドを有する二重管形凝縮器に関する研究（非共沸混合冷媒 R114/R113 による実験），日本機械学会論文集 B 編，Vol. 60, No. 575, pp. 2472-2478.

土方邦夫，姫野修廣，後藤恵之，1989，２成分蒸気の強制対流凝縮に関する研究（第２報，鉛直および水平凝縮管の管外強制対流凝縮），日本機械学会論文集 B 編，Vol.55, No.518, pp.3190-3198.

藤井　哲，竹内正紀，1966，斜面に沿う層流境界層流れにおよぼす浮力の影響，日本機械学会論文集，Vol.32, No.236，pp.117-122.

藤井　哲，上原春男，蔵田親利，1971, 水平円筒面上への強制対流凝縮，日本機械学会論文集，Vol.37, No.294, pp.364-372.

藤井　哲，上原春男，古俵良治，1972, 水平円筒面上の膜状凝縮に関する実験と理論，機械の研究，Vol.24, No.8, pp.1045-1052.

藤井　哲，1974, 自由対流熱伝達の基礎，伝熱工学の進展，Vol.3，養賢堂，pp.91-94.

藤井　哲，長田孝志，新里寛英，1977，水平冷却管群を通過する湿り空気の凝縮を伴う熱伝達，冷凍，Vol. 52, No.602, pp.1059-1068.

藤井　哲，本田博司，1980, 水平円管上の強制対流凝縮（第１報，理論解析），日本機械学会論文集，Vol.46, No.401, pp.95-102.

藤井　哲，本田博司，小田鴿介，1980，水平円管上の強制対流凝縮（第２報，低圧水蒸気の水平流に関する実験），日本機械学会論文集，Vol.46, No.401, pp.103-110.

藤井　哲，本田博司，小田鴿介，加藤泰生，河野俊二，1981a, フロン系冷媒の流動蒸気の水平円管上の凝縮，日本機械学会論文集 B 編，Vol.47, No.421, pp.1861-1870.

藤井 哲, 本田博司, 小田鴿介, 河野俊二, 1981b, 低圧水蒸気-空気混合気の水平円管上の強制対流凝縮，日本機械学会論文集 B 編，Vol. 47, No. 417, pp. 836-843.

藤井　哲，長田孝志，新里寛英，1982, 水平冷却管群を通過する湿り空気の凝縮を伴う熱伝達（続報：碁盤目配列管群），冷凍，Vol. 57, No.685, pp.787-798.

藤井　哲，小山　繁，五島正雄，1985, 非共沸混合冷媒の単一水平円管上の体積力対流凝縮に及ぼす空気の影響，日本機械学会論文集 B 編，Vol.51, No.467, pp.2442-2450.

藤井　哲，小山　繁，清水洋一，渡部正治，中村芳郎，1989a，水＋エタノール混合蒸気の水平管外体積力対流

凝縮，日本機械学会論文集 B 編，Vol. 55, No. 509, pp.210-215.

藤井　哲，小山繁，渡部正治，1989b，３成分混合気の鉛直平板上での層流体積力対流膜状凝縮，日本機械学会論文集，Vol. 55，No. 510, pp.434-441.

藤井　哲，2005, 膜状凝縮熱伝達，九州大学出版会.

本田博司，藤井　哲，1980, 水蒸気の水平円管上の強制対流凝縮（管壁内熱伝導を考慮した解析），日本機械学会論文集，Vol.46, No.412, pp.2420-2429.

本田博司，野津　滋，藤井　哲，1982, 水平円管上の膜状凝縮熱伝達の無次元整理，日本機械学会論文集 B 編，Vol.48, No.435, pp.2263-2270.

本田博司，野津　滋，光森清彦，1983, 多孔質排液板の取付けによる水平フィン付管上の凝縮促進，日本機械学会論文集 B 編，Vol.49, No.445, pp.1937-1945.

本田博司，野津　滋，内間文顕，藤井　哲，1985, 冷媒の水平管外凝縮（高蒸気流速域の特性），日本機械学会論文集 B 編，Vol.51, No.461, pp.388-393.

本田博司，野津　滋，1985, 水平ローフィン付管上の膜状凝縮熱伝達の整理，日本機械学会論文集 B 編，Vol. 51, No. 462, pp.572-581.

本田博司，野津　滋，内間文顕，1987a, 水平ローフィン付き凝縮管の伝熱性能計算法，日本機械学会論文集 B 編，Vol.53, No.488, pp.1329-1337.

本田博司，野津　滋，武田泰仁，1987b, 水平ローフィン付管の縦列における凝縮液の流動特性，日本機械学会論文集 B 編，Vol.53, No.488, pp.1320-1328.

本田博司，内間文顕，野津　滋，中田裕紀，藤井　哲，1988a, 水平管群を流下する冷媒 R113 蒸気の凝縮熱伝達，日本機械学会論文集 B 編，Vol.54, No.502, pp.1453-1460.

本田博司，野津　滋，武田泰仁，1988b, 水平ローフィン付管群の凝縮伝熱性能計算法，日本機械学会論文集 B 編，Vol.54, No.504, pp.2128-2135.

本田博司，野津　滋，松岡洋一，青山　亨，中田春男，1988c，伝熱促進管を内管とする水平二重管環状部におけるフロン系冷媒 R11 と R113 の凝縮に関する研究，日本冷凍協会論文集，Vol.5, No.2, pp.113-123.

本田博司，内間文顕，野津　滋，中田裕紀，鳥越栄一，1989, 水平フィン付き管群を流下する冷媒 R113 蒸気の凝縮熱伝達（碁盤目配列管群の場合），日本機械学会論文集 B 編，Vol. 55, No. 516, pp. 2433-2440.

本田博司，内間文顕，野津　滋，鳥越栄一，今井誠士，1991, 水平フィン付き管群を流れる冷媒 R113 蒸気の凝縮熱伝達（千鳥配列管群の場合），日本機械学会論文集 B 編，Vol. 57, No. 534, pp. 653-660.

本田博司，金　圭煕，1994, 水平フィン付き凝縮管の最適フィン形状・寸法に関する研究，日本機械学会論文集 B 編，Vol.60, No.573, pp.1710-1715.

本田博司，眞喜志治，1995, 水平２次元フィン付き管上の膜状凝縮におよぼす周方向リブの影響，日本機械学会論文集 B 編，Vol.61, No.587, pp.2591-2596.

本田博司，高松　洋，高田信夫，1998a, 非共沸混合冷媒 HCFC-123/HFC-134a の千鳥配列ローフィン管群における凝縮，日本冷凍空調学会論文集，Vol.15, No.1, pp.63-71.

本田博司，高松　洋，高田信夫，1998b, 非共沸混合冷媒 HCFC-123/HFC-134a の千鳥配列ローフィン管群における凝縮 -フィン形状の影響，日本冷凍空調学会論文集，Vol.15, No.2, pp.175-184.

本田博司，高田信夫，高松　洋，金　正植，宇佐見啓一郎，2000，冷媒 R134a の千鳥配列フィン付き管群内凝縮に及ぼすフィン形状の影響，日本冷凍空調学会論文集，Vol.17, No.4, pp.481-487.

Adamek, T., 1981, Bestimmung der kendensationgrossen auf feingewellten oberflachen zur auslegung optimaler wandprofile, *Warme und Stoffubertragung*, Vol.15, pp.225-270.

Beatty,K.O. and Katz,D.L., 1948, Condensation of vapors on outside of finned tubes, *Chemical Engineering Progress*, Vol.44, No1, pp.55-70.

Belghazi, M., Bontemps, A., Signe, J. C. and Marvillet, C., 2001, Condensation heat transfer of a pure fluid and binary mixture outside a bundle of smooth horizontal tubes. Comparison of experimental results and a classical model, *International Journal of Refrigeration*, Vol.24, pp.841-855.

Browne, M.W. and Bansal, P.K., 1999, An overview of condensation heat transfer on horizontal tube bundles, *Applied Thermal Engineering*, Vol. 19, pp.565-594.

Cavallini, A., Censi, G., Col, D.D, Doretti,L., Longo, G.A., Rossetto, L. and Zilio,C., 2003, Condensation inside and outside smooth and enhanced tubes – a review of recent research, *International Journal of Refrigeration*, Vol. 26, No.4, pp.373-392.

Chen, M.M., 1961, An analytical study of laminar film condensation; Part 2 – Single and multiple horizontal tubes, *ASME Journal of Heat Transfer*, Vol., 83, pp. 55-60.

Colburn, A.P. and Drew, T.B., 1937, The condensation of mixed vapors, *Transactions of the Americal Institute of Chemical Engineers*, Vol. 51, pp.501-535.

Collier, J.G. and Thome, J.R., 1994, *Convective Boiling and Condensation*, 3rd ed., Oxford University Press.

Denny, V.E. and Mills, A.F., 1969, Laminar film condensation of a flowing vapor on a horizontal cylinder at normal gravity, *ASME Journal of Heat Transfer*, Vol. 91, pp.495-501.

Dipprey, D.F. and Sabersky, R.H., 1963, Heat and momentum transfer in smooth and rough tubes at various Prandtl numbers, *International Journal of Heat and Mass Transfer*, Vol. 6, pp. 329-353.

Eissenberg, D., 1972, An Investigation of the variables affecting steam condensation on the outside of a horizontal tube bundle, Ph.D. Thesis, University of Tennessee, Knoxville.

Fujii, T., Osa, N. and Koyama,Sh., 1993, Free convection condensation of binary vapor mixtures on a smooth horizontal tube: condensing mode and heat transfer coefficient of condensate, *Proc. US Engineering Foundation Conference on Condensation and Condenser Design*, St. Augustine, Florida, ASME, pp.171-182.

Gnielinski, V., 1976, New equations for heat and mass-transfer in turbulent pipe and channel flow, *International Chemical Engineering*, Vol.16, No.2, pp.359-368.

Gogonin, I.I. and Dorokov, A.R., 1971, Heat transfer from condensing Freon-21 vapour moving over a horizontal tube, *Heat Transfer-Soviet Research*, Vol.3, pp.157-161.

Gogonin, I.I. and Dorokov, A.R., 1976, Experimental investigation of heat transfer with condensation of moving vapour of Freon-21 on horizontal cylinders, *Journal of Applied Mechanics and Technical Physics*, Vol.17, pp.252-257.

Goto, M and Fujii, T., 1982, Film condensation of binary refrigerant vapours on a horizontal tube, *Proc. 7th International Heat Transfer Conference*, Vol.5, pp.71-76.

Gregorig, R., 1954, Hautkondensation an feingewellten oberflächen bei berücksichtigung der oberflächenspannungen, *Zeitschrift für angewandte Mathematik und Physik*, Vol.5, pp.36-49.

Gstoehl, D. and Thome, J.R., 2006a, Film condensation of R-134a on tube arrays with plain and enhanced surfaces, Part 1-Experimental heat transfer coefficients, *ASME Journal of Heat Transfer*, Vol.128, pp.21-32.

Gstoehl, D. and Thome, J.R., 2006b, Film condensation of R-134a on tube arrays with plain and enhanced surfaces: Part 2-Empirical prediction of inundation effects, *ASME Journal of Heat Transfer*, Vol.128, pp. 33-43.

Honda, H. and Fijii, T., 1984, Condensation of flowing vapor on a horizontal tube – Numerical analysis as a conjugate heat transfer problem, *ASME Journal of Heat Transfer*, Vol. 106, pp.841-848.

Honda, H., Nozu, Sh and Fujii, T., 1982, Vapor-to-coolant heat transfer during condensation of flowing vapor on a horizontal tube, *Proc. 7th International Heat Transfer Conference*, Vol.5, pp.77-82.

Honda, H. and Nozu, Sh., 1987, A Prediction method for heat transfer during film condensation on horizontal low integral-fin tubes, *ASME Journal of Heat Transfer*, Vol.109, No.1, pp.218-225.

Honda, H., Nozu, S. and Takeda, T., 1989, A theoretical model of film condensation in a bundle of horizontal low finned tubes, *ASME Journal of Heat Transfer*, Vol. 111, pp.525-532.

Honda, H. and Rose, J.W., 1999, Augmentation techniques in external condensation,, in *Handbook of Phase Change, Boiling and Condensation*, Kandlikar, S.G., Editor-in chief, Taylor & Francis, Philadelphia.

Honda, H., Uchima, B., Nozu, Sh., Torigoe, E. and Imai, S., 1992, Film condensation of R-113 on staggered bundles of horizontal finned tubes, *ASME Journal of Heat Transfer*, Vol.114, No.2, pp.442-449.

Ji,W.T., Zhao,C.Y., Zhang,D.C., He,Y.L. and Tao,W.Q.,2012, Influence of condensate inundation on heat transfer of R134a condensing on three dimensional enhanced tubes and integral-fin tubes with high fin density, *Applied Thermal Engineering*, Vol.38, pp.151-159.

Jung, D., Kim, C.B., Cho, S. and Song, K., 1999, Condensationheat transfer coefficients of enhanced tubes with alterative refrigerants for CFC11 and CFC12, *International Journal of Refrigeration*, Vol. 22, No.7, pp.548–557.

Jung, D., Kim, C.B., Hwang, S. and Kim, K., 2003, Condensation heat transfer coefficients of R22, R407C, and R410A on a horizontal plain, low fin, and turbo-C tubes, *International Journal of Refrigeration*, Vol. 26, No. 4, pp. 485–489.

Jung, D., Chae, S., Bae, D. and Oho, S., 2004, Condensation heat transfer coefficients of flammable refrigerants, *International Journal of Refrigeration*, Vol. 27, No. 3, pp. 314–317.

Kang, Y.T., Hong, H. and Lee,Y.S., 2007, Experimental correlation of falling film condensation on enhanced tubes with HFC134a; Low-fin and Turbe-C tubes, *International Journal of Refrigeration*, Vol.30, 805-811.

Kern, D.Q., 1950, *Process Heat Transfer*, McGraw-Hill Book Company, Inc.

Kern, D.Q., 1958, Mathematical development of loading in horizontal condensers, *AIChE Journal*, Vol.4, pp.157-160.

Kedzierski, M.A. and Webb, R.L., 1990, Practical fin shapes for surface-tension-drained condensation", *ASME J. Heat Transfer*, Vol.112, pp.479-485.

Kinney, R.B. and Sparrow, E.M., 1970, Turbulent flow, heat transfer, and mass transfer in a tube with surface suction, *ASME Journal of Heat Transfer*, Vol.92, No.1, pp. 117-124.

Kutateladze, S.S., Gogonin I.I., Dorokov A.R. and Sosunov V.I., 1979, Film condensation of flowing vapour on a bundle of plain horizontal tubes, *Thermal Engineering*, Vol.26, pp.270-273.

Kutateladze, S.S., Gogonin, I.I., Dorokhov, A.R. and Sosunov., 1981, Heat transfer in vapor condensation on a horizontal tube bundle, *Heat Transfer-Soviet Research*, Vol. 13, No.3, pp.32-50.

Kutateladze, S.S., Gogonin,I.I. and Sosunov,V.I., 1985, The influence of condensate flow rate on heat transfer in film condensation of stationary vapor on horizontal tube banks, *International Journal of Heat and Mass Transfer*, Vol.28, No.3, pp.1011-1018.

Lee, W.C. and Rose, J.W., 1984, Forced convection film condensation on a horizontal tube with and without non-condensing gases, *International Journal of Heat and Mass Transfer*, Vol. 27, No.4, pp.519-528.

Marto, P.J., 1984, Heat transfer and two-phase flow during shell-side condensation, *Heat Transfer Engineering*, Vol.5, pp.31-61.

Marto, P.J., 1988, An evaluation of film condensation on horizontal integral-fin tubes, *ASME Journal of Heat Transfer*, Vol.110, No.4, pp.1287-1305.

McAdams, W.H., 1954, *Heat Transmission*, 3rd. ed., McGraw-Hill Book Company Inc.

McNaught, J.M., 1982, Two-phase forced convection heat transfer during condensation on horizontal tube bundles, *Proc. 7th International Heat Transfer Conference*, Vol.5, pp.125-131.

Mills, A.F., Tan, C. and Chung, D.K., 1974, Experimental study of condensation from steam-air mixtures flowing over a horizontal tube: overall condensation rate, *Proc. 5th International Heat Transfer Conference*, Vol. 5, pp.20-23.

Miyara, A., 2008, Condensation of hydrocarbons-A review, *International Journal of Refrigeration*, Vol.31, No.4, pp.621-632.

Mori, Y., Hijikata, K., Hirasawa, S. and Nakayama, W., 1981, Optimized performance of condensers with outside condensing surfaces, *ASME Journal of Heat Transfer*, Vol.103, No.1, pp.96-102.

Nicol, A.A. and Wallace, D.J., 1976, Condensation with appreciable vapour velocity and variable wall temperature, *NEL Report*, No.619, pp.27-38.

Nobbs, D.W. and Mayhew, Y.R., 1976, Effect of downward vapor velocity and inundation rates on horizontal tube banks, Steam Turbine Condensers, *NEL Reprot*, No. 619, pp. 39-52.

Nusselt, W., 1916, Die oberflachenkondensation des wasserdampfes, *Zeit. VDI*, 60-27, pp.541-546, pp.569-575.

Owen, R.G., Sardesai, R.G., Smith, R.A. and Lee, W.C., 1983, Gravity controlled condensation and horizontal low-fin tube, *Institution of Chemical Engineers Symposium Series*, No.75, pp.415-428.

Park, K.J. and Jung, D., 2005, Condensation heat transfer coefficients of flammable refrigerants on various enhanced tubes, *Journal of Mechanical Science and Technology*, Vol. 19, No.10, pp.1957-1963.

Park, K.J., Kang, D.G. and Jung, D., 2011, Condensation heat transfer coefficients of R1234yf on plain, low fin, and Turbo-C tubes, *International Journal of Refrigeration*, Vol.34, pp.317-321.

Peck, R. E. and Reddie, W. A., 1951, Heat transfer coefficients for vapors condensing on horizontal tubes, *Industrial and Engineering Chemistry*, Vol. 43, No. 12, pp.2926-2931.

Perkins, H.C. and Leppert, G., 1962, Forced Convection Heat Transfer From a Uniformly Heated Cylinder, *ASME Journal of Heat Transfer*, Vol.84, No.3, pp.257-261.

Petukov, B. S., 1970, Heat transfer and friction in turbulent pipe flow with variable physical properties, in *Advances in Heat Transfer*, Vol.6, Hartnett, J.P and Irvine, T.F.Jr. eds., pp.503-564, Academic Press, New York.

Randall, D.L. and Eckels, S.J., 2005, Effect of inundation upon the condensation heat transfer performance of R-134a;Part II-Results(RP-984), *HVAC&R Research*, Vol. 11, No. 4, pp. 543-562.

Rose, J.W., 1980, Approximate equations for forced-convection condensation in the presence of a non-condensable gas on a flat plate and horizontal tube, *International Journal of Heat and Mass Transfer*, Vol.23, pp.539-546.

Rose, J.W., 1994, An approximate equation for the vapor-side heat-transfer coefficient for condensation on low-finned tubes, *International Journal of Heat and Mass Transfer*, Vol.37, No.5, pp.865-875.

Rose, J.W., 1998, Condensation Heat Transfer Fundamentals, *Chemical Engineering Research and Design,* Vol. 76, No.2, pp. 143–152.

Roshko, A., 1954, A new hodograph for free-streamline theory, *NACA TN*3168.

Shah, R.K. and London, A.L., 1978, *Laminar Fow Forced Convection in Ducts : A Source Book for Compact Heat Exchanger Analytical Data* , in *Advances in Heat Transfer* - Supplement,1, Academic Press, 1978.

Shekriladze, I.G. and Gomerauli, V.I., 1966, Theoretical study of laminar film condensation of flowing vapor, *International Journalof Heat and Mass Transfer*, Vol.9, pp.581-591.

Sparrow, E.M. and Gregg, J.L., 1959, Laminar condensation heat transfer on a horizontal cylinder, *ASME Journal of Heat Transfer*, Vol. 81, pp.291-296.

Sucker, D. and Brauer, H., 1976, Stationärer Stoff- und Wärmeübergang an stationär quer angeströmten Zylindern, *Wärme - und Stoffübertragung*, Vol.9, No.1, pp.1-12.

Truckenbrodt, E., 1956, Ein einfaches näherungsverfahren zum berechnen der laminaren reibungsschicht mit absaugung, *Forschung auf dem Gebiete des Ingenieurwesens*, Vol.22, No.5, pp.147-157.

Wallis, G.B., 1968, Use of the Reynolds flux concept for analyzing one-dimensional two-phase flow, *International Journal of Heat and Mass Transfer*, Vol. 11, pp.445-458.

Webb, R.L., Rudy, T.M. and Kedzierski, M.A., 1985, Prediction of the condensation coefficient on horizontal integral-fin tubes, *ASME Journal of Heat Transfer*, Vol.107, pp. 369-376.

Yau, K.K., Cooper, J.R. and Rose, J.W., 1985, Effect of fin spacing on the performance of horizontal integral-fin tubes, *ASME Journal of Heat Transfer*, Vol. 107, pp.377-383.

Young, F.L. and Wohlenberg, W.J., 1942, Condensation of saturated Freon-12 vapor on a bank of horizontal tubes, *Transactions of the American Society of Mechanical Engineers*, Vol.64, pp.787-794.

Yung, D., Lorenz, J.J. and Ganic, E.N., 1980, Vapor/Liquid interaction and entrainment in falling film evaporators, *ASME Journal of Heat Transfer*, Vol. 102, pp.20-25.

Zukauskas, A., 1972, Heat transfer from tubes in crossflow, *Advances in Heat Transfer,* Vol.8, pp.87-160, Academic Press, San Diego.

第５章 管内の膜状凝縮

5.1 はじめに

管内凝縮(in-tube condensation, condensation in a tube)では冷媒蒸気が凝縮しながら管内を流れ，凝縮液は気液界面に働く蒸気流のせん断力(vapor shear)と重力の影響を受けながら流れる．熱伝達が液膜の状態に支配されることは前章までの説明と同じであるが，凝縮二相流(two-phase condensing flow)の流動状態が流れ方向に大きく変化することや冷媒流量の影響が大きいことなどのため，その取扱いが複雑になる．また，二相流(two-phase flow)の流動状態は圧力損失(pressure loss)にも影響する．したがって凝縮器の熱的設計や性能評価を行うためにはその現象を理解し，流動様式，熱伝達および圧力損失について基礎理論から応用的な取り扱い方法までを習得する必要がある．

蒸気圧縮式の冷凍空調機では，一般的に過熱蒸気(superheated vapor)が圧縮機から凝縮器の管内側に供給される．管外側には冷却のために空気または水が流れる．図 5.1-1 は，冷媒が冷却水と対向流で流れる管内凝縮器における冷媒温度，管壁温度および冷却水温度の管軸方向分布の概念図である．区間 A-B は蒸気単相冷却，区間 B-C は過熱蒸気の凝縮，区間 C-D は飽和蒸気の凝縮，区間 D-E は凝縮液の過冷却区間である．過熱状態で流入した冷媒蒸気は冷却されて蒸気単相状態で温度が低下し，管壁温度が冷媒の飽和温度以下になる点 B で蒸気は潜熱を放出して凝縮を開始する．なお，管内壁面温度は管内外の熱伝達の関係で決定される．凝縮液は壁面に沿って流れながら壁面全体に液膜を形成するので，凝縮開始点 B より下流では蒸気が気液界面(vapor-liquid interface)で潜熱(latent heat, heat of evaporation)を放出して凝縮する．また，冷媒蒸気は気液界面で対流熱伝達により顕熱(sensible heat) を凝縮液に伝えながら温度が低下するが，蒸気バルク温度が飽和温度に達するまでは過熱蒸気状態であり，過熱蒸気の凝縮区間 B-C では潜熱に加えて顕熱が気液界面に伝わる．気液界面が受け取った潜熱と顕熱は凝縮液膜を介して壁面に伝えられる．その際，気液界面の温度は飽和温度と等しいと見なすことができる．気液界面と壁面との間には過冷液が存在し，壁面には気液界面から伝わった潜熱と顕熱に加えて液を冷却する際の顕熱も伝えられるが，熱伝達に及ぼす影響は一般に比較的小さい．

以上の様に凝縮における熱移動は液膜を介して行われるため，液膜の厚さや変動，液膜内の流動状態が凝縮熱伝達を支配する．このことは第 4 章で説明した管外凝縮と同じである．

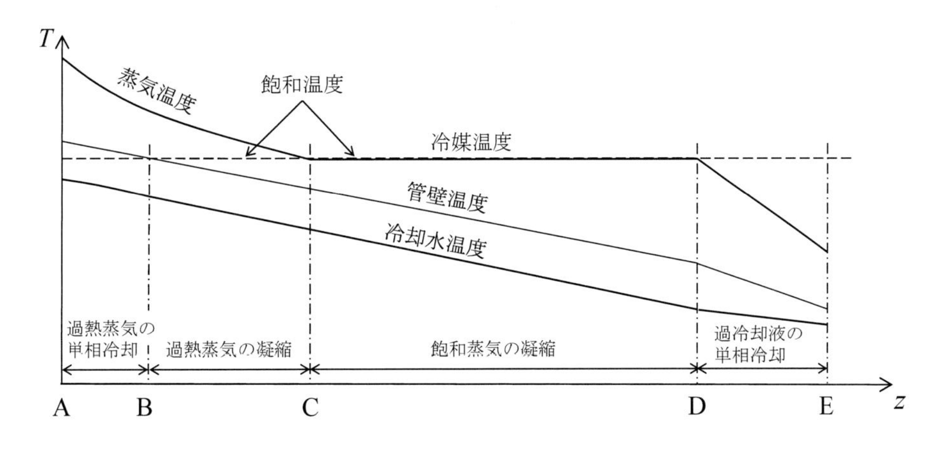

図 5.1-1　管内凝縮における管軸方向の温度変化

本章では，5.2 節でまず純冷媒の平滑管内凝縮について流動様式(flow pattern)と熱伝達の基礎理論の説明を行い，その後設計などに必要な圧力損失や熱伝達の予測方法について説明する．また，過熱蒸気の凝縮の取り扱い方法についても説明する．次に 5.3 節では，伝熱促進管内凝縮について，フィンによる促進技術の基本的な考え方を説明し，圧力損失や熱伝達の測定結果および予測法などを紹介する．5.4 節では混合冷媒の管内凝縮を説明するが，混合冷媒では物質伝達の影響で蒸気および液の濃度や温度が管断面および流れ方向に変化することを考慮する必要があり，理論や熱伝達の予測方法が複雑になる．混合冷媒の凝縮の基本的な考え方および基礎理論については第 2 章 3 節を参照されたい．

5.2 純冷媒の平滑管内凝縮

5.2.1 凝縮の進行と流動様相

管が水平に設置されている場合は管軸の垂直方向に重力の影響が働き，管周に沿って管底部に向かう凝縮液の流れが発生するので，流動様相は凝縮の進行とともに複雑に変化する．また，流動様相は冷媒流量にも大きく影響をうける．一方，鉛直管内を蒸気が下向きに流れる場合，流量が小さい条件では第２章で説明した平板の解析に近い特性を示し，流量が大きい条件では減速流となり，管入口の領域では強制対流凝縮，蒸気せん断力が小さくなる下流側では自由対流凝縮となる．なお，冷凍空調機の凝縮器では，ほとんどの場合に管が水平に設置される．本章では，内径 3～16mm 程度の水平管内凝縮を中心に説明し，内径約 1mm 以下の微細流路については第 7 章 1 節で説明する．

(a) 流動様式の定義

水平管内の気液二相流の流動様式は，標準的に図 5.2-1 に示す，(1)気泡流(bubbly flow)，(2)プラグ流(plug flow)，(3)層状流(stratified flow)，(4)波状流(wavy flow)，(5)スラグ流(slug flow)，(6)環状流(annular flow)，(7)環状噴霧流(wispy annular flow)などに分類される．なお，解析や流動機構の検討などのため，別の分類や細分類が行われることもある．これらの流動様式は十分発達した断熱気液二相流について分類されたものであるが，凝縮二相流の流動様式も同様な分類が行われる．ただし，管内凝縮では壁面温度が飽和温度以下であるため，断熱二相流で現れる管上部が乾いた層状流や波状流の条件においても管上部が薄い凝縮液膜で覆われている．また，図に示す気泡流，プラグ流やスラグ流における液塊中の気泡はほとんど観察されない．

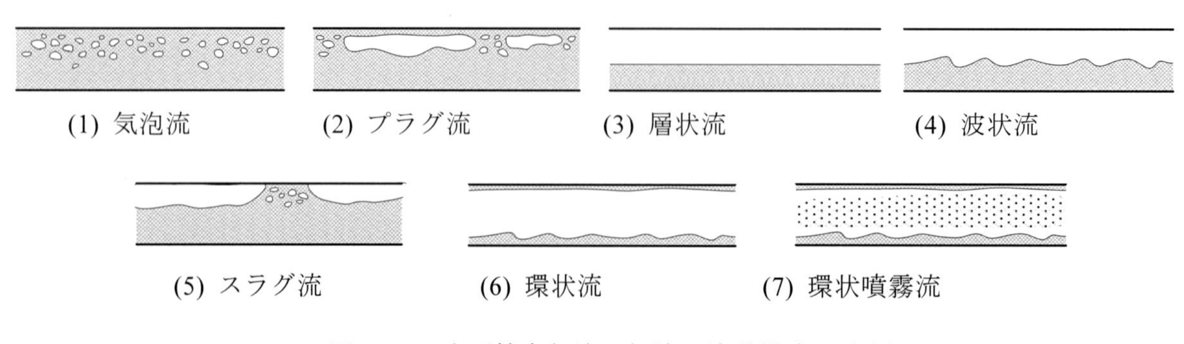

図 5.2-1　水平管内気液二相流の流動様式の分類

(b) 水平管内凝縮の流動様式の変化

図 5.2-2 は水平管内凝縮の流動状態の概念図（Palen *et al*., 1979）である．過熱蒸気で流入した冷媒は，蒸気単相の冷却部を経て管壁が飽和温度となる点で凝縮を開始して液膜を形成するが，その時点でも管中心部は過熱蒸気の状態である．一方，液膜流動は蒸気せん断力が支配的な環状流であり，冷媒流量が大きい場合は気液界面から液滴が発生し環状噴霧流になる．凝縮の進行に伴い，蒸気せん断力の影響が次第に小さくなりながら，半環状流，波状流，層状流と変化する．流動様式の変化の過程は冷媒流量に依存し，液滴の発生や層状流の存在などが異なる．また，管出口部の流動状態は冷媒流量だけではなく，管の出口条件にも大きく影響される．管出口が液で満たされたヘッダーなどに接続されているような場合には凝縮液で管が満たされる状態となるが，冷媒流量が大きい条件では十分な圧力勾配が存在することで管出口から連続的に液が流れ，流量が小さい条件では流れが安定せず周期的な変動が発生する．低流量で凝縮液が管出口から広い空間に流出するような場合には，蒸気せん断力によって運ばれた管底部の厚い凝縮液が静水圧勾配によって層状流の状態で管出口に向かって流れる．なお，管径が大きい場合は液で満たされることはほとんど無い．藤井ら（1979）は管出口の流動様相を観察し，冷媒温度が過冷却となる条件でも凝縮液が管を満たさずに層状流で流れる観察結果を報告している．

図 5.2-3 は，内径 16mm の管内凝縮の流動状態観察結果（藤井ら，1976；野津，1980）である．冷媒は R11 で，流れは左から右であり，凝縮の進行に伴う流動様式の変化がわかる．また，図の上から流量が小さい条件の順に写真が並べられており，流量の影響がわかる．図 5.2-4 には観察結果から得られた流動様式の分類を示す．管内凝縮では，環状流域の圧力損失及び熱伝達の特性変化が大きいことから，環状流の領域が，環状流 I (AI)，環状流 II (AII)，半環状流(SA)の３つに細分類されている．環状流 I は，薄い凝縮液膜が一様な厚さで分布しており，蒸気中の液滴が顕著である流動様式で，高流量・高クオリティ条件で観察される．流量およびクオリティがそれより小さい条件では液膜表面の凹凸が大きく，蒸気中の液が少なくなった環状流 II となる．半環状流は低流量の条件で表れる流動様式であり，管上部の液膜は薄く比較的滑らかで，管底部の液膜は厚く乱れている．

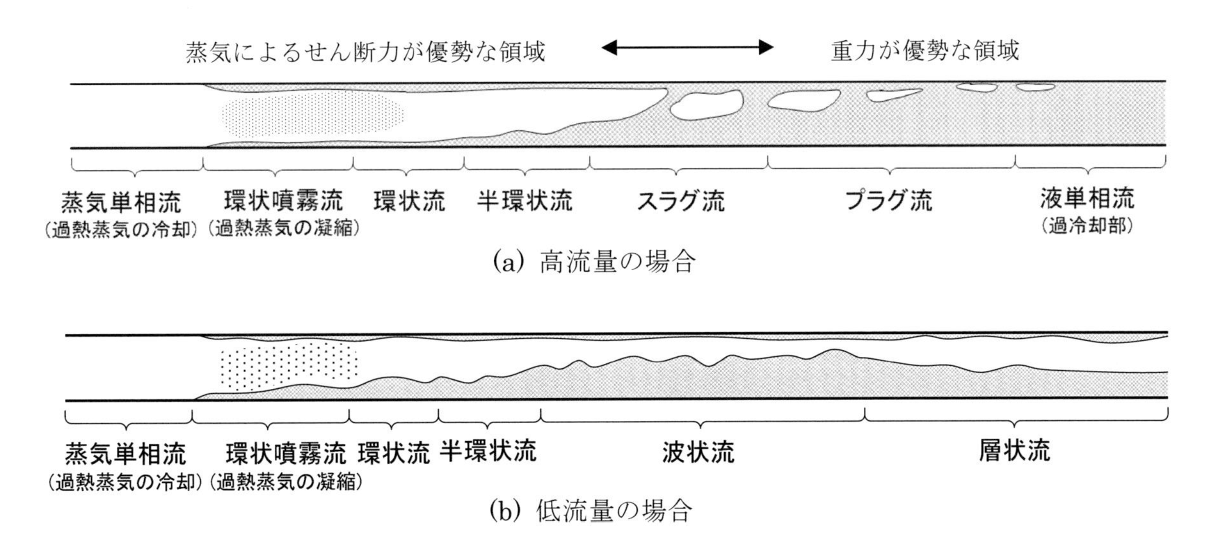

図 5.2-2　水平管内凝縮の流動様式(Palen *et al*., 1979)

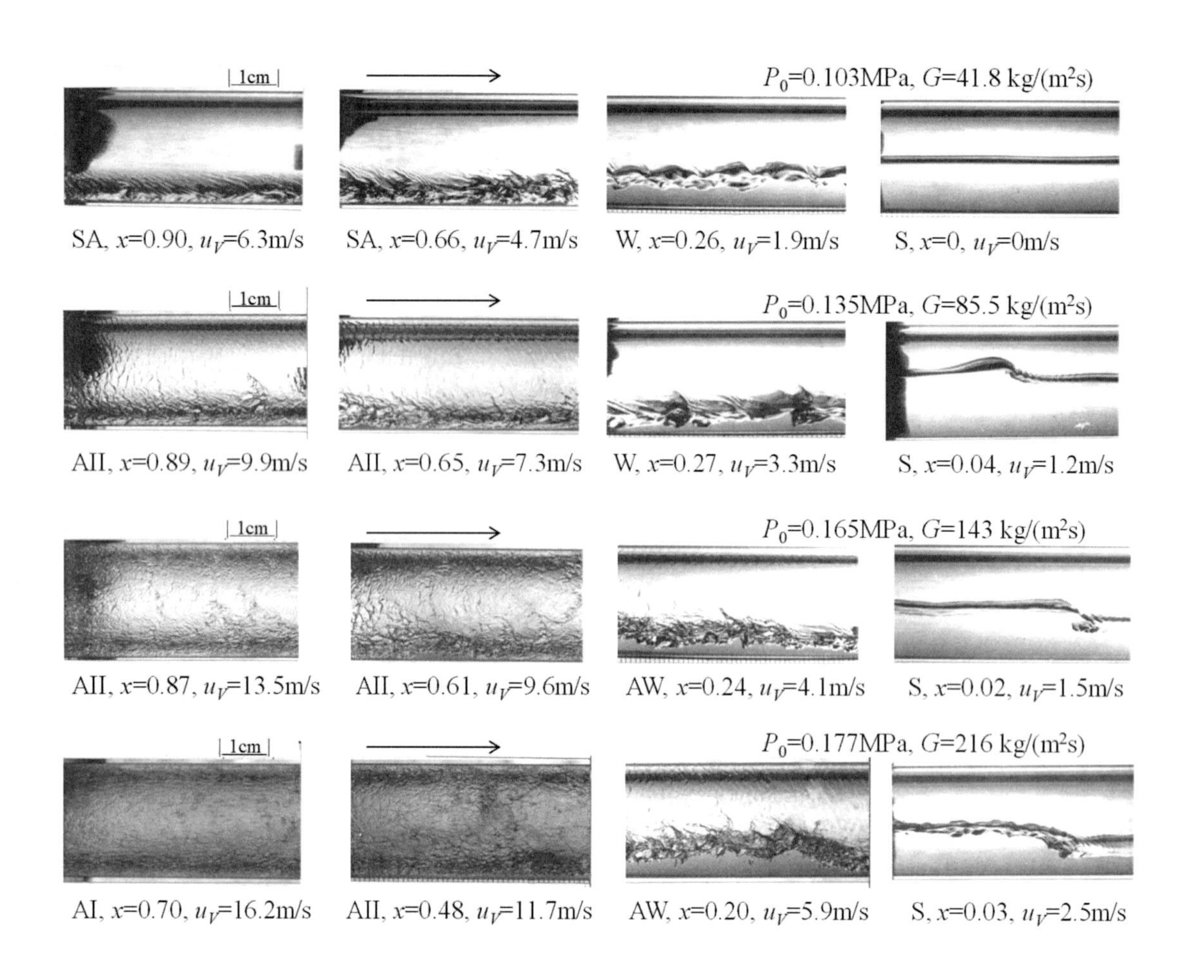

図 5.2-3　水平管内凝縮の流動状態の観察写真（藤井ら, 1976；野津, 1980）

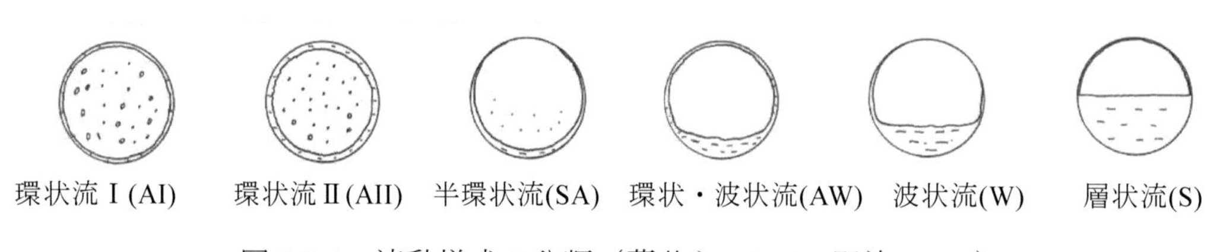

図 5.2-4　流動様式の分類（藤井ら, 1976；野津, 1980）

環状・波状流(AW)では，管底部の液膜が厚く波立っており，管上部の液膜にも規則的な波打ちが見られる．同様なクオリティで流量が小さい場合は波状流(W)となり，管底部の流動状況は環状・波状流と同様であるが，管上部の液膜は非常に薄く滑らかである．層状流(S)は凝縮がかなり進行した低クオリティ域で現れ，長波長の周期的な波打ちが観察される．

5.2.2 流動様式線図

(a) 流れを表すパラメータ

水平管内気液二相流の流動様相を支配する条件は，冷媒の物理的性質，管径，液および蒸気の流量であり，これらの値に基づいて流れを表すパラメータが定義される．

管の流路断面積を A，冷媒の全質量流量を W，冷媒蒸気および凝縮液の質量流量をそれぞれ W_V および W_L とし，質量速度(mass velocity)G および蒸気クオリティ(vapor quality) x_a を次式で定義する．

$$G = \frac{W}{A} \tag{5.2-1}$$

$$x_a = \frac{W_V}{W} = \frac{W_V}{W_V + W_L} = \frac{G_V}{G} = \frac{G_V}{G_V + G_L} \tag{5.2-2}$$

ここで，G_V および G_L は，蒸気および液が別々に管を満たして流れると仮定した場合の質量速度であり，みかけ質量速度(superficial mass velocity)と呼ばれ，次式で定義される．

$$G_V = \frac{W_V}{A} \quad , \qquad G_L = \frac{W_L}{A} \tag{5.2-3a,b}$$

また同様に，蒸気および液のみかけ速度(superficial velocity)が次式で定義される．

$$U_V = \frac{W_V}{A\rho_V} = \frac{G_V}{\rho_V} \quad , \qquad U_L = \frac{W_L}{A\rho_L} = \frac{G_L}{\rho_L} \tag{5.2-4a,b}$$

管内を流れる蒸気および液が管断面を占める面積は時間的および空間的に変動しながら流れているが，管流路断面積 A に対して蒸気の占める断面積 A_V の比の時間平均値をボイド率(void fraction)ξ と呼び次式で定義する．

$$\xi = \frac{A_V}{A} \tag{5.2-5}$$

なお，これは時間平均断面積比であり，空間平均体積比が取られる場合もある．

式(5.2-5)のボイド率を用いれば，蒸気および液の平均流速は次式で計算できる．

$$u_V = \frac{U_V}{\xi} = \frac{G_V}{\xi\rho_V} \quad , \qquad u_L = \frac{U_L}{1-\xi} = \frac{G_L}{(1-\xi)\rho_V} \tag{5.2-6a,b}$$

式(5.2-2)で定義した蒸気クオリティ x_a は，全質量流量に対する蒸気の質量流量の比であり，実クオリティとも呼ばれるが，管内凝縮では蒸気や液の流量を局所的に測定することが困難であるため，実クオリティ x_a を求めることができない．そのため多くの場合，管断面で気相と液相が熱平衡状態にあると仮定して熱収支の関係から求まる熱力学的平衡クオリティ(thermodynamic equilibrium quality) x が代用される．

$$x = \frac{i - i'}{i'' - i'} \tag{5.2-7}$$

ここで，i' および i'' は飽和液および飽和蒸気の比エンタルピーであり，i は管断面における気液の混合比エンタルピーである．なお，i は入口から目的の位置までの熱交換量 Q を与えれば，冷媒の質量流量 W，入口比エンタルピー i_{in} を用いて次式で計算できる．

$$i = i_{in} - \frac{Q}{W} \tag{5.2-8}$$

実際の凝縮現象では管断面の液膜内および蒸気相内に温度分布があるため，実クオリティ x_a と熱力学的平衡クオリティ x が厳密には一致しないが，過熱蒸気の影響が大きい凝縮開始点近傍および過冷却液の影響が大きい凝縮終了点を除けば，その差は小さい．以下，本章では，特別に指定する場合を除き，蒸気クオリティを実クオリティではなく熱力学的平衡クオリティで表し，これを単にクオリティと呼ぶ．また，冷媒の全質量流量に対する凝縮液の質量流量の比を表す湿り度$(1-x)$も使用される．

蒸気および液の質量流量はクオリティを用いて次式で与えることができる．

$$W_V = Wx \quad , \quad W_L = W(1-x) \tag{5.2-9a,b}$$

(b) 凝縮流の流動様式線図

流動様式線図(flow pattern map)は空気と水が流れるような断熱二相流(adiabatic two-phase flow)について多く提案されており，代表的なものとして，修正 Baker 線図（Scott, 1963）や Mandhane 線図（Mandhane *et al.*, 1974），Taitel-Dukler 線図（Taitel and Dukler, 1976）などがある．管内凝縮では，流れ方向にクオリティが減少して流動状態が変化するため発達した流れが存在しないこと，層状流においても管上部に薄い液膜が存在すること，気液界面で蒸気の吸い込みがあること，などの点で断熱二相流とは異なるが，流動様式の基本的な特性には大きな違いはなく，定量的な差も小さいので，これらの線図が利用されることも多い．凝縮過程の流動様相の観察結果に基づいて作成された流動様式線図には Bell *et al.*（1970）や藤井ら（1976），Soliman *et al.*（1974），Breber *et al.*（1980），Tandon *et al.*（1982），El Hajal *et al.*（2003）の線図がある．

図 5.2-5(a)は藤井ら（1976）によって提案された流動様式線図である．この線図では，座標軸に Bell *et al.*（1970）が提案したパラメータを採用し，観察結果より流動様式線図上の境界線が決定されている．流動様式の分類は図 5.2-4 に従ったものである．図中の太い実線は藤井らが示した境界線であり，太い破線は本図の作成にあたりそれを延長したものである．比較のために，R410A の質量速度 G＝50～400 kg/(m^{2}s)におけるクオリティ x=0.1~0.9 までの値を○印で示すとともに，El Hajal *et al.* の流動様式境界線を一点鎖線で示した．(S-SW)は層状流と層状・波状流の境界を，(SW-A)は層状・波状流と環状および間欠流の境界を，(A-M)は環状流と噴霧流の境界を表している．図 5.2-5(b)は El Hajal *et al.*（2003）の流動様式線図である．この線図ではクオリティと質量速度を座標軸とし，冷媒の種類や温度条件，クオリティ，管径などの関数として流動様式の境界線を計算する式が提案

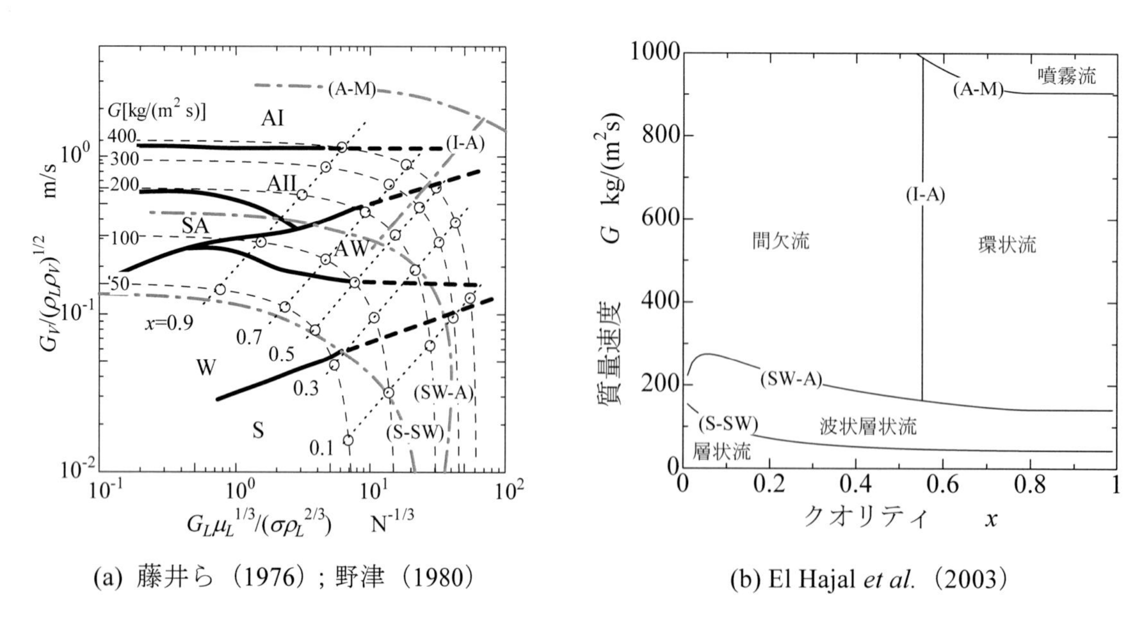

(a) 藤井ら（1976）；野津（1980）　　(b) El Hajal *et al.*（2003）

図 5.2-5　凝縮流の流動様式線図（藤井らの境界線以外は R410A(40℃)，D＝6ｍｍの条件で計算）

されている．図 5.2-5(a)上で両者の関係を比較すると，それぞれの境界線は離れているが，これは境界線の定義の違いや流動様式の判定条件の違いによるものであり，基本的には同じような特性を示していると考えられる．ただし，管内凝縮では凝縮開始点 x=1 で環状流から凝縮が進行するにも関わらず，El Hajal *et al.* の線図では，G<150 kg/(m^{2}s)では凝縮開始点が波状層状流または層状流域にあることに注意が必要である．

5.2.3　熱伝達

水平管内凝縮では，前述したように凝縮の進行に伴って液膜の流れが蒸気流によるせん断力支配から重力支配となり，流動様相も大きく変化する．凝縮熱伝達は管内壁面に形成される凝縮液膜の厚さや液膜内の流動特性に支配されるので，このように変化する飽和蒸気の完全凝縮過程における局所熱伝達率を一つのモデルで解析することは困難である．そのため，せん断力支配の環状流モデル（強制対流凝縮）と重力支配の層状流モデル（自由対流凝縮）に分類し，それぞれの解析や予測式の導出を行い，両モデルをつないだ予測式の提案がなされている．さらに進んだモデルとして，重力の影響で管周方向の液膜厚さが変化することを考慮した環状流モデルや，蒸気せん断力の影響や管傾斜により管底部を流れる液層の深さが変化することを考慮した層状流モデルの解析が行われている．

(a) 環状流モデル

管内凝縮の理論解析は，Carpenter-Colburn（1951）が乱流液膜理論(turbulent film theory)を鉛直管内凝縮に適用したのが最初で，その後 Kosky-Staub（1971）や Traviss *et al*.（1973）が解析を行っている．なお，液膜内の速度および温度分布の仮定と壁面せん断応力の求め方が研究者によって異なる．

管内凝縮の理論解析も 2.2.4 項で説明した乱流液膜理論に基づいた解析が行われる．すなわち，渦温度伝導率(eddy conductivity) ε_h を用いて，壁面に垂直方向の熱流束 q を次式で表す．

$$q = \left(k_L + \varepsilon_h \rho_L c_{pL}\right)\frac{dT}{dy} \tag{5.2-10}$$

液膜厚さ方向に液膜内の熱流束 q が一定で，壁面熱流束 q_w と等しいとして，この式を壁面 $y=0$ から気液界面 $y=\delta$ まで積分して整理すると，次式の無次元温度差 T_i^+ が得られる．

$$T_i^+ = \int_0^{\delta^+}\left(\frac{1}{Pr_L}+\frac{\varepsilon_h}{\nu_L}\right)^{-1} dy^+ \tag{5.2-11}$$

ここで，

$$T_i^+ = \frac{\rho_L c_{pL} u_\tau \left(T_i - T_w\right)}{q_w} \quad , \quad y^+ = \frac{y u_\tau}{\nu_L} \quad , \quad u_\tau = \sqrt{\frac{\tau_w}{\rho_L}} \tag{5.2-12,13,14}$$

であり，T_iは気液界面温度，T_w は壁温，τ_wは壁面せん断力，$u_\tau = \sqrt{\tau_w/\rho_L}$ は摩擦速度(friction velocity)である．また，$\delta^+ = \delta u_\tau/\nu_L$ は無次元液膜厚さである．

熱伝達率 h および熱伝達率の無次元数であるヌセルト数 Nu は無次元温度差 T_i^+ を用いて次式で表

すことができる．

$$h=\frac{q_w}{T_i-T_w}=\frac{\rho_L c_{pL} u_\tau}{T_i^+} \quad , \qquad Nu=Re_\tau \frac{Pr_L}{T_i^+} \tag{5.2-15, 16}$$

Re_τは摩擦速度u_τおよび管内径Dを用いて次式で定義されるレイノルズ数である．

$$Re_\tau=\frac{\rho_L u_\tau D}{\mu_L}=\frac{D}{\nu_L}\sqrt{\frac{\tau_w}{\rho_L}} \tag{5.2-17}$$

したがって，T_i^+を式(5.2-11)で計算し，壁面せん断力τ_wを圧力損失の式などによって与えれば乱流液膜の熱伝達率がδ^+の関数として得られる．積分の際に必要となるε_h/ν_Lの関数は渦動粘度(eddy viscosity) ε_mとの関係で与える．渦動粘度を用いると液膜内のせん断力は，

$$\tau=\left(\mu_L+\varepsilon_m\rho_L\right)\frac{dv}{dy} \tag{5.2-18}$$

と表され，この式を整理すると

$$\frac{\varepsilon_m}{\nu_L}=\left(\frac{dv^+}{dy^+}\right)^{-1}-1 \tag{5.2-19}$$

となる．v^+は次式で定義される無次元速度である．

$$v^+=\frac{v}{u_\tau}=\frac{v}{\sqrt{\tau_w/\rho_L}} \tag{5.2-20}$$

乱流液膜の速度分布が Karman の速度分布

$$0<y^+\le 5 \quad で \quad v^+=y^+ \tag{5.2-21a}$$

$$5<y^+\le 30 \quad で \quad v^+=-3.05+5\ln y^+ \tag{5.2-21b}$$

$$30<y^+ \quad で \quad v^+=5.5+2.5\ln y^+ \tag{5.2-21c}$$

に従うとすれば，これを式(5.2-19)に代入することで渦動粘度が求まる．

$$0<y^+\le 5 \quad で \quad \varepsilon_m/\nu_L=0 \tag{5.2-22a}$$

$$5<y^+\le 30 \quad で \quad \varepsilon_m/\nu_L=y^+/5-1 \tag{5.2-22b}$$

$$30<y^+ \quad で \quad \varepsilon_m/\nu_L=y^+/2.5-1 \tag{5.2-22c}$$

ε_m/ν_Lとε_h/ν_Lとの関係を与えれば式(5.2-11)が積分できる．なお，渦温度伝導率ε_hが渦動粘度ε_mと等しいと仮定することが多い．次に無次元液膜厚さδ^+の求め方を説明する．膜レイノルズ数Re_Lの定義から次式が得られる．

$$Re_L=\frac{4W_L}{\pi D\mu_L}=\frac{G(1-x)D}{\mu_L}=\frac{4}{\mu_L}\int_0^\delta \rho_L v dy=4\int_0^{\delta^+} v^+ dy^+ \tag{5.2-23}$$

この式に式(5.2-21)を代入して積分を実行すれば Re_L が δ^+ の関数として与えられる．また，得られた式から δ^+ を近似する Re_L の式を導出することができる．

Traviss *et al.*(1973)は，これらの関係式を用いて管周方向に均一な液膜厚さを仮定した解析を行い，$\varepsilon_h = \varepsilon_m$ と仮定した T_i^+ の式を用いて以下の式を得ている．

$$Nu = Re_\tau \frac{Pr_\mathrm{L}}{T_\mathrm{i}^+} \tag{5.2-24}$$

$$T_i^+ = 0.707 Re_L^{0.5} Pr_L \qquad ;0 < Re_L \le 50 \tag{5.2-25a}$$

$$T_i^+ = 5Pr_L + 5\ln\left\{1 + Pr_L\left(0.09636 Re_L^{0.585} - 1\right)\right\} \qquad ;50 < Re_L \le 1125 \tag{5.2-25b}$$

$$T_i^+ = 5Pr_\mathrm{L} + 5\ln\left(1 + 5Pr_L\right) + 2.5\ln\left(0.00313 Re_L^{0.812}\right) \qquad ;1125 < Re_L \tag{5.2-25c}$$

$$Re_\tau = 0.152 Re_L^{0.9}\left(\Phi_V / X_{tt}\right)^n \tag{5.2-26}$$

$$X_{tt} = \left(\frac{1-x}{x}\right)^{0.9}\left(\frac{\rho_V}{\rho_L}\right)^{0.5}\left(\frac{\mu_L}{\mu_V}\right)^{0.1} \tag{5.2-27}$$

$$n = 1.15 \quad ;X_{tt} < 0.155, \quad n = 1 \quad ;X_{tt} \ge 0.155 \tag{5.2-28}$$

ここで，Φ_V および X_{tt} は，5.2.5 項で説明する二相流摩擦増倍係数(two-phase friction multiplier)および Lockhart-Martinelli (1949) のパラメータである．なお，二相流摩擦増倍係数は次に示す断熱二相流に対する Soliman *et al.*（1968）の式を用いている．

$$\Phi_V = 1 + 2.85 {X_{tt}}^{0.523} \tag{5.2-29}$$

(b) 重力の影響を考慮した環状流モデル

前述した Traviss *et al.*（1973）の解析は，管周方向に一様な液膜厚さを仮定した二次元的な液膜の解析であるが，藤井ら(1977b)は重力の影響で液膜厚さが管周方向に変化するモデルについて解析を行い，環状流モデルがより広い領域に適用できることを示した．以下に藤井らが行った解析を説明する．

(b-1) 物理モデルおよび基礎方程式

図 5.2-6 は解析に用いる物理モデルであり，解析に際して以下の仮定を行う．

(1) 液膜厚さは管径に比べて十分小さい．

(2) 運動量式の慣性項およびエネルギー式の対流項は無視できる．

(3) 速度は Karman の速度分布に従う．

(4) 渦温度伝導率 ε_h と渦動粘度 ε_m は等しい．

(5) 壁面せん断力の管軸方向成分 τ_z は管周方向成分 τ_φ に比べて十分大きい．

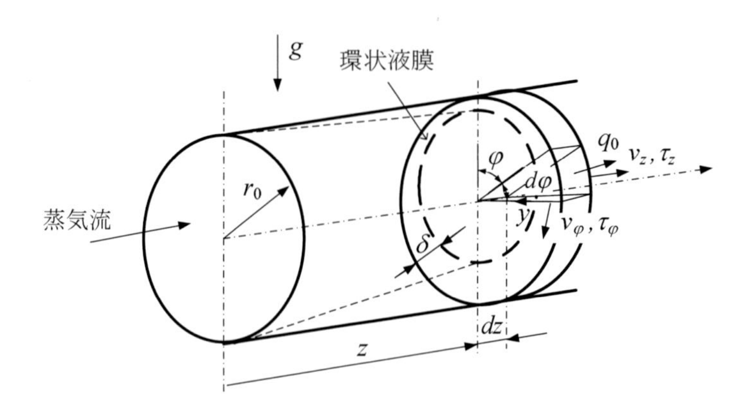

図 5.2-6　重力の影響を考慮した環状液膜の物理モデル

仮定(1)および(2)より，速度と温度を時間平均値と変動成分で表した管軸および管周方向の運動量式およびエネルギー式は以下のようになる．

$$0 = -\frac{dP}{dz} + \mu_L \frac{\partial^2 v_z}{dy^2} - \rho_L \frac{\partial}{\partial y}\overline{v'_z v'_y} \tag{5.2-30}$$

$$0 = \rho_L g \sin\varphi + \mu_L \frac{\partial^2 v_\varphi}{dy^2} - \rho_L \frac{\partial}{\partial y}\overline{v'_\varphi v'_y} \tag{5.2-31}$$

$$0 = k_L \frac{\partial^2 T}{dy^2} - \rho_L c_{pL} \frac{\partial}{\partial y}\overline{v'_y T'} \tag{5.2-32}$$

v_z，v_φ，v_y はそれぞれ管軸方向，管周方向，壁面から管中心に向かう時間平均速度であり，速度変動成分 v'_z， v'_y および v'_φ で表されるレイノルズ応力 $-\rho_L \overline{v'_z v'_y}$ および $-\rho_L \overline{v'_\phi v'_y}$ は次式で与える．

$$-\rho_L \overline{v'_z v'_y} = \rho_L \varepsilon_m \left(\frac{\partial v_z}{\partial y} + \frac{\partial v_y}{\partial z} \right) \tag{5.2-33}$$

$$-\rho_L \overline{v'_\varphi v'_y} = \rho_L \varepsilon_m \left(\frac{\partial v_\varphi}{\partial y} + \frac{\partial v_y}{r_0 \partial \varphi} \right) \tag{5.2-34}$$

式(5.2-30)および(5.2-31)に式(5.2-33)および(5.2-34)をそれぞれ代入して微小項を省略し，式(5.2-30)は壁面 $y = 0$ から任意の位置 y まで, 式(5.2-31)は任意の位置 y から気液界面 $y = \delta$ からまで積分すると，運動量式は次式の様に整理できる．

$$\left(\mu_L + \varepsilon_m \rho_L\right) \frac{\partial v_z}{\partial y} = \tau_{z,y=0} + \frac{dP}{dz} y = \tau_z \approx \tau_{y=0} = \tau_w \tag{5.2-35}$$

$$\left(\mu_L + \varepsilon_m \rho_L\right) \frac{\partial v_\varphi}{\partial y} = \rho_L g \left(\delta - y\right) \sin\varphi = \tau_\varphi \tag{5.2-36}$$

一方，エネルギー式(5.2-32)は,

$$-\overline{v'_y T'} = \varepsilon_h \frac{\partial T}{\partial y} \tag{5.2-37}$$

が成立するものとして, 壁面 $y = 0$ から気液界面 $y = \delta$ まで積分して変形すると式(5.2-11)と同じ次式が得られる．

$$T_i^+ = \int_0^{\delta^+} \left(\frac{1}{Pr_L} + \frac{\varepsilon_h}{\nu_L} \right)^{-1} dy^+ \tag{5.2-38}$$

なお，ここで無次元液膜厚さ δ^+ は管軸方向 z と管周方向 φ の関数である．

(b-2) 速度分布

式(5.2-35)と式(5.2-36)を式(5.2-18)を用いて整理し，無次元化すると次式が得られる．

$$\frac{\partial v_z^+}{\partial y^+} = \frac{\tau_z}{\tau}\frac{\partial v^+}{\partial y^+} \cong \frac{\partial v^+}{\partial y^+} \quad \text{または} \quad v_z^+ \cong v^+ \tag{5.2-39}$$

$$\frac{\partial v_\varphi^+}{\partial y^+} = \frac{\tau_\varphi}{\tau}\frac{\partial v^+}{\partial y^+} \cong \frac{\tau_\varphi}{\tau_w}\frac{\partial v^+}{\partial y^+} = \frac{\nu_L g \sin\varphi \left(\delta^+ - y^+ \right)}{u_\tau^3 \left(1 + \varepsilon_m / \nu_L \right)} \tag{5.2-40}$$

式(5.2-21)および式(5.2-39)より v_z^+ の分布は

$$0 < y^+ \le 5 \quad \text{で，} \quad v_z^+ = y^+ \tag{5.2-41a}$$

$$5 < y^+ \le 30 \quad \text{で，} \quad v_z^+ = -3.05 + 5 \ln y^+ \tag{5.2-41b}$$

$$30 < y^+ \quad \text{で，} \quad v_z^+ = 5.5 + 2.5 \ln y^+ \tag{5.2-41c}$$

となる．v_φ^+ の分布は，式(5.2-40)に式(5.2-22)を代入して積分すると次式のように得られる．

$$0 < y^+ \le 5 \quad \text{で，} \quad v_\varphi^+ = \frac{g \nu_L \delta^{+2} \sin\varphi}{u_\tau^3} \left\{ \frac{y^+}{\delta^+} - \frac{1}{2}\left(\frac{y^+}{\delta^+} \right)^2 \right\} \tag{5.2-42a}$$

$$5 < y^+ \le 30 \quad \text{で，} \quad v_\varphi^+ = \frac{g \nu_L \sin\varphi}{u_\tau^3} \left[\delta^{+2} \left\{ \frac{5}{\delta^+} - \frac{1}{2}\left(\frac{5}{\delta^+} \right)^2 \right\} + 5\left(\delta^+ \ln \frac{y^+}{5} - y^+ + 5 \right) \right] \tag{5.2-42b}$$

$$30 < y^+ \quad \text{で，} \quad v_\varphi^+ = \frac{g \nu_L \delta^+ \sin\varphi}{u_\tau^3} \left[5 + 2.5 \ln \frac{6}{5} - \frac{62.5}{\delta^+} + 2.5\left(\ln y^+ - \frac{y^+}{\delta^+} \right) \right] \tag{5.2-42c}$$

(b-3) 液膜厚さ

δ^+ を決定するための方程式は質量保存の関係から以下のように導出される．連続の式は

$$\frac{\partial v_z}{\partial z} + \frac{\partial v_\varphi}{r_0 \partial \varphi} = 0 \tag{5.2-43}$$

であり，これを壁面から液膜厚さまで積分した値が凝縮による液膜の体積増加と等しくなる．

$$\frac{\partial}{\partial z}\int_0^\delta v_z dy + \frac{1}{r_0}\frac{\partial}{\partial \varphi}\int_0^\delta v_\varphi dy = \frac{q_w}{\rho_L \Delta i_v} \tag{5.2-44}$$

q_w は壁面熱流束，Δi_v は潜熱であり，右辺は伝熱量から求まる凝縮液の体積増加量を表す．この式を式(5.2-12)，式(5.2-13)，式(5.2-20)を用いて無次元化し，速度分布の式(5.2-41)および式(5.2-42)を代入し積分を実行すると無次元液膜厚さ δ^+ に関する以下の式が得られる．

$0 < y^+ \le 5$　で，

$$\delta^+ \frac{\partial \delta^+}{\partial \tilde{z}} + \frac{2}{3}\frac{Ga}{Re_\tau^3}\frac{\partial}{\partial \varphi}\left(\delta^{+3}\sin\varphi\right) = \frac{Re_\tau Ja}{Pr_L}\frac{1}{\delta^+} \tag{5.2-45a}$$

$5 < y^+ \leq 30$　で，

$$\left(-3.05 + 5\ln\delta^+\right)\frac{\partial \delta^+}{\partial \tilde{z}} + \frac{2Ga}{Re_\tau^3}\frac{\partial}{\partial \phi}\left[\sin\varphi\left\{-\frac{125}{6} + 25\ \delta^+ + \left(5\ln\frac{\delta^+}{5} - 2.5\right)\ \delta^{+\,2}\right\}\right]$$
$$= \frac{Re_\tau Ja}{Pr_L}\left[5 + \frac{5}{Pr_L}\ln\left\{1 + Pr_L\left(\frac{\delta^+}{5} - 1\right)\right\}\right]^{-1} \tag{5.2-45b}$$

$30 < y^+$　で，

$$\left(5.5 + 2.5\ln\delta^+\right)\frac{\partial \delta^+}{\partial \tilde{z}} + \frac{2Ga}{Re_\tau^3}\frac{\partial}{\partial \varphi}\left[\sin\varphi\left\{\frac{6625}{6} - 125\ \delta^+ + \delta^{+\,2}\left(1.25 + 2.5\ln 1.2\ \delta^+\right)\right\}\right]$$
$$= \frac{Re_\tau Ja}{Pr_L}\left[5 + \frac{5}{Pr_L}\left\{\ln\left(1 + 5Pr_L\right) + \frac{1}{2}\ln\left(\frac{\delta^+}{30}\right)\right\}\right]^{-1} \tag{5.2-45c}$$

ここで，$\tilde{z} = z/D$であり，ガリレオ数Gaおよびヤコブ数Jaは次式で定義される．

$$Ga = \frac{gD^3}{\nu_L^2} \quad , \quad Ja = \frac{c_{pL}\left(T_i - T_w\right)}{\Delta i_v} \tag{5.2-46, 47}$$

式(5.2-45)を次の境界条件の下で解けば無次元液膜厚さδ^+が求まる．

$$\tilde{z} = 0 \quad で，\quad \delta^+ = 0 \tag{5.2-48}$$

$$\varphi = 0,\ \pi \quad で，\quad \partial\delta^+/\partial\varphi = 0 \tag{5.2-49}$$

(b-4) 無次元温度差

式(5.2-38)において，$\varepsilon_h = \varepsilon_m$として式(5.2-22)を代入し，積分を実行するとT_i^+が以下のように求まる．

$$0 < \delta^+ \leq 5 \quad で，\quad T_i^+ = Pr_L\delta^+ \tag{5.2-50a}$$

$$5 < \delta^+ \leq 30 \quad で，\quad T_i^+ = 5Pr_L + 5\ln\left\{\ 1 + Pr_L\left(\delta^+/5 - 1\right)\ \right\} \tag{5.2-50b}$$

$$30 < \delta^+ \quad で，\quad T_i^+ = 5Pr_L + 5\ln\left(1 + 5Pr_L\right) + 2.5\ln\left(\delta^+/30\right) \tag{5.2-50c}$$

したがって，式(5.2-45)で求めたδ^+を与えればT_i^+を計算することができ，式(5.2-15)に得られたT_i^+および壁面せん断力τ_wを代入すると熱伝達率が計算できる．なお，τ_wは摩擦損失の式や実験データから求める．

局所ヌセルト数および周平均ヌセルト数は次式で計算する．

$$Nu(\tilde{z},\varphi) = \frac{Pr_L Re_\tau}{T_i^+} \tag{5.2-51}$$

$$Nu(\tilde{z}) = \frac{1}{\pi}\int_0^\pi Nu(\tilde{z},\varphi)d\varphi \tag{5.2-52}$$

(b-5) 理論と実験の比較

図 5.2-7 は，藤井ら(1977b)が式(5.2-45)を差分法で解いて求めた無次元液膜厚さ，また得られた無次元液膜厚さと式(5.2-50)，式(5.2-51)及び式(5.2-52)を用いて求めた周平均ヌセルト数Nu_Tと R11 の

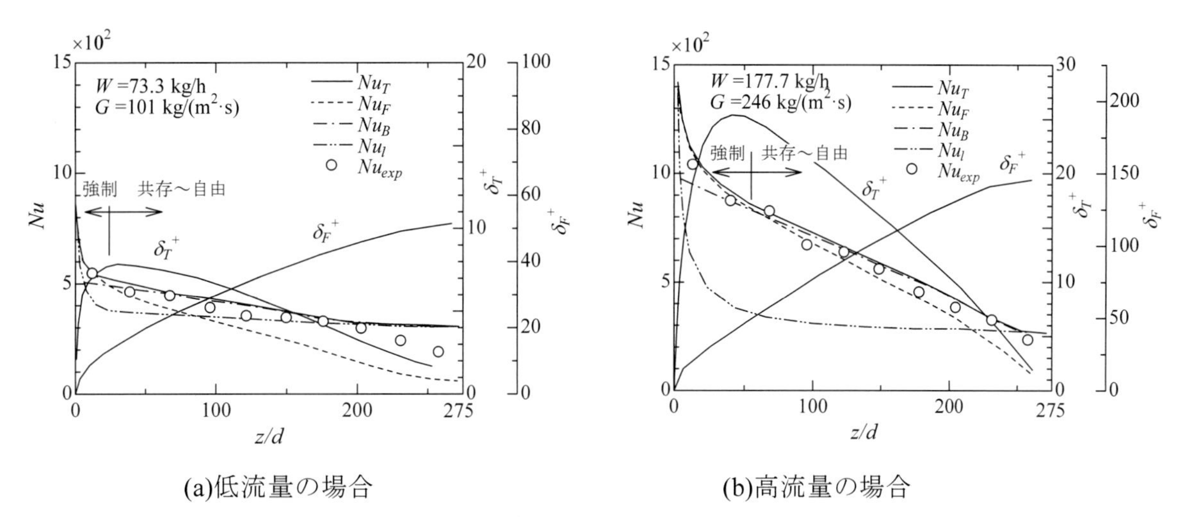

(a)低流量の場合　(b)高流量の場合

図 5.2-7　重力の影響を考慮した環状液膜流の解析結果と R11 の実験値（管内径 16mm）との比較

実験結果 Nu_{exp} との比較を示したものである．図中には，式(5.2-45)で左辺第 2 項を無視した結果，すなわち蒸気せん断力が支配的で液膜厚さが周方向に一様とした計算結果が Nu_F で，第 1 項を無視して重力の影響が支配的であるとした計算結果が Nu_B で，層流液膜モデルを仮定して全領域を式(5.2-45a)および式(5.2-50a)で計算した結果が Nu_l で示されている．なお，解析に際して，Re_τ，Ja，Pr_L，Ga などのパラメータの値は実験値の軸方向分布を最小二乗法で近似した値を与えている．Nu_T は，図(a)の下流部を除いて，実験値とよく一致しており，Nu_F および Nu_B はそれぞれせん断力の影響が大きい領域および重力の影響が大きい領域でよく一致している．図(a)の下流部における解析と実験との差は流れが層状流となり環状流モデルが適用できなくなったことが原因である．一方，図(b)において Nu_l は実験値よりかなり低い値を示しており，層流液膜モデルが適用できないことがわかる．図中には管頂の無次元液膜厚さ δ_T^+，また重力項を無視した漸近解 δ_F^+ も示されており，δ_T^+ の値が凝縮の進行に伴って最初増大し，最大値に達した後で減少すること，その最大値の位置が Nu_F と Nu_B の交点とよく一致することがわかる．なお，実際の管頂部液膜厚さ $\delta_T = \nu_L \delta_T^+ / u_\tau$ は，δ_T^+ が単調減少する領域でほぼ一定値となる．

図 5.2-7(a) の下流側（$z/D>200$）で見られるように，実験値 Nu_{exp} は $\delta_T^+=4$ 付近から下流で予測値 Nu_T より小さい．また，この点で Nu_T と Nu_l の値が一致する．この領域では蒸気せん断力の影響が小さくなるため，この解析モデルが適用できない．この領域の管頂部液膜厚さ δ_T は式(5.2-45a)より導かれ，$\delta_T/D=1.1(GaPr_L/Ja)^{-1/4}$ となる．また定義より $\delta_T^+= u_\tau\delta_T/\nu_L$ であるので，解析の適用範囲が次式で与えられる．

$$Re_\tau\left(\frac{Ja}{GaPr_L}\right)^{1/4} > 3.6 \tag{5.2-53}$$

この領域外については次の層状流域の解析が適用できる．

(c) 層状流モデル

重力が支配的な領域では，図 5.2-8 のように管上部を薄い液膜が覆い，管底部に厚い液膜が存在する．熱伝達は主に薄い液膜を介して行なわれており，この薄い液膜に対しては 4.2.2 節で説明した管外の自由対流凝縮の理論が適用できる．管底部の厚い液膜に対しては対流の影響が考慮されるが，

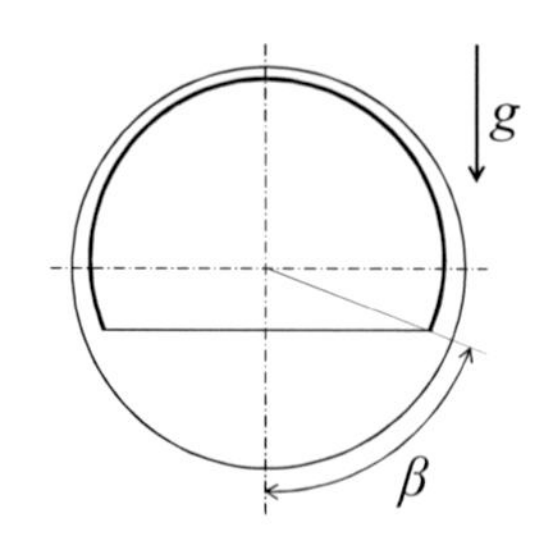

図 5.2-8　層状流モデル

管底部液膜を介した伝熱量は小さい．

層状流モデルは Chaddock (1957) によって最初に展開され，4.2.2 項で説明した Nusselt の式(4.2-28)を修正した次式が提案されている．このモデルでは管底部の厚液膜の伝熱は考慮されていない．

$$Nu = 0.725\left(1-\frac{\beta}{\pi}\right)f(\beta)\left(\frac{GaPr_L}{Ja}\right)^{1/4} \tag{5.2-54}$$

$$\beta = \left[\left(\frac{Ja^3 Ga}{Pr_L^3}\right)^{1/4}\frac{\nu_L l}{D^{3.5}}\right]^{0.142} \tag{5.2-55}$$

l は管長，β は厚液膜が覆っている領域の管底部からの角度である．$f(\beta)$ の値は Chaddock の論文の表中に記載されている．なお，式(4.2-28)は管外凝縮に対して導出したが，管内にも適用できる．

(d) 蒸気せん断力と管傾斜の影響を考慮した層状流モデル

層状流の理論的研究は前述の Chaddock (1957) の他に，Chato(1962)，望月-白鳥(1976)，藤井ら(1979)の研究などがある．Chato は管出口を 15°まで下に傾けると管底部液を排除する効果で熱伝達が向上し，それ以上傾けると管上部の液膜が厚くなるため熱伝達が低下することを，藤井らは 0° から 1° までは変化が顕著で，1° から 5° までは変化が小さいことを報告している．また，Lips-Meyer(2012)は，R134a の管内凝縮の実験を内径 8.38mm の管で，鉛直下降流から鉛直上昇流まで変化させて行い，傾斜角が下向きに 15° で熱伝達率が極大値を持ち，水平より 20%高くなることを示している．理論解析では蒸気せん断力の影響が無視されることが多いが，実際の管内凝縮では蒸気せん断力の影響が無視できない領域が存在する．藤井ら(1979)の解析では，蒸気せん断力と管傾斜の影響を考慮した解析を行うとともに，実験との比較を行っている．以下に藤井ら(1979)の理論解析の方法を説明する．

(d-1) 物理モデルおよび基礎方程式

図 5.2-9 は解析モデルであり，管上部に薄液膜(I)を，管底部に厚い底部液流(II)を，中心部に蒸気流を置き，蒸気流による気液界面せん断力を考える．薄い液膜については，重力の影響を考慮した環状流の式(5.2-45a~c)において $\partial\delta^+/\partial\tilde{z}=0$ を与えて計算し，図 5.2-10 に示す方法で環状液膜と底部液流を接続する．底部液流および蒸気流に対する運動量の式は以下のようになる．

$$\frac{dM_{LII}}{dz} - 2\rho_L u_L \int_0^{\delta_c} v_\phi dy = P_V \frac{d^2}{2}\sin^2\beta\frac{d\beta}{dz} - \frac{d}{dz}\int_{A_{LII}}\left(P_V + g\rho_L t\cos\theta\right)dA_{LII} - \tau_3 S_3 + \tau_1 S_1 + g\rho_L A_{LII}\sin\theta \tag{5.2-56}$$

$$\frac{dM_V}{dz} + u_\delta \dot{m} S_2 = -P_V \sin^2\beta\frac{d\beta}{dz} - \frac{d}{dz}\int_{A_V} P_V dA_L - \tau_2 S_2 + \tau_1 S_1 + g\rho_V A_V \sin\theta \tag{5.2-57}$$

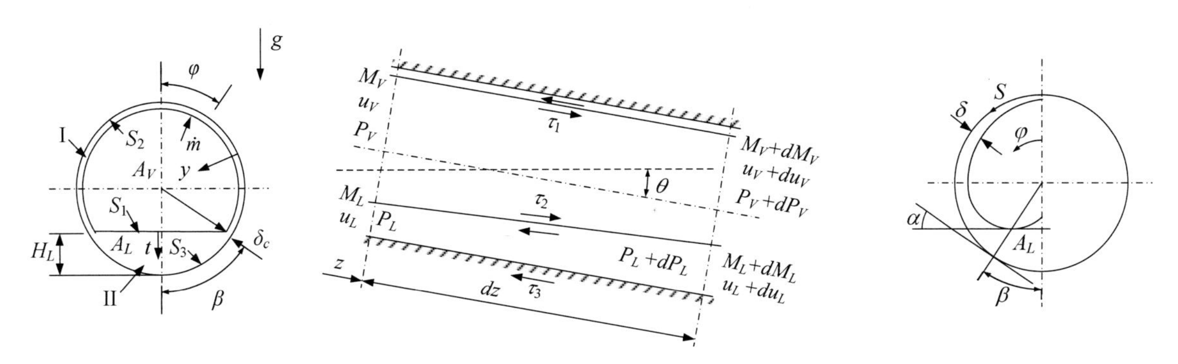

図5.2-9　傾斜管内を流れる層状流の解析モデル　　　図5.2-10　層状流モデルとの結合

式(5.2-56)で，左辺は底部液流の運動量変化を，右辺第1項は液面に働く静圧の軸方向成分，第2項は液相内の静圧の軸方向変化，第3項は壁面せん断力，第4項は蒸気流と底部液流との間の界面せん断力，第5項は体積力の軸方向成分を表す．式(5.2-57)の左辺は蒸気の運動量変化を，右辺第1項は液面に働く静圧の軸方向成分，第2項は蒸気相の静圧の軸方向成分，第3項は蒸気流と液膜流の間の界面せん断力，第4項は蒸気流と底部液流の間の界面せん断力，第5項は体積力の軸方向成分を表している．

式(5.2-56)および(5.2-57)中の運動量を平均速度 u と流量 W を用いて次式で表す．

$$M_{L\mathrm{II}} = u_L W_{L\mathrm{II}} = \frac{W_{L\mathrm{II}}^2}{\rho_L A_{L\mathrm{II}}} \quad , \quad M_V = u_V W_V = \frac{\{xW_L/(1-x)\}^2}{\rho_V A_V} \tag{5.2-58a,b}$$

ここで，$W_{L\mathrm{II}}$ は管底部液の流量であり，全液流量 W_L から薄液膜の流量 $W_{L\mathrm{I}}$ を引いた値である．せん断力は摩擦係数 f を導入して以下のように表す

$$\tau_1 = \frac{1}{2} f_1 \rho_V u_V^2 \quad , \quad \tau_2 = \frac{1}{2} f_2 \rho_V u_V^2 \quad , \quad \tau_3 = \frac{1}{2} f_3 \rho_V u_V^2 \tag{5.2-59a,b,c}$$

底部液および蒸気の断面積，$A_{L\mathrm{II}}$ および A_V，各部の長さ S_1，S_2 および S_3 は，次式で計算できる．

$$A_{L\mathrm{II}} = \frac{1}{4} D^2 \left(\beta - \frac{1}{2}\sin 2\beta \right) \quad , \quad A_V = \frac{1}{4} D^2 \left(\pi - \beta + \frac{1}{2}\sin 2\beta \right) \tag{5.2-60a,b}$$

$$S_1 = D\sin\beta \quad , \quad S_2 = (\pi - \beta)D \quad , \quad S_3 = \beta D \tag{5.2-61a,b,c}$$

式(5.2-56)および(5.2-57)に式(5.2-58)〜式(5.2-61)を代入して整理して無次元化すると，図5.2-10に示す管底部液流の角度 β および蒸気相の圧力について次式が得られる．

$$\frac{d\beta}{d\tilde{z}} = \frac{B_3 (A_4 - A_1) + A_3 (B_1 - B_1)}{A_2 B_3 - A_3 B_2} \tag{5.2-62}$$

$$\frac{d\tilde{P}_V}{d\tilde{z}} = \left\{ B_1 + \frac{B_2}{A_2}(A_4 - A_1) - B_4 \right\} \Big/ \left(B_3 - \frac{B_2}{A_2} A_3 \right) \tag{5.2-63}$$

なお，無次元圧力は $\tilde{P}_V = (P/\rho_L)(D/\nu_L)^2$，無次元管軸方向距離は $\tilde{z} = z/D$ と定義される．また，

$$A_1 = \tilde{m}\tilde{S}_2 \left\{ u_\delta^+ Re - \frac{2\tilde{W}_L}{\tilde{A}_V}\left(\frac{x}{1-x}\right)\frac{\rho_L}{\rho_V} \right\}, \quad A_2 = -\frac{\rho_L}{\rho_V}\left\{ \frac{\tilde{W}_L}{\tilde{A}_V}\left(\frac{x}{1-x}\right) \right\}^2 (\cos 2\beta - 1) \tag{5.2-64a,b}$$

$$A_3 = -\widetilde{A}_V\,, \qquad A_4 = -\frac{1}{2}\frac{\rho_L}{\rho_V}\left\{\frac{\widetilde{W}_L}{\widetilde{A}_V}\left(\frac{x}{1-x}\right)\right\}^2\left(f_1\widetilde{S}_1 + f_2\widetilde{S}_2\right) + Ga\widetilde{A}_V\sin\theta\frac{\rho_V}{\rho_L} \tag{5.2-64c,d}$$

$$B_1 = \frac{2\widetilde{W}_{L\mathrm{II}}}{\widetilde{A}_{L\mathrm{II}}}\int_0^{\delta_c^+} v_\phi^+ dy^+\,, \qquad B_2 = \frac{1}{8}Ga\cos\theta\sin\beta\left(\beta - \frac{1}{2}\sin 2\beta\right) - \left(\frac{\widetilde{W}_{L\mathrm{II}}}{\widetilde{A}_{L\mathrm{II}}}\right)^2\frac{1-\cos 2\beta}{4} \tag{5.2-64e,f}$$

$$B_3 = -\widetilde{A}_{L\mathrm{II}}\,, \qquad B_4 = \frac{f_1}{2} - \frac{\rho_L}{\rho_V}\widetilde{S}_1\left\{\frac{\widetilde{W}_L}{\widetilde{A}_V}\frac{x}{1-x}\right\}^2 - \frac{f_3}{2}\overline{S}_3\left(\frac{\widetilde{W}_{L\mathrm{II}}}{\widetilde{A}_{L\mathrm{II}}}\right)^2 + Ga\widetilde{A}_{L\mathrm{II}}\sin\theta \tag{5.2-64g,h}$$

であり，式中の Re，$\widetilde{m}$，$\widetilde{W}$ および $\widetilde{W}_L$ は次式で表現できる．

$$Re = \left[\frac{f_2}{2}\frac{\rho_L}{\rho_V}\left\{\frac{\overline{W}_L}{\overline{A}_V}\left(\frac{x}{1-x}\right)\right\}^2 + Ga\sin\theta\frac{\delta_m^+}{Re}\right]^{1/2} \tag{5.2-65}$$

$$\widetilde{m} = \frac{mD}{\mu_L} = \frac{Nu_{\mathrm{I}}Ja}{Pr_L} \tag{5.2-66}$$

$$\widetilde{W} = \frac{W}{\mu_L D}\,, \quad \widetilde{W}_L = \frac{W(1-x)}{\mu_L D} \tag{5.2-67a,b}$$

なお，$A_{L\mathrm{II}}$ および A_V，各部の長さ S_1，S_2 および S_3 は，$\widetilde{A} = A/D^2$，$\widetilde{S} = S/D$ で無次元化されている．式(5.2-66)中の Nu_{I} は $\varphi = 0 \sim (\pi - \beta)$ の領域 I の平均ヌセルト数であり，次式で定義される

$$Nu_{\mathrm{I}} = \frac{1}{\pi - \beta}\int_0^{\pi-\beta} Nu_{\mathrm{I}\varphi}d\varphi \tag{5.2-68}$$

ここで，$Nu_{\mathrm{I}\varphi}$ は領域 I の周方向の局所ヌセルト数であり，前述の式(5.2-51)において，環状流域の解析における式(5.2-45)で軸方向の液膜厚さの変化がないものとして左辺第 1 項を無視して得られた無次元液膜厚さ δ^+ の式および無次元温度差 T^+ の式(5.2-50)を用いて求められる．また，摩擦係数 f_1，f_2，f_3 は次式で与える．

$$f_1 = \begin{cases} 0.007 & ;Re_{L\mathrm{II}} = 4\tilde{W}_{L\mathrm{II}}/\beta < 5000 \\ 1.18\times10^{-5}Re_{L\mathrm{II}}^{3/4} & ;Re_{L\mathrm{II}} = 4\tilde{W}_{L\mathrm{II}}/\beta \geq 5000 \end{cases} \tag{5.2-69}$$

$$f_2 = 0.12\left\{Re_{L\mathrm{I}}^{0.2}\left(\frac{\rho_L}{\rho_V}\right)^{0.1}\left(\frac{x_{\mathrm{I}}}{1-x_{\mathrm{I}}}\right)^{0.4-0.2x_{\mathrm{I}}}\right\} + \frac{v_i}{u_V} \tag{5.2-70}$$

$$f_3 = \begin{cases} 16Re_{L\mathrm{II}}^{-1} & ;Re_{L\mathrm{II}} < 2300 \\ 0.046Re_{L\mathrm{II}}^{-0.2} & ;Re_{L\mathrm{II}} \geq 2300 \end{cases} \tag{5.2-71}$$

ここで，

$$x_{\mathrm{I}} = \frac{x\tilde{W}_L}{x\tilde{W}_L + (1-x)\tilde{W}_{L\mathrm{I}}}\,, \qquad Re_{L\mathrm{I}} = \frac{4\tilde{W}_{L\mathrm{I}}}{\tilde{S}_2}\,, \qquad \frac{v_i}{u_V} \cong \frac{m}{\rho_V u_V} = \frac{(1-x)\tilde{m}\tilde{A}_V}{x\tilde{W}_L} \tag{5.2-72, 73, 74}$$

次に微小区間 dz での熱収支の式

$$-W\Delta i_v dx = h\left(T_s - T_w\right)\pi D dz \tag{5.2-75}$$

より

$$\frac{dx}{d\tilde{z}} = -\frac{Nu\,\pi\,Ja}{\tilde{W}Pr_L} \tag{5.2-76}$$

ここで，Nu は周平均ヌセルト数であり，次式で定義される．

$$Nu = \frac{1}{\pi}\{(\pi-\beta)Nu_{\mathrm{I}} + \beta Nu_{\mathrm{II}}\} = \frac{1}{\pi}\left(\int_0^{\pi-\beta} Nu_{\mathrm{I}\varphi}d\varphi + \beta Nu_{\mathrm{II}}\right) \tag{5.2-77}$$

Nu_{II} は底部液流の平均ヌセルト数で，底部液流のレイノルズ数 $Re_{\mathrm{II}} = (\tau_3/\mu_L)^{1/2} D/\nu_L$ と無次元液膜厚さ $\delta^+_{\mathrm{II}} = \overline{A}_L Re_{\mathrm{II}}/\beta$ を前述の乱流液膜流理論で得られた式(5.2-51)の Re_τ および δ^+ にそれぞれ代入して求める．

半径方向の圧力変化は通常無視できるので，式(5.2-63)を静圧勾配の式とみなすことができ，式(5.2-62)と式(5.2-76)の組合せが β と x に関する連立常微分方程式となる．したがって，これらを解けば局所熱伝達率に関する諸量および静圧勾配を求めることができる．

(d-5) 理論と実験の比較

図 5.2-11 は管の傾斜が 0º(水平管)と 5º の場合の R11 の実験 Nu_{exp} と計算結果 Nu_{cal} の比較である．いずれの条件でも Nu および湿り度(1-x)の実験値と計算値がよく一致している．Nu_N は Nusselt の式(4.2-28)で計算した値である．H_L/D の実線は層状流モデル，破線は，式(5.2-62)で $d\beta/d\tilde{z} = 0$ と仮定して求めた解である．z/D=275 では流動様相写真から読みとった H_L/D の値が×印で示されている．管の傾斜が大きくなると管底部の厚い液膜の液深 H_L/D が小さくなること，それに伴って Nu が高くなることが分かる．なお，藤井らは管を上向きに 1° 傾斜させると熱伝達率が実験値，計算値ともに水平の場合より低くなること，実験では出口端で流動様相が脈動的になるため，実用上も好ましくないことを報告している．

藤井ら(1979)は種々の条件について計算を行い，計算結果に基づいて傾斜管と水平管の熱伝達率の比 Nu/Nu_0 を近似する次式を提案している．

$$\frac{Nu}{Nu_0} = (1+160X)^n \tag{5.2-78}$$

ここで，

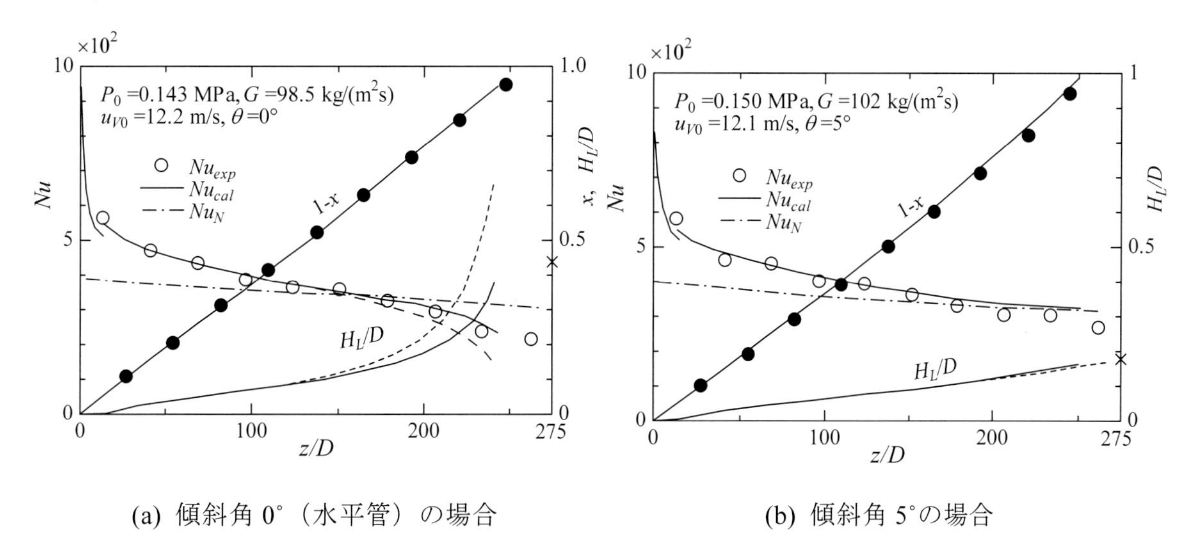

(a) 傾斜角 0°（水平管）の場合　　(b) 傾斜角 5°の場合

図 5.2-11　解析結果と実験結果との比較（藤井ら，1979）

$$X=\frac{\left\{1+1.6\times10^{11}\left(Ja/Pr_L\right)^5\right\}^{1/5}}{\sqrt{\rho_L/\rho_V}}\left\{\frac{\left(Ga\sin\theta\right)^{1/4}}{\widetilde{W}_L\,x/(1-x)}\right\}^{1.8} \tag{5.2-79}$$

$$n=0.2\left\{1+10\left(\widetilde{W}^3/5\times10^{10}\right)^2+\left(\widetilde{W}^3/5\times10^{10}\right)^4\right\}^{-1/4} \tag{5.2-80}$$

(e) 熱伝達率の式

前述したように，水平管内凝縮においては，凝縮の進行に伴って流動状態が複雑に変化するとともに，蒸気せん断力支配の流れから重力支配の流れへと変化する．さらに，蒸気せん断力が全質量流量や圧力レベル，冷媒の物性値などの影響を受け，凝縮熱伝達が管内壁面に形成される凝縮液膜の厚さおよび流動特性によって支配されることを考えれば，水平管内凝縮熱伝達率が多くのパラメータによって支配されていることがわかる．したがって，全凝縮区間の局所熱伝達率を一つの関係式で予測することは非常に困難である．過去の研究においても，流動状態を環状流，波状流，層状流の三つの領域に分類したり，環状流と層状・波状流域の二つの領域に分類したりして，それぞれの領域の凝縮熱伝達特性に注目した熱伝達率の予測式の作成が行われている．前述した Traviss *et al.* の式は環状流の，Chaddock の式は層状流の代表的な式である．これまでに提案された純冷媒に対する平滑管内凝縮熱伝達率の予測式の多くは，主に環状流域と層状・波状流域のそれぞれに対して別々に提案されている．環状流域の予測式は，乱流液膜理論に基づいたものと単相管内乱流の予測式を修正したものに分類できる．層状流については層流液膜の理論解析に基づいた予測式が提案されている．全流動範囲を対象とした予測式も提案されているが，基本的には環状流域と層状流域の予測式を導出し，実験データを用いてその間の流動状態の熱伝達率を内挿する関係式を作成したものである．Shah (1979) の式はそのような方法を用いることなく全流動範囲を対象としているが，単相管内乱流の式に基づいた環状流域の式を多くの研究者の実験データを参考に層状流域にまで経験的に拡張したものである．Thome *et al.*(2003)は流動様式の判別方法を適用して管断面を管上部の薄い液膜と底部液流に分類してそれぞれの熱伝達率の面積平均値として管周平均の熱伝達率を求める方法を提案している．以下にいくつかの代表的な式について説明する．

(e-1) 藤井らの式

藤井ら(1980)は，5.2.3 項(b)および(d)で説明した環状流域および層状流域の理論解析と実験結果に基づいて，図 5.2-7 に示す領域で分類される強制対流凝縮域の式および共存・自由対流凝縮域の式をそれぞれ導出し，それらの大小関係で採用する値を決定する以下の相関式を提案している．なお，比較に用いられた実験は内径 16mm および 21mm の水平管を用いて，R11，R12，R113 を圧力：0.08～0.93MPa，質量速度：33.4～576.9kg/(m^{2}s)の条件で行われている．

$$\begin{aligned}&Nu_F \ge Nu_B \text{ の場合 } Nu=Nu_F\\&Nu_F < Nu_B \text{ の場合 } Nu=Nu_B\end{aligned} \tag{5.2-81}$$

$$Nu_F=0.018\left\{Re_L\sqrt{\frac{\rho_L}{\rho_V}}\right\}^{0.9}\left(\frac{x}{1-x}\right)^{0.1x+0.8}Pr_L^{1/3}\left(1+\chi_1\frac{Ja}{Pr_L}\right) \tag{5.2-82}$$

$$Nu_{\rm B}=0.725\left(\frac{GaPr_{\rm L}}{Ja}\right)^{1/4}\frac{\left(1+3\times10^{-3}Pr_{\rm L}^{1/2}\chi_3^{\left(3.1-0.5/Pr_{\rm L}\right)}\right)^{0.3}}{\left(1+\chi_2\chi_4\right)^{1/4}} \tag{5.2-83}$$

$$\chi_1=0.071Re_L^{0.1}\left(\frac{\rho_L}{\rho_V}\right)^{0.55}\left(\frac{x}{1-x}\right)^{0.2-0.1x}Pr_L^{1/3} \tag{5.2-84a}$$

$$\chi_2 = 0.725\left(\frac{GaPr_L}{Ja}\right)^{1/4}\frac{\left\{1+1.6\times10^{11}(Ja/Pr_L)^{1/4}\right\}^{0.3}}{(\rho_L/\rho_V)^{1/2}}\left[\frac{(GaPr_L/Ja)^{1/4}}{\widetilde{W}_L\{x/(1-x)\}}\right]^{1.8} \tag{5.2-84b}$$

$$\chi_3 = \frac{0.47(\rho_L/\rho_V)^{1/2}(Ja/Pr_L)^{1/12}(Re_L x/(1-x))^{0.9}}{(GaPr_L/Ja)^{1.1/4}(\rho_L/\rho_V)^{1/2}} \tag{5.2-84c}$$

$$\chi_4 = 20\exp\left(\frac{-\widetilde{W}}{3000}\right),\quad \widetilde{W} = \frac{W}{D\mu_L},\quad \widetilde{W}_L = \frac{W(1-x)}{D\mu_L} \tag{5.2-84d,e,f}$$

(e-2) 原口らの式

原口ら(1994b)は，環状流域と層状流域の相関式を組み合わせた以下の相関式を提案し，良好な予測精度を得ている．なお，実験は内径 8.4mm の水平管を用いて，R22，R134a，R123 を質量速度：90～400kg/(m^{2}s)，熱流束：3～33kW/m^2 の条件で行われている．

$$Nu = \frac{hD}{k_L} = \left(Nu_F^2 + Nu_B^2\right)^{1/2} \tag{5.2-85}$$

$$Nu_F = 0.0152\left(1+0.6Pr_L^{0.8}\right)\frac{\Phi_V}{X_{tt}}Re_L^{0.77} \tag{5.2-86}$$

$$Nu_B = 0.725H(\xi)\left(\frac{GaPr_L}{Ja}\right)^{1/4} \tag{5.2-87}$$

$$\Phi_V = 1+0.5Fr^{0.75}X_{tt}^{\ 0.35} \tag{5.2-88}$$

$$H(\xi) = \xi + \left\{10(1-\xi)^{0.1} - 10 + 1.7\times10^{-4}Re\right\}\xi^{0.5}(1-\xi^{0.5}) \tag{5.2-89}$$

ここで，Re_L は式(5.2-23)で定義される膜レイノルズ数，$Fr = G/\{gD\rho_V(\rho_L-\rho_V)\}^{1/2}$ はフルード数，$Re = GD/\mu_L$ は全質量速度 G で定義されるレイノルズ数，$Ga = gD^3/\nu_L{}^2$ はガリレオ数である．また，ボイド率ξは Smith の式(1971)で与えている．

(e-3) Shah の式

Shah(1979)は，単相管内乱流熱伝達の式を修正して，水平管および鉛直管の広範囲の流体に適用できる整理式を提案している．式の導出に用いた実験データは，R11，R12，R22，R113，メタノール，エタノール，ベンゼン，トルエン，トリクロロエチレン，水蒸気が内径 7～40mm の水平，鉛直および傾斜管内で凝縮した場合である．実験条件は，換算圧力：0.002～0.44，飽和温度：21～310°C，管入口の蒸気速度：3～300m/s，クオリティ：0～100%，質量速度：11-210kg/(m^2 s)，熱流束：0.158～1893kW/m^2，レイノルズ数$(=GD/\mu_L)$：100～63000，プラントル数：1～13，である．

$$Nu = \frac{hD}{k_L} = 0.023\left(\frac{GD}{\mu_L}\right)^{0.8}Pr_L^{0.4}\left[(1-x)^{0.8} + \frac{3.8x^{0.76}(1-x)^{0.04}}{(P/P_c)^{0.38}}\right] \tag{5.2-90}$$

ここで，P は圧力で，P_c は臨界圧力である．

(e-4) Cavallini らの式

Cavallini *et al.* (2002)は，R22，R134a，R125，R32，R236ea，R407C および R410A の実験データに基づいて，全凝縮区間を(1)環状流，(2)環状流から層状流への遷移域から層状流，(3)層状流からスラグ流への遷移域からスラグ流の３領域に分類し，それぞれの領域について，熱伝達率の整理式を提案している．式が複雑であるためここには示さないが，領域(1)は乱流液膜モデルに基づいた式，領域(2)は管上部の薄液膜の凝縮と管底部の厚い液膜の対流伝熱を考慮した式，領域(3)は液の対流熱伝達に基づいた式，である．なお，管内径は 8mm であり，実験は飽和温度 30℃および 50℃において，質量速度：100～750kg/(m^{2}s)の範囲で行われている．

(e-5) Thome らの式

Thome *et al.*(2003)は，R11，R12，R22，R32，R113，R125，R134a，R236ea，R32/R125，R404A，R410A，プロパン，n-ブタン，イソブタン，プロピレンの凝縮実験データを用いて，熱伝達の相関式を提案している．式の導出に用いた実験データの範囲は，質量速度：24～1022 kg/(m^2 s)，クオリティ：0.03～0.97，換算圧力：0.02～0.80，管内径：3.1～21.4 mm である．なお，相関式は El Hajal *et al.*(2003)の流動様式と連動して適用される．

(e-6) 熱伝達率の式と実験データとの比較

図 5.2-12 は，原口ら（1994b）の R134a の実験データと Traviss *et al.*の式，Shah の式，藤井らの式をそれぞれ比較したものである．Traviss *et al.*の式や Shah の式は，低質量速度のデータを低めに予測し，Nu が低い領域での一致が悪いことがわかる．それに対して藤井らの式は全範囲で実験データを精度よく予測している．なお，原口らは R22 および R123 についても比較を行っており，藤井らの式の予測精度は高いが，Traviss *et al.*の式と Shah の式は予測精度が悪く，冷媒ごとの違いも現れている．これは， Traviss *et al.*の式が環状流域のみを対象としていること，Shah の式が高流量域のデータを中心に作成されていることなどが原因であると考えられる．原口らはこれらの結果を踏まえて前述の式(5.2-85)を提案しており，予測精度も藤井らの式より改善されている．

図 5.2-13 は，他の研究者による実験データを原口らの式で予測した結果である．原口らの式が冷媒の種類に依存せず，装置・測定方法の異なる他の研究者の測定値も精度よく予測できることがわかる．

図 5.2-14 は，内径 4.35mm の管による R410A，R32 および R1234ze(E)の熱伝達率の実験値を原口ら（1994b）の式，Jung *et al.* (2003) の式，Dobson-Chato (1998) の式，Cavallini *et al.* (2002) の式，および Thome *et al.* (2003) の式でそれぞれ予測した結果である．原口らの式(5.2-85)および Dobson-Chato の式は実験値とよく一致しており，Jung *et al.*の式は実験値より高い値を，Cavallini *et al.* および Thome *et al.*の式は低い値を示している．Thome *et al.*の式は，（1-x）が大きい領域で実験値と予測値の特性が異なっている．これは，連動して使う El Hajal *et al.*の流動様式線図で予測した流動

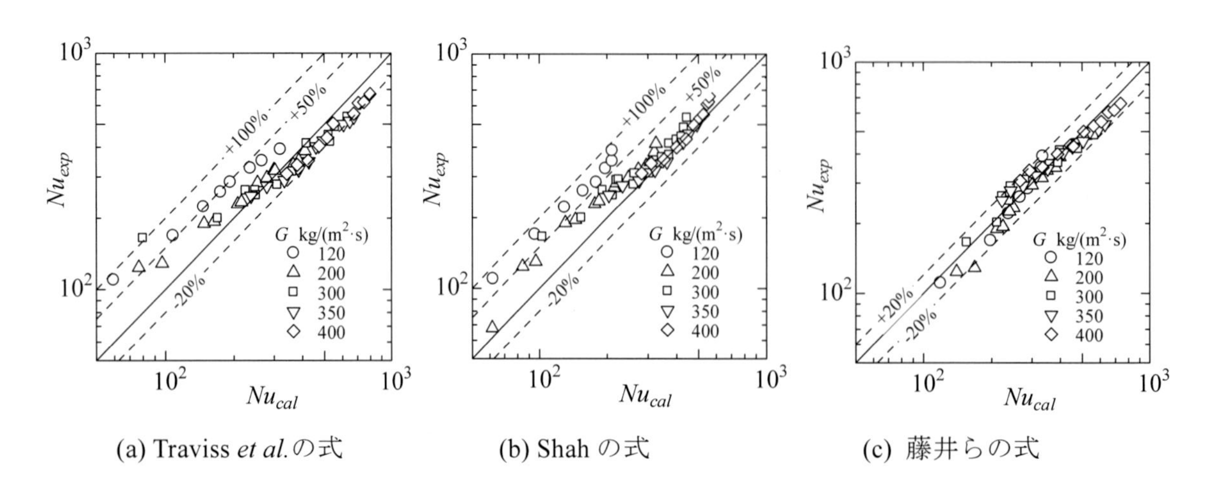

(a) Traviss *et al.*の式　(b) Shah の式　(c) 藤井らの式

図 5.2-12　R134a の熱伝達率の予測（原口ら，1994b）

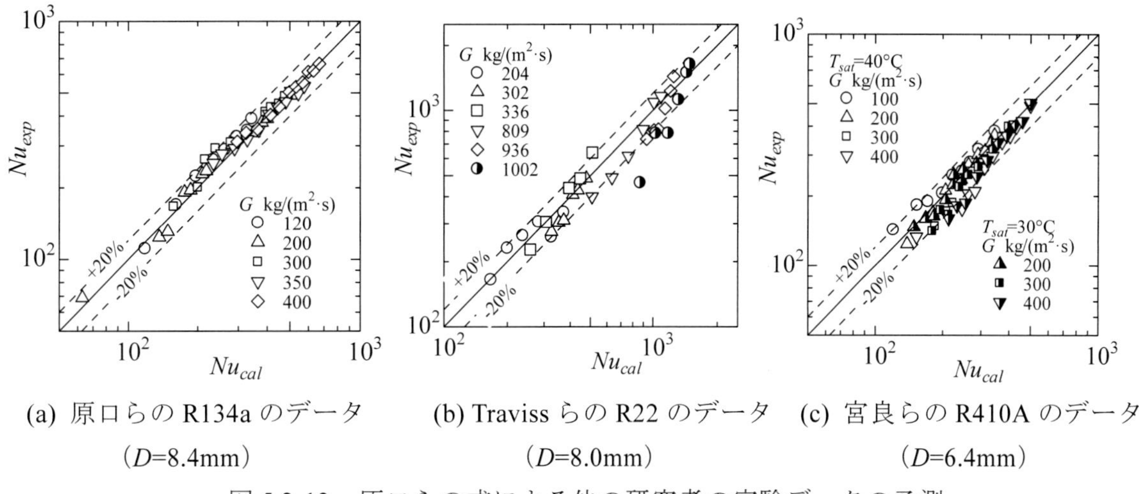

(a) 原口らの R134a のデータ（D=8.4mm）　(b) Traviss らの R22 のデータ（D=8.0mm）　(c) 宮良らの R410A のデータ（D=6.4mm）

図 5.2-13　原口らの式による他の研究者の実験データの予測

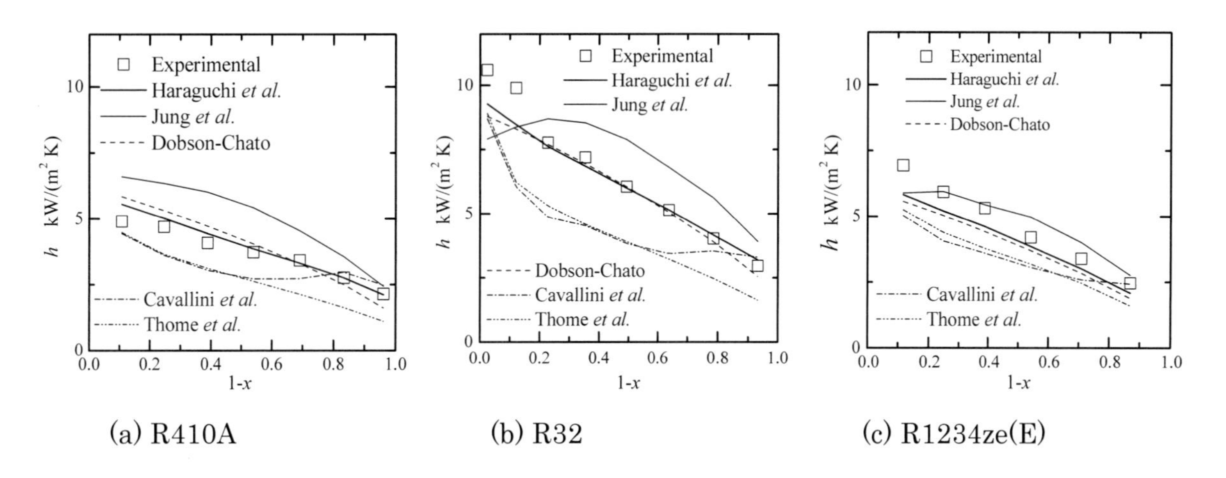

(a) R410A　(b) R32　(c) R1234ze(E)

図 5.2-14　提案されている熱伝達の式と実験値との比較（Hossain *et al.*, 2012）

様式と実際の流動様相との違いによるものと考えられる．また，Jung *et al.*の式は（1-x）が小さい領域で実験値および他の式と特性が異なる．

図 5.2-12～14 より，原口らの式は，内径 4～8.4mm の平滑管内の R134a，R22，R410A，R32，R1234ze(E)の質量速度 100～1000 kg/(m²·s)の実験値を最も高い精度で整理しており，信頼できる式として推奨できる．

5.2.4　過熱蒸気の凝縮

圧縮機を出て凝縮器に流入する冷媒は過熱蒸気(superheated vapor)の状態であり，管内凝縮器の入口の領域では過熱蒸気の冷却および凝縮が行われる．図 5.2-15 は，冷媒温度，管壁温度および冷却水温度の管軸方向分布を示したものである．冷媒については，冷媒バルク温度（気液の混合平均温度），蒸気バルク温度，液バルク温度および飽和温度が示されている．管壁温度が飽和温度以上の場合は過熱蒸気単相と壁面との間の対流伝熱であるが，壁面温度が飽和温度以下になると凝縮が開始して液膜が形成され，過熱蒸気と液膜表面との対流伝熱および液膜と壁面との伝熱を考える必要がある．図中，冷媒バルク温度と飽和温度が等しくなる点で熱力学的平衡クオリティが 1 となる．

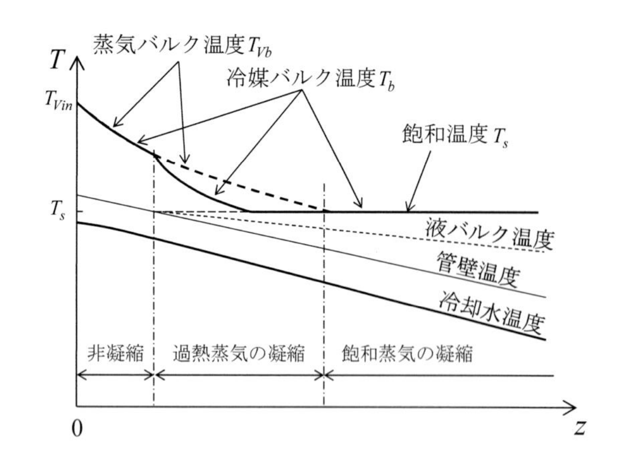

図 5.2-15　過熱蒸気の凝縮における管軸方向温度分布

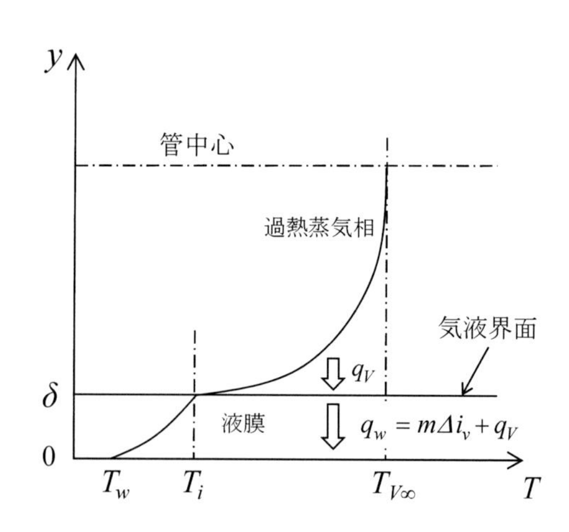

図 5.2-16　過熱蒸気の凝縮における半径方向の温度分布

本項では，過熱蒸気の凝縮について説明する．過熱蒸気が凝縮する場合の管断面内の温度分布は図 5.2-16 のようになっており，液膜表面では過熱蒸気から対流伝熱により顕熱が伝わるとともに，凝縮潜熱が放出される．従って，液膜が薄く壁面と気液界面の面積差が無視できるとすれば，熱伝達の関係式は以下のようになる．

$$q_V = h_V\left(T_{Vb} - T_s\right) \tag{5.2-91}$$

$$q_w = m\Delta i_v + q_V = h\left(T_s - T_w\right) \tag{5.2-92}$$

ここで，q_Vは蒸気から気液界面への対流熱流束，q_wは壁面熱流束，h_Vは蒸気の熱伝達率，h は液膜の熱伝達率，T_{Vb} は蒸気のバルク温度，T_s は飽和温度，T_w は壁面温度，m は単位面積単位時間あたりの凝縮量，Δi_vは潜熱である．過熱蒸気の顕熱と潜熱は液膜を介して壁面に伝えられ，液膜内の伝熱機構は飽和蒸気の場合と同様であるが，伝熱量の増加や蒸気せん断力の変化により液膜の厚さや流動状態が変化するので，同じ熱力学的平衡クオリティにおいて液膜の熱伝達率 h は飽和蒸気の場合と異なる．過熱蒸気の凝縮に対する液膜の熱伝達率の式もいくつか提案されているが，簡易的には前述した熱伝達の式において，潜熱を過熱蒸気から加わる顕熱量を加えた$\Delta i_v^* = \Delta i_v + c_{pV}\left(T_V - T_s\right)$として計算し，摩擦係数を過熱蒸気の物性値を用いて計算することで求めることができる．

なお，蒸気バルク温度と壁温との温度差を用いて熱伝達率 h^* を

$$q_w = m\Delta i_v + q_V = h^*\left(T_{Vb} - T_w\right) \tag{5.2-93}$$

と定義すると，式(5.2-91)および式(5.2-92)との関係より，次式が成り立つ．

$$\frac{1}{h^*} = \frac{1}{h} + \frac{q_V}{q_w}\cdot\frac{1}{h_V} \tag{5.2-94}$$

$$h^* = \frac{m\Delta i_v}{T_{Vb} - T_w} + h_V\frac{T_{Vb} - T_s}{T_{Vb} - T_w} \tag{5.2-95}$$

一方，冷媒バルク温度（気液の混合平均温度）T_b を用いて熱伝達率 h° を

$$q_w = m\Delta i_v + q_V = h^\circ\left(T_b - T_w\right) \tag{5.2-96}$$

と定義すると，同様に次の関係式が成り立つ．

$$\frac{1}{h^\circ}=\frac{1}{h}+\frac{T_b-T_s}{T_{Vb}-T_s}\cdot\frac{q_V}{q_w}\cdot\frac{1}{h_V} \tag{5.2-97}$$

$$h^\circ=\frac{m\Delta i_v}{T_b-T_w}+h_V\frac{T_{Vb}-T_s}{T_b-T_w} \tag{5.2-98}$$

式(5.2-94)および式(5.2-97)から，蒸気バルク温度や冷媒バルク温度を用いて定義した熱伝達率，h^*およびh°は，式(5.2-92)で定義した液膜の熱伝達率hと異なり，顕熱輸送量が大きくなるほどh^*およびh°とhとの差が大きくなることがわかる．Kondou-Hrnjak (2012) は式(5.2-96)で定義した熱伝達率で実験値の予測を行っている．

藤井ら（1977a）は，管内の過熱蒸気の凝縮について，熱伝達率や蒸気温度の半径方向分布を測定するとともに，5.2.3(b)で説明した理論解析を拡張した解析を行い，熱伝達の計算方法を示している．過熱蒸気相から気液界面への対流熱伝達率は次のスタントン数Stを用いて計算する．

$$St=\frac{h_V}{c_{pV}\rho_V u_V}=\frac{0.45f}{1+5\sqrt{0.5f}\left[Pr_V-1+\ln\left\{1+5\left(Pr_V-1\right)/6\right\}\right]} \tag{5.2-99}$$

図 5.2-17 は藤井らの測定結果と解析結果との比較である．実験は，内径 21.4mm の水平管に R113 が質量速度 45.3 kg/(m²·s)，過熱度 50℃の状態で流入する過熱蒸気の影響が特に大きい条件のもので

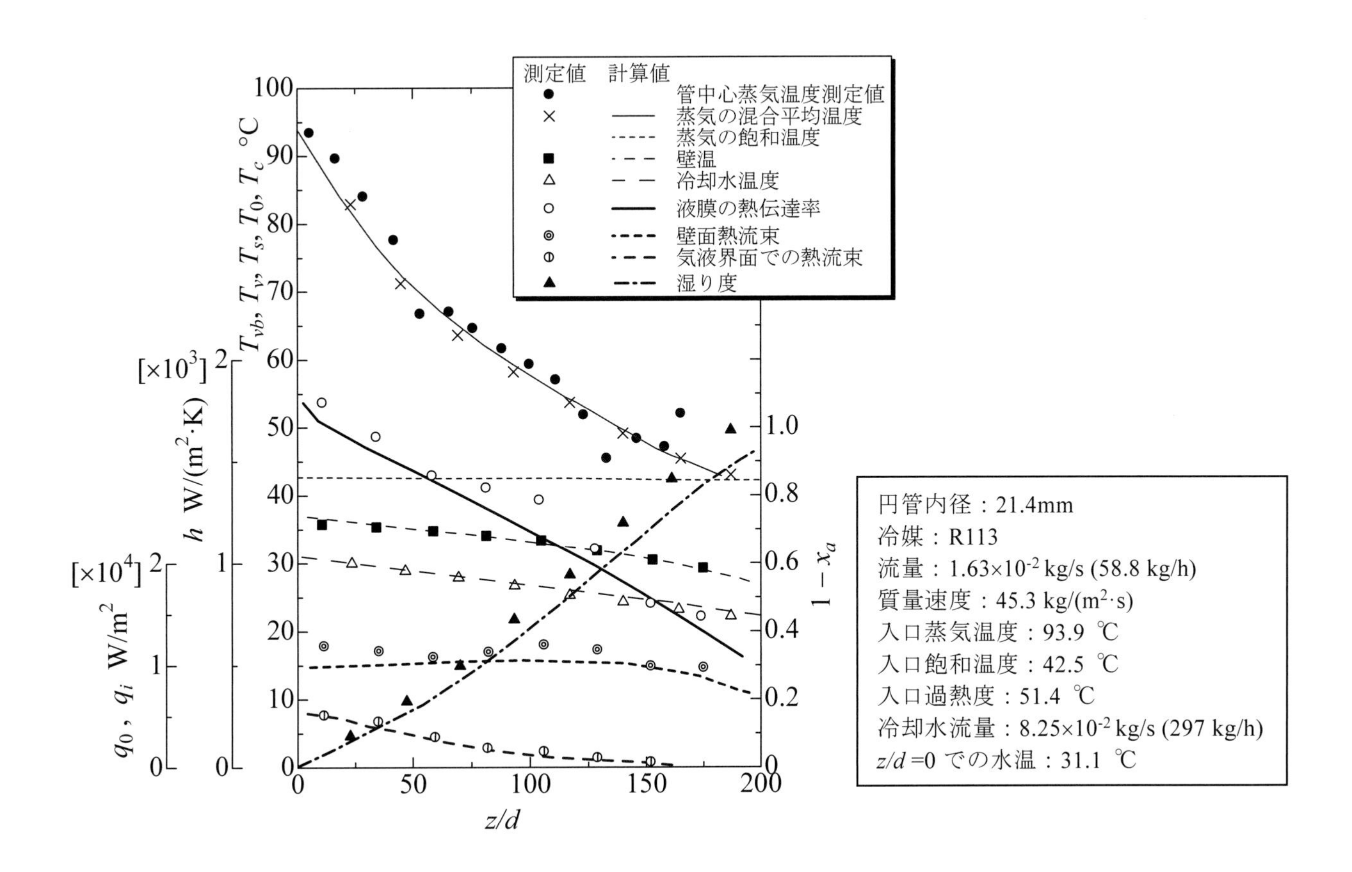

図 5.2-17　過熱蒸気の管内凝縮における温度，熱伝達率，熱流束，湿り度の管軸方向分布

あり，管軸方向の温度，熱流束，熱伝達率の分布が比較されている．壁温が飽和温度以下であるので蒸気は伝熱管入口から凝縮しているが，z/D=200 近くまで過熱状態を保ち，z/D=100 程度までは蒸気相からの顕熱輸送量を表す気液界面での熱流束が無視できない．このことは，顕熱負荷の増加により凝縮流束が減少し，完全凝縮に必要な伝熱管長さが長くなることも表している．なお，図中の x_a は熱力学的平衡クオリティではなく，蒸気の過熱を考慮して求めた実クオリティである．

5.2.5　圧力損失の予測

管内凝縮では，摩擦による圧力損失，重力による静水圧変化および気液相変化による運動量変化の 3 つが起因して管軸方向に圧力が変化する．圧力変化の基礎式は，気液の速度が異なる環状流や層状流などを対象とした分離流モデル，気液の速度が等しいとみなせる気泡流や噴霧流を対象とした均質流モデル，また液が液膜と液滴とに分かれて流れる環状噴霧流モデルに対して，静圧勾配 $-(dP/dz)$ はそれぞれ次のように表される（植田, 1981）．

$$-\left(\frac{dP}{dz}\right)=4\frac{\tau_w}{D}+G^2\frac{d}{dz}\left[\frac{x^2}{\xi\rho_V}+\frac{(1-x)^2}{(1-\xi)\rho_L}\right]+\left[\xi\rho_V+(1-\xi)\rho_L\right]g\sin\theta \tag{5.2-100}$$

$$-\left(\frac{dP}{dz}\right)=4\frac{\tau_w}{D}+G^2\left(\frac{1}{\rho_V}-\frac{1}{\rho_L}\right)\frac{dx}{dz}+\frac{\rho_L\rho_V g\sin\theta}{\rho_V+x(\rho_L-\rho_V)} \tag{5.2-101}$$

$$-\left(\frac{dP}{dz}\right)=4\frac{\tau_w}{D}+\frac{d}{dz}\left[\frac{G_V^2}{\xi\rho_V}+\frac{G_d^2}{\xi_d\rho_L}+\frac{G_L^2}{(1-\xi-\xi_d)\rho_L}\right]+\left[\xi\rho_V+\xi_d\rho_L+(1-\xi-\xi_d)\rho_L\right]g\sin\theta \tag{5.2-102}$$

各式の右辺第 1 項は摩擦損失項で，後述する方法で整理される．第 2 項は運動量変化による圧力変化を表す項で，相変化に伴う気液それぞれの平均速度の変化をボイド率 ξ とクオリティ x で与えている．第 3 項は水平面から角度 θ 傾けた場合の重力による圧力変化の項である．なお，噴霧流モデルでは液滴の質量速度 G_d と液滴体積率 ξ_d が必要になり，式(5.2-102)の右辺第 2 項および第 3 項に液滴の影響が加えられている．

管内凝縮では，多くの場合噴霧流や気泡流はほとんど存在せず，環状噴霧流も限られた条件でのみ存在するので，分離流モデルに基づいて圧力損失の予測やデータ整理が行われる．摩擦損失項を計算する方法はいくつか提案されているが，ここでは Lockhart-Martinelli (1949) の方法に基づいて次式で定義される二相流摩擦損失増倍係数(two-phase frictional multiplier) Φ および Lockhart-Martinelli パラメータ X で整理する方法について説明する．

$$\Phi_L=\sqrt{\frac{(dP/dz)_F}{(dP/dz)_L}},\quad \Phi_V=\sqrt{\frac{(dP/dz)_F}{(dP/dz)_V}},\quad X=\sqrt{\frac{(dP/dz)_L}{(dP/dz)_V}} \tag{5.2-103a,b,c}$$

ここで，$(dP/dz)_F$ は二相流摩擦損失勾配であり，式(5.2-100)～(5.2-102)の右辺第 1 項に相当する．

$$-\left(\frac{dP}{dz}\right)_F=4\frac{\tau_w}{D} \tag{5.2-104}$$

$(dP/dz)_L$ は液相成分だけが管を満たして単相流で流れたときの摩擦損失勾配，$(dP/dz)_V$ は気相成分だけが管を満たして単相流で流れたときの摩擦損失勾配である．なお，Φ_V と Φ_L はその定義から次の関係式が成立する.

$$\Phi_V = X\Phi_L \tag{5.2-105}$$

Lockhart-Martinelli は, 気液の流れをそれぞれ層流と乱流に分類し, それらの4つの組み合わせに対して, Φ_V および Φ_L の X に対する相関を線図上に示している. また, Chisholm (1967) はそれらを近似する式を与えている.

$$\Phi_V^2 = 1 + CX + X^2 \quad \text{または} \quad \Phi_L^2 = 1 + \frac{C}{X} + \frac{1}{X^2} \tag{5.2-106}$$

流動状態（液相-気相）	乱流-乱流	層流-乱流	乱流-層流	層流-層流
$C=$	20	12	10	5

二相流摩擦増倍係数 Φ に関しては多くの相関式が提案されているが, ここでは代表的ないくつかの例について説明する. なお, 多くの場合は両相とも乱流であり, 圧力損失もその領域で大きい. また, 管内凝縮では高クオリティ領域で圧力損失が大きいことから Φ_V の式が提案されることが多い.

式(5.2-103)における単相流の摩擦損失勾配は, 摩擦係数 f を用いて次式で与えられる.

$$\left(\frac{dP}{dz}\right) = -\frac{2f\,G^2}{D\rho} \tag{5.2-107}$$

気液両相ともに乱流の場合, それぞれの摩擦係数 f に Colburn (1933) の式

$$f = 0.046\left(\frac{GD}{\mu}\right)^{-0.20} \tag{5.2-108}$$

を導入し, 両相とも乱流の場合を添え字 tt で表せば, Lockhart-Martinelli パラメータ X は次式となる.

$$X_{tt} = \left(\frac{1-x}{x}\right)^{0.9}\left(\frac{\rho_V}{\rho_L}\right)^{0.5}\left(\frac{\mu_L}{\mu_V}\right)^{0.1} \tag{5.2-109}$$

気液二相流の摩擦損失に関係する物理量は $(dP/dz)_F$, ρ_L, ρ_V, μ_L, μ_V, G_L, G_V, D および ξ の9個で, 基本単位は kg, m, s の3個であるので, バッキンガムの π 定理より6個の無次元数で表される. したがって, Φ は5個の無次元数の関数となる. Lockhart-Martinelli の方法では Φ が X だけの関数として比較的よく整理できるが, そのためおのずと限界がある. 式(5.2-106)のように流動状態の組み合わせで C の値を変えるのもそれに対応したものである.

原口ら (1994a) はフロン系冷媒 R22, R134a および R123 の管内凝縮の実験結果から Φ_V と X_{tt} の関係が質量速度に依存することを考慮して, フルード数 Fr を導入して次式を提案している. 実験は, 質量速度 87～402 kg/(m²·s), 飽和温度 35～70℃の範囲で行われている.

$$\Phi_V = 1 + 0.5Fr^{0.75}X_{tt}^{\;0.35} \tag{5.2-110}$$

$$Fr = \frac{G}{\left\{gD\rho_V(\rho_L-\rho_V)\right\}^{1/2}} \tag{5.2-111}$$

Dobson-Chato (1998) は内径 3.14，7.04 mm の管内を流れる冷媒 R12，R22，R134a，R32/R125 の実験データを用いて次式を提案している．

$$\Phi_L = \sqrt{1.36 + C_1 / X_{tt}^{C_2}} \tag{5.2-112}$$

C_1 および C_2 は次のように与えられる．

$0 < Fr_L \le 0.7$ の場合； $C_1 = 4.127 + 5.48 Fr_L - 1.564 {Fr_L}^2$， $C_2 = 1.773 - 0.619 Fr_L$ (5.2-113a)

$Fr_L > 0.7$ の場合； $C_1 = 7.242$， $C_2 = 1.655$ (5.2-113b)

なお，Dobson-Chato はフルード数 Fr_L を次式で定義している．

$$Fr_L = \frac{G^2}{gD\rho_L^2} \tag{5.2-114}$$

小山ら (2002) は水力相当直径が 1mm 程度の扁平多孔管内凝縮のデータに基づき三島 - 日引 (1995) の細径管内空気 - 水断熱二相流の整理式を修正して，管径の影響をボンド数 Bo を用いて表した次式を提案している．

$$\Phi_V^2 = 1 + CX_{tt} + X_{tt}^2 \tag{5.2-115}$$

$$C = 13.17\left(\frac{\mu_L\rho_V}{\mu_V\rho_L}\right)^{0.171}\left\{1 - \exp\left(-0.6\sqrt{Bo}\right)\right\}\ ,\quad Bo = \frac{gD^2(\rho_L - \rho_V)}{\sigma} \tag{5.2-116, 117}$$

なお，三島 - 日引 (1995) は，管径の異なる細管内の空気-水二相流の実験データに基づき管径 D[mm] をパラメータとして，$C = 21\{1 - \exp(-0.333D)\}$ を提案している．

宮良ら (2004) はそれまでに提案された式を総合的に評価し，管径，流量および物性値の影響を考慮するパラメータとしてフルード数 $Fr = G/\{gD\rho_V(\rho_L - \rho_V)\}^{1/2}$ とボンド数 $Bo = gD^2(\rho_L - \rho_V)/\sigma$ を導入し，次の整理式を提案している．

$$\Phi_V^2 = 1 + CX_{tt}^n + X_{tt}^2 \tag{5.2-118}$$

$$C = 21\left\{1 - \exp\left(-0.28Bo^{0.5}\right)\right\}\left\{1 - 0.9\exp\left(-0.02Fr^{1.5}\right)\right\}\ ,\quad n = 1 - 0.7\exp\left(-0.08Fr\right) \tag{5.2-119a,b}$$

図 5.2-18 は，上述した式について Φ_V と X の関係を比較したものである．図(a)より，宮良らの式は管径が大きい条件で質量速度の影響が顕著であり，管径が 1 mm の場合および 4 mm で質量速度が大きい $G = 200$kg/(m^{2}s) の場合に空気-水の実験で得られた三島 - 日引の式とよく一致することがわかる．図(b)は R134a の異なる質量速度の条件について，宮良らの式と原口らの式との比較を示しており，X_{tt} が小さい領域，すなわちクオリティが大きい領域で比較的よく一致するが，低流量と高流量の一致はあまりよくない．なお，原口らの式は液単相の式に漸近しない形のため，X_{tt} が大きい領域では適用できなくなり，両者の差が大きい．

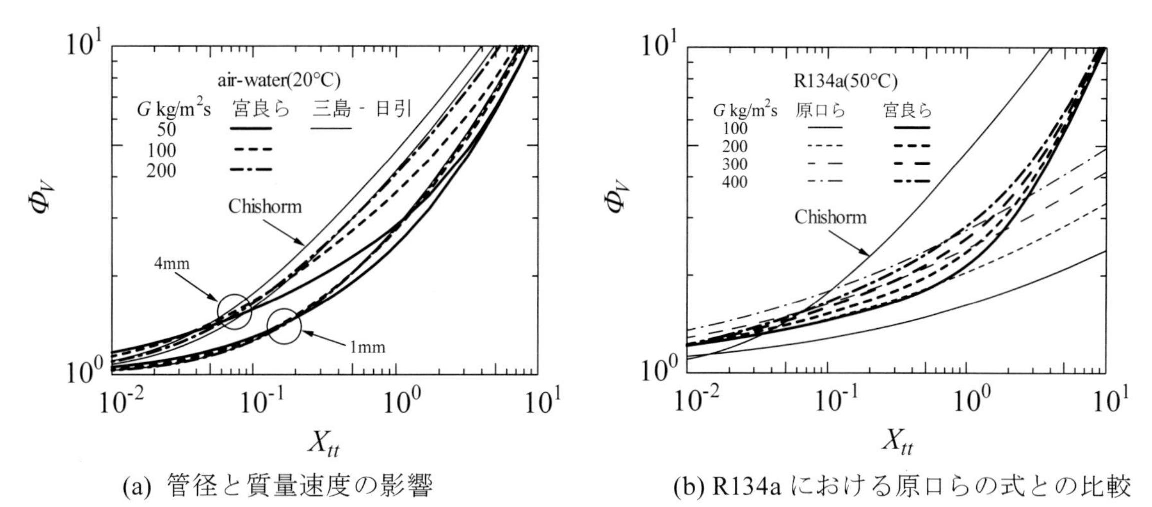

(a) 管径と質量速度の影響　　(b) R134a における原口らの式との比較

図 5.2-18　二相流摩擦増倍係数の X_{tt} に対する変化

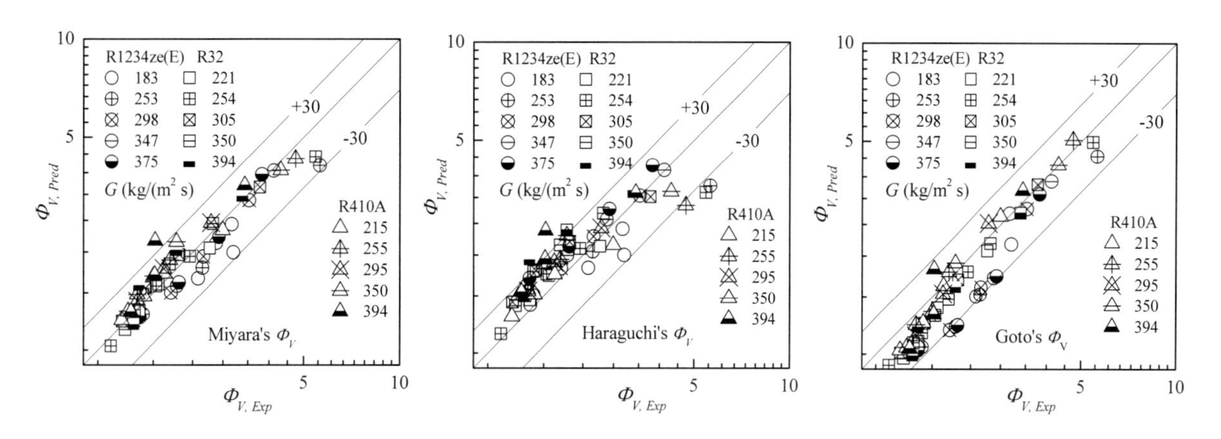

図 5.2-19　摩擦増倍係数の式と実験値との比較（Hossain *et al*., 2012）

図 5-2-19 は二相流摩擦増倍係数の実験値と宮良らの式(5.2-118), 原口らの式(5.2-110)および Goto *et al*. (2001) の式との比較を示す（Hossain *et al*., 2012）．いずれの式も実験データを±30％程度で予測するが，宮良らの式との一致がより良いことがわかる．

Cavallini *et al*. (2002) は，内径 3.1~21.4mm の管内を流れる多種類の冷媒 R11，R12，R22，R32，R113，R134a，R125，R236ea，R410A，R407C の実験データを用いて次式を提案している．実験条件は，質量速度 36～1022 kg/(m²·s)，飽和温度 23.1~65.2℃である．

$$\left(\frac{dP}{dz}\right)_F = \Phi_{L0}^2 \left(\frac{dP}{dz}\right)_{L0} = \Phi_{L0}^2 \cdot 2 f_{L0} \frac{G^2}{D\rho_L} \tag{5.2-120}$$

$$\Phi_{L0}^2 = \chi_1 + 1.262\, \chi_2 \chi_3 \big/ We^{0.1458} \tag{5.2-121}$$

ここで，We は $We = G^2 D / (\rho_V \sigma)$ で定義されるウェーバ数であり，χ_1，χ_2，χ_3 は次式で表される．

$$\chi_1 = (1-x)^2 + x^2\, \rho_L f_{V0} / \rho_V f_{L0}\,, \quad \chi_2 = x^{0.6978} \tag{5.2-122}$$

$$\chi_3 = (\rho_L/\rho_V)^{0.3278} (\mu_V/\mu_L)^{-1.181} (1-\mu_V/\mu_L)^{3.477} \tag{5.2-123}$$

$$f_{L0} = 0.046\, (GD/\mu_L)^{-0.2}\,, \quad f_{V0} = 0.046\, (GD/\mu_V)^{-0.2} \;\; ; \; GD/\mu_V > 2000 \tag{5.2-124a,b}$$

$$f_{L0} = 16\, (GD/\mu_L)^{-1}\,, \quad f_{V0} = 16\, (GD/\mu_V)^{-1} \;\; ; \; GD/\mu_V \le 2000 \tag{5.2-124c,d}$$

5.3 純冷媒の溝付管内凝縮

5.3.1　溝付管の種類と促進メカニズム

管内凝縮流の伝熱促進は，内面フィン付管やねじれテープ挿入管などの方法が用いられるが，有機冷媒については内面に微細な溝加工を施した内面溝付管(internally grooved tube)(マイクロフィン管(microfin tube)とも呼ばれる)が広く使用されている．図 5.3-1(a)に示す内面にらせん状の溝加工を施したらせん溝付管は 1970 年代後半から使用され，現在でも最も広く使用されている．従来開発されたらせん溝付管は，溝深さ 0.1～0.3mm，溝数 40～80，らせん角 7～35°の内面溝を有するものである．また，らせん溝に逆方向の二次溝加工をしたクロス溝付管(cross grooved tube)（内田ら，1999）（図 5.3-1(b)），内面に V 字型の溝を 2～3 組み合わせたヘリンボーン溝付管(herringbone grooved tube)（岡崎ら，1996）（図 5.3-1(c)）が 1990 年代中頃に開発されている．

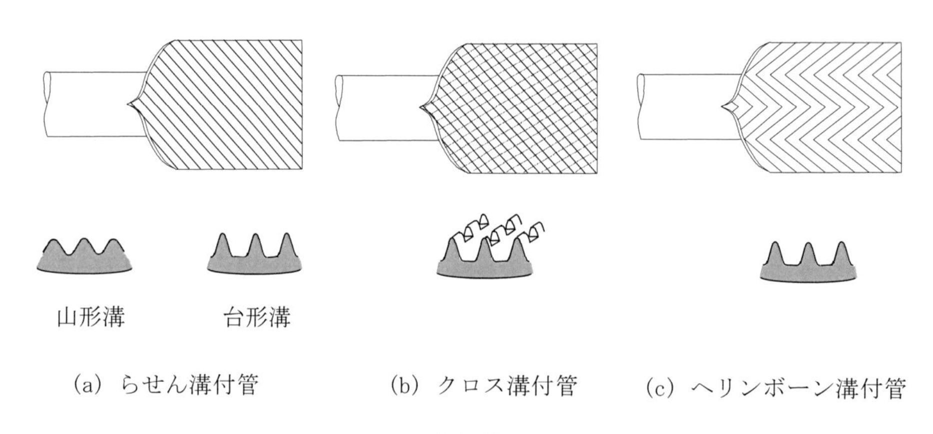

図5.3-1　溝付管の溝形状の概要

5.3.2　流動状態

Nozu *et al.* (1998) はらせん溝付管内凝縮流の流動状態を観察し，液膜が薄い領域で溝部に沿って流れる液が存在すること，管底部を流れる液の液面がらせん溝による旋回の効果で水平に対して少し傾くことを明らかにした．図 5.3-2 は管出口端から見た流動状態である．

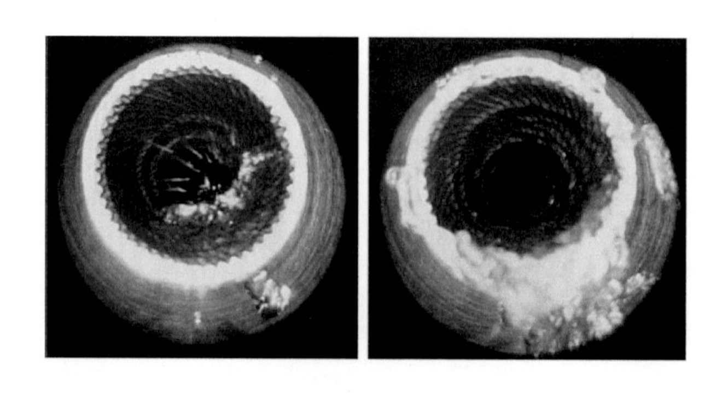

図5.3-2　らせん溝付管出口の流動状態（R11, G = 80 kg/(m^2 s), x = 0.6）（Nozu *et al.*， 1998）

ヘリンボーン溝付管については，野津 - 藤原（2002）が R123 の凝縮流の流動状態を，Miyara *et al.* (2000) が R123 断熱二相流の管出口端での流動状態を，柿本ら (2001) が空気－水断熱二相流の管出口端での流動状態を観察している．それらの観察結果から，気相の質量速度が高い場合，溝が流れ方向に合流する場所に液が集められ，溝が流れ方向に分岐する場所の液膜が薄くなることがわかる．図 5.3-3(a)および(b)は溝の合流部を管の上下にした場合および左右にした場合の流動状態の観察写真および模式図である．それぞれ，管側部および管上下部における液の排除効果で伝熱が促進される．吉村ら（2001）はらせん溝付管およびヘリンボーン溝付管内空気－水断熱二相流の管出口端で液滴のエントレインメント流量を測定し，蒸気に同伴される液滴流量は，らせん溝付管は平滑管と同程度であるが，ヘリンボーン溝付管では顕著に大きくなることを報告している．また，Islam-Miyara (2007) は 5 種類のヘリンボーン溝付管内の R123 断熱二相流の断面内液流量分布を測定し，図 5.3-4 に示すように管周方向の液膜体積率分布および全液流量に対する液滴流量の比を求めている．

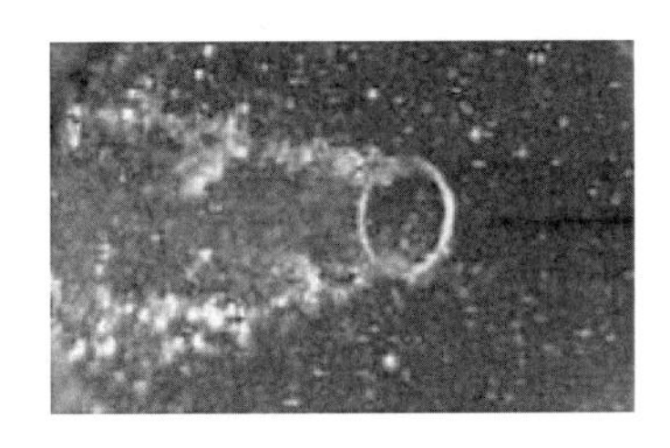
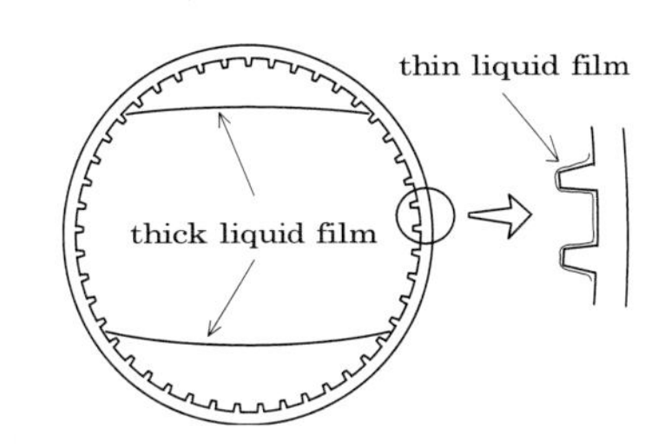

(a) 溝の合流部を管の上下に設置した場合の液分布の観察写真と模式図

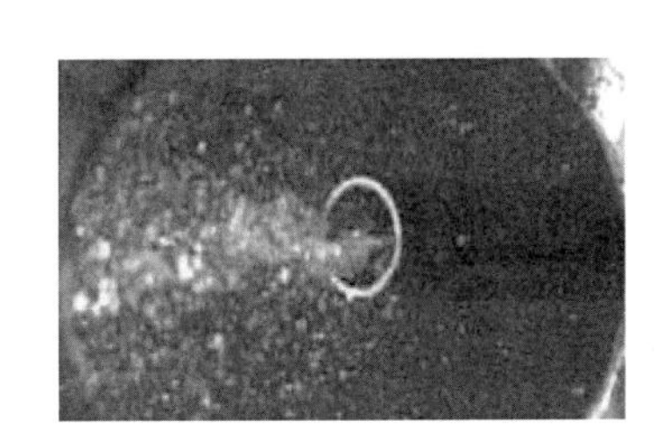
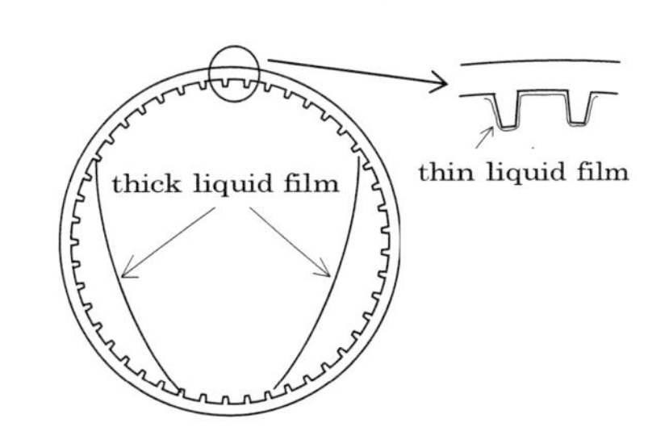

(b) 溝の合流部を管の左右に設置した場合の液分布の観察写真と模式図

図 5.3-3　ヘリンボーン溝付管内気液二相流の流動状態（冷媒：R123）（Miyara *et al.*, 2000）

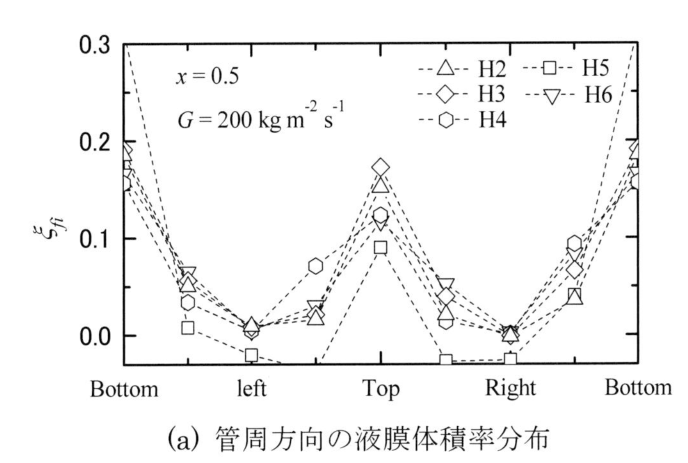

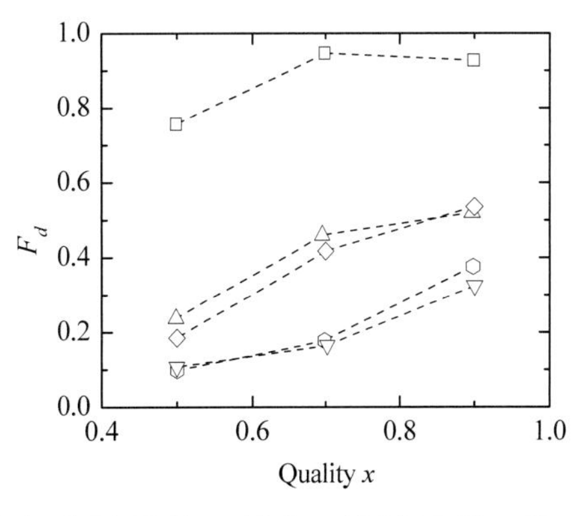

(a) 管周方向の液膜体積率分布　　(b) 全液流量に対する液滴流量の比

図 5.3-4　ヘリンボーン溝付管内気液二相流のボイド率分布および液滴エントレインメント比（Islam-Miyara, 2007）

平滑管とらせん溝付管の R134a によるボイド率の測定が Koyama *et al*. (2004) によって行われ，溝付管のボイド率は平滑管よりやや低めの値を示すことが報告されている．また，液内部の流れをモデル化して作成した予測式が提案されている．

5.3.3　理論解析

伝熱促進管の理論解析は非常に少ないが，らせん溝付管に関する野津 - 本田による系統的な研究がある（野津 - 本田，1998；本田ら，2000；王ら，2001）．なお，この理論解析は 4.3.2 項で説明した管外ローフィン付管の理論解析を基礎として管内らせん溝付管に展開したものである．

(a)　環状流モデル

野津 - 本田（1998）は環状流域について溝部に形成される薄液膜の形状を解析し，らせん溝付管の伝熱特性に関する検討を行っている．図 5.3-5 はフィン頂部からフィン間溝の底部に形成される凝縮液膜の物理モデルを示している．液膜の表面には蒸気せん断力と表面張力が働き，それによって液膜の形状および流動状態が決定される．Case A は溝底部の液膜が薄く，隅の影響が表れる条件のモデル，Case B は溝底部の液膜が厚く，隅の影響が表れない条件のモデルである．解析に際して，(1)液膜は層流，(2)壁温 T_w および飽和温度 T_s は一様，(3)液膜の基礎式で慣性項と対流項は無視できる，(4)重力の影響は無視できる，(5)溝ピッチは溝の長さに比べて十分小さい，という仮定をおく．また，図 5.3-5 に示した領域 I では気液界面に溝に沿う z 方向のせん断力とフィン表面に沿う x 方向の表面張力が働き，領域 II には蒸気せん断力のみが働くとする．なお，仮定(3)より壁面に垂直方向の液膜内温度分布は直線的になる．

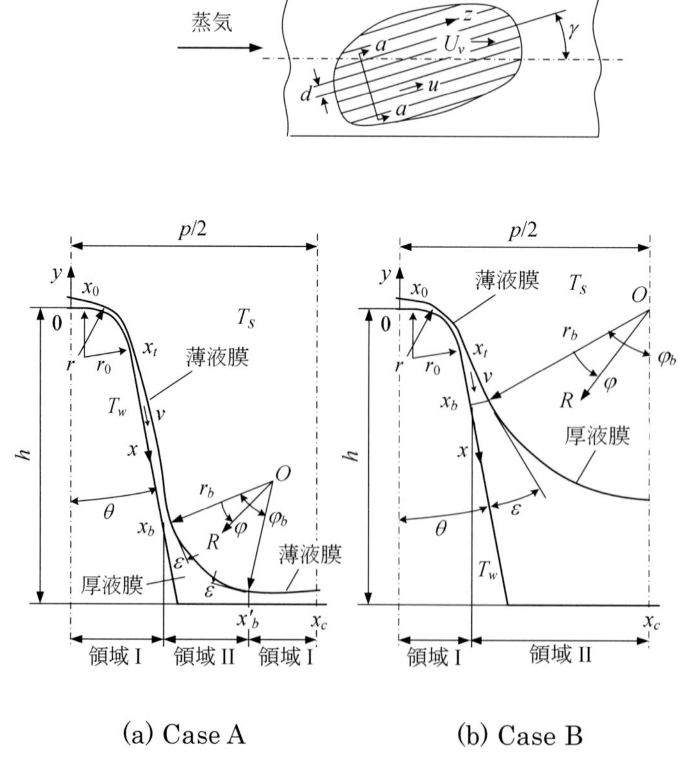

(a) Case A　　　　(b) Case B

図 5.3-5　溝面に形成される液膜の物理モデル

領域Ⅰの z 方向および x 方向の運動量の式は次のようになる．

$$\mu_L \frac{\partial^2 u}{\partial y^2}=0,\quad \mu_L \frac{\partial^2 v}{\partial y^2}-\frac{dP}{dx}=0 \tag{5.3-1a,b}$$

ここで，u は z 方向の速度，v は x 方向の速度である．仮定より，境界条件は

$$y=0 \quad \text{で} \quad u=v=0 \tag{5.3-2}$$

$$y=\delta \quad \text{で} \quad \mu_L \frac{\partial u}{\partial y}=\tau_i \qquad \frac{\partial v}{\partial y}=0 \tag{5.3-3}$$

ここで，τ_i は凝縮液表面に及ぼされる蒸気せん断応力である．式(5.3-1a,b)と境界条件(5.3-2)～(5.3-3)から u，v を次のように求めることができる．

$$u=\frac{\tau_i}{\mu_L}y \quad , \quad v=\frac{1}{\mu_L}\frac{dP}{dx}\left(\frac{1}{2}y^2-\delta y\right) \tag{5.3-4a,b}$$

一方，凝縮量と伝熱量の釣合い式は，連続の式とエネルギー式より次のようになる．

$$\rho_L\left(\frac{\partial}{\partial z}\int_0^{\delta} u dy+\frac{\partial}{\partial x}\int_0^{\delta} v dy\right)=\frac{k_L \varDelta T}{\delta\ \varDelta i_v} \tag{5.3-5}$$

$\varDelta T=T_s-T_w$ は飽和温度と壁温との差である．この式に u，v の式を代入し積分および微分を実行し，式を無次元化すると次式が得られる．

$$S_V \bar{\delta}\frac{\partial \bar{\delta}}{\partial \bar{z}}-\frac{S_S}{3}\frac{\partial}{\partial \bar{x}}\left\{\frac{d}{d\bar{x}}\left(\frac{1}{\bar{r}}\right)\bar{\delta}^3\right\}=\frac{1}{\bar{\delta}} \tag{5.3-6}$$

ここで，$\bar{x}=x/p$，$\bar{z}=z/p$，$\bar{\delta}=\delta/p$，$\bar{r}=r/p$，$S_V=\tau_i p^2 \varDelta i_v/(k_L \nu_L \varDelta T)$，$S_S=\sigma p \varDelta i_v/(k_L \nu_L \varDelta T)$ である．気液界面の無次元の曲率半径 $\bar{r}$ は次のように計算できる．

$0\le\bar{x}\le\bar{x}_0$ および $\bar{x}_t=\bar{x}$ では

$$\frac{1}{\bar{r}}=\frac{-d^2\bar{\delta}/d\bar{x}^2}{\left\{1+\left(d\bar{\delta}/d\bar{x}\right)^2\right\}^{3/2}} \tag{5.3-7}$$

$\bar{x}_0\le\bar{x}\le\bar{x}_t$ および $\bar{x}_t=\bar{x}$ では

$$\frac{1}{\bar{r}}=\frac{\left\{1/\bar{r}_0+\left(2/\bar{r}_0^{\,2}+\bar{\delta}/\bar{r}_0^{\,3}\right)\bar{\delta}+2\left(d\bar{\delta}/d\bar{x}\right)^2/\bar{r}_0-\left(1+\bar{\delta}/\bar{r}_0\right)\left(d^2\bar{\delta}/d\bar{x}^2\right)\right\}}{\left\{\left(1+\bar{\delta}/\bar{r}_0\right)^2+\left(d\bar{\delta}/d\bar{x}\right)^2\right\}^{3/2}} \tag{5.3-8}$$

領域Ⅰでは $\partial\bar{\delta}/\partial\bar{x}\gg\partial\bar{\delta}/\partial\bar{z}$ と仮定すれば，式(5.3-6)の左辺第１項を無視でき，液膜厚さを次式で解析できる．

$$-\frac{S_S}{3}\frac{\partial}{\partial\bar{x}}\left\{\frac{d}{d\bar{x}}\left(\frac{1}{\bar{r}}\right)\bar{\delta}^3\right\}=\frac{1}{\bar{\delta}} \tag{5.3-9}$$

液膜厚さの境界条件は，Case A の場合，

$$\bar{x}=0 \text{ および } \bar{x}=\bar{x}_c \quad \text{で} \quad \frac{d\bar{\delta}}{d\bar{x}}=\frac{d^3\bar{\delta}}{d\bar{x}^3}=0 \tag{5.3-10}$$

$$\bar{x}=\bar{x}_b \text{ および } \bar{x}=\bar{x}'_b \quad \text{で} \quad \frac{d\bar{\delta}}{d\bar{x}}=\tan\varepsilon \qquad \bar{r}=-\bar{r}_b \tag{5.3-11}$$

Case B の場合

$$\bar{x}=0 \quad \text{で} \quad \frac{d\bar{\delta}}{d\bar{x}}=\frac{d^3\bar{\delta}}{d\bar{x}^3}=0 \tag{5.3-12}$$

$$\bar{x}=\bar{x}_b \quad \text{で} \quad \frac{d\bar{\delta}}{d\bar{x}}=\tan\varepsilon \qquad \bar{r}=-\bar{r}_b \tag{5.3-13}$$

となる．ここで $\bar{x}_b=r_b/p$ である．

領域Ⅱの基礎式は図 5.3-5 の点 O を中心とする円筒座標系(R,φ)を用いて導出する．運動量式およびエネルギー式を無次元形で表すと次式となる．

$$\frac{\partial}{\partial\bar{R}}\left(\bar{R}\frac{\partial\bar{u}}{\partial\bar{R}}\right)+\frac{\partial}{\partial\varphi}\left(\frac{\partial\bar{u}}{\bar{R}\partial\varphi}\right)=0 \tag{5.3-14}$$

$$\frac{\partial}{\partial\bar{R}}\left(\bar{R}\frac{\partial\bar{T}}{\partial\bar{R}}\right)+\frac{\partial}{\partial\varphi}\left(\frac{\partial\bar{T}}{\bar{R}\partial\varphi}\right)=0 \tag{5.3-15}$$

無次元変数は，$\bar{R}=R/p$，$\bar{u}=up/\nu_L$，$\bar{T}=(T-T_w)/(T_s-T_w)$と定義される．壁面および気液界面での境界条件は次のようになる．

$$\bar{R}=\bar{R}_w \quad \text{で，} \quad \bar{u}=0, \quad \bar{T}=0 \tag{5.3-16}$$

$$\bar{R}=\bar{R}_i \quad \text{で，} \quad \frac{\partial\bar{u}}{\partial\bar{R}}=Re_p^2, \quad \bar{T}=1 \tag{5.3-17}$$

ここで，Re_p は $Re_p=\sqrt{\tau_i/\rho_L}\,p/\nu_L$ で定義され，気液界面せん断力 τ_i は Wallis の式に凝縮による吸込効果を考慮して次のように算出する．

$$\tau_i=\frac{f_i}{2}\rho_V U_V^2 \tag{5.3-18}$$

$$f_i=0.046Re_V^{-0.2}\left(1+300\delta/D_n\right)+V_i/U_V \tag{5.3-19}$$

ここで，蒸気レイノルズ数は $Re_V=GxD_n/\mu_V$ で，$V_i=m/\rho_V$，$U_V=Gx/\rho_V$ であり，m は凝縮質量流束である．

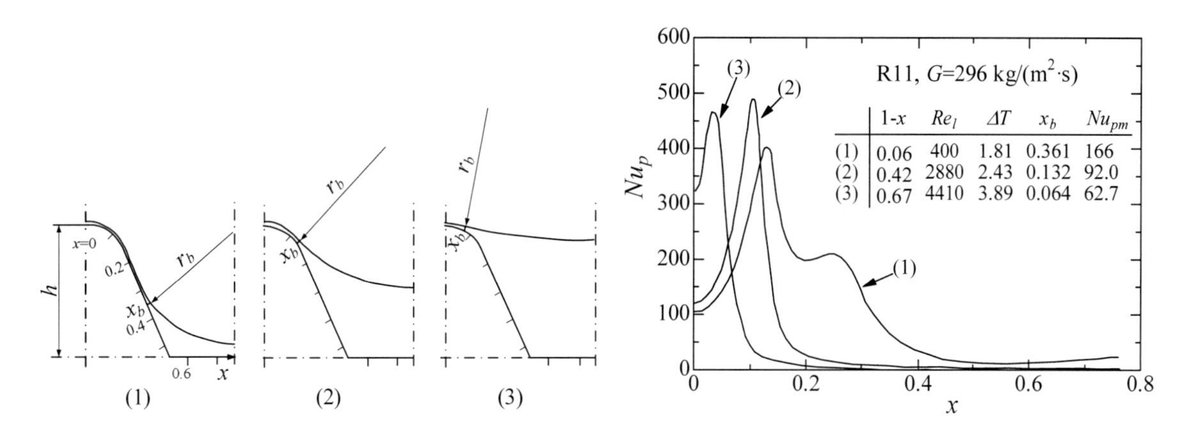

図5.3-6　フィン上およびフィン間溝部に形成される液膜形状と熱伝達率分布 (Nozu-Honda, 2000)

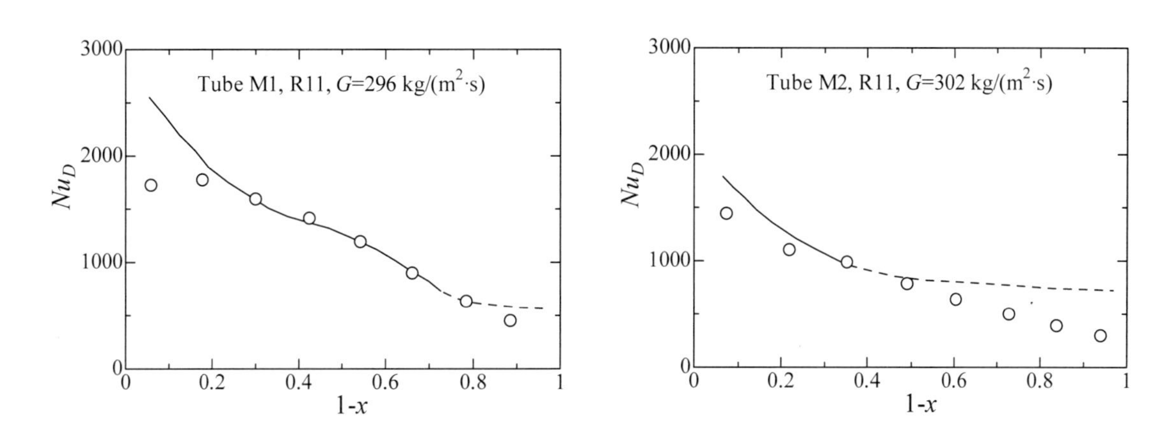

図 5.3-7　フィン(溝)形状の異なる二つの伝熱管の Nusselt 数の予測値と実験値との比較
（野津 - 本田，1998）

領域 I と領域 II との接続条件は，u および T が連続であることであり，Case B のフィン間溝部中央では対称境界条件を与える．

野津 - 本田（1998）は，領域 I については差分法に基づき基礎式を離散化して非定常法で解き，領域 II については基礎式を座標変換して差分化して反復法で解いている．図 5.3-6 は計算結果の一例であり，液膜が薄くなるフィン先端の角部で熱伝達率が非常に高く極大値を持つこと，湿り度が変化すると極大値の位置が移動することがわかる．

図 5.3-7 は，溝深さが 0.43mm の溝付管 M1 と溝深さが 0.33mm の溝付管 M2 の実験について解析結果との比較を示す．実験データと実線で示した予測値との一致はおおむね良好である．破線で示した範囲は環状流モデルが適用できない領域であり，次項の層状流モデルを用いて解析できる．

(b)　層状流モデル

王ら（2001）は野津 - 本田（1998）の解析を層状流域に適用し，溝部を流れる凝縮液は重力の影響で管上部から管底部に流れ，管底部流れる厚い液膜は蒸気せん断力によって管下流に向かって流れるという仮定の下で詳細な解析を行うとともに，熱伝達の予測モデルを開発している．図 5.3-8 に層状流モデル（本田ら，2000；王ら，2001）を示す．管底部を流れる厚い液膜の気液界面形状は O_1 を中心とする円弧状であると仮定し，管頂から測った角度 φ_s より下部が凝縮液で満たされている

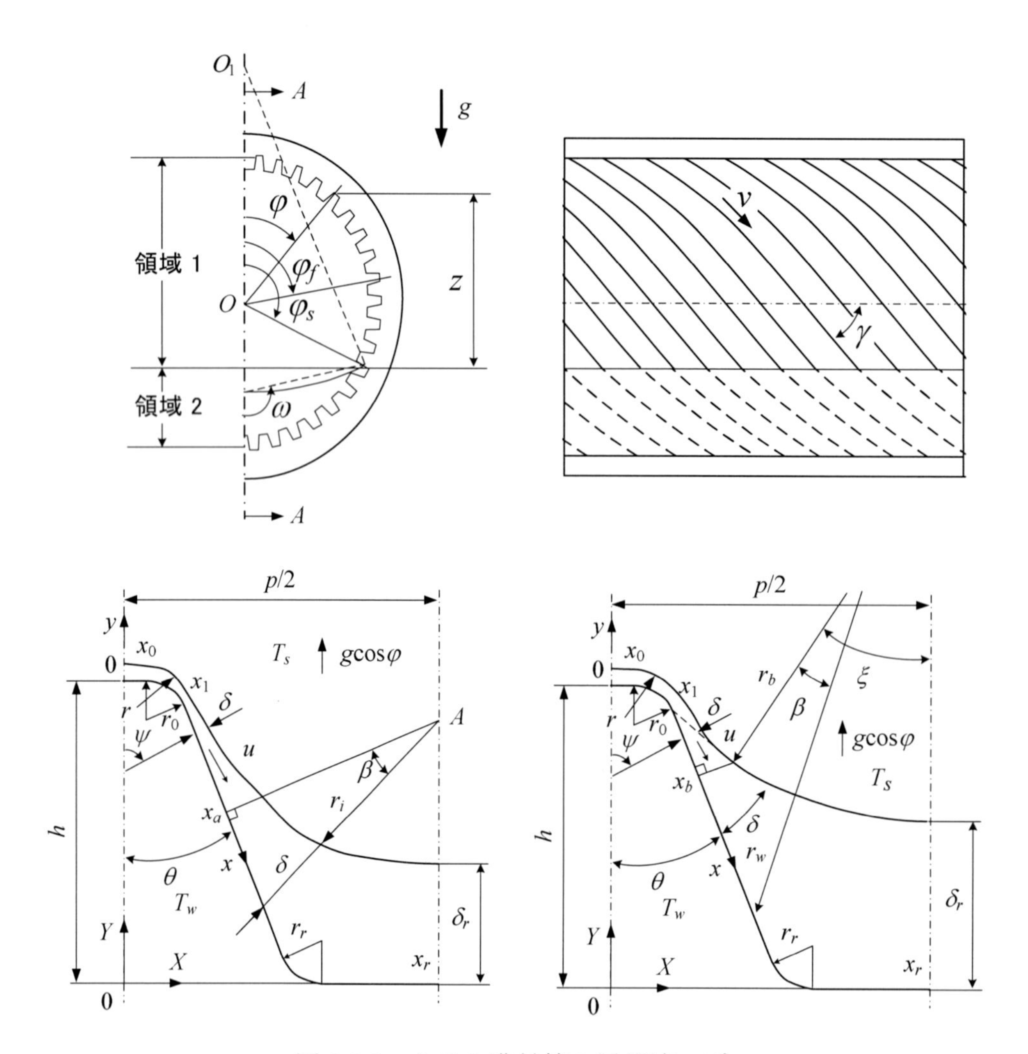

図 5.3-8　らせん溝付管の層状流モデル

とする．また，φ_s より上の領域で φ_f までは毛細管効果によって比較的厚い液膜が形成されていると仮定する．管底部液膜の形状は， Brauner *et al*. (1996) の理論とボイド率の予測値を用いて求めることができる．

液膜に働くせん断力の釣り合い式からボイド率に関する基礎式が次式となる．

$$f_V \frac{\rho_V u_V^2}{2} \frac{S_V}{A_V} - f_L \frac{\rho_L u_L^2}{2} \frac{S_L}{A_L} + f_i \frac{\rho_V u_V^2}{2} \left(\frac{S_i}{A_V} + \frac{S_i}{A_L} \right) = 0 \tag{5.3-20}$$

ここで，f_i は気液界面摩擦係数で Colburn の式(5.2-108)で計算する．また，f_V および f_L はそれぞれ領域 1 および 2 の摩擦係数であり，らせん溝付管に関する Carnavos の式(Carnavos, 1980)で計算する．

$$f_i = 0.046 \left(\frac{\rho_V D_V u_V}{\mu_V} \right)^{-0.20} \tag{5.3-21a}$$

$$f_V = 0.046\left(\frac{\rho_V D_V u_V}{\mu_V}\right)^{-0.20}\left(\frac{A}{A_n}\right)^{0.5}(\sec\gamma)^{0.75} \tag{5.3-21b}$$

$$f_L = 0.046\left(\frac{\rho_L D_L u_L}{\mu_L}\right)^{-0.20}\left(\frac{A}{A_n}\right)^{0.5}(\sec\gamma)^{0.75} \tag{5.3-21c}$$

$$u_V = \frac{Gx}{\rho_V \xi} \ ,\quad u_L = \frac{G(1-x)}{\rho_L(1-\xi)} \tag{5.3-22a,b}$$

$\xi = A_V/A$ はボイド率であり，D_V および D_L は，$D_V = 4A_V/(S_V + S_L)$ および $D_L = 4A_L/S_i$ で定義される気相および液相の等価直径である．S_V，S_L，S_i は領域 1，領域 2，気液界面の濡れ縁長さ，A_V および A_L は気相断面積および液相断面積であり，それぞれ以下の式で計算する．

$$S_V = \varepsilon_A D\varphi_s \ ,\quad S_L = \varepsilon_A D(\pi - \varphi_s) \ ,\quad S_i = \frac{D\sin\varphi_s(\pi - 2\omega)}{\sin(2\omega)} \tag{5.3-23a,b,c}$$

$$A_V = \frac{\pi D^2}{4} - A_L = A_n - A_L \tag{5.3-24}$$

$$A_L = \frac{D^2}{4}\left[\frac{A}{A_n}(\pi - \varphi_s) + \frac{\sin(2\varphi_s)}{2} + \sin^2\varphi_s \frac{\pi - 2\omega + \sin(4\omega)/2}{\sin^2(2\omega)}\right] \tag{5.3-25}$$

A は流路の実断面積，A_n はフィン根元直径 D に基づく断面積，γ は溝のらせん角，ε_A は平滑管と比較した面積拡大率である．

管底部の成層気液界面の曲率は，次式で与えられる重力ポテンシャルと表面エネルギー和 Δe が極小になる条件から決定される．

$$\Delta e = \frac{1}{8}(\rho_L - \rho_V)gD^3\left[\sin^3\varphi_s\left(\cot(2\omega) + \cot\varphi_s\right)\frac{\pi - 2\omega + \sin(4\omega)/2}{\sin^2(2\omega)} + \frac{2}{3}\sin^3\varphi_s^p + \frac{8}{Bo}\left\{\sin\varphi_s\frac{\pi - 2\omega}{\sin(2\omega)} - \sin\varphi_s^p + \cos\varsigma\left(\varphi_s - \varphi_s^p\right)\right\}\right] \tag{5.3-26}$$

ここで，$Bo = (\rho_L - \rho_V)gD^2/\sigma$ はボンド数，φ_s^p は平滑気液界面 $(\omega = \pi/2)$ に対する φ_s の値である．また，ς は濡れ角度であり，凝縮では管頂部まで濡れているので，$\varsigma = 0$ である．φ_s と ω の値は式(5.3-20) と式(5.3-26) を反復的に解いて求める．

図 5.3-9(a)は熱伝達率の実験結果と理論解析との比較を示しており，両者がよく一致していることがわかる．また図 5.3-9(b)より，湿り度の増加に対する φ_s と φ_f の減少の様子がわかる．

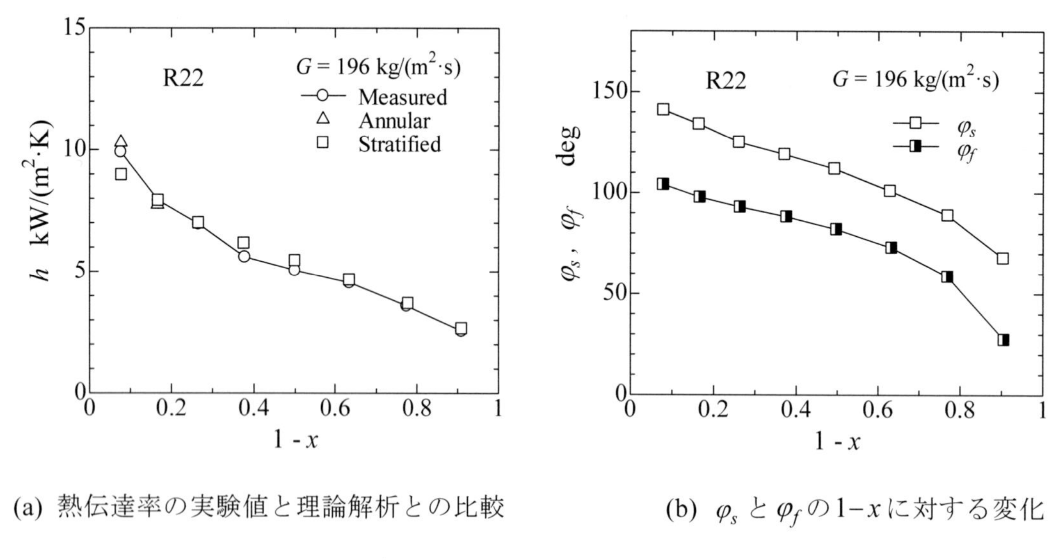

(a) 熱伝達率の実験値と理論解析との比較　　(b) φ_s と φ_f の $1-x$ に対する変化

図 5-3.9　理論解析の結果（王ら，2001）

5.3.4　圧力損失の予測

平滑管，らせん溝付管およびヘリンボーン溝付管内で完全凝縮する冷媒の圧力損失の測定例（大石ら，1999）を図 5.3-10 に示す．いずれの管においても，圧力損失は，流量によらず，R410A が最も小さく，R22 と比べて約 0.6 倍と小さい値であるが，R407C は約 0.9 倍と R22 に近い値を示す．これらの冷媒による圧力損失の差異は，主として冷媒の蒸気密度の違いによるものである．らせん溝付管の圧力損失は平滑管に比べて 1.3～1.8 倍程度高く，ヘリンボーン溝付管の圧力損失は平滑管に比べて 1.8～2.8 倍程度高い．クロス溝付管内凝縮については，圧力損失がらせん溝付管より高くなることを報告されている（内田ら，1999）．

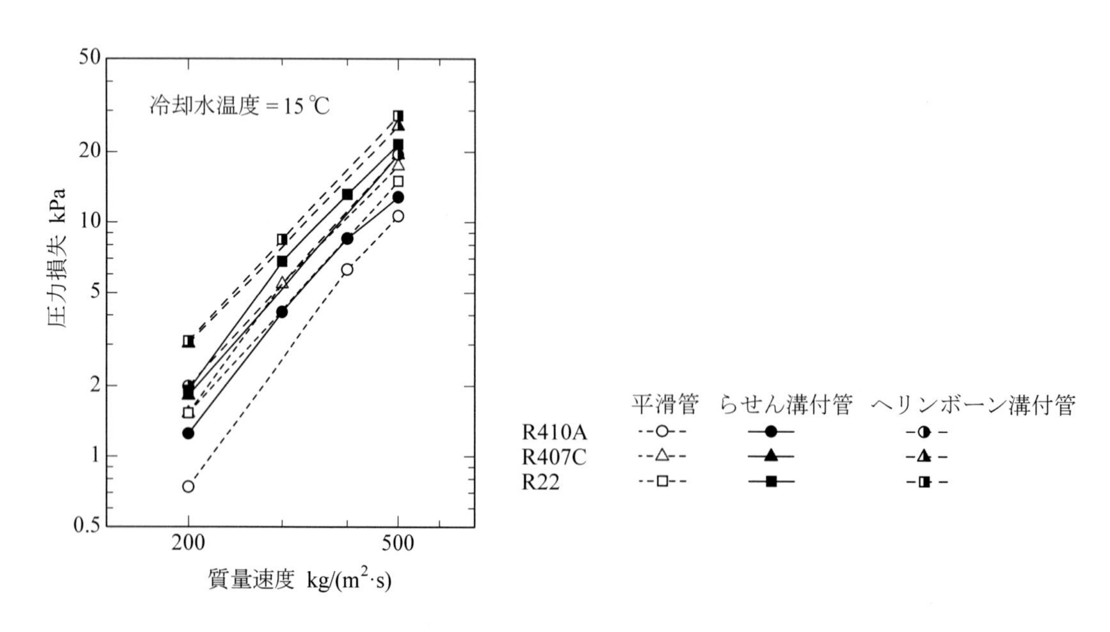

図5-3.10　圧力損失の測定例（大石ら，1999）（管外径7mm，長さ5m）

(a) らせん溝付管

らせん溝付管の圧力損失に及ぼす溝深さやらせん角などの溝形状パラメータの影響は比較的小さく，管内凝縮の実験データを用いてその影響を体系的に把握するとこは困難である．圧力損失を予測するための整理式は，原口ら (1994), Nozu *et al*. (1998), Cavallini *et al*. (1999), Kedzierski- Goncalves (1999)によって提案されているが，統一的な整理式は得られていない．

原口らの式は，以下のように平滑管に対する原口らの式(5.2-110)を修正したものであるが，溝形状パラメータは含まれておらず，他の溝形状に対して一般的に使用できるものではない．

$$\Phi_V = 1.1 + 1.3 Fr^{0.35} X_{tt}^{0.35} \tag{5.3-27}$$

Nozu *et al*. (1998) は気液界面での蒸気の吸込みを考慮した以下の式を提案している．

$$\Phi_V^2 = 1 + \left(1 + \frac{10}{Fr_x^{1.5}}\right)^{-0.5} \left(25 X_{\mathrm{tt}}^{0.8} + 1.6 X_{\mathrm{tt}}^{2}\right) + \frac{q}{Gx\xi^2 \Delta i_v f_V} \tag{5.3-28}$$

この式では，フルード数は $Fr_x = Gx \big/ \{gD\rho_V(\rho_L - \rho_V)\}^{1/2}$ と定義されており，蒸気単相流の摩擦損失 $(dP/dz)_V$ を計算する際に次のらせん溝付管の単相流摩擦係数に関する Carnavos (1980) の式を使用することで溝形状が考慮される．

$$f = 0.046 Re^{-0.20} \frac{D_n}{D_h} \sqrt{\frac{A_{fa}}{A_{fn}}} (\sec\gamma)^{0.75} \tag{5.3-29}$$

ここで，Re は水力相当直径基準のレイノルズ数，D_n は公称内径，D_h は水力相当直径，A_{fa} は流路の実断面積，A_{fn} は D_n を直径とする管の断面積，γ は溝のらせん角である．

Goto *et al*. (2001) は二相流摩擦増倍係数を

$$\Phi_V = 1 + 1.64 X_{tt}^{0.79} \tag{5.3-30}$$

とし，単相流の摩擦係数を次式で与えることを提案している．

$$f = 1.47 \times 10^{-4} Re^{0.53} \qquad 2000 \le Re \le 2600 \tag{5.3-31a}$$

$$f = 0.046 Re^{-0.20} \qquad 2600 < Re \le 6500 \tag{5.3-31b}$$

$$f = 1.23 \times 10^{-2} Re^{0.21} \qquad 6500 < Re \le 12700 \tag{5.3-31c}$$

$$f = 9.20 \times 10^{-3} \qquad 12700 < Re \tag{5.3-31d}$$

図 5.3-11 は，それぞれの式による予測値と 8 種類の管による実験値を比較したものである（Wang *et al*., 2003）．Goto *et al*.の式による予測が比較的良いように見えるが，いずれの式もばらつきが大きく，溝形状の影響を適切に表現できていないと考えられる．

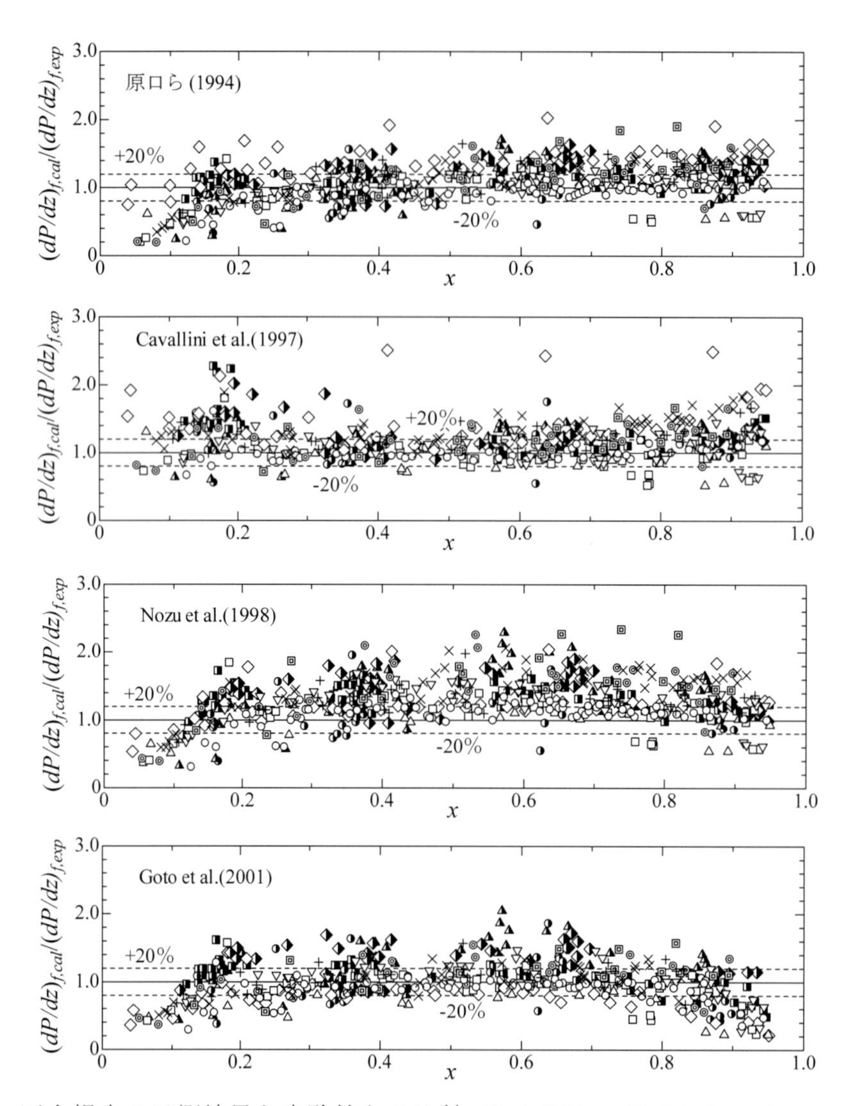

図 5.3-11　圧力損失の予測結果と実験値との比較 (R11, R22, R32, R123, R125, R134a, R410A)

(b) ヘリンボーン溝付管

ヘリンボーン溝付管内凝縮における摩擦損失に関して，Goto *et al.* (2001) はヘリンボーン溝付管の単相流摩擦係数を次式で与えて，らせん溝付管と同様な方法で圧力損失を整理している．

$$f = 2.17\times10^{-2}\,Re^{-0.08} \qquad Re < 3900 \tag{5.3-32a}$$

$$f = 1.10\times10^{-3}\,Re^{0.28} \qquad 3900 \le Re \le 11500 \tag{5.3-32b}$$

$$f = 1.53\times10^{-2} \qquad 11500 < Re \tag{5.3-32c}$$

しかし，Goto *et al.* の実験は 1 種類のヘリンボーン溝付管を用いたものであり，ヘリンボーン溝付管では溝の向き(シェブロン角)や溝形状の影響が顕著である（蛭子ら，1997；宮良ら，2001）ため，溝形状が異なる場合には適用できない．

Afroz-Miyara (2007, 2011) はシェブロン角や溝深さの異なる 5 種類のヘリンボーン溝付管の単相流および凝縮流の摩擦損失の実験結果から，単相流の摩擦係数 f および二相流摩擦増倍係数 Φ_V を次のように与えている．

$$\frac{1}{\sqrt{f}} = -5.0 - 4.0\log_{10}\left(\alpha\frac{h}{D_m} + \frac{0.1414}{Re\sqrt{f}}\right) \tag{5.3-33}$$

ここで，hは溝深さ，D_mは平均内径であり，αは次式で与えられる．

$$\alpha = \varepsilon_A^{\ 2.33}\left[0.0115\left\{1-0.98(\cos\gamma)^{4.7}\right\}\right] \tag{5.3-34}$$

ε_Aは面積拡大率である．二相流摩擦増倍係数は式(5.2-118)（宮良ら，2004）と同様な方法で次のように提案されている

$$\Phi_V^2 = 1 + CX_{tt}^n + X_{tt}^2 \tag{5.3-35}$$

ここで，Cおよびnは次式で与えられる．

$$C = 21\left\{1-\exp\left(-0.28Bo^{0.5}\right)\right\}\left\{1-0.9\exp\left(-0.05Fr^{1.1}\right)\right\} \tag{5.3-36a}$$

$$n = Bo\left\{1-0.992\exp\left(-0.0007Fr\right)\right\} \tag{5.3-36b}$$

なお，$Fr = G\Big/\left\{gD\rho_V\left(\rho_L-\rho_V\right)\right\}^{1/2}$，$Bo = gD^2\left(\rho_l-\rho_v\right)/\sigma$である．

5.3.5　熱伝達の予測

図 5.3-12 は，平滑管，らせん溝付管およびヘリンボーン溝付管内での局所熱伝達率に及ぼす質量速度の影響を示したものである（大石ら，1999）．全ての冷媒で，いずれの湿り度においてもヘリン

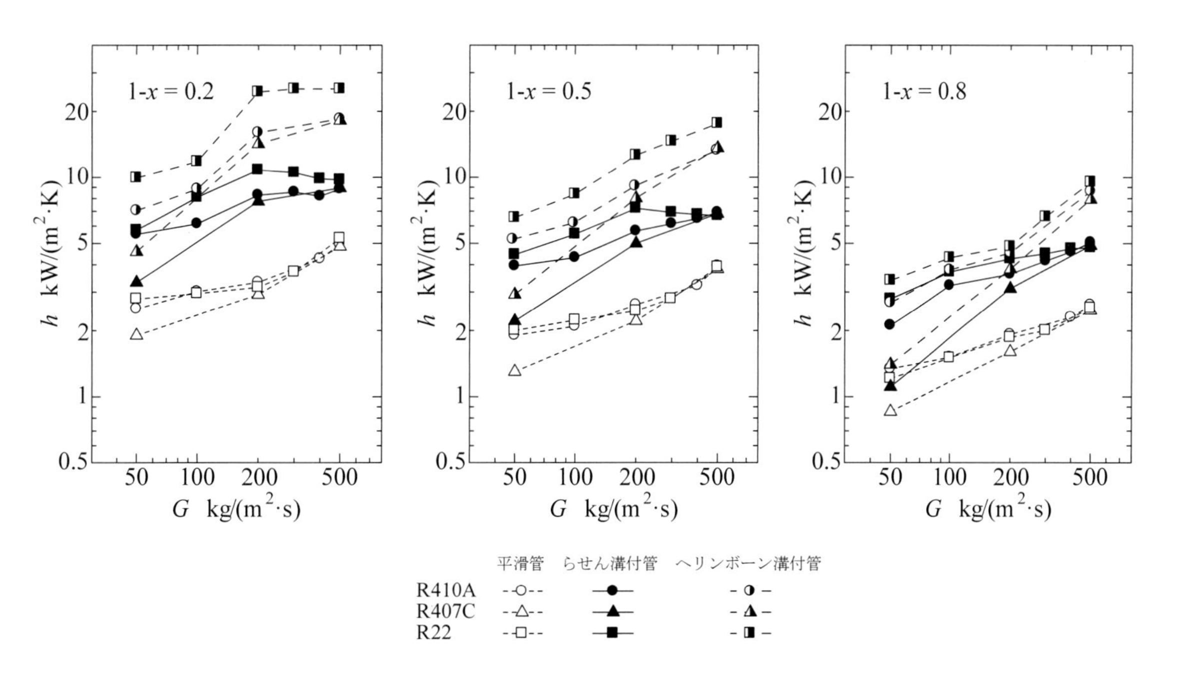

図 5.3-12　平滑管および溝付管内凝縮熱伝達率の質量速度依存性（大石ら，1999）（管外径 7mm）

ボーン溝付管の熱伝達率が最も高く，平滑管の熱伝達率が最も低い．また，湿り度の増加とともに熱伝達率は低下し，同一の湿り度では，質量速度が増加するほど熱伝達率は大きくなる．管の種類によらず，全湿り度の範囲で R22 の熱伝達率が最も高く，R410A の熱伝達率は R22 に比して若干低い．R407C の熱伝達率は，蒸気相内の物質伝達抵抗のため，他の冷媒に比して低く，質量速度が低くなるとより顕著である．

(a)　らせん溝付管

溝付管の熱伝達率を予測するために，種々の冷媒の実験データに基づいた整理式がいくつか提案されている．水平らせん溝付管に関しては Yu-Koyama (1998) の式，鹿園ら (1998) の式，Cavallini *et al.* (1999) の式，Luu-Bergles (1980) の式および Kedzierski-Goncalves (1999) の式，米本-小山 (2007) の式が代表例として挙げられ，Wang-Honda (2003) が多くの実験データに基づいてそれらの式の評価を行っている．

Yu-Koyama の式は，実伝熱面積基準の熱伝達率を定義し，原口らの式(5.2-85)の Nu_F および Nu_B を次のように修正したものである．実験は，内径 8.37mm，8.32mm の二種類の溝付管で，R22，R134a，R123 を質量速度 100，200，300kg/(m^{2}s)の条件で行っている．

$$Nu_F = 0.0152\left(3 + Pr_L^{1.1}\right)\left(\frac{\Phi_V}{X_{tt}}\right)Re_L^{0.68} \tag{5.3-37}$$

$$Nu_B = 0.725\varepsilon_A^{-0.25}H(\xi)\left(\frac{GaPr_L}{Ja}\right)^{1/4} \tag{5.3-38}$$

$$H(\xi) = \xi + \left\{10\left(1-\xi\right)^{0.1} - 8.0\right\}\xi^{0.5}\left(1-\xi^{0.5}\right) \tag{5.3-39}$$

ここで，Φ_Vには式(5.3-27)を用いる．

米本-小山（2007）は以下の式を提案している．式の導出には R22，R134a，R123 を用いており，適用範囲は，内径 6.25～8.37mm，らせん角 7～30°，フィン数 30～85，面積拡大率 1.5～2.46，質量速度 120～470kg/(m^2 s)，Bo 数 1.5～7.0，膜レイノルズ数 300～10000，である（米本，2007）．

$$Nu = \left(Nu_F^{\ 2} + Nu_B^{\ 2}\right)^{1/2} \tag{5.3-40}$$

$$Nu_F = 2.12\sqrt{f_V}\,\Phi_V\left(\frac{\rho_L}{\rho_V}\right)^{0.5}\left(\frac{x}{1-x}\right)Pr_L^{\ 0.5}Re_L^{\ 0.5} \tag{5.3-41}$$

$$Nu_B = \frac{1.98}{\varepsilon_A^{0.5}}H(\xi)\frac{1}{Bo^{0.1}}\left(\frac{GaPr_L}{Ja}\right)^{0.25} \tag{5.3-42}$$

$$H(\xi) = \xi + \{10(1-\xi)^{0.1} - 8.9\}\sqrt{\xi}(1-\sqrt{\xi}) \tag{5.3-43}$$

$$f_v = 0.046Re_V^{-0.2}\frac{D_i}{D_h}(\sec\gamma)^{0.75} \tag{5.3-44}$$

$$\Phi_V = 1 + 1.2Fr^{0.05}X_{tt}^{\ 0.5} \tag{5.3-45}$$

$$\xi = 0.81\xi_{Smith} + 0.19x^{100(\rho_V/\rho_L)^{0.8}}\xi_{Homo} \tag{5.3-46}$$

$$\xi_{Smith} = \left[1+\frac{\rho_V}{\rho_L}\left(\frac{1-x}{x}\right)\left(0.4+0.6\sqrt{\frac{\frac{\rho_L}{\rho_V}+0.4\frac{1-x}{x}}{1+0.4\frac{1-x}{x}}}\right)\right]^{-1} \tag{5.3-47}$$

$$\xi_{Homo} = \left[1+\frac{\rho_V}{\rho_L}\left(\frac{1-x}{x}\right)\right]^{-1} \tag{5.3-48}$$

Cavallini *et al*. (1999)はローフィン管，溝付管，クロス溝付管に対する予測式を次のように提案している．式の適用範囲は，$Re_{eq}>1500$，$Pr_L=3\sim6.5$，$Bo\cdot Fr=0.3\sim508$，$\gamma=7\sim30^\circ$，である．

$$Nu=\frac{hD}{k_L}=0.05Re_{eq}^{0.8}Pr_L^{1/3}Rx^s\left(BoFr\right)^t \tag{5.3-49}$$

$$Re_{eq}=\frac{GD}{\mu_L}\left[(1-x)+x\left(\frac{\rho_L}{\rho_V}\right)^{0.5}\right],\quad Rx=\frac{1}{\cos\gamma}\left\{\frac{2h_f n(1-\sin(\gamma/2))}{\pi D\cos(\gamma/2)}+1\right\} \tag{5.3-50, 51}$$

$$Fr=\frac{{u_{V0}}^2}{g\,D},\quad Bo=\frac{g\rho_L h_f\pi D}{8\sigma n} \tag{5.3-52, 53}$$

nはフィン条数，h_fはフィン高さであり，式(5.3-49)中のsおよびtは以下のように与えられる．

ローフィン付管　$(h/d\geq0.04)$　s =1.4　t =－0.08

溝付管　$(h/d<0.04)$　s =1.4　t =－0.26

クロス溝付管　s =1.4　t =－0.26

予測式の適用範囲：$Re_{eq}>15000$，$3<Pr<6.5$，$0.3<BoFr<508$，$7^\circ<\gamma<30^\circ$

Kedzierski-Goncalves (1999) は溝付管の予測式を次のように提案している．

$$Nu=\frac{h_e D_h}{k_L}=2.256Re^{0.303}Ja^{-0.232x}Pr_L^{0.393}\left(p_R\right)^B\left(-\log_{10}p_R\right)^C S_V^D \tag{5.3-54}$$

$$B=-0.578x^2,\quad C=-0.474x^2,\quad D=2.531x \tag{5.3-55a,b,c}$$

$$Re=\frac{GD_h}{\mu_L},\quad p_R=\frac{p}{p_{cr}},\quad S_V=\frac{(\rho_L/\rho_L)-1}{x(\rho_L/\rho_L)+1-x} \tag{5.3-56, 57, 58}$$

図 5.3-13 は，上記の式のうち Cavallini *et al*.の式および Yu-Koyama の式による予測値と実験値との比較を示す．また，Wang *et al*.ら理論解析と実験値との比較も示されている（Wang-Honda, 2003）．Wang-Honda は他の式の比較も行い，Yu-Koyama の式と実験値との一致が良好であることを報告している．

米本－小山の式は，自身らの R134a の実験結果に他の研究者の R22，R134a，R123 の実験値を加えて物質および溝形状の影響を考慮し，Yu-Koyama の式を一般化して適用範囲を広げるとともに予測精度を高めている．米本（2007）は，Yu-Koyama の式，鹿園らの式，Cavallini et al.の式および

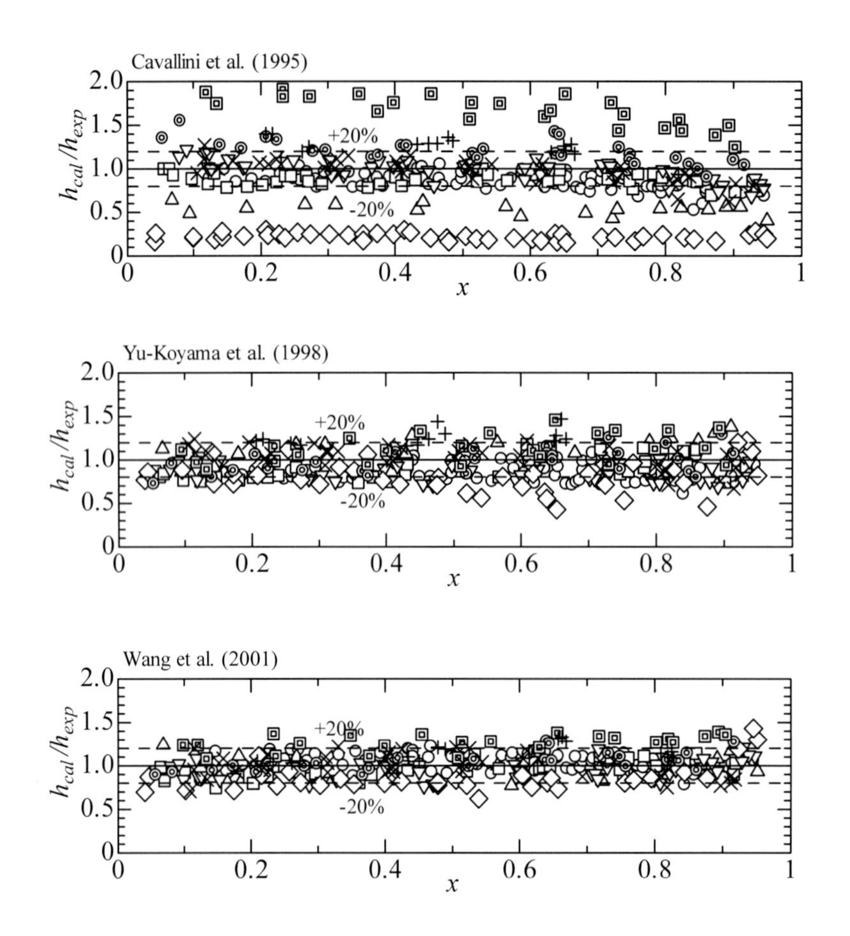

図 5.3-13　熱伝達率の予測結果と実験値との比較 (R11, R22, R123, R134a, R410A)

Kedzierski-Goncalves の式と米本－小山の式との比較を行い，実験値に対する平均絶対偏差は 11.9% でそれらの式の中で最も小さいことを示しており，信頼できる式として推奨できる．

(b) ヘリンボーン溝付管

ヘリンボーン溝付管については，Miyara *et al*.(2000)は Yu-Koyama の式を修正した式を提案しており，笠井ら（2002）は液膜分布を仮定して Traviss *et al*.の式を適用した予測方法を提案している．しかし，いずれも一つの溝形状に対する式であり，他の溝形状には適用できない．なお，ヘリンボーン溝付管の溝の形状や向きは熱伝達に影響を及ぼし，特にシェブロン角の影響が顕著である（宮良ら，2001）．

Goto *et al*. (2003) は，Yu-Koyama の式中の Nu_F を次式で置き換えることでヘリンボーン溝付管の熱伝達率が予測できることを示している．

$$Nu_F = 2.34\sqrt{f}\left(\frac{\Phi_V}{X_{tt}}\right)\left(\frac{\mu_L}{\mu_V}\right)^{0.1}\left(\frac{1-x}{x}\right)^{0.1} Re_L^{0.62} \tag{5.3-59}$$

摩擦係数 f は式(5.3-32)で与えるが，これも一つの溝形状に対するものである．上式の摩擦係数を他の溝形状にも適用できるように一般化することで熱伝達率予測の適用範囲が広がることも考えられるが，まだ十分な検証はなされていない．

5.4 混合冷媒の凝縮

5.4.1　混合冷媒の管内凝縮の特性

代替冷媒の開発に関連して混合冷媒(refrigerant mixture)の管内凝縮に関する実験が多くなされている．図 5.3-12 中の R407C の実験もその一例である．なお，擬似共沸混合冷媒(quasi-azeotropic refrigerant)R410A の物質伝達抵抗(mass transfer resistance)はきわめて小さい（宮良ら，2001）．溝付管ではフィンによる蒸気側の攪拌効果で物質伝達抵抗が緩和されることが期待されるが，基本特性は平滑管の場合と同様であり，低質量速度では熱伝達率の低下が顕著である．小山ら（1998）は，沸点差の大きい非共沸混合冷媒 R22/R114 のらせん溝付管内凝縮の実験を行い，純冷媒と混合冷媒は管周方向温度分布の特性が異なること，混合冷媒の熱伝達率は純冷媒より低く，高クオリティ域では平滑管に対する純冷媒の予測値より高い値を示すが，低クオリティ域では予測値より低くなることなどを報告している．内田ら（1999）は２種類のクロス溝付管について，混合冷媒 R407C の凝縮実験を行い，伝熱面積を減らすことなく２次溝角を施す必要があり，そのようなクロス溝付管はらせん溝付管に比べると低質量速度で伝熱促進効果が高く，圧力損失はわずかに高くなることを報告している．

5.4.2　熱伝達の予測

混合冷媒の水平管内凝縮熱伝達の予測モデルが, Lu-Lee(1994), 飛原-張(1998)および小山ら(2000)によって提案されている．いずれの研究でも気液界面では相平衡が成立するとしているが，管断面における液バルクおよび蒸気バルクの状態に対する仮定と液膜および蒸気相の熱および物質伝達の取扱い方法に違いがある．Lu-Lee は蒸気バルクは過熱状態，液バルクは過冷状態であると仮定している．飛原-張および小山らは，蒸気バルクは飽和で液バルクは過冷としたモデルを提案している．

飛原-張および小山らのモデルでは，図 5.4-1 に示すように管軸に直交する管断面で半径方向に温度と濃度の分布が形成されるとする．破線は混合平均値である．蒸気相内には物質伝達抵抗のために低沸点成分の濃度分布 y_V と温度分布 T_V が形成される．一方，液膜は薄いので物質伝達抵抗は無視でき濃度分布は非常に小さい．また，液膜内には大きな温度分布 T_L が形成され，混合平均値は過冷状態となる．

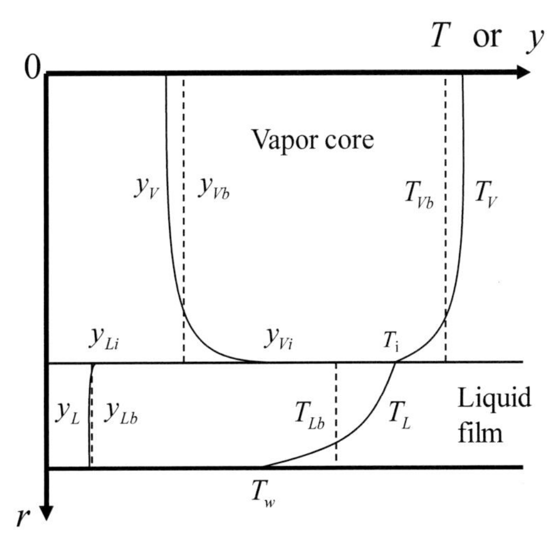

図 5.4-1　管断面半径方向の温度分布および低沸点成分の質量分率分布（小山ら，2000）

以下に小山らのモデルに基づいた混合冷媒の熱伝達の予測計算方法を説明する．図 5.4-2 は予測計算に用いる物理モデルである．水平平滑円管内に質量流量W_{V0}で流入した非共沸２成分蒸気は，凝縮開始点（$z=0$）の管断面では，圧力P_0，温度T_{Vb0}，低沸点成分の質量分率y_{Vb0}，比エンタルピーi_{Vb0}の飽和状態である．位置zでは，圧力はP，クオリティはx，蒸気と液の質量流量はそれぞれW_VおよびW_Lとなる．また，位置zでの管断面において，蒸気バルクは温度T_{Vb}，質量分率y_{Vb}，比エンタルピーi_{Vb}の状態，液バルクは温度T_{Lb}，質量分率y_{Lb}，比エンタルピーi_{Lb}の状態，気液界面は温度T_i，蒸気質量分率y_{Vi}，液質量分率y_{Li}の状態である．また，q_wは伝熱面熱流束，m_Aおよびm_Bはそれぞれ低沸点成分 A および高沸点成分 B の凝縮質量流束，$m(=m_A+m_B)$は全凝縮質量流束，h_Lは液膜熱伝達率，β_Lとβ_Vはそれぞれ気液界面での液側および蒸気側の物質伝達率である．また，予測計算に際して以下の仮定をおく

(1) 気液界面で蒸気と液は相平衡にあり，蒸気バルクは飽和，液バルクは過冷である．
(2) 摩擦圧力変化は原口ら (1994a) の純冷媒の実験式を用いて計算できる．
(3) 運動量変化による圧力変化の見積りに必要なボイド率は Smith (1971) の式で計算できる．
(4) 液膜の熱伝達特性は原口ら (1994b) の純冷媒の実験式を用いて計算できる．
(5) 液膜の物質伝達率は十分大きく，液膜内の質量分率は半径方向に一様とする．
(6) 蒸気相から気液界面への対流伝熱量は凝縮の潜熱に比して小さく，無視できる．
(7) 蒸気相の物質伝達率の予測には，Chilton-Colburn (1934) のアナロジーが成り立つとして気液界面せん断力（摩擦圧力変化）から求められる式を用いる．

予測計算に用いる基礎式は以下のようになる．管軸方向の運動量収支は次式で与えられる．

$$-\frac{dP}{dz}=G^2\frac{d}{dz}\left[\frac{x^2}{\xi\rho_V}+\frac{(1-x)^2}{(1-\xi)\rho_L}\right]-\left(\frac{dP}{dz}\right)_F=\left(\frac{4W_{V0}}{\pi D^2}\right)^2\frac{d}{dz}\left[\frac{x^2}{\xi\rho_V}+\frac{(1-x)^2}{(1-\xi)\rho_L}\right]-\left(\frac{dP}{dz}\right)_F \tag{5.4-1}$$

ここに，ρ_Vおよびρ_Lはそれぞれ蒸気相と液膜における密度である．また，摩擦圧力勾配$(dP/dz)_F$およびボイド率ξは，それぞれ原口らの式 (1994a) および Smith の式 (1971) で求める．

管軸方向のエネルギー収支は次式のようになる．

$$q_w=-\frac{W_{V0}}{\pi D}\frac{d}{dz}\left\{xi_{Vb}+(1-x)i_{Lb}\right\}=h_L\left(T_i-T_w\right) \tag{5.4-2}$$

ここに，液膜の熱伝達率h_Lは原口ら(1994b)の式で与える．

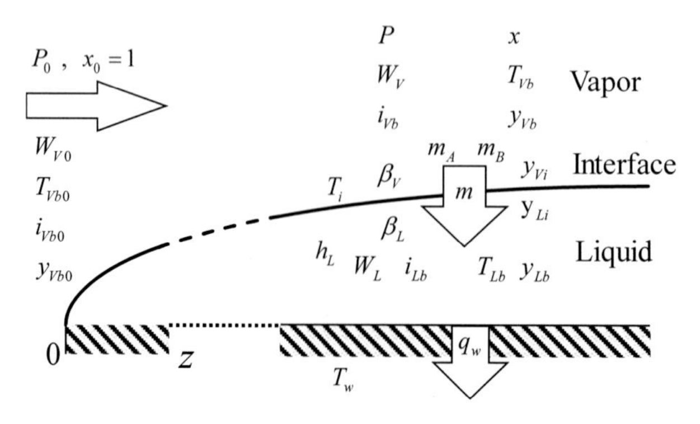

図 5.4-2　混合冷媒凝縮の物理モデル（小山ら，2000）

管軸 z 方向の低沸点成分蒸気の質量収支は次式となる．

$$m_A = -\frac{W_{V0}}{\pi D}\frac{d}{dz}\left(x y_{Vb}\right) = -\frac{W_{V0}}{\pi D}\frac{dx}{dz} y_{Vi} - \beta_V\left(y_{Vi} - y_{Vb}\right) \tag{5.4-3}$$

蒸気相の物質伝達率は $\beta_V = j_{Vi}/\left(y_{Vi} - y_{Vb}\right)$ で定義され，Chilton-Colburn のアナロジーから得られるシャーウッド数 Sh_V の経験式で求める．

$$Sh_V = \frac{\beta_V D}{\rho_V D_{12}} = 0.023\sqrt{\xi}\ \Phi_V^2 Re_V^{0.8} Sc_V^{1/3} \tag{5.4-4}$$

D_{12} は拡散係数，Sc_V はシュミット数である．管軸方向の低沸点成分液の質量収支は，

$$m_A = \frac{W_{V0}}{\pi D}\frac{d}{dz}\left\{\left(1-x\right) y_{Lb}\right\} = -\frac{W_{V0}}{\pi D}\frac{dx}{dz} y_{Li} + \beta_L\left(y_{Li} - y_{Lb}\right) \tag{5.4-5}$$

となる．液膜は，物質伝達率 β_L はが十分に大きいという仮定から次のように簡略化される．

$$y_{Lb} = y_{Li} \tag{5.4-6}$$

また，蒸気及び液質量分率とクオリティとの関係は次のようになる．

$$x = \frac{y_{Vb0} - y_{Lb}}{y_{Vb} - y_{Lb}} \tag{5.4-7}$$

小山ら (2000) は非共沸２成分混合冷媒 R134a/R123 および R22/R114 の実験結果と予測計算との比較を行い，計算方法の妥当性を示している．なお，小山らの予測計算では，伝熱管の材質と寸法，凝縮器入口における圧力 P_0，温度 T_{Vb0} および質量分率 y_{Vb0} などの状態量，伝熱面温度 T_w の管軸方向分布を既知量として与え，式(5.4-1)，(5.4-2)および(5.4-3)を差分化した式を凝縮開始点から流れ方向に式(5.4-6)および(5.4-7)を満足するように解く．

図 5.4-3(a)および(b)は，内径 8.4mm の水平平滑管内の混合冷媒凝縮の実験結果と予測計算結果との比較である．図は，冷媒流れ方向の冷媒温度 T_r（▲印），内壁面温度 T_{wi}（■印）および熱流束 q_w（●印）の実験値，蒸気バルク温度 T_{Vb}（実線），気液界面温度 T_i（破線），液バルク温度 T_{Lb}（点線）および熱流束 q_w（実線）の計算値，ならびに熱流束の実験値および計算値からそれぞれ求まる平衡クオリティ x_e の実験値を記号×および計算値を太い実線で z 座標に対して示している．なお，計算値の壁温 T_w（一点鎖線）は実験値を最小２乗法で補間して求めている．いずれの図においても，熱流束および平衡クオリティの実験値は計算値と良く一致している．一方，冷媒温度の測定値 T_r は，入口近傍では蒸気バルク温度 T_{Vb} の計算値よりも高い値を示し，下流域では気液界面温度 T_i の計算値と液バルク温度 T_{Lb} の計算値の中間値をとる．冷媒温度の測定値 T_r は，凝縮開始の上流側では蒸気の温度で，下流側では液層内の温度であると考えられるので，計算で得られた結果は妥当なものだと考えられる．また，予測計算結果より，T_i は T_{Vb} よりも常に低い値をとるが，両者の差異は凝縮の進行と共に小さくなり，凝縮終了点付近で一致することがわかる．小山らは，同一のバルク質量分率 y_{Vb0} の混合冷媒では $\left(T_{Vb} - T_i\right)$ の値は冷媒質量速度 G が大きいほど小さいこと，G および y_{Vb0} がほぼ同一の場合，$\left(T_{Vb} - T_i\right)$ の値は混合冷媒 R134a/R123

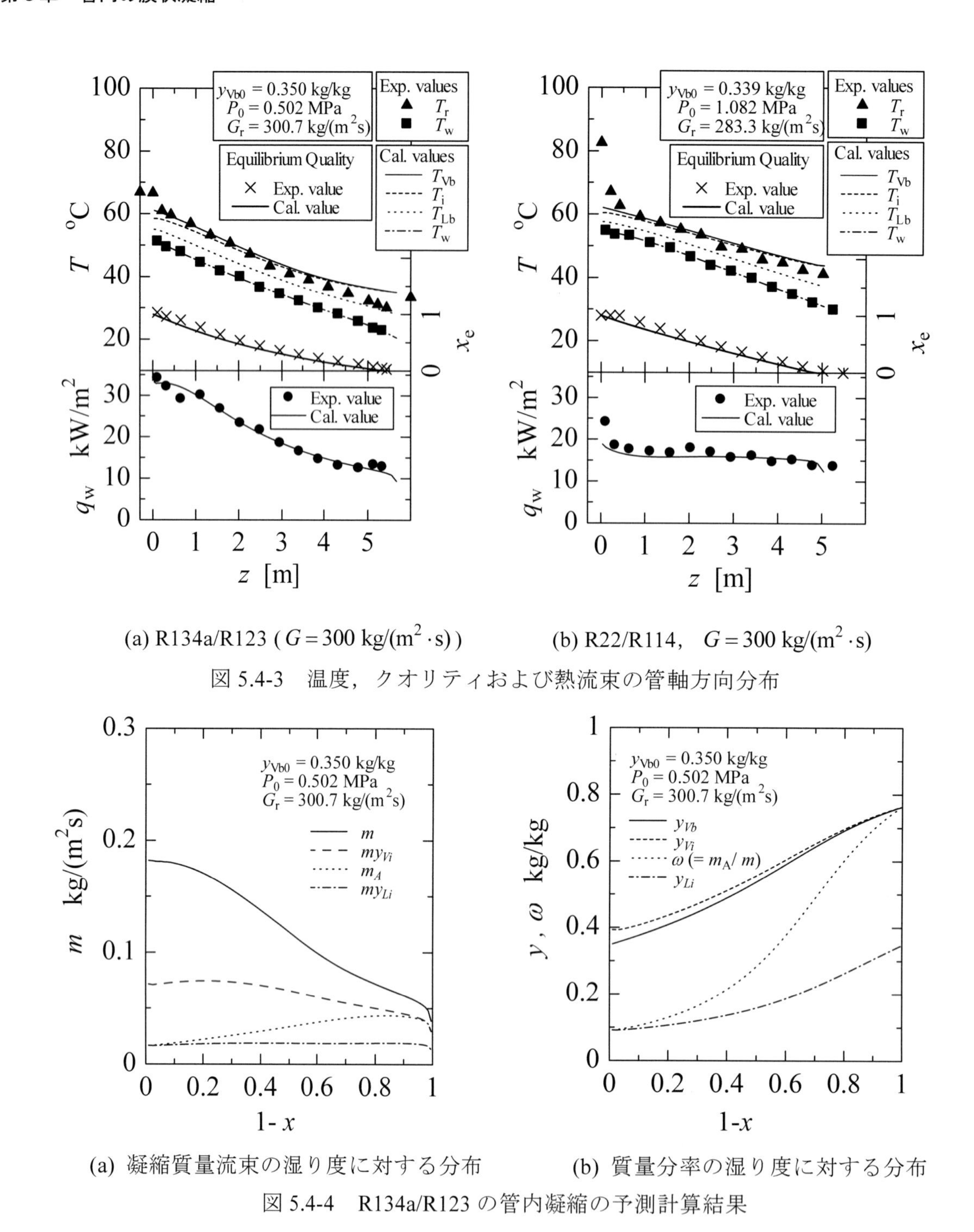

(a) R134a/R123 ($G = 300$ kg/(m$^2\cdot$s))　　(b) R22/R114,　$G = 300$ kg/(m$^2\cdot$s)

図 5.4-3　温度，クオリティおよび熱流束の管軸方向分布

(a) 凝縮質量流束の湿り度に対する分布　　(b) 質量分率の湿り度に対する分布

図 5.4-4　R134a/R123 の管内凝縮の予測計算結果

の方が R22/R114 に比して全体的に大きいことも報告している．

図 5.4-4 は R134a/R123 の凝縮質量流束および質量分率の計算結果である．図 5.4-4(a)より，低沸点成分の凝縮質量流束 m_A が凝縮の進行とともに増加し，凝縮終了点の直前で減少すること，高沸点成分の凝縮質量流束 m_B （$= m - m_A$）は凝縮開始点直後で大きく，下流に向かって減少することがわかる．一方，蒸気側拡散質量流束 j_{Vi} （$= my_{Vi} - m$）は凝縮の進行とともに減少し，凝縮終了点で 0 となり，液膜側拡散質量流束 j_{Li} （$= m_A - my_{Li}$）は凝縮開始点で 0 であり，凝縮の進行とともに徐々に増加し，凝縮終了点直前で減少する．図 5.4-4(b)は，蒸気内低沸点成分のバルク質量分率 y_{Vb}，気液界面における蒸気および液の質量分率 y_{Vi} および y_{Li} は凝縮の進行とともに増加すること，低沸点成分凝縮流束と全凝縮流束の比 $\omega = m_A/m$ は凝縮開始点で気液界面での液の質量分率と一致し，凝

縮の進行に伴って増加して凝縮終了点近傍では気液界面での蒸気質量分率に漸近することを示している．なお，Miyara *et al.* (2014) は液膜にも気液界面とバルクとの間に濃度差があるモデルの解析を行い，凝縮の進行とともに液膜の気液界面とバルクとの濃度差は大きくなるが熱伝達率の予測に与える影響は小さいことを報告している．

混合冷媒の管内凝縮における圧力損失は純冷媒と本質的に同様であると考えることができ，摩擦損失の予測や実験データの整理も混合冷媒の物性値を適切に与えることで純冷媒と同じ取扱いができる．

第５章の文献

植田辰洋，1981，気液二相流　―流れと熱伝達―，養賢堂．

内田麻理，伊藤正昭，鹿園直毅，畑田敏夫，工藤光夫，大谷忠男，1999，クロス溝付管による非共沸混合冷媒の伝熱性能向上　第 1 報：凝縮実験結果，日本冷凍空調学会論文集, Vol.16, No.2, pp.189-194.

蛭子毅，藤野宏和，鳥越邦和，1997，W 字型内面溝付伝熱管を用いた R407C の伝熱特性，第 31 回空気調和・冷凍連合講演会講演論文集，pp.85-88.

王華生，本田博司，野津滋，2001，マイクロフィン付き水平管内凝縮の修正理論モデル，日本機械学会論文集 B 編，Vol.67, No.662，pp.2510-2517.

大石克巳，森英夫，吉田駿，吉原努，1999，HCFC-22 代替混合冷媒の水平管内凝縮熱伝達（第 2 報），平成 11 年度日本冷凍空調学会学術講演会講演論文集，pp.77-80.

岡崎多佳志，隅田嘉裕，谷村佳昭，1996，代替冷媒 R407C、R410A の水平管内蒸発熱伝達特性，平成 8 年度日本冷凍空調学会学術講演会講演論文集，pp.49-52.

柿本益志，森英夫，吉田駿，吉村仁，大石克巳，2001，内面微細溝付管内空気・水二相流の流動様相の観察，第 38 回日本伝熱シンポジウム講演論文集，pp.645-646.

笠井一成，藤野宏和，吉岡俊，蛭子毅，2002，ヘリンボーン溝付管の熱伝達率予測手法の開発，日本冷凍空調学会論文集，Vo.19, No.3, pp.293-299.

小山繁，兪堅，1996，純冷媒の水平内面螺旋溝付管内凝縮　- 局所熱伝達係数の整理式作成の試み -，九州大学機能物質科学研究所報告，Vol.10, No.2, pp.154-150.

小山繁，宮良明男，藤井哲，高松洋，米本和生，1998，非共沸混合冷媒 R22+R114 の水平管内凝縮，日本機械学会論文集 B 編，Vol.54, No.502, pp.1447-1452.

小山繁，兪堅，石橋晃，2000，二成分非共沸混合冷媒の水平平滑管内凝縮-局所熱伝達・物質伝達特性の予測計算法，日本冷凍空調学会論文集，Vol.17, No.1, pp.47-58.

小山繁，中下功一，桑原憲，山本憲，2002，扁平微細多孔管内における純冷媒 HFC134a の凝縮に関する研究，日本冷凍空調学会論文集，Vol.19, No.1, pp.23-31.

鹿園直毅，伊藤正昭，内田麻理，福島敏彦，畑田敏夫，1998，単一冷媒の水平溝付管内凝縮熱伝達率簡易予測式の提案，日本機械学会論文集 B 編，Vol.60, No.617, pp.196-203.

野津滋，1980，フロン系冷媒の水平管内凝縮に関する基礎的研究，九州大学博士学位論文．

野津滋，本田博司，1998，冷媒のマイクロフィン付き水平管内凝縮（環状流領域における熱伝達の数値解析），日本機械学会論文集 B 編，Vol.64, No.623, pp.2258-2265.

野津滋，藤原航，2002，ヘリンボーン管内を流れる凝縮液をみる，冷凍，Vol.77, No.901，pp.965-968.

原口英剛，小川秀彦，小山繁，藤井哲，1994，混合冷媒 HFC134a/HCHC123 の水平管内凝縮の実験，第 31 回日本伝熱シンポジウム講演論文集，pp.742-744.

原口英剛，小山繁，藤井哲，1994a，冷媒 HCFC22，HFC134a，HCFC123 の水平平滑管内凝縮（第 1 報，局所摩擦圧力降下に関する実験式の提案），日本機械学会論文集 B 編，Vol.60, No.574, pp.2111-2116.

原口英剛，小山繁，藤井哲，1994b，冷媒 HCFC22，HFC134a，HCFC123 の水平平滑管内凝縮（第 2 報，局所熱伝達係数に関する実験式の提案），日本機械学会論文集 B 編，Vol.60, No.574, pp.2117-2124.

飛原英治, 張力生, 1998, 混合冷媒の水平管内凝縮熱伝達, 日本機械学会論文集 B 編, Vol.64, No.619, pp.814-820.

藤井哲，本田博司，長田孝志，藤井丕夫，野津滋，1976，冷媒 R11 の水平管内凝縮（第 1 報，流動様式および圧力降下），日本機械学会論文集（第 2 部），Vol.42, No.363, pp.3541-3550.

藤井哲，本田博司，野津滋，川上修二，1977a，過熱蒸気の水平管内凝縮，冷凍，Vol.52, No.596, pp.553-575.

藤井哲，本田博司，長田孝志，野津滋，藤井丕夫，1977b，冷媒 R11 の水平管内凝縮（第 2 報，熱伝達），日本機械学会論文集（第 2 部），Vol.43, No.373, pp.3435-3443.

藤井哲，本田博司，野津滋，池田毅，1979，冷媒 R11 の傾斜管内凝縮，冷凍，Vol.54, No.624, pp.819-834.

藤井哲，本田博司，野津滋，1980，フロン系冷媒の水平管内凝縮，冷凍，Vol.55, No.627, pp.3-20.

本田博司，王華生，野津滋，2000，マイクロフィン付き水平管内凝縮の理論解析，日本機械学会論文集 B 編，Vol.66, No.650, pp.2697-2703.

三島嘉一郎，日引俊，1995，細管内空気 - 水二相流の流動特性に及ぼす管内径の影響，日本機械学会論文集 B 編，Vol.61, No.589, pp.3197-3204.

宮良明男，大坪祐介，大塚智史，2001，ヘリンボーン溝付管内凝縮熱伝達および圧力損失に及ぼす溝形状の影響，日本冷凍空調学会論文集，Vol.18, No.4, pp.463-472.

宮良明男，桑原憲，小山繁，2004，管径と質量速度を考慮した管内二相流摩擦係数の予測式の作成，日本機械学会九州支部第 57 期総会講演会講演論文集，pp.117-118.

望月貞成，白鳥敏正，1976，分離流を考慮した場合の傾斜円管内膜状凝縮熱伝達，冷凍，Vol.51, No.586, pp.661-.

吉村仁，森英夫，吉田駿，大石克巳，2001，内面微細溝付管内空気・水二相流のエントレインメント流量の測定，第 38 回日本伝熱シンポジウム講演論文集，pp.647-648.

米本龍一郎，2007，純冷媒のらせん溝付管内凝縮に関する実験的研究，九州大学博士学位論文.

米本龍一郎，小山繁，2007，純冷媒のらせん溝付管内凝縮に関する実験的研究—摩擦圧力損失および熱伝達の相関式の提案—，日本冷凍空調学会論文集，Vol. 24, No. 2, pp. 139-148.

Afroz, H. M. M. and Miyara, A., 2007, Friction factor correlation and pressure loss of single-phase flow inside herringbone microfin tubes, *International Journal of Refrigeration*, Vol.30, No.7, pp.1187-1194.

Afroz, H. M. M. and Miyara, A., 2011, Prediction of condensation pressure drop inside herringbone microfin tubes, *International Journal of Refrigeration*, Vol.34, No.4, pp.1057-1065.

Bell, K.J., Taborek, J., and Fenogio, F., 1970, Interpretation of horizontal in-tube condensation heat transfer correlations with a two-phase flow regime map, *Chem. Eng. Progr., Symp. Ser.* Vol.66, No.102, 150-63.

Brauner, N., Rovinsky, J., Maron, D. M., 1996, Determinatin of the interface curvature in stratified two-phase systems by energy considerations, *International Journal of Multiphase Flow*, Vol.22, No.6, pp.1167–1185.

Breber, G., Palen, J.W. and Taborek, J., 1980, Prediction of horizontal tube side condensation of pure components using flow regime criteria, *ASME Journal of Heat Transfer*, Vol.102, No.3, pp.471-476.

Carnavos, T. C., 1980, Heat transfer performance of internally finned tubes in turbulent flow, *Heat Transfer Engineering*, Vol.1, No.4, pp.32-3.

Carpenter, E. F. and Colburn, A. P., 1951, The effect of vapor velocity on condensation inside tubes, in General Discussion on Heat Transfer, *The Institute of Mechanical Engineers and ASME*, pp.20-26.

Cavallini A., Del Col D., Doretti L., Longo G. A. and Rossetto, L., 1999, A new computational procedure for heat transfer and pressure drop during refrigerant condensation inside enhanced tubes, *Journal of Enhanced Heat Transfer*,

Vol.6, No.6, pp.441-456.

Cavallini, A., Censi, G., Del Col, D., Doretti, L., Longo, G.A. and Rossetto, L., 2002, Condensation of halogenated refrigerants inside smooth tubes, *HVAC&R Research*, Vol.8, No.4, pp.429-451.

Chaddock, J. B., 1957, Film condensation of vapor in a horizontal and inclined tube, *Refrigerating Engineering*, Vol.65, No.4, pp.36-41, 90-95.

Chato, J. C., 1962, Laminar Condensation inside horizontal and inclined tubes, *ASHRAE Journal*, Vol.4, pp.52-60.

Chilton, T. H. and Colburn, A.P., 1934, Mass transfer (absorption) coefficients prediction from data on heat transfer and fluid friction, *Industrial and Engineering Chemistry*, Vol.26, No.11, pp.1183-1187.

Chisholm, D., 1967, A theoretical basis for the Lockhart-Martinelli correlation for two-phase flow, *International Journal of Heat and Mass Transfer*, Vol.10, No.12, pp.1767-1778.

Colburn, A.P., 1933, A method of correlating forced convection heat transfer data and a comparison with fluid friction, *Trans Am Inst Chem Eng.*, Vol.29, No.174–209.

Dobson, M.K. and Chato, J.C., 1998, Condensation in Smooth Horizontal Tubes, *ASME Journal of Heat Transfer*, Vol.120, No.1, pp.193-213.

El Hajal, J., Thome, J.R. and Cavallini, A., 2003, Condensation in horizontal tubes, part 1: two-phase flow pattern map, *International Journal of Heat and Mass Transfer*, Vol.46, No.18, pp.3349-3363.

Goto, M., Inoue, N. and Ishiwatari, N., 2001, Condensation and evaporation heat transfer of R410A inside internally grooved horizontal tubes, *International Journal of Refrigeration*, Vol.24, No.7, pp.628–638.

Goto, M., Inoue, N., and Yonemoto, R., 2003, Condensation heat transfer of R410A inside internally grooved horizontal tubes, *International Journal of Refrigeration*, Vol.26, No.4, pp.410-416.

Hossain, Md. A., Onaka, Y. and Miyara, A., 2012, Experimental study on condensation heat transfer and pressure drop in horizontal smooth tube for R1234ze(E), R32 and R410A, *International Journal of Refrigeration*, Vol.35, No.4, pp.927-938.

Islam M.A. and Miyara A., 2007, Liquid film and droplet flow behaviour and heat transfer characteristics of herringbone microfin tubes, *International Journal of Refrigeration*, Vol.30, No.8, pp.1408-1416.

Jung, D., Song, K., Cho, Y. and Kim, S., 2003, Flow condensation heat transfer coefficients of pure refrigerants, *International Journal of Refrigeration*, Vol.26, No.1, pp.4–11.

Kedzierski, M. A. and Goncalves, J. M., 1999, Horizontal convective condensation of alternative refrigerants within a micro-fin tube, *Jounal of Enhanced Heat Transfer*, Vol.6, No.2-4, pp.161-178.

Kondou, C. and Hrnjak, P., 2012, Heat rejection in condensers: Desuperheating, condensation in superheated region and two phase zone, *International Refrigeration and Air Conditioning Conference at Purdue*, 2503, pp.1-10.

Kosky, P.G. and Staub, F.W., 1971, Local condensing heat transfer coefficients in the annular flow regime, *AIChE Journal*, Vol.17, No.5, pp.1037-1043.

Koyama, S., Lee, J. and Yonemoto, R., 2004, An investigation on void fraction of vapor–liquid two-phase flow for smooth and microfin tubes with R134a at adiabatic condition, *International Journal of Multiphase Flow*, Vol.30, No.3, pp. 291-310.

Lips, S. and Meyer, J.P., 2012, Experimental study of convective condensation in an inclined smooth tube, Part I: Inclination effect on flow pattern and heat transfer coefficient, *International Journal of Heat and Mass Transfer*, Vol.55, No.1-3, pp.395-404.

Lockhart, R. W. and Martinelli, R. C., 1949, Proposed correlation of data for isothermal two-phase, two-component flow in pipes, *Chemical Engineering Progress*, Vol.45, No.1, pp.39-48.

Lu, D.C. and Lee, C.C., 1994, An analytical model of condensation heat transfer of nonazeotropic refrigerant mixtures in a horizontal tube, *ASHRAE Transactions*, Vol.100, Part 2, pp.721-731.

Luu, M. and Bergles, A.E., 1980, Enhancement of horizontal in-tube condensation of R-113, *ASHRAE Transactions*, Vol.86, pp.293-312.

Mandhane, J.M., Gregory, G.A. and Aziz, K., 1974, A flow pattern map for gas-liquid flow in horizontal pipes, *International Journal of Multiphase Flow*, Vol.1, No.4, pp.537-553.

Miyara, A., Nonaka, K. and Taniguchi, M., 2000, Condensation heat transfer and flow pattern inside a herringbone-type micro-fin tube, *International Journal of Refrigeration*, Vol.23, No.2, pp.141-152.

Miyara, A., Afroz, H.M.M. and Higuchi, Y., 2006, Pressure loss of evaporation and condensation inside herringbone microfin tubes, *Proc. 3rd Asian Conference on Refrigeration and Air-conditioning*, Gyeongju, Korea.pp.281-284.

Miyara, A., Afroz, H.M.M. and Hossain, M.A., 2014, In-tube condensation of low GWP mixture refrigerants R1234ze(E)/R32, *Proc. 15th International Heat Transfer Conference*, Kyoto, Japan, IHTC15-9602.

Nozu, S. and Honda, H., 2000, Condensation of refrigerants in horizontal, spirally grooved microfin tubes: Numerical analysis of heat transfer in the annular flow regime, *ASME Journal of Heat Transfer*, Vol.122, No.1, pp.80-91.

Nozu, S., Katayama, H., Nakata, H. and Honda, H., 1998, Condensation of a refrigerant CFC11 in horizontal microfin tubes (Proposal of a correlation equation for frictional pressure gradient), *Experimental Thermal and Fluid Science*, Vol.18, No.1, pp.82-96.

Palen, J. W., Breber, G. and Taborek, J., 1979, Prediction of flow regimes in horizontal tube-side condensation, *Heat Transfer Engineering*, Vol.1, No.2, pp.47-57.

Scott, D.S., 1963, Properties of cocurrent gas-liquid flow, *Advances in Chemical Engineering*, Vol.4, Academic Press, New York, 200.

Smith, S.L., 1971, Void fraction in two-phase flow: A correlation based upon an equal velocity head model, *International Journal of Heat and Fluid Flow*, Vol.1, No.1, pp.22-39.

Soliman, H.M. and Azer, N.Z., 1974, Visual studies of flow patterns during inside horizontal tubes, *Proc. 5th Int. Heat Transfer Conference*, Tokyo, Vol.3, pp.241-245.

Soliman, M., Schuster,J.R. and Berenson, P.J., 1968, A general heat transfer correlation for annular flow condensation, *ASME Journal of Heat Transfer*, Vol.90, No.2, pp.267-276.

Shah, M. M., 1979, A general correlation for heat transfer during film condensation inside pipes, *International Journal of Heat and Mass Transfer*, Vol.22, No.4, 547-556.

Taitel, Y. and Dukler, A.E., 1976, A model for predicting flow regime transitions in horizontal and near horizontal gas-liquid flow, *AIChE Journal*, Vol.22, No.1, pp.47-55.

Tandon, T.N., Varma, H.K. and Gupta, C.P., 1982, A new flow regimes map for condensation inside horizontal tubes, ASME Journal of Heat Transfer, Vol.104 No.4, pp.763-768.

Thome, J.R., El Hajal, J. and Cavallini, A., 2003, Condensation in horizontal tubes, part 2: new heat transfer model based on flow regimes, *International Journal of Heat and Mass Transfer*, Vol.46, No.18, pp.3365–3387.

Traviss, D. P., Rohsenow, W. M. and Baron, A. B., 1973, Forced-convection condensation inside tubes: A heat transfer equation for condenser design, *ASHRAE Transactions*, Vol.79, No.1, pp.157-165.

Yu, J. and Koyama, S., 1998, Condensation heat transfer of pure refrigerants in microfin tubes, *Proc. International Refrigeration Conference at Purdue University*, West Lafayette, USA, pp. 325-330.

Wang, H.S. and Honda, H. 2003, Condensation of refrigerants in horizontal microfin tubes: comparison of prediction methods for heat transfer, *International Journal of Refrigeration*, Vol. 26, No.4, pp.452-460.

Wang, H.S., Rose, J.W., Honda, H., 2003, Condensation of refrigerants in horizontal microfin tube: comparison of correlations for frictional pressure drop, *International Journal of Refrigeration*, Vol.26, No.4, pp. 461-472.

第６章　熱交換器の設計法（空調用凝縮器の場合）

6.1 はじめに

熱交換器(heat exchanger)とは，２つの流体の間で熱エネルギーの交換を行うための機器であり，空調（冷凍サイクル）用として使われる熱交換器には凝縮器(condenser)と蒸発器(evaporator)がある．

凝縮器は，エアコン(air conditioner)を例にとれば，冷房時の室外機（または暖房時の室内機）に使われる熱交換器であり，圧縮機から出た高温・高圧の冷媒蒸気を冷却して液化させる働きをする．この際，冷凍サイクル内の熱が外部に放出されるため，外部（空気など）は熱をもらい加熱される．

蒸発器は，同じくエアコンを例にとれば，冷房時の室内機（または暖房時の室外機）に使われる熱交換器であり，膨張弁を通過した低温・低圧の冷媒液を加熱して気化させる働きをする．この際，外部から冷凍サイクル内に熱が取り込まれるため，外部（空気など）は熱を失い冷却される．

本章では，空調用熱交換器，そのうち特に凝縮器を中心とした設計手法のあらましについての解説を行う．

6.2 熱交換器の種類と構造

6.2.1 熱交換器の形式による分類

熱交換器は，隔壁の有無により直接接触式熱交換器(direct contact heat exchangers)と隔壁式熱交換器(indirect contact heat exchangers)とに分類される．

直接接触式熱交換器は，高温流体と低温流体が直接接触して熱交換を行うものであり，水滴や水膜と空気を接触させて水を冷却する冷却塔が代表的なものである．

隔壁式熱交換器では，熱交換する流体どうしが固体壁で隔てられている．大部分の熱交換器は隔壁式である．流体は壁を介して熱交換するので，流体と壁との間での熱伝達が重要であり，さらに隔壁の熱抵抗も問題となる．隔壁式熱交換器を構造によって，管外面に拡大伝熱面（フィン(fin)）を設けて伝熱面積を大きくした拡大伝熱面熱交換器(extended surface heat exchangers)（フィンチューブ熱交換器など），隔壁として丸いパイプを用いた管状熱交換器(tube type heat exchangers)（シェルチューブ熱交換器など）と平板状熱交換器(plain plate type heat exchangers)（プレート式熱交換器など）などに分類される．拡大伝熱面熱交換器は，管内に水や冷媒液などの液体を，管外の拡大伝熱面側に空気などのガスを流すことが多い．フィンチューブ熱交換器はガス－液熱交換器に適している．また，管状熱交換器は液－液熱交換器に適している．いずれの場合も，高圧流体を管内に流すことが多い．平板状熱交換器は，液－液やガス－ガス熱交換器に適している．

空調用途に用いられる代表的な熱交換器の特徴と用途を以下に記す．

(a) フィンチューブ熱交換器(fin-and-tube type heat exchangers)（空冷凝縮器用など）

ルームエアコン(room air conditioner)やパッケージエアコン(packaged air conditioner)などの中小型空調機用の熱交換器（凝縮器および蒸発器）として広く使われている熱交換器である．フィンチューブ熱交換器が用いられている代表的な例を図 6.2-1 に示す．プレートフィン・アンド・チューブ形熱交換器(plate-fin and tube type heat exchangers)またはクロスフィンチューブ形熱交換器(cross-fin tube type heat exchangers)とも呼ばれることも多いが，チューブ（管）(tube)の外側に平板状のフィン（拡大伝熱面）が多数積層されているため，管外に大きな伝熱面積を備えていることが特徴である．

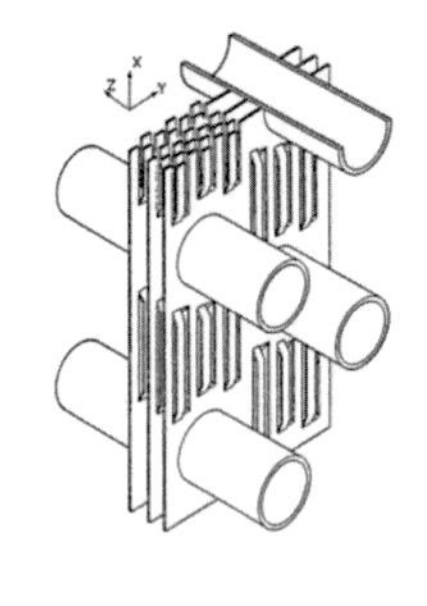

図 6.2-1 フィンチューブ熱交換器
（日立製作所）

蒸気冷媒（入口）
管板
冷却水
液冷媒(出口)
シェル
チューブ

図 6.2-2 シェルチューブ熱交換器

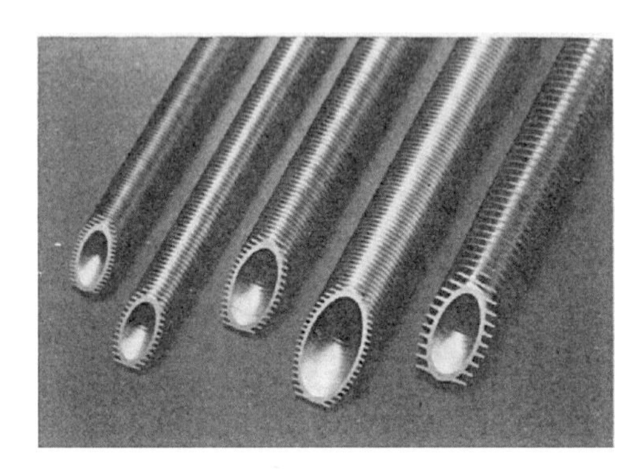

図 6.2-3 円周フィン伝熱管

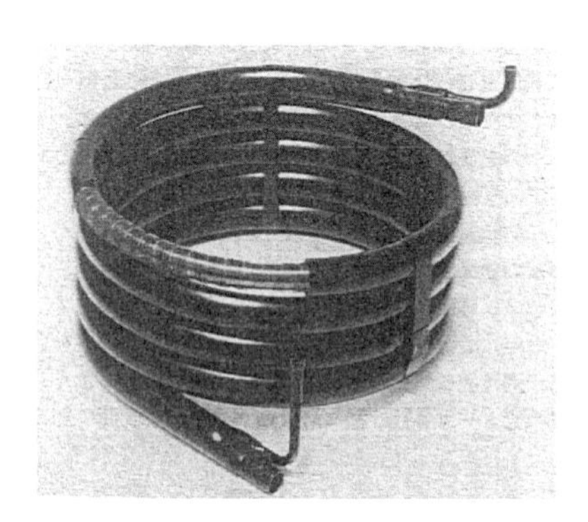

図 6.2-4 二重管式熱交換器

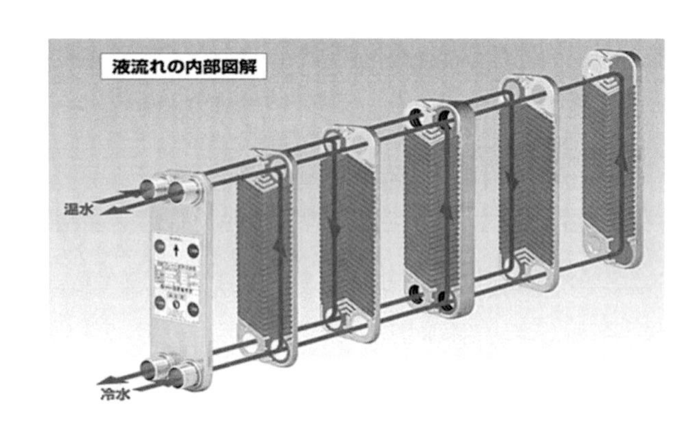

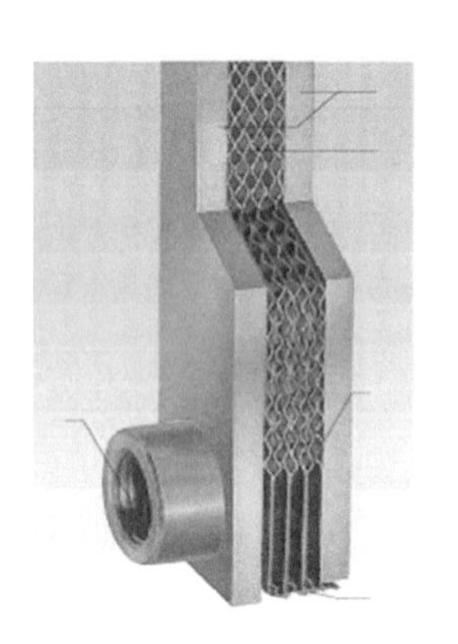

図 6.2-5 プレート式熱交換器（日阪製作所）

そのため，フィンチューブ熱交換器は気体と液体の熱交換に適しており，一般的に熱伝達のあまり良くない空気などの気体を管の外側（フィン側）に流し，反対に熱伝達の良い水・油・ブライン・フロンなどの冷媒を管の内側に流して使用される．主に空調機で用いられているが，構造が簡単で製造コストも安く，大きさや性能を比較的自由に設定できる利点があるため，オイルクーラーやチラー，冷蔵庫など空調機以外の用途でも幅広く利用されている．図 6.2-1 は，空気の流れ方向に 2 列の伝熱管群が並んだ 2 列熱交換器で，現在普及している空調・冷凍機器に搭載されている空気を熱源とする熱交換器の中で最も多く見られる形態である．その他，用途に応じて 1 列のものや 4 列以上の多列の熱交換器もある．

フィンの材料は，通常，厚さ 0.1～0.3mm のアルミニウムを用いる．フィン表面には，さまざまな切り起し（フィンパターン）がプレス加工によって施されており，熱伝達の向上が図られている．

管は外径 4～12mm，厚さ 0.2～0.4mm 位の銅製の円管で構成され，内面にはさまざまな溝加工が施されており，冷媒側の伝熱促進が図られている．フィンと管とは，管の径を内側から機械的に拡大（拡管）することによって圧接される．

(b) シェルチューブ熱交換器 (shell-and-tube type heat exchangers)（水冷凝縮器用など）

シェルチューブ熱交換器の代表的な形状を図 6.2-2 に示す（日本冷凍協会，1993）．円筒状のシェル(shell)の内部に多数の伝熱管（チューブ）を挿入した熱交換器であり，大形のプラント用熱交換器に用いられることが多く，空調用の吸収式冷凍機や大型チラー用の熱交換器としても使われている．凝縮器の用途では水冷凝縮器として使われる．この場合，管内側を水，管外側を冷媒が流れる構成が一般的である．伝熱管としては平滑管(smooth tube)や円周フィン管(circular finned tube)が主に使われている．円周フィン管の代表的な形状を図 6.2-3 に示す（日本冷凍協会，1993）．フィンの高さが比較的低いものは，機械加工（転造）により作られ，ローフィン管(low fin tube)，ハイフィン管(high fin tube)と呼ばれる．これらの管は，シェルチューブ熱交換器の液－液熱交換器に用いられる．さらに，フィンが高くなると巻きフィン管(helically wounded finned tube)となり，フィンと管の接合には，単純巻き付け，かしめ，接着剤，溶接などの方法がある．巻きフィンの形状もさまざまであり，単なる円板状のものから，皺のあるもの，切り込みを入れたもの，針ねずみ状のもの（スパインフィン）などがある．巻きフィン管は，フィン側にガスを，管内に水や凝縮あるいは蒸発する冷媒を流すことが多い．作り易く頑丈なので，大形のプラント用熱交換器，空気熱交換器に用いられることが多い．

(c) 二重管式熱交換器 (double-tube type heat exchangers)（水冷凝縮器用など）

二重管式熱交換器の代表的な形状を図 6.2-4 に示す（日本冷凍協会，1993）．二重管式熱交換器は同心状の二重管(double tube)からなる熱交換器であり，小容量の熱交換器（凝縮器，蒸発器）として使用される．この熱交換器は，熱交換器の基本理論に最も近いものであり，凝縮器として使用される場合，外管と内管の間の空間を冷媒が流れ，管内側を冷却水が流れるのが一般的である（通常，冷却水の流れ方向は冷媒と逆方向となる）．

(d) プレート式熱交換器 (plate type heat exchangers)（水冷凝縮器用など）

プレート式熱交換器の代表的な形状を図 6.2-5 に示す．プレート式熱交換器では，積層した複数のプレート(plate)の相互間に流路を形成し，これらの流路に温度の異なる流体を交互に流すことにより熱交換を行う構成となっており，多管式のシェルチューブ熱交換器に比べて大幅にコンパクト化できるメリットがある．一般的なヘリンボーン型(herringbone type)のプレートは，プレート縦方向中心線から両方向へ斜降したヘリンボーン状の波形伝熱面を有するもので，これを交互に上下反転して積層させる．

6.2.2 流体の流れ方による分類

熱交換させる 2 流体を互いにどのような方向に流すかによって，図 6.2-6 に示すような対向流，並行流，直交流の各形式に分類される（日本機械学会，2005）．

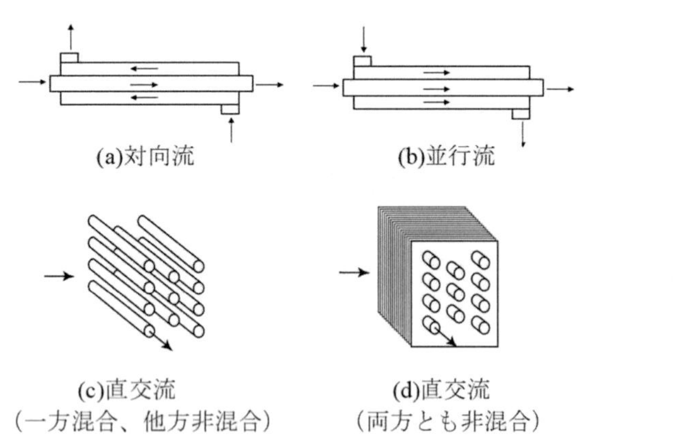

図 6.2-6 熱交換器の基本的流路形式

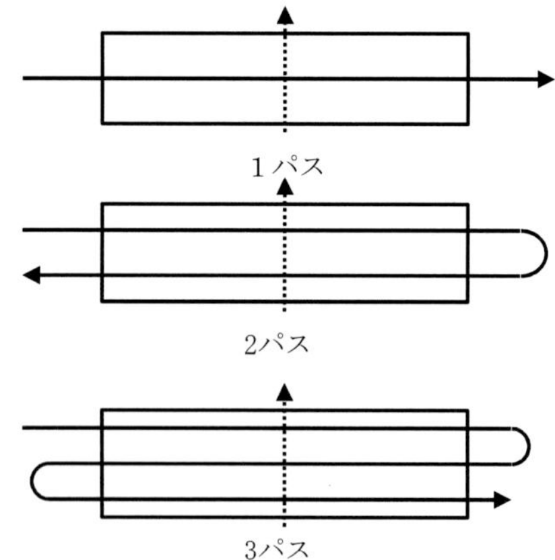

図 6.2-7 熱交換流体のパス

(a) 対向流(counter flow)

対向流形式では，高温流体と低温流体が反対方向に流れるので，温度差がほぼ一様となり，熱交換器としての効率が最も高くなる．

(b) 並行流(parallel flow)

並行流形式では,高温流体と低温流体が同じ方向に並んで流れるので,入口側の温度差は大きく,出口側の温度差は小さくなる．熱交換器としての効率は最も低くなるが，隔壁は高温側と低温側の中間にあるためその温度は流れ方向でほぼ一定となる．

(c) 直交流(cross flow)

直交流形式では，高温流体と低温流体が直交して流れる．熱交換器としての効率は，対向流形式と並行流形式の中間となる．ヘッダが作り易いという利点があるので，フィンチューブ熱交換器に多く用いられている．流れの形式において，流体が流れ方向に混合しない場合を非混合と呼ぶ．例えば，図 6.2-6 (c)において，管軸に直角方向に流れる流体（空気など）は混合するが，管内を流れる流体（冷媒など）は非混合である．また，図 6.2-6 (d)の場合には，フィン間に流入した流体（空気など）および管内を流れる流体（冷媒など）のいずれも非混合である．

(d) 熱交換流体のパス

流れをヘッダやUベンドで向きを変えると，多種の流向パターンができる．このようなものを熱交換流体のパスという（図 6.2-7）．パス数はターン数＋1となる値である．

1パス(single pass)　一方向の流れ（ターンなし）
2パス(two passes)　1往復する流れ（1ターン）
3パス(three passes)　1往復半する流れ（2ターン）

6.3 熱交換器設計の基礎

6.3.1 熱交換器での熱バランス

熱交換器内において，単位時間あたりに高温流体が失う熱量は低温流体が得る熱量に等しい．この際の熱交換量(heat transfer rate)Qは次式で与えられる.

$$Q=\dot{m}_h\,c_{p,h}\left(T_{h,in}-T_{h,out}\right)=\dot{m}_c\,c_{p,c}\left(T_{c,out}-T_{c,in}\right) \tag{6.3-1}$$

ここで，$\dot{m}$は熱交換器内を流れる流体の質量流量(mass flow rate)，c_pは比熱(heat capacity)，Tは温度(temperature)である．また，それぞれ高温側および低温側を添え字hおよびcで，入口および出口を添え字inおよびoutで表す.

熱容量流量(heat capacity rate) $C=\dot{m}c_p$ を用いると，式(6.3-1)は次のように書くことができる.

$$Q=C_h\left(T_{h,in}-T_{h,out}\right)=C_c\left(T_{c,out}-T_{c,in}\right) \tag{6.3-2}$$

二つの流体の熱容量流量が等しい場合には,高温側と低温側の流体の温度変化はほぼ等しくなる．一方,流量に差がある場合や相変化がある場合のように,一方の流体の熱容量流量が大きくなると，もう一方の流体の温度変化のみが顕著になる.

6.3.2 熱通過率

固体壁を介しての高温流体から低温流体への熱移動を熱通過と呼ぶ．式(6.3-1)あるいは式(6.3-2)により表される熱交換量は，熱通過によってもたらされるものである．熱通過率(overall heat transfer coefficient) Kは，一種の一般化（総括）された熱伝達率(heat transfer coefficient)とも考えることができ，微小な伝熱面積dAを通る伝熱量dQとの間に，次のような関係がある.

$$\mathrm{d}Q=K\left(T_h-T_c\right)\mathrm{d}A \tag{6.3-3}$$

熱通過率は，高温側と低温側を隔てる隔壁wがある場合，次のように表すことができる.

$$\frac{1}{K}=\frac{1}{h_h}+\frac{\delta_w}{k_w}+\frac{1}{h_c} \tag{6.3-4}$$

ここで，h_hは高温側流体と隔壁との間の熱伝達率，h_cは低温側流体と隔壁との間の熱伝達率であり，δ_wは隔壁の厚さ，k_wは隔壁の熱伝導率(thermal conductivity)である.

熱交換器全体の熱交換量Qは，式(6.3-3)を全伝熱面積Aにわたって積分することにより得られ，次式で表される.

$$Q=KA\Delta T_m \tag{6.3-5}$$

ここで，ΔT_mは温度差の積分平均値（後述する対数平均温度差などの平均温度差）である.

現実の熱交換器では，伝熱面積は高温側と低温側との間で異なる．この場合，高温および低温側の伝熱面積（フィンなどによる拡大面積を含む）をそれぞれA_hおよびA_cとすると，熱交換量Qは

$$Q=K_hA_h\Delta T_m=K_cA_c\Delta T_m \tag{6.3-6}$$

のように表すことができる．ここで，K_hは高温側の伝熱面積A_hに基づいて，K_cは低温側の伝熱面積A_cに基づいて定義された熱通過率である．このように，現実の熱交換器においては，熱通過率は基準となる伝熱面積により異なった値となるので注意が必要である.

熱通過率K_hあるいはK_cの値は，隔壁部の熱抵抗(thermal resistance)をR_wとした場合，次のよう

に表される．

$$\frac{1}{KA}=\frac{1}{K_h A_h}=\frac{1}{K_c A_c}=\frac{1}{\eta_{0h} h_h A_h}+R_w+\frac{1}{\eta_{0c} h_c A_c} \tag{6.3-7}$$

ここで，η_0 (overall surface efficiency) はフィン等を用いた場合の拡大伝熱面の効率であり，フィンにより拡大された全表面積（フィン部＋ベース部）を A，フィン部の表面積を A_f，フィン効率(fin efficiency)を η_f とすると，次のようである（図 6.3-1 参照）．なお，フィン効率に付いては 6.4.3 項の(b)で述べる．

$$\eta_0\ A=\eta_f\ A_f+\left(A-A_f\right) \tag{6.3-8a}$$

または

$$\eta_0=1-\frac{A_f}{A}(1-\eta_f) \tag{6.3-8b}$$

隔壁が内外とも平滑な伝熱管（外径 d_o，内径 d_i，長さ L，熱伝導率 k_w）の場合は，次のように表される．

$$\frac{1}{KA}=\frac{1}{K_h A_h}=\frac{1}{K_c A_c}=\frac{1}{h_h A_h}+\frac{ln(d_o/d_i)}{2\pi k_w L}+\frac{1}{h_c A_c} \tag{6.3-9}$$

また，熱交換器の隔壁内での熱伝導等による抵抗を無視できる場合には，次式のようになる．

$$\frac{1}{KA}=\frac{1}{K_h A_h}=\frac{1}{K_c A_c}=\frac{1}{h_h A_h}+\frac{1}{h_c A_c} \tag{6.3-10}$$

なお, 前述のように熱通過率は基準となる伝熱面積の取り方により異なった値をとるが, 式(6.3-7), (6.3-9)，(6.3-10)より，これに伝熱面積をかけた値（KA；熱コンダクタンス(thermal conductance)）は基準面積の取り方によらず一定であることがわかる．

6.3.3 平均温度差

a)対向流・並行流の場合

式(6.3-3)を流路全体について積分して求められる対数平均温度差(log mean temprerature difference)ΔT_{lm}が使用される．

$$\Delta T_m=\Delta T_{lm}=\frac{\Delta T_1-\Delta T_2}{\ln(\Delta T_1/\Delta T_2)} \tag{6.3-11}$$

ここで，ΔT_1 ：高温側流体入口での温度差，ΔT_2 ：温側流体出口での温度差である．したがって，

対向流：$\Delta T_1=T_{h,in}-T_{c,out}$，　$\Delta T_2=T_{h,out}-T_{c,in}$

並行流：$\Delta T_1=T_{h,in}-T_{c,in}$，　$\Delta T_2=T_{h,out}-T_{c,out}$

となる．

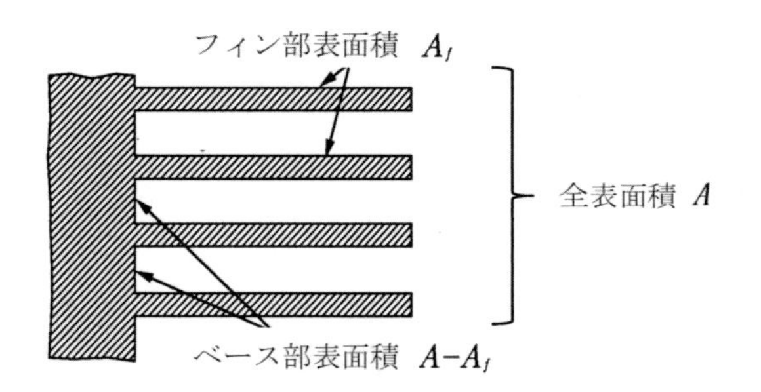

図 6.3-1 フィン付拡大伝熱面

b)直交流の場合

平均温度差として，対向流に対する対数平均温度差 ΔT_{lm} に流体の混合状況に応じた修正係数(correction factor) Ψを乗じたものを用いる．

$$\Delta T_m = \Psi\, \Delta T_{lm} = \Psi \frac{\Delta T_1 - \Delta T_2}{ln(\Delta T_1 / \Delta T_2)} \tag{6.3-12}$$

修正係数 Ψ の例を図 6.3-2 に示す．図 6.3-2(a)は，一方の流体が混合し他方の流体は非混合の場合（図 6.2-6 (c)）に対する修正係数であり，図 6.3-2(b)は，両流体とも非混合の場合（図 6.2-6 (d)）に対する修正係数である．

修正係数は，二流体の出入口温度を用いて表される，次式で示す二つのパラメータの関数であり，その値が 1 に近いほど熱交換器としての効率が高くなる．

$$\frac{T_{c,out} - T_{c,in}}{T_{h,in} - T_{c,in}} \quad \text{および} \quad \frac{T_{h,in} - T_{h,out}}{T_{c,out} - T_{c,in}} \tag{6.3-13}$$

c)多パスの場合

平均温度差として，対向流に対する対数平均温度差 ΔT_{lm} にパス形式に応じた修正係数 Ψを乗じたものを用いる．

$$\Delta T_m = \Psi\, \Delta T_{lm} = \Psi \frac{\Delta T_1 - \Delta T_2}{ln(\Delta T_1 / \Delta T_2)} \tag{6.3-14}$$

図 6.3-2(c)は，管外側 1 パス，管内側 2 パスの場合の場合に対する修正係数であり，図 6.3-2(d)は，管外側 1 パス，管内側 3 パスの場合の場合の場合に対する修正係数である（日本冷凍空調学会, 2010）.

本節で述べた対数平均温度差は，もともと相変化のない単相流体を想定したものであるが，相変化する流体が単一成分の場合は，相変化域に対しても上式を使用することができる（中山，1981）.

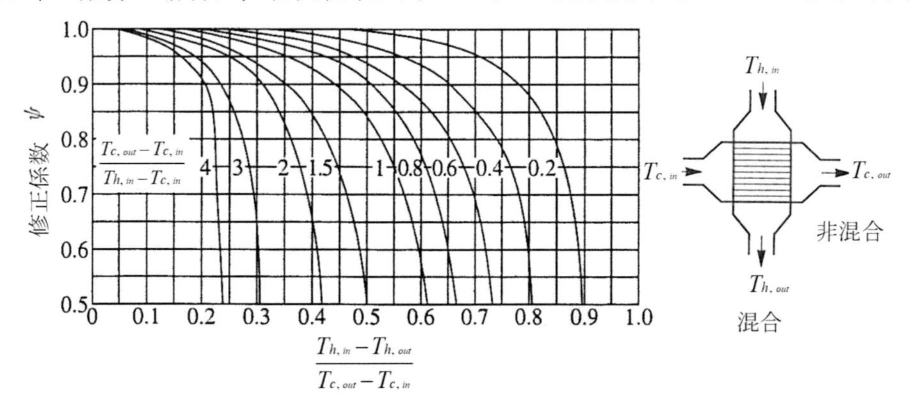

(a)　直交流：一方混合，他方非混合

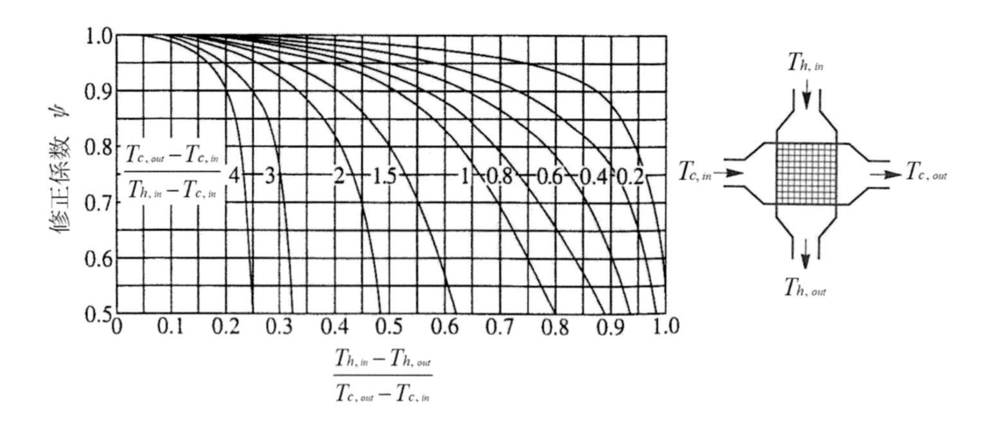

(b)　直交流：両方とも非混合

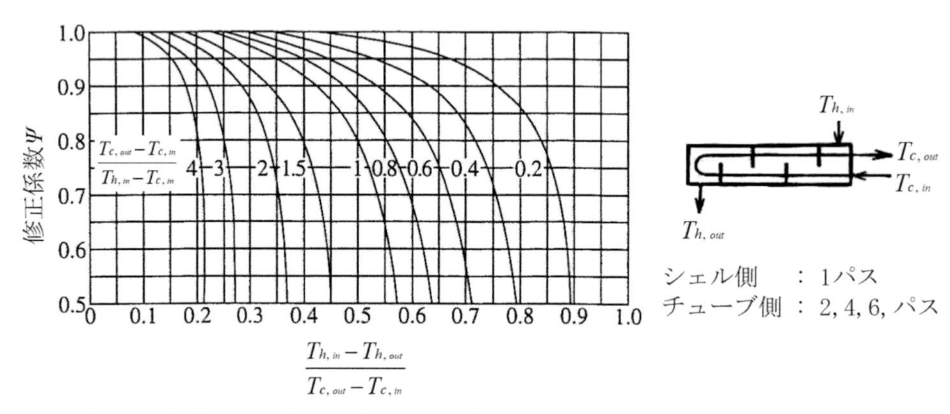

(c)　管外側１パス，管内側２パス

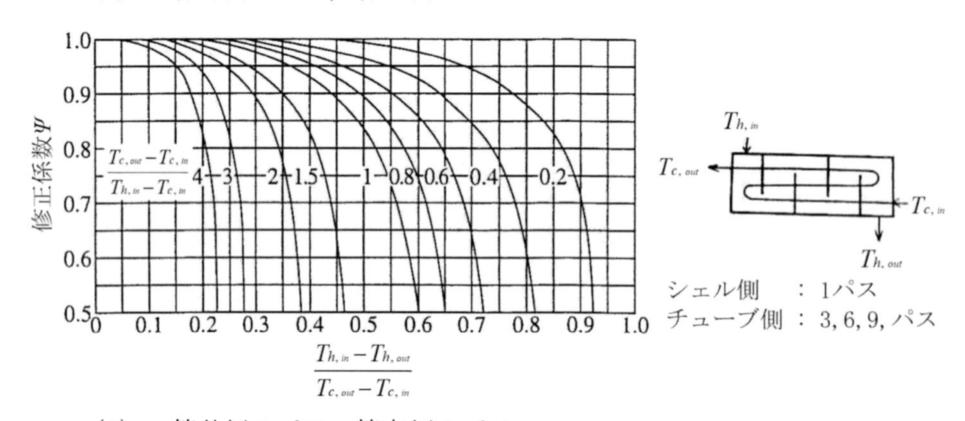

(d)　管外側１パス，管内側３パス

図 6.3-2 流路形式に対する修正係数

6.3.4 必要伝熱面積の算出

上記 6.3.3 項で述べた関係式は，交換熱量があらかじめ決められており，それを実現するための熱交換器の大きさを算出する場合に向いている．対数平均温度差 ΔT_{lm} を用いると，熱交換流体の流量と入口温度，および出口温度（または交換熱量）が与えられた場合に，必要な伝熱面積を求めることができる．このような手法を LMTD 法（対数平均温度差法(log mean temprerature difference method)）と呼ぶ．

6.3.5 交換熱量の算出

現実には，伝熱面積，熱交換流体の流量および入口温度が与えられており，その際の交換熱量や出口温度を求めることが必要な場合がある．例えば，熱交換器の設置空間に制約があった場合や，熱交換器の作動条件を変えたい場合がこれに当たる．この場合は，上述の LMTD 法よりも次に述べる ε－NTU 法(εffectiveness-NTU metod)の方が便利である．

熱交換の有効率(effectiveness) ε は，熱交換できる最大値の内，何割が実際に熱交換したかを示す指標であり，交換熱量 Q は水の熱容量流量 C と有効率 ε を用いて次のように表すことができる．

$$Q = \varepsilon C_{min} \left(T_{h,in} - T_{c,in}\right) \tag{6.3-15}$$

ここで，C_{min} は高温側流体と低温側流体の熱容量流量の内小さいほうの値である．一方が相変化する場合，C_{min} は相変化しない方の流体の熱容量流量となる．

有効率 ε は，冷媒が単相状態の場合には与えられた流路形式によりそれぞれ次のようになる．

対向流 : $\varepsilon = [1-\exp\{-NTU(1-C^*)\}] / [1-C^*\exp\{-NTU(1-C^*)\}]$ (6.3-16)

並行流 : $\varepsilon = [1-\exp\{-NTU(1+C^*)\}] / (1+C^*)$ (6.3-17)

直交流（両流体とも非混合）:

$$\varepsilon = 1 - \exp\left[\left(\frac{1}{C^*}\right) NTU^{0.22} \left\{\exp\left(-C^* NTU^{0.78}\right) - 1\right\}\right] \tag{6.3-18}$$

ここで，NTU (number of heat transefer unit) : 伝熱単位数（$=KA/C_{min}$），C^* : 熱容量流量比(heat capacity ratio)（$=C_{min}/C_{max}$）である．

また，凝縮器や蒸発器の場合のように，一方が相変化する場合の有効率 ε は次のようになり，対向流，並行流，直交流などの流路形式によらず同じ値をとる．

$$\varepsilon = 1 - \exp(-NTU) \tag{6.3-19}$$

NTU は熱容量流量（熱交換のポテンシャル）から見た熱交換器の大きさ（熱通過の規模）を表す無次元数である．上式より，NTU が 3 以上では，NTU の値に対する ε の変化はわずかとなる．すなわち，この領域では熱通過率や伝熱面積を多少大きくしても，式(6.3-15)から熱交換性能はほとんど変化しないことになる．逆にいうと，この領域の熱交換器では熱交換性能を確保したまま大幅なコンパクト化を行うことが可能である．一方，NTU が 3 以下の領域では，NTU の値に対する ε の変化が大きいため，熱通過率や伝熱面積を少しでも大きくさせることができると，熱交換性能が大幅に増大することになる（中山，1981）．

6.4 フィンチューブ熱交換器の設計

前節において熱交換器の設計に必要な基本事項を述べたが，次にエアコンなどで良く使われるフィンチューブ熱交換器を対象に，その設計に際して必要な主要項目を述べる．

6.4.1 フィンチューブ熱交換器の構成

フィンチューブ熱交換器における熱交換能力は，伝熱管（管径，表面形状）とその配置（列数および段数）および水平方向の長さ（熱交換器の幅）とによりおおよそ決定される．列数とは，空気の流れ方向（奥行方向）に対しての伝熱管の列の数であり，段数とは空気の流れに垂直な方向（上下方向）に対しての伝熱管の列の数である．例えば，図 6.2-1 の熱交換器は 2 列の多段構成といえる．また，図 6.4-1(a)，(c)，(d)の熱交換器はいずれも 2 列，6 段の構成である．しかし，列数と段数が同じ場合でも，伝熱管どうしの配管の仕方により高温側と低温側における流体の流れ方が変化し，熱交換量は微妙に異なった値となる．

6.2.2 項で述べた熱交換器の流体の流れ方による各種分類は，フィンチューブ熱交換器にも適用可能である．そして，その基本的な構成は図 6.2-6 (d)で示される両流体非混合の直交流，図 6.2-6 (a)で示される対向流，ないし図 6.2-6 (b)で示される並行流である．ここで，フィンチューブ熱交換器における伝熱管のパス数，分岐数について定義する．パス数は冷媒配管の空気の流れ方向（奥行方向）に対してのターンの数に関連したもの（ターン数＋1）である（6.2.2 項参照）．また，本書では，伝熱管内の流れがヘッダにより並列な複数の流路に分割された場合を分岐と呼び，その並列流路の数を分岐数と呼ぶ．

図 6.4-1 に各種の配列パターンとその呼び方を列記する（藤井・瀬下，1992）．図 6.4 - 1(a)は空気の流れ方向の伝熱管の列数が 2 であり，空気の流れ方向に対してのターンはないため 1 パス，冷媒は 2 つに並列に分かれているため 2 分岐となる．図 6.4 - 1(b)は空気の流れ方向の伝熱管の列数が 4 であり，空気の流れ方向に対してのターンはないため 1 パス，冷媒は 4 つに並列に分かれているため 4 分岐となる．図 6.4 - 1(a)や図 6.4 - 1(b)のような場合は，冷媒の流れは空気流に対して直交しているため，直交流（両流体非混合）として考えることができる．

図 6.4 - 1(c)は空気の流れ方向の伝熱管の列数が 2 であり，空気の流れ方向に対してのターンは 1 往復のため 2 パス，冷媒の分岐はないため 1 分岐となる．冷媒の流れは空気流に対して下流側から上流側に向かっているため，対向流として考えることができる．

図 6.4 - 1(d)は空気の流れ方向の伝熱管の列数が 2 であり，空気の流れ方向に対してのターンは 1 往復のため 2 パス，冷媒の分岐はないため 1 分岐となる．冷媒の流れは空気流に対して上流側から下流側に向かっているため，並行流として考えることができる．

図 6.4 - 1(e)は空気の流れ方向の伝熱管の列数が 1 であり，空気の流れ方向に対してのターンはないため 1 パス，冷媒は 2 つに並列に分かれているため 2 分岐となる．冷媒の流れは空気流に対して直交しているため，直交流（両流体とも非混合）として考えることができる．

なお，熱交換器の空気流と直交する部分の面積を前面面積，熱交換器に流入する直前の流速を前面流速（または前面風速）と呼び，空気側の伝熱性能を評価する際にしばしば使用される．

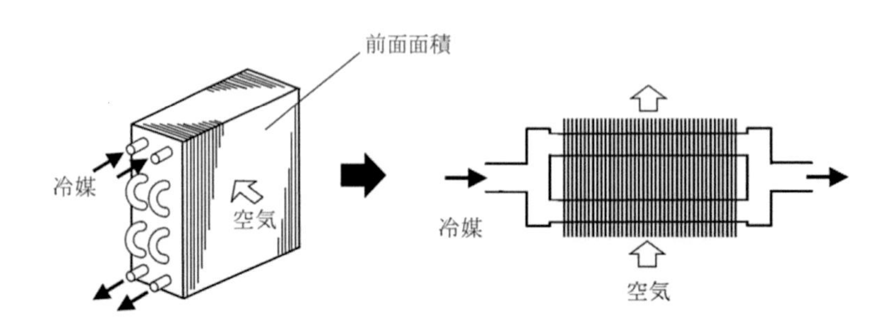

(a)2 列，1 パス，2 分岐（直交流；両流体非混合）

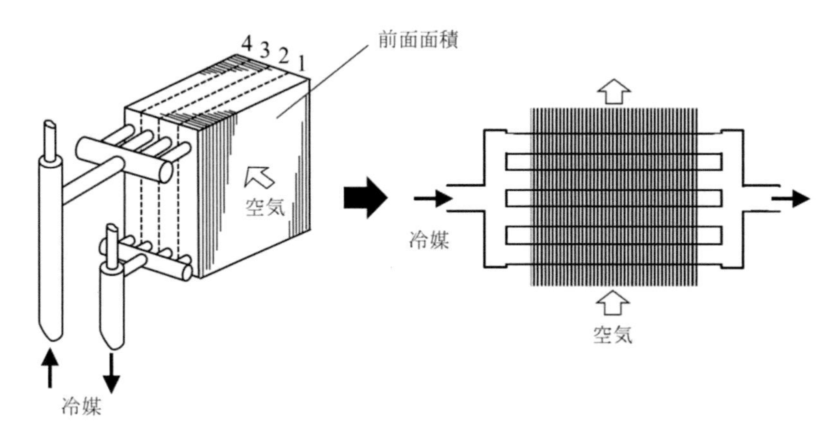

(b)4 列，1 パス，4 分岐（直交流；両流体非混合）

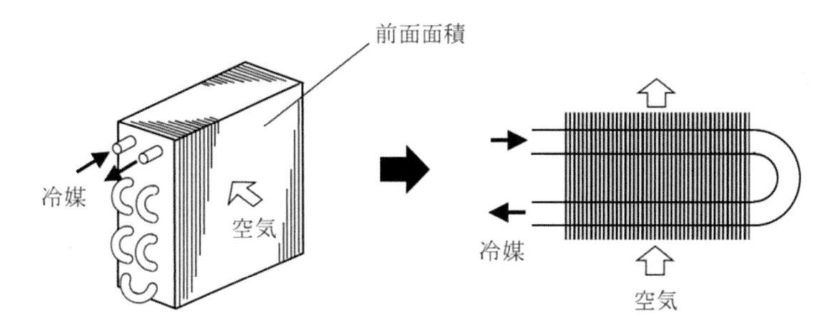

(c)2 列，2 パス，1 分岐（対向流）

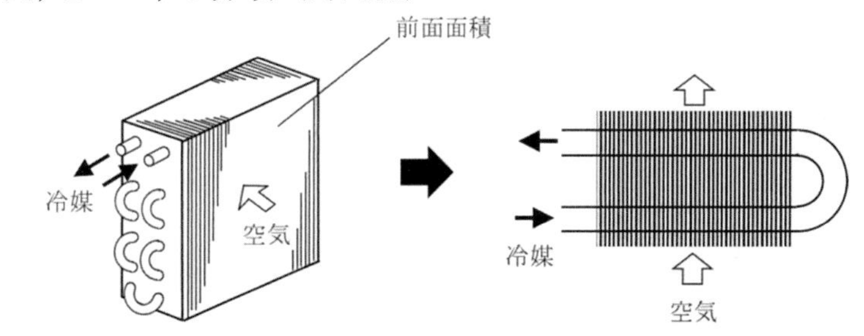

(d)2 列，2 パス，1 分岐（並行流）

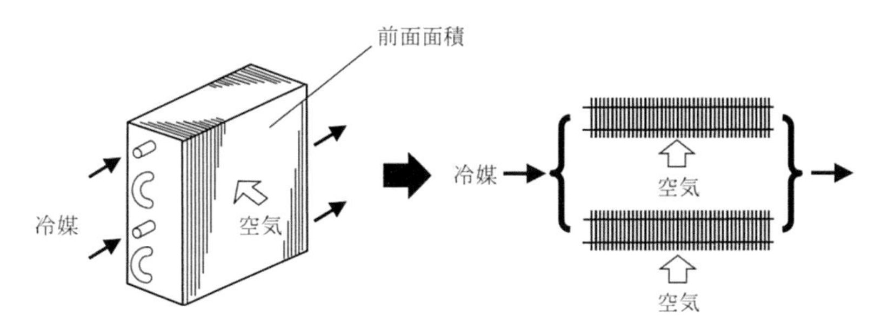

(e)1 列，1 パス，2 分岐（直交流；両流体非混合）

図 6.4-1 フィンチューブ熱交換器の配列と呼び方

6.4.2 冷媒側の伝熱性能

フィンチューブ熱交換器を凝縮器として使用する場合には，管内側を冷媒が流れ，管外側を空気が流れる．冷媒側の伝熱性能については，管の流れ方向や周方向の分布を含めて，本書の 5 章に詳しく述べてある．ただし，本章の性能計算では，総括的な伝熱性能の把握を目的としているため，管の周方向に対する平均の熱伝達率を用いる．凝縮を伴う場合の管内の周方向および長さ方向の平均の熱伝達率については，例えば水平管内凝縮に対する次の式がある（藤井・上原，1973）．

$$Nu = \frac{h\,l}{k_L} = C_{oef}\left(\frac{l}{d_i}\right)^{0.4} Ja^{-0.6}\left(\frac{Re\,Pr_L}{R}\right)^{0.8} \tag{6.4-1}$$

$$Ja = c_{pL}\left(T_s - T_w\right)/\Delta i_v \quad , \qquad R = \left(\rho_L \mu_L / \rho_V \mu_V\right)^{1/2} \tag{6.4-2, 3}$$

ここで，d_iは伝熱管の内径，lは長さであり，Δi_vは冷媒の潜熱，Jaはヤコブ熱，Rは$\rho\mu$比である．また，無次元数の代表長さには伝熱管の長さをとり，代表速度には伝熱管入口における蒸気速度をとる．従って，式(6.4-1)における Re 数の定義は，G を単位面積当たりの質量流量（質量速度）とすると次のようになる．

$$Re = \frac{U\,l}{\nu_V} = \frac{\rho_V\,U\,l}{\mu_V} = \frac{G\,l}{\mu_V} \tag{6.4-4}$$

さらに，C_{oef}は伝熱管内面の表面形状により下記の値をとる（藤井・瀬下，1992）．

平滑管　　　：$C_{oef} = 0.25$

螺旋溝付き管：$C_{oef} = 0.53$

格子溝付き管：$C_{oef} = 0.74$

なお，式(6.4-1)はヒートバランス式に近いものであり，伝熱管の長さ l を代表長さとしているため，簡便ではあるが使用上の誤差は大きくなる．

下記の式は，水平な平滑管の過熱蒸気が凝縮完了するまでの領域に対して適用でき，式(6.4-1)よりも多少複雑であるが，実用上の計算精度は高くなる（野津ら，1982）．

$$h = \frac{3.2\times10^4}{\left\{\dfrac{M^3\,P_s\left(T_{s1}-T_a\right)d}{P_c}\right\}}\left[1+\frac{a}{h_a^{0.4}}\left\{M^{0.7}\left(\frac{P_s}{P_c}\right)^{-0.2}(T_{v1}-T_{s1})\left(\frac{1.02\times10^{-5}P_c}{273+T_c}\right)^{0.4}\left(\frac{G}{T_{s1}-T_a}\right)^{0.8}d^{0.2}\right\}^{0.9}\right]$$
$$\times\left[\frac{1+1.4\times10^{-4}\,G^{1.5}\left\{(T_{v1}-T_{s1})^{4.5}\,d^{2.5}\right\}^{0.15}}{1+11.4\,\dfrac{h_a^{0.4}}{G^{2.1}}\left\{\dfrac{M^2\,P_s\,(T_{v1}-T_{s1})^{2.5}}{P_c\,d^{3.5}}\right\}^{0.15}}\right]^{1/3} \tag{6.4-5}$$

ここで，M：冷媒の分子量，P_s：飽和圧力，P_c：臨界圧力，T_s：飽和温度，T_c：臨界温度，T_v：蒸気温度，T_a：空気温度，T_{s1}：凝縮開始点での飽和温度，T_{v1}：凝縮開始点での蒸気温度，h_a：管内壁から空気への等価熱伝達率，G：質量速度（単位断面積当たりの質量流量），d：管の内径であり，係数aは

$a = 4.75\times10^{-5}$　（冷媒が R12，R22，R502 の場合）

$a = 5.63\times10^{-5}$　（冷媒が R114 やエタン系冷媒の場合）

である．

また，任意の位置（その位置における蒸気のクオリティを x とする）での周方向平均の局所熱伝達率は，環状凝縮流に対する下記の式で求めることができる(Shah，1979).

$$Nu = \frac{h\,d_i}{k_L} = 0.023\,\mathrm{Pr}_L^{0.4}\left(\frac{G\ d_i}{\mu_L}\right)^{0.8} \times\left\{(1-x)^{0.8} + \frac{3.8\,x^{0.76}\,(1-x)^{0.04}}{(P_0/P_c)^{0.38}}\right\} \tag{6.4-6}$$

ここで，G は質量速度（単位面積当たりの質量流量），P_{O} は動作圧力，Pc は臨界圧力である．

上式は，冷媒の流れ方向の状態変化による伝熱性能の変化を，ある程度詳細に検討する際には有効である．

なお，伝熱管内の冷媒の相変化温度は圧力により変化するので，交換熱量の詳細な検討には管内側の圧力損失を考慮する必要がある．凝縮を伴う二相流での圧力損失 ΔP は，下記の式により概算できる（藤井・瀬下，1992）．

$$\Delta P = \Delta P_z + \Delta P_a + \Delta P_f \tag{6.4-7}$$

ΔP_z は高さによる静圧損失であり，熱交換器入口を基準とした際の出口の高さを z とすると次のようになる．ちなみに，水平管では $z=0$ となるため ΔP_z は考慮しなくてもよい．

$$\Delta P_z = \{\alpha\,\rho_V + (1-\alpha)\,\rho_L\}\,g\,z \tag{6.4-8}$$

ここで，α は熱交換器内での平均のボイド率である（例えばマクロ的には約 0.5）．

ΔP_a は加速損失であり，出口のクオリティ x_e に対して次のようになる．

$$\Delta P_a = \frac{G^2}{\rho_L}\,x_e\left(\frac{\rho_L}{\rho_V} - 1\right) \tag{6.4-9}$$

ΔP_f は摩擦損失であり，液相成分あるいは気相成分だけが単独で単相流として管を満たして流れた場合の摩擦損失 ΔP_L，ΔP_V に対する増分として，次式により求めることができる．

$$\Delta P_f = \Delta P_L\,{\phi_L}^2 = \Delta P_V\,{\phi_V}^2 \tag{6.4-10}$$

ここで，

$$\Delta P_L = f\,\frac{l}{d_i}\,\rho_L\,\frac{{U_L}^2}{2} \tag{6.4-11}$$

$$\Delta P_V = f\,\frac{l}{d_i}\,\rho_V\,\frac{{U_V}^2}{2} \tag{6.4-12}$$

$${\phi_L}^2 = 1 + \frac{21}{X_{tt}} + \frac{1}{{X_{tt}}^2} \tag{6.4-13}$$

$${\phi_V}^2 = 1 + 21\,X_{tt} + {X_{tt}}^2 \tag{6.4-14}$$

$$X_{tt} = \left\{\frac{(1-x)}{x}\right\}^{0.9}\left(\frac{\rho_V}{\rho_L}\right)^{0.5}\left(\frac{\mu_L}{\mu_V}\right)^{0.1} \tag{6.4-15}$$

である．

水平な平滑管の凝縮開始から終了までの凝縮区間全域における圧力損失（式(6.4-7)における $\Delta P_a + \Delta P_f$ に相当）については，次の実験式を用いて計算することもできる（野津ら，1982）．

$$\Delta P = \frac{1}{2} f \frac{G^2}{\rho_V} \frac{l_c}{d} - \frac{G^2}{\rho_V}\left(1 - \frac{\rho_V}{\rho_L}\right) \tag{6.4-16}$$

$$f = \frac{0.03\left(\dfrac{P_s}{P_c}\right)^{1/3}\left\{1+40\left(\dfrac{P_s}{P_c}\right)^{5.5}\right\}^{1/4}}{1+1.3\left(\dfrac{P_s}{P_c}\right)^{1/2}\left(\dfrac{T_{v1}-T_{s1}}{273+T_c}\right)} \times \left(\frac{T_{v1}-T_{s1}}{G}\right)^{0.2}\left(\frac{h_a}{d}\right)^{0.05} \tag{6.4-17}$$

ここで，P_s：飽和圧力，P_c：臨界圧力，T_c：臨界温度，T_{s1}：凝縮開始点での飽和温度，T_{v1}：凝縮開始点での蒸気温度，h_a：管内壁から空気への等価熱伝達率（内面積基準で評価した内部熱抵抗を含む空気側の熱伝達率），G：質量速度（単位面積当たりの質量流量），d：管の内径，l_c：凝縮区間全長である．

なお，凝縮開始前の過熱蒸気と凝縮終了後の過冷却液の状態は，いずれも単相流である．この場合の熱伝達率は次式により概算できる．

$$Nu = \frac{h\,d}{k} = 0.023 Re^{0.8} Pr^{n} \tag{6.4-18}$$

$$Re = \frac{U\,d}{\nu} \tag{6.4-19}$$

ここで，n は管内を流れる流体が冷却される場合（管内凝縮における管内の過熱蒸気や過冷却液などの場合）に 0.3，加熱される場合（管外凝縮における管内の冷却水などの場合）に 0.4 である．したがって，フィンチューブ凝縮器では管内側を冷媒が流れる管内凝縮の構成のため n=0.3 である．また，d は伝熱管内径，U は管内の流路断面積に基づく平均流速である．

6.4.3 空気側の伝熱性能

フィンチューブ熱交換器は，空気側のフィンにおける熱抵抗がチューブ側よりも通常 4～5 倍程度大きいため，フィンの熱設計が熱交換器全体の性能に大きく影響を及ぼす．そのため，熱交換器の設計の際には，空気側のフィンでの熱伝達率を正確に知る必要がある．

(a) 各種フィン形状と熱伝達率および圧力損失

a)　フラットフィン（平滑フィン）(plain plate fin)

平板状のフラットフィンを有するフィンチューブ熱交換器の空気側の熱伝達と圧力損失については，例えば下記の整理式がある（藤井・瀬下，1992）．なお，レイノルズ数 Re，ヌセルト数 Nu と流動抵抗係数 f を次式で定義する．

$$Re = \frac{U\,D_e}{\nu}, \qquad Nu = \frac{h\,D_e}{k} \tag{6.4-20, 21}$$

$$f = \frac{\Delta P\,D_e}{2\,L_2\,\rho\,U^2} \tag{6.4-22}$$

ここで，L_2：フィンの幅（流れ方向の長さ）である．また，D_e：代表長さ（水力直径）であり，A_c：空気流路断面積，A：伝熱面積を用いて次式で定義される．

$$D_e = \frac{4\,A_c}{L_P} = \frac{4\,A_c\,L_2}{L_P L_2} = \frac{4\,A_c\,L_2}{A} \tag{6.4-23}$$

なお，L_pは空気流路断面の周長（ぬれぶち長さ）である．

●小列数・低レイノルズ数領域

$$Nu = 2.1\left(\frac{Re\,Pr\,D_e}{L_2}\right)^{0.38} \tag{6.4-24}$$

$$\frac{f\,L_2}{D_e} = 0.43 + 35.1\left(\frac{Re\,D_e}{L_2}\right)^{-1.07} \tag{6.4-25}$$

$$D_e = \frac{4\,(P_F - t_F)(S_1\,S_2 - \frac{\pi\,d^2}{4})}{2\,(S_1\,S_2 - \frac{\pi\,d^2}{4}) + \pi\,d\,(P_F - t_F)} \tag{6.4-26}$$

$$U = \frac{P_F\,S_1\,S_2}{(S_1\,S_2 - \frac{\pi\,d^2}{4})(P_F - t_F)} U_{in} \tag{6.4-27}$$

記号および適用範囲は次のようである（図 6.4‐2 参照）．

適用範囲：1 列 (Re＝100〜750)，2 列以上(Re＝100〜400)，列数 N_R＝1〜5
流速　：U（フィン間流速），U_{in}（フィン前面流速）
伝熱管：円管（外径 d＝6.35〜9.52mm）
管配列：千鳥配列，段ピッチ S_1＝20.4〜25.4 ㎜，列ピッチ S_2＝17.7〜22.0mm
フィン：ピッチ P_F＝1.0〜6.0mm，幅 L_2＝18〜110mm，厚さ t_F（0.1〜0.3mm 程度）

ここで，D_eは平均流路容積（＝流路容積－伝熱管部容積）を基にした平均流路断面積（＝平均流路容積／L_2）から求めた値であり，U は同じく平均流路断面積から求めた平均風速である．空調用のフィンチューブ熱交換器においては，主に前面風速が 1〜2m/s 前後の条件で使われ，レイノルズ数は比較的低い値にとどまることが多い．

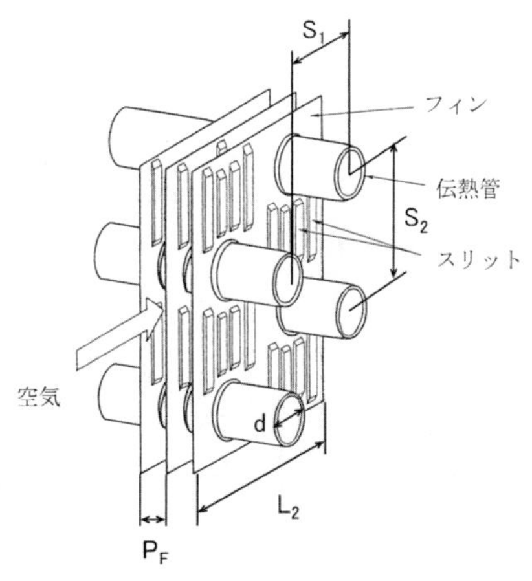

図 6.4-2 フィンチューブ熱交換器の構造と形状パラメータ

●大列数・高レイノルズ数領域

$$Nu = 0.12\,Re^{0.64} \tag{6.4-28}$$

$$f = 0.026 + 27.0\,Re^{-1.27} \tag{6.4-29}$$

$$D_e = \frac{4\,(P_F - t_F)(S_1 - d)\,S_2}{2\,(S_1\,S_2 - \dfrac{\pi\,d^2}{4}) + \pi\,d\,(P_F - t_F)} \tag{6.4-30}$$

$$U = \frac{P_F\;S_1}{(S_1 - d)(P_F - t_F)}U_{in} \tag{6.4-31}$$

記号および適用範囲は次のようである（図 6.4‐2 参照）.

適用範囲：3 列以上（Re＝400～750），列数 N_R＝3～5
流速　：U（フィン間流速），U_{in}（フィン前面流速）
伝熱管：円管（外径 d＝6.35～9.52mm）
管配列：千鳥配列，段ピッチ S_1＝20.4～25.4mm，列ピッチ S_2＝17.7～22.0mm
フィン：ピッチ P_F＝1.65～6.0mm，幅 L_2＝18.5～110mm，厚さ t_F（0.1～0.3mm 程度）

ここで，D_e は最小流路容積（伝熱管の間）を基にした最小流路断面積（＝最小流路容積／L_2）から求めた値であり，U は同じく最小流路断面積から求めた最大風速である.

b)　スリットフィン(slit fin　または offset-strip fin)

現在では，フィン表面にスリットやルーバを施した高性能フィンが実用化されており，エアコンの室内外機用の熱交換器に広く使われている．フィンパターンも様々なものが提案されているが，それらに関する一般性のある整理法は確立されていない（藤井・瀬下，1992)．従って，スリットフィンについては，それぞれのフィンパターンに関しての個別の測定結果の集合体となる.

例えば，各種のスリットフィンに対しては，図 6.4-3 に示す実験結果がある（千秋，1984)．図 6.4-3 において，f はファニングの摩擦損失係数(Fanning friction factor)であり，式(6.4-22)で定義されものと同一である．また，j はコルバーンの j 因子(Colburn j factor)であり，次式で定義される.

$$j = \left(\frac{Nu}{Pr\,Re}\right)Pr^{2/3}\quad ,\qquad Nu = \frac{hD_e}{k} \tag{6.4-32, 33}$$

$$Re = \frac{u_{max}D_e}{\nu}\quad ,\qquad D_e = \frac{4\,A_c\,L}{A} \tag{6.4-34, 35}$$

ここで，A_c は管で空気通路が最も狭まった部分におけるフィン間最小流路断面積，L は流れ方向のフィン幅，A は伝熱面積である．u_{max} はフィン間最大風速，k，ν，Pr はそれぞれ空気の熱伝導率，動粘性係数，プラントル数である．また，式(6.4-35)の D_e は式(6.4-23)のものと基本的に同一である.

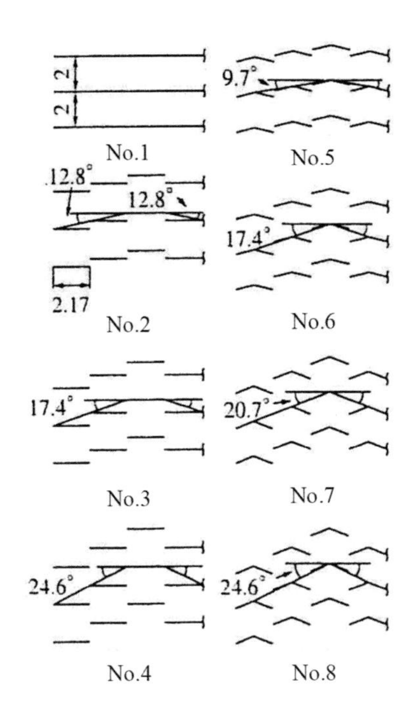

No	スリット配列の傾き角（度）	スリット配列の垂直方向の間隔（mm）	フィン形状
1	0	0	平板形状又は平板状スリット
2	12.8	0.5	
3	17.4	0.68	
4	24.6	1.0	
5	9.7	0.37	山型状スリット
6	17.4	0.68	
7	20.7	0.82	
8	24.6	1.0	

(a)フィン形状

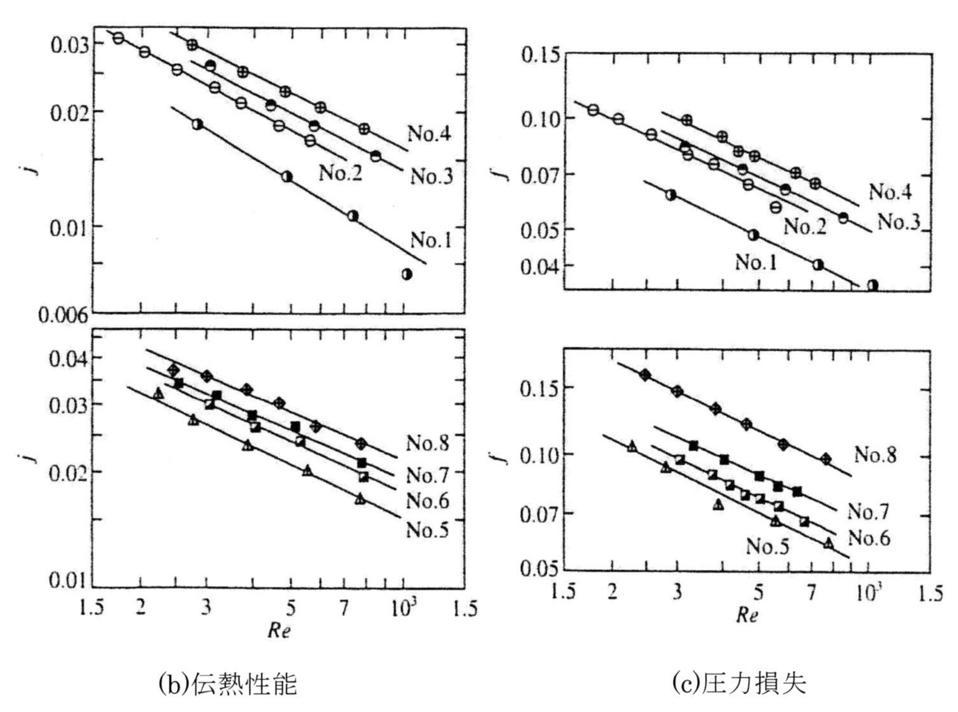

(b)伝熱性能　　　　(c)圧力損失

図 6.4-3 各種フィンの伝熱性能と圧力損失

なお，図 6.4-3 の No.4 のような形状のスリットフィンに関し，次のような相関式も提案されている（望月・八木，1987）．

$$j = 1.37\left(\frac{c}{De}\right)^{-0.25}\left(\frac{a-\delta}{b}\right)^{-0.184} Re^{-0.67} \tag{6.4-36}$$

$$f = 5.55\left(\frac{c}{De}\right)^{-0.32}\left(\frac{a-\delta}{b}\right)^{-0.092} Re^{-0.67} \tag{6.4-37}$$

適用範囲 $800 < Re < 2000$

$a / D_e = 0.696$，$b / D_e = 3.48$，$0.522 < c / D_e < 5.22$，$\delta / D_e = 0.0696$

ここで，a：フィン間隔，b：スリットの流れに垂直方向の長さ，c：スリットの流れ方向の長さ，δ：フィンの厚さである．

(b) **フィン効率(fin efficiency)**

6.3 節でも述べたように，各種フィン形状に対する実効の熱伝達率は，上記 1）で求めた値にフィン効率 η_f を乗じたものである．フィン効率 η_f は次のように定義される．

$\eta_f =$ （実際のフィンからの放熱量）／（フィンの熱伝導率を無限大とした時の放熱量）

(6.4-38)

全体のフィン領域を，図 6.4-4 に示すような各伝熱管まわりの仮想セグメントに分割し，各セグメントにおけるフィン領域を，図 6.4-5 に示すような一次元フィンの集まりと考えると，次の式により近似的に求めることができる．

$$\eta_f = \frac{tanh(ml)}{ml} \tag{6.4-39}$$

ここで，$m = \sqrt{h \cdot C / kS}$ であり，図 6.4-5 に示すように，l はフィンの長さ（各セグメントにおける伝熱管外周から，フィン先端部までの距離），C は周長（$=2Z+2t$），S は断面積（$=Zt$），h はフィン表面での熱伝達率，k はフィンの熱伝導率である．

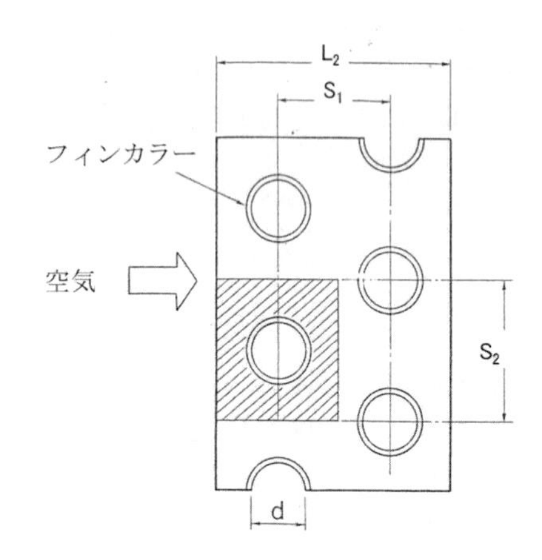

図 6.4-4 フィン領域の仮想セグメント分割

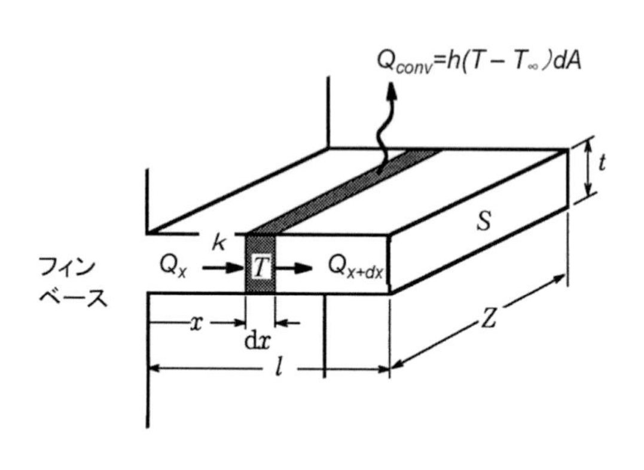

図 6.4-5 一次元単独フィン模式図

(c) **接触熱抵抗(contact thermal resistance)**

6.3 節の式(6.3-7)で示したように，例え管内外の熱伝達率が等しい場合でも，熱通過率の値は隔壁部の熱抵抗 R_w により異なる．壁部の熱抵抗 R_w には，伝熱管内壁と外壁との間の伝導熱抵抗に加え，伝熱管とフィン根元部での接触熱抵抗があり，通常は伝導熱抵抗に比べ接触熱抵抗の方が格段に大きい．従って，壁部の熱抵抗 R_w としては主として接触熱抵抗を考慮すれば良い．

上述のことは，フィンチューブ熱交換器のフィンと伝熱管の性能が向上しても，その接合部の熱抵抗が大きいと凝縮器の冷媒側から空気側への熱の流れが悪くなることを意味している．接触熱抵

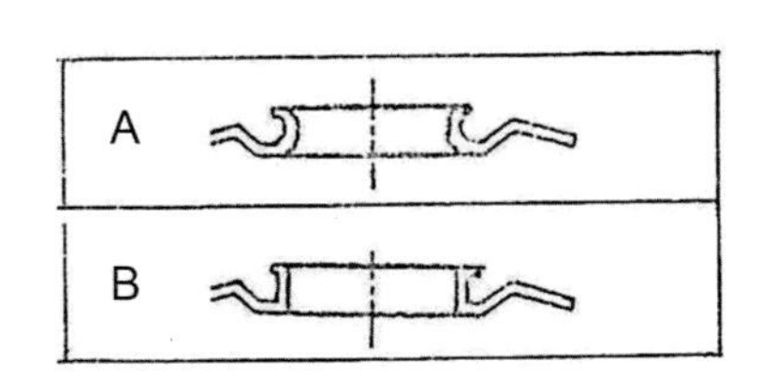

(a)フィンカラー形状

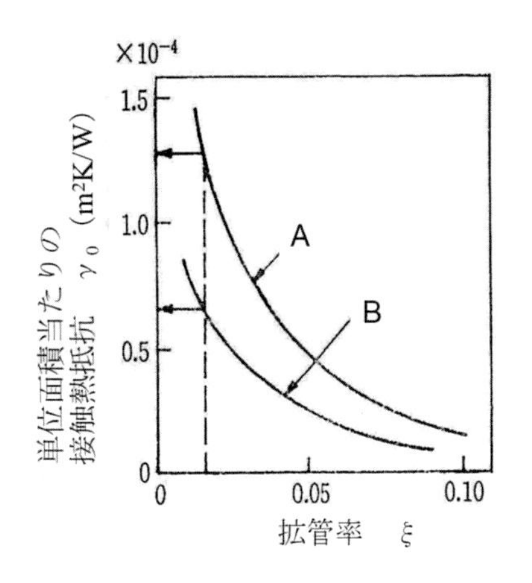

(b)接触熱抵抗

図 6.4-6 各種フィンカラー形状と接触熱抵抗

抗に影響を与える主要な因子は，フィンと伝熱管の接合方法とフィンカラー（フィン根元部）の形状である．フィンと伝熱管の接合方法としては，フィンカラーに伝熱管を挿入後に管の径を広げる拡管法が代表的であり，機械的に広げる方法と液圧で広げる方法とがある．一般に機械的に広げる方法の方が接触熱抵抗は小さくなる．図 6.4-6 はフィンカラーの形状と接触熱抵抗との関係を示す．なお，図 6.4-6 において接触熱抵抗は，接触面積基準の値（フィンカラー部での接触熱抵抗をフィンカラー部の面積で割った値）r_cとして表示されている．図 6.4-6 からわかるように次式で定義される拡管率ξが大きくなるほど接触熱抵抗は減少する．また，接触面積が大きいフィンカラー形状の方が接触熱抵抗は小さい（千秋，1984）．

$$\xi = （拡管前後でのフィンカラーの直径差）／（拡管前のフィンカラーの直径） \quad (6.4\text{-}40)$$

実際の拡管率は液圧で広げる方法で 0.01 程度，機械的に広げる方法で 0.015～0.025 である．従って，フィンチューブ熱交換器での接触熱抵抗は 10^{-4} m²K/W 程度の値となる（千秋，1984）．

なお，接触面積基準の接触熱抵抗値（フィンカラー部での単位面積当たりの値）r_c（m²K/W）と拡管量 Δd（m）との関係については，次式のような相関式が知られている（藤井・瀬下，1992）．

$$\frac{1}{r_c} = (2\times10^4\ \Delta d + 2.5)\, t_F \times 10^7 \quad (6.4\text{-}41)$$

ここで，t_F：フィンの肉厚（m）である．

(d) 相当熱伝達率 (equivalent heat transfer coefficient)

フィンの熱伝達率には，前記(a)で述べたフィン表面での熱伝達率(surface heat transfer coefficient)（次に述べる相当熱伝達率と区別するために表面熱伝達率と呼ばれることがある）のほかに，相当熱伝達率と呼ばれているものがある．図 6.4-7 に管内側から空気側に至る各部分での熱抵抗と表面熱伝達率および相当熱伝達率の関係を示す．

前記(a)で述べた通常の熱伝達率（表面熱伝達率）は，放熱フィン表面（伝熱面）における熱伝達率（フィン効率を 1 とした時のフィンのみの熱抵抗に対応）の値であり，式(6.3-7)における h_h あるいは h_c（凝縮器の場合は h_c）に相当している．フィン表面での熱伝達率（表面熱伝達率）は，接触

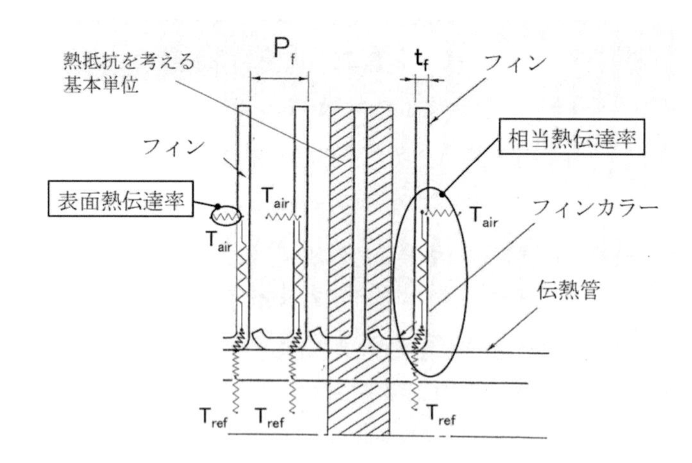

図 6.4-7 フィンチューブ熱交換器内の熱抵抗と表面熱伝達率および相当熱伝達率

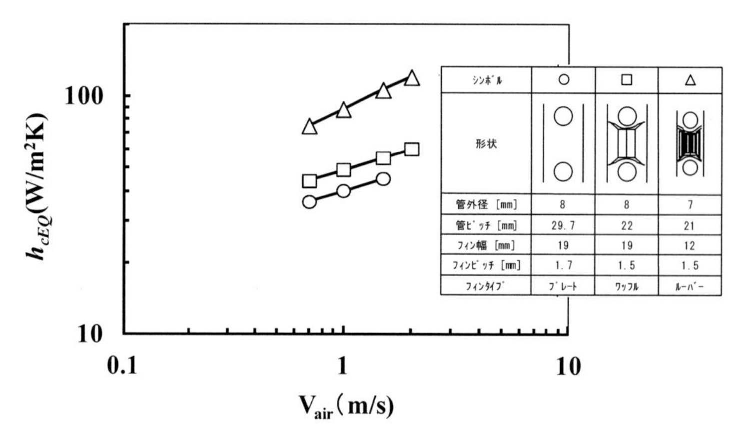

ｼﾝﾎﾞﾙ	○	□	△
形状			
管外径 [mm]	8	8	7
管ﾋﾟｯﾁ [mm]	29.7	22	21
ﾌｨﾝ幅 [mm]	19	19	12
ﾌｨﾝﾋﾟｯﾁ [mm]	1.7	1.5	1.5
ﾌｨﾝﾀｲﾌﾟ	ﾌﾟﾚｰﾄ	ﾜｯﾌﾙ	ﾙｰﾊﾞｰ

図 6.4-8 空調用フィンの相当熱伝達率

熱抵抗やフィン効率といった熱交換器の製造時の影響や材料物性の影響を受けないため，フィンの形状やスリットの配列の評価に適しており，数値解析やシングルブロー法（Pucci *et al.*，1967）などの実験から求められる．

一方，相当熱伝達率は，6.3 節の式(6.3-7)で冷媒側の熱伝達率（h_h）を無限大にした際の熱通過率に相当するものであり，通常の熱伝達率（表面熱伝達率）にフィン効率，接触熱抵抗や管の厚さ方向の伝導熱抵抗を含んだものである．相当熱伝達率は，種々の熱抵抗を含んだ分，フィン表面での平均の熱伝達率（表面熱伝達率）よりも 10～20%程度低い値となる．相当熱伝達率は，種々の熱抵抗があらかじめ織り込まれているため，熱交換器の設計や性能予測を行う際に便利であり，実用上しばしば用いられる．相当熱伝達率は，実際のフィン付き伝熱管を用いて管内に温水を流して行う，ウィルソンプロット法による実験などから測定できる．

なお，フィン表面での熱伝達率（表面熱伝達率），相当熱伝達率ともにフィンの全面積（管外側の面積）を基準にしている熱伝達率であること自体は同じであり，両者の差はフィン内部の熱抵抗を含むか含まないかのみである．ただし，温度差としては，表面熱伝達率がフィン表面と空気側との差であるのに対し，相当熱伝達率では伝熱管の内壁側と空気側との差になる．

一般に，管壁における伝導熱抵抗は接触熱抵抗に比べて小さいのでこれを無視すると，フィン表面での熱伝達率(表面熱伝達率)h_cと相当熱伝達率 h_{cEQ}の間には下記の関係がある(凝縮器の場合)．

$$\frac{1}{h_{cEQ}} = \frac{1}{\eta_{0c}\ h_c} + R_w\ A_c = \frac{1}{\eta_{0c}\ h_c} + r_c\ \frac{A_c}{A_{pc}} \tag{6.4-42}$$

ここで，r_c：接触面積基準の接触熱抵抗値，A_{pc}：フィンの管への接触面積，η_{0c}： フィンを用いた際の拡大伝熱面の効率（式(6.3-8b)参照）である．

図 6.4-8 は，空調機で一般に用いられるフィンの相当熱伝達率 h_{cEQ} を，風速との関係で示したものである（日本機械学会，2005）．高性能フィンの相当熱伝達率は，プレートフィンの約２倍程度になっている．なお，相当熱伝達率を用いた際の熱通過率の算出には式(6.3-10)を用いることができる．

6.4.4 フィンチューブ熱交換器における交換熱量

(a) 管内の凝縮のみを考慮した交換熱量の概略計算

6.3 節で述べたような方法で，各種設計条件が与えられた場合に対する必要伝熱面積や交換熱量を算出することができる．

主な手順は下記のとおりである．

交換熱量を求める場合[ε－NTU 法]

冷媒側熱伝達率の算出　→　空気側熱伝達率の算出（フィン効率，接触抵抗含む）

→　熱通過率 K の算出　→　伝熱面積 A の算出　→　伝熱単位数 NTU の算出

→　有効率 ε の算出　→　交換熱量 Q の算出

必要伝熱面積を求める場合［LMTD 法］

冷媒側熱伝達率の算出　→　空気側熱伝達率の算出（フィン効率，接触抵抗含む）

→　熱通過率 K の算出　→　交換熱量 Q　→　出口温度 T_{out} の算出（空気側）

→　平均温度差（対数平均温度差）ΔT_m の算出　→　必要伝熱面積 A の算出

(b) 管内の冷媒の状態変化を考慮した交換熱量の詳細計算

空調機用の熱交換器では，これに加えて空気側と冷媒側，特に冷媒側の状態変化をしっかり押さえることが重要である．それは，熱交換器の特に出口条件が下流側の機器の性能に影響を与えるためである．通常このような用途に対しては，熱交換器の管内側を複数の領域に分割して，各領域における局所的な熱交換量を考えることが多い（福島，1985；安田ら，1994；木戸ら，1996）．

以下に，冷媒配管の各種パターンとそれによる交換熱量の変化を詳細に検討するために用いられるフィンチューブ熱交換器のブロック細分法について説明する（木戸ら，1996）．ブロック細分法とは，フィンチューブ熱交換器の全域を図 6.4-9 に示すようにブロック分割し，冷媒の流れに沿って各ブロックでの交換熱量を逐次計算する手法である．ブロックの分割は列方向と段方向については伝熱管１本あたりで行い，水平方向については任意で行う．なお，各ブロックでの伝熱管の冷媒の流れと空気流の関係は，概略的には直交流（両流体とも非混合）とみなすことができる（図 6.2-6 (d) 参照）．

各ブロックの交換熱量の計算には式(6.3-15)を用いることができる．有効率 ε の計算には，冷媒に相変化が起こっている二相状態の場合の場合は，式(6.3-19)を用いることができる．一方，冷媒が

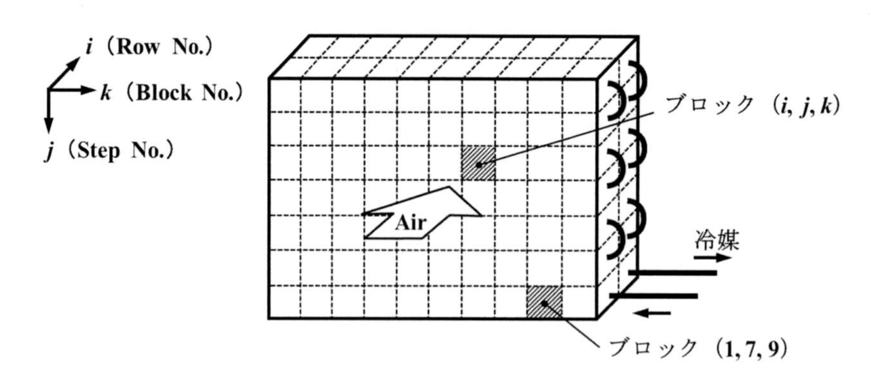

図 6.4-9 フィンチューブ熱交換器のブロック分割

単相状態の場合には，式(6.3-18)を用いることができる．

式(6.3-15)を用いてブロックでの交換熱量 Q が求まると，ブロック出口での空気温度 T_{out} と冷媒のエンタルピ(enthalpy)i_{out} が求められる．

空気側の熱バランスを考慮すると，入口側の空気温度 T_{in} に対し，出口側の空気温度 T_{out} は次式により求められる．

$$T_{out} = T_{in} + \frac{Q}{G_{air}\, c_P} \tag{6.4-43}$$

ここで，G_{air}：空気の質量流量，c_p：空気の定圧比熱である．

また，冷媒側の熱バランスを考慮すると，入口側のエンタルピ i_{in} に対し，出口側のエンタルピ i_{out} は次式により求められる．

$$i_{out} = i_{in} - \frac{Q}{G} \tag{6.4-44}$$

ここで，G：冷媒の伝熱管 1 本当たりの質量流量である．

以下に，計算手順の概略を示す．

図 6.4-10 に冷媒のモリエル線図(Mollier chart)とエアコンの冷凍サイクル（蒸気圧縮式冷凍サイクル(vapor-compression refrigeration cycle)という）を示す．凝縮器の場合には，熱交換器の入口部の状態は，図 6.4-10 の 2 の部分に相当する（過熱状態）．また，熱交換器の出口部の状態は，図 6.4-10 の 3 の部分に相当する（過冷却状態）．ブロック分割法では，上記 2 の状態から 3 の状態に至るまでの冷媒側のエンタルピ i の変化を追って行く．凝縮器の場合には，入口部のブロックの伝熱管に高温高圧の蒸気が流入するので，前述の図 6.4-10 の 2 の部分に相当するエンタルピ i_{in}（通常は圧縮機出口における値を用いる）から計算を開始する．そして，式(6.4-44)を用いて出口側のエンタルピ i_{out} を計算する．そして，求めた出口エンタルピの値 i_{out} を，次のブロックにおける入口エンタルピ i_{in} とし，出口部のブロックに至るまで順次この操作を繰り返す．その途中，エンタルピ i_{out} の値がモリエル線図の蒸気－二相境界（凝縮開始エンタルピ）に交差するまでは，伝熱管内の冷媒を単相の蒸気として取り扱う．そして，それ以降，エンタルピ i_{out} の値がモリエル線図の液－二相境界（凝縮終了エンタルピ）に交差するまでは，二相状態として取り扱う．そして最後に，エンタルピ i_{out} の値がモリエル線図の液－二相境界を越えると，単相の液冷媒として取り扱う．そして，最後のブロックで求めた出口エンタルピ i_{out} の値が，図 6.4-10 の 3 の部分に相当するものである（通常はこれが膨張弁出入口における値となる）．

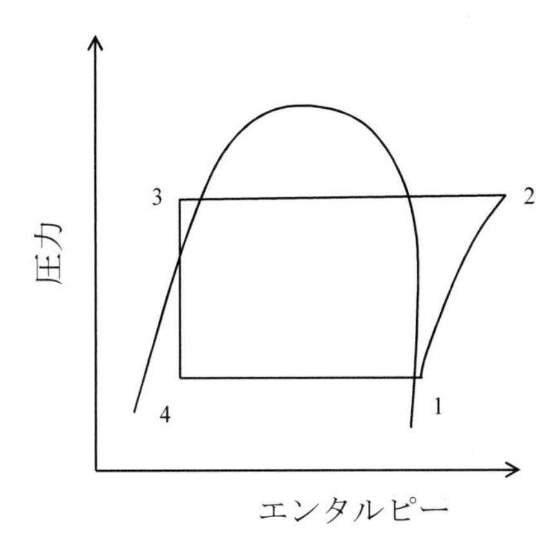

図 6.4-10 冷媒のモリエル線図と冷凍サイクル

なお，上述の計算を行うに際して，伝熱管列が複数ある場合には，式(6.4-43)を用いてブロック出口側の空気温度 T_{out} を計算し，求めた出口側の空気温度 T_{out} の値を，次のブロックの入口側の空気温度 T_{in} とする．この操作を，空気出口部のブロックに至るまで順次繰り返す．

6.4.5 伝熱管の最適な配列に関して

(a) 管内側から見た最適な冷媒の分岐数

フィンチューブ熱交換器では冷媒の分岐数も重要な要素である．分岐数が多くなると伝熱管内の圧力損失が小さくなるため，平均の凝縮温度が高くなる．従って，冷媒と空気の温度差を大きくとることができる．一方，伝熱管内での冷媒の流速は減少するため，管内側の熱伝達率が減少し，必要伝熱面積が増大する．逆に，分岐数が少なすぎると，伝熱管内での圧力損失が増加し，平均の凝縮温度が低下する．このため，管内側熱伝達率の増大にもかかわらず，必要伝熱面積は増大する．

図 6.4-11 は凝縮器の伝熱面積と分岐数の関係を示す（千秋，1984）．ここで，設計条件は下記のとおりである．

フィン	：図 6.4-3 の No.7	伝熱管	：内面溝付管
列数	：2 列	冷媒	：R22
冷媒流量	：360 kg/h	流入ガス温度	：82℃
サブクール度	：10℃	空気流量	：110 m^3/min
入口空気温度	：35℃		

図 6.4-11 より，4 から 5 分岐付近で伝熱面積は極小値をとっており，この条件では熱交換器を小型化する最適な冷媒分岐数は 4 から 5 程度であることがわかる．

(b) 空気側から見た最適な列数

伝熱管の最適な列数は空気側のフィンの性能によって異なる．図 6.4-12 は，フィンチューブ熱交換器を用い，空気により有機流体（フレオン(Freon)）を凝縮させる場合である（中山，1981）．ここで，フィンはプレートフィン A と高性能フィン B の２種類を考え，フィンを厚さ 0.2mm，フィンピッチ 2mm としている．拘束条件として，次のものを与える．また，空気温度は 30℃であり，管内側の凝縮熱伝達率を 3000W/m^2K で一定としている．

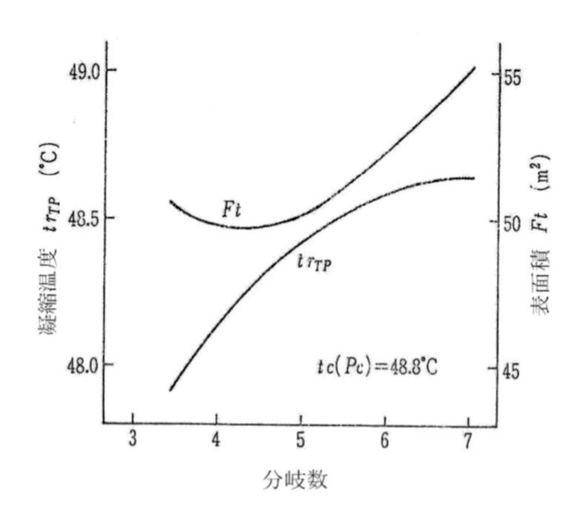

図 6.4-11 凝縮器の伝熱面積と分岐数の関係

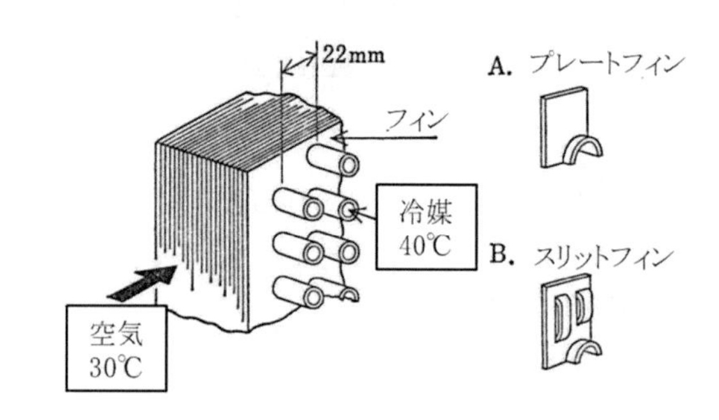

図 6.4-12 凝縮器の検討条件

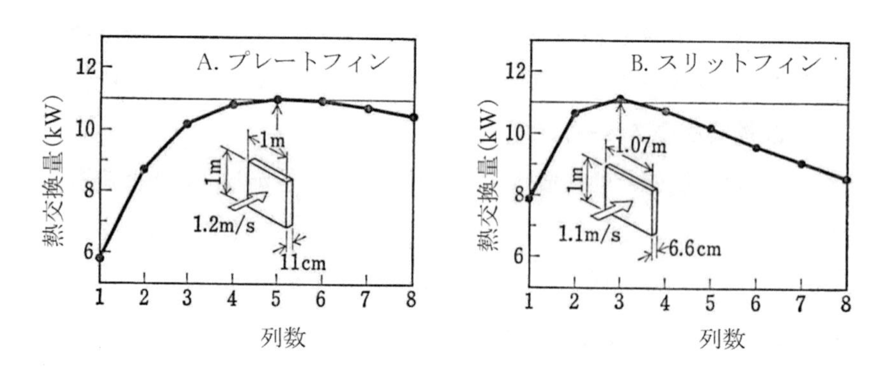

図 6.4-13 凝縮器の列数と交換熱量の関係

熱交換器の前面面積（流れに直交する面積）: 1 m×1 m 程度

交換熱量：11kW 程度

送風動力：15W

前面風速：1 m/s 前後

この条件での，列数と交換熱量の関係を求めると図 6.4-13 のようになる．プレートフィンの場合，列数が 5 で交換熱量は最大となる．これよりも列数が少ないと空気側の伝熱面積が不足し，交換熱量が低下する．逆に列数が多すぎると空気側の圧力損失が増大し，空気流速が減少するため，交換熱量も減少する．

高性能フィンでは，列数が 3 で交換熱量は最大となるため，熱交換器の容積は 36％ほど少なくてよい．プレートフィンの場合と同様，これよりも列数が少ないと空気側の伝熱面積が不足し，交換熱量が低下する．逆に，列数が多すぎると空気側の圧力損失が増大し，空気流速が減少するため，交換熱量も減少する．なお，高性能フィンでは，空気流に対する圧力損失の増大が著しく，列数の増大による交換熱量の低下が顕著である．

上述の，高性能フィンでの圧力損失の急増の問題は，暖房時のエアコン室外機での着霜時にも見られる．一般に，プレートフィンの場合の方が，着霜時の圧力損失の増大が少なく，高性能フィンに比べて着霜時の暖房能力の低下は少なくなる傾向がある．

6.5 その他の熱交換器の設計

6.5.1 シェルチューブ熱交換器

管外側における平滑管の管外凝縮熱伝達率に関しては，次式で示されるヌセルトの式を用いて概略値を計算することができる．

$$Nu = 0.729\left(\frac{Ga\,Pr}{Ja}\right)^{1/4} \tag{6.5-1}$$

ここで，

$$Ga = \frac{d_o^3\,g}{\nu_L} \tag{6.5-2}$$

$$Ja = c_{p_L}\,(T_S - T_W)\big/\Delta i_v \tag{6.5-3}$$

管内側の冷却水は単相流であり，この場合の熱伝達率は式(6.4-18)により概算できる．なお，シェルチューブ凝縮器では，管外側を冷媒が流れる管外凝縮の構成のため n=0.4 となる．

6.5.2 二重管式熱交換器

熱交換器全体の平均的特性を把握する式の一例として，外管と内管の間の空間を冷媒が流れる環状流における凝縮熱伝達率（凝縮域の平均値）は，次式で概算することができる（山口ら，1985）．

$$Nu = \frac{h\,D_e}{k_L} = 1.69\times10^{-4}\ Re_{eq}\ Pr_L \tag{6.5-4}$$

$$D_e = \frac{4\,A_c}{L_P} \tag{6.5-5}$$

ここで，D_e：等価直径（水力直径），Re_{eq}：等価レイノルズ数（$=Re_V+Re_L$），Re_V：飽和蒸気のレイノルズ数，Re_L：飽和液のレイノルズ数，Pr_L：飽和液のプラントル数，k_L：飽和液の熱伝導率である．

より詳細に検討するためには，第5章にある式を用いることが望ましい．

二重管式凝縮器では，管内側を冷却水が流れるのが一般的であり，この場合の熱伝達率は式(6.4-18)により概算できる．なお，内管の外側を冷媒が流れる管外凝縮的な構成のため n=0.4 となる．

6.5.3 プレート式熱交換器

a) 冷媒側の伝熱性能

冷媒 R134a に対しては，下記のような実験式がある(Yan,Y.Y. *et.al*,1998)．なお，プレートは，深さ 3.3mm，ピッチ 10mm のヘリンボーン型である．

$$Nu = \frac{h\,D_e}{k_L} = 4.118\ Re_{eq}^{\ 0.8} Pr_L^{\ 1/3} \tag{6.5-6}$$

$$f\ Re^{0.4}\left(\frac{q}{G\ \Delta i_v}\right)^{-0.5}\left(\frac{P}{P_{cri}}\right)^{-0.8} = 94.75\ Re_{eq}^{-0.67} \tag{6.5-7}$$

$$Re = \frac{G\,D_e}{\mu_L} \tag{6.5-8}$$

$$Re_{eq} = \frac{G_{eq}\ D_e}{\mu_L} \tag{6.5-9}$$

$$G_{eq} = G\left\{1 - x + x\left(\frac{\rho_L}{\rho_V}\right)^{0.5}\right\} \tag{6.5-10}$$

$$f = \frac{\rho\ \Delta P\ D_e}{2\,L\,G^2} \tag{6.5-11}$$

ここで，P_{cri}：冷媒の臨界圧力(R134a : 4.064MPa)，q：熱流束，Δi_v：相変化の潜熱，G：質量速度，x：蒸気のクオリティ，L：冷媒入口から出口までの流路長さである．

b）水側の伝熱性能

プレート式熱交換器の水側熱伝達率は一般的には次式で表される（日本機械学会，2005）．

$$Nu = \frac{h\,D_e}{k_L} = A\ Re^B Pr^{1/3}\left(\mu/\mu_w\right)^{0.14} \tag{6.5-12}$$

ここで，D_e：相当直径=2δ（m），μ：粘度（Pa･s），δ：プレート間の間隔（m）であり，μ，μ_wはそれぞれ混合平均温度と壁温における流体粘度である．A の値はプレートの深さやピッチによって概ね乱流の場合 0.1 から 0.4，層流の場合 1 から 4 となる．また B の値は概ね乱流の場合 0.6～0.8，層流の場合 0.4 から 0.9 となっている．

なお，深さ 3.3mm，ピッチ 10mm のヘリンボーン型プレートに対して，下記のような実験式が与えられている(Yan,Y.Y. *et.al*,1998).

$$Nu = \frac{h\,D_e}{k_L} = 0.2121\,Re^{0.78} Pr^{1/3} \tag{6.5-13}$$

プレート式熱交換器の水側圧力損失に関して一般的には次式で表される（日本機械学会，2005）．

$$f = \mathrm{M}\ Re^{\mathrm{N}} \tag{6.5-14}$$

ここで，fは摩擦係数であり，次のファニングの式で定義される．

$$4f = \left(\frac{2\ \Delta P}{\rho\,u^2}\right)\frac{D_e}{L} \tag{6.5-15}$$

ここで，　u：平均流速（m/s），　L：伝熱長さ（m）である

上式において，M の値はプレートの深さやピッチにより概ね 0.2～2.0 となり，また N の値は概ね 1.6～2.0 となっている．

6.6 例題

6.6.1 フィンチューブ熱交換器

a) 冷媒側（管内側）

・内径 7mm，長さ 8m の伝熱管（格子溝付き管）において，冷媒(R410A)が流量 200kg/m^{2}s で流れる場合の凝縮熱伝達率を求める．ただし，冷媒の飽和蒸気温度は 50℃であり，伝熱管の壁温は 47℃であるとする（藤井・瀬下，1992）．

解）式(6.4-1)を適用する．

・R410A の 50℃における物性値（概略値）

密度：ρ_L＝915kg/m^3,　ρ_V＝137kg/m^3

粘度：μ_L＝84.1μPa・s，μ_V＝15.6μPa・s

比熱：c_{pL}＝2211J/kgK，熱伝導率：k_L＝0.084W/mK

エンタルピ：$i_L = 284\times10^3$J/kg，$i_V = 422\times10^3$J/kg

・潜熱：$\Delta i_v = i_V - i_L = 422\times10^3 - 284\times10^3 = 138\times10^3$J/kg

・ヤコブ数：$Ja = c_{pL}(T_s - T_w)/\Delta i_v = $ =2211×（50－47）/ 138 ×10^3=0.0481

・$\rho\mu$比：$R = (\rho_L \mu_L / \rho_V \mu_V)^{1/2} = $（915×84.1 / 137×15.6）$^{1/2}$＝6.0

・Re 数：$Re = G\cdot l / \mu_V$ ＝200×8 / 15.6×10^{-6}＝1.03×10^8

・Pr 数：$Pr_L = c_{p_L}\cdot\mu_L / k_L$ ＝2211×84.1×10^{-6} / 0.084＝2.21

・C_{oef}の値：格子溝付管なので C_{oef}＝0.74

・Nu 数：

$$Nu = C_{oef}\ (l/d)^{-0.4}\ Ja^{-0.6}\ (Re\ Pr_L / R)^{0.8}$$
$$= 0.74\ (8/0.007)^{-0.4}\ 0.0481^{-0.6}\ (1.03\times10^8 \times 2.21/6.0)^{0.8} = 3.16\times10^5$$

・熱伝達率：$h = Nu\, k_L / l$ ＝3.16×10^5×0.084 / 8＝3320 W/m^{2}K

b) 空気側（管外側）

・2 列構成のプレートフィンの表面熱伝達率と圧力損失を求める．なお，フィン前面風速 1.0m/s，フィンピッチ 1.5mm，フィン厚さ 0.12mm，伝熱管外径 9.52mm，伝熱管段ピッチ 25.4mm，伝熱管列ピッチ 22mm（フィンの長さ 44mm）とする（藤井・瀬下，1992）．また，空気温度を 30℃とする．

解）式(6.4-21)，式(6.4-22)および式(6.4-24)，式(6.4-25)を使用する．

・フィン間流速

$$U = \frac{P_F\ S_1\ S_2}{(S_1\ S_2 - \frac{\pi d^2}{4})\ (P_F - t_F)} U_{in} = 1.275\ \text{m/s}$$

・代表寸法

$$D_e = \frac{4\,(P_F - t_F)\,(S_1\ S_2 - \frac{\pi d^2}{4})}{2\,(S_1\ S_2 - \frac{\pi d^2}{4}) + \pi\, d\,(P_F - t_F)} = 2.64\ \text{mm}$$

・レイノルズ数

$$Re = \frac{U D_e}{\nu} = 212$$

・ヌセルト数

$$Nu = 2.1 \times \left(\frac{Re\, Pr\, D_e}{L_2} \right)^{0.38} = 4.87$$

・熱伝達率

$$h = Nu \frac{k}{d} = 48.2\ \mathrm{W/m^2K}$$

・流動抵抗係数

$$f = \frac{D_e}{L_2} \times \left[0.43 + 35.1 \times \left(\frac{Re\, D_e}{L_2} \right)^{-1.07} \right] = 0.164$$

・フィン管圧力損失

$$\Delta P = \frac{2\, f\, L_2\, \rho U^2}{D_e} = 10.5\ \mathrm{Pa}$$

・1 列構成のプレートフィンの相当熱伝達率を求める．なお，フィン前面風速 1.0m/s，フィンピッチ 1.7mm，伝熱管外径 8mm，伝熱管段ピッチ 29.7mm，フィンの長さ 19mm とする．

解）図 6.4-8 を使用する．

図 6.4-8 より，フィン前面風速 1.0m/s における相当熱伝達率は 40 W/m²K となる．

c) 熱通過率

【相当熱伝達率から求める場合】

・長さ 800mm，高さ 200mm，奥行き 19mm の凝縮器における熱通過率を求める．管内側および管外側の条件は上記と同じとする．管内側については，内径 7mm，長さ 8m の伝熱管（格子溝付き管）であり，冷媒(R410A)が流量 200kg/m²s で流れる．ただし，冷媒の飽和蒸気温度は 50℃であり，伝熱管の壁温は 47℃である．管外側のプレートフィンは 1 列構成とし，フィン前面風速 1.0m/s，フィンピッチ 1.7mm，伝熱管外径 8mm，伝熱管段ピッチ 29.7mm，フィンの長さ 19mm とする．

解）上記 2 項目と式(6.3-10)を使用する．なお，ここでは式(6.3-10)の添字記号を，c（低温側）→o（フィン表面），h（高温側）→i（管内壁）に読みかえる．

・フィンの枚数

熱交換器高さ/フィンピッチ＝200 / 1.7 ＝117.6 → 117 枚

・フィン概略面積 A_o

熱交換器長さ×フィン長さ×フィン枚数×2＝0.8×0.019×117×2＝3.56m²

・伝熱管面積 A_i

π×管内径×伝熱管長さ＝π×0.007×8＝0.176m²

・熱通過率

$$\frac{1}{KA} = \frac{1}{K_i A_i} = \frac{1}{K_o A_o} = \frac{1}{h_i A_i} + \frac{1}{h_o A_o}$$ より

$$K_i = \left[\frac{A_i}{h_o \ A_o} + \frac{1}{h_i} \right]^{-1} = \left[\frac{0.176}{40 \times 3.56} + \frac{1}{3320} \right]^{-1} = 651 \ \mathrm{W/m^2K}$$

d) 交換熱量

・上記の凝縮器において，空気温度が 30℃の場合の概略の交換熱量を求める．

（解）式(6.3-15)および式(6.3-19)を適用する．

・熱容量流量

管内側が相変化するため，C_{min} は空気側の熱容量流量となる．

$$C_{\min} = \dot{m}_{air} \ c_{p,air} = \rho_{air} \ U \ A_C \ c_{p,air} = 1.16 \times 1 \times 0.8 \times 0.3 \times 1007 = 280 \ \mathrm{W/K}$$

・伝熱単位数

$NTU=KA/C_{min}=K_iA_i/C_{min}=651\times0.176\div280=0.409$

・有効率

$$\varepsilon = 1 - \exp\left(- NTU\right) = 1 - \exp\left(- 0.409\right) = 0.336$$

・交換熱量

$$Q = \varepsilon \, C_{\min} \left(T_{h,in} - T_{c,in}\right) = 0.336 \times 280 \times (50 - 30) = 1880 \ \mathrm{W}$$

6.6.2 シェルチューブ熱交換器

交換熱量 120kW のシェルチューブ凝縮器（管外凝縮タイプ）に必要な伝熱管の長さと本数を求める（日本機械学会，2008）．

a) 前提条件

・冷媒：R134a（ρ_L = 1160kg/m^3，μ_L = 170μPa・s，k_L = 0.076W/m^{2}K，潜熱 Δi_v = 167kJ/kg）

・伝熱管：外径 19mm，内径 16mm，管内外とも平滑面，ローフィン管（有効面積拡大率 3)，凝縮温度 36℃

・冷却水：入口温度 30℃，出口温度 35℃，管内流速 1.0m/s
（ρ_w = 995kg/m^3，μ_w = 760μPa・s，k_w = 0.620W/m^{2}K，c_p＝4.18kJ/kgK，Pr=5.15）

b) 解

・伝熱管 1 本あたりの冷却水量

$$\dot{m} = \frac{\pi}{4} d_i^2 \ \rho_W \ U = \frac{\pi}{4} 0.016^2 \times 995 \times 1.0 = 0.200 \ \mathrm{kg/s}$$

・伝熱管 1 本あたりの交換熱量

$$Q = \dot{m} c_p \left(T_{c,out} - T_{c,in}\right) = 0.200 \times 4.18 \times (35 - 30) = 4.18 \ \mathrm{kW}$$

・必要な伝熱管本数

交換熱量／伝熱管 1 本あたりの交換熱量＝120 / 4.18＝28.7 本 → 30 本

・冷却水の Re 数

$$Re = \frac{U\,d_i}{\nu_W} = \frac{U\,d_i}{\mu_W/\rho_W} = \frac{1.0\times 0.016}{760\times 10^{-6}/995} = 20947 \text{（乱流）}$$

・管内側熱伝達率

$$h_i = Nu\frac{k_W}{d_i} = 0.023\,\mathrm{Re}^{0.8}\,\mathrm{Pr}^{0.4}\frac{k_W}{d_i} = 0.023\times(20947)^{0.8}\,5.15^{0.4}\,\frac{0.62}{0.016}$$

$$= 4916\ \mathrm{W/m^2K}$$

・管外側熱伝達率

式(6.5-1)で示されるヌセルトの式を使用する． $T_S - T_W = 3$℃とすると，

$$h_o = \frac{k_L}{d_o}\,0.729\times\left(\frac{Ga_d\ Pr}{Ja}\right)^{1/4} = 0.729\left(\frac{k_L^3\ \rho_L^2\ g\,\Delta i_v}{\mu_L\ (T_S - T_W)\ d_o}\right)^{1/4}$$

$$= 0.729\times\left(\frac{0.076^3\cdot 1160^2\cdot 9.807\cdot 167\times 10^3}{170\times 10^{-6}\cdot 3\cdot 0.019}\right)^{1/4} = 2304\ \mathrm{W/m^2K}$$

・対数平均温度差

$$\Delta T_m = \Delta T_{lm} = \frac{\Delta T_1 - \Delta T_2}{\ln(\Delta T_1/\Delta T_2)} = \frac{(36-30)-(36-35)}{\ln((36-30)/(36-35))} = 2.79\ ℃$$

・熱通過率

$$\frac{1}{K_i} = \frac{A_i}{h_o\ A_o} + \frac{1}{h_i} \text{ より}$$

$$K_i = \left[\frac{d_i}{h_o\cdot 3d_o} + \frac{1}{h_i}\right]^{-1} = \left[\frac{0.016}{2304\times 3\times 0.019} + \frac{1}{4916}\right]^{-1} = 3075\ \mathrm{W/m^2K}$$

・必要な伝熱管長さ

熱バランスの式より算出する．

$$Q = K_i A_i\,\Delta T_{lm} = K_i\ \pi d_i\,l\,\Delta T_{lm} \text{ より}$$

$$l = \frac{Q}{\pi\,d_i\ K_i\ \Delta T_{lm}} = \frac{4.18\times 10^3}{\pi\cdot 0.016\cdot 3075\cdot 2.79} = 9.69\ \mathrm{m}$$

→　l ＝3.3 m の 3 パス構成とする

第６章の文献

木戸長生，谷口光徳，管宏昭，1996，代替冷媒に対応した空調用熱交換器の性能計算，第 33 回日本伝熱シンポジウム講演論文集，pp.529-530.

千秋隆雄，1984，空気－冷媒熱交換器の設計，選定，冷凍，Vol.59, No.682, pp.731-739.

中山恒，1981，エネルギー工学のための熱交換技術入門，オーム社.

日本機械学会，2005，第 1 章　熱交換器，機械工学便覧，応用システム編，γ3 熱機器，丸善.

日本機械学会，2008，演習伝熱工学，丸善，p.127.

日本冷凍協会，1993，第 2 章　熱交換器（凝縮器，蒸発器），冷凍空調便覧（第 5 版），II 巻，機器編，pp.91－108.

日本冷凍空調学会，2010，第 7 章　熱および物質移動，冷凍空調便覧（第 6 版），I 巻，基礎編，p.235.

福島敏彦，宮本誠吾，1985：蒸気圧縮式冷凍サイクルの動的挙動解析，冷論，Vol.2, No.2, pp.41－53.

藤井哲，上原春男，1973，　膜状凝縮熱伝達，伝熱工学の進展，Vol.1，養賢堂：88.

藤井雅雄，瀬下裕，1992，コンパクト熱交換器，日刊工業新聞社.

野津滋，藤井哲，本田博司，1982, 空冷コンデンサの伝熱面積の計算法，冷凍，Vol.5, No.660,, pp. 1007-10190.

望月貞成，八木良尚，1987，断続平板伝熱面群を通過する流れと熱伝達，冷論，Vol.4, No.2, pp.97－108.

安田弘，柳沢徹邇，出石峰敏，1994：蒸気圧縮式冷凍サイクルの動特性モデル，冷論，Vol.11，No.3，pp.263－275.

山口博司ほか２名，1985，シャープ技報，Vol.31，49.

Pucci, P.F., Howard, C.P. and Piesall, C.H.,, 1967, The Single-blow transient testing techniqe for compact heat exchanger surfaces, *Trans. ASME, Journal of Engineering for Power,* pp.30-40.

Shah, M.M., 1979, A general correlation for heat transfer during film condensation inside pipes, *Internationa. Journal of Heat and Mass Transfer*, Vol.22, pp.547-556.

Yan, Y.Y., Lio, H.C., Lin, T.F., 1999, Condensation heat transfer and pressure drop of refrigerant R-134a in a plate heat exchanger, *International Journal of Heat and Mass Transfer*, Vol.42, pp.993-1006.

第7章 トピックス

7.1 微細流路内の凝縮

7.1.1 はじめに

冷凍空調機器用熱交換器の伝熱管として，従来，内径数 mm 以上の管が主として使用されてきたが，近年，4 mm 程度の細径管や水力直径が 1 mm 程度あるいはそれ以下の流路（以下，微細流路）を複数有する扁平多孔管 (Multiport tube, Multiport minichannels) が導入されつつある．これは，単位体積当たりの伝熱面積の増加および管内外の伝熱性能の向上による熱交換器の小型・高性能化，システムへの冷媒充填量の削減を期待したものである．微細流路内の凝縮に関する研究はこれまでに数多く報告されており，最近の研究レビューとして，Awad *et al.* (2014) などがあげられる．本節では，まず，従来径管（ここでは内径数 mm 以上の平滑管を従来径管と呼ぶ）と微細流路との分類方法について紹介する．ついで，微細流路内の流動様式，凝縮流の熱伝達特性および圧力損失特性に関する最近の研究を紹介する．

7.1.2 微細流路の分類

内径数 mm 以上の従来径管内での凝縮流の流動伝熱特性は，第 5 章で述べたように，主に蒸気せん断力と重力の影響によって決まるが，管径が小さくなるにつれて流動伝熱特性に及ぼす重力の影響は小さくなり，表面張力による影響がより顕著に現れるものと考えられる．したがって，微細流路内の流動伝熱特性は従来径管の場合とは異なることが予想される．しかしながら，従来径管と微細流路（ミニチャンネル）とを分類する明確な基準は確立されていない．以下に，これまでに提案されているいくつかの分類方法について紹介する．

Kew-Cornwell (1997) は，表面張力 σ および気液の密度差 $(\rho_L - \rho_V)$ を用いて，水力直径 D_h について次の条件が成立する場合を Small diameter passages と定義している．

$$D_h < 2\sqrt{\frac{\sigma}{g(\rho_L - \rho_V)}} \tag{7.1-1}$$

上式によれば, R134a の飽和温度 0 ºC で D_h = 1.9 mm, 40 ºC で D_h = 1.5 mm 以下が Small diameter passages とみなせる．Kandlikar *et al.* (2003) は，大気圧での気体の平均自由行程を参考に，クヌーセン数に基づいた微細流路の分類法を提案している．それによると，水力直径 D_h が 3 mm 以上を Conventional Channels, $3\,\mathrm{mm} \ge D_h > 0.2\,\mathrm{mm}$ を Minichannels，$0.2\,\mathrm{mm} \ge D_h > 10\,\mu\mathrm{m}$ を Microchannels，$10\,\mu\mathrm{m} \ge D_h > 0.1\,\mu\mathrm{m}$ を Transitional Channels，D_h が 0.1μm 以下を Molecular Nanochannels と定義している．また，Kawaji-Chung (2003) は $6\,\mathrm{mm} \ge D_h > 0.25\,\mathrm{mm}$ を Minichannels，D_h が 0.25mm 以下を Microchannels として，断熱気液二相流に関する従来の研究をレビューし，二相流の特性を判定する無次元数としてボンド数 *Bo*，液相および気相のウェーバー数 *We*，液相および気相のレイノルズ数 *Re*，キャピラリ数 *Ca* を用いることを提案している．

7.1.3 流動様式

水力直径が小さくなるほど気液二相流に及ぼす重力の影響が小さくなり，表面張力による影響がより顕著に現れるため，微細流路内の気液二相流の流動様相の分類について，これまでにいくつかの実験的研究が報告されている．

Damianides-Westwater (1988)は空気－水を用いて円形流路内水平流の流動様相の観察を行い，細径化に伴い表面張力の影響が大きくなり，間欠流から環状流への遷移が高い気相の見かけ速度で生じることを明らかにするとともに，各管径について流動様式線図 (Flow regime map, Flow pattern map) を提案している．また，Triplett *et al.* (1999) は水力直径 1.1 mm～1.5 mm の水平な円形および三角形流路内での空気－水の流動様相の観察を行い，(1)気泡流 (Bubbly flow)，チャーン流 (Churn flow)，スラグ流 (Slug flow)，スラグ－環状流および環状流 (Annular flow) が観察されること，(2)スラグ流やチャーン流においては上面に比して下面の液膜がわずかに厚くなるものの，従来径管でみられる気液が上下に分離した成層流 (Stratified flow) は観察されないこと，管径や流路形状によらず Damiannides-Westwater (1988)の流動様相線図は全般に良い一致を示すことを報告している．三島・日引 (1995) は垂直微細流路内での空気－水二相流の観察実験を行い，気泡流，スラグ流，チャーン流，環状流および環状噴霧流 (Annular mist flow) を観察している．彼らの結果と Triplett *et al.*の水平流の結果とを比較すると，従来径管に比して微細流路では流動方向による流動様相の差異は小さい．

微細流路内の空気－水を用いた流動様相は Damiannides-Westwater (1988)の流動様式線図が良い一致を示すことが Triplett ら (1999)や Yang-Shieh (2001)によって報告されているが，水－空気とは物性の異なるフロン系冷媒には一致が悪いことが報告されている．榎木ら (2013) は，水力直径が 1 mm 程度の円形，矩形および三角形状の流路内の冷媒 R410A の垂直上昇流，垂直下降流および水平流の流動様相の詳細な観察を行い，水－空気に対する流動様式線図では冷媒の実験結果とは一致が悪いことを報告するとともに，流動様相と流動様式に及ぼす流路形状と流動方向の影響を考慮した流動様式線図を提案している．図 7.1-1 は，彼らが行った内径 1.0 mm の水平円形流路内での R410A の流動様相の観察結果を示したものである．この場合には，質量速度およびクオリティにより，スラグ流，成層流，波状流，チャーン流および環状流が観察されている．

流動様式	G [kg/(m^{2}s)]	x [-]	流動方向 →
スラグ流	50	0.2	
成層流	50	0.9	
波状流	100	0.5	
チャーン流	200	0.3	
環状流	200	0.8	

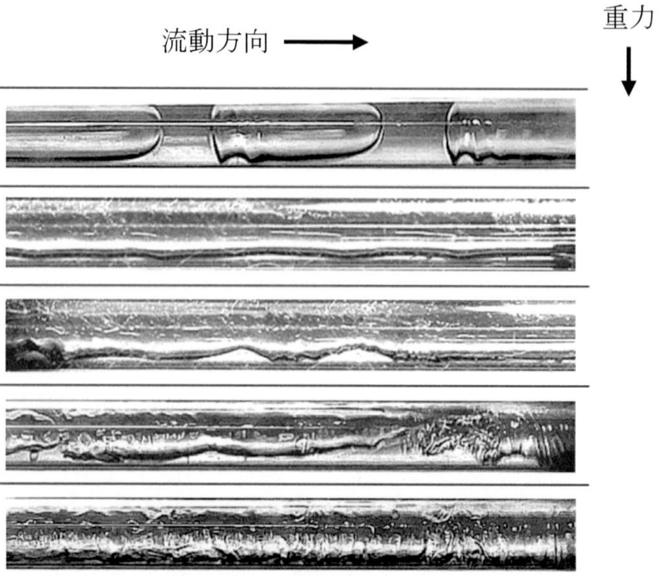

重力 ↓

図 7.1-1　水平微細円形流路内での流動様式 (R410A, D = 1.03 mm, T_s = 10 °C) (榎木ら, 2013)

7.1.4 凝縮熱伝達

第 5.2 節で述べた従来径管の場合，凝縮液膜流は，凝縮の進行に伴い蒸気せん断力支配から重力支配へと変化する．一方，微細流路の場合，従来径管に比して重力の影響は小さくなり，凝縮液膜流は凝縮開始点直後では蒸気せん断力により支配され，凝縮の進行に伴い重力および表面張力支配へと移行する．そして，熱伝達特性も蒸気せん断力支配から重力および表面張力支配へと変化するものと考えられる．特に，現在実用化されつつある扁平多孔管の多くは微細矩形流路を有しており，円形流路に比べて，熱伝達に及ぼす表面張力の影響がより顕著に現れることが予想される．ここでは，非円形微細流路に関する Wang-Rose の理論解析，微細矩形流路に対する Jige *et al.* (2016) の伝熱モデルおよび実験結果との比較について紹介する．

(a) Wang-Rose の理論解析

Wang-Rose (2005a) は，水平に設置された正方形および三角形流路内での層流膜状凝縮に関する理論解析モデルを提案し，熱伝達特性に及ぼす蒸気せん断力 τ，重力 g および表面張力 σ の影響について検討している．Wang-Rose は，慣性項および対流項を無視した層流凝縮液膜流を仮定し，流路断面隅部での表面張力の効果を考慮して管内の液膜厚さ分布を数値的に求めている．図 7.1-2 に Wang-Rose の正方形流路断面での凝縮液膜の理論解析モデルを示す．図中の x は管中央上部より周方向に沿う座標であり，$x_b \sim x_c$ を直線部，表面張力により凝縮液が引き込まれる領域 $x_a \sim x_b$ を隅部と称する．液膜厚さ δ は次式で表される．

$$\frac{(\rho_L-\rho_V)g}{3\nu_L}\frac{\partial}{\partial x}\left(\delta^3\sin\psi\right)+\frac{\sigma}{3\nu_L}\frac{\partial}{\partial x}\left\{\delta^3\frac{\partial}{\partial x}\left(\frac{1}{r_c}\right)\right\}$$
$$+\frac{1}{2\nu_L}\frac{\partial\left(\tau_i\delta^2\right)}{\partial z}-\frac{1}{3\nu_L}\frac{\partial}{\partial z}\left(\delta^3\frac{dP_V}{dz}\right)=\frac{1}{1+\zeta\,k_L/\delta}\frac{k_L(T_s-T_w)}{\Delta i_v\,\delta} \qquad (7.1\text{-}2)$$

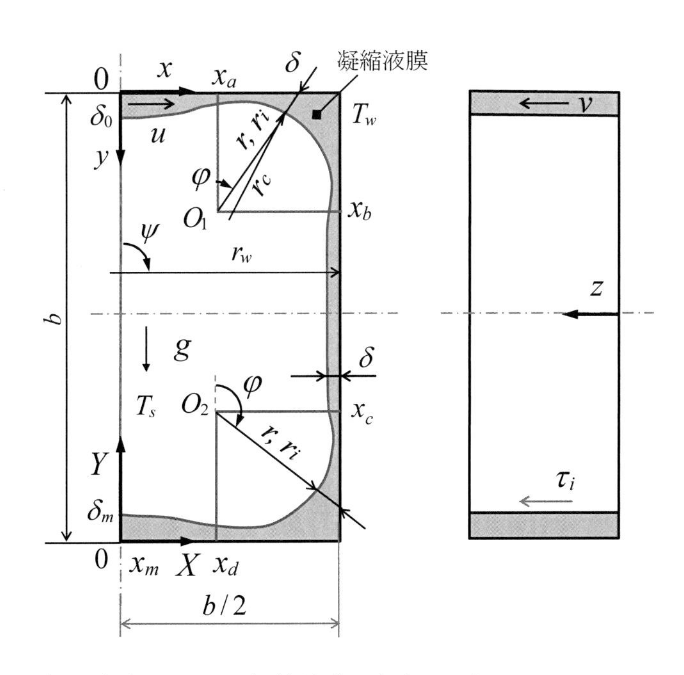

図 7.1-2　正方形流路断面での凝縮液膜の解析モデル (Wang-Rose, 2005a)

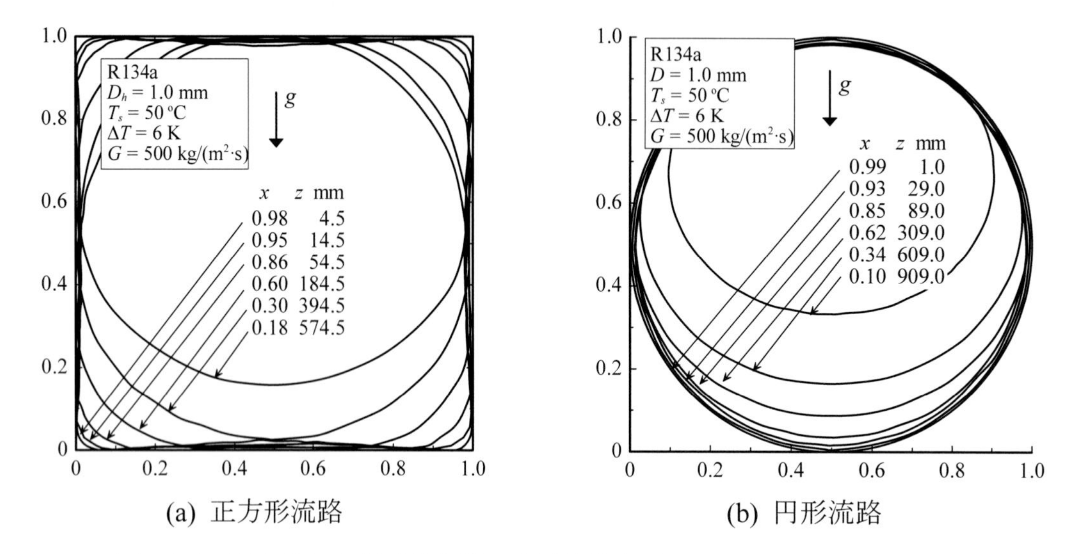

(a) 正方形流路　　(b) 円形流路

図 7.1-3　正方形および円形流路内の液膜分布 (Wang-Rose, 2005a, 2005b)

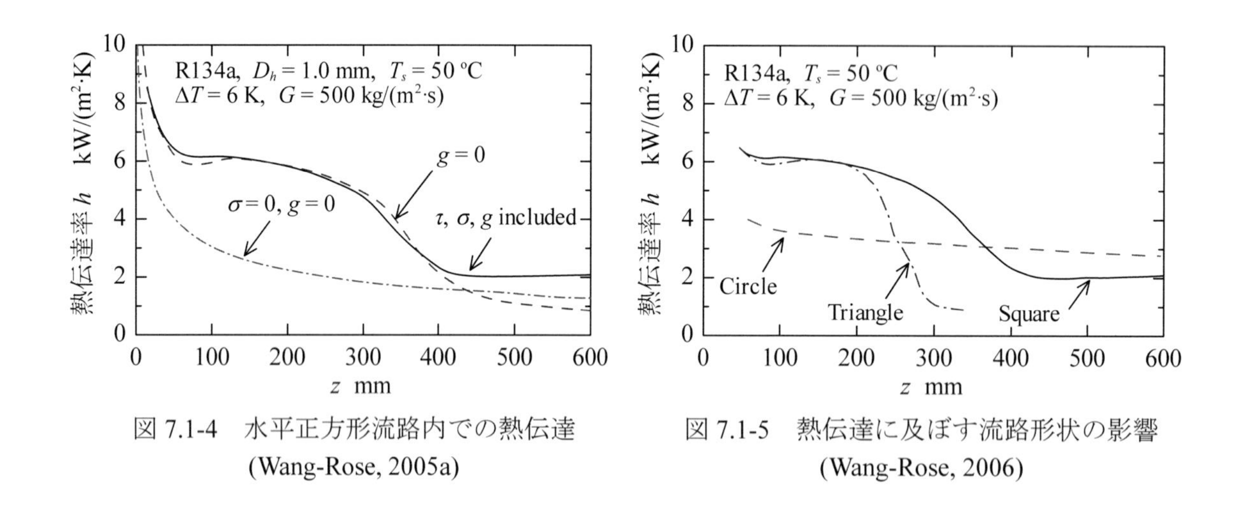

図 7.1-4　水平正方形流路内での熱伝達 (Wang-Rose, 2005a)

図 7.1-5　熱伝達に及ぼす流路形状の影響 (Wang-Rose, 2006)

上式の左辺第 1 項は重力，第 2 項は表面張力，第 3 項は蒸気せん断力，第 4 項は軸方向の圧力勾配の影響を表している．$x_a \le x \le x_b$ および $x_c \le x \le x_d$ の範囲で，気液界面の曲率半径 r_c は次式で与えられる．

$$\frac{1}{r_c} = \frac{r_i^2 + 2(\partial r_i / \partial \varphi)^2 - r_i(\partial^2 r_i / \partial \varphi^2)}{\left\{r_i^2 + \left(\partial r_i / \partial \varphi\right)^2\right\}^{3/2}} \tag{7.1-3}$$

図 7.1-3(a)および(b)に，Wang-Rose(2005a, 2005b)の水力直径 1.0 mm の正方形流路および円形流路内での凝縮液膜分布の計算結果を示す．図(a)に示す正方形流路の場合，クオリティが 0.6 以上では重力の影響は小さく，表面張力により凝縮液膜が流路断面隅部へ引き込まれて直線部に薄液膜が形成されているが，さらにクオリティが低下すると重力の影響により流路の上部と下部の液膜厚さに差異が生じている．一方，図(b)に示す円形流路の場合には，重力と表面張力の作用により流路上部には薄液膜が形成されるものの，クオリティの低下に伴い流路下部の液膜厚さが急激に増加している．

図 7.1-4 に，図 7.1-3(a)に示す正方形流路内での管軸方向 z に対する管周方向平均の熱伝達率の変化

を実線で示す．熱伝達率は凝縮開始点直後で最大値を示し，$z = 50$ mm まで急激に熱伝達率が低下する．その後，熱伝達率は $50 < z < 300$mm で流れ方向に緩やかに変化する領域を経て，$300 < z < 400$mm で再び急激に低下する．図中に一点鎖線で示す蒸気せん断力のみを考慮した計算結果（$\sigma = 0, g = 0$），ならびに破線で示す蒸気せん断力と表面張力のみを考慮した計算結果（$g = 0$）と比較すると，z が 400 mm 程度以上（クオリティ 0.3 以下）では重力の影響がみられるものの，z が 400 mm 程度以下では表面張力および蒸気せん断力の影響が支配的であることがわかる．

図 7.1-5 に，直径 1 mm の円形流路，一辺の長さ 1 mm の正方形流路および正三角形流路での管軸方向 z に対する管周方向平均の熱伝達率を示す．流路断面に隅部を有する正方形流路および正三角形流路の熱伝達率は，$z < 200$ mm において円形流路に比べて 1.5 倍程度高い値を示し，その後，凝縮の進行に伴い正方形および正三角形流路の熱伝達率は急激に低下し，ある位置（正三角形流路では $z = 250$ mm 程度，正方形流路では $z = 370$ mm 程度）で円形流路よりも熱伝達率は低い値を示す（ただし，それぞれの位置におけるクオリティは異なる）．これは，凝縮の進行に伴い直線部の薄液膜部の領域の減少によるものである．

(b) 微細矩形流路に対する伝熱モデル

前述の Wang-Rose の解析 (2005a)では，凝縮開始直後で環状流となり，凝縮の進行（クオリティの減少）に伴い隅部の液膜厚さが厚くなり，重力の作用によって底部に凝縮液が流れるモデルとなっている．しかしながら，微細流路内凝縮流の流動様相の観察報告は見当たらないが，実際の流動様相は 7.1.3 節に示したように凝縮の進行に伴い環状流からプラグ流やスラグ流などの間欠流へと遷移すると考えられる．Jige *et al.* (2016) は，水力直径 1 mm 程度の微細矩形流路を有する水平扁平多孔管内凝縮流の熱伝達実験を行い，熱伝達に及ぼす蒸気せん断力および表面張力の影響について実験的に検討している．さらに彼らは，環状流から間欠流へと流動様相が遷移する過程を，図 7.1-6 に示すような蒸気プラグと液スラグ（液柱）が交互にながれるプラグ流（スラグ流）と近似して取り扱い，液スラグ域は液単相強制対流熱伝達であり，管内壁全体に薄い凝縮液膜を伴う蒸気プラグ域では図 7.1-7 に示すような表面張力と蒸気せん断力により管断面周方向に凝縮液膜厚さ分布が形成されるとした伝熱モデルを提案し，微細矩形流路内凝縮熱伝達に関する解析を行っている．図 7.1-7(a)に示す蒸気プラグ域の伝熱モデルでは，凝縮液は表面張力によって隅部へ引き付けられ，直線部に薄液膜が形成されるとしている

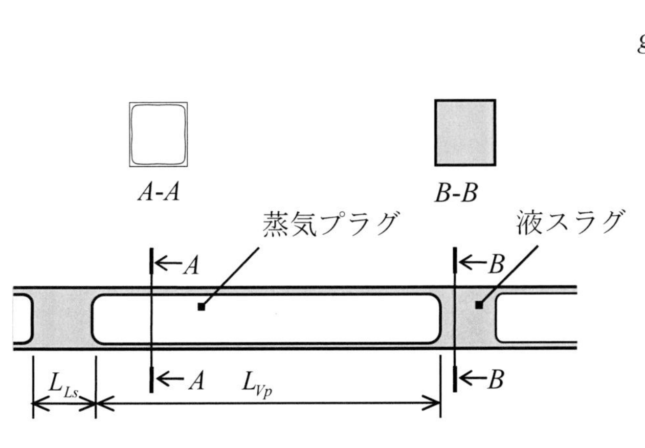

図 7.1-6　微細矩形流路内流動様相モデル
(Jige *et al.*, 2016)

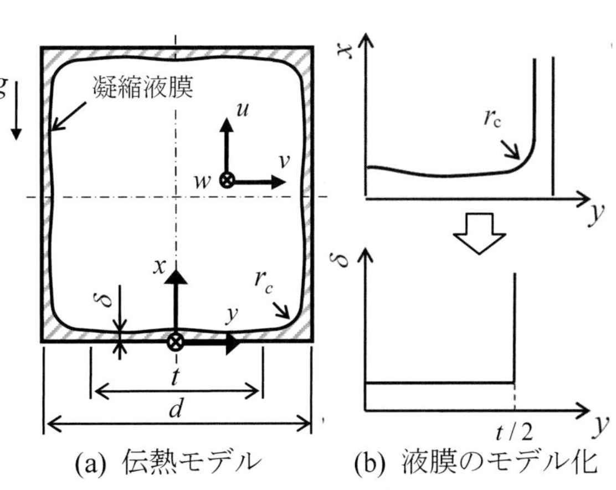

図 7.1-7　蒸気プラグ域の凝縮伝熱モデル
(Jige *et al.*, 2016)

（ここに, t は薄液膜領域の y 方向長さ, r_c は流路断面隅部近傍での液膜の曲率半径）. そして, 彼らは, 藤井ら (1985) の水平円筒に巻き付けられた細線周りの凝縮熱伝達に関する解析を参考に, (1)液膜は非常に薄く，層流である，(2)運動量式中の慣性項および対流項は無視できる，(3)液膜内の冷媒主流方向の圧力勾配は無視できる，(4)液膜内の物性値は一定であると仮定して，凝縮液膜厚さ δ を定める次式を導出している.

$$\frac{\mu_L k_L(T_s - T_w)}{\rho_L \delta \Delta i_v} = \frac{\partial}{\partial z}\left(\frac{\tau_i \delta^2}{2}\right) - \frac{\partial}{\partial y}\left(\frac{\delta^3}{3}\frac{\partial P}{\partial y}\right) \tag{7.1-4}$$

上式の右辺第 1 項は蒸気せん断力項，右辺第 2 項は表面張力項である．さらに，彼らは，上式を解くにあたり，藤井らの解析 (1985) を参考に，図 7.1-7(b)に示すように液膜厚さ δ の分布をモデル化している．すなわち，液膜厚さ δ は $0 < y < t/2$ の範囲で一定で，$y = t/2$ でステップ的に増加する．それに伴い液膜内圧力 P は $y = t/2$ で $(-\sigma/r_c)$ だけステップ的に変化する．ここで，$(-\partial P/\partial y)$ は $0 < y < t/2$ の範囲ではゼロ，$y = t/2$ でデルタ関数的に変化する．さらに，流路断面隅部近傍の $t/2 < y \le d/2$ の範囲は液膜が厚く，伝熱に寄与しないとみなす．なお，t および r_c は気液界面せん断力や表面張力，凝縮液流量のバランスで決まるが，ここでは定数としておく．以上の仮定のもと，式(7.1-4)を y に関して 0 から y まで積分すると，次式が得られる.

$$\frac{\mu_L k_L(T_s - T_w)}{\rho_L \delta \Delta i_v} y = \frac{\partial}{\partial z}\left(\frac{\tau_i \delta^2}{2}\right) y - \left(\frac{\delta^3}{3}\frac{\partial P}{\partial y}\right) \tag{7.1-5}$$

さらに，上式を y に関して 0 から $t/2$ まで積分すると，表面張力項が簡略化され，次式が得られる.

$$\frac{\mu_L k_L(T_s - T_w) t^2}{8\rho_L \delta \Delta i_v} = \frac{t^2}{16}\frac{\partial}{\partial z}\left(\tau_i \delta^2\right) + \frac{\delta^3 \sigma}{3 r_c} \tag{7.1-6}$$

上式を蒸気せん断力と表面張力とがそれぞれ支配的な極限を仮定し，凝縮液膜厚さ δ をそれぞれ求めることで，伝熱に作用する主要なパラメータがそれぞれ求められる．上式に関して，蒸気せん断力が支配的な場合と，表面張力が支配的な場合の 2 つの極限を考え，蒸気せん断力支配と表面張力支配のヌセルト数の関数形を求める．さらに，図 7.1-6 に示したように流動様相を蒸気プラグと液スラグ（液柱）が交互に流れるプラグ流と近似して取り扱い，蒸気プラグ長さ L_{Vp} および液スラグ長さ L_{Ls} を用いて，ヌセルト数 Nu を次式で表す.

$$Nu = \frac{Nu_{Vp} L_{Vp} + Nu_{Ls} L_{Ls}}{L_{Vp} + L_{Ls}} = \frac{Nu_{An} L_{Vp} + Nu_{Ls} L_{Ls}}{L_{Vp} + L_{Ls}} \tag{7.1-7}$$

ここに，Nu_{Vp} は蒸気プラグ部のヌセルト数，Nu_{Ls} は液スラグ部のヌセルト数である．蒸気プラグ部のヌセルト数 Nu_{Vp} は環状流部のヌセルト数 Nu_{An} で表されると仮定する．さらに，管軸方向に占める蒸気プラグと液スラグの長さの比 $L_{Vp}/(L_{Ls} + L_{Vp})$ は，ボイド率 ξ を用いて，次式で近似する.

$$\xi \approx L_{Vp}/(L_{Vp} + L_{Ls}) \tag{7.1-8}$$

このモデルでは，凝縮開始直後では環状流部の熱伝達に，凝縮終了時には液単相強制対流の熱伝達に漸近し，流動様式の判別を必要とせず，流れ方向のボイド率の変化から全凝縮区間での凝縮熱伝達特性を表現することを試みている．彼らは，上記のモデルに基づき，水力直径 1 mm 程度の微細矩形流路を有する水平扁平多孔管内凝縮熱伝達の実験結果を整理して，次式を提案している．

$$Nu \equiv \frac{hD_h}{k_L} = \xi Nu_{An} + (1-\xi) Nu_{Ls} \tag{7.1-9}$$

ここに，h は実伝熱面積に基づいた熱伝達率，ξ はボイド率であり，ボイド率は次式に示す均質流モデルから求めている．

$$\xi = \frac{x}{x + (1-x)\rho_V / \rho_L} \tag{7.1-10}$$

また，Nu_{An} は以下に示す蒸気せん断力項 $Nu_{An,F}$ および表面張力項 $Nu_{An,S}$ から構成される．

$$Nu_{An} = \left(Nu_{An,F}^3 + Nu_{An,S}^3 \right)^{1/3} \tag{7.1-11}$$

$$Nu_{An,F} = \frac{\Phi_{Vo}}{1-x} \sqrt{f_{Vo} \frac{\rho_L}{\rho_V}} Re_L^{0.5} \left(0.6 + 0.06 Re_L^{0.4} Pr_L^{0.3} \right) \tag{7.1-12}$$

$$Nu_{An,S} = 0.51 \left[\frac{\rho_L \sigma \Delta i_v D_h}{k_L \mu_L (T_s - T_w)} \right]^{0.25} \tag{7.1-13}$$

ここに，Φ_{Vo} は二相流摩擦損失増倍係数であり，微細流路内凝縮流の摩擦圧力損失の予測式 (Jige *et al.* (2016))から算出される．さらに，Nu_{Ls} は以下の式で与えられる．

$$Nu_{Ls} = 8.23 \left(1 - 1.891 a^* + 2.220 a^{*2} - 0.894 a^{*3} \right) \quad (Re_L < 2000) \tag{7.1-14}$$

$$Nu_{Ls} = \frac{(f_L/2)(Re_L - 1000) Pr_L}{1 + 12.7 \sqrt{f_L/2} (Pr_L^{2/3} - 1)} \quad (Re_L \geq 2000) \tag{7.1-15}$$

ここに，式(7.1-14)は層流域の Hartnett-Kostic の式 (1989)，式(7.1-15)は乱流域の Gnielinski の式 (1976)である．なお，a^*は矩形流路のアスペクト比であり，正方形流路の場合には $a^* = 1.0$ である．

(c) 実験との比較

図 7.1-8 に，平均水力直径 0.85 mm の微細矩形流路内での凝縮熱伝達の実験結果 (Jige *et al.* (2016))を示す．また，図中には，従来径管の実験結果を基に提案されている原口らの式 (1994), Cavallini *et al.* の式 (2006) および Shah の式 (2013), ならびに微細矩形流路の実験結果を基に提案されている Jige *et al.*の式 (2016) をあわせて示す．図より，実験値を比較すれば，質量速度 G = 100 kg/(m^{2}s)では湿り度 0.3～0.8 の広い範囲で熱伝達率がほぼ一定値を示す領域がみられる．これは，Wang-Rose の数値解析で示された熱伝達特性と同様の傾向である．一方，質量速度 G = 400 kg/(m^{2}s)の場合，熱伝達率は凝縮開始直後で高い値を示し，湿り度の増加とともに穏やかに減少する．実験値と整理式とを比較してみると，Jige *et al.*の式がいずれの条件において良い相関を示すことがわかる．

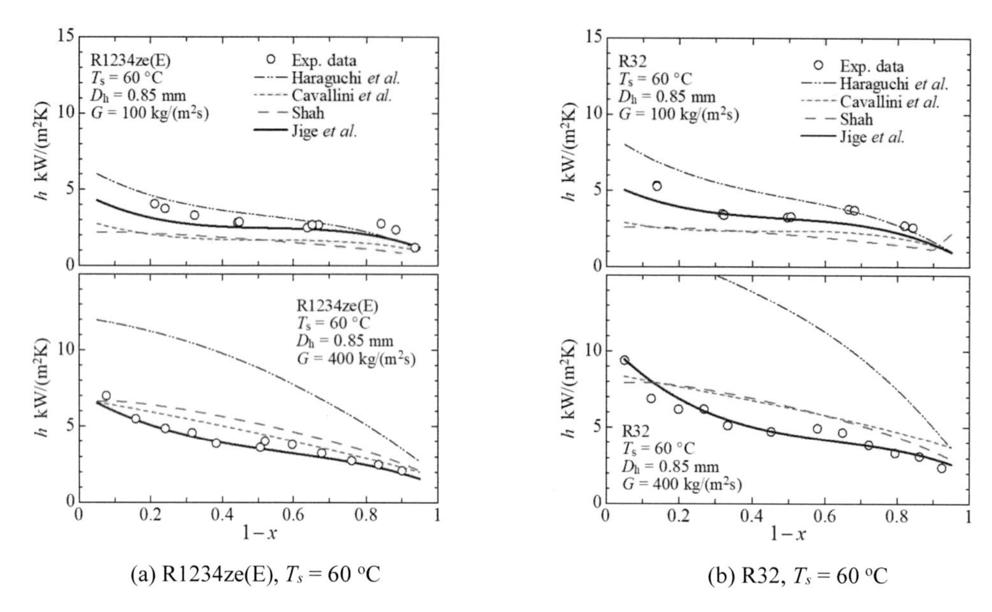

(a) R1234ze(E), T_s = 60 °C　　(b) R32, T_s = 60 °C

図 7.1-8　微細矩形流路内での凝縮熱伝達 (D_h = 0.85 mm, Jige *et al*., 2016)

7.1.5 摩擦圧力損失

微細流路内気液二相流の圧力損失は，第 5 章に示す従来径管の考え方と同様，摩擦圧力損失，加速損失および位置損失（重力項）からなる．質量速度に依るが，式(5.2-100)～式(5.2-102)からわかるように，流路の細径化に伴い，全圧力損失に占める位置損失および加速損失の割合は低下し，摩擦圧力損失の割合が支配的となる．以下に微細流路内の摩擦圧力損失に関する従来の研究の概要を示す．

微細流路内の断熱気液二相流の圧力損失に関する初期の研究として，水力直径 1.56 および 2.64 mm の水平扁平多孔管内での R12 を用いた Yang-Webb (1996)の実験が挙げられる．彼らは平滑およびフィン付きの扁平多孔管内での断熱気液二相流の摩擦圧力損失を測定し，その結果と従来径管に対する Chisholm (1967) の式の相関はあまり良くないことを報告している．Mishima-Hibiki (1996) は，内径 1~4 mm の 4 種類の細管内の水－空気垂直上昇二相流の摩擦圧力損失を測定するとともに，摩擦圧力損失に及ぼす管内径の影響について検討している．彼らは関係の減少に伴い，Chisholm のパラメータ C は減少することを明らかにするとともに，狭間隙矩形流路の実験結果を基に，矩形流路の水力相当直径 D_h を用いた摩擦圧力損失の整理式を提案している．

$$\left(\frac{\Delta P}{\Delta Z}\right)_F = \Phi_L^2\left(\frac{\Delta P}{\Delta Z}\right)_L = \left\{1+\frac{21\left(1-e^{-319D_h}\right)}{X}+\frac{1}{X^2}\right\}\left\{\frac{2f_L G^2(1-x)^2}{d\rho_L}\right\} \tag{7.1-16}$$

Zhang-Webb (2001) は水力直径 2.13～6.25 mm の水平扁平多孔管内での R134a，R22 および R404A の断熱流に関する実験を行い，摩擦圧力損失の整理式を提案している．

凝縮流に関しては，Koyama *et al*. (2003) が，R134a の水力直径 1 mm 程度の水平扁平多孔管内の実験結果に基づき，管径の影響をボンド数 Bo で表した整理式を提案している．

$$\left(\frac{\Delta P}{\Delta Z}\right)_F = \Phi_V^2\left(\frac{\Delta P}{\Delta Z}\right)_V = \left\{1+13.17(\nu_L/\nu_V)^{0.17}\left(1-e^{0.6\sqrt{Bo}}\right)X_{tt}+X_{tt}{}^2\right\}\left(\frac{2f_V G^2x^2}{d\rho_V}\right) \tag{7.1-17}$$

$$Bo = \frac{d^2 g(\rho_L - \rho_V)}{\sigma} \tag{7.1-18}$$

また，Jige *et al.* (2016) は，水力直径 0.36～3.25 mm の扁平多孔管内での CO_2，HCFC，HFC および HFO 冷媒の摩擦圧力損失の整理式を提案している．

$$\begin{aligned}\left(\frac{\Delta P}{\Delta Z}\right)_F &= \Phi_{Vo}^2 \left(\frac{\Delta P}{\Delta Z}\right)_{Vo} \\ &= \left[x^{1.8} + (1-x)^{1.8}\frac{\rho_V f_{Lo}}{\rho_L f_{Vo}} + 065 x^{0.68}(1-x)^{0.43}\left(\frac{\mu_L}{\mu_V}\right)^{1.25}\left(\frac{\rho_V}{\rho_L}\right)^{0.75}\right]\left(\frac{2 f_{Vo} G^2}{d\rho_V}\right)\end{aligned} \tag{7.1-19}$$

ここに，f_{Vo} および f_{Lo} は，それぞれ全流量が気相および液相として流れる場合の管摩擦係数であり，円形および矩形流路について，それぞれ以下の式で求められる．

$$\begin{aligned}f_{Vo} &= \begin{cases} C_l/(Gd/\mu_V), & \text{for } (Gd/\mu_V) \le 1500 \\ 0.046/(Gd/\mu_V)^{0.2}, & \text{for } (Gd/\mu_V) > 1500 \end{cases} \\ f_{Lo} &= \begin{cases} C_l/(Gd/\mu_L), & \text{for } (Gd/\mu_L) \le 1500 \\ 0.046/(Gd/\mu_L)^{0.2}, & \text{for } (Gd/\mu_L) > 1500 \end{cases}\end{aligned} \tag{7.1-20}$$

ここに，C_l は流路形状により決まる定数であり，円形流路の場合は $C_l = 16$，矩形流路の場合は以下に示す Shah-London (1978) の式から求められる．

$$C_l = 24\left(1 - 1.355a^* + 1.947a^{*2} - 1.701a^{*3} + 0.956a^{*4} - 0.254a^{*5}\right) \tag{7.1-21}$$

ここに，a^* は矩形流路のアスペクト比であり，正方形流路の場合には $a^* = 1.0$ である．なお，式(7.1-19)はクオリティ $x = 0$ および $x = 1$ で液単相流および蒸気単相流の摩擦圧力損失に漸近する．

図 7.1-9(a)および(b)に，それぞれ微細円管内凝縮流の摩擦圧力損失の実験結果 (Shin-Kim (2004)) および矩形断面を有する扁平多孔管内凝縮流の実験結果 (中下 (2002)) を湿り度(1-x)に対して示す．図中には，Friedel (1979)，Mishima-Hibiki (1996)，Koyama *et al*. (2003) および Jige *et al*. (2016) の摩擦圧力損失の整理式による計算結果もあわせて示す．これらの整理式と実験結果とを比較すると，Jige *et al.* の式が実験結果との相関が最も良いことがわかる．

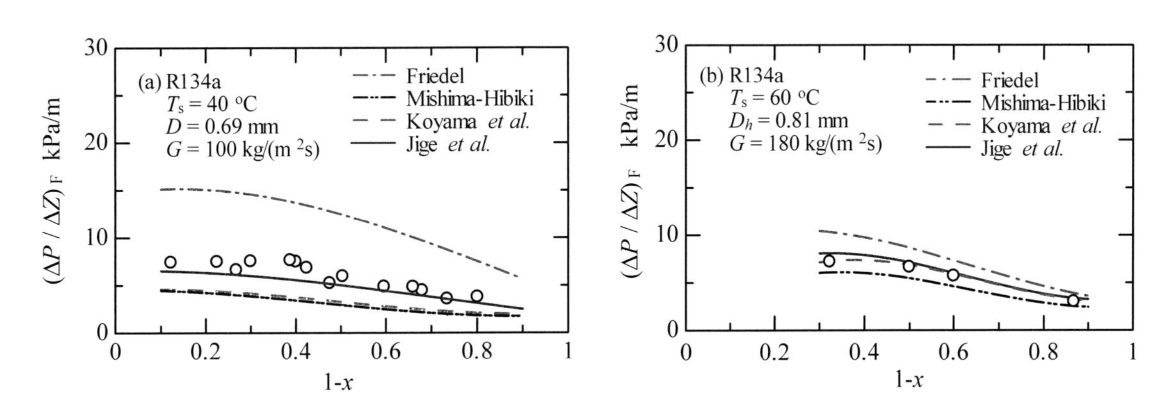

(a) D = 0.69 mm, G = 100 kg/(m^{2}s) (Shin-Kim (2004))　(b) D_h = 0.81 mm, G = 180 kg/(m^{2}s) (中下(2002))

図 7.1-9　微細流路内凝縮流の摩擦圧力損失の実験結果と整理式との比較

7.1.6 今後の課題

本節では，微細流路の分類方法について紹介するとともに，微細流路内での流動様式，凝縮熱伝達特性および摩擦圧力損失特性に関する最近の研究について紹介した．近年，複数の微細流路を有する扁平多孔管を用いた家庭用空調機が実用化されているが，扁平多孔管内の流動様相についての知見は十分とは言えない．また，微細流路を実際に冷凍空調機器用の熱交換器へ使用する場合，複数の微細流路を並列に接続するマルチチャンネル化が必要となる．その場合，各流路での相互作用や気液流量の不均等分配が生じることが予想されるが，これは熱交換器性能の低下につながるため，今後解明が望まれる．

7.1 節の文献

榎木光治，森英夫，宮田一司，濱本芳徳，2013，微細流路内気液二相流の流動様相，日本冷凍空調学会論文集，Vol. 30, No. 2, pp.155-167.

中下功一：九州大学博士論文, 2002.

原口 英剛, 小山 繁, 藤井 哲，1994，冷媒 HCFC22,HFC134a,HCFC123 の水平平滑管内凝縮：第 2 報，局所熱伝達係数に関する実験式の提案，日本機械学会論文集 B 編，Vol. 60，No. 574, pp.2117-2124.

藤井哲，王維城，小山繁，清水洋一，1985，細線巻きつけによる水平管外体積力対流凝縮の伝熱促進，日本機械学会論文集(B 編), Vol.51, No. 467, pp.2436-2441.

三島嘉一郎，日引俊，1995，細管内空気－水二相流の流動特性に及ぼす管内径の影響，日本機械学会論文集(B 編), Vol. 61, No. 589, pp.3197-3204.

Awad, M.M., Dalkilic A.S. and Wongwises S., 2014, A critical review on condensation heat transfer in microchannels and minichanenels, *Journal of Nanotechnology in Engineering and Medicine*, Vol. 5, No. 1, pp. 010801-1–010801-25.

Cavallini, A., Del Col, D., Doretti, L., Matkovic, M., Rossetto, L. and Zilio, C., 2005. Two-phase frictional pressure gradient of R236ea, R134a and R410A inside multi-port mini-channels, *Experimental Thermal and Fluid Science*, Vol. 29, pp.861-870.

Cavallini, A., Del Col, D., Doretti, L., Matkovic, M., Rossetto, L. and Zilio, C., 2006, Condensation in horizontal smooth tubes: A new heat transfer model for heat exchanger design, *Heat Transfer Engineering*, Vol. 27, No. 8, pp.31-38.

Chisholm, D.A., 1967, Theoretical basis for the Lockhart—Martinelli correlation for two-phase flow, *International Journal of Heat and Mass Transfer*, Vol. 10, pp.1768-1778.

Damianides C.A. and Westwater J.W., 1988, Two-phase flow patterns in a compact heat exchanger and in small tubes, *Proc. Second UK National Conf. on Heat Transfer*, Vol.11 Sessions 4A-6C, pp.1257-1268, London.

Friedel, L., 1979, Improved friction pressure drop correlations for horizontal and vertical two phase pipe flow, *3R International*, 18, Jahrgang, pp.485-491.

Gnielinski, V., 1976, New equations for heat and mass transfer in turbulent pipe and channel flow. *International Journal of Chemical Engineering*, Vol. 16, No.2, pp.359-368.

Hartnett, J.P. and Kostic, M., 1989, Heat transfer to Newtonian and non-Newtonian fluid in rectangular ducts, *Advances in Heat Transfer*, Vol. 19, pp.247-256.

Jige, D., Inoue, N. and Koyama, S., 2016, Condensation of refrigerants in a multiport tube with rectangular minichannels, *International Journal of Refrigeration*, Vol.67, pp.202-213.

Kandalikar, S.G. and Grande, W.J., 2003, Evolution of microchannel glow passages –thermohydraulic performance and fabrication technology, *Heat Transfer Engineering*, Vol. 24, No.1, pp.3-17.

Kawaji, M. and Chung, P.M.-Y., 2003, Unique characteristics of adiabatic gas-liquid flows in microchannels: diameter and shape effects on flow patterns, void fraction and pressure drop, *First International Conference on Microchannels and Minichannels*, New York., pp.115-127.

Kew, P.A. and Cornwell, K., 1997, Correlations for the prediction of boiling heat transfer in small-diameter channels, *Applied Thermal Engineering*, Vol. 17, No. 8-10, pp.705-715.

Koyama, S, Kuwahara, K. and Nakashita, K., 2003, Condensation of refrigerant in a multi-port channel, *Proceedings First International Microchannels and Minichannels*, ASME, pp.193-205.

Mishima, K. and Hibiki, T., 1996, Some characteristics of air-water two-phase flow in small diameter vertical tubes, *International Journal of Multiphase Flow*, Vol. 22, Issue 4, pp.703–712.

Park, C.Y. and Hrnjak, P., 2009, CO_2 flow condensation heat transfer and pressure drop in multi-port microchannels at low temperatures, *International Journal of Refrigeration*, Vol. 32, pp.1129-1139.

Shin, J.S. and Kim, M.H., 2004, An experimental study of condensation heat transfer inside a mini-channel with a new measurement technique, *International Journal of Multiphase Flow*, Vol. 30, No. 3, pp.311-325.

Shah, M.M., 2013, General correlation for heat transfer during condensation in plain tubes: further development and verification, *ASHRAE Transactions*, Vol. 119, No. 2, pp.3-11.

Shah, R.K. and London, A.L., 1978, *Laminar Flow Forced Convection in Ducts : A Source Book for Comact Heat Exchanger Analytical Data*, in *Advances in Heat Transfer* – Supplement 1, Academic Press, NewYork.(Chapter 3).

Triplett, K.A., Ghiaasiaan, S.M., Abdel-Khalik, S.I. and Sadowski, D.L., 1999, Gas-liquid two-phase flow in microchannels part I: two-phase flow patterns, *International Journal of Multiphase Flow*, Vol. 25, No. 3, pp.377-394.

Yang, C.Y. and Webb, R.L., 1996, Friction pressure drop of R-12 in small hydraulic diameter extruded aluminum tubes with and without micro-fins, *International Journal of Heat and Mass Transfer*, Vol. 39, No. 4, pp.801-809.

Yang, C.Y. and Shieh, C.C., 2001, Flow pattern of air-water and two-phase R-134a in small circular tubes, *Int. J. Multiphase Flow*, Vol.27, pp.1163-1177.

Wang, H.S. and Rose, J.W., 2005a, A theory of film condensation in horizontal noncircular section microchannels, *ASME Journal of Heat Transfer*, Vol. 127, No. 10, pp.1096-1105.

Wang, H.S. and Rose, J.W., 2005b, Film condensation in horizontal circular-section microchannels, 5th International Symposium on Multiphase Flow, *Heat Mass Transfer and Energy Conversion*, Xi'an, China.

Wang, H.S. and Rose, J.W., 2006, Film condensation in horizontal microchannels: Effect of channel shape, *International Journal of Thermal Sciences*, Vol. 45, No. 12, pp.1205-1212.

Zhang, M. and Webb, R.L., 2001, Correlation of two-phase friction for refrigerants in small-diameter tubes, *Experimental Thermal and Fluid Science*, Vol. 25, pp.131-139.

7.2　プレートフィン式凝縮器

7.2.1　はじめに

各種の熱エネルギー有効利用システムを高効率で運用するためには熱伝達特性が優れた高性能熱交換器の使用が不可欠であり，プレート式 (plate heat exchanger, PHE) およびプレートフィン式熱交換器 (plate-fin heat exchanger, PFHE) は高性能でコンパクトな熱交換器として期待されている．しかしながら，プレートフィン式熱交換器に関する研究は単相流を対象とした研究が大半で，凝縮を伴う場合を対象とした研究は，小山ら (2002) および松元・小山 (2009, 2010) の理論解析，ならびに屋良・小山 (2006) の実験的研究，以外にはフィン材質と寸法の影響を系統的に扱った研究は見当たらない．そこで，本節では，まず，プレートフィン式凝縮器 (plate-fin condenser) を鉛直設置した場合を対象とした松元・小山の理論解析を紹介する．ついで，彼らが行った解析結果と屋良・小山の実験結果との比較を示す．

7.2.2　プレートフィン式凝縮器内における共存対流膜状凝縮液膜モデル

(a) 解析モデル

図 7.2-1 にプレートフィン式凝縮器の伝熱面として用いられるフィン形状を示す．図(a)および(b)に示すプレーン型 (plane type) やセレート型 (serrated type) のフィン形状が多く用いられている．

松元・小山は，鉛直設置されたプレートフィン式凝縮器の伝熱面を簡単化して，その表面上で飽和蒸気が層流膜状凝縮する場合を理論解析している．彼らは，図 7.2-2 で示すように，凝縮器伝熱

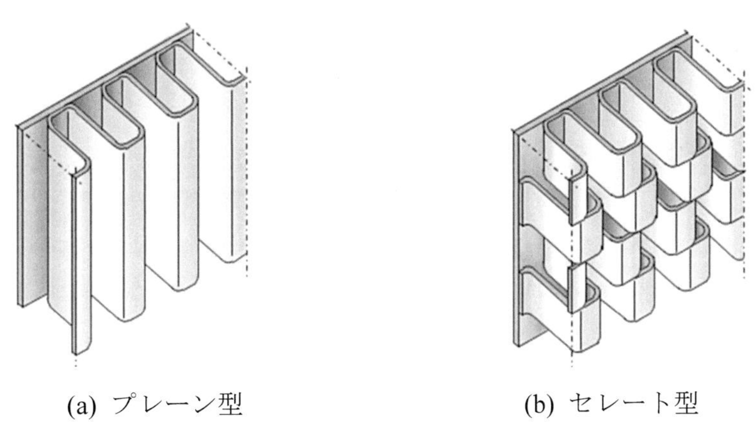

(a) プレーン型　　(b) セレート型

図 7.2-1　プレートフィンの形状

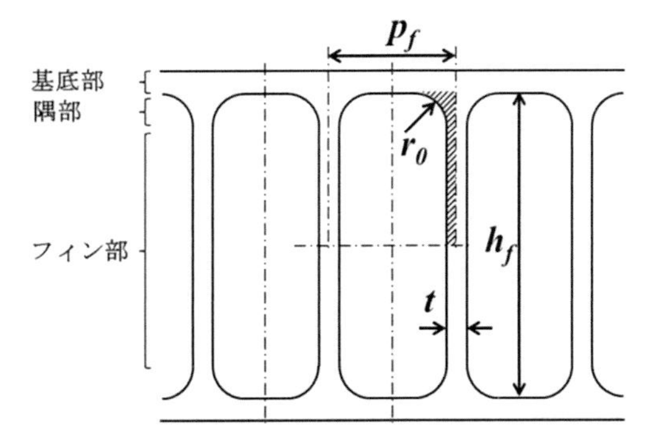

図 7.2-2　プレートフィン凝縮器伝熱面の水平方向断面簡単化モデル

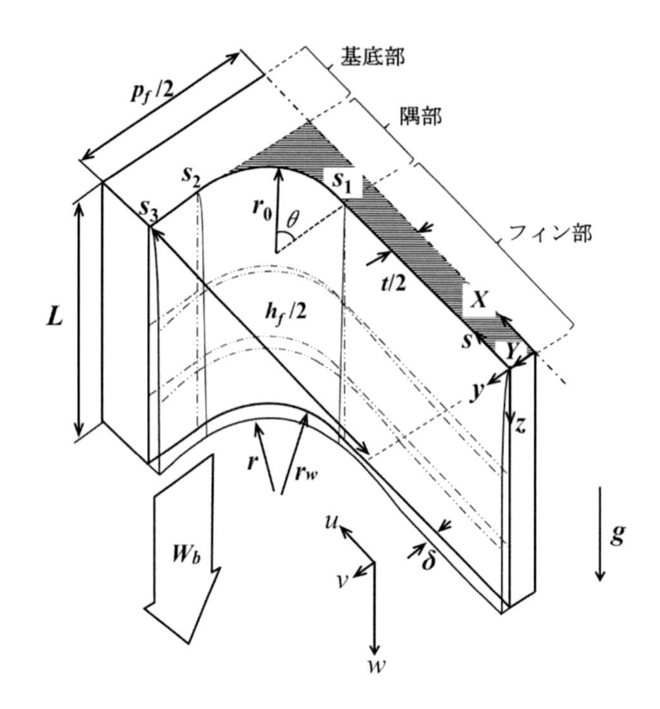

図 7.2-3　3 次元モデルおよび座標系

面の水平方向断面において，フィン部と基底部が接合される隅部の形状を円弧で近似している．図中の p_f， h_f， t および r_0 はそれぞれフィンピッチ (fin pitch) ，フィン高さ (fin height) ，フィン厚さ (fin thickness) および隅部曲率半径 (fin corner radius of curvature) である．解析対象は，図中の斜線部分とその表面上に形成される凝縮液膜である．

図 7.2-3 に，フィン部，隅部，基底部からなる簡単化された伝熱面上に形成される凝縮液膜の 3 次元モデルと座標系を示す．座標系 X-Y-z はフィン内部の熱伝導を解析するための座標系であり，座標系 s-y-z はフィン表面上の液膜を解析するための座標系である． X はフィン中央から基底部に向かう座標， Y はフィン厚さ方向の座標， z は重力方向の座標， s は水平方向にフィン表面に沿う座標， y はフィン表面から法線方向（液膜厚さ方向）の座標である．ここに， $s=0\sim s_1$ の領域はフィン厚さが一定のフィン部， $s=s_1\sim s_2$ の領域は曲率半径が r_0 の隅部， $s=s_2\sim s_3$ の領域は基底部である．また， θ は s_1 から s 方向に測った角度である．図中の u， v および w はそれぞれ s 方向， y 方向および z 方向の速度成分であり， W_b は蒸気速度， δ は凝縮液膜厚さ， g は重力加速度， L は鉛直方向の伝熱面長さ（フィン長さ, fin length）を示す．

凝縮液膜およびフィン内熱伝導について，以下の仮定が用いられている．

(1) 凝縮液は層流膜状であり，運動量保存式中の慣性項，エネルギー保存式中の対流項は無視できる．

(2) 液膜内の圧力は液膜表面の曲率半径と表面張力によって定まるが，その際，鉛直方向の曲率半径は無限大とする．

(3) 気液界面における z 方向の蒸気せん断力は Shekrilaze-Gomelauri (1966) の吸い込みアナロジーで見積もる．

(4) フィン内熱伝導は， X 方向の一次元である．

(5) 基底部の温度 T_{wb} は一様とする．

(b) 凝縮液膜の基礎式，境界条件および適合条件

液膜内の圧力および温度を P および T とすれば，凝縮液膜に関する基礎式，境界条件および適合条件は以下のように表される．

<u>基　礎　式</u>：

$$\frac{\partial u}{\partial s}+\frac{\partial v}{\partial y}+\frac{\partial w}{\partial z}=0 \qquad \text{（質量保存の式）} \qquad (7.2\text{-}1)$$

$$\frac{\partial^2 u}{\partial y^2}=\frac{1}{\mu_L}\frac{\partial P}{\partial s} \qquad (s\text{ 方向の運動量保存の式}) \qquad (7.2\text{-}2)$$

$$\frac{\partial^2 w}{\partial y^2}=-\frac{1}{\mu_L}\rho_L g \qquad (z\text{ 方向の運動量保存の式}) \qquad (7.2\text{-}3)$$

$$\frac{\partial^2 T}{\partial y^2}=0 \qquad \text{（エネルギー保存の式）} \qquad (7.2\text{-}4)$$

ここに，μ_L および ρ_L はそれぞれ液の粘度および密度である．

<u>伝熱面上の境界条件</u>：

$$y=0\text{ で：}\ u=0,\quad v=0,\quad w=0,\quad T=T_w \qquad (7.2\text{-}5,6,7,8)$$

ここに，T_w はフィン表面温度である．

<u>気液界面での適合条件</u>：

$$y=\delta\text{ で：}\ \frac{\partial u}{\partial y}=0,\quad \mu_L\left(\frac{\partial w}{\partial y}\right)=mW_b,\quad m=\rho_L\left(u\frac{\partial \delta}{\partial s}+w\frac{\partial \delta}{\partial z}-v\right) \qquad (7.2\text{-}9,10,11)$$

$$k_L\frac{\partial T}{\partial y}=m\Delta i_v,\quad T=T_s \qquad (7.2\text{-}12,13)$$

ここに，m，W_b，T_s，k_L および Δi_v はそれぞれ凝縮質量流束，蒸気速度，飽和温度，液熱伝導率および凝縮潜熱である．また，式(7.2-10)は，z 方向の液せん断力が Shekrilaze-Gomelauri の吸い込みアナロジー（1966）で求められる z 方向の蒸気せん断力と等しいことを示している．なお，純蒸気の自由対流膜状凝縮を解析する場合は，式(7.2-10)において $W_b=0$ とし，蒸気せん断力の影響を無視すればよい．

液膜内の圧力 P は次式で表される．

$$P=-\frac{\sigma}{r}+P_s \qquad (7.2\text{-}14)$$

ここに，r は液膜表面の曲率半径（曲率中心が蒸気側にある場合は正の値），σ は表面張力，P_s は飽和蒸気圧力である．また，液膜表面の曲率 $1/r$ は次式で表される．

$$\frac{1}{r}=\frac{\dfrac{1}{r_w}+\left(-\dfrac{2}{r_w^2}+\dfrac{\delta}{r_w^3}\right)\delta+\left\{\dfrac{2}{r_w}\dfrac{\partial\delta}{\partial s}+\delta\dfrac{\partial}{\partial s}\left(\dfrac{1}{r_w}\right)\right\}\dfrac{\partial\delta}{\partial s}+\left(1-\dfrac{\delta}{r_w}\right)\dfrac{\partial^2\delta}{\partial s^2}}{\left\{\left(1-\dfrac{\delta}{r_w}\right)^2+\left(\dfrac{\partial\delta}{\partial s}\right)^2\right\}^{3/2}} \tag{7.2-15}$$

上式中のフィン表面の曲率半径r_wは$s=0$～s_1および$s=s_2$～s_3の領域で$r_w=\infty$，$s=s_1$～s_2の領域で$r_w=r_0$である．

s方向の運動量保存式(7.2-2)を式(7.2-5)および(7.2-9)のもとに解くとs方向速度成分uが求まり，z方向の運動量保存式(7.2-3)を式(7.2-7)および(7.2-10)のもとに解くとz方向速度成分wが求まり，エネルギー保存式(7.2-4)を式(7.2-8)および(7.2-13)のもとに解くと温度Tが求まる.次に，質量保存式(7.2-1)を式(7.2-6)のもとにyに関して0～δまで積分して，すでに求めたu，wおよびTと式(7.2-11),(7.2-12)および(7.2-14)の関係を用いれば，液膜厚さδを決定する次式が導出される．

$$\frac{\sigma\rho_L}{3\mu_L}\frac{\partial}{\partial s}\left(\left\{\delta^3\frac{\partial}{\partial s}\left(\frac{1}{r}\right)\right\}\right)+\frac{\rho_L^2 g}{3\mu_L}\frac{\partial\delta^3}{\partial z}+\frac{\rho_L k_L(T_s-T_w)}{2\mu_L\Delta i_v}\frac{\partial}{\partial z}(W_b\delta)=\frac{k_L}{\Delta i_v}\frac{T_s-T_w}{\delta} \tag{7.2-16}$$

上式中の右辺は凝縮質量流束であり，左辺第一項は表面張力によるs方向の凝縮液の流量増分，左辺第二項および第三項はそれぞれ重力および蒸気せん断力によるz方向の凝縮液の流量増分を示す．なお，純蒸気の自由対流膜状凝縮を解析する場合は，液膜厚さδを決定する式(7.2-16)中の左辺第三項を除けばよい．

式(7.2-16)を解くためには，曲率$1/r$の式(7.2-15)と，以下の液膜厚さδに関する境界条件および蒸気速度W_bを求める式が必要である．

凝縮開始点において，

$$z=0\text{ で:}\qquad \delta=0 \tag{7.2-17}$$

また，s方向の$s=0$および$s=s_3$における対称条件より，

$$s=0,\ s_3\text{ で：}\quad \partial\delta/\partial s=0,\quad \partial^3\delta/\partial s^3=0 \tag{7.2-18,19}$$

蒸気流速W_bは凝縮の進行とともに減少し，その関係は次式で表される．

$$W_b=W_{b\,in}-\frac{1}{A\rho_V\Delta i_v}\int_0^z\int_0^{s_3}\frac{k_L(T_s-T_w)}{\delta}dsdz \tag{7.2-20}$$

ここに，$W_{b\,in}$は冷媒流路入口での蒸気速度，Aは図 7.2-3 の計算領域の冷媒流路断面積であり，凝縮液膜の厚さは無視できるとして次式で表される．

$$A=\left[h_f(p_f-t)-(4-\pi)r_0^2\right]/4 \tag{7.2-21}$$

なお，純蒸気の自由対流膜状凝縮を解析する場合は，蒸気流速W_bに関する式(7.2-20)を取り扱う必

要はない．

(c) フィン内熱伝導の基礎式

フィン部および隅部の表面温度は次の X 方向の一次元熱伝導の式を解くことで求められる．

$$\frac{d}{dX}\left(\frac{dT_w}{dX}Y_w\right)+\frac{k_L}{k_w\delta}\left(T_s-T_w\right)\frac{ds}{dX}=0 \tag{7.2-22}$$

ここに，Y_w は Y 座標におけるフィン表面位置であり，以下のように表される．

フィン部（$0 \le s \le s_1$）で：$Y_w = t/2$　(7.2-23)

ただし，$s = X$

隅部（$s_1 \le s \le s_2$）で：$Y_w = t/2 + r_0(1-\cos\theta)$　(7.2-24)

ただし，$X = s_1 + r_0 \sin\theta$，$\theta = (s - s_1)/r_0$

とすればよい．式(7.2-22)を解くための境界条件は，$X = 0$ における対称性および基底面 $X = h_f/2$ における温度一定の条件より，以下のように表される．

$X = 0$ で：　$dT_w/dX = 0$　(7.2-25)

$X = h_f/2$ で：　$T_w = T_{wb}$　(7.2-26)

(d) 計算方法

松元・小山（2009，2010）は，液膜厚さに関する基礎式(7.2-16)およびフィン内一次元熱伝導の式(7.2-22)をコントロールボリューム法により離散化し，数値的に解いている．その際の計算手順は以下のようにしている．

(1) フィン寸法，飽和蒸気温度，基底部の温度，凝縮液および飽和蒸気の物性値を与える．ここに，物性値は飽和温度での値とする．

(2) 凝縮開始点 $z = 0$ での冷媒流路入口蒸気速度 $W_{b\,in}$ を与える．

(3) 凝縮開始点 $z = 0$ の液膜厚さは $\delta = 0$ とし，s 方向のフィン表面温度分布は $T_w = T_{wb}$ で一様とする．

(4) 位置 $z + dz$ の s 方向のフィン表面温度分布 T_w を仮定する．ここに，$z + dz$ での s 方向のフィン表面温度分布の仮定値として，反復 1 回目では，上流側 z での s 方向のフィン表面温度分布を用いるが，反復 2 回目以降では，以下の手順(7)で修正された $z + dz$ での s 方向のフィン表面温度分布を用いる．

(5) 位置 z における液膜厚さおよび z までの全凝縮量より求めた蒸気速度 W_b と，下流側 $z + dz$ における s 方向のフィン表面温度分布を液膜の差分式に代入し，$z + dz$ における液膜厚さ δ を求める．

(6) 手順(5)で求めた液膜厚さ δ を用いてフィン内熱伝導の差分式を解き，位置 $z + dz$ での s 方向のフィン表面温度分布 T_w を求める．

(7) 手順(4)で仮定したフィン表面温度分布と手順(6)で求めたフィン表面温度分布とが，収束判定基準を満足するまでフィン表面温度分布を修正して手順(4)～(7)を繰り返す．フィン表面温度分布が収束すると位置 $z+dz$ の値を z の値として置き換え、手順(4)に戻る．以上の計算を $z=L$ まで行う．

以上の手順で得られた液膜厚さ δ とフィン表面温度分布 T_w より，局所熱流束 q_w，全伝熱量 Q_{total}，基底面積基準の平均熱流束 q_{wm}，基底面積基準の平均熱伝達率 h_m および伝熱促進率 ε_H が以下の式から求めてある．

$$q_w = k_L(T_s - T_w)/\delta, \qquad Q_{total} = \int_0^L \int_0^{s_3} q_w ds dz \tag{7.2-27, 28}$$

$$q_{wm} = 2Q_{total}/(p_f L), \qquad h_m = q_{wm}/(T_s - T_{wb}) \tag{7.2-29, 30}$$

$$\varepsilon_H = q_{wm}/[h_{Nu}(T_s - T_{wb})] \tag{7.2-31}$$

ここに，h_{Nu} は，次式の鉛直平板上膜状凝縮に関する Nusselt (1916) の式より求められる平均熱伝達率である．

$$Nu_{Nu} \equiv \frac{h_{Nu} L}{k_L} = 0.943\left(\frac{Ga_L Pr_L}{Ja_L}\right)^{0.25} \tag{7.2-32}$$

ここに，Ga_L はガリレオ数，Pr_L はプラントル数，Ja_L はヤコブ数であり，以下のように定義される．

$$Ga_L = \frac{g L^3}{\nu_L^2}, \qquad Pr_L = \frac{\mu_L c_{pL}}{k_L}, \qquad Ja_L = \frac{c_{pL}(T_s - T_{wb})}{\Delta i_v} \tag{7.2-33, 34, 35}$$

7.2.3　自由対流膜状凝縮の解析結果

松元・小山 (2009) は，鉛直に設置されたプレートフィン式凝縮器内での純冷媒の自由対流膜状凝縮を理論解析し，フィン材質，フィン寸法および冷媒の種類が熱伝達特性に及ぼす影響を検討している．それらの理論解析に用いたパラメータの値を以下に示す．

(1) フィン材質：アルミニウム（k_w = 237 W/(m K)）およびステンレス SUS304（k_w = 16 W/(m K)）

(2) フィン寸法：フィンピッチ p_f = 1.4～14 mm，フィン高さ h_f = 1.26～13.8 mm，フィン厚さ t = 0.1～0.4 mm，隅部曲率半径 r_0 = 0.2～0.4 mm および伝熱面長さ L = 1～25 mm

(3) 冷媒：R123，R134a および R32（飽和温度 T_s = 25 ℃で一定）

(4) 基底部温度：T_{wb} = 5～20 ℃

(a) フィン材質の影響

以下に，フィン寸法を p_f = 3.0mm，h_f = 6.5mm，r_0 = 0.2mm および t = 0.2mm とし，基底部温度を T_{wb} = 20 ℃とした場合について，冷媒 R123 の凝縮特性に及ぼすフィン材質の影響を検討した結果を示す．

図 7.2-4 は鉛直方向の位置 z = 5，15 および 25mm でのフィン内部の無次元温度差

$(T_w - T_{wb})/(T_s - T_{wb})$ の s 方向分布を示す．図 7.2-4(a)の R123/アルミニウムの組み合わせでは，フィン部中央（$s = 0$）の $(T_w - T_{wb})/(T_s - T_{wb})$ は 0.32～0.42 程度で低い．一方，図 7.2-4(b)の R123/SUS304 では，フィン部中央の $(T_w - T_{wb})/(T_s - T_{wb})$ は 1（$T_w \cong T_s$）に近い．これらは，本計算条件においては，アルミニウムは，フィン効率が高く，フィンとしての機能を十分発揮しているが，SUS304 では，フィン効率が低く，フィンとしての機能が大幅に低下していることを示している．すなわち，SUS304 の場合は，本計算条件に比してフィン高さ h_f を低くするか，フィン厚さ t を厚くする必要があることを示している．なお，s 方向の $(T_w - T_{wb})/(T_s - T_{wb})$ の分布形の z 方向の変化はアルミニウムの場合の方が大きい．

図 7.2-5 は鉛直方向の位置 $z = 5$，15 および 25 mm での液膜厚さ δ の s 方向分布を示す．図 7.2-5(a)の R123/アルミニウムの場合は，δ はフィン部中央の対称点近傍では一定であり，フィン部と隅部の接続点近傍で極小値をとり，隅部で極大値をとる．その後，δ は隅部と基底部の接続点近傍で極小値となり，基底部中央の対称点で再び極大値をとる．図 7.2-5(b)の R123/SUS304 の場合は，フィン部中央の対称点近傍で δ が非常に薄くなることを除けば，δ の s 方向分布形はアルミニウムの場合とほぼ同じである．なお，SUS304 の場合，フィン部中央近傍では液膜は極めて薄く，熱伝達率

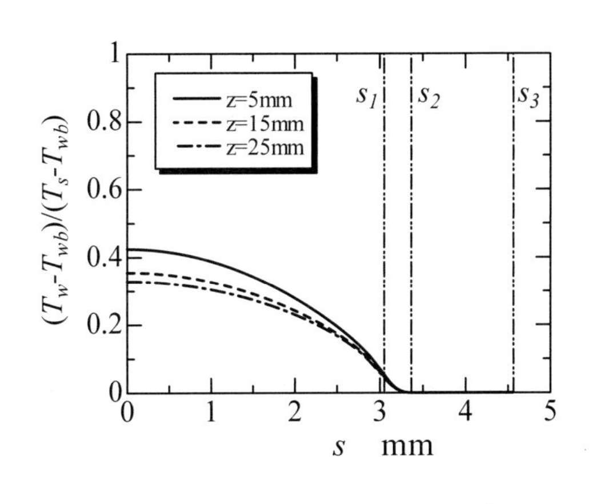

(a) R123/アルミニウム

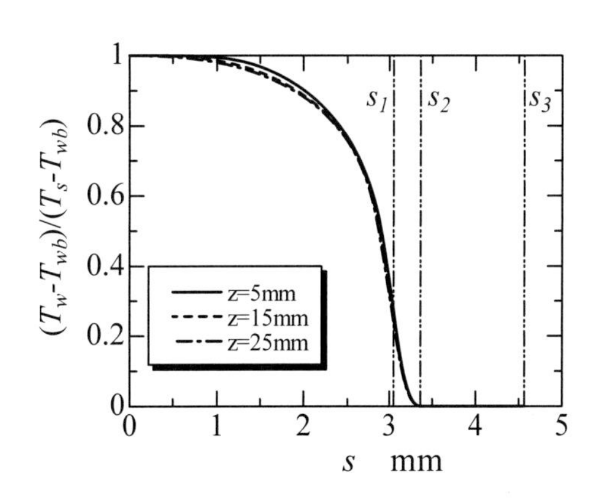

(b) R123/SUS304

図 7.2-4　フィン内無次元温度の水平方向分布
（$p_f = 3.0$ mm，$h_f = 6.5$ mm，$r_0 = 0.2$ mm，$t = 0.2$ mm）

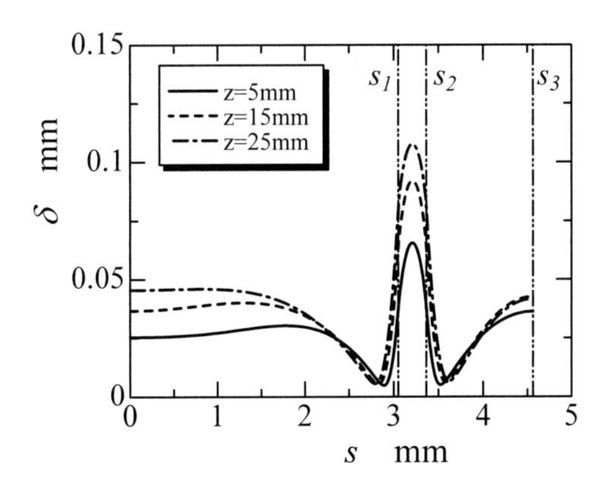

(a) R123/アルミニウム

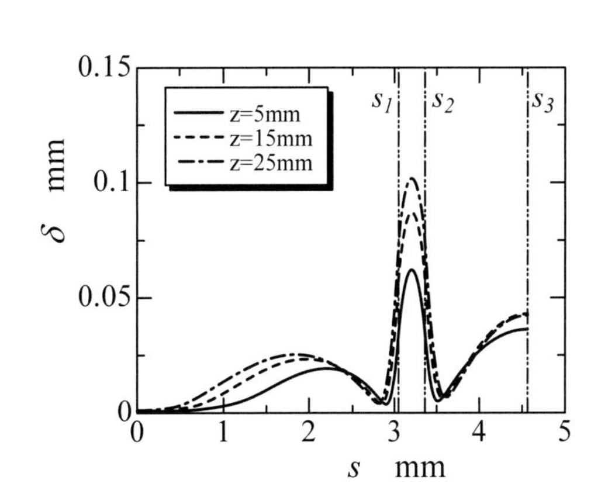

(b) R123/SUS304

図 7.2-5　液膜厚さの水平方向分布

（$p_f = 3.0$ mm，$h_f = 6.5$ mm，$r_0 = 0.2$ mm，$t = 0.2$ mm）

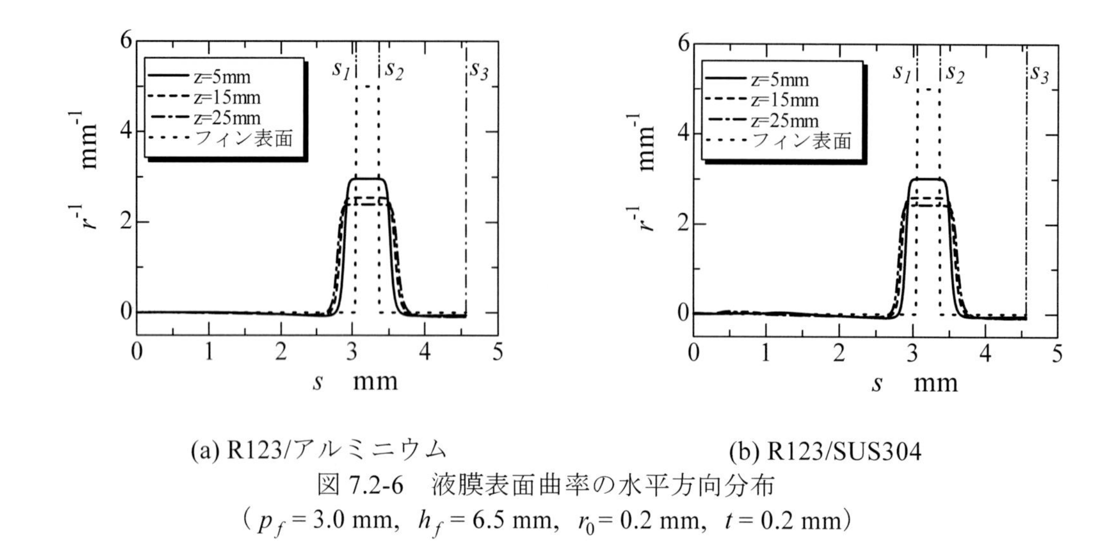

(a) R123/アルミニウム　　(b) R123/SUS304

図 7.2-6　液膜表面曲率の水平方向分布
（$p_f = 3.0$ mm，$h_f = 6.5$ mm，$r_0 = 0.2$ mm，$t = 0.2$ mm）

は高いと考えられるが，図 7.2-4(b)に示したように，$T_w \cong T_s$ となっており，フィン部中央近傍での伝熱量は極めて小さい．

図 7.2-6 は鉛直方向の位置 $z =$ 5，15 および 25 mm での液膜表面の曲率 $1/r$ の s 方向分布を示す．図中にはフィン表面の曲率 $1/r_w$ も点線で記入してある．図 7.2-6(a)の R123/アルミニウムの場合および図 7.2-6(b)の R123/SUS304 の場合のいずれも，液膜表面の曲率 $1/r$ は，フィン部中央近傍ではほぼ一定で零に近く，フィン部と隅部の接続点近傍で急激に変化し，隅部（$s = s_1 \sim s_2$）で一定の値（フィン表面の曲率 $1/r_w$ の半分程度の値）を示す．そして，再び隅部と基底部の接続点近傍で急激に変化して，基底部で一定の値（零に近い値）となる．

(b) フィン寸法の影響

飽和温度 $T_s = 25$ ℃の冷媒 R123 がアルミニウム製および SUS304 製フィン付伝熱面（基底部温度 $T_{wb} = 20$ ℃）で凝縮する場合についてフィンピッチ p_f およびフィン高さ h_f が凝縮特性に及ぼす影響を検討した結果を以下に示す．

図 7.2-7 は，フィン材質をアルミニウムとし，フィン寸法を $p_f = 1.0 \sim 3.0$ mm，$h_f = 1.0 \sim 6.5$ mm，$r_0 = 0.2$ mm，$t = 0.2$ mm とした場合の伝熱促進率 ε_H（太線）および面積拡大率 ε_A（細線）とフィン長さ L との関係を示す．ここに，図(a)および(b)はそれぞれフィンピッチ p_f の影響およびフィン高さ h_f の影響を示す．図 7.2-7(a)においては，いずれの p_f の場合も，ε_H は L の増加とともに増え，$L \cong$ 3 mm 以上で ε_A よりも大きくなり，ε_H が ε_A よりも大きくなる度合いに，p_f による差異が若干見られる．これは，後出の図 7.2-11 で説明するように基底部における液膜厚さ分布が p_f の影響を受けて変化することによるものである，また，図 7.2-7(b)においても，いずれの h_f の場合も，ε_H は L の増加とともに増え，ある L 以上で ε_A よりも大きくなる．ただし，h_f が大きくなると，ε_H が ε_A よりも大きくなる度合いは小さくなる．これは，h_f の増加により，フィン部および基底部の液膜を薄くする，表面張力による隅部への凝縮液吸引効果が相対的に小さくなることやフィン効率が低下することによるものである．

図 7.2-8 は，フィン材質を SUS304 とし，フィン寸法を $p_f = 1.0 \sim 3.0$ mm，$h_f = 1.0 \sim 6.5$ mm，$r_0 = 0.2$

mm, $t = 0.2$ mm とした場合の伝熱促進率 ε_H（太線）および面積拡大率 ε_A（細線）とフィン長さ L との

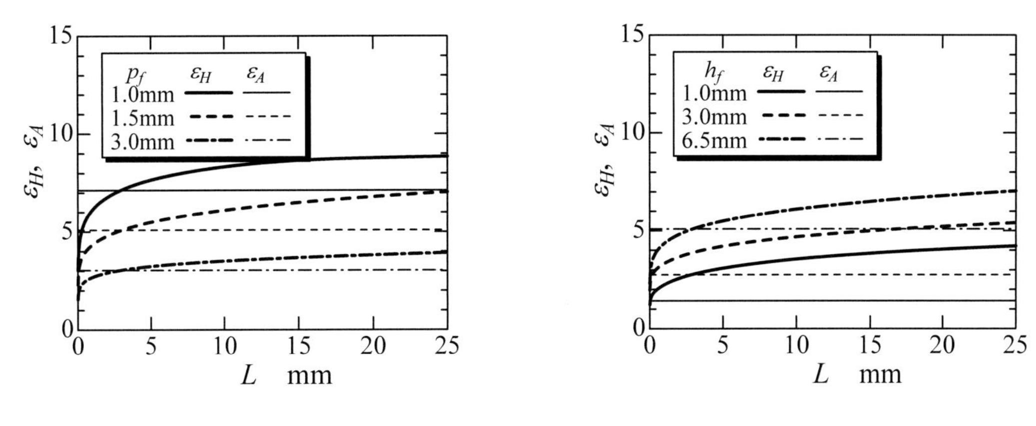

(a) フィンピッチの影響
（$h_f = 6.5$ mm, $r_0 = 0.2$ mm, $t = 0.2$ mm）

(b) フィン高さの影響
（$p_f = 3.0$ mm, $r_0 = 0.2$ mm, $t = 0.2$mm）

図 7.2-7　ε_H および ε_A と L との関係（R123/アルミニウムの場合）

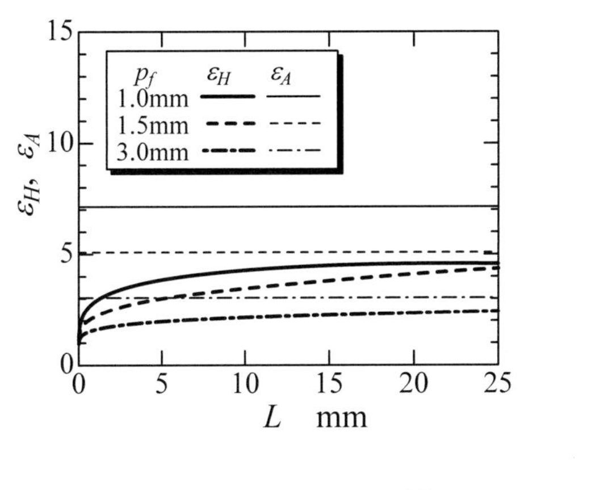

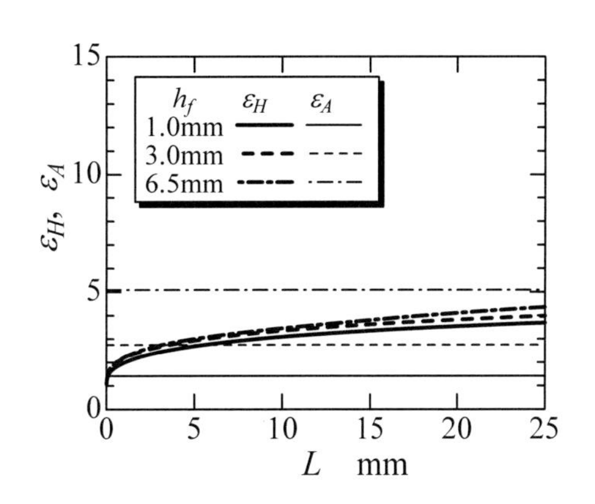

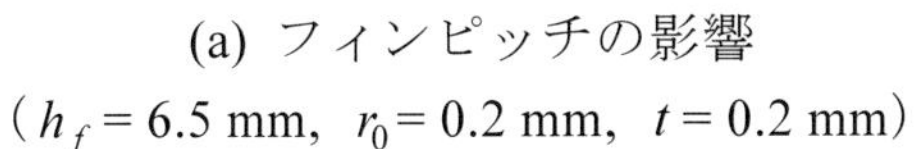

(a) フィンピッチの影響
（$h_f = 6.5$ mm, $r_0 = 0.2$ mm, $t = 0.2$ mm）

(b) フィン高さの影響
（$p_f = 3.0$ mm, $r_0 = 0.2$ mm, $t = 0.2$ mm）

図 7.2-8　ε_H および ε_A と L との関係（R123/SUS304 の場合）

関係を示す．ここに，図(a)および(b)はそれぞれフィンピッチの影響およびフィン高さの影響を示す．図 7.2-8(a)においては，アルミニウムの場合と異なり，いずれの p_f の場合も，L が増加しても，ε_H が ε_A より大きくなることはない．また，図 7.2-8(b)においては，$h_f = 1.0$ mm および 3.0 mm の場合は，L が増加すると，ε_H は ε_A よりも大きくなるが，$h_f = 6.5$ mm の場合は，L が増加しても，ε_H が ε_A よりも大きくなることはない．これは，アルミニウムに比して SUS304 の熱伝導率が非常に小さく，h_f を大きくするとフィン効率が大幅に低下することによる．

図 7.2-9 は，フィン材質をアルミニウムとし，フィン寸法を $r_0 = 0.3$ mm, $t = 0.2$ mm, $L = 25$ mm とした場合の伝熱促進率 ε_H（太線）および面積拡大率 ε_A（細線）と h_f との関係を p_f をパラメータとして示す．いずれの p_f の場合も，h_f が大きくなるにつれて，ε_A は直線的に増大し，ε_H は上に凸の曲線的に増加する．ここに，ε_H は，h_f がある値以下では ε_A よりも大きいが，h_f がある値以上で

はε_Aよりも小さい．これは，h_fが大きくなるにつれて，表面張力による隅部への凝縮液吸引効果が相対的に小さくなることとフィン効率が低下することによるものである．

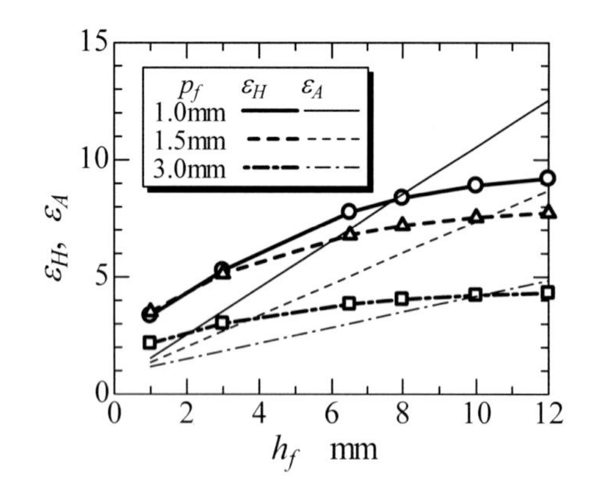

図 7.2-9　ε_H および ε_A と h_f との関係
（p_f の影響）
（r_0 = 0.3 mm，t = 0.2 mm，L = 25 mm）

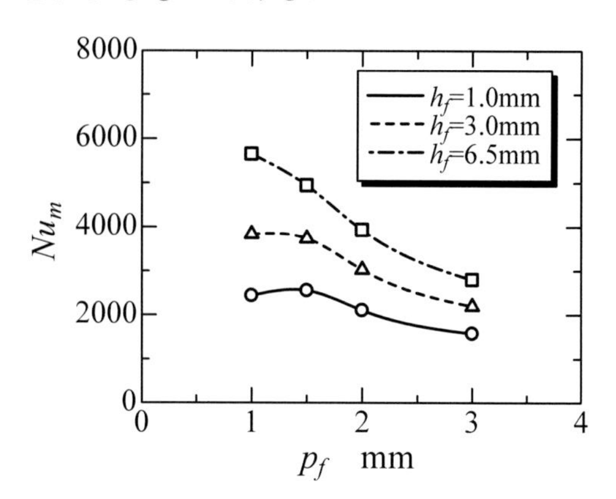

図 7.2-10　Nu_m と p_f の関係
（h_f の影響）
（r_0 = 0.3 mm，t = 0.2 mm，L = 25 mm）

図 7.2-10 にフィン材質をアルミニウムとし，フィン寸法を r_0 = 0.3 mm，t = 0.2 mm および L = 25 mm とした場合の平均ヌセルト数 Nu_m と p_f の関係を h_f をパラメータとして示す．h_f = 3.0 および 6.5 mm の場合は p_f が大きくなるにつれて Nu_m は小さくなるが，h_f = 1.0 mm では Nu_m が極大値となる p_f が存在する．

図 7.2-11 はフィン材質をアルミニウムとし，フィン寸法を r_0 = 0.3 mm，t = 0.2 mm，h_f = 1.0 mm，および L = 25 mm とした場合の z = 25 mm におけるフィン付き伝熱面上の液膜形状を示す．ここに，図(a)，(b)および(c)はそれぞれ p_f = 1.0，1.5 および 2.0 mm の結果であり，図中の斜線部はフィン部である．いずれの p_f の場合も，隅部（$s = s_1 \sim s_2$）の液膜が最も厚くなっている．これが，表面張力による隅部への凝縮液吸引効果である．また，基底部（$s = s_2 \sim s_3$）の液膜厚さについて見てみると，p_f = 1.0 mm の場合は厚い液膜のままであるが，p_f = 1.5 mm の場合は基底部の中央部分に向かって液膜は薄くなる．また，p_f = 2.0 mm の場合は，基底部中央に向かって，液膜はいったん薄くなった後にわずかに厚くなる．以上のような，p_f によって液膜形状が変化することが，図 7.2-10 の h_f = 1.0 mm で Nu_m が p_f に対して極大値をとる理由である．

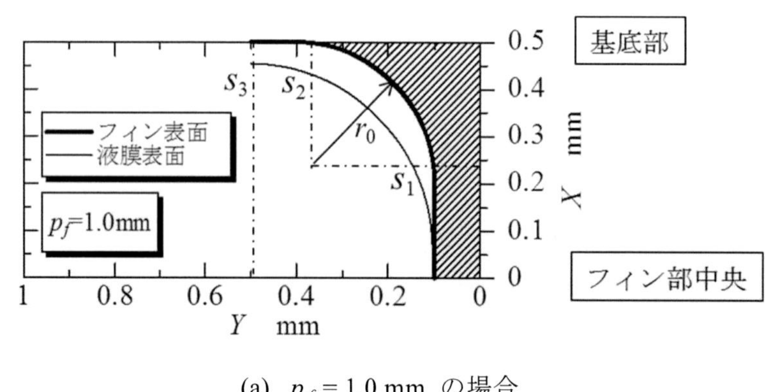

(a)　p_f = 1.0 mm の場合

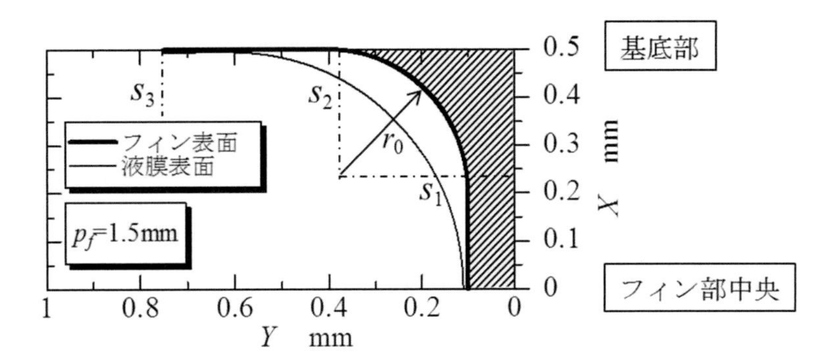

(b) $p_f = 1.5$ mm の場合

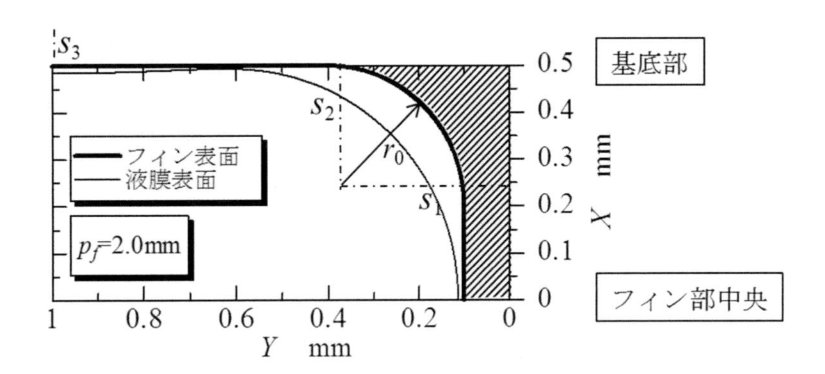

(c) $p_f = 2.0$ mm の場合

図 7.2-11　液膜形状に及ぼすフィンピッチの影響
（$h_f = 1.0$ mm，$r_0 = 0.3$ mm，$t = 0.2$ mm，$L = 25$ mm）

(c)熱伝達特性の相関式

以上の計算結果より，松元・小山 (2009, 2010) はフィン付き鉛直面上の層流自由対流膜状凝縮の熱伝達相関式として次式を提案している．

$$\frac{Nu_{m\,cor}}{Nu_{Nu}} = 1 + 0.43\,Bo^{-0.22}\,Pr_L^{\;0.07}\left(\frac{k_w}{k_L}\right)^{0.19}\left(\frac{p_f}{r_0}\right)^{-1.03}\left(\frac{h_f}{r_0}\right)^{0.36}\left(\frac{t}{r_0}\right)^{0.06}\left(\frac{L}{r_0}\right)^{0.28} \tag{7.2-36}$$

ここに，Nu_m はフィン付き鉛直面の平均ヌセルト数で，Bo はボンド数であり，それらは以下のように定義される．

$$Nu_m = \frac{h_m L}{k_L}, \qquad Bo = \frac{g\rho_L r_0^{\,2}}{\sigma} \tag{7.2-37, 38}$$

式(7.2-37)中の h_m は式(7.2-30)で定義される基底面積基準の平均熱伝達率である．また，Nu_{Nu} は，式(7.2-32)で求められるヌセルト数である．なお，各無次元数は以下の範囲で適用できる．

$3.8\times10^{-2} < Bo < 0.24$，　$1.3\times10^{5} < Ga_L < 8.6\times10^{7}$，　$2.8\times10^{-2} < Ja_L < 0.16$

$1.7 < Pr < 5.25$，　$5.6 < p_f/r_0 < 50$，　$5.1 < h_f/r_0 < 49$，　$0.5 < t/r_0 < 2.0$，　$2.6 < L/r_0 < 25$

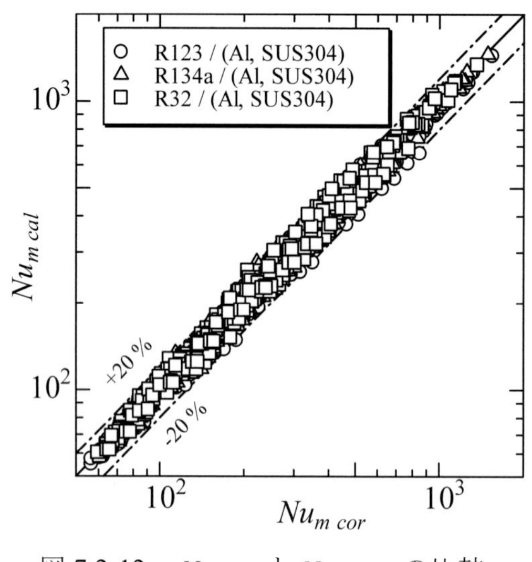

図 7.2-12　$Nu_{m\ cal}$ と $Nu_{m\ cor}$ の比較

図 7.2-12 に式(7.2-36)の相関式による計算結果 $Nu_{m\ cor}$ と理論解析による計算結果 $Nu_{m\ cal}$ との比較を示す．相関式は±20%以内の差異で計算結果と一致している．

7.2.4　共存対流膜状凝縮の解析結果

小山ら (2002) は，鉛直に設置されたプレートフィン式凝縮器内での純冷媒の共存対流膜状凝縮を理論解析し，蒸気せん断力が液膜厚さに及ぼす影響を検討している．それらの理論解析におけるパラメータの値を以下に示す．また，彼らは，屋良・小山(2006)として後年発表された実験結果と理論解析の比較を行っている．

(1)　フィン材質：アルミニウム（k_w = 237 W/(m K)）

(2)　フィン寸法：フィンピッチ p_f = 1.0～3.0 mm，フィン高さ h_f = 1.0～6.5 mm，フィン厚さ t = 0.1～0.4 mm，隅部曲率半径 r_0 = 0.2～0.4 mm および伝熱面長さ L = 25 mm

(3)　冷媒：R123　（飽和温度 T_s = 25 ℃で一定）

(4)　基底部温度：T_{wb} = 20 ℃

(5)　蒸気入口速度：$W_{b\,in}$ = 0.0～3.0 m/s

(a) 蒸気せん断力が液膜厚さに及ぼす影響

図 7.2-13 は冷媒 R123 とアルミウム製フィンについて，フィン寸法を h_f = 6.5 mm，r_0 = 0.2 mm，t = 0.2 mm，p_f = 3.0 mm，L = 25 mm および基底部温度を T_{wb} = 20 ℃とした場合の液膜厚さ δ の s 方向分布を，冷媒流路入口蒸気速度 $W_{b\,in}$ をパラメータとして示す．図(a)および(b)はそれぞれ鉛直方向の位置が z = 5 mm および z = 25 mm における結果である．いずれの条件でも，層流自由対流凝縮（$W_{b\,in}$ = 0.0 m/s）の場合と同様に，δ はフィン部中央（s = 0）から s 方向にいったん増加した後に減少し，フィン部と隅部の接続点近傍で極小となる．その後，δ は隅部内（$s = s_1 \sim s_2$）で極大値をとり，隅部と基底部の接続点近傍で再び極小値を取る．そして，基底部中央（$s = s_3$）に向かって δ は再び増加する．$W_{b\,in}$ が δ の s 方向分布に及ぼす影響はフィン部と隅部の接続点及び隅部と基底部の接続点近傍を除く領域に現れ，$W_{b\,in}$ が大きくなると，δ の値は小さくなる．また，$W_{b\,in}$ が δ の s

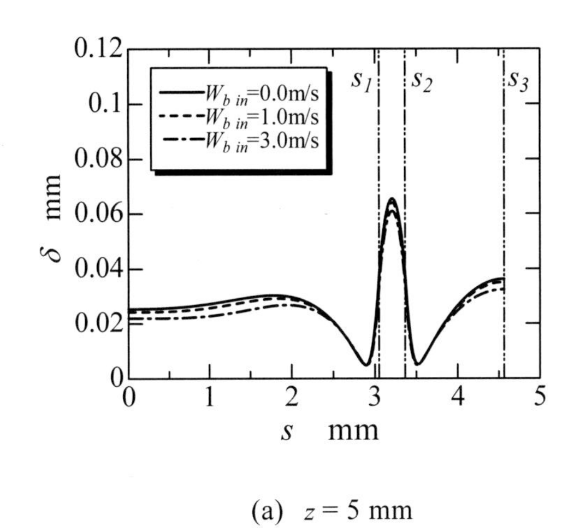

(a)　z = 5 mm

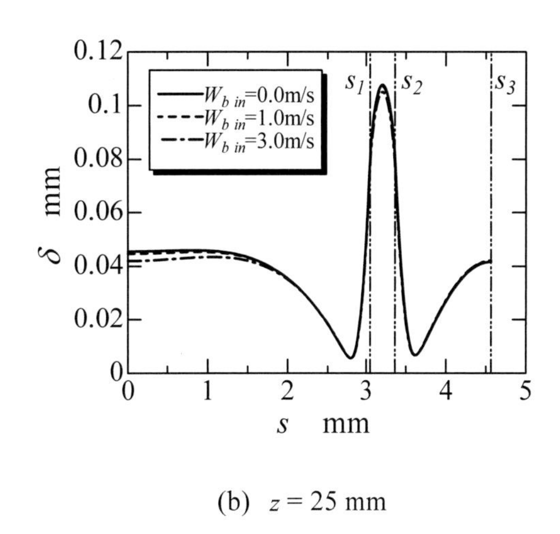

(b)　z = 25 mm

図 7.2-13　液膜厚さの水平方向分布
（p_f = 3.0 mm，h_f = 6.5 mm，r_0 = 0.2 mm，t = 0.2 mm）

方向分布に及ぼす影響は z が増加すると小さくなり，フィン部（$s = 0 \sim s_1$）では若干現れるが，基底部　（$s = s_2 \sim s_3$）ではほとんど現れていない．また，各蒸気入口速度 $W_{b\,in}$ における平均熱流束 q_{wm} は，$W_{b\,in}$ = 0.0 m/s の q_{wm} に対して，　$W_{b\,in}$ に比例して大きくなるものの，凝縮開始点からある程度のフィン長さ L までの差異はあるが，L が長くなるつれて，凝縮による蒸気速度の減少とともに差異は小さくなり，$W_{b\,in}$= 0.0 m/s の値に近づくようになる．

(b) プレートフィン式凝縮器の実験結果との比較

図 7.2-14 および 7.2-15 に屋良・小山が実験に用いたプレートフィン式凝縮器の概略および凝縮器内の冷媒および冷却水流路の概略を示す．凝縮器は全長 1850 mm，幅 200 mm で，冷媒流路とそれを挟む冷却水流路からなるアルミニウム合金製の鉛直設置の対向流型プレートフィン式熱交換器である．フィン形状は冷媒側がセレート型，冷却水側がプレーン型であり，冷媒は中央の流路を鉛直下向きに流下し，冷却水は冷媒流路を挟む流路を鉛直上向きに流れる．冷却水流路には 235 mm 間隔に半円筒状の混合室が 7 箇所設けられ，各混合室で冷却水の温度が測定された．各混合室で挟まれた伝熱領域をセクションと名付け，凝縮器内の 6 セクションの凝縮熱伝達特性が測定された（1 セクションの有効伝熱面積 ＝ 伝熱面長さ 220 mm × 幅 170 mm）．

屋良・小山（2006）は熱伝達の実験結果を以下の方法により整理している．各セクションの伝熱量 Q を冷却水の流量およびセクションの出入口の冷却水温度変化から求め，各セクションの基底面積基準平均熱流束 $q_{wm\,exp}$ を次式で求めている．

$$q_{wm\,exp} = \frac{Q}{2\,A_{exp}} \tag{7.2-39}$$

ここに，A_{exp} は各セクションの有効伝熱面積（= 220 mm×170 mm）である．次に，各セクションの平均ヌセルト数 $Nu_{m\,exp}$ を次式で求めている．

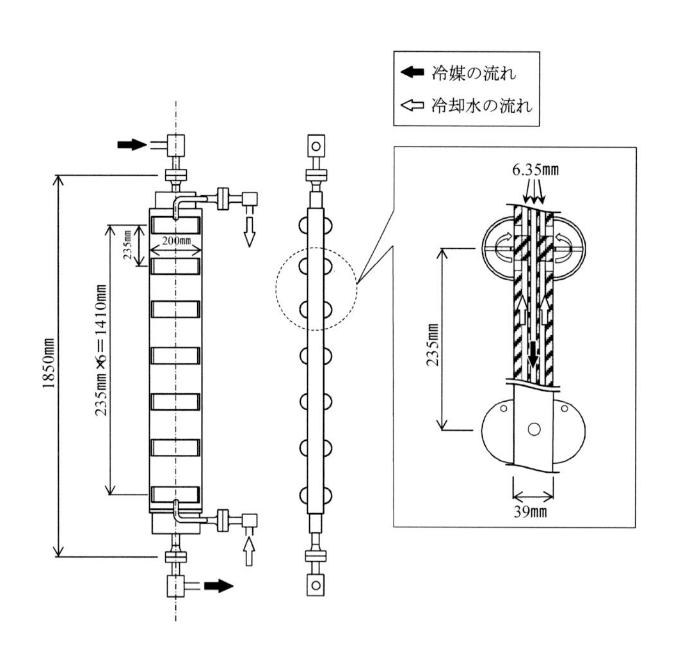

図 7.2-14　プレートフィン式凝縮器概略図

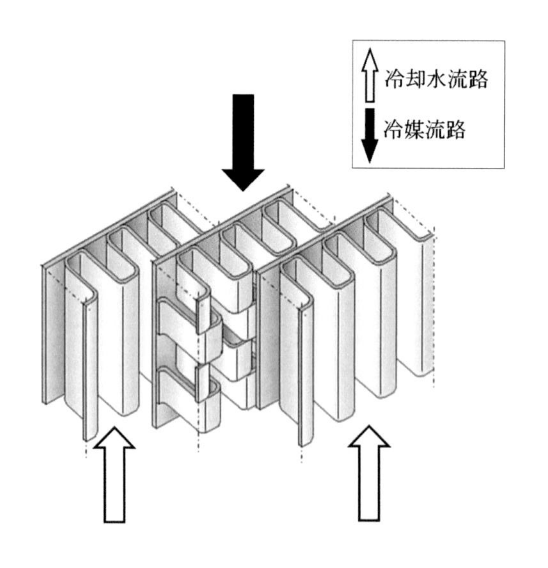

図 7.2-15　冷媒および冷却水流路概略図

$$Nu_{m\,exp} = \frac{q_{wm\,exp}\,L}{\left(T_s - T_{wb}\right)k_L} \tag{7.2-40}$$

ここに，Lは1セクション当たりの伝熱面長さ，T_sは各セクションの出入口の測定圧力の算術平均値における冷媒飽和温度，T_{wb} は伝熱面の基底部温度である．

小山ら（2002）は，屋良・小山（2006）の実験のうち，セクション入口の蒸気クオリティがx= 1.0（飽和蒸気）の場合の結果と理論解析の結果を比較した．理論解析において，凝縮開始点の蒸気速度W_bは質量速度G　[kg/(m^2 s)]，蒸気クオリティxおよび蒸気密度ρ_V から次式で求められた．

$$W_b = \frac{G\,x}{\rho_V} \tag{7.2-41}$$

また，解析では，冷媒R134aによる各実験条件を用い、フィンをアルミニウム（熱伝導率k_w= 237 W/(m K)）製のプレーンフィンとし，フィンピッチをp_f = 1.5 mm，フィン高さをh_f = 6.5 mm，フィン厚さをt = 0.2 mm，フィン長さ（伝熱面長さ）をL = 220 mm，隅部の曲率半径r_0を，実際のフィン断面形状の実測値（r_0 = 0.3～0.4 mm）を参考に，r_0 = 0.3，0.4および0.5 mmとした．

図7.2-16は凝縮開始点での蒸気クオリティx = 1.0の実験の平均ヌセルト数$Nu_{m\,exp}$および理論解析による平均ヌセルト数$Nu_{m\,cal}$を飽和温度と基底部温度の差（$T_s - T_{wb}$）に対して示す．図中の●印は平均ヌセルト数$Nu_{m\,exp}$を，○，△および□印はそれぞれ隅部曲率半径r_0 = 0.3, 0.4および0.5 mmの場合の平均ヌセルト数$Nu_{m\,cal}$を示す．r_0 = 0.3の場合の$Nu_{m\,cal}$が最も高い値を示し，r_0の増加とともに$Nu_{m\,cal}$の値は減少し，r_0 = 0.5 mmの場合の$Nu_{m\,cal}$が$Nu_{m\,exp}$と近い値となった．なお，$Nu_{m\,cal}$および$Nu_{m\,exp}$はいずれも（$T_s - T_{wb}$）の増加とともに減少した．

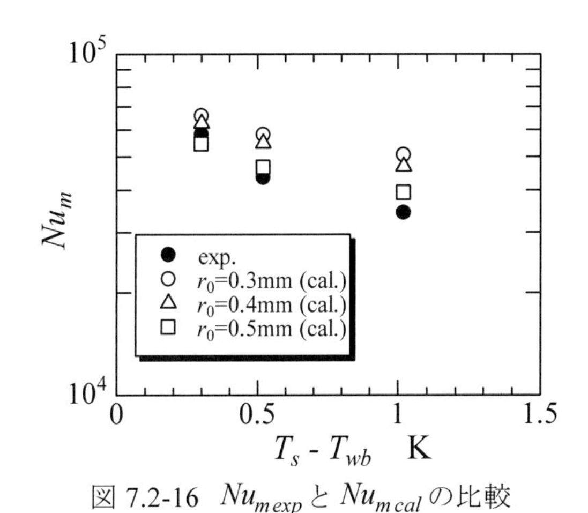

図7.2-16　$Nu_{m\,exp}$と$Nu_{m\,cal}$の比較

7.2.5　まとめ

本節では，鉛直設置されたプレートフィン式凝縮器を対象として行われた理論解析の凝縮液膜モデルを説明し，解析結果としてフィン材質，フィンピッチ，フィン高さなどが熱伝達特性に及ぼす影響を示すとともに，提案されたフィン形状パラメータを含む熱伝達特性の相関式および解析結果と実験結果との比較を示した．

より詳細な理論解析を行う場合は，実伝熱面形状の忠実な再現，凝縮器内での気液二相流における液膜の分布やエントレイメントの影響，凝縮液膜内での乱れの効果，蒸気流が凝縮液膜に及ぼす影響などをより厳密に考慮することが望まれる．なお，解析手法としては，実伝熱面形状に適合した複雑な計算格子を設けることのできる有限要素法や有限体積法が有効と考えられ，液膜やエントレイメントなどの気液自由界面を取り扱うためには，界面追跡手法や粒子法が有効と考えられる．

また，プレートフィン式凝縮器の実験的研究は不十分であり，今後，フィン形状パラメータが平均および局所の熱伝達特性に及ぼす影響を系統的に把握するための実験が必要である．

7.2 節の文献

小山繁，松元達也，福田研二，2002，鉛直矩形流路内での純冷媒の層流膜状凝縮に関する理論解析，平成 14 年度日本冷凍空調学会学術講演会講演論文集，B121, pp.161-164.

松元達也，小山繁，2009，フィン付き鉛直矩形流路内での純冷媒の層流膜状凝縮に関する理論解析，日本冷凍空調学会論文集，Vol.26, No.3, pp.359-370.

松元達也，小山繁，2010，鉛直設置式プレートフィン凝縮器内での純冷媒の層流膜状凝縮に関する数値解析，2010 年度日本冷凍空調学会年次大会講演論文集，B133, pp.85-88.

屋良朝康，小山繁，2006，二成分混合冷媒のプレートフィン凝縮器内での伝熱特性の予測計算法，日本冷凍空調学会論文集，Vol.23, No.3, pp.187-197.

Nusselt, W., 1916, Die oberflachenkondensation des wasserdampfes, *Zeit*. VDI, Vol.60, No.27, pp.541-546.

Shekriladze I.G., Gomelauri, V.I., 1966, Theoretical study of laminar film condensation of flowing vapour, *International Journal of Heat and Mass Transfer*, Vol.9, No.6, pp.581-591.

7.3 プレート式凝縮器

7.3.1 はじめに

プレート式熱交換器 (plate heat exchanger, PHE) の熱交換部は，凹凸の波形パターンがプレス加工された薄い金属プレートを積層した構造を持つ．流体は隣接するプレート間に形成される微細流路を流れるため，伝熱性能に優れた液－液熱交換器として，20 世紀初頭から食品製造をはじめとするプロセス加熱で用いられている．近年では，隣接するプレートを互いにろう付けしたブレージングプレート式熱交換器 (brazed plate heat exchanger, BPHE) が開発され，小型・軽量化と耐圧性の向上により冷凍空調分野でも注目を集めている．本節では，主としてブレージングプレート式凝縮器を取りあげ，冷媒の凝縮熱伝達を中心に紹介する．プレート式熱交換器を幅広く扱った成書として Wang *et al.* (2007) がある．また，有機冷媒の蒸発・凝縮に関する従来の式を比較・検討した文献として Eldeeb, R. *et al.* (2016) が，水蒸気の凝縮を幅広い条件で行った実験研究に Wang *et al.* (2000) があげられる．

7.3.2 ブレージングプレート式熱交換器の概要

ブレージングプレート式熱交換器は，厚さ 0.5 mm 前後のプレートを銅やニッケル合金などでろう付けにより積層するため，プレート式熱交換器で用いられるガスケット，ガイドバーや固定ボルトが不要になる．このため，プレート式より小型・軽量かつ耐圧・耐高温性に優れ，近年では集合住宅等のヒートポンプや給湯・暖房用熱交換器として用いられる傾向にある（楠, 2013).

図 7.3-1 (a) は 1 枚のプレートを表す．プレートに加工された波形パターンはヘリンボーン状のものが多く，図に示す溝のピッチ p_f，高さ h_f および溝と鉛直線のなす角度 (chevron angle) γ が流動伝熱特性に影響を与える．図 (b) の中央部はプレートを積層した状態を，両端の S フレームと E フレームに近い側のプレートは積層前の状態を表す．積層時は隣り合うプレートを上下反転させ，流体は積層により形成される微細流路を流れ，プレートを介して向流熱交換を行う．そして，熱伝達と圧力損失は，プレートに加工された波形溝とプレートの反転効果により増大する．

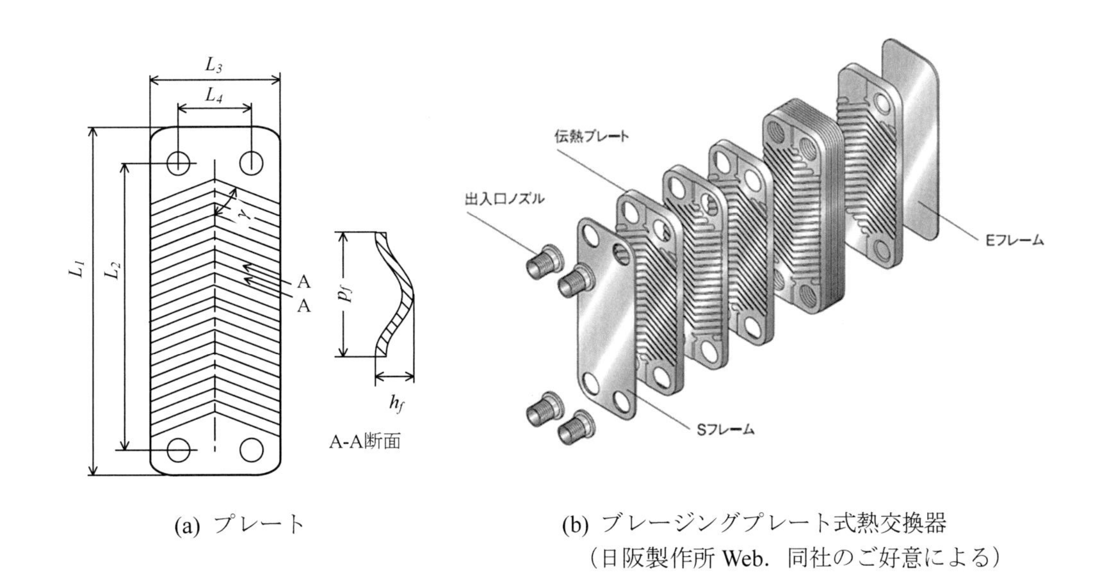

(a) プレート　　(b) ブレージングプレート式熱交換器（日阪製作所 Web．同社のご好意による）

図 7.3-1 プレート式熱交換器

7.3.3 熱伝達と圧力降下の特性

(a) 実験の概要

表 7.3-1 は，本節で説明する実験の概要をまとめたものである．Longo (2010a, b) および Longo-Zilio (2013) は蒸気の入口と出口におけるクオリティが，それぞれ 0.92 ~ 1.0 および 0.0~0.09 の条件における平均熱伝達率を求めている. Han *et al*. (2003) および Yan *et al*. (1999) は蒸気の入口と出口におけるクオリティを変化させることにより，局所的な熱伝達率を求めている．Thonon-Bontemps (2002) および Yara *et al*. (2000) は純冷媒と混合冷媒の両者を扱っている．Park *et al*. (2004) は積層されたプレートをシェル内に配置するプレートアンドシェル式熱交換器 (plate and shell heat exchanger, PSHE) による実験を行っている．ここに，プレートアンドシェル式は，冷却水がシェル側から熱交換部に流入・流失する形式である．図 7.3-2 に Yara *et al*. (2000)および Park *et al*. (2004)が用いたプレートの波形パターンを示す. 本節で扱う純冷媒の 40℃における熱物性を表 7.3-2 のまとめておく. これらは REFPROP Ver. 9.0 による値である．

表 7.3-1　冷媒の種類とプレートの概要

References	Refrigerant	Dimensions							Type
		L_1	L_2	L_3	L_4	h_f	p_f	γ	
		mm	mm	mm	mm	mm	mm	degree	
Longo (2010a, b)	R236fa, R134a, R410A, R600a, R290, R1270		278	72		2.0	8.0	65	BPHE
Longo-Zilio (2013)	R1234yf								
Han *et al.* (2003)	R410A, R22	522	476	115	69	2.55	4.9 5.2 7.0	70 55 45	
Yan *et al.* (1999)	R134a	560	450	120	70	3.3	10.0	60	
Thonon-Bontemps (2002)	R290, R600, R601 R600/R290, R600/R601	300		300		5		45	
Yara *et al.*(2000)	R123, R22/R123	1,050	950	100				33	PHE
Park *et al.* (2004)	R410A		316	198		2.8	9	45	PSHE

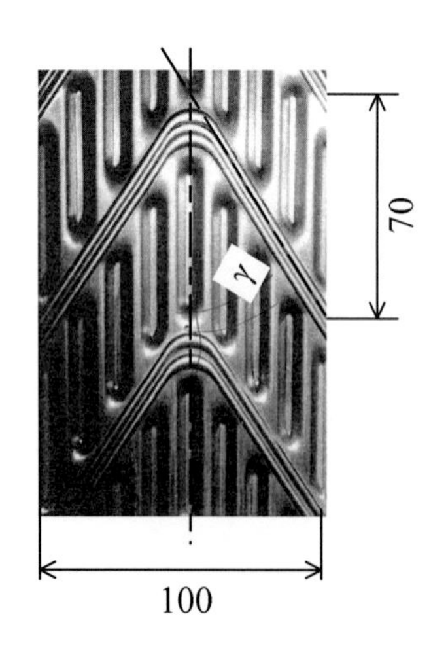

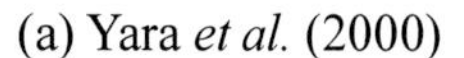
(a) Yara *et al.* (2000)

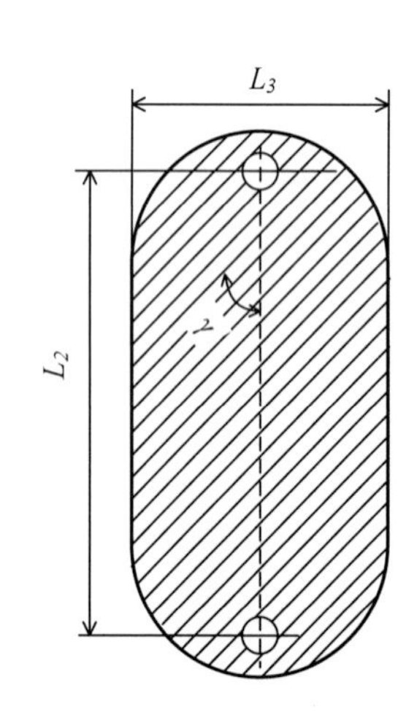

(b) Park *et al.* (2004)

図 7.3-2 プレートの波形パターン

表 7.3-2　冷媒の主要熱物性，40℃.

	ρ_L (kg/m³)	ρ_V (kg/m³)	μ_L (Pa·s)	k_L (W/m·K)	Pr_L	σ (mN/m)
R1234yf	1034	57.8	1.30×10^{-4}	0.0590	3.24	4.42
R134a	1147	50.0	1.61×10^{-4}	0.0747	3.24	6.13
R1270	478.6	35.6	0.830×10^{-4}	0.105	2.28	4.73
R236fa	1308	29.3	2.37×10^{-4}	0.0684	4.52	8.30
R290	467.5	30.2	0.828×10^{-4}	0.0869	2.78	5.21
R410A	975.3	103.3	0.959×10^{-4}	0.0809	2.29	3.25
R600	554.9	9.42	1.38×10^{-4}	0.0987	3.54	10.1
R600a	531.1	13.7	1.29×10^{-4}	0.0841	3.90	8.41
R601	605.7	3.369	1.92×10^{-4}	0.106	4.34	13.8

(b) 純冷媒の凝縮

図 7.3-3 は純冷媒による実験値を式 (7.3-1, 2) で定義される凝縮数 Nu^* と膜レイノルズ数 Re_f の座標上にプロットしたものである.

$$Nu^* = \frac{h}{k_L}\left(\frac{\nu_L^2}{g}\right)^{1/3}, \qquad Re_f = \frac{G(1-x)D_h}{\mu_L} \tag{7.3-1, 2}$$

ここに，G は冷媒の質量速度，x は蒸気クオリティ，D_h は微細流路の水力直径で Longo (2010a, b) および Longo(2013) は $D_h = 2h_f$ と定義している．図において，膜レイノルズ数 Re_f がおおむね 100 以下の実験値は，第 2 章の鉛直平板上の層流自由対流凝縮理論から導かれる次式

$$Nu^* = 1.47/Re_f^{\ 1/3} \tag{7.3-3}$$

および，Yara *et al.* (2000) による実験に基づく次式で整理できる.

$$Nu^* = 2.37\left(0.0025 + Re_f^{-1.2}\right)^{0.4} \tag{7.3-4}$$

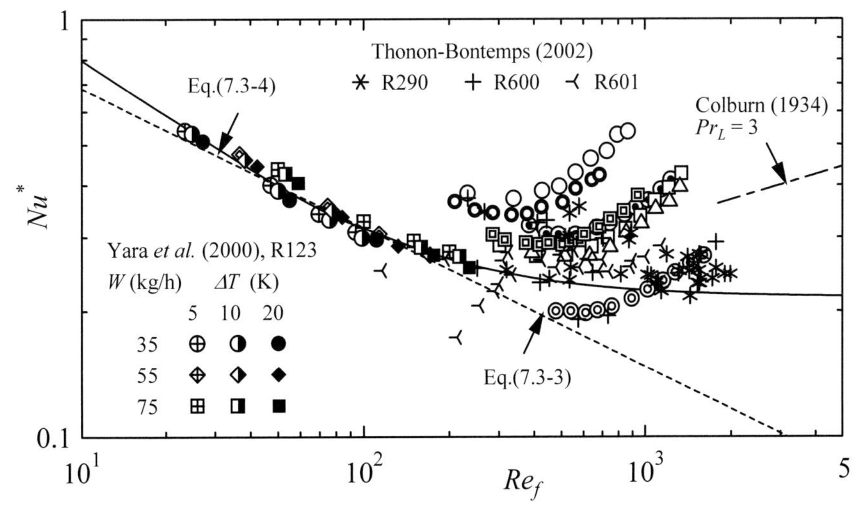

図 7.3-3 熱伝達の実験結果，Nu^* と Re_f の関係

膜レイノルズ数 $Re_f > 100$ の熱伝達には，Re_f の増大とともに，冷媒の種類およびプレート寸法等の影響が現れる．図中には，平板上の凝縮に関する Colburn (1934) の式を一点鎖線で記入してある．

図 7.3-4 は Yan *et al.* (1999) による R134a の実験値を示す．彼らは，熱流束を 10 kW/m^2 に固定し，凝縮器の入口と出口における蒸気クオリティを変化させた実験を行うことにより，局所的な熱伝達と圧力降下の特性を求めている．冷媒の質量速度 G は 60~120 kg/(m^{2}s) の範囲で，図(a)は熱伝達率を，図 (b) は圧力損失を表す．これらは，管内凝縮の場合と同様に，質量速度と蒸気クオリティの影響を受け，凝縮の進行とともに，すなわち湿り度 $(1-x)$ の増大とともに低下する．

図 7.3-5 は Han *et al.* (2003) による R410A を用いた実験値である．質量速度 G を 34 kg/(m^2·s)に固定し，熱流束 q を 4.7~5.3 kW/m^2 の範囲で変化させ，熱伝達と圧力損失に及ぼす溝と鉛直線のなす角度 γ（以下，本節では「溝の角度」と呼ぶ）の影響を求めている．ここで注意すべきことは，表 7.3-1 に示すとおり，溝の角度 γ と溝ピッチ p_f は同時に変化することである．図 7.3-5 から明らかなように，熱伝達率は溝の角度が大きいほど高クオリティ領域で高く，圧力損失にも熱伝達と同様な傾向が認められる．これらの原因として，溝の角度 γ が増大するにつれて，すなわち，溝の配置が水平に近づくにつれて，鉛直下向きに流れる冷媒と溝の凹凸が直交することになり，微細流路内で気液の混合がいっそう促進されるためと考えられよう．

図 7.3-6 は Han *et al.* (2003) による R410A を用いた実験について，凝縮器内で蒸気クオリティを 0.9 から 0.15 まで変化させた場合の熱伝達と圧力損失の実験値を示す．図から明らかなように，熱伝達と圧力損失は，冷媒質量速度 G および溝の角度 γ の増大とともに大きくなる．また，冷媒の飽和温度 T_s が低いほど熱伝達と圧力損失の両者が大きくなる．これらの理由として，飽和温度が低いほど蒸気密度が低下するため，質量速度を固定した実験では，蒸気流速が増大することが一因と考えられる．

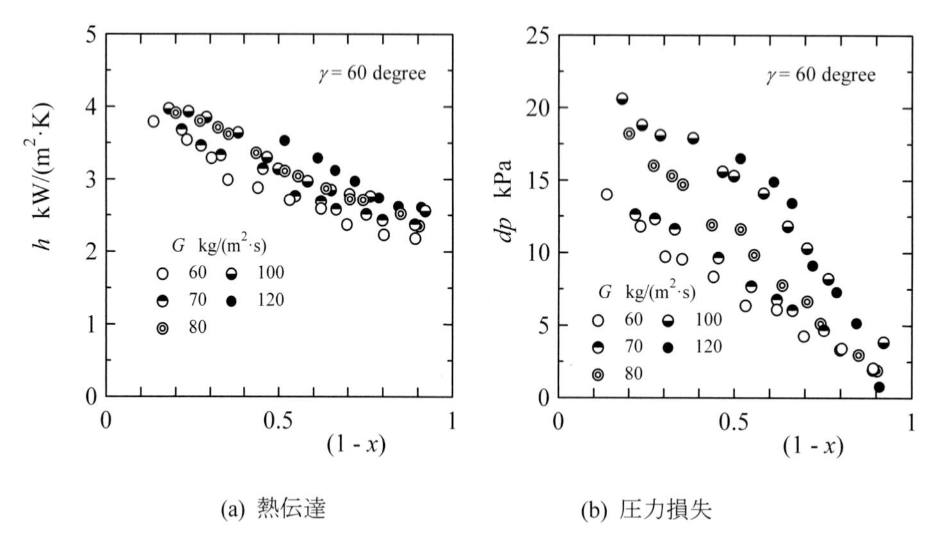

(a) 熱伝達　(b) 圧力損失

図 7.3-4 熱伝達と圧力降下の実験結果，R134a，q = 10 kW/m^2，Yan *et al.* (1999)

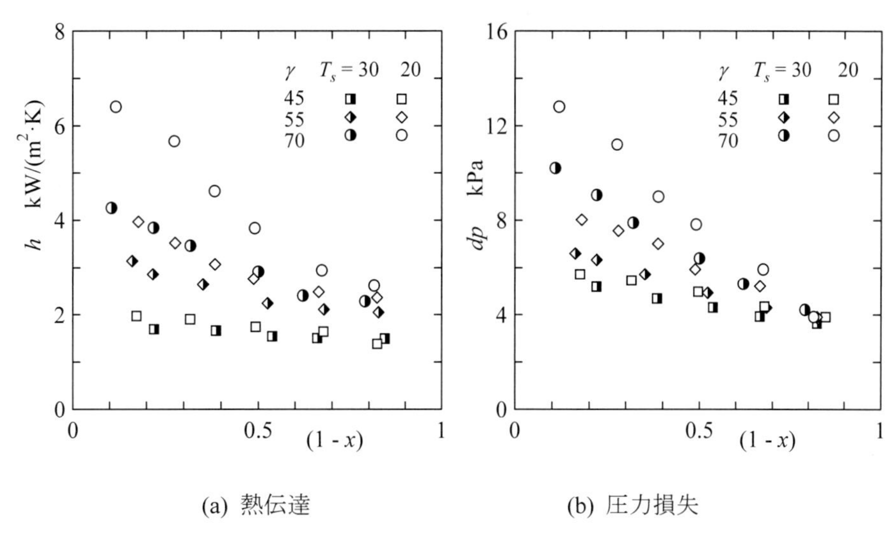

(a) 熱伝達　　(b) 圧力損失

図 7.3-5 熱伝達と圧力降下の実験結果，R410A，$G = 34$ kg/(m²·s), $q = 4.7$~5.3 kW/m², Han *et al.* (2003)

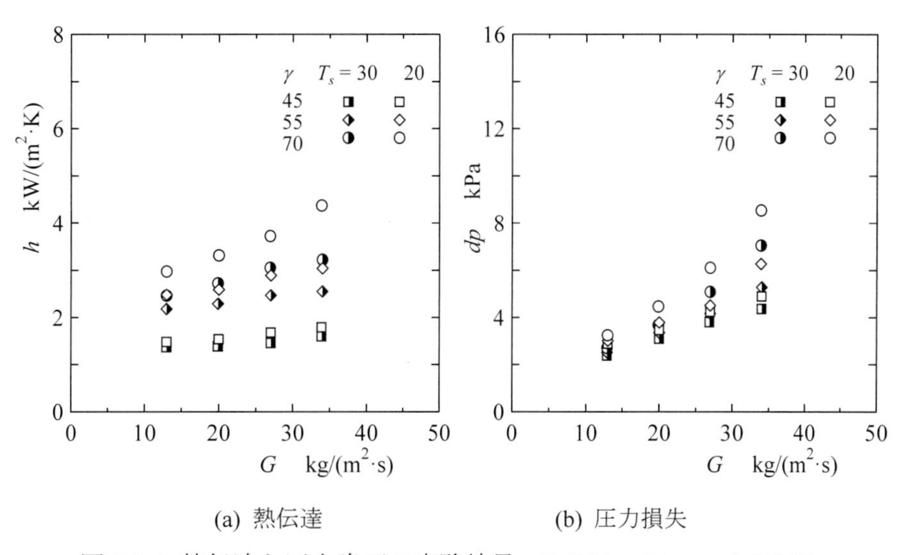

(a) 熱伝達　　(b) 圧力損失

図 7.3-6 熱伝達と圧力降下の実験結果，R410A，Han *et al.* (2003)

強制対流凝縮が支配的な領域の熱伝達は，水平管内凝縮熱伝達の予測で用いられる等価レイノルズ数 (Equivalent Reynolds number) による整理法が用いられることがある．図 7.3-7 は Longo (2010a, b), Longo-Zilio (2013) および Han *et al.* (2003) の実験値を示す．ここに，$Nu = hD_h/k_L$ は微細流路の水力直径 D_h を代表寸法とするヌセルト数，$Re_{eq} = G\left(1 - x + x\sqrt{\rho_L/\rho_V}\right)D_h/\mu_L$ は等価レイノルズ数，Pr_L は凝縮液のプラントル数である．Longo (2010a, b) および Longo-Zilio (2013) の実験は飽和蒸気の完全凝縮とほぼ見なせ，等価レイノルズ数に含まれるクオリティ x を凝縮器の入口と出口の平均値 (おおむね 0.5) で計算している．Han *et al.* (2003) の文献には等価レイノルズ数による整理が示されてないため，図 7.3-5 の実験値をもとに計算を行ったもので，局所的な熱伝達特性を示すものと見なせよう．このため, Longo (2010a, b)およびLongo-Zilio (2013) の実験値 ($\gamma = 65$ degree) が, Yan *et al.* (1999) による$\gamma = 60$ degree および Han *et al.* (2003) による $\gamma = 70$, 55 degree のものより低いことは妥当と考えられる．

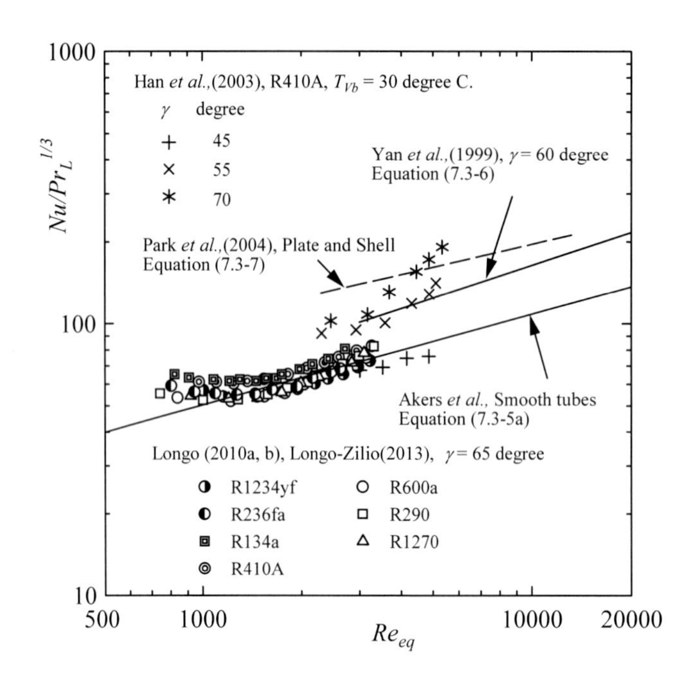

図 7.3-7 熱伝達の実験結果，$Nu/{Pr_L}^{1/3}$ の Re_{eq} の関係

図 7.3-7 を見ると，各種の冷媒を用いた Longo (2010a, b) および Longo-Zilio (2013) の実験値は，層流膜状凝縮に関する図 7.3-3 の凝縮数と膜レイノルズ数による整理法よりまとまりが良く，等価レイノルズ数 Re_{eq} > 1,600 の実験値は $Nu/{Pr_L}^{1/3}$ が ${Re_{eq}}^{1/3}$ に比例する特性を持つ．熱伝達に及ぼす溝の角度 γ の影響を扱った Han *et al.* (2003) の実験値には γ の影響が見られ，溝の諸元の影響に関する系統的な研究の充実が望まれる．

等価レイノルズ数を用いた水平平滑管内凝縮熱伝達の主要な式として Akers *et al.* (1959), Cavallini-Zecchin (1974)などが挙げらる．Akers *et al.* (1959) の式は次式で与えられる．

$$Re_{eq} \leq 5\times10^4 \qquad Nu = 5.03{Re_{eq}}^{1/3}{Pr_L}^{1/3} \tag{7.3-5a}$$

$$Re_{eq} > 5\times10^4 \qquad Nu = 0.0265{Re_{eq}}^{0.8}{Pr_L}^{1/3} \tag{7.3-5b}$$

図中には，式(7.3-5a) および前述の Yan *et al.* (1999) による次式

$$Nu = 4.118Re_{eq}^{0.4}Pr_L^{1/3} \tag{7.3-6}$$

を記入してある．さらに，プレートアンドシェル式凝縮器の局所的な熱伝達に関する実験に基づく Park *et al.* (2004) の式も比較のため示してある．

$$2300 < Re_{eq} < 13{,}200 \qquad Nu = 14.73\,{Re_{eq}}^{0.281}{Pr_L}^{1/3} \tag{7.3-7}$$

図 7.3-7 で実験値と予測式を比較すれば，Longo(2010a, b) および Longo-Zilio (2013) の実験値は Akers *et al.* (1959) の式と比較的よく合う．Han *et al.* (2003) による溝の角度 γ = 55 degree の実験値は，γ = 60 degree の実験から得られた Yan *et al.* (1999) の式 (7.3-6) に近い．なお，管内凝縮熱伝達率の予測法として広く採用されている Shah (1979) の式で実験値を整理する方法 (Wang *et al.*, 2000) もあり，G-Cascales *et al.* (2007)は各種の予測法を比較している．

(c) 混合冷媒の凝縮

図7.3-8はR22/R123混合冷媒に関するYara *et al.* (2000) の実験値を凝縮数 Nu^* と膜レイノルズ数 Re_f の座標で表したものである．図 (a) はR22モル分率を0.2に固定して熱伝達に及ぼす冷媒流量 W と冷媒入口における露点温度と冷却水温度の差 ΔT_{WD} の影響を，図 (b) は熱伝達に及ぼす R22 モル分率と ΔT_{WD} の影響をそれぞれ示したものである．両者の実験値は，第4章の水平管外凝縮および第5章の水平管内凝縮に示される混合冷媒の伝熱特性と類似な傾向を示す．

Yara *et al.* (2000) は液膜の熱伝達特性を式 (7.3-4)で，混合気相の物質伝達特性を次式で仮定し，伝熱量の解析を行った．

$$Sh = \frac{\beta d_h}{\rho_V D_{12}} = C \times 0.023\, Re_V^{0.8}\, Sc_V^{1/3} \tag{7.3-8}$$

ここに，$Re_V = G x_m D_h / \mu_V$ は混合気のレイノルズ数，Sc_V は混合気のシャーウッド数，x_m は試験区間の平均クオリティ，Cは定数である．そして，Cに 1.8を与えた場合の伝熱量の計算値と実験値は良く一致することを示した．

図 7.3-9 は Thonon-Bontemps (2002) による純冷媒と混合冷媒の伝熱特性を比較したものである．縦軸 h/h_{LO} は，凝縮側の全温度差に基づく熱伝達率の実験値と気液両相が液単相で流れる場合の熱伝達率の予測値との比を，横軸は等価レイノルズ数を表す．図 (a) の純冷媒の実験値は等価レイノルズ数の増大につれて単調に減少し，次式が提案されている．

$$\frac{h}{h_{LO}} = \frac{1564}{Re_{eq}^{0.76}} \tag{7.3-9}$$

図 (b) の混合冷媒の実験値は純冷媒と傾向が異なり，等価レイノルズ数の増大とともに熱伝達率がいったん上昇しピークに達した後，純冷媒の式 (7.3-9) に漸近する．

Thonon-Bontemps (2002) は混合気相の物質伝達抵抗と液膜の熱抵抗との比を実験的に求めている．はじめに，気相と液相の熱抵抗を簡便に推算する方法を説明する．壁面熱流束 q および気液界面にお

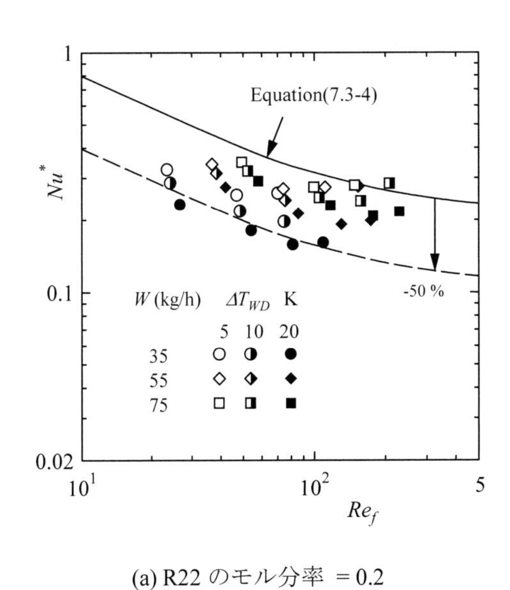

(a) R22 のモル分率 ＝0.2

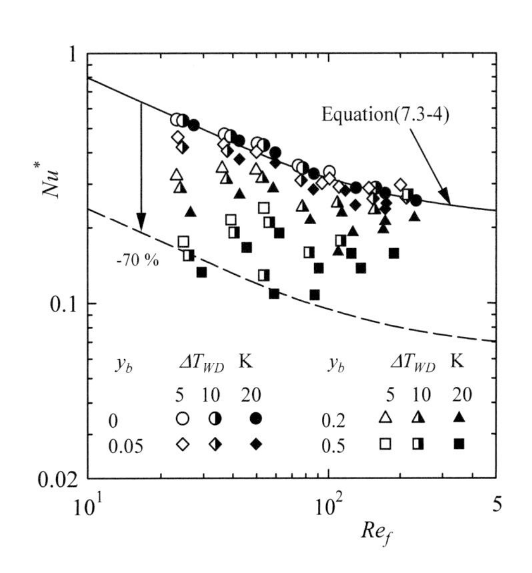

(b) 冷媒流量 ＝35, 55 および 75kg/h

図 7.3-8 R22/R123 混合冷媒の凝縮熱伝達，Yara *et al.*(2000)

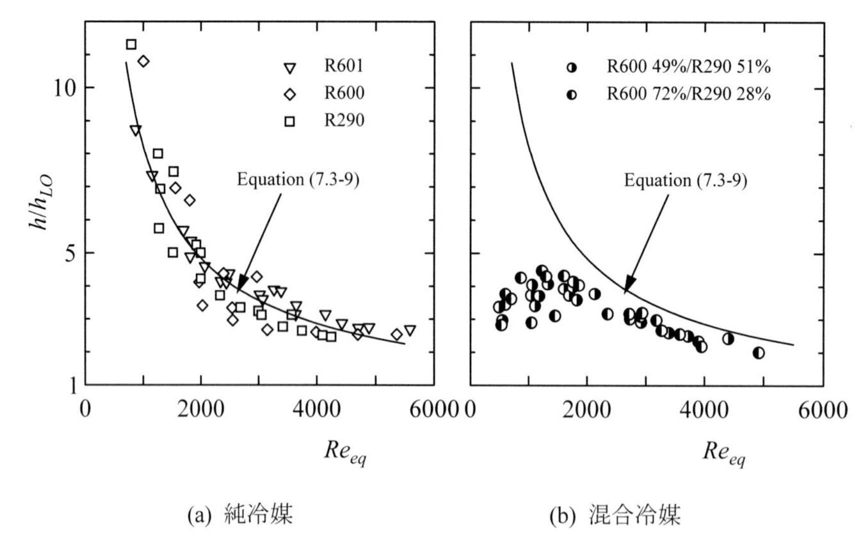

(a) 純冷媒　　　　(b) 混合冷媒

図 7.3-9 純冷媒と混合冷媒の伝熱特性の比較，Thonon-Bontemps (2002)

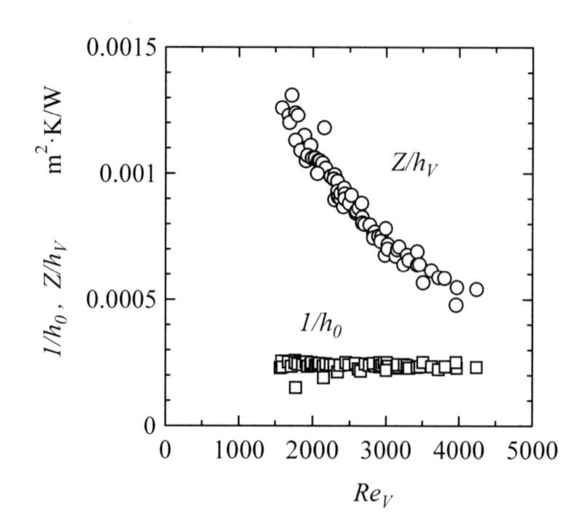

図 7.3-10 混合冷媒の凝縮における気相と液相の熱抵抗，Thonon-Bontemps (2002)

ける対流による熱流束 q_V をそれぞれ次式で定義する．

$$q = h_0\left(T_i - T_w\right),\quad q_v = h_V\left(T_{Vb} - T_i\right) \tag{7.3-10, 11}$$

ここに，h_0 および h_V はそれぞれ液膜の熱伝達率，および，蒸気バルク温度 T_{Vb} と気液界面温度 T_i との温度差で定義される対流熱伝達率である．そして，式(7.3-10, 11) から気液界面温度を消去すれば次式が得られる．

$$q = \frac{\left(T_{Vb} - T_w\right)}{\dfrac{1}{h_0} + \dfrac{Z}{h_V}} \tag{7.3-12}$$

ここに，$Z = q_V/q$ は気液界面における対流熱流束と壁面熱流束との比を表す．式 (7.3-12) 右辺の分子は凝縮側の全温度差を，分母の第 1 項は液膜の熱抵抗を，第 2 項は気相の熱抵抗をそれぞれ表す．Thonon-Bontemps (2002) は Z を Bell-Ghaly (1973) の方法で求め，2 種類の熱抵抗を蒸気レイノルズ数 Re_V に対して示した．図 7.3-10 はその結果を表し，気相の熱抵抗 Z/h_v は蒸気レイノルズ数 Re_V の増大とともに低下する特性が現れている．

(d) 圧力損失

圧力損失は，管内凝縮の場合と同様に，摩擦損失，加速損失，位置損失に加えて，微細流路の形状抵抗，ならびにプレート間の流入・流出損失等で構成される．加速損失等は均質流モデルで求める研究が多い．さらに，微細流路内の圧力を直接ピックアップすることの困難さも重なり，圧力差を熱交換器の入口と出口の圧力から求めることが多いため，熱交換器の出入口における流入・流出損失も加味することもある．本節では，摩擦圧力損失の予測法を簡単に行う．

Longo (2010a, b) は熱交換部で生じる摩擦圧力損失 ΔP_f を熱交換器単位体積あたりの冷媒が持つ運動エネルギー Ke/V と関連付け，次式を提案している．

$$\Delta P_f = C\left(Ke/V\right) \tag{7.3-13}$$

式(7.3-13)の定数 C は，R236fa, R134a および R410A で 2.0 (Longo, 2010a)，R600, R290 および R1270 で 1.9 (Longo, 2010b) であるが，これらの数値は表 7.3-1 に示すプレートによる実験で定められているため，さまざまな波形溝への適合性が課題になる．摩擦係数を用いた予測法として Yan *et al.* (1999)，Han *et al.* (2003) などが挙げられる．両者の方法に共通するパラメータは，等価レイノルズ数とボイリング数である．そして，これらのパラメータに加えて，Han *et al.* (2003) は溝の角度と寸法ならびに冷媒流路数の影響を，Yan et *al.* (1999) は蒸気レイノルズ数の影響も加味した式を提案している．第 3 の方法として二相摩擦損失増倍係数を Lockhart-Martinelli (1949) のパラメータを用いる方法がある（たとえば，Würfel-Ostrowski, 2004）．

7.3.4 まとめ

本節では，冷凍空調分野で急速に開発が進むブレージングプレート式凝縮器の流動伝熱特性の研究を中心に紹介した．膜レイノルズ数が低い領域ではプレートの表面に形成される凹凸の波形溝が熱伝達に及ぼす影響は小さく，現象は層流自由対流凝縮理論でおおむね説明ができよう．膜レイノルズ数が高い領域では溝の影響が現れ，等価レイノルズ数による予測法が提案されているが，汎用性を持つものは得られてない．摩擦圧力損失は実験が少なく予測法も限定されている．このため，ブレージングプレート式凝縮器における凝縮二相流の流れの観察，流動伝熱特性の予測法とそれを支えるモデル化の開発が急務と言えよう．

7.3 節の文献

楠健司, 2013, 熱交換器の基礎と熱回収　－プレート式熱交換器－, エレクトロヒート, Vol. 34, No. 2, pp.38-43.

Akers, W.W., Deans, H.A. and Crosser, O.K., 1959, Condensing heat transfer within horizontal tubes, *Chemical Engineering Symposium Series*, Vol. 55, No.30, pp.171-175.

Bell, K.J. and Ghaly, M.A., 1973, An approximate generalized design method for multicomponent/partial condensers, *AIChE Symposium Series*, Vol. 39, No.131, pp.72-79.

Cavallini, A and Zecchin, R, 1974, A dimensionless correlation for heat transfer in forced convection condensation, *Proceedings of the 5th International Heat Transfer Conference,* Vol.3, pp.309–313.

Colburn, A.P., 1934, Calculation of condensation with a portion of condensate layer in turbulent motion, *Industial and Engineering Chemistry*, Vol.26, No.4, pp.432–434.

G-Cascales, J.R.,V-García, F., C-Salvador, J.M. and G-Maciá, J., 2007, Assessment of boiling and condensation heat transfer correlations in the modelling of plate heat exchangers, *International Journal of Refrigeration*, Vol.30, No.6, pp.1029-1041.

Eldeeb. R., Aute, V. and Radermacher, R., 2016, A survey of correlations for heat transfer and pressure drop for evaporation and condensation in plate heat exchangers, *International Journal of Refrigeration*, Vol.65, pp.12-26.

Han D.H., Lee, K.J. and Kim, Y.H., 2003, The characteristics of condensation in brazed plate heat exchangers with different chevron angles, *Journal of the Korean Physical Society*, Vol. 43, No. 1, pp.66-73.

Lockhart, R.W.and Martinelli, R.C., 1949, Proposed correlation of data for isothermal two-phase, two-component flow in pipes, *Chemical Enginnnering Progess Series*, Vol.45, No.1, pp.39-48.

Longo, G.A., 2010a, Heat transfer and pressure drop during HFC refrigerant saturated vapour condensation inside a brazed plate heat exchanger, *International Journal of Heat and Mass Transfer*, Vol. 53, pp. 1079-1087.

Longo, G.A., 2010b, Heat transfer and pressure drop during hydrocarbon refrigerant condensation inside a brazed plate heat exchanger, *International Journal of Refrigeration*, Vol. 33, pp. 944-953.

Longo, G.A. and Zilio, C., 2013, Condensation of the low GWP refrigerant HFC1234yf inside a brazed plate heat exchanger, *International Journal of Refrigeration*, Vol. 26, pp.612-621.

Park, J.H., Kwon, Y.C.H. and Kim, Y.S., 2004, Experimental study on R-410A condensation heat transfer and pressure drop characteristics in oblong shell and plate heat exchanger, *International Refrigeration and Air Conditioning Conference*, Purdue, R061, pp.1-8.

Shah, M.M., 1979, A general correlation for heat transfer during film condensation inside pipes, *International Journal of Heat and Mass Transfer*, Vol.22, No.4, 1979, pp.547-556.

Thonon, B. and Bontemps, A., 2002, Condensation of pure and mixture of hydrocarbons in a compact heat exchanger ; experiments and modelling, *Heat Transfer Engineering*, Vol. 23, No. 6, pp.3-17.

Wang, L., Christensen, R. and Sunden, B., 2000, An experimental investigation of steam condensation in plate heat exchangers, *International Journal of Heat Exchangers*, Vol.1, No.2, pp.125-149.

Wang, B., Sunden, B. and Manglik, R.M., 2007, *Plate Heat Exchangers* (International Series on Developments in Heat Transfer), WIT Press, Boston.

Würfel, R and Ostrowski, N., 2004, Experimental investigations of heat transfer and pressure drop during the condensation process within plate heat exchangers of the herringbone-type, *International Journal of Thermal Sciences*, Vol.43, No.1, pp.59-68.

Yan, Y-Y., Lio, H.C. and Lin, T.F., 1999, Condensation heat transfer and pressure drop of refrigerant R-134a in a plate heat exchanger, *International Journal of Heat and Mass Transfer*, Vol. 42, pp.993-1006.

Yara, T., Koyama, G. and Suzuki, H., 2000, Condensation of binary zeotropic working fluid in a plate heat exchanger, *Proceedings of the 4th JSME-KSME Thermal Engineering Joint Conference*, Kobe, pp.3-757 - 3-762.

7.4 超臨界圧流体の冷却熱伝達

7.4.1　はじめに

近年，自然冷媒の CO_2 を作動流体とし 90℃程度の熱源より高温の温水を生成する給湯用のヒートポンプが開発され使用されている．CO_2 の臨界圧力，臨界温度は，7.38 MPa，31.0 ℃で，ヒートポンプは，図 7.4-1 の *T-h* 線図に例を示すように，臨界圧をはさむ遷臨界圧のサイクルで運転される．給湯用の水に熱を伝える熱の放出過程は，超臨界圧 (Supercritical pressure) の 10 MPa（換算圧力 1.35）程度で行われ，図中 1→2 の太い実線で示すように，高温の冷媒蒸気は，凝縮の相変化でなく，超臨界圧の対流熱伝達で冷却される．図中，実線と破線でそれぞれ熱交換過程における CO_2 冷媒（1→2）と給湯用温水（5→6）の温度変化を示している．本サイクルの熱放出機器は，対流熱伝達で冷却されることから，凝縮器でなく，ガスクーラ (Gas cooler) と称される．

超臨界圧流体の熱伝達メカニズムは，基本的に対流熱伝達であり，加熱と冷却で同じと考えられるが，これまで，研究は，主に超臨界圧運転ボイラの蒸発管を対象に，加熱の場合についてなされてきた．以下では，まず超臨界圧流体の特徴である物性変化とこれまで明らかにされている加熱時の熱伝達の特性について説明した後，ガスクーラを対象に実施された実験結果を引用して，超臨界圧 CO_2 の冷却熱伝達特性について述べる．

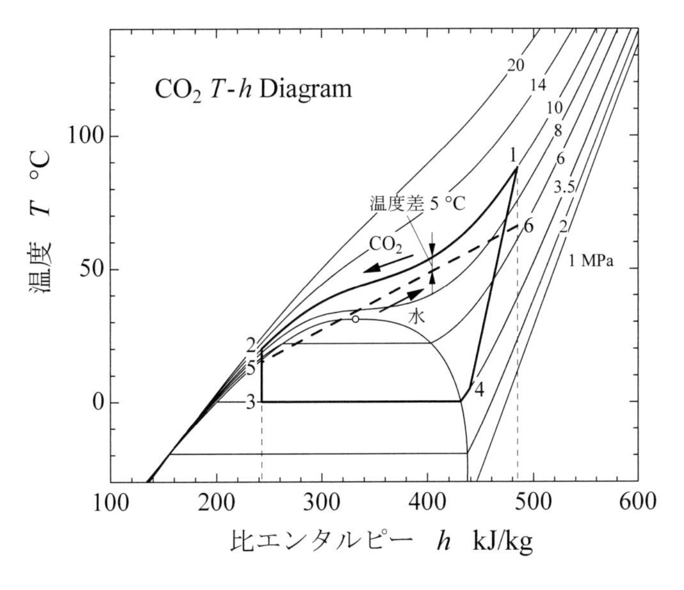

図 7.4-1　CO_2 ヒートポンプサイクル

7.4.2　超臨界圧における物性変化

超臨界圧の 10 MPa における CO_2 を例にとり，超臨界圧流体の物性変化の例を図 7.4-2 に示す．気液間の相変化が生じる亜臨界圧 (Subcritical pressure) と異なり，超臨界圧では，高温の蒸気的な流体が低温の液体的な流体まで冷却される際，比エンタルピーh，密度ρ，粘性係数μ，熱伝導率 k などの物性値は，蒸気的な値から液体的な値まで連続的に変化する．超臨界圧では相変化はなく，熱力学的に平衡状態にある超臨界圧流体は，巨視的には，単相流体とみなすことができる．しかしながら，図に示すように，定圧比熱 c_p はある温度で鋭いピークを示し，その極大値をはさむ比較的狭い温度範囲で，各物性値は大きく変化する．物性値がある温度領域で特に急激に変化するという性質は，超臨界圧流体に特有であり，亜臨界圧における飽和域の特性が超臨界圧で残存しているみなすことができる．定圧比熱が極大となる温度は擬臨界温度 (Pseudocritical temperature) と呼ばれ，亜臨界圧における飽和温度の延長に相当する．図 7.4-2 中，擬臨界温度を T_{pc} で示している．図 7.4-3 に示すように，擬臨界温度は臨界圧から圧力が大きくなるにつれて高くなり，そのとき，定圧比熱の極大値は徐々に小さくなって，前後の変化も緩やかになる．同様に，他の物性値も，図 7.4-4 に例を示すように，圧力の増大とともに，擬臨界温度近傍での変化は緩やかになる．図 7.4-3 と図 7.4-4 中細線で示す曲線は飽和液と乾き飽和蒸気の値で，図 7.4-4 中の記号の小さな丸印は臨界点を示す．このような超臨界圧における物性変化の傾向は，水やフロンなど他の流体でも同様にみられる．

以上のように，超臨界圧流体の物性値の温度依存性は，擬臨界温度近傍で大きく，その程度は圧力が低く臨界圧に近いほど大きい．

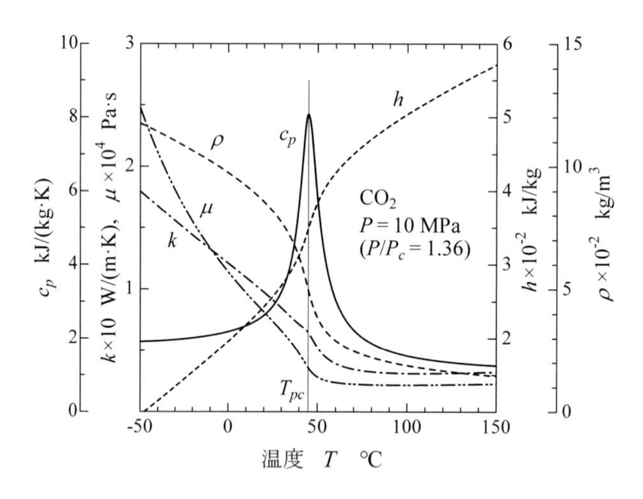

図 7.4-2　超臨界圧 CO_2 の物性値の温度依存性

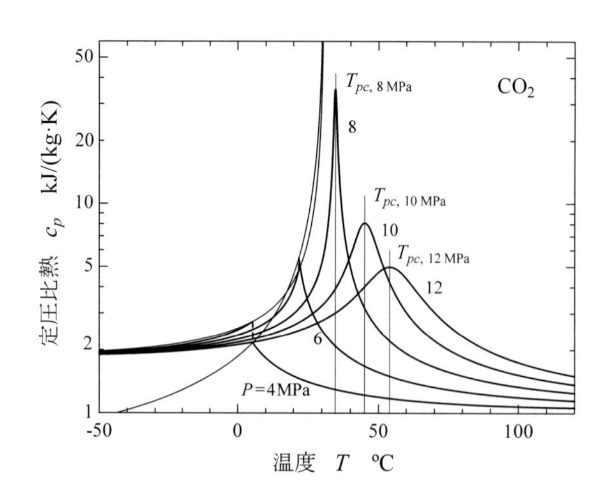

図 7.4-3　超臨界圧 CO_2 の定圧比熱の温度依存性

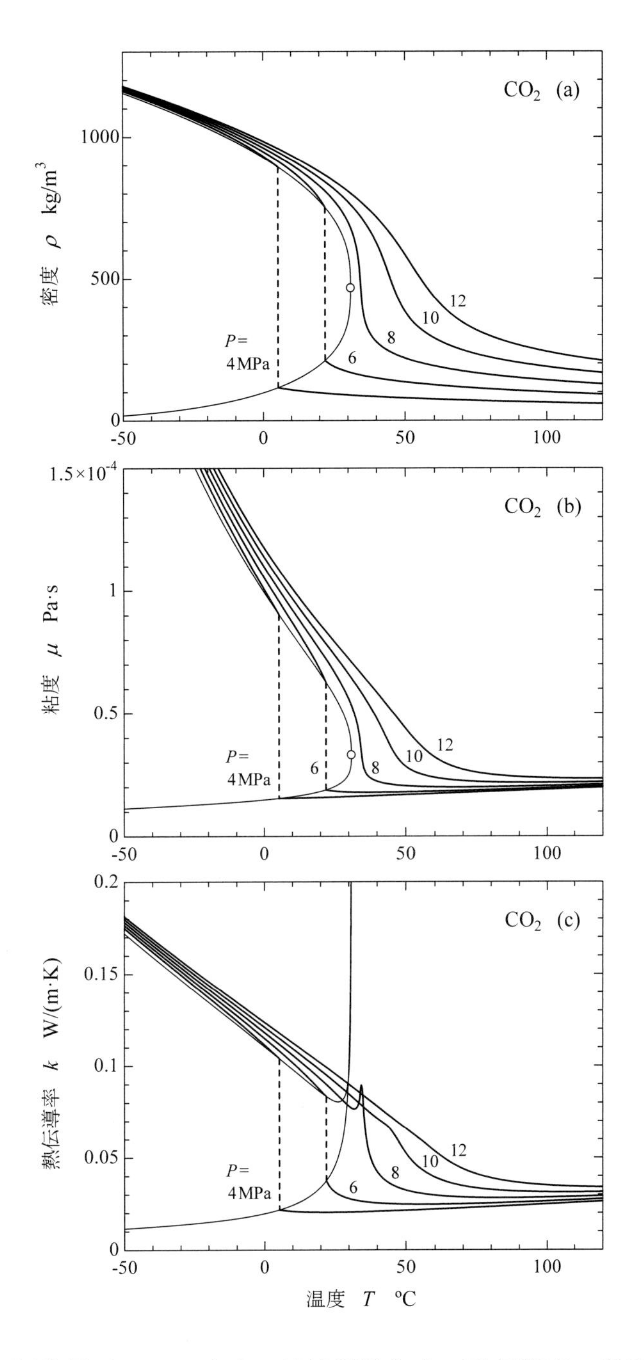

図 7.4-4 超臨界圧 CO_2 の密度，粘性係数および熱伝導率の温度依存性

7.4.3 超臨界圧流体の熱伝達の特性

超臨界圧流体が伝熱管内を流れる際，管断面の温度分布に対応して流体の物性値が半径方向に大きく変化し，これがまた速度分布と温度分布に影響を及ぼすため，超臨界圧流体の熱伝達は，管長に沿って変化し，質量速度のほか熱流束によっても変わることになる．その傾向は物性値の温度依存性が大きい擬臨界点近傍で特に顕著になる．このことが，超臨界圧流体の熱伝達を特異なものにし，熱伝達率の予測を困難にしている．

超臨界圧流体の熱伝達に関しては，これまで主に，超臨界圧運転ボイラの開発を目的に，蒸発管内の超臨界圧熱伝達を対象として，加熱管内垂直上昇流の乱流熱伝達について実験が数多くなされてきた（Yoshida-Mori, 2000）．試験流体には，水のほか，水を模擬した CO_2 やフロンが用いられており，圧力条件は，ボイラ運転圧力に相当する換算圧力（臨界圧力に対する圧力の比率）1.1 程度の臨界圧に近い条件が多い．

超臨界圧流体の加熱時の管内乱流熱伝達の特性は，流量に対して比較的熱負荷が小さい場合に見られる正常熱伝達と比較的熱負荷が大きい場合に生じる熱伝達劣化の二つに大別される．

正常熱伝達における熱伝達率 h の変化の例を，管断面の流体混合平均温度 T_b あるいは流体混合比エンタルピー h_b に対してプロットして，図 7.4-5 と図 7.4-6 に示す（ともに Yamagata *et al*., 1972）．図に示すように，正常熱伝達では，熱伝達率は擬臨界点近傍の幾分低い混合平均温度，したがって低い混合平均エンタルピーで，極大となる傾向を示す．その傾向は，図 7.4-3 に示す定圧比熱の変化の傾向と定性的に類似し，このことから，熱伝達率が擬臨界点近傍で極大をとるのは，伝熱面近傍の流体温度が擬臨界温度近くに達し，伝熱面に接する粘性底層の熱伝導率は低下するものの，粘性係数も減少するため粘性底層は薄くなって乱流域の乱流拡散が壁近くで生じるようになり，さらに定圧比熱の増大により乱流拡散による熱輸送が盛んになるためだと考えられている．このため，図 7.4-5 に示すように，熱伝達率の極大値は，圧力が低く定圧比熱の極大値が大きくなる臨界圧に近い圧力ほど大きくなる．また，両図にみられるように，擬臨界温度より幾分低い流体混合平均温度で熱伝達率が極大となるのは，加熱の場合，伝熱面温度が流体温度より高くなるためであり，伝熱面近傍の流体が擬臨界温度に達し，物性変化の影響が顕著に生じるとき，流体の混合平均温度は擬臨界温度より幾分低いことによる．

図 7.4-6 に示すように，伝熱面熱流束が大きくなると，熱伝達率の極大値は低下し，極大となる流体の混合平均エンタルピーは低い側に移る．これも，上記の解釈により説明できる．すなわち，熱流束の増大につれて流体混合平均温度と伝熱面温度の差が大きくなるため，伝熱面近傍の流体が擬臨界温度に達するときの流体混合平均温度はより低い側に移ると考えられ，さらに，管断面の流体温度変化に占める定圧比熱の大きい温度範囲が小さくなることから，盛んな乱流拡散の寄与が減少し，極大値は低下すると推測される．一方，流量を大きくした場合は，流量に対して熱負荷が小さくなる場合に相当し，熱伝達率の極大値は大きくなり，極大となるエンタルピーは擬臨界点に近づく傾向を示す．

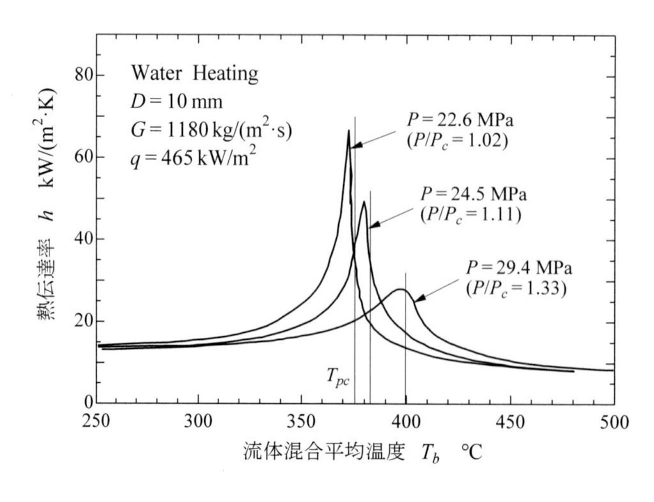

図 7.4-5　超臨界圧加熱時の正常熱伝達特性

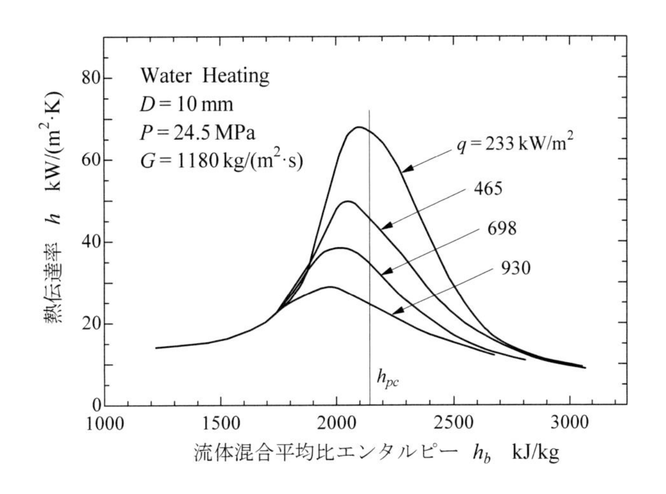

図 7.4-6　超臨界圧加熱時の正常熱伝達特性

正常熱伝達の場合，流動方向の影響は小さく，垂直上昇流と下降流および水平流で，管周平均の熱伝達率はほぼ同じ値を示す（Yamagata *et al*., 1972）.

正常熱伝達でも，熱伝達率は流体混合平均温度に基づく定物性式で見積もることはできない. Jackson-Hall (1979a) は，提案されている多くの超臨界圧流体の正常熱伝達予測式の予測精度について，2000 を超える水，CO_2 データを用いて検証し，Krasnoshchekov-Protopopov（1966）の式が最も良い予測精度を示すことを報告している. Krasnoshchekov-Protopopov 式は，物性変化の強い温度依存性を伝熱面温度と流体混合平均温度における密度の比 ρ_w/ρ_b と，伝熱面温度と流体温度の間の平均定圧比熱と流体温度における定圧比熱の比 $\overline{c_p}/c_{pb}$ で考慮し，それらの比を修正係数として，流体混合平均温度に基づく定物性熱伝達率の値を修正する形式で表されている.

流量に対して熱負荷が大きくなると，管の途中で熱伝達の劣化，すなわち熱伝達率の低下が生じるようになる. 熱伝達の劣化には，擬臨界点より低い流体混合平均エンタルピーの広い範囲にわたる劣化と極めて局所的でその程度が大きい劣化の２種類があり，熱負荷の増大とともにより低いエンタルピーでも発生するようになる（Yoshida-Mori, 2000）. 劣化の発生には，流動方向による違いが見られ，垂直上昇流で生じやすく，下降流では生じにくい. また，水平流では，管断面周上で劣化の有無に違いが生じ，管頂側では劣化が生じるものの，管底側では劣化は生じにくい. また，管頂側でも局所的な劣化はみられない. したがって，流量に対して熱負荷が大きく劣化が生じる場合でも，水平流の周平均の熱伝達率は，上昇流ほど悪くならない. ただし，流量が大きく熱負荷もかなり大きい場合には，流動方向の違いによらず，擬臨界点より低い流体混合平均エンタルピーの広い範囲にわたる劣化が生じるようになる. 熱伝達劣化の原因としては，超臨界圧特有の物性変化の影響のほか，伝熱面近くの低密度層に働く浮力により粘性底層に近い乱流域の乱れの生成が抑制される効果が考えられている（Jackson-Hall, 1979b）. なお，CFD による数値計算では，正常熱伝達は比較的よく再現できる（Yang *et al*., 2007）ものの，劣化した熱伝達の再現はできていない.

超臨界圧流体の加熱時の熱伝達特性については，文献（Jackson-Hall, 1979a）に比較的良くまとめられている.

7.4.4　超臨界圧 CO_2 の冷却熱伝達に関する実験結果

超臨界圧流体の冷却熱伝達については，最近，CO_2 給湯用ヒートポンプのガスクーラを対象として，実験的研究が数多くなされている（例えば，斎川ら, 1999, 2001, 橋本ら 2001, 党-飛原, 2003a, 2003b, Dang-Hihara, 2004a, 2004b, 桑原ら, 2007）．試験流体に CO_2 を用い，ガスクーラにあわせて，伝熱管の内径は数 mm 程度，流動方向は水平流で，熱負荷は，加熱の場合に正常熱伝達がみられるような流量に対して比較的小さい条件のものが多い．伝熱管の直接通電により流体を一様に加熱でき，流れ方向の局所の熱伝達率が測定できる加熱熱伝達の実験と異なり，冷却熱伝達では，低温流体で試験流体の高温 CO_2 を冷却する熱交換器形式の実験となるため，交換熱量すなわち冷却熱負荷は低温流体の出入口温度変化より求めることになり，得られる熱伝達率は熱交換を行う試験部の出入口平均値として求められる．その際，伝熱面と流体の温度差は，伝熱面温度と試験部出入口で測定される流体温度を用いた熱交換器出入口間の平均温度差が用いられるが，超臨界圧 CO_2 の特に擬臨界点近傍では比熱が一定でなく，交換熱量に対して流体温度が比例して変化しないため，定物性に対して用いられる対数平均温度差を使用することはできない．このため，比熱の変化を考慮した適当な平均温度差を用いる必要がある．

以下では，種々の管内径，圧力，質量速度，熱流束の条件で実験を行い，系統的なデータを得ている Dang-Hihara（2004a）の実験結果を引用して，超臨界圧 CO_2 の冷却熱伝達特性について説明する．なお，Dang-Hihara の実験は油混入のない純 CO_2 の水平流についてなされている．

図 7.4-7 に，圧力の影響を含めて，一般的な冷却熱伝達の特性を示す．質量速度 800 kg/(m²·s) に対して熱負荷が 12 kW/m² の小さい条件のデータで，測定された熱伝達率 h を流体混合平均温度 T_b に対してプロットして示している．冷却され流体温度が減少するにつれて，熱伝達率は，いずれの圧力においても，高温過熱蒸気の低い値から徐々に増大し，擬臨界点近傍で極大となった後，低温液体の低い値まで徐々に減少する傾向を示す．臨界圧に近い圧力ほど，極大値は大きい．これらの傾向は，前述の図 7.4-5 に示した加熱時における正常熱伝達の特性と同様であるが，熱伝達率が極大となる流体混合平均温度は，加熱の場合と逆に，擬臨界温度より幾分高い側に位置する．これは，冷却の場合，管断面での温度分布は伝熱面温度の方が流体温度より低く，熱伝達に寄与する伝熱面近傍の流体が擬臨界温度に達して物性変化の影響が顕著に生じるとき，流体混合平均温度はまだ擬臨界温度より幾分高い値にあるためである．

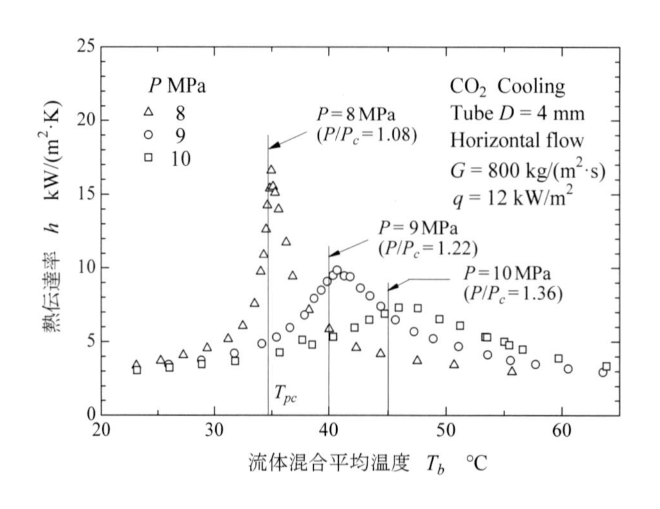

図 7.4-7　超臨界圧 CO_2 の冷却熱伝達率

さらに，図7.4-8と図7.4-9は流量および管径を変化させた場合の結果で，熱伝達率の変化を流体混合平均エンタルピーに対してプロットしたものである．流量が増加するにつれて，熱伝達率は高くなり，極大を示すエンタルピーは擬臨界点に近づく傾向がみられる．これは，流量の増加による熱伝達率の増大に伴い管断面での流体温度変化が小さくなり，伝熱面近傍の流体が擬臨界温度に達するときの流体混合平均温度がより擬臨界点に近い低エンタルピー側に移るためであり，冷却の場合，極大となるエンタルピーが擬臨界点より高い側に位置することを考えれば，流量の影響は，加熱の正常熱伝達の場合と同じであることがわかる．

以上は，流量に対して比較的熱負荷の小さい場合の結果であり，上述のように，管断面の流体温度分布に対応した物性変化を考慮すれば，水平流の冷却熱伝達についても，垂直流の加熱の場合と同様に，特性変化を定性的に説明できる．すなわち，超臨界圧 CO_2 の冷却熱伝達は，基本的に対流熱伝達であり，境界層における伝熱面近傍の温度分布による超臨界圧流体特有の物性温度依存性を考慮すれば，特性を説明できる．

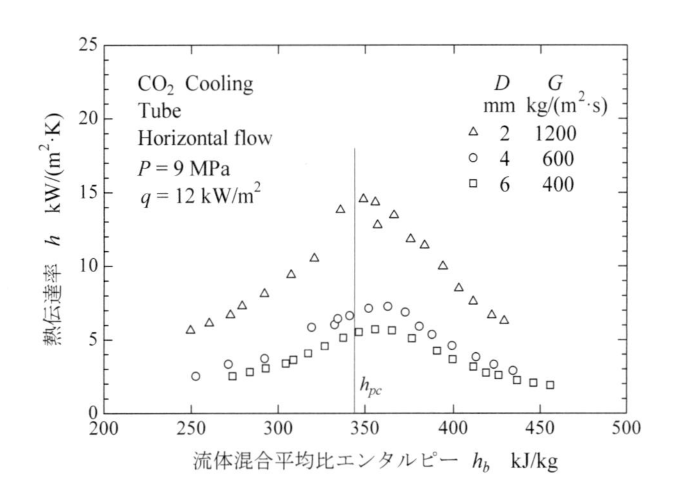

図7.4-8　超臨界圧 CO_2 の冷却熱伝達率

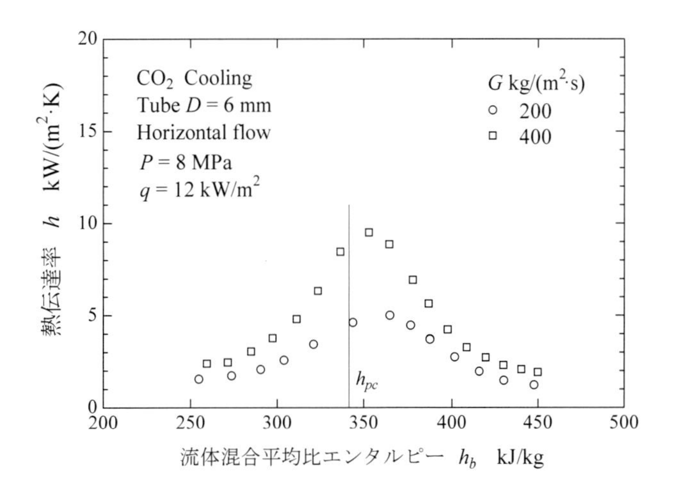

図7.4-9　超臨界圧 CO_2 の冷却熱伝達率

また，Dang-Hihara（2004b）は，乱流モデルに基づく数値計算を行い，J-L（Jones-Launder）低レイノルズ数 k-ε モデルを用いると，高熱流束の場合を含めて，熱伝達率の測定値を良く再現できることを示している．さらに，党ら（2003a）は，圧力損失についても，冷却熱負荷が小さい場合のデータを得，定物性の管摩擦係数の式による算出値と比較し，式の算出値は測定値と良く一致する結果を得ている．

ところで，給湯用 CO_2 ヒートポンプのガスクーラは 10 MPa 程度，すなわち換算圧力 1.4 程度の臨界圧から幾分離れた超臨界圧で運転される．上記の結果に示すように，この場合でも，物性の温度依存性が熱伝達率に影響を及ぼす超臨界圧流体特有の特性が現れているのが確認できる．したがって，熱伝達率は流体混合平均温度に基づく定物性式で見積もることはできない．Dang-Hihara（2004a）は，実験データに基づき，超臨界圧 CO_2 の管内流冷却熱伝達率の整理式として，定物性強制対流熱伝達の Gnielinski（1976）の式におけるプラントル数 Pr の項を修正した式を提案している．また，森（2012）は，加熱時の正常熱伝達率を精度よく予測する Krasnoshchekov-Protopopov（1966）の式の適用性を検討し，物性の温度依存性を表す定圧比熱比項 $\overline{c_p}/c_{pb}$ の指数 n を冷却時用に変更すれば，Dang-Hihara（2004a）のデータをよく再現できることを示している．

ところで，遷臨界圧 CO_2 ヒートポンプサイクルでは，圧縮機の冷凍機油が混入してガスクーラを流れる．超臨界圧 CO_2 の冷却においても，冷凍機油の混入があると，熱伝達は一般に低下する．平滑管の水平流について PAG 油混入の影響を検討した Dang ら（Dang *et al.*，2007，2008）の実験データを図 7.4-10 と図 7.4-11 に示す．Dang らは，種々の管内径，圧力，質量速度，熱流束の条件で，PAG 油を 1～5 質量%混入させた場合の熱伝達率のデータを得，その特性を検討した．図に示すように，油混入がある場合，混入がない場合と比べて，全体に，熱伝達は著しく低下し，その程度は，管径が小さいほど大きい．ただし，油混入割合の影響は，単調でなく，大径管と小径管で異なり，大径の 6 mm 管では，混入割合 1%で熱伝達の低下はみられず，5%になって最大 30%程度の低下が生じるのに対し，小径の 2 mm 管では，混入割合 1%でも，特に擬臨界点近傍で 40%程度の大きな熱伝達低下が生じている．また，6 mm 管では，混入割合 5%から 10%の間で低下がみられなくなるのに対し，2 mm 管では，3%と 5%の間で低下がみられなくなる．このように，油混入の影響は，管径が小さくなると，小さい混入割合でみられるようになる．その要因として，Danng らは，熱伝達の低下は伝熱面に沿って流れる油膜層の熱抵抗のためであり，管径が小さいほど油が伝熱面に沿って流れやすくなるためだとしている．

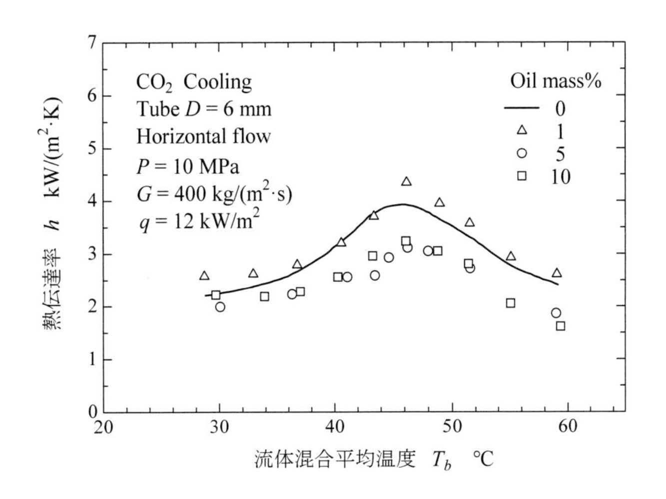

図 7.4-10　平滑管の熱伝達に及す混入油の影響

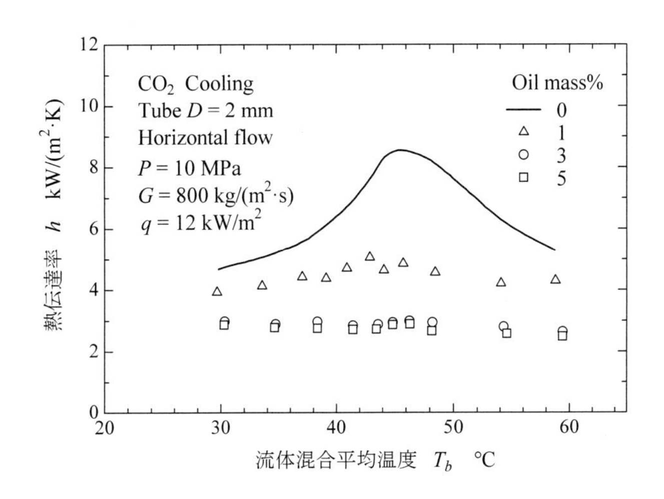

図 7.4-11　平滑管の熱伝達に及す混入油の影響

7.4.5　超臨界圧 CO_2 冷却熱伝達のらせん溝付管による促進

平滑管に関する実験のほか，ガスクーラ伝熱管の伝熱促進を目的として，超臨界圧 CO_2 の内面らせん溝付管における超臨界圧 CO_2 の冷却熱伝達に関する実験がいくつか行われている．

例えば，桑原ら（2007）は，表 7.4-1 に示す 3 種類の溝付管の熱伝達率のデータを得，平滑管と比べて伝熱促進を確認するとともに，熱伝達率に及ぼす溝リード角と面積拡大率の影響を検討している．得られた熱伝達率の平滑管との比較の例を図 7.4-12 に示す．らせん溝付管の熱伝達率は，平滑管と同様擬臨界点（図中 T_{pc} ）付近で極大値をとり，平滑管と比べて広いエンタルピー範囲で 2 倍程度の高い値を示しており，伝熱促進が達成されているのがわかる．また，図 7.4-13 は溝付管同士の熱伝達率を比較した結果を示す. (a) 図に示すように，リード角の影響は擬臨界点近傍でみられ，リード角が大きい溝付管 No.1 の方が熱伝達率は大きい．また，(b) 図のように，面積拡大率の影響は広いエンタルピー域でみられ，面積拡大率が大きい No.5 の溝付管の方が熱伝達率が大きくなる結果を得ている．桑原らは，実験データに基づき，リード角と面積拡大率の影響を再現するらせん溝付管の熱伝達整理式を作成しており，整理式は実験データを良く再現する．

表 7.4-1　桑原ら（2007）が用いたらせん溝付管の仕様

	らせん溝付管			平滑管
	No.1	No.2	No.5	
外径　mm	6.02	6.02	6.02	6.02
最大内径　mm	4.90	4.91	5.28	4.42
平均内径　mm	4.76	4.76	5.11	-
溝深さ　mm	0.15	0.18	0.24	-
リード角　°	24	5	25	-
溝数	52	46	50	-
面積拡大率	1.4	1.4	2.3	1.0

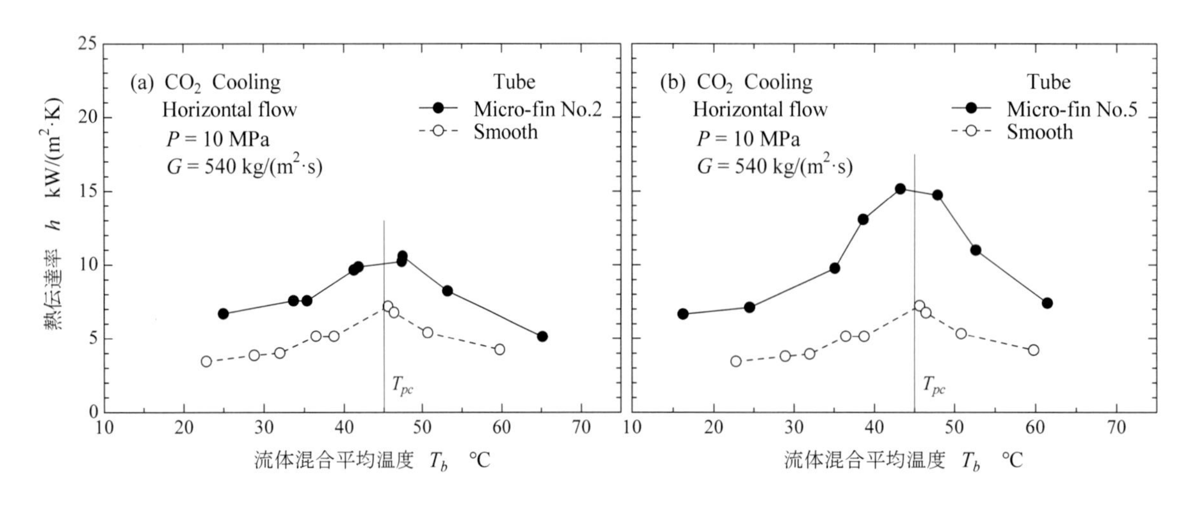

図 7.4-12　らせん溝付管と平滑管の熱伝達率の比較

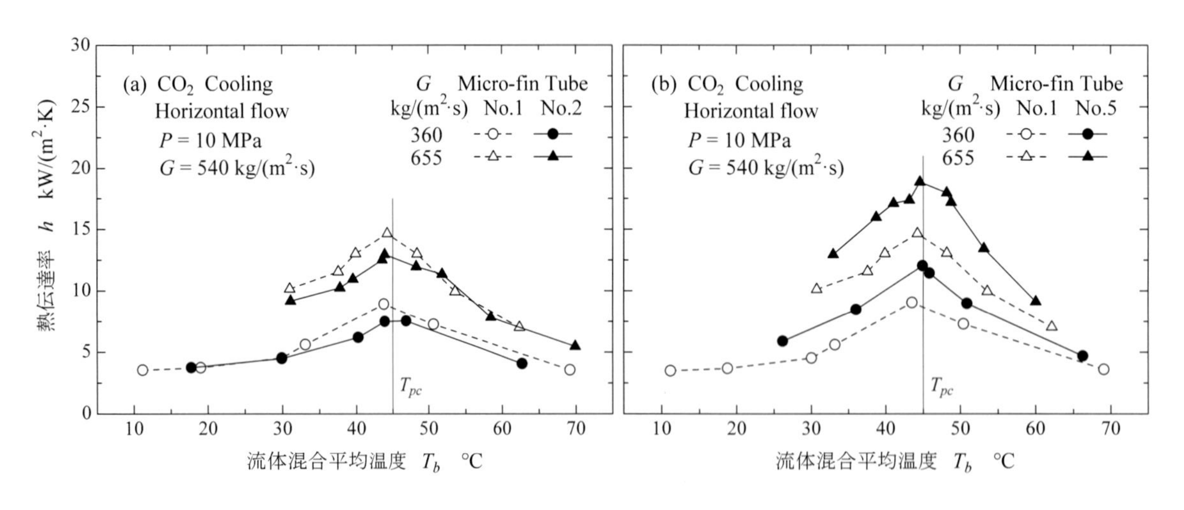

図 7.4-13　らせん溝付管の熱伝達率に及ぼすリード角と面積拡大率の影響

Dang ら（Dang *et al.*，2010）は，2 mm 平均内径のらせん溝付管における超臨界圧 CO_2 の冷却熱伝達について，PAG 油混入の影響を調べている．その結果の例を図 7.4-14 に示す．図に示すように，らせん溝付管においても，平滑管と同様，油混入により広い流体温度範囲，特に擬臨界点近傍で，熱伝達率が急減する傾向を示し，ある混入割合（図の場合 3%から 5%の増加）において低下はみられなくなる．

さらに，Dang ら（Dang *et al.*，2010）は，油混入の場合の溝付管の伝熱促進効果について検討した．まず，実験に用いたら旋溝付管の溝リード角は 6.3° と小さく，溝リード角による伝熱促進の効果は小さいとして，同じ 2 mm 径の平滑管の熱伝達率の測定値に溝付管の伝熱面積拡大率（この管では 2.0）を乗じて，ら旋溝付管の熱伝達率を見積り，実験値と比較した．図 7.4-14 に示す実線はそのようにして求めた油混入のない場合の CO_2 の計算値の結果の例であり，計算値は実験値をよく再現しているのがわかる．次に，油混入割合 1%と 3%の場合について同様の計算を行い，計算値を溝付管の実測値と比較した．圧力と流量が大きい場合の結果の例を図 7.4-15 に示している．図中，smooth を付した記号が平滑管の熱伝達率に面積拡大率を乗じた計算値を，また grooved を付した記号が溝付管の実験値を表している．比較の結果，図に示すように，擬臨界点より低い温度領域では，実験値は計算値より大きい値を示し，面積拡大率を考慮した以上に伝熱促進が達成されているとしている．ただし，Dang らも指摘しているように，溝リード角の大きい管のデータを得て，さらに検討する必要がある．

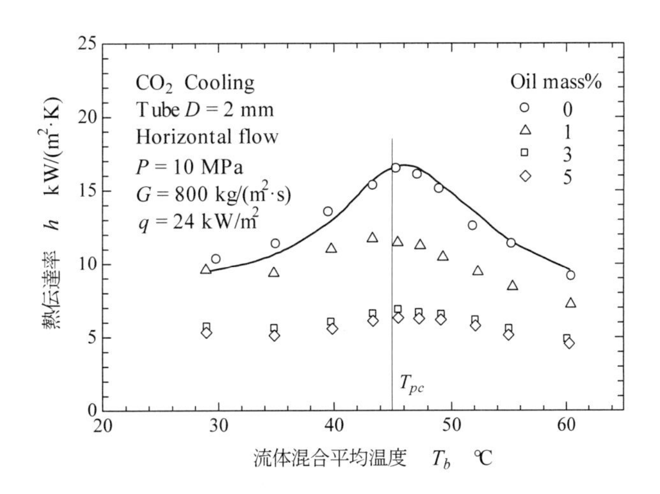

図 7.4-14　らせん溝付管の熱伝達率に及ぼす混入油の影響

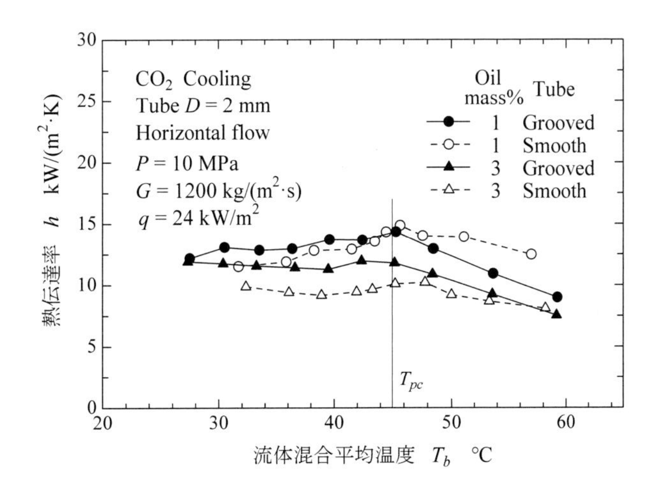

図 7.4-15　らせん溝付管の熱伝達率に及ぼす混入油の影響

7.4.6　まとめ

給湯用 CO_2 ヒートポンプサイクルのガスクーラを対象に，実験結果を引用して，超臨界圧流体の冷却熱伝達特性について述べた．超臨界圧流体の冷却熱伝達は，基本的に対流熱伝達であり，加熱の場合と同様に，境界層伝熱面近傍の温度分布による超臨界圧流体特有の物性温度依存性を考慮すれば，その特性を理解することができる．今後，混入油の影響やらせん溝付管による伝熱促進について，さらに検討する必要がある．

7.4 節の文献

Dang, C. and Hihara, E., 2004a, In-tube Cooling Heat Transfer of Supercritical Carbon Dioxide - Part 1. Experimental measurement, *Int. J. of Refrigeration*, Vol.27, Issue 7, pp.736-747.

Dang, C. and Hihara, E., 2004b, In-tube Cooling Heat Transfer of Supercritical Carbon Dioxide - Part 2. Comparison of numerical calculation with different turbulence models, *Int. J. of Refrigeration*, Vol.27, Issue 7, pp.748-760.

Dang, C., Iino, K., Fukuoka, K. and Hihara, E., 2007, Effect of Lubricating Oil on Cooling Heat Transfer of Supercritical Carbon Dioxide, *Int. J. of Refrigeration*, Vo.30, Issue 4, pp.724-731.

Dang, C., Iino, K. and Hihara, E., 2008, Study on Two-phase Flow Pattern of Supercritical Carbon Dioxide with Entrained PAG-type Lubricating Oil in a Gas Cooler, *Int. J. of Refrigeration*, Vol.31, Issue 7, pp.1265-1272.

Dang, C., Iino, K. and Hihara, E., 2010, Effect of PAG-type Lubricating Oil on Heat Transfer Characteristics of Supercritical Carbon Dioxide Cooled Inside a Small Internally Grooved Tube, *Int. J. of Refrigeration*, Vol.33, Issue 3, pp.558-565.

Gnielinski V., 1976, New Equation for Heat and Mass Transfer in Turbulent Pipe and Channel Flow, *Int. Chem. Engng*, Vol.16, No.2, pp.359-368.

Jackson, J.D. and Hall, W.B., 1979a, Forced Convection Heat Transfer to Fluids at Supercritical Pressure, Turbulent Forced Convection in Channels and Bundles edited by S. Kakaç and D. B. Spalding, Hemisphere Pub., Vol.2, pp.563-611.

Jackson, J.D. and Hall, W.B., 1979b, Influences of Buoyancy on Heat Transfer to Fluids in Vertical Tubes under Turbulent Conditions, Turbulent Forced Convection in Channels and Bundles edited by S. Kakaç and D. B. Spalding, Hemisphere Pub., Vol.2, pp.613-640.

Krasnoshchekov, E.A. and Protopopov, V.S., 1966, Experimental Study of Heat Exchange in Carbon Dioxiside in the Supercritical Range at High Temperature Drops, *Teplofizika Vysokikh Temperature*, Vol.4, No.3, pp.389-398.

Yamagata K., Nishikawa K., Hasegawa S., Fujii T. and Yoshida S., 1972, Forced Convective Heat Transfer to Supercritical Water Flowing in Tubes, *Int. J. Heat Mass Transfer*, Vol.15, Issue.12, pp.2575-2593.

Yoshida S. and Mori H., 2000, Heat Transfer to Supercritical Pressure Fluids Flowing in Tubes, *Proc. the 1st International Symposium on Supercritical Water-cooled Reactors, Design and Technology (SCR-2000)*, Nov. 6-8, Tokyo, The University of Tokyo, pp.72-78.

Yang, J., Oka, Y., Ishiwatari, Y., Liu, L. and Yoo, J., 2007, Numerical Investigation of Heat Transfer in Upward Flows of Supercritical Water in Circular Tubes and Tight Fuel Rod Bundles, *Nuclear Engng Design*, Vol.237, Issue 4, pp.420-430.

桑原憲, 東井上真哉, 伊藤大輔, 小山繁, 2007, 超臨界圧域における二酸化炭素の水平内面ら旋溝付き管内の冷却熱伝達に関する実験的研究, 日本冷凍空調学会論文集, Vol.24, No.3, pp.173-181.

斎川路之, 橋本克巳, 長谷川浩巳, 岩坪哲四郎, 1999, CO_2 ヒートポンプサイクルの効率把握と挙動・制御に関する検討, 電力中央研究所研究報告, W98004, 東京.

斎川路之, 橋本克巳, 2001, 家庭用 CO_2 ヒートポンプサイクルの効率評価　理論効率の評価と特徴把握, 日本冷凍空調学会論文集, Vol.18, No.3, pp.217-223.

党超鋲，飛原英治，2003a，超臨界二酸化炭素の冷却熱伝達に関する研究－第 1 報,数値計算と実験結果－，日本冷凍空調学会論文集，Vol.20, No.2, pp.163-173.

党超鋲，飛原英治，2003b，超臨界二酸化炭素の冷却熱伝達に関する研究－第 2 報,伝熱相関式とオイルの影響－，日本冷凍空調学会論文集，Vol.20, No.2, pp.175-183.

橋本克巳，斎川路之，岩坪哲四郎，2001，自然冷媒 CO_2 に関する熱伝達率の研究－実験による超臨界 CO_2 冷却過程熱伝達率の把握と伝熱整理式による算出値の評価－，電力中央研究所研究報告，W00046，東京.

森英夫 2012，超臨界圧流体の伝熱流動特性，日本冷凍空調学会調査研究プロジェクト「将来冷媒の先進熱交換器に関する調査研究」第 2 回委員会講演資料.

7.5 冷凍機油の影響

7.5.1 はじめに

冷凍機油 (refrigerating oil, lubricating oil) の役割は圧縮機 (compressor) に良好な潤滑機能等を提供することである．冷媒と冷凍機油は共存しながらサイクル構成機器内を循環するため，冷凍機油（以下，「油」と略記する．）には高温域から低温域に至る広い温度範囲で相溶性 (solubility) をはじめいくつかの機能が求められる．それと同時に，油が凝縮器・蒸発器の流動伝熱特性に及ぼす影響を的確に把握することが重要になる．

冷媒/油混合物の凝縮研究は古くからなされており，冷媒と油の組み合わせ，実験装置と実験方法，測定精度等さまざまであるが，熱伝達率は油の混入により低下すると認識されている．冷媒の凝縮に及ぼす油の影響を扱った研究レビューとして，Gidwani *et al.* (1998), Cavallini *et al.* (2000, 2003), Shen-Groll (2005), Dalkilic-Wongwises (2009), 野津(2014)などがあげられる．

本節では，はじめに，管の細径化とフィンの微細化・高密度化につれて油の影響が大きくなるとされる水平管内凝縮熱伝達の低下とその要因について簡単に考察を加える．ついで，研究は少ないが，管外凝縮に及ぼす油の影響を扱う．

7.5.2 冷媒/油混合物の性質

冷媒/油混合物の流動伝熱特性を把握するためには，冷媒と油の相溶性，混合物の熱力学的性質と輸送的性質，冷媒と油の流量，気液の流量比等の流動条件，管および冷却条件が必要になる．相溶性は温度と圧力で定まり，二層分離するものから完全相溶するものに大別される．図 7.5-1 は高温側と低温側に分離域を持つ混合物の二層分離温度曲線の概念を示す（日本冷凍空調学会，2013）．二層分離域では油リッチ層と冷媒リッチ層が存在し，冷媒と油の密度の大小により上層と下層に分離する．たとえば点 A における油リッチ層の油濃度は点 C における値になり，冷媒リッチ層の油濃度は点 B における値になる．表 7.5-1 は冷媒との相溶性を示す（日本冷凍空調学会，2013）．鉱油 (mineral oil) はナフテ

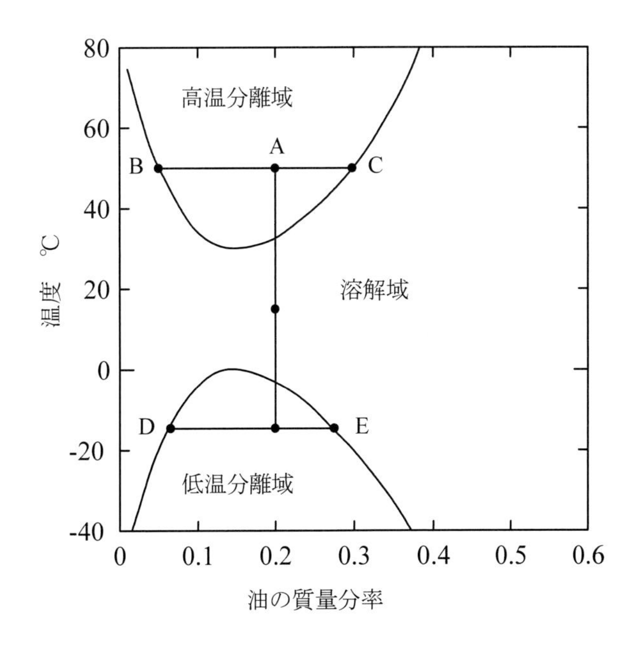

図 7.5-1 二層分離温度曲線（日本冷凍空調学会，2013）

表 7.5-1 各種冷凍機油の相溶性（日本冷凍空調学会，2013）

冷媒		鉱油	合成油			
			AB	PAG	PVE	POE
HFC 冷媒	R134a	×	×	○	○～◎	◎
	R1234yf	×	×	○	○～◎	◎
	R410A	×	×	○	○	○
	R407C	×	×	○	◎	○
	R404A	×	×	○	○	○
自然冷媒	R744	×	×	○	○	○
	R600a	◎	◎	○～◎	◎	◎
	R290	◎	◎	○～◎	◎	◎
	R717	×	×	○	○	使用不可

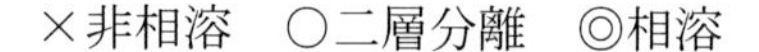

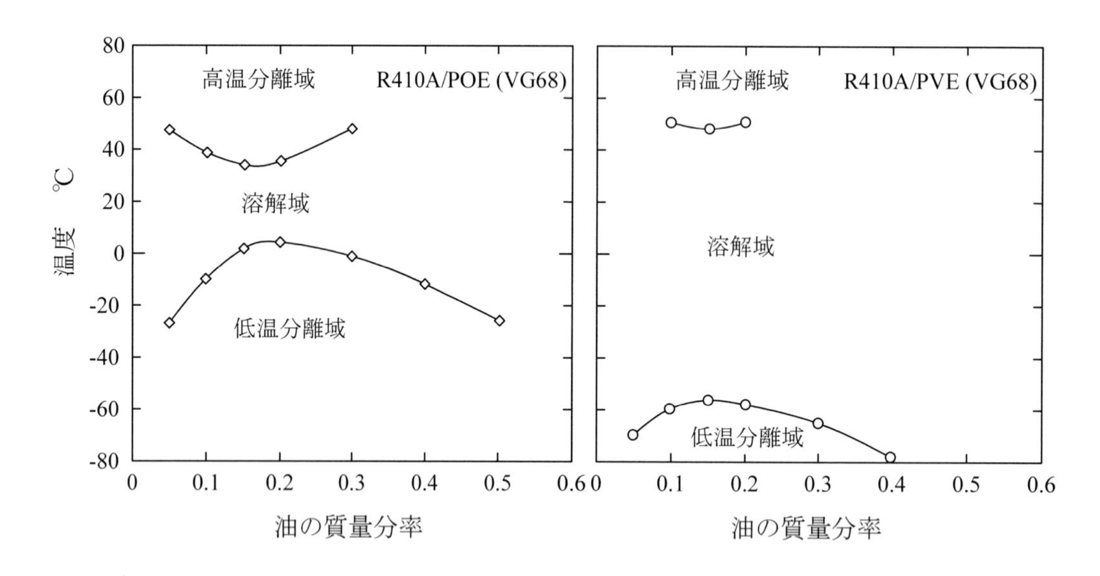

図 7.5-2　R410A の二層分離温度曲線（金子，2007）

ン系とパラフィン系に大別され，R12 と R22 のフロン系冷媒とともに炭化水素系冷媒との相溶性に優れる．ポリアルキレングリコール油 (polyalkyleneglycol ; PAG)，ポリビニルエーテル油(polyvinylether ; PVE)およびポリオールエーテル油 (polyolester ; POE) は，鉱油やアルキルベンゼン油 (alkylbenzene ; AB)より相溶性が優れる．

図 7.5-2 は R410A と 2 種類の合成油 (POE，PVE) の二層分離温度曲線を示す（金子，2007）．両者の油は高温側と低温側に二層分離域が存在し，溶解域は PVE の方が広い．

図 7.5-3 は油の質量分率と蒸気圧，温度の例を示す（佐藤ほか，2001; Takaishi-Oguchi, 1987）．冷媒/油混合物の分野では，図に示す座標系を溶解度線図 (solubility diagram) と呼ぶことが多い．図から明らかなことは，(1) 蒸気圧は定温では油の質量分率の増大につれて低下すること，(2) 蒸気圧に及ぼす質量分率の影響は冷媒と油の組合せに依存すること等である．溶解度線図で注意すべき事は，凝縮を生じる温度範囲では，油は蒸発しないため，油は液相にのみ存在することである．

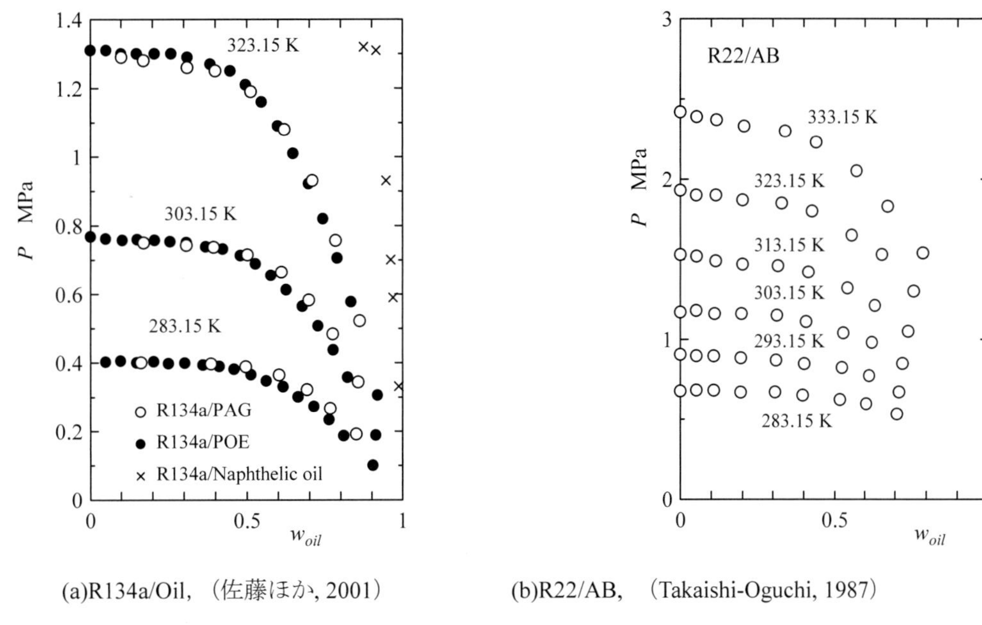

(a)R134a/Oil,（佐藤ほか, 2001）　　(b)R22/AB,（Takaishi-Oguchi, 1987）

図 7.5-3 油の質量分率が混合物の蒸気圧に及ぼす影響

凝縮熱伝達率 h を次式で定義する．

$$h = \frac{q}{\left(T_s - T_w\right)} \tag{7.5-1}$$

ここに，q は熱流束，T_w は伝熱面温度である．T_s は油の影響を無視して純冷媒の飽和温度を用いる方法と混合物の溶解度線図（蒸気圧曲線）から定める方法がある．はじめに，凝縮熱伝達率と熱物性値との関係を層流液膜モデルから大まかに把握する．蒸気せん断力支配領域の熱伝達は次の特性を持つ (Rose, 1998).

$$h \propto k_L \left(\frac{U_\infty \rho_L}{\ell \mu_L} \right)^{1/2} \tag{7.5-2a}$$

ここに，U_∞ および ℓ はそれぞれ代表速度および代表寸法，ρ_L および k_L は液の密度と熱伝導率である．同様に，重力支配領域 (Rose, 1998) と表面張力支配領域（本田・野津，1985）ではそれぞれ次の関係が成り立つ．

$$h \propto \left\{ \frac{k_L^3 \rho_L^2 \Delta i_v g}{\mu_L \left(T_s - T_w\right) \ell} \right\}^{1/4} \quad , \quad h \propto \left\{ \frac{k_L^3 \sigma \rho_L \Delta i_v}{\mu_L \left(T_s - T_w\right) \ell^3} ds \right\}^{1/4} \tag{7.5-2b, c}$$

ここに ds は気液界面の曲率こう配を σ，Δi_v および μ_L はそれぞれ表面張力，凝縮潜熱および液粘度である．式 (7.5-2) より，熱伝達率は，蒸気せん断力支配領域では粘度の平方根に逆比例，重力支配および表面張力支配領域では(1/4)乗に逆比例する特性を持つ．

混合物の物性研究を概観すると，冷媒/油系の溶解度，液相粘度および表面張力に関するものが多い．

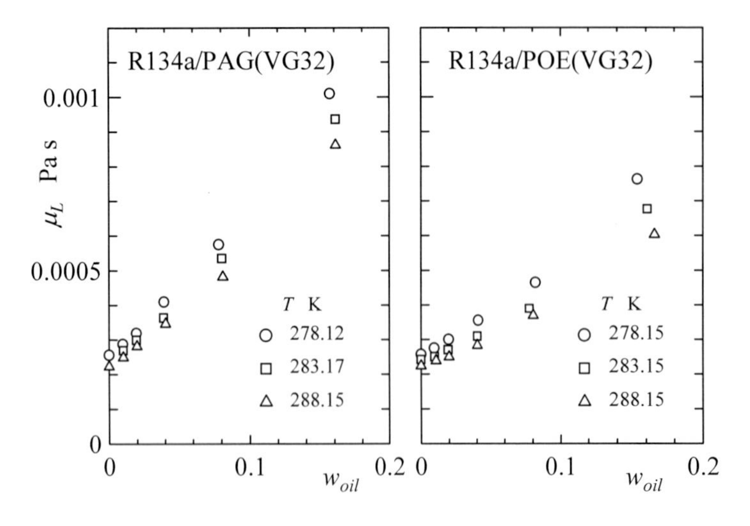

図 7.5-4 混合液の粘度に及ぼす油濃度の影響
（佐藤ほか，2006, 2007）

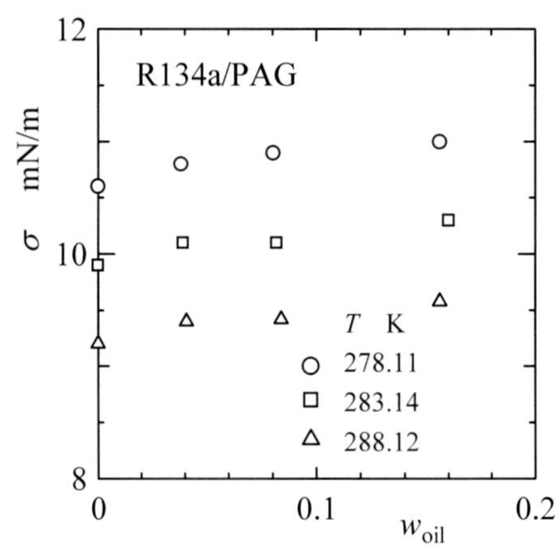

図 7.5-5 表面張力に及ぼす油濃度の影響
（若林ほか，2003）

図 7.5-4 は R134a/PAG および R134a/POE 混合液の粘度に及ぼす油の影響（佐藤ら，2006, 2007）を，図 7.5-5 は R134a/PAG の表面張力に及ぼす影響（若林ら，2003）をそれぞれ示す．粘度と表面張力は油の質量分率の増加または温度の低下とともに増大する．図 7.5-4, 5 を比較すれば，粘度は油の質量分率依存性が高く，表面張力は温度依存性の方が高い．

本節で示した実測値のほか，Neto-Barbosa (2010) は R600a/AB の溶解度，密度，粘度を，Zhelenzy *et al.* (2009) は R600a/鉱油および R245fa/POE の粘度を，Zhelenzny *et al.* (2007) は R245fa/POE の溶解度，密度，表面張力をそれぞれ検討している．そして，これらの文献に示されている粘度と表面張力の温度および濃度に対する依存性は図 7.5-4, 5 と定性的に同じである．

Shen-Groll (2005) は冷媒/油混合物の物性推算式として次式を推奨している．

$$\frac{1}{\rho_L}=\frac{w_{oil}}{\rho_{oil}}+\frac{(1-w_{oil})}{\rho_{ref}}\quad ,\qquad ln\,\mu_L=\xi_{ref}\,ln\,\mu_{ref}+\xi_{oil}\,ln\,\mu_{oil} \tag{7.5-3a, b}$$

$$c_{pL}=(1-w_{oil})c_{p\,ref}+w_{oil}\,c_{p\,oil}\,,\qquad \sigma=\sigma_{ref}+(\sigma_{oil}-\sigma_{ref})\sqrt{w_{oil}} \tag{7.5-3c, d}$$

$$k_L=(1-w_{oil})k_{ref}+w_{oil}\,k_{oil}-0.72(k_{oil}-k_{ref})(1-w_{oil})w_{oil} \tag{7.5-3, e}$$

ここに ξ はモル分率である．添字 *ref* および *oil* はそれぞれ冷媒および油を表す．Shen-Groll に加えて混合物の熱力学的性質および輸送的性質に関する測定・評価とともに，物性をより厳密に推算する方法が，瀧川(2000)，Yokozeki (2001)，Thome (1995)，Medvedev *et al.* (2004)等に提案されている．

7.5.3　管内凝縮

管内を流れる冷媒/油混合物について，油の断面平均の質量分率 w_o は次式で定義され，この値は凝縮器内で一定と見なされる．

$$w_o=\frac{W_o}{W_o+W_{ref,V}+W_{ref,L}} \tag{7.5-4}$$

ここに，W_o は油の流量，$W_{ref,V}$ および $W_{ref,L}$ はそれぞれ冷媒蒸気および冷媒液の流量である．油がすべて液相に存在すると仮定すれば，液相内の油の質量分率 w_{oil} は次式で求まる．

$$w_{oil} = \frac{W_o}{W_o + W_{ref,L}} \tag{7.5-5}$$

油流量の影響を考慮する場合のクオリティを x'，それを無視する場合を x とすれば，それぞれ次式で定義できる．

$$x' = \frac{W_{ref,V}}{W_o + W_{ref,V} + W_{ref,L}} \quad , \quad x = \frac{W_{ref,V}}{W_{ref,V} + W_{ref,L}} \tag{7.5-6a, b}$$

そして，2 種類の定義によるクオリティは互いに次の関係がある．

$$x' = (1 - w_o)x \tag{7.5-7}$$

液相内における油の質量分率 w_{oil} は，式(7.5-4)で定義される油の質量分率 w_o とクオリティを用いて次式で求まる．

$$w_{oil} = \frac{w_o}{1 - x'} = \frac{w_o}{1 - (1 - w_o)x} \tag{7.5-8}$$

図 7.5-6 は式 (7.5-8) で表される液相内の油の質量分率 w_{oil} とクオリティ x の関係について，管入口における油の質量分率 w_o をパラメータとして示す．この式は油の全量が液相に含まれると仮定しているため，凝縮二相流では低クオリティ領域で近似的に適用できる可能性がある．混合物の凝縮過程では油が液膜に取り込まれるプロセスは未解明であり，Cavallini *et al.* (2000) は高クオリティ領域で油の全量が液相に含まれることは考えられないことを指摘している．このことも考慮すれば，式 (7.5-8) から定まる w_{oil} は液相内における油の質量分率の最大値と見なせよう．また，高クオリティ領域では凝縮液流量が低いため，油の質量分率が高くなることも生じるであろう．

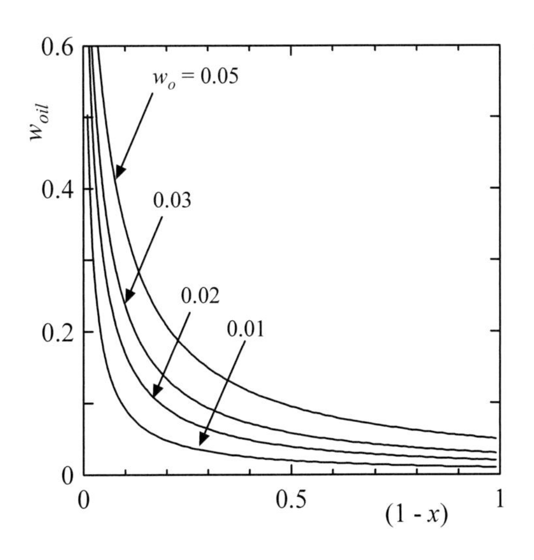

図 7.5-6 液相内における油の質量分率と湿り度の関係，式(7.5-8)

(a) 熱伝達と圧力損失

図 7.5-7 は熱伝達に及ぼす油の影響について，図 (a) は Cawte (1992) による R22/ナフテン油を用いた実験値を，図(b)は Fukushima-Kudou　(1990)　による R134a/PAG による実験値を示す．Cawte は伝熱管を R11 液中に設けて伝熱面温度一様の条件を実現するとともに，混合物の質量速度 G = 155 kg/(m^2·s)で熱流束 2.5kW/m^2 の条件で実験を行った．測定部のクオリティ変化 Δx は 0.09，凝縮側温度差は 1 ~2.5 K である．Fukushima-Kudou は長さ 1m のサブセクション 5 個を直列接続することにより熱伝達率の管軸方向分布を求めている．いずれも熱伝達率を求める際の飽和温度には純冷媒の値を採用している．

図 7.5-8 は R410A/POE を用いた Huang *et al.* (2010a~ 2010d) の実験で，図 (a) は平滑管，図 (b) はマイクロフィン付管のもので，図中には熱伝達と摩擦圧力勾配の実験値を示してある．図(b)中の記号 h_f はフィン高さ，n_f は溝数，γ はらせん角である．実験値は混合物の質量速度 G = 200 kg/(m^2·s)，熱流束 4.21 kW/m^2，測定部のクオリティ変化 0.2 のものである．式 (7.5-1) の飽和温度には純冷媒の値を採用し，凝縮側温度差は平滑管で 1.1~2 K，フィン付管で 0.5~1.3 K である．

平滑管の熱伝達に関する図 7.5-7 および図 7.5-8 (a) の実験値を検討する．純冷媒の熱伝達率は凝縮の進行（湿り度の増大）とともに単調に低下する．混合物の熱伝達率は，管軸方向に凸形の分布形をとり，その傾向は油の質量分率の増大とともに顕著になる．すなわち，熱伝達率は高クオリティ領域で純冷媒の値よりかなり低く，凝縮の進行につれて増大し，ピークに達した後，単調に低下し純冷媒の値に漸近する．熱伝達率がピークに達する湿り度は油の質量分率が高いほど増大し，管の下流側へシフトする傾向が見られる．次に，油の質量分率 w_o = 0.05 ~0.06 の熱伝達率を量的に検討する．混合物の熱伝達率に

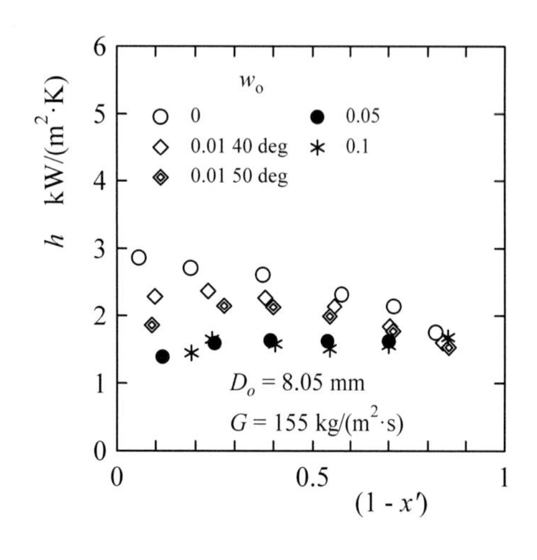

(a) R22/ナフテン油，Cawte (1992)

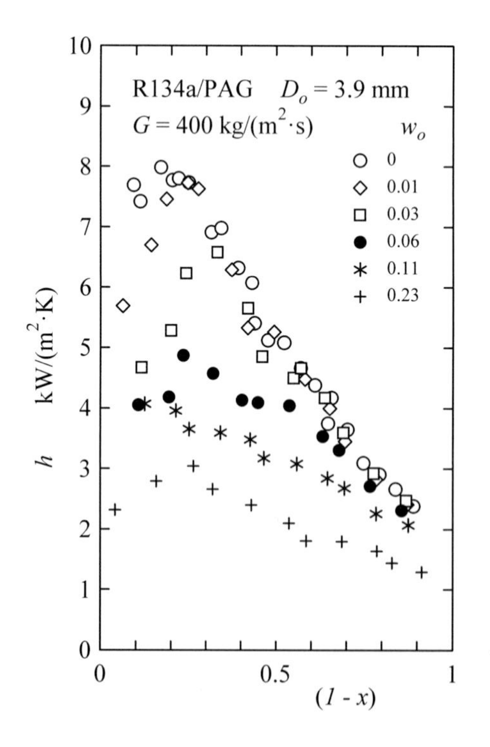

(b) R134a/PAG,　Fukushima-Kudou (1990)

図 7.5-7　水平平滑管内凝縮熱伝達に及ぼす油の影響，平滑管

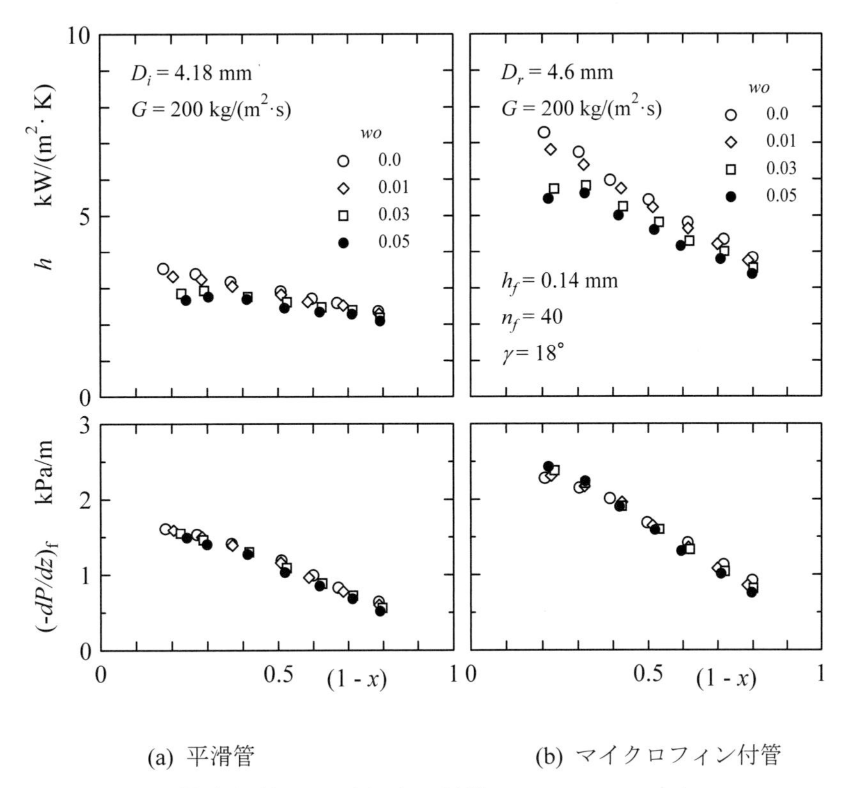

(a) 平滑管　　　　　　　　　　(b) マイクロフィン付管

図 7.5-8 水平管内凝縮に及ぼす油の影響，R410A/POE　(Huang, *et al*. 2010a~d)

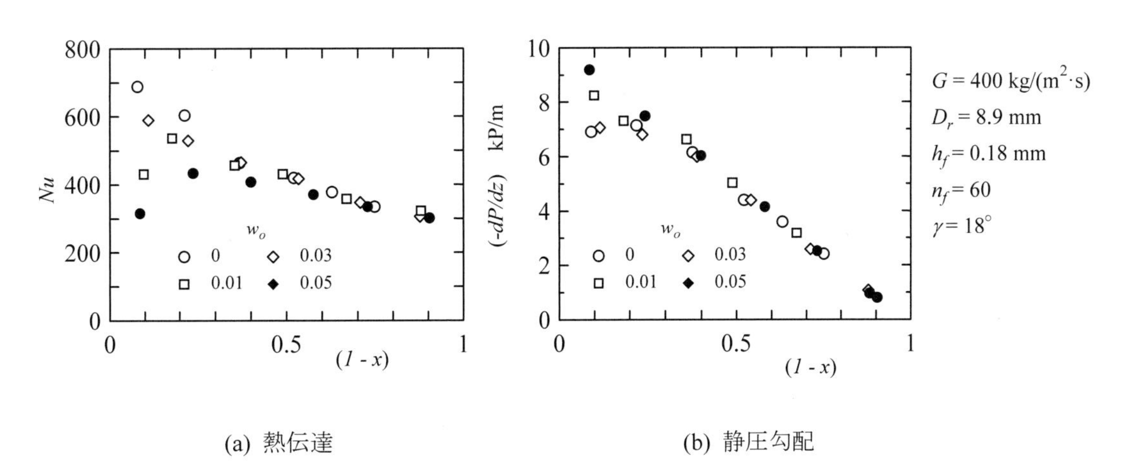

(a) 熱伝達　　　　　　　　　　(b) 静圧勾配

図 7.5-9 水平管内凝縮に及ぼす油の影響，マイクロフィン付管，R134a/Ester oil (Sweeney *et al*., 1995)

ついて，純冷媒からの低下割合を湿り度$(1-x)=$ 0.2 で比較する．混合物の成分，質量速度，管径等は異なるが，図 7.5-7 の R22/ナフテン油が 45%，R134a/PAG が 40%，図 7.5-8 (a) の R410A/ POE が 30%に達する．さらに，湿り度$(1-x)=$ 0.1 における低下割合は図 7.5-7(a), (b)ともに 50%に達する．

図 7.5-9 は Sweeney *et al.* (1995) によるマイクロフィン付管に関する R134a/Estel oil の実験値を示す．式 (7.5-1) の飽和温度は純冷媒の値を用い，凝縮側温度差は 1.5~2.1 K，測定部のクオリティ変化は 0.04 ～0.09 である．図 7.5-8(b)のマイクロフィン付管の実験値と併せ見ると，分布形の特徴は平滑管の場合とおおむね類似で，混合物の熱伝達率は純冷媒より図 7.5-8(b)の湿り度$(1-x)=$ 0.2 で 26%，図 7.5-9(a)の$(1-x)=$ 0.2 で 33%，$(1-x)=$ 0.1 で 54%低下している．

図 7.5-7 ~ 図 7.5-9 より，油の影響は，管入口における油の質量分率がおおむね 1%までは小さく，これ以上の質量分率では，熱伝達率は平滑管，伝熱促進管を問わず，質量分率の増大につれて低下する．そして，熱伝達率の低下はクオリティ $x > 0.9$ の領域で最大に達し，純冷媒からの低下割合は管の種類によらず 50%程度に達する．圧力損失に及ぼす油の影響は，図 7.5-8 の摩擦圧力勾配と図 7.5-9 の静圧こう配から明らかなように，熱伝達に及ぼす影響ほど顕著でないと見なせる．

次に，油が熱伝達に及ぼす影響について簡単に考察を行う．Traviss *et al.* (1973) の環状凝縮液膜理論によれば，層流液膜域の熱伝達率は次式で与えられる．

$$h = k_L \left\{ \frac{2\rho_L \tau_w}{G(1-x) d \mu_L} \right\}^{1/2} \tag{7.5-9}$$

ここに τ_w は壁面せん断力である．式(7.5-9)で密度の質量分率依存性を無視すれば次の関係が成り立つ．

$$h \propto \sqrt{\tau_w / \mu_L} = \sqrt{(dp/dz)_f / \mu_L} \tag{7.5-10}$$

図 7.5-8 で熱伝達と摩擦圧力勾配を比較すれば，摩擦圧力勾配の実験値は平滑管，マイクロフィン付管ともに凝縮の進行につれて単調に減少する．R410A 純冷媒の熱伝達率は管の種類を問わず摩擦圧力勾配と同じ傾向を示す．しかし，R410A/POE 混合物の熱伝達率は油の質量分率の増加とともに上に凸の分布形をとり，摩擦圧力勾配と傾向が異なる．この原因として，図 7.5-4 で示した混合液粘度の顕著な質量分率依存性と式 (7.5-9, 10) の特性を基に考えれば，蒸気せん断力が支配的な領域では液粘度の影響がかなり大きく出現することが考えられる．

以上の考察も含めて，混合物の熱伝達の低下と回復をもたらす原因を考察する．油は凝縮開始点で蒸気相にミストとして流入し，凝縮開始と同時に液膜に取り込まれると仮定する．蒸気流速が高い領域では，気相内の油は液膜に沈着しやすく，凝縮液流量が少ないため液相内油濃度が高くなる．このため混合液粘度が増大し熱伝達の低下を生じる．ついで，凝縮の進行で生じる凝縮液流量の増大が，液相内油濃度を低下させ，混合液粘度が純冷媒のものに近づくため，熱伝達率が純冷媒の値に漸近すると考えられる．クオリティが低い領域で油の影響が小さい理由として，蒸気せん断力より，重力や表面張力の影響が相対的に大きくなるため，薄液膜の伝熱を支配する式(7.5-2b, c)で表されるように，液粘度の影響が小さくなるためと考えられる．

(b) 熱伝達の予測法

熱伝達に及ぼす油の影響を予測する方法は大きく分けて 2 種類ある．第 1 の方法は混合物の熱伝達率と純冷媒の熱伝達率の比を主として油濃度の関数で表現する方法で，たとえば，Tichy *et al.* (1985) は R12/ナフテン油による実験に基づき次式を提案している．

$$Nu_{oil} / Nu_{pure} = exp\left(-5.0 w_o\right) \tag{7.5-11}$$

ここに，Nu_{oil} および Nu_{pure} はそれぞれ混合物および純冷媒の熱伝達率である．式 (7.5-11) は純冷媒の熱物性値と管入口における油の質量分率 w_o で混合物の熱伝達を予測できるメリットがある．しかし，熱伝達の低下割合がクオリティ 0 ~ 1 の全領域で一定になるため，図 7.5-7 ~ 図 7.5-9 の実験結果を説明できない．したがって，実用に際して式 (7.5-11) と類似な式を用いる際は，その根拠となる実験条件をもとに，適用範囲に注意を払うことが必要である．第2の予測法は，純冷媒の熱伝達の式に含まれる物性値を混合物の値で置き換える方法である．Huang *et al.* (2010a) は平滑管に関する彼らの実験値を，純冷媒の実験から提案された原口ら(1994)の式に修正を加えて-30%~20%で整理できることを示した．同様に，Huang *et al.* (2010b) はマイクロフィン付管に関する彼らの実験値を純冷媒の実験に基づく Yu-Koyama (1998) の式で-15% ~ 20%で整理できることを示した．

(c) 流動様相

流動様相に関する研究として，R134a/PAG の平滑管内凝縮に関する勝田ら(1988)があげられる．実験は油濃度を 1.4, 2.5, 3.5%の 3 種類に変化させ，質量速度を内径 6mm 管で 40～160 kg/(m^2·s)，内径 2 mm 管で 220～500 kg/(m^2·s)の範囲で行っている．そして，内径 6 mm 管では流動様相を Annular, Wavy, Slug, Plug ならびに Annular と Wavy の遷移域 Wavy-Annular の 5 種類に分類した．そして Wavy-Annular 領域の広がりに及ぼす油の影響について，油の存在により Wavy-Annular 領域が広くなる．同様な現象は，断熱二相流に関する，Manwell-Bergles (1990) による R12/ナフテン油，Wongwises *et al* (2002)による R134a/PAG を用いた研究でも報告されており，油の混入により層状・波状流と環状流の遷移を与える混合気の質量速度が低下することが特徴である．その理由として，油の混入により混合物の液粘度が増大することが考えられる．さらに，この遷移領域では油滴が液膜とともに流れる Tear-flow を生じることも報告されている．後藤ら(2007)は相溶性の R22/鉱油および非相溶性の R134a/鉱油を用いて空調機運転時の流れの観察を行い，R22/鉱油は相溶して流れるが，R134a/鉱油の場合は鉱油が液滴となり凝縮液とともに流れることを確認した．

油は凝縮器入口でミストとして気相を流れると考えられる．図 7.5-10 は平滑管の入口から蒸気の凝縮が開始し環状流が形成される場合を想定し，図 7.5-7 ~ 図 7.5-9 に示した熱伝達特性も考慮に入れ，流動様相の管軸方向変化の想像図を表したものである．なお，勝田ら(1988)は，管入口で油は膜状で流入すると考え，この近傍の管頂で純冷媒の液膜が，管底で冷媒/油混合物の液膜が形成されると述べている．

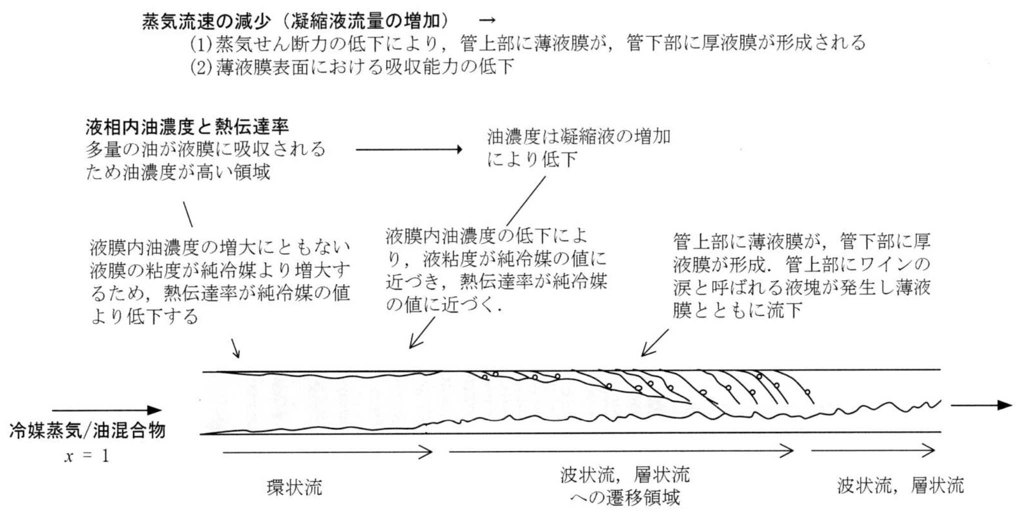

図 7.5-10 凝縮様相の想像図，凝縮開始点で油がミスト状で気相に存在する場合

7.5.4 管外凝縮

水平管外凝縮については，R12/AB および R22/AB 混合物の平滑管(Wang *et al.*, 1985a, b)および２次元ローフィン付管(Wang *et al.*, 1989)に関する実験がある．凝縮器は１行４列管群で構成され，管外径 D_o が 15.9 mm と 18.9mm の２種類の管を用いている．

図 7.5-11 は R22/AB 混合物の平滑管とフィンピッチ p_f = 0.98 mm の２次元ローフィン付管による結果を比較したものである(Wang *et al.*, 1985a, 1985b, 1989)．外径 D_o =15.9 mm の管による１行管列の最上列管の実験値で，油の質量分率は最大 8%である．管内凝縮に関する図 7.5-7 との比較から明らかなように，油の影響は管内凝縮より全般的に小さい．図中の実線は水平平滑管上の層流自由対流凝縮に関する Nusselt の式 (4.2-29) を表す．油の混入による熱伝達率の低下は，管の種類によらず，油の質量分率の増大とともに見られ，低下割合を実験値から求めると，油の質量分率 8%で約 10%である．

図 7.5-12 は外径 D_o =15.9 mm の平滑管上における R12/AB 混合物の実験(Wang *et al.*, 1985b)について，図(a)は最上列管の熱伝達率を，図(b)は４管列の平均熱伝達率を示す．図(a)と図(b)に示す実線は単管に関する Nusselt の式 (4.2-29) を，図(b)の破線は管群の平均熱伝達に関する Kern の式 (4.4-5) を表す．はじめに図 7.5-11，12 の単管の実験を比較すると，熱伝達は冷媒の種類によらず油の影響により低下し，低下割合は R12，R22 ともに同程度である．次に図 7.5-12(a)の最上列管と図(b)の１行管列の実験値を比較すると，油の影響は１行管列で凝縮温度差 5K 程度で単管の場合よりやや大きい．

R11 による実験として平滑管 (Williams-Sauer, 1981)および２次元ローフィン付管 (Sauer-Williams, 1982)がある．粘度の異なる２種類の油 (150SUS, 500SUS) が用いられ，熱伝達に及ぼす油の影響は，平滑管では濃度が 6〜7 %までは影響は小さく，これ以上では油の質量分率および SUS 粘度の増大とともに低下することを示した．しかし，彼らの R11 純蒸気の実験値は Nusselt の式 (4.2-29) より全般的に低く，また，２次元ローフィン付管の熱伝達率が平滑管より低い結果が得られている．この原因として，空気圧で加圧された油を蒸気空間に供給する方法を採用しているため，熱伝達率の実験値には油と空気の影響が同時に現れている可能性が高い．

以上の他に，ASHRAE Project RP-984 (Eckels,S.J., 2002) では，R134a/ISO68 の混合物を用いた平滑管群

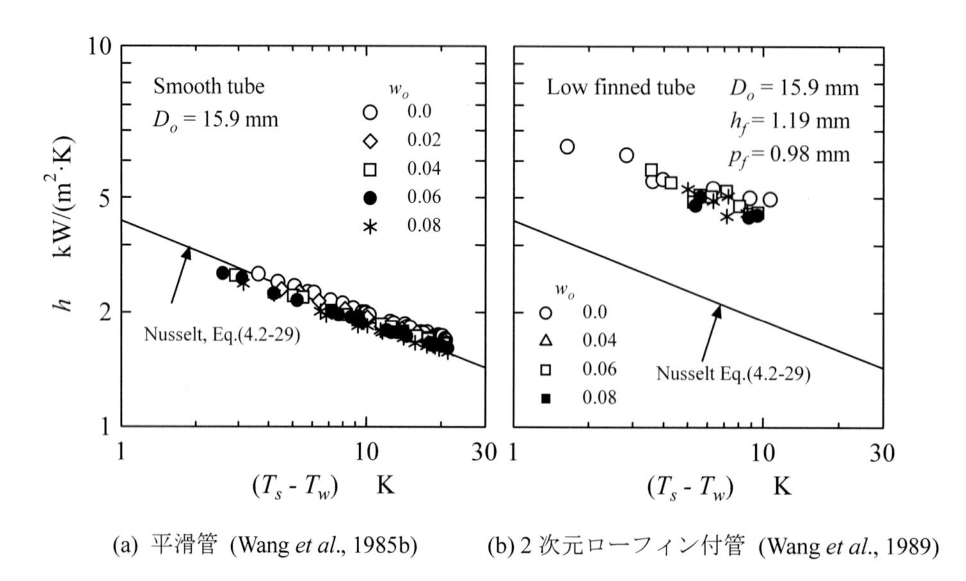

(a) 平滑管 (Wang *et al.*, 1985b)　　(b) ２次元ローフィン付管 (Wang *et al.*, 1989)

図 7.5-11 管外凝縮熱伝達に及ぼす油の影響，R22/AB，Wang *et al.*(1985, 1989)

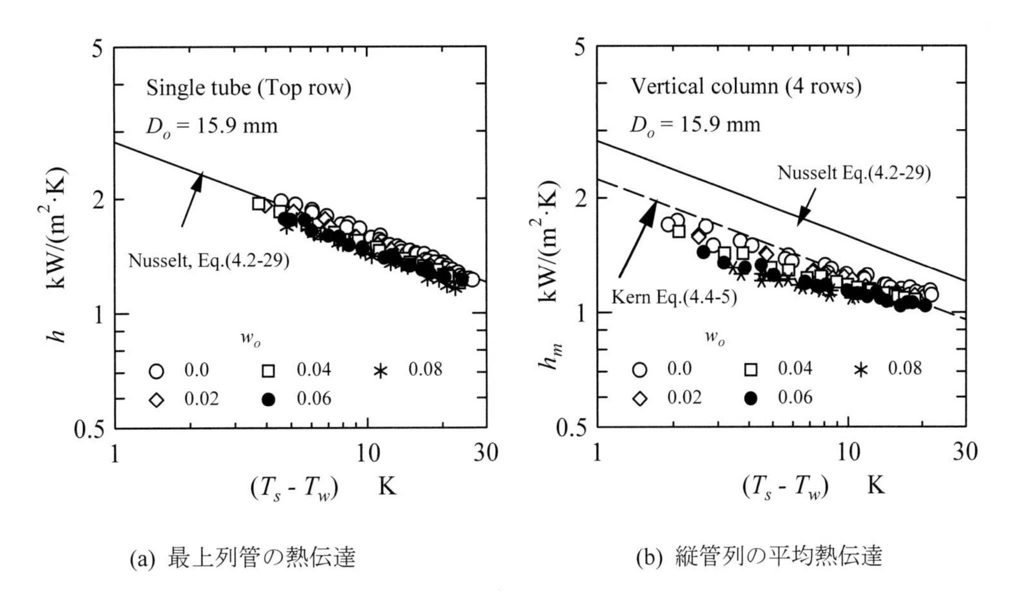

(a) 最上列管の熱伝達　　(b) 縦管列の平均熱伝達

図 7.5-12 管外凝縮熱伝達に及ぼす油の影響，平滑管，R12/AB，Wang *et al.*(1985b)

およびローフィン付管群による実験がなされている．油の質量分率を 0.056～0.333%の範囲で変化させた実験を行い，熱伝達率の式として，純冷媒の式より ISO68 で 13%，ISO120 で 4% それぞれ低く見積もることを提案している．3 次元ローフィン付管群についてはISO68 による実験を行い，熱伝達の実験値は凝縮質量流束，飽和温度，膜レイノルズ数の増大とともに低下する結果を得ている．

7.5.5 まとめ

冷媒/冷凍機油混合物の凝縮について熱伝達に関する実験研究の現状を紹介した. 伝熱促進管に関する研究は極めて少ないが，おおむね次の事が言える．

1. 熱伝達率は油の混入により低下し，実験的には油の質量分率が 2～3 %以上の条件で見られる．
2. 油の影響は平滑管より伝熱促進管の方が出やすいと考えられる．
3. 管外凝縮では熱伝達に及ぼす油の影響は管内凝縮の場合より小さい．この理由として蒸気流速の影響が考えられる．すなわち，管外凝縮は管内凝縮より蒸気流速が全般的に低いため，液膜内への油の取込みが管内凝縮ほど活発になされない．したがって，熱伝達率の物性依存を表す式(7.5-2) から明らかなように，油の影響が小さいと考えられよう．
4. 管内凝縮では，管の細径化とフィンの微細化・高密度化が急速に進むと考えられるため，混合物の凝縮特性の把握がより重要になる．その際，凝縮開始点における油の流動状態の扱いがポイントの一つになる．Cavallini *et al.* (2000) が指摘するように，凝縮開始点で油の全量が凝縮液に含まれるとは考えにくい. したがって, 実機を考えれば, ミスト状の油が冷媒蒸気とともに流入する場合，および，気相中に油が存在しない場合の 2 種類の極限モデルが必要になろう．Nebuloni-Thome (2013) はミニチャンネルを対象に冷媒/油混合物の凝縮モデルを提案したが，このモデルは後者に該当する．

7.5 節の文献

勝田正文，宮井玲，小松智弘，河井昭成，1998，管内凝縮熱伝達に及ぼす冷凍機油混入の影響，日本冷凍空調学会論文集，Vol. 15, pp. 401-413.

金子正人，2007，冷媒変更に伴う冷凍機油の開発状況について，冷凍，Vol. 82, No. 959, pp. 741-745.

後藤誠，谷藤浩二，藤田真弘，山内智裕，大内田聡，永田謙二，上野勲，長谷川達也, 2007, HFC 冷媒を充填した空調機における非相溶性冷凍機油の循環観察，日本機械学会論文集 B 編, Vol.73, No.725, pp.291-297.

佐藤智明，高石吉登，小口幸成，2001, HFC-134a/ポリアルキングリコール油混合系の蒸気圧，日本冷凍空調学会論文集，Vol. 18, No. 3, pp. 273-278.

佐藤智明，大平晃寛，高石吉登，小口幸成，2006，R134a/ポリオールエステル油系の低油濃度域における粘性率，日本冷凍空調学会論文集，Vol. 23, No. 3, pp. 291-297.

佐藤智明，高石吉登，小口幸成，2007, R134a/ポリアルキングリコール油系の粘性率，日本冷凍空調学会論文集，Vol. 24, No. 4, pp.315-321.

瀧川克也, 2000, 冷凍機油への冷媒溶解度の測定と予測計算，日石三菱レビュー, Vol.42, No.4, 154-159.

日本冷凍空調学会，2013，冷媒圧縮機，第 9 章「冷凍機油」.

野津滋，2014，冷媒/冷凍機油混合物の水平管内凝縮，日本冷凍空調学会論文集，Vol. 31, No.3, pp.245-256.

原口英剛，小山繁，藤井哲，1994，冷媒 HCFC22,HFC134a,HCFC123 の水平平滑管内凝縮，第 2 報，局所熱伝達係数に関する実験式の提案，日本機械学會論文集，B 編，Vol.60, pp.2117-2124.

本田博司, 野津滋, 1985, 水平ローフィン付管上の膜状凝縮熱伝達の整理, 日本機械学会論文集B編, Vol. 51, No. 462, pp.572-581.

若林光祐，佐藤智明，高石吉登，小口幸成，2003，R134a/PAG 油混合物の表面張力，日本機械学会九州支部学術講演論文集，pp. 219-220.

Cavallini A., Col D.D., Doretti L., Longo G.A. and Rossetto L., 2000, Heat Transfer and pressure drop during condensation of refrigerants inside horizontal enhanced tubes, *International Journal of Refrigeration*, Vol.23, pp.4-25.

Cavallini A., Gensi G., Col D. D., Doretti L., Longo G.A., Rossetto L. and Zilio, C., 2003, Condensation inside and outside smooth and enhanced rubes - a review of resent research, *International Journal of Refrigeration*, Vol.26, pp.373-392.

Cawte, H., 1992, Effect of lubricating oil contamination on condensation in refrigerant R22, *International Journal of Energy Research,* Vol. 16, No.4, pp. 327-340.

Dalkilic, A.S and Wongwises, S., 2009, Intensive literature review of condensation inside smooth and enhanced tubes, *International Journal of Heat and Mass Transfer,* Vol.52, No.15-16, pp.3409-3426.

Eckels S.J., 2002, Effects of inundation and miscible oil upon condensation heat transfer performance of R-134a, *ASHRAE Report* 984.

Fukushima, T. and Kudou, M. 1990, Heat transfer coefficients and pressure drop for forced convection boiling and condensation of HFC 134a, *International Refrigeration and Air-Conditioning Conference*, Purdue, pp.196-204.

Gidwani, A., Ohadi, M.M. and Salehi, M., 1998, In-tube condensation of refrigerant and refrigerant-oil mixtures -- A review of most recent work, *ASHRAE Transactions,* Vol. 104, No.1, pp.1322-1332.

Huang, X., Ding, G., Hu, H., Zhu, Y. and Peng, H., 2010a, Influence of oil on flow condensation heat transfer of R410A inside 4.18 mm and 1.6 mm inner diameter horizontal smooth tubes, *International Journal of Refrigeration*, Vol.33, pp.158-169.

Huang, X., Ding, G., Hu, H., Zhu, Y. , Gao, Y. and Deng, B., 2010b, Condensation heat transfer characteristics of R410A-oil mixture in 5 mm and 4 mm outside diameter horizontal microfin tubes, *Experimental Thermal and Fluid Science*, Vol. 34, pp.845-856.

Huang, X. , Ding, G., Hu, H., Zhu, Y., Gao, Y. and Deng,B., 2010c, Two-phase frictional pressure drop characteristics of R410A-oil mixture flow condensation inside 4.18 mm and 1.6 mm I.D. horizontal smooth tubes, *HVAC&R Research*, Vol. 16, No. 4, pp. 453-470.

Huang, X., Ding, G., Hu, H., Zhu, Y., Gao, Y. and Deng, B., 2010d, Flow condensation pressure drop of R410A-oil mixture inside small diameter horizontal microfin tubes, *International Journal of Refrigeration*, Vol. 33, pp. 1356-1369.

Manwell, S. P. and Bergles, A. E., 1990, Gas-liquid flow patterns in refrigerant-oil mixtures, *ASHRAE Transactions*, Vol. 96, Part 2, pp. 456-464.

Medvedev,O.O, Zhelezny, P.V. and Zhelezny, V.P., 2004, Prediction of phase equilibria and thermodynamic properties of refrigerant/oil solutions, *Fluid Phase Equilibria*,Vol.215, No.1, pp.29–38.

Neto, M.A.M. and Barbosa, J.R., 2010, Solubility, density and viscosity of mixtures of isobutene(R-600a) and a linear alkylbenzene lubricant oil, *Fluid Phase Equilibria*, Vol. 292, pp. 7-12.

Nebuloni, S. and Thome, J.R., 2013, Numerical modeling of the effects of oil on annular laminar film condensation in minichannels, *International Journal of Refrigeration*, Vol. 36, pp. 1545-1556.

Rose, J.W., 1998, Fundamentals of condensation heat transfer - laminar film condensation, *JSME International*, Series II, Vol. 31, No. 3, pp. 357-375.

Sauer, H.J. and Williams, P.E., 1982, Condensation of refrigerant-oil mixtures on low-finned tubing, *Heat Transfer 1982*, Vol. 6, pp. 147-152.

Shen, B. and Groll, E., 2005, A critical review of the influence of lubricants on the heat transfer and pressure drop of refrigerants - Part II: Lubricant influence on condensation and pressure drop, *HVAC&R Research*, Vol. 11, pp. 511-525.

Sweeney, K.A., Chato, J.C., Ponchner, M. and Rhines, N.L., 1995, The effect of oil on condensation in a microfinned tube, *ACRC* TR-87.

Takaishi, Y. and Oguchi, K., 1987, Measurements of vapor pressures of R22/oil solution, *Proceedings of the XVIIth International Congress of Refrigeration*, pp. 217-222.

Tichy, J.A., Macken, N.A. and Duval, W.M.B., 1985, An experimental investigation of heat transfer in forced convection condensation of oil-refrigerant mixtures, *ASHRAE Transactons*, Vol. 91, Part1, pp. 297-309.

Thome, J.R., D., 1995, Comprehensive thermodynamic approach to modeling refrigerant- lubricating oil mixture, *HVAC&R Research*, Vol.1, pp. 110-126.

Traviss, D. P., Rohsenow, W.M. and Baron, A.B., 1973, Forced convection condensation inside tubes: a heat transfer equation for condenser design, *ASHRAE Transactions*, Vol. 79 No. 1, pp. 157-165.

Wang, J.C.Y., Al-Kalamchi, A. and Fazio, P., 1985a, Experimental study on condensation of refrigerant-oil mixtures, Part I – Design of the test apparatus, *ASHRAE Transactions*, Vol. 91, Part 2A, pp. 216-228.

Wang, J.C.Y., Al-Kalamchi, A. and Fazio, P., 1985b, Experimental study on condensation of refrigerant-oil mixtures, Part II - Results of R-12 and R-22 on the external surface of single and multiple horizontal plain tubes, *ASHRAE Transactions*, Vol. 91, Part 2A, pp. 229-237.

Wang, J.C.Y., Lin, S. and Fazio, P., 1989, Experimental study on condensation of refrigerant-oil mixtures, Part III- R-12 and R-22 on the external surface of single and multiple horizontal finned tubes, *ASHRAE Transactions*, Vol. 95, Part 2, pp. 386-392.

Williams, P.E. and Sauer, H.J., 1981, Condensation of refrigerant-oil mixtures on horizontal tubes, *International Journal of Refrigeration*, Vol.4, No.4, pp. 209-222.

Wongwises, S., Wongchang,T. and Kaewon, J., 2002, A visual study of two-phase flow patterns of HFC-134a and lubricant oil mixtures, *Heat Transfer Engineering*, Vol. 23, pp. 13-22.

Yu, J. and Koyama, S., 1998, Condensation heat transfer of pure refrigerants in microfin tubes, *Proceedings of International Rrefrigeration and Air Conditioning Conference*, pp. 325-330.

Yokozeki, A., 2001, Solubility of refrigerants in various lubricants, *International Journal of Thermophysics*, Vol.22, No.4,, pp.1057-1071.

Zhelezny, V.P., Semenyuk,Yu.V., Ancherbak, S.N., Grebenkov, A.J.and Beliayeva, O.V., 2007, An experimental investigation and modelling of the solubility, density and surface tension of 1,1,1,3,3-pentafluoropropane (R-245fa)/synthetic polyolester compressor oil solutions, *Journal of Fluorine Chemistry*, Vol. 128, pp. 1029-1038.

Zhelezny, V.P., Sechenyh, V.V., Semenyuk, Yu.V., Grebenkov, A.J. and Beliayeva, O.V., 2009, An experimental investigation and modelling of the viscosity refrigerant/oil solutions, *International Journal of Refrigeration*, Vol. 32, pp. 1389-1395.

主　題　索　引

冷媒索引

本索引は，原則として純冷媒，共沸混合冷媒および擬似共沸混合冷媒の膜状凝縮を対象に，次の5項目が掲載されている頁を表す．

1　熱伝達，圧力損失の実験結果　　2　予測式・理論解析と実験との比較
3　流動様相の観察結果　　4　ボイド率等の測定結果
5　理論解析

表1　平板，管外（二重管環状部を含む），管内

頁に付された記号Bは管群，Fは流動様相の観察結果を表す．

表2　微細流路，プレートフィン式，プレート式，超臨界圧CO_2の冷却熱伝達，冷凍機油の影響

冷媒番号	微細流路	プレートフィン式	プレート式	超臨界圧CO_2の冷却熱伝達	冷凍機油の影響
R12					335
R22					330,334
R32	280	296			
R123		291-297	303		
R1234yf			303, 306		
R1234ze(E)	280				
R134a	276,281	296, 299	303, 304, 306		330, 331
R236fa			303,306		
R290			303, 306, 308		
R410A	274		303, 305, 306		331
R600			303, 308		
R600a			303, 306		
R601			303. 308		
R744				物性 312, 313 平滑管 316-317, 319-320 伝熱促進管 320	平滑管 319 伝熱促進管 321
R1270			303		

あとがき

冷媒の凝縮現象をとりあげ，その基礎理論から応用までを体系的に記述した．沸騰研究の歴史は限界熱流束と大きく関係するため長い．凝縮器は熱を捨てる場所とみなされ研究は1970年代から本格化した．

本書の特色は，基礎方程式系の詳細説明を記述したこと，ならびに，現象画像を可能な限り掲載したことにある．冷凍空調技術の変化は急激である反面，表面凝縮器に関する革新的な伝熱促進技術が，急速に進化するとは考えにくい．ここに，現状における主要課題を簡潔にまとめ，あとがきに替えさせていただきます．

1. 亜臨界領域における凝縮特性

   冷媒の凝縮圧力が高くなる方向にある反面，亜臨界域における凝縮に関する研究はかなり少ない．亜臨界域の熱伝達は熱物性が急激に変化することが大きな特徴であるため，定物性として扱われた凝縮モデルについて，部分的な見直しが必要になることがある．

2. 混合冷媒の凝縮

   混合冷媒の凝縮については，液膜の熱伝達と比べて，混合気相に形成される物質伝達抵抗を高精度で整理できる方法が未開発に近い．さらに，成分間の表面張力差によるマランゴニ凝縮を生じる場合があり，その熱伝達特性は組成比と熱流束に依存し，平滑な液膜モデルから求まる熱伝達率より高い伝熱特性を有する．しかし，膜状凝縮と比較して未解明な点が多いため，現象のさらなる解明と応用に向けた研究が求められる．

3. 伝熱促進技術

   (3-1) マイクロフィン付管，ローフィン付管に代表される伝熱促進技術は今後も活用される．その際求められることは，低GWPで安全性の高い冷媒が使え，低コストかつ短期間で開発可能なものになるであろう．したがって，必要とされる技術開発に向けた実用性と汎用性にいっそう優れる熱伝達の予測法を開発することが必要である．

   (3-2) 第7章で紹介した微細流路，プレートフィンおよびプレート式による伝熱促進技術も単位体積あたりの交換熱量の増大に注目され実用化が進んでいる．これらは現象観察に多くの困難さを伴うが研究は着実に進展している．

このほか，冷凍機油の影響もフィンによる薄液膜化の進展とともに，今後は重要テーマになると考えられる．

最後に，本書の刊行に際して日本冷凍空調学会をはじめ皆様から多大のご支援とご協力いただきましたことを厚く御礼申し上げます．

執筆者代表　野津　滋（岡山県立大学）

平成29年 3月

日本冷凍空調学会専門書シリーズ

冷媒の凝縮　—基礎から応用まで—

Refrigerant Condensation　– Fundamentals and Applications –

定価（本体価格　5,857 円＋税）

平成 29 年 5 月 25 日　　初版発行
令和　7 年 3 月 24 日　　初版第 2 刷発行

編集・発行　　公益社団法人日本冷凍空調学会
〒103-0011　　東京都中央区日本橋大伝馬町 13-7
日本橋大富ビル
TEL　03 (5623) 3223
FAX　03 (5623) 3229

印 刷 所　　日本印刷株式会社

　ISBN978-4-88967-131-5-C3053　¥5857E